▦ GALA COMMITTEE ▦ GALLOWAY KIT ▦ GARRIN PAUL ▦ GASTEIER KLAUS ▦
GENERAL IDEA ▦ GERZ JOCHEN ▦ GILLETTE FRANK ▦ GIRARDET CHRISTOPH
▦ GORDON DOUGLAS ▦ GORILLA TAPES ▦ GÖTZ KARL OTTO ▦ GRAHAM DAN ▦
GRAHAM RODNEY ▦ GRAMMING WALTER ▦ GRANULAR SYNTHESIS ▦ GREEN
RENÉE ▦ GRIMONPREZ JOHAN ▦ GRUBER BETTINA ▦ GRUBINGER EVA ▦
GRÜNBEIN DURS ▦ GRUNERT FREDDY PAUL ▦ GUITON JEAN FRANÇOIS ▦
GÜNTHER INGO ▦ GUTMAIR ULRICH ▦---------------▸ H ▦ HAACKE HANS ▦
HAHN ALEXANDER ▦ HALL DAVID ▦ HAMILTON RICHARD ▦ HAMMANN BARBARA
▦ HÁMOS GUSZTÁV ▦ HANDSHAKE ▦ HARMON LEON D. ▦ HARRIS HYMAN ▦
HATOUM MONA ▦ HAY ALEX ▦ HAY DEBORAH ▦ HEGEDÜS AGNES ▦ HEIBACH
ASTRID ▦ HEIDERSBERGER BENJAMIN ▦ HEIN BIRGIT ▦ HEIN WILHELM ▦
HENDRICKS JOCHEM ▦ HENTSCHLÄGER KURT ▦ HENTZ MIKE ▦ HEROLD JÖRG
▦ HERSHMAN LYNN ▦ HESS FELIX ▦ HILL GARY ▦ HILLER LEJAREN ▦ HILLS
JOAN ▦ HODGE GAVIN ▦ HÖLLER CARSTEN ▦ HOLZER JENNY ▦ HOOVER NAN ▦
HORN REBECCA ▦ HÖRNER UTE ▦ HSIEH TEHCHING ▦ HUBER FELIX STEPHAN
▦ HUENE STEPHAN VON ▦ HUYGHE PIERRE ▦ HYBERT FABRICE ▦-----------
---▸ I ▦ IDENSEN HEIKO ▦ INFERMENTAL ▦ INGOLD RES ▦ INTERNATIONALE
STADT ▦ ISOU ISIDORE ▦ IVEKOVIĆ SANJA ▦---------------▸ J ▦ JAHN
HARTMUT ▦ JANKOWSKI CHRISTIAN ▦ JERON KARLHEINZ ▦ JEVBRATT LISA
▦ JODI ▦ JOHANNSEN KIRSTEN ▦ JONAS JOAN ▦ JUDD DONALD ▦ JULIUS
ROLF ▦---------------▸ K ▦ KAHLEN WOLF ▦ KAISER MARCUS ▦ KANAL X ▦
KAPIELSKI THOMAS ▦ KAPROW ALLAN ▦ KARAWAHN KAIN ▦ KAU ANNEBARBE
▦ KELS KARL ▦ KENTRIDGE WILLIAM ▦ KIESLER FRIEDRICH ▦ KIESSLING
DIETER ▦ KLAUKE JÜRGEN ▦ KLEINEFENN FLORIAN ▦ KLIER MICHAEL ▦
KLOTZ WERNER ▦ KLÜVER BILLY ▦ KNOEBEL IMI ▦ KNOLL KORINNA ▦ KNOW-
BOTIC RESEARCH ▦ KNOWLTON KENNETH C. ▦ KORPYS + LÖFFLER ▦ KOSSATZ
MAX ▦ KOSUTH JOSEPH ▦ JOHN KP LUDWIG ▦ KRAMM RÜDIGER ▦ KRASTEV
RASSIM ▦ KRIESCHE RICHARD ▦ KROHN MATTHIAS ▦ KRUEGER MYRON
▦ KRUGER BARBARA ▦ KUBALL MISCHA ▦ KUBISCH CHRISTINA ▦ KUBOTA
SHIGEKO ▦ KUPPEL EDMUND ▦---------------▸ L ▦ YOUNG LA MONTE ▦
LACHENMANN PHILIPP ▦ LAFONTAINE MARIE JO ▦ LAHR CHRISTIN ▦ LANG
HEINRICH ULF ▦ LANZ ERIC ▦ LAPORTA TINA ▦ LARCHER DAVID ▦ LAURIDS+
MATTHEUS ▦ LE CORBUSIER ▦ LEAGUE OF AUTOMATIC MUSIC COMPOSERS
▦ LEANDRE JOAN ▦ LEGER FERNAND ▦ LEITNER BERNHARD ▦ LEMAÎTRE
MAURICE ▦ LENNON JOHN ▦ LEVINE LES ▦ LEWANDOWSKY VIA ▦ LINDEN
SILVAN ▦ LINTERMANN BERND ▦ LISCHKA CHRISTOPH ▦ LOGUE JOAN ▦ LORD
CHIP ▦ LOVINK GEERT ▦ LOZANO HEMMER RAFAEL ▦ LUCIER ALVIN ▦ LÜSE-
BRINK DIRK ▦ LUX ANTAL ▦ LYE LEN ▦---------------▸ M ▦ M+M ▦ M. RASKIN
STICHTING ENS. ▦ MACIUNAS GEORGE ▦ MACK HEINZ ▦ MAECK KLAUS ▦
MALARIA ▦ MANOVICH LEV ▦ MARCLAY CHRISTIAN ▦ MAREY ETIENNES
JULES ▦ MARINETTI FILIPPO TOMMASO ▦ MARK HELMUT ▦ MARKER CHRIS
▦ MARTEL RALPH ▦ MARTINIS DALIBOR ▦ MASA ▦ MATTA CLARK GORDON ▦
MATTHEUS CHRIS ▦ MAUBREY BENOÎT ▦ MAY GIDEON ▦ MEDIENOPERATIVE
BERLIN E.V. ▦ MEDIENWERKSTATT FREIBURG ▦ MEGERT FRANZISKA ▦
MEISSNER NORBERT ▦ MELHUS BJØRN ▦ MICHELS DOUG ▦ MIELDS RUNE

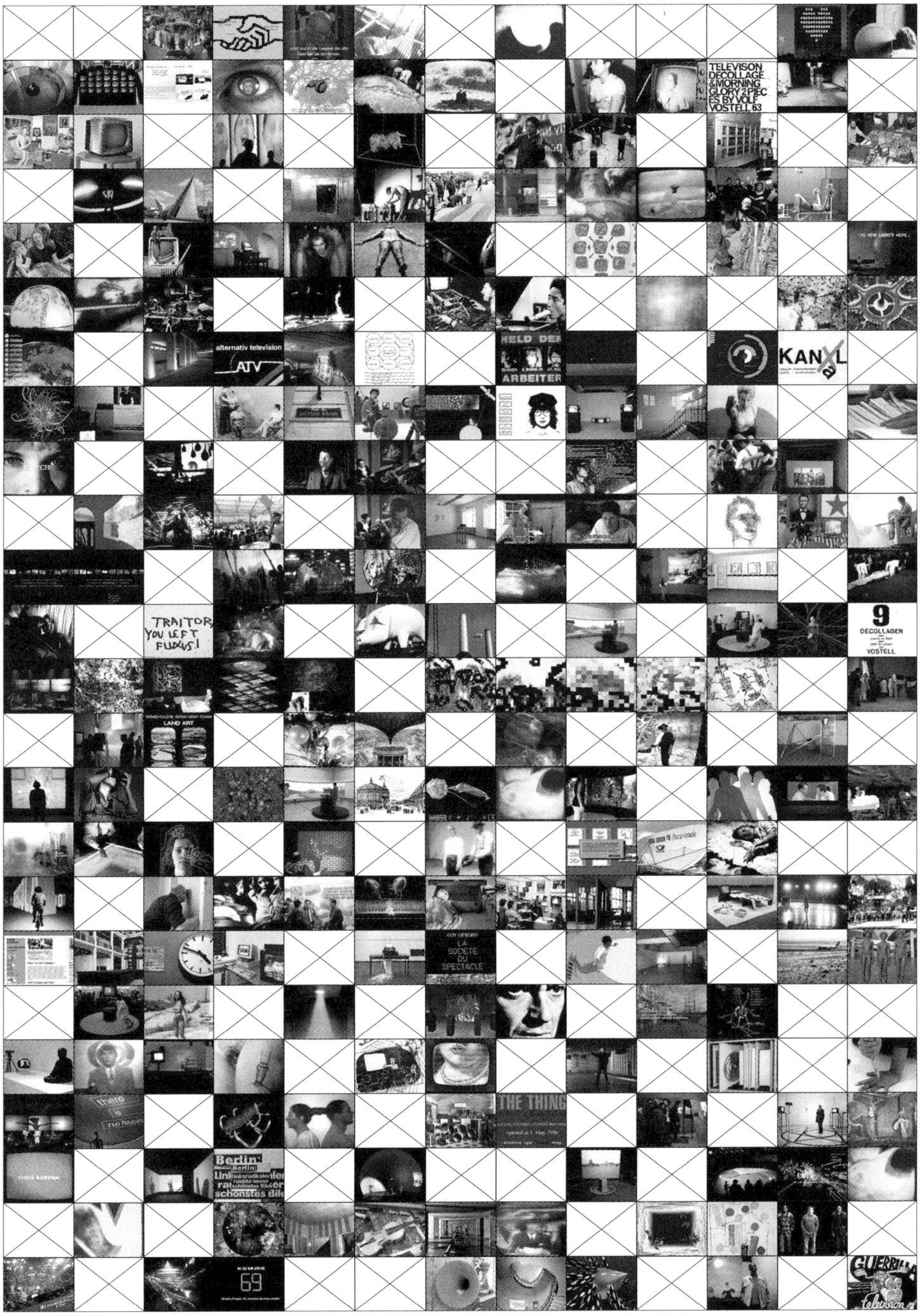

MEDIEN
KUNST
NETZ
/
MEDIA
ART
NET
/

MEDIEN
KUNST
NETZ
/
MEDIA
ART
NET
/

GOETHE-INSTITUT

ZKM
Zentrum für Kunst und Medientechnologie Karlsruhe

Bundesministerium für Bildung und Forschung

Hochschule für Grafik und Buchkunst
Academy of Visual Arts
Leipzig

1

Rudolf
Frieling
/
Dieter
Daniels
/
(Hg./eds.)
/
Medien Kunst Netz
/
1
Medienkunst im Überblick
/
Media Art Net
/
1
Survey of Media Art

SpringerWienNewYork

Gebrauchsanweisung

/

Eine Gebrauchsanweisung für ein Buch ist zunächst ungewöhnlich, in diesem Fall jedoch sinnvoll und notwendig. Bei der Lektüre der hier versammelten Texte für das Netzprojekt »**Medien Kunst Netz**« sehen Sie eine Reihe von begleitenden Icons am Textrand, die auf die Website »**www.medienkunstnetz.de**« verweisen. Unter dieser Netzadresse finden sich umfangreiche Bild-, Video-, Audio- und Textdokumente zu den in den Texten diskutierten Werken und Künstlern. Dank dieser Icons können Sie direkt erkennen, wann audiovisuelle Materialien zu den vorliegenden Autorentexten online angeboten werden.

ICONS LEGENDE

/

Biografie → Biografie des Künstlers oder Autors

/

Werk → Beschreibung sowie Bild-, Video- oder Audiodokumente

/

Text → historischer Quellentext zum Thema

/

URL → weiterführender Link außerhalb von »Medien Kunst Netz«

/

00/000 Textnummer/Textabschnitt — Dieser Code (Softlink) wird in das Feld ›Suche‹ von »**www.medienkunstnetz.de**« eingegeben, um direkt zu allen Links eines Textabschnitts zu gelangen.

/

→ 00 Verweis innerhalb des Buches auf andere Texte.

Manual

/

A manual for a book is, to say the least, unusual but necessary in this case. Reading the texts that we have compiled for the on-line project «**Media Art Net**,» you will see a series of accompanying icons as a cross-link to the website «**www.mediaartnet.org**.» There you will find extensive audiovisual documents to the works and artists mentioned in the texts. These icons indicate when audiovisual materials related to the authors' texts are available on-line.

ICONS LEGEND

/

Biography → biography of the artists or authors

/

Work → descriptive text plus audiovisual documents

/

Text source → historic source related to the topic

/

URL → external link to other websites

/

00/000 Text number/Text chapter — This code (‹softlink›) is used for the search field of «**www.mediaartnet.org**» to directly access all listed links in a given section of the text

/

00-00 Cross-reference to another text in this book.

NR TEXT → SEITE /SOFTLINK

Vorwort

/

Der vorliegende Überblick zur internationalen Medienkunst ist konzeptionell ein Folgeband zu den vorherigen Multimediapublikationen »Medien Kunst Aktion« und »Medien Kunst Interaktion« über die Vermittlung von vier Jahrzehnten Medienkunst in Deutschland. Beide sind auf sehr positive, auch internationale Resonanz gestossen und haben sich in der Zwischenzeit zu Standardwerken ihrer Art entwickelt. Sowohl für das Goethe-Institut als auch für das Zentrum für Kunst und Medientechnologie Karlsruhe erschien es eine konsequente Fortführung dieses Ansatzes, die Perspektive zu internationalisieren und global als Website allen Interessierten ohne Einschränkung verfügbar zu machen. »Medien Kunst Netz« ist damit das dritte Projekt der Kuratoren Rudolf Frieling (Projektleitung ZKM) und Dieter Daniels (HGB Leipzig), denen wir hiermit ausdrücklich danken. Nachdem die Grundzüge der Konzeption bereits im Jahr 2000 gemeinsam verabschiedet worden waren (in der Anfangsphase des Konzepts noch mit Unterstützung durch Norbert Spitz und Regina Wyrwoll am Goethe-Institut), wurde im Jahr 2001 noch eine großzügige Zusatzfinanzierung durch das Bundesministerium für Bildung und Forschung zugesagt, hier gilt unser Dank besonders Winfried Matanovic, so dass das Projekt auf drei Jahre angelegt und inhaltlich besser fundiert werden konnte. Die sorgfältige Recherche der Materialien und die Klärung der Copyrightfragen – das zentrale Thema jedes medienhistorischen Projekts – profitiert von einer solch langfristigen Planung. Besonders gespannt sind wir, inwieweit auch die interkulturelle Produktion mit KünstlerInnen etwa aus Latein- und Mittelamerika zu einem fruchtbaren Dialog führen wird. In diesem Sinne erhoffen wir uns weitere Signalwirkungen und Anlässe für Debatten, Workshops und Präsentationen. Im Namen aller Beteiligten sei nochmals allen KünstlerInnen für ihre Kooperation gedankt.

Die langjährige Zusammenarbeit der beiden Herausgeber wurde auch institutionell auf eine neue Ebene gestellt, da die HGB über Projektmittel des »Bildungsportal Sachsen« zusätzliche Leistungen ermöglichte. Der Springer-Verlag übernahm dankenswerterweise wieder die Drucklegung der Texte. Nicht zuletzt sei dem gesamten Team für das produktive Networking gedankt. Ohne das gelungene Zusammenspiel von IT-Architektur (Mario Röhrle, Leipzig), Gestaltung der Website (Schönerwissen, Berlin) und Produktion von Inhalt (Herausgeber und Autoren, Karlsruhe/Leipzig/Berlin) wäre das Projekt aufgrund seiner Komplexität auf halbem Wege stecken geblieben. Besonderer Dank gilt auch Heike Helfert für die erfolgreiche Koordination aller, auch der vielen Mitarbeiter innerhalb wie außerhalb der Institutionen. Die Nutzer werden nun entscheiden, ob sich die Arbeit gelohnt hat – im Sinne einer produktiven Zweiwegkommunikation hoffen wir auf zahlreiches Feedback und eine erfolgreiche Fortführung des Projekts.

/

Dr. Wolfgang Bader, Stellvertretender Generalsekretär, Goethe-Institut, München
Prof. Peter Weibel, Vorstand, Zentrum für Kunst und Medientechnologie Karlsruhe

Foreword

/

This survey of international media art was conceived as a follow up volume to the previous multimedia publications, «Media Art Action» and «Media Art Interaction,» which dealt with four decades of media art in Germany. Both were received very positively, both in Germany as well as abroad, and have in the meantime become something of standard works in the field. The Goethe-Institut as well as the Center for Art and Media Technology Karlsruhe both considered it a logical next step to internationalize the perspective and make it available to all those interested. «Media Art Net» is thus the third collaboration between the curators Rudolf Frieling (Project Director, ZKM) and Dieter Daniels (HGB Leipzig), whom we would like to thank for their efforts.

After a collective decision was made about the basic outlines of the concept in 2000, with the support of Norbert Spitz and Regina Wyrwoll from the Goethe-Institut in the early phases, generous additional financing was granted by the German Federal Ministry for Education and Research in 2001: here, we owe a special thanks to Winfried Matanovic. This financing made it possible to plan the project over three years, allowing a better foundation to be prepared in terms of content. The careful research of materials and the clarification of copyright questions—a central issue in all projects in media history—profit from such long-term planning. We are especially looking forward to seeing the extent to which the intercultural production by artists, for example from Latin America, will lead to a fruitful dialogue. In this spirit, for our part we hope for further signals and further chances for discussions, workshops and presentations. In the name of all participants, we would like to thank all the artists for their cooperation.

The long-term collaboration of the two editors was given a new institutional framework when the HGB Leipzig made it possible to expand the project using funds from the «Bildungsportal Sachsen» (Saxony Education Portal). We are again grateful to the publisher Springer for taking on the printing of the texts. Thanks are due not least to the entire team for their productive networking efforts. Without the successful collaboration between those responsible for information architecture (Mario Röhrle, Leipzig), website design (Schönerwissen, Berlin) and content production (editors and authors in Karlsruhe, Leipzig, and Berlin), due to its complexity this project would have come to a standstill. Particular thanks are due to Heike Helfert for successfully coordinating all who worked on the project, both inside and outside the institutions. The users will now decide whether the work has been worth it—in the sense of productive two-way communication, we hope for a great deal of feedback and the successful continuation of the project.

/

Dr. Wolfgang Bader, Deputy Secretary General, Goethe-Institut, Munich
Prof. Peter Weibel, Chairman, CEO, Center for Art and Media Technology Karlsruhe

Medienkunst muss multimedial vermittelt werden
Einführung

/

Rudolf Frieling / Dieter Daniels

/

Alles Mediale hat spätestens mit dem Boom der New Economy Mitte der 1990er Jahre große Bereiche der Gesellschaft ›infiziert‹. Das ›Bookmarking‹, also die Abspeicherung der Netzadressen in unserem Browser, ist heute eine alltägliche Beschäftigung. Aber wie oft bleibt es bei einem Bookmark, den wir nie wieder aus seiner Versenkung im File-Ordner hervorholen? Die Praxis im Umgang mit den digitalen Inhalten fördert vielfach das Vergessen. Benötigen wir also vielleicht materielle Stützen für mediale Erfahrungen? Wir kennen das Buch zum Film oder den Film zum Buch, aber warum nicht endlich auch ein ›Buch zum Netz‹? Dieser Band möchte die Verbindung der Medienwelten von Netz und Buch fördern, um damit nicht zuletzt auch die Qualität des Bookmarks **www.medienkunstnetz.de** zu verstärken.

Im Bereich von Kunst und Kultur fehlt es der wissenschaftlich-kulturellen Kompetenz noch immer an einer Kompatibilität mit der medial vernetzten Informationswelt. Während die Naturwissenschaften und die Wirtschaft das Netz als selbstverständliche Plattform benutzen, ist in weiten Bereichen der Kunst- und Kulturwissenschaft immer noch das Buch oder die Fachzeitschrift das Leitmedium. Hier bestätigt sich noch die in anderen Bereichen längst überholte Skepsis, das ›eigentliche‹ Wissen sei nur in Büchern zu finden, das Netz enthalte meist oberflächliche und unzuverlässige Information.

Unter diesem Auseinanderklaffen von ›medialiteracy‹ und kultureller Kompetenz leidet kein künstlerisches Feld mehr als die Medienkunst, denn diese lässt sich durch die text- und printbasierte Darstellung nur unzureichend vermitteln, da sie ohne die Erfahrung ihrer eigentlichen, multimedialen Qualität kaum in ihrer Bedeutung zu erfassen ist. Es besteht also das Paradox, dass gerade die multimedialen Kunstformen, die mit und in den digitalen Technologien entstehen, an der potentiellen Breitenwirkung dieser Medientechniken kaum partizipieren. Der Mainstream der immer noch printbasierten Kunstwissenschaft und Kulturvermittlung kann ihrer Spezifik nicht gerecht werden, im Internet hat sich aber noch keine in die Breite wirkende Plattform etabliert.

Traditionelle Distributionsmedien wie Buch oder Fernsehen haben sich als ungeeignet oder unfähig erwiesen, den künstlerischen Medienprojekten ein dauerhaftes oder gar adäquates Forum zu bieten und damit einer breiteren Rezeption zu öffnen; die Medienkünste haben ihrerseits den Massenmedien gegenüber eine oft anti-institutionelle Haltung gepflegt und eigene Foren und Orte für Insider geschaffen. Doch besteht immer mehr Bedarf an konkretem Anschauungsmaterial zu einer Kunst in und mit den Medien. Fragen einer audiovisuellen Ästhetik können nur dann konkreter behandelt werden, wenn die entsprechenden Materialien auch jenseits der wenigen spezialisierten Archive und temporären Festivals verfügbar sind. Dass ein solcher Diskurs ästhetischer Grundlagen erst mit Verspätung in der Wissenschaft und Kunstgeschichte geführt wird, lässt sich als Vermittlungsparadoxie der Medienkunst bezeichnen.

/

www.medienkunstnetz.de

Um auf diese Situation zu reagieren, wird mit dem Projekt »Medien Kunst Netz« eine audiovisuelle und theoretische Struktur als Selbst-Lernangebot im Netz installiert. Durch eine Kombination verschiedener Darstellungsformen erhält sowohl der interessiertes ›Surfer‹ ein knappes, multimedial attraktiv gestaltetes Angebot als auch der spezifischer Recherchierende eine profundere, umfassend dokumentierte Information und Kontextualisierung. Konsequente Zweisprachigkeit (deutsch/englisch) trägt der Internationalität Rechnung. Ziel ist eine neue Form der kultur- und kunstwissenschaftlichen Synthese von Theoriebildung und ›scientific visualisation‹, die ein kunstspezifisches Telelearning unterstützen kann. Der Vorrang gilt weder der reinen Quantität noch der detaillierten Fallstudie, sondern den sinnvollen Verknüpfungen, die ein intuitives wie intellektuelles Erfassen ermöglichen und methodisch eine Vielfalt unterschiedlicher inhaltlicher Perspektiven präsentieren. Die Kontextualisierung, ein Schlüsselbegriff der Kunst der 1990er Jahre, wird hier sehr konkret umgesetzt, ohne jedoch einem spezifischen theoretischen Ansatz als bloße Illustration zu dienen. Auch die bei einem solchen Projekt drohende Gefahr einer wuchernden Verlinkungsmaschine, die alles mit allem vernetzt, haben wir bewusst zugunsten eines sinnvollen, datenbankgestützten wie auch redaktionell erarbeiteten Angebots von ausgewählten ›links‹ zu vermeiden versucht.

»Medien Kunst Netz«, das dritte Projekt der Zusammenarbeit von Goethe-Institut und ZKM Karlsruhe, verweist auf eine zweifache Vernetzung: Inhaltlich ist es das Ergebnis einer Kollaboration der Herausgeber mit verschiedenen Autoren, formal entstand und entsteht es als Vernetzung der Kompetenzen unterschiedlicher Institutionen und Personen im Kontext der Medien- und Kunstwissenschaft.

Während bei den vorhergehenden Publikationen noch Theorie und Texte im Buch und audiovisuelle Materialien auf CD-ROM getrennt sind, werden sie hier auf der Web-Plattform zusammengeführt. Damit ergibt sich eine augenfällige Verknüpfung der Reflexion mit dem Kontext der audiovisuellen Dokumentation. Aber rechtfertigt dies nun ein Buch mit Texten, die alle auch online verfügbar sind? Die unschlagbare Pragmatik des Buchmediums lässt diesen Schritt sinnvoll erscheinen. Das ausführliche Lesen wissenschaftlicher Texte erfordert gleichsam das Buch in der Hand. Die Suche nach Referenzen und Querverbindungen, das Arbeiten mit audiovisuellen wie textlichen Materialien situiert sich jedoch medial im hypertextuellen Medium Internet. Querverweise vom Buch zur Website mit Hilfe von ›Softlinks‹ dienen dem gezielten und vereinfachten Zugriff auf die

Materialien im Netz und der Verstärkung der Verknüpfung unterschiedlicher medialer Erfahrungen. Vielfältige synergetische Effekte können so entstehen.

/

»Medien Kunst Netz 1«

Der **»Überblick«** ist das erste Modul, das wir im Netz veröffentlichen und mit dem vorliegenden Textband begleiten. Dieses Modul dient allen folgenden als materialreiche Grundlage und reagiert gleichzeitig auf eine weitere Paradoxie der medialen Vermittlung: Selbst in den einschlägigen Netzadressen der Medienkunst fehlte bislang eine umfassende Einführung. In der exemplarischen Auswahl von Materialien und Quellentexten sowie in der semantischen Verknüpfung durch Autoren wie auch der automatisierten Verknüpfung durch die Datenbank sehen wir eine wichtige Voraussetzung, um Ansätze eines Curriculums in Bezug auf die Medienkunst zu entwickeln. Die freie Verfügbarkeit dieser Materialien ist ein zentraler Aspekt des Projekts. Thematisch werden historische Entwicklungen wie inhaltliche Querverbindungen in zehn Essays zu einem Überblick zusammengeführt. Die Spannbreite reicht dabei von den utopischen medialen Entwürfen ab den 1910er/1920er Jahren und den klassischen Themen wie Fernsehen, Audio Art und Performance bis hin zu Lektüren, die in sozialer/politischer, kommunikations- und wahrnehmungsästhetischer sowie in klassischer kunsthistorischer Hinsicht das Feld jeweils spezifisch beleuchten. Überschneidungen ergeben sich zwangsläufig und sind daher auch logischer Ausdruck der multiplen Perspektiven. Zwei der Essays richten das Augenmerk schließlich auf die besonderen Formen der virtuellen Narration wie des Verhältnisses von Medienkunst und Institutionen.

/

Projekte und Entwicklung »Medien Kunst Netz 2«

»Medien Kunst Netz 1: Überblick« legt als Einführung in die Medienkunst den Grundstein für die in Band 2 (Herbst 2004) geplante Aufbereitung spezifischer Themen im Kontext der Medienkunst. Diskurse werden durch diese Schwerpunkte vertieft und weitere Verknüpfungen zu Wissenschaftstheorie, Filmgeschichte und Kulturwissenschaft ausgelotet. Damit glauben wir, ein Feld zu eröffnen, das Verbindungslinien akzentuiert, statt sie in medien- oder gattungsspezifischen Kategorien einzuschließen. Nicht zuletzt das Networking der beteiligten Wissenschaftler, Kuratoren und jeweiligen Institutionen sowie vor allem auch die konkrete Auftragsvergabe an KünstlerInnen, eigene Perspektiven auf die Kontexte und Fragen des Projekts wie des Internets hin künstlerisch zu programmieren, dienen dem pluridisziplinären Ansatz der Vermittlung. Diese künstlerischen Projekte – Daniela Plewe »ArtAbstracts«, Blank & Jeron »Making Sense of it all«, Ismael Celis »Intermaps« – sind nur im Netz zugreifbar und rezipierbar, so dass die Komplimentarität zwischen Netz und Buch des Hinweises bedarf, dass im Netz unter: **www.medienkunstnetz.de** das genuine Feld des Diskurses zu finden ist.

«Media art can only be conveyed by multimedia» Introduction

/

Rudolf Frieling / Dieter Daniels

/

By the «New Economy» boom in the 1990s at the latest, the media in general had «infected» large areas of society. «Bookmarking,» that is the storing of Internet addresses in our browser, is now a daily activity. But how often does a bookmark remain just that, never again to be retrieved from the depths of the file folder? Our handling of digital content often promotes forgetting. Perhaps we do need material supports for our media experience. We know the book to the film or the film to the book, why not finally ‹a book to the Net› as well? This volume would like to promote the link between the media worlds of the Net and the book, not least in order to strengthen the quality of the bookmark **www.mediaartnet.org.**

In the area of art and culture, academic-cultural competence is still lacking in compatibility with the media-networked world of information. While the natural sciences and the business world by now take the Internet for granted as a platform, in large areas of art history or cultural studies the book or the journal remain the dominant media. Up until now, a long outdated skepticism that ‹genuine› knowledge is only to be found in books and that the Internet only contains largely superficial and unreliable information has continued to hold its ground.

No area of art suffers more from this discrepancy between «media literacy» and cultural competence than media art. Text and print-based forms of representation alone only offer inadequate ways of communicating media art, for without experiencing their particular character as multimedia works the significance of media art cannot be grasped. This leads to a paradox: precisely those multimedia art forms that emerge with and in the digital technologies hardly participate in the potential of popularization offered by these media technologies. Although the mainstream of a still print-based art history and cultural transmission cannot adequately represent the specific character of multimedia art, a platform with widespread resonance has not yet been established in the Net.

Traditional media of distribution like the book or television have proven unsuitable or incapable of providing a lasting or even adequate form for projects in media art, which in turn would make possible a broader reception. For their part, the media arts have often cultivated an anti-institutional stance in relation to the mass media, creating their own forums and sites for insiders. But there is an ever-increasing need for concrete material on art that works in and with the media. Questions of an audiovisual aesthetic can only be treated in a more concrete way if the relevant materials are available beyond a few specialized archives and temporary festivals. That a discussion in art studies and art history about the aesthetic foundations of media art is only taking place so late in the day can be termed the paradox of media art's mediation.

/

«www.mediaartnet.org»

In response to this situation, the project «Media Art Net» (in German «Medien Kunst Netz») has been installed for purposes of self-instruction. Combining various forms of representation, this simultaneously audiovisual and theoretical structure not only offers interested ‹surfers› a succinct, attractively designed Internet presentation, it also provides profound and comprehensively documented information and contextualization for those researchers with a more specific focus. The consistently bilingual presentation on the website (German/English) pays tribute to the international character of the project. The goal is a new form of the synthesis of theorization and scientific ‹visualization› in cultural studies and art history that can support tele-learning catered to the realm of art. Preference is given neither to pure quantity, nor to the detailed case study, but to presenting judiciously-selected, meaningful connections that make it possible to grasp the material in both an intuitive and an intellectual way and methodically offer a number of different perspectives in terms of content. Contextualization, a key concept of art of the 1990s, is carried out here in quite a concrete fashion, but does not merely serve to illustrate a specific theoretical approach. One danger that lurks behind such a project is an overgrown machine that links everything to everything. We have also consciously tried to avoid this by developing a careful selection of semantically rich links not only supported by a database, but also shaped by editorial decisions.

«Media Art Net,» the third collaboration between the Goethe-Institut and the Center for Art and Media Technology Karlsruhe, indicates networking in two senses. In terms of content, it is the result of a collaboration of the editor with various authors; in a formal sense, it emerged and will continue to emerge as a networking of the expertise of various institutions and persons in the context of media and art studies.

While the theory and texts were separated from the audiovisual material in the previous publications, with the former in book form and the latter on CD-ROM, here they are both placed on the web-platform. This results in a clear linkage of critical reflection with the context of audiovisual documentation. But does this justify the additional production of a book with texts that are also all available online? The undeniable practical qualities of the book medium make this step sensible. The thorough reading of academic texts requires, as it were, the book in the hand. The search for references and cross-references, working with audiovisual as well as textual materials is nevertheless situated in media terms in the hypertextual medium of the Internet. Cross-references from the book to the website with the help of ‹soft links› serve to guide and simplify access to the materials in the Net and amplify the linkage of various media experiences. This can result in a great variety of synergetic effects.

/

«Media Art Net 1»

This «**Overview**» is the first module published in the Net and is accompanied by this volume of text. This module will serve as a foundation for all later modules, and reacts at the same time to an additional paradox of mediation in the media: even those relevant websites that deal with media art still lacked up until now a comprehensive introduction to this subject. We thus see in the exemplary selection of materials and source texts as well the semantic links made by both authors as well as the database an important prerequisite for developing approaches to a curriculum on media art. Free access to these materials is a central aspect of the project. In terms of subject matter, ten introductory essays dedicated both to historical developments as well as interlinking references in terms of content are collected to an «overview.» The spectrum ranges here from the utopian media conceptions from the 1910s and 1920s and classical subjects like television, audio art, and performance, and readings that concentrate on socio-political aspects or proceed in terms of communication aesthetics, perception aesthetics, as well as a classical art-historical perspective, each try to illuminate the field from a different perspective. Intersections are unavoidable and are thus also a welcome expression of the multiple perspectives. Finally, this survey is completed by two essays that focus on the particular form of virtual narration as well as the relationship between media-art and institutions.

/

The Development of «Media Art Net 2»

As an introduction to media art, «Media Art Net 1» lays the foundation for Volume 2 (Fall 2004), which will deal with specific issues in the context of media art. These emphases will explore discourses in a more extensive way, allowing for a more in-depth discussion, and explore connections to other areas, like the history and theory of science, film history and cultural studies. With this, we hope to make possible a field of discourse that strengthens lines of association, instead of remaining imprisoned in media or genre-specific categories. Finally, the networking of the participating academics, curators, as well as the respective institutions and most importantly also the concrete commissioning of artists to program their own perspectives on the contexts and questions of the project and the Internet, encourages a multi-disciplinary approach to communication. These art projects—so far Daniela Plewe «ArtAbstracts,» Blank & Jeron, «Making Sense of it all,» and Ismael Celis, «Intermaps»—are only available on the Internet; in order to preserve the complementary relationship between Net and book, it thus needs to be pointed out that the original field of discourse is to be found on the web under **www.mediaartnet.org.**

/

Translation by Brian Currid

01/001-012
01/101-112

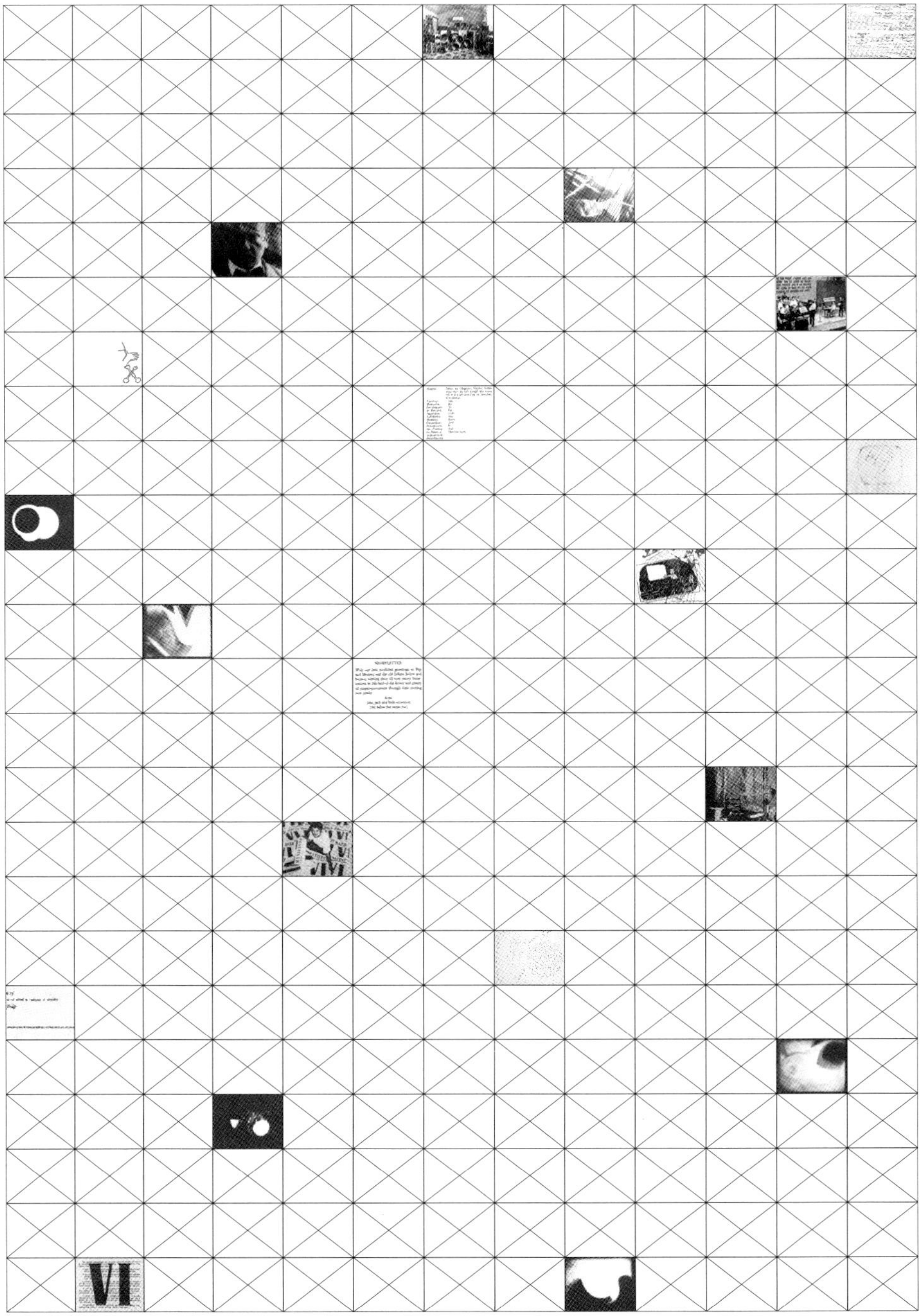

Medien → Kunst / Kunst → Medien.

Vorformen der Medienkunst in der ersten Hälfte des 20. Jahrhunderts

/

Dieter Daniels

/

Medien ersetzen Kunst – Kunst reagiert auf Medien 01./001

Im Laufe der letzten 150 Jahre besetzen die audiovisuellen Medien (Foto, Film, Radio, TV, Multimedia) stückweise ein Gebiet der menschlichen Wahrnehmung, das zuvor ausschließlich den klassischen Künsten und ihren verschiedenen Gattungen (Malerei, Musik, Theater) reserviert war. Die Erfindung der Fotografie im Jahr 1839 und ihre blitzartige, massenhafte Verbreitung, nochmals verstärkt durch neue Drucktechniken in der zweiten Hälfte des 19. Jahrhunderts, der schnelle Aufstieg des Films zu einer weltweit breitenwirksamen Industrie am Beginn des 20. Jahrhunderts und die fast explosionsartige Dynamik der Entstehung des Radios in den 1920er Jahren – all dies lässt schon erkennen, welche Macht diese Distributions- und Produktionsinstrumente haben. Ab den 1960er Jahren wird dann das Fernsehen zu dem Massenmedium, durch welches dieser Begriff seine Prägung erhält. Erst seit den 1990er Jahren erhält es Konkurrenz durch das Internet und die damit verbundenen Multimediaplattformen.

Jede der audiovisuellen Medientechniken stellt neue ästhetische Fragen. Die gilt in doppelter Hinsicht: Erstens medienimmanent, das heißt, welche Darstellungsformen ermöglicht und erfordert das Medium (zum Beispiel verschiedene Formen der Montage in Foto, Film und digitalen Bildmedien), zweitens im gesamtkulturellen Kontext, das heißt, welchen Bezug hat es zu bestehenden Medien und Kunstformen. Schon bei der Erfindung der Fotografie wird der Tod der Malerei proklamiert, dies wiederholt sich beim Fernsehen in Bezug auf den Film, dennoch wird bis heute gemalt und gefilmt. Doch die schon etablierten Kunst- und Medienformen reagieren auf die nachfolgenden Entwicklungen: Spätestens seit dem Impressionismus, aber ebenso im Kubismus und Surrealismus, zeigt die Malerei gerade jene physiologischen und psychologischen Aspekte, welche der Fotografie entgehen. Gegenüber der stückhaften und vielstimmigen Informationsmasse des Fernsehens betont das Kino die geschlossene, emotional bindende Geschichte. Und gegen die Perfektion der industriellen Bilder setzen die künstlerischen Videos und Performances die Bruchstellen und Störungen einer neuen Authentizität. Avantgarde und Mainstream stehen also sowohl in medientechnischer wie ästhetischer Hinsicht seit Beginn der Moderne in einer intensiven Wechselbeziehung. Die radikale Konsequenz hieraus lautet: »Alle moderne Kunst ist Medienkunst.«[1]

/

Warum verwenden Künstler Medien? 01./002

Betrachten wir diese komplexe Wechselwirkung zunächst aus der Perspektive der

1 — Dieter Daniels, **Kunst als Sendung. Von der Telegrafie zum Internet**, München 2002, S. 165. Vgl. dort die Ausführungen zum Beginn der Wechselwirkung von Modernität und Mediatisierung bei Baudelaire und Manet.

Künstler. Für sie gibt es zwei entscheidende Gründe für die Verwendung von Medien. Das erste Motiv liegt in einem ebenso tief empfundenen wie klar erkannten Verlust der Breitenwirkung moderner Kunst. Seit der Entstehung der Avantgarde Ende des 19. Jahrhunderts, spätestens am Beginn des 20. Jahrhunderts mit der Abstraktion und dem Kubismus, verliert die avancierte Kunst die allgemeine Akzeptanz des ästhetischen ›common sense‹ der zeitgenössischen Bevölkerung. An die Verwendung neuer Techniken wie Film und Funk, die potentiell Massenmedien sind, knüpft sich die Hoffnung, die Avantgarde aus ihrer selbst verursachten Isolation zu führen, um »die Kunst und das Volk wieder miteinander zu versöhnen«, wie Guillaume Apollinaire 1912 am Schluss seines Buches über den Kubismus schreibt.[2]

Diese Hoffnung findet sich in den ersten programmatischen Forderungen zum künstlerischen Medieneinsatz von Film, Radio und Fernsehen, etwa **Dziga Vertovs** und **Walter Ruttmanns** Entwürfen einer neuen Filmkunst, der Radiotheorie von **Bertolt Brecht** oder dem Manifest der Futuristen zum Fernsehen (»**La Radia**« 1933). Zum politischen Programm wird die Massenkunst dabei unter solch ganz entgegengesetzten Ideologien wie der russischen Revolution und dem deutschen und italienischen Faschismus. Auch Walter Benjamins epochaler Essay »**Das Kunstwerk im Zeitalter seiner technischen Reproduzierbarkeit**« von 1936 hat die soziale und politische Wirkungslosigkeit der Avantgarde zum Thema und entwirft erstmals eine umfassende theoretische Grundlage für einen durch die Medien veränderten Kunstbegriff: Mittels technischer Medien soll die Kunst die Begrenztheit des manuell hergestellten Originals überwinden, ein neues Publikum erreichen und gesellschaftlich mobilisieren. Diese Entwürfe haben, vermittelt über ihre Erneuerung in den medientheoretischen Ansätzen der 1960er Jahre von Marshall McLuhan bis Hans Magnus Enzensberger, großen Einfluss auf die Entwicklung der Medienkunst gehabt.[3] Sie bilden die Leitmotive für die Pionierzeit der Videokunst, des Experimentalfilms und der Audio Art.

Das zweite zentrale Motiv für die künstlerische Arbeit mit audiovisuellen Medien liegt in ihrem ästhetischen Potential, bis dahin ungesehene und ungehörte Bild- und Klangerlebnisse zu gestalten, also Kunstformen jenseits aller bekannten Gattungen. So entwirft Walter Ruttmann 1919 »eine Kunst für das Auge, die sich von der Malerei dadurch unterscheidet, dass sie sich zeitlich abspielt (wie Musik). [...] Es wird sich deshalb ein ganz neuer, bisher nur latent vorhandener Typus von Künstler herausstellen, der etwa in der Mitte von Malerei und Musik steht«. Und für diese neue Kunst »kann auf alle Fälle mit einem erheblich breiteren Publikum gerechnet werden, als es die Malerei hat«.[4] Diese Idee nimmt Form an in den absoluten Filmen der 1920er Jahre von Ruttmann, Viking Eggeling, Hans Richter und anderen und ihr korrespondiert der Entwurf einer ebensolchen »absoluten Radiokunst« von Kurt Weill 1925, für die durch »ein Heer neuer,

2 — Vgl. Daniels (2002), S. 232. 3 — Vgl. Claus Pias u. a. (Hg.), *Kursbuch Medienkultur. Die maßgeblichen Theorien von Brecht bis Baudrillard*, Stuttgart 1999. 4 — Walter Ruttmann, »**Malerei mit Zeit**«, in: Jeanpaul Goergen (Hg.), *Walter Ruttmann. Eine Dokumentation*, Berlin 1989, S. 74. 5 — Kurt Weill, »Möglichkeiten absoluter Radiokunst«, in: ders., *Gesammelte Schriften*, Berlin 1990, S. 195. 6 — So schreibt Ruttmann über das »Tempo unserer Zeit: Telegraf, Schnellzüge, Stenografie, Fotografie, Schnellpressen, usw. an sich nicht als Kunsterrungenschaften zu werten, haben zur Folge eine früher nicht gekannte Geschwindigkeit in der Übermittlung geistiger Resultate. Durch diese Schnelligkeit des Bekanntwerdens ergibt sich für das Individuum ein

unerhörter Geräusche, die das Mikrofon auf künstlichem Wege erzeugen könnte«, so etwas wie »ein absolutes, über der Erde schwebendes, seelenhaftes Kunstwerk« möglich werden soll.[5]

Diese neuen Medienästhetiken werden dabei von Beginn an als Reaktion auf die Technisierung und mediale Beschleunigung der alltäglichen Wahrnehmung konzipiert.[6] Auch dieses zweite Motiv findet bis heute seine Fortführung in der Analyse und Dekonstruktion von Massemedien durch Künstler. Die Beispiele reichen von **William Burroughs** literarischem Cut-up über **Nam June Paiks** Remix von TV-Bildern zu **Dara Birnbaums** systematischen Analysen der TV-Semiotik bis zur Darstellung der subtilen Kommerzialisierung der Sprache durch das Internet in **Heath Buntings** Netzprojekt »_**readme**«.[7]

/

Vorläufer der Medienkunst

/ /

Manifeste und Utopien

Schon vor Beginn der künstlerischen Medienarbeit werden ihre Motive und möglichen Ziele in Manifesten und utopischen Entwürfen formuliert, die zum Teil weit über den Stand der verfügbaren Technik hinausreichen. Dabei antizipieren diese Thesen schon in vieler Hinsicht die seit den 1960er Jahren einsetzende breite künstlerische Praxis der Medienkunst. Diese in »Medien Kunst Netz« online dokumentierten Textauszüge können auch als erste Formulierung der Themenschwerpunkte gelesen werden, die sich in der Gliederung der weiteren Kapitel dieses Überblicks zur Medienkunst niederschlagen. Im Einzelnen lassen sich dabei als Vorläufer zu einigen der Kapitel im vorliegenden Band ausmachen:

* Luigi Russolo, »**Die Geräuschkunst**«, 1913, vgl. das Kapitel »**Audio Art**«. * Walter Ruttmann, »**Malerei mit Zeit**«, circa 1919/20, vgl. das Kapitel »**Raum Zeit Technikkonstruktionen**«. * Bertolt Brecht, »**Der Rundfunk als Kommunikationsapparat**«, 1930, vgl. zur Publikumspartizipation die Kapitel »**Interaktion, Partizipation, Vernetzung**« und »**Audio Art**«. * Dziga Vertov, »**Kinoprawda und Radioprawda**«, 1925, vgl. zum Aspekt der Massenwirkung das Kapitel »**Fernsehen – Kunst oder Antikunst?**« und zum Aspekt der Globalisierung das Kapitel »**Soziale Technologien**«. * F.T.P. Marinetti und Pino Masata, »**La Radia**«, 1933, vgl. zum Aspekt der Massenwirkung das Kapitel »**Fernsehen – Kunst oder Antikunst?**«. * Velimir Chlebnikov, »**Das Radio der Zukunft**«, 1921, vgl. zur Telekommunikation das Kapitel »**Interaktion, Partizipation, Vernetzung**«. * László Moholy-Nagy, »**Das simultane oder Polykino**«, 1927, vgl. das Kapitel »**Immersion und Interaktion**«. * James Joyce, »**Finnegans Wake**«, 1938, vgl. das Kapitel »**Virtuelle Narrationen**«.

/ /

fortwährendes Überschwemmtsein mit Material, demgegenüber die alten Erledigungsmethoden versagen. [...] Hier liegen auch die Gründe für unsere verzweifelte Hilflosigkeit gegenüber den Erscheinungen der bildenden Kunst. Der Blick, der in geistigen Dingen immer mehr auf die Betrachtung eines zeitlichen Geschehens gedrängt wird, weiß mit den starren, reduzierten zeitlosen Formen der Malerei nichts mehr anzufangen.« Walter Ruttmann, »Malerei mit Zeit«, in: Goergen (1989), S. 74. Siehe auch das Kapitel »**Raum Zeit Technikkonstruktionen**« zu Aspekten der Wahrnehmung. 7 —Vgl. zu diesen Aspekten das Kapitel »**Soziale Technologien**«.

01./004 *Von der Utopie zur Praxis*

Diese Manifeste und Utopien führen schon in den 1920er Jahren zu konkreten technischen Experimenten und ersten Werken, die teils nur durch großen persönlichen Einsatz der Künstler möglich werden. Die Fragen der Ästhetik und der Machbarkeit sind dabei auf das Engste verknüpft. Den Pionieren der ersten Stunde stehen noch keine ihren Vorstellungen adäquaten, industriellen Geräte zur Verfügung. Sie müssen zu Erfindern und Bastlern werden, um ihre Utopien seh- und hörbar zu machen. **Russolo** baut seine »**Intonarumori**« selbst, Vertov müht sich vergeblich an Klangmontagen mittels Grammofonplatten ab, ehe er zur Filmmontage findet, **Ruttmann** baut einen Filmaufnahmeapparat und lässt ihn sogar patentieren. Im Umfeld des Bauhaus entstehen dann Mitte der 1920er Jahre die Konzepte für eine Zusammenarbeit von Künstler und Techniker mit Unterstützung durch die Industrie und möglichen anwendungsbezogenen Ergebnissen. Die ersten Lichtkunst-Demonstrationen von Ludwig Hirschfeld-Mack und Kurt Schwerdtfeger sind Anfang der 1920er Jahre noch in den eigenen Werkstätten des Bauhaus entstanden und ihre primitiven, aber effektvollen Mechanismen werden durch Studenten von Hand bedient. Hingegen ist der 1930 vollendete »**Licht-Raum-Modulator**« von **László Moholy-Nagy** schon ein von Elektromotoren gesteuerter Apparat, dessen Ingenieursperfektion jedoch nur ästhetischen Zwecken dient. Die Übertragung solcher raumgreifenden Lichtprojektionen auf ein »simultanes Polykino«, das schon die immersiven Kunstformen der virtuellen Realität vorweg nehmen würde, bleiben jedoch ein unrealisiertes Projekt.[8]

/

01./005 **Von den 1920er zu den 1960er Jahren**

Diese Entwicklung der Vorformen heutiger Medienkunst wird durch den 2. Weltkrieg radikal unterbrochen und findet erst in den 1960er Jahren eine Fortführung. Dabei gibt es einen entscheidenden Unterschied zwischen den Utopien der 1920er Jahre und der Praxis nach dem Krieg: In den 1920er Jahren werden Film und Radio noch insgesamt als potentielle Kunstformen gesehen, so als seien sie eine Fortsetzung der Kunstgeschichte mit anderen Mitteln.[9] In den 1960er Jahren hingegen breitet sich Resignation gegenüber dem aus, was nun ›die Massenmedien‹ heißt und als verlorenes Terrain für die Kultur gilt. Einzelne Künstler arbeiten zwar an Alternativmodellen, um zumindest symbolisch die Medien ein Stück weit zurückzuerobern, aber ohne das kommerziell und politisch geprägte Mediensystem insgesamt ändern zu können. Die These »Alle moderne Kunst ist Medienkunst« erhält somit ab den 1960er Jahren ihre radikale Zuspitzung: Alle Medienkunst ist Anti-Medienkunst.

/ /

01./006 *Politisierung und Propaganda der 1930er Jahre*

Dieser Umbruch der Haltung lässt sich bis in die 1930er Jahre zurückverfolgen, als die

8 — Vgl. spätere künstlerische Arbeiten mit Licht z. B. von der **Gruppe Zero** oder **James Turrell**. 9 — Typisch dafür sind die Titel der beiden Publikationen von Rudolf Arnheim, *Film als Kunst* (1932) und *Rundfunk als Hörkunst* (verfasst 1933, erschienen 1936 im Exil auf Englisch).

zunehmende politische Instrumentalisierung der Medien auch für Künstler zum Thema wird. **Bertolt Brecht** fordert schon 1932 betreffs des Radios: »Der Rundfunk ist aus einem Distributionsapparat in einen Kommunikationsapparat zu verwandeln.«[10] Walter Benjamin setzt seine Hoffnung auf eine neue, politische Funktion der Kunst vor allem in den Film: »Die technische Reproduzierbarkeit des Kunstwerks verändert das Verhältnis der Masse zur Kunst. Aus dem rückständigsten, zum Beispiel einem Picasso gegenüber, schlägt es in das fortschrittlichste, zum Beispiel angesichts eines Chaplin, um.«[11] Diese Entwürfe zu einer revolutionären gesellschaftlichen Rolle der Medien unterschätzen allerdings die starken wirtschaftlichen und direkten politischen Zwänge, unter denen sich die Entwicklung der neuen Techniken vollzieht. Die Hoffnung auf eine emanzipatorische Funktion der Medien wird bald darauf durch ihren Einsatz als Propagandamittel des Faschismus und des Stalinismus in Deutschland, Italien und der UdSSR widerlegt. Dabei stellen sich auch Künstler der Pionierzeit wie Ruttmann, Vertov, Eisenstein und die italienischen Futuristen in den Dienst der Politpropaganda. Doch auch die in die USA emigrierten Pioniere der 1920er Jahre haben dort durchweg wenig Möglichkeit zur Fortsetzung ihrer experimentellen Arbeit, sondern stoßen, so wie etwa Brecht oder Fischinger, auf eine ebenso radikale Kommerzialisierung aller Medienformate.

//

Ideologisierung der Utopie 01/007

Der von Walter Benjamin konstatierten Ästhetisierung der Politik durch den Faschismus entspricht eine Ideologisierung der künstlerischen Utopien, wie sie an den frühesten künstlerischen Ideen zum Fernsehen ablesbar ist, das damals technisch noch im Experimentierstadium steht. Für **Vertov** sind Film und Radio nur Zwischenstufen zu einer neuen Kunstform, dem »Radioauge«. Schon 1925 antizipiert er damit das Fernsehen: »In kürzester Zeit wird der Mensch optische und akustische Phänomene, die von einer Funkfilmkamera aufgenommen sind, in die ganze Welt senden können.« Die Herrschaft der Medienindustrie über den Film nennt er ein warnendes Exempel dafür, diese neue Technik von Beginn an in den Dienst des Kommunismus zu stellen: »Wir müssen uns darauf vorbereiten, um diese Erfindung der kapitalistischen Welt zu ihrem eigenen Untergang werden zu lassen.« Deshalb verfolgt Vertovs Kunst »das Ziel, eine optische Verbindung zwischen den Werktätigen der ganzen Welt herzustellen«, denn nur so ist es möglich, »zu einer engen, unverbrüchlichen Verbindung miteinander zu kommen«.[12] Unter entgegengesetzten politischen Vorzeichen sehen die italienischen **Futuristen** das Fernsehen 1933 als Instrument einer faschistischen Medienmacht in der Hand der Künstler: »Wir verfügen nun über ein Fernsehen mit mehr als 50.000 Punkten für jedes große Bild auf einem großen Bildschirm. In Erwartung des Teletastsinns, des Telegeruchs und des Telegeschmacks perfektionieren wir Futuristen die Radiofonie, die

10 — Bertolt Brecht, *Werke*, Bd. 21, Schriften 1, Frankfurt/Main 1992, S. 553. **11** — Walter Benjamin, *Gesammelte Schriften*, Frankfurt/Main 1978ff., Bd. 1, 2, S. 497. **12** — Dziga Vertov, *Aufsätze, Tagebücher, Skizzen*, Berlin 1967, S. 114, 111.

dazu bestimmt ist, das schöpferische Genie der italienischen Rasse zu verhundertfachen, die gute alte Qualität der Entfernungen abzuschaffen.« Und ihr Führer Marinetti imaginiert schon zwei Jahre zuvor »Leinwände für das Fernsehen, die an eigenen Flugzeugen hängen«, um so allen Zuschauern die weit entfernte Flugvorführung der futuristischen »areopittura« zu zeigen.[13] Bald darauf findet der erste große öffentliche Auftritt des Fernsehens anlässlich der Olympiade in Berlin 1936 statt, deren Geschehen in 25 öffentliche Fernsehabspielstudios in Berlin übertragen wird. Diese von den Nationalsozialisten auch schon im Radio eingesetzte Möglichkeit zur Erweiterung von Massenveranstaltungen durch ihre synchrone Übertragung in das neue Medium entspricht weitgehend der futuristischen Utopie.

/

01./008 **Neubeginn am Nullpunkt ab 1950**

Die Utopien, welche die audiovisuellen Medien in ihrer Gesamtheit vor allem als neues künstlerisches Mittel verstanden, werden von der Realität überholt. Man könnte sagen, dass die Massenmedien nach dem Ende des 2. Weltkriegs endgültig ihre Unschuld verloren haben. Nach dem so genannten Jahr Null steht auch die künstlerische Entwicklung an einem Nullpunkt, von dem aus erst in den 1960er Jahren eine neue Entwicklung dessen beginnt, was heute üblicherweise als Medienkunst bezeichnet wird. Doch schon in den frühen 1950er Jahren lassen sich Beispiele für die neuen Haltungen gegenüber den audiovisuellen Medien ausmachen, welche diesen Nullpunkt zum Thema machen. Die Künstler sehen sich mit einem fest etablierten Mediensystem konfrontiert, dessen technische Möglichkeiten sich schneller entwickelt haben als die entsprechende Medienästhetik und das wenig Spielraum für Experimente lässt. Deshalb beziehen sich diese Ansätze implizit oder explizit auf die Medien als Gegenwelt zur Kunst. Anhand der drei Medien Radio, Fernsehen und Film werden dabei um 1951/1952 künstlerische Modelle vorgestellt, welche bereits prototypisch für die gesamte folgende Entwicklung sind. Drei Strategien werden hier noch in ihrer frühen, radikalen Reinform deutlich.

/ /

01./009 *Utopisch-emphatische Strategie: Lucio Fontana und das Fernsehen*

Die Einführung des Fernsehens in Italien gibt **Lucio Fontana** 1952 die erste Gelegenheit zu einer Generalprobe für die künstlerische Nutzung des Mediums mit einer Sendung über den von ihm begründeten ›Spazialismo‹. Das aus diesem Anlass verfasste »**Manifest des Spazialismus für das Fernsehen**« begrüßt das neue Instrument mit ähnlicher Emphase wie die italienischen Futuristen 20 Jahre zuvor, jedoch ohne deren politische Ambitionen: »Wir Spazialisten strahlen zum ersten Mal in der Welt durch das Fernsehen unsere neuen Kunstformen aus [...] Das Fernsehen ist ein von uns lange erwartetes künstlerisches Mittel, das unsere Konzeptionen integrieren wird. Wir freuen uns, dass dieses Manifest, das alle Bereiche der Kunst erneuern soll, vom italienischen Fernsehen

13 — »La Radia«, Futuristisches Manifest, Okt. 1933, siehe dazu: Friedemann Malsch, »Eine letzte (erste) Antizipation – Die Entdeckung des Fernsehens durch die italienischen Futuristen«, in: Edith Decker/Peter Weibel (Hg.), *Vom Verschwinden der Ferne, Telekommunikation und Kunst*, Köln 1990, S. 209–228. 14 — »Manifesto del movimento spaziale per la televisione«, in: Enrico Crispolti, *Fontana, Catalogo generale*, Bd. 1, Mailand 1986, S. 37, deutsch in: Decker/Weibel (1990), S. 66. 15 — Crispolti (1986), S. 36.

gesendet wird. Es stimmt, dass die Kunst ewig ist, aber sie war immer an die Materie gebunden. Wir dagegen wollen sie von dieser Fessel befreien, wir wollen, dass sie – selbst bei einer einzigen Minute Sendezeit – im Weltraum tausend Jahre lang dauern soll.«[14] Dem Manifest folgten jedoch keine weiteren künstlerischen Realisierungen, und weil diese einzige Sendung der Spazialisten live übertragen wurde, gibt es leider keine Aufzeichnung. Ganz im Sinne des Manifests bleibt die Ewigkeit dieses ersten Fernseh-Kunstereignisses also zukünftigen Betrachtern vorbehalten, die in den Fernen des Weltraums dereinst die Reste dieser Ausstrahlung empfangen mögen. Fontanas Anspruch ist als Utopie angelegt, er geht wie die Futuristen aufs Ganze: die Umnutzung des Fernsehens zu einem Instrument in den Händen der Künstler. Schon 1948 hatte Fontana im zweiten Manifest des ›Spazialismo‹ angekündigt: »Durch Radio und Fernsehen werden wir künstlerische Ausdrucksformen von ganz neuer Art ausstrahlen.«[15] Diese künstlerische Durchdringung des Raumes hat er dann seit 1949 durch die Perforation von völlig weißen Bildern, unter dem Titel »**concetto spaziale**«, und später ab 1953 in Lichtinstallationen mit Neonröhren visualisiert. Vielleicht war eine solche total utopische Haltung nur in einem vom Fernsehen noch weitgehend unberührten Land wie Italien möglich, da sie alle Aspekte des realen Wettbewerbs um zukünftige Märkte des Massenmediums, wie er zu dieser Zeit in den USA bereits voll im Gange ist, völlig ausblendet.

/ /

Rezeptiv-analytische Strategie: John Cage und das Radio 01/010

Statt auf der Seite der Sender findet **John Cage** in den USA den Freiraum für eine künstlerische Neudefinition des Mediums auf der Empfängerseite. In der Komposition »**Imaginary Landscape No. 4**« von 1951 sowie einigen weiteren Stücken setzt er das Radio als Musikinstrument ein. 24 Ausführende stellen nach den Anweisungen der Partitur an 12 Radios Lautstärke, Tonhöhe und Sender ein. Das Stück ist vier Minuten lang, und schon ein Jahr vor seinem berühmten, stillen Stück »**4'33"**« wird hier eine Überlagerung von zwei Zufallstrukturen eingeführt: Für die Komposition verwendet Cage Zufallskomponenten des chinesischen Orakels I Ging, und diese verbinden sich mit dem zufälligen Klangmaterial der Radiosender, die jeweils an Ort und Zeit der Aufführung auf den vorbestimmten Frequenzen zu empfangen sind. Cage verwirklicht so eines der ersten völlig »offenen Kunstwerke« unter Einsatz technischer Medien – übrigens noch bevor Umberto Eco 1958 diesen Begriff prägt.[16]

In der Tat setzt »Imaginary Landscape No. 4« in dreifacher Hinsicht einen Neuanfang im Werk von Cage: Es ist die erste Aufführung eines Stückes, bei der er das I Ging verwendet, und es ist die erste Verwendung von nicht vorherbestimmter Medieninformation.[17] Hier treffen sich zwei entgegengesetzte Ausgangspunkte von Cages Ansatz: Das uralte chinesische Orakel und die moderne amerikanische Medientechnik. Drittens führt »Imaginary Landscape No. 4« bereits die Stille als Kompositionselement ein.

16 — Umberto Eco verweist darauf, dass die Anregung für seine Thesen aus der Neuen Musik stammen, allerdings ohne John Cage zu erwähnen. Siehe Umberto Eco, *Das offene Kunstwerk*, Frankfurt/Main 1977, S. 23.

17 — Laut dem Cage-Werkverzeichnis der Editon Peters (New York 1962, S. 8, 36) findet die Uraufführung von »Imaginary Landscape No. 4« am 2. Mai 1951 statt, vor der von »Music of Changes« am 19. August 1951, letztere wird jedoch laut Cage zuerst verfasst, vgl. Richard Kostelanetz (Hg.), **John Cage im Gespräch**, Köln 1989, S. 62.

Denn Cage sagt, dass bei der Uraufführung von 1951 »fast kein Ton« zu hören war und ihm diese Tonlosigkeit des Stücks schon bei dessen Komposition bewusst war.[18]
Das Publikum von »Imaginary Landscape No. 4« erlebt ebenso wie bei »4'33"« vier Minuten gesteigerter Sensibilität, in denen das reine Lauschen an die Stelle des musikalischen Inhalts tritt, allerdings noch vermittelt über die als Instrumente eingesetzten 12 Radioapparate, welche die massenmediale Allgegenwart der Sender im Moment der Aufführung als ästhetisches Rohmaterial erfahrbar machen. Insofern könnte man in heutiger Terminologie sogar »4'33"« als ›unplugged‹ Version des Stücks für Radios bezeichnen. In beiden Stücken findet die Kunst nur noch auf der Rezeptionsseite statt, wobei in »4'33"« eine unmittelbare, physische Erfahrung die über das Radio vermittelte Erfahrung ersetzt. Alle Utopien von einer künstlerischen Nutzung der Senderkapazität des Massenmediums werden von Cage umgekehrt: Das Medium bleibt unverändert, nur unsere Wahrnehmung ändert sich. Vielleicht steht dahinter eine Ahnung von der Macht der Empfänger, die im Zeitalter des TV-Zappings und Web-Surfens immer stärker ihren eigenen Programmfluss aus dem vorhandenen Rohmaterial der Massenmedien bestimmen.[19]
//

01./011. *Kritisch-destruktive Strategie: Guy Debord und der Film*

Mit knapp 20 Jahren schließt sich **Guy Debord** der Bewegung des Lettrismus um Isidore Isou an, auf die er durch ihren Skandal bei den Filmfestspielen in Cannes 1951 aufmerksam wird. Sein erster eigener Beitrag zum lettristischen Film wird am 30. Juni 1952 in Paris uraufgeführt, doch schon nach zwanzig Minuten wegen Publikumsprotest abgebrochen. Denn »**Geheul für Sade**« (»**Hurlements en faveur de Sade**«) zeigt kein einziges Bild, sondern nur abwechselnd die hellweiße oder völlig dunkle Leinwand des Kinos. In den hellen Sequenzen sind gesprochene Dialoge zu hören, die dunklen Passagen sind ohne Ton. Erst am 13. Oktober 1952 wird durch einen Schutztrupp von Lettristen eine komplette Aufführung des eineinhalbstündigen Films erzwungen, bei dem das Publikum mit Versprechungen und Gewalt am Verlassen des Kinos gehindert wird und so auch in den Genuss des Endes mit 24 Minuten Dunkelheit und Stille kommt.[20]
Mit diesem ersten öffentlichkeitswirksamen Auftritt hat Debord schon die Richtung bestimmt, die ihn dann weg vom Lettrismus und hin zu seiner Gründung des Situationismus bringt. »Die Kunst der Zukunft wird eine Situationsumwälzung sein oder sie wird nichts sein«, lautet ein programmatischer Satz aus den Dialogen im Drehbuch.[21]
Zwar zeigt Debords Film ebenso wie Cages »4'33"« die Leere – aber nicht als meditativen Freiraum der Sensibilität, sondern als aggressive Verweigerung gegen jede Form des Spektakels. Diese radikale Kritik der Mediengesellschaft bildet dann den Mittelpunkt seiner Theorie der »Gesellschaft des Spektakels«, die zur Grundlage der 1968er-Bewegung wird. Sein noch 1992 erklärtes Ziel, »der spektakulären Gesellschaft zu schaden«, wird schon 40 Jahre zuvor in seiner filmischen Praxis deutlich.[22]

18 — Kostelanetz (1989), S. 115. **19** — Vgl. zur Typologie des Medienflaneuers: Daniels (2002), S. 189–205. **20** — Vgl. die Beschreibungen von Film und Aufführungen in: Roberto Ohrt, *Phantom Avantgarde*, Hamburg 1990, S. 41f; und in: Marcus Greil, *Lipstick Traces. Von Dada bis Punk*, Reinbek 1996, S. 320–327. **21** — Guy Debord, *Gegen den Film*, Hamburg 1978, S. 24.

//

Drei Medien – drei Strategien 01/012

Diese drei Urmomente der Medienkunst haben neben ihrer erstaunlichen Gleichzeitigkeit auch die Gemeinsamkeit, dass sie nur noch als Entwurf oder Erinnerung überliefert sind, weil ihre audiovisuelle Form verloren gegangen ist: Fontanas Sendung wird, wie damals im Fernsehen üblich, live ohne Mitschnitt ausgestrahlt. Von Cages Kompositionen mit Radios gibt es grundsätzlich keine Aufzeichnungen, weil sich laut Cage ebenso wie bei »4'33"« ihr Sinn nur im Hier und Jetzt ihrer Aufführung erschließt. Debords Film gilt als verschollen, nur verschiedene Versionen des Drehbuchs sind erhalten.[23]

Die thesenhaften Setzungen dieser drei künstlerischen Interventionen lassen sich vielleicht auch auf den Entwicklungsstand des jeweiligen Mediums um 1952 beziehen, indem sie die Chronologie der Technikentwicklung von hinten aufrollen: Der Film ist schon so durchorganisiert und kommerzialisiert, dass er nur noch eine radikale Anti-Haltung zulässt, wie sie der Experimentalfilm und die Videokunst dann in der Folge mehrfach vorexerziert haben. Das Klangmaterial des Radios erscheint noch als umformbar, es kann de-konstruiert und re-kombiniert werden, auch diese Strategie wird dann zum Programm der künstlerischen Arbeit mit Found Footage bis hin zum Sampling der Techno-Musik. Nur an das Fernsehen, das scheinbar ein neues, noch offenes Feld für die zukünftige Kunst anbietet, heften sich noch utopische Hoffnungen, die aber schon bald von der TV-Realität herbe entäuscht werden.[24]

Diese drei Strategien, die hier noch in konzeptueller Reinform auftreten, finden dann ab den 1960er Jahren ihre Fortsetzung, Ausdifferenzierung und Weiterentwicklung in den vielfältigen Formen der Medienkunst, die dabei immer im Spannungsverhältnis zur technischen und gesellschaftlichen Medienentwicklung stehen.

22 — Guy Debord, *Die Gesellschaft des Spektakels* (1967), Berlin 1996, S. 10. 23 — Dieser Text diente als Grundlage für die deutsche filmische Rekonstruktion von Alina Viola Grumiller und Roberto Ohrt 2001. 24 — Vgl. das Kapitel **»Fernsehen – Kunst oder Antikunst?«**. 03-02

Media → Art / Art → Media

Forerunners of media art in the first half of the twentieth century

/

Dieter Daniels

/

01./101 Media replace art—art responds to media

Over the past 150 years the audio-visual media (photography, film, radio, TV, multimedia) have gradually taken over an area of human perception that used to be reserved for the classical arts and their various genres (painting, music, theater). Photography was invented in 1839 and expanded to mass status at a lightning pace, further boosted by new printing technology in the second half of the nineteenth century. Film rapidly rose to become an industry with wide-ranging influence all over the world in the early twentieth century, and radio almost exploded into being in the 1920s—which all shows the power wielded by these distribution and production instruments. Then from the 1960s television became the mass medium, hence the coining of the term. Only in the 1990s did it start to have some competition from the Internet and the multimedia platforms linked with it.

Each of the audio-visual multimedia technologies raises new aesthetic questions. This is true in two respects: the first is inherent in the medium (e.g. various forms of montage in photography, film and the digital image media), secondly in the overall cultural context, i.e. how the medium relates to existing media and art forms. The death of painting was first proclaimed when photography was invented, and this cry was heard again in relation to film when television came along. Yet people are still painting and making films today. But the established art and media forms respond to subsequent developments: since Impressionism at the latest, but also in Cubism and Surrealism, painting demonstrates precisely those physiological and psychological aspects that elude photography. In contrast with the fragmented, highly vocal babbling mass of information offered by television, the cinema emphasizes the complete, emotionally binding story. And artists' videos and performances confront the perfection of industrial images with the fractures and disturbances of a new authenticity.

So both avant-garde and mainstream have greatly affected each other in terms of both media technology and aesthetics since the early days of Modernism. The radical conclusion to be drawn from this is: «All modern art is media art.»[1]

/

01./102 Why do artists use media?

Let us first of all look at these complex mutual effects from the artists' point of view. They have two decisive reasons for using media. The first motive lies in modern art's loss of wide-ranging impact, a fact that is as profoundly felt as it is clearly acknowledged. Since

1 — Dieter Daniels, **Kunst als Sendung. Von der Telegrafie zum Internet**, Munich, 2002, p. 165. Cf. there for the beginning of the interplay between modernity and mediatization in Baudelaire and Manet. 2 — Cf. ibid., p. 232. 3 — Walter Benjamin, «The Work of Art in the Age of Mechanical Reproduction,» in *Illuminations. Walter Benjamin. Essays and Reflections*, Hannah Arendt (ed.), Harry Zohn (trans.), New York, 1969. 4 — Cf. *Video Culture. A Critical Investigation*, John G. Hanhardt (ed.), New York, 1990. 5 — Walter Ruttmann, «**Malerei mit Zeit**,» in *Walter Ruttmann. Eine Dokumentation*, Jeanpaul Goergen (ed.), Berlin, 1989, p. 74. 6 — Kurt Weill, «Möglichkeiten absoluter Radiokunst,» in id., *Gesammelte Schriften*, Berlin, 1990, p. 195.

the emergence of the avant-garde in the late nineteenth century, and at the latest in the early twentieth century with the arrival of abstraction and Cubism, advanced art ceased to be generally acceptable to the contemporary population's aesthetic «common sense.» The use of new technologies like film and radio, which are potential mass media, is associated with the hope that the avant-garde can be released from its self-imposed isolation so that «art and the people can be reconciled with each other,» as Guillaume Apollinaire put it in 1912 in the conclusion of his book on Cubism.[2]

This hope is expressed in early programmatic demands for the artistic use of media like film, radio and television, for example **Dziga Vertov**'s and **Walter Ruttmann**'s designs for a new film art, **Bertolt Brecht**'s radio theory, or the Futurists' Manifesto for television («**La Radia**» 1930). Here mass art becomes a political program under such completely opposing ideologies as the Russian Revolution and German and Italian Fascism. Walter Benjamin's epoch-making 1936 essay «**The Work of Art in the Age of Mechanical Reproduction**»[3] also addresses the social and political ineffectuality of the avant-garde and for the first time provides an all-embracing theoretical basis for a concept of art that is changed by the media: art should get over the limited quality of the manually produced original by using technical media, thus reaching a new audience and mobilizing that audience socially. These basic ideas, communicated when they were revived in the 1960s in media-theory essays from Marshall McLuhan to Hans Magnus Enzensberger, greatly influenced the development of media art.[4] They act as leitmotifs for the pioneering days of video art, experimental film and audio art.

The second central motive for artistic work with audio-visual media lies in their aesthetic potential to create image and sound experiences that have never been seen or heard before, in other words art forms that go beyond all known genres. Thus in 1919 Walter Ruttmann designed «an art for the eye that differs from painting in that it is time-based (like music). ... And so a type of artist will emerge who is quite new and previously only latently in existence, placed somewhere between painting and music.» And this new art «can definitely expect to reach a considerably wider audience than painting has.»[5] This idea takes on concrete form in the absolute films made in the 1920s by Ruttmann, Viking Eggeling, Hans Richter and others. Kurt Weill produced an equivalent idea for «absolute radio art» in 1925, in which «an army of new, unheard sounds that the microphone could produce artificially» was to make possible something like «an absolute, soulful work of art, floating above the earth.»[6]

These new approaches to media aesthetics were conceived from the outset as a reaction to the increasingly technological nature and media acceleration of everyday perception.[7] This second motive also continues today in artists' analyses and deconstruction[8] of mass media. Examples extend from **William Burroughs**' literary cut-up via **Nam June Paik**'s

7 — This is Ruttmann writing about the «tempo of our times: telegraph, express trains, shorthand, photography, rapid presses, etc., as such not to be seen as artistic achievements, have led to a hitherto unknown speed in conveying intellectual results. This rapid acquisition of familiarity means that individuals are constantly inundated with material that the old methods cannot handle... . This is also the reason for our despairing helplessness in the face of phenomena in fine art. The eye, which in intellectual matters is increasingly forced to consider events in time, no longer knows how to tackle the rigid, reduced timeless forms of painting. »Walter Ruttmann, «**Malerei mit Zeit,**» op.cit., p.74. Cf. text on «**Technological Constructions of Space-Time.**» 8 — Cf. text on «**Social Technologies.**»

remix of TV images to **Dara Birnbaum**'s systematic analysis of TV semiotics and to the representation of how the Internet is subtly commercializing our language in **Heath Bunting**'s «**_readme**» Net Project.

/

Forerunners of media art

/ /

01./103 *Manifestos and utopias*

Even before artists started to work with the media, their motives and possible goals were formulated in manifestos and utopian drafts, some going well beyond the state of the technology available at the time. In many ways, these theses anticipate the broad artistic practice of media art that has been underway since the 1960s. These text excerpts documented online in «Media Art Net» can be read as the first formulation of the thematic focal points that are reflected in other texts included in this media art overview. In detail, the following can be said to be the forerunners as far as the following texts are concerned: * Luigi Russolo, «**The Art of Noise,**» 1913, cf. text on «**Audio Art**» * Walter Ruttmann, «**Malerei mit Zeit,**» circa 1919–20, cf. text on «**Technological Constructions of Space-Time**» * Bertolt Brecht, «**Radio as Communication Apparatus,**» 1930; cf. for audience participation the texts on «**Interaction, Participation, Networking**» and «**Audio Art**» * Dziga Vertov, «**Cinema Pravda and Radio Pravda,**» 1925; cf. for mass effect the text on «**Television — Art or Anti-art?,**» and for the globalization aspect the text on «**Social Technologies.**» * F.T.P. Marinetti, Pino Masata, «**La Radia,**» 1933; cf. for mass effect the text on «**Television — Art or Anti-art?**» * Velimir Khlebnikov, «**The Radio of the Future,**» 1921; cf. for telecommunications the text on «**Interaction, Participation, Networking**» * László Moholy-Nagy, «**Das simultane oder Polykino,**» 1927; cf. the text on «**Immersion and Interaction.**» * James Joyce, «**Finnegans Wake,**» 1938; cf. the text on «**Virtual Narrations.**»

/ /

01./104 *From utopia to practice*

Even in the 1920s, these manifestos and utopias led to concrete technical experiments and early works, some of which were possible only because of the artists' enormous commitment. Here questions of aesthetics and feasibility are very closely linked. There were no adequate industrial devices available to the pioneers for carrying out their ideas. They had to become inventors and handymen to make their utopias visible and audible. **Russolo** built his «**Intonarumori**» himself; Vertov wore himself out vainly trying to make sound montages using gramophone records before finding his way into film montage; **Ruttmann** built a film camera and even had it patented. Then in the mid 1920s, concepts emerged in and around the Bauhaus for cooperation between artists and technicians with support from industry, and with results that might possibly lead to real products.

The first light-art demonstrations by Ludwig Hirschfeld-Mack and Kurt Schwerdtfeger took place in the Bauhaus itself, and their primitive but effective mechanisms were manually operated by students. In contrast with this, **László Moholy-Nagy**'s «**Licht-Raum-Modulator**» (Light-Space Modulator) was driven by electric motors, but its engineering perfection served only aesthetic purposes. However, transferring such large-scale light projections to a «simultaneous polycinema,» which would anticipate even the immersion offered by virtual reality art forms, remained an unrealized project.[9]

/

From the 1920s to the 1960s 01/105

This development of early forms of today's media art was radically interrupted by the Second World War, and was not taken up again until the 1960s. But there is a considerable difference between the 1920s utopias and post-war practice: in the 1920s, film and radio were still generally seen as potential art forms, as though they were a continuation of art history by other means.[10] But in the 1960s, there was an increasing sense of resignation about what were now called «the mass media,» and considered a lost cause for culture. Individual artists were working on alternative models so that they could win the media back at least symbolically, but without in any way being able to change the commercially and politically slanted media as a whole. The thesis «all modern art is media art» (see above p.26) was thus radically and pointedly re-emphasized from the 1960s: all media art is anti-media art.

/ /

Politicization and propaganda in the 1930s 01/106

This radical change of attitude can be traced back to the 1930s, when artists started to address the increasing use of the media as political instruments. With respect to radio, as early as 1932 **Bertolt Brecht** was demanding to «change this apparatus over from distribution to communication.»[11] Walter Benjamin pins his hopes on a new, political function for art, above all in film: «Mechanical reproduction of art changes the reaction of the masses toward art. The reactionary attitude toward a Picasso painting changes into the progressive reaction toward a Chaplin movie.»[12] But these ideas for a revolutionary social role for the media greatly underestimate the powerful economic and direct political constraints under which the new technologies were developing. Hopes for an emancipatory function for the media were quickly dashed by their propaganda use under Fascism and Stalinism in Germany, Italy and the USSR. Here artists from the pioneering days like Ruttmann, Vertov, Eisenstein and the Italian Futurists devoted themselves to political propaganda. The 1920s pioneers who emigrated to the USA had very little opportunity to continue their experimental work, but like Brecht or Fischinger found that all the media formats there were just as heavily commercialized.

/ /

9 — Cf. later works of light art such as those by e.g. **Zero**, **James Turrell**. 10 — Typical of this are the titles of two publications by Rudolf Arnheim, Film als Kunst (Film as Art, 1932) und *Rundfunk als Hörkunst* (written in 1933, published in exile in English in 1936 as *Radio: An Art of Sound*). 11 — Bertolt Brecht, «The Radio as an Apparatus of Communication» (1932), reprinted in *Video Culture. A Critical Investigation*, op. cit., p. 53. 12 — Walter Benjamin, «The Work of Art in the Age of Mechanical Reproduction,» op. cit., p. 234.

01./107 *The ideologization of utopia*

Fascism's aestheticization of politics, as described by Walter Benjamin, corresponds with an ideologization of utopias as seen in the earliest artistic ideas for television, which was still in an experimental phase at the time. For **Vertov**, film and radio are just intermediate steps towards a new art form, the «radio eye.» He was anticipating television as early as 1925: «In the shortest possible time now, it will be possible for man to broadcast visual and acoustic phenomena, recorded by a film radio camera, all over the world.» He used the media industry's dominance of film as a warning that this new technology should be devoted to the service of Communism from the outset: «We must be prepared to make this invention by the capitalist world into its own downfall.» For this reason, Vertov's art «aims to create a visual link between the workers of the entire world,» as that is the only possible way «of achieving a close, inviolable connection with each other.»[13] In the opposing political camp, the Italian **Futurists** see television in 1933 as an instrument of Fascist media power in the hands of the artists: «We now possess a television of fifty thousand points for every large image on a large screen. As we await the invention of teletouch, telesmell and teletaste we Futurists are perfecting radio broadcasting which is destined to multiply a hundredfold the creative genius of the Italian race, to abolish the ancient nostalgic torment of long distances.»[14] And two years prior to this, their leader Marinetti imagines «screens for television suspended from their own aircraft,» to show all the spectators the distant flying presentation of the Futurist «areopittura.»[15] Soon after this, television made a major public début at the 1936 Berlin Olympics, which were broadcast from twenty-five public television studios in Berlin. The National Socialists had already used the radio to exploit this possibility of extending the impact of mass events by broadcasting them simultaneously in the new medium, an idea that largely fits in with the Futurist utopia.

/

01./108 **A fresh start from 1950 onwards**

The utopias that the audio-visual media saw primarily as new artistic resources were overtaken by reality. It could be said that the mass media had finally lost their innocence by the end of the Second World War. After the «Stunde Null» (the zero hour), the moment of the fresh start after the war, artistic developments were at a zero point as well, and it was not until the 1960s that new developments started in what we now usually call media art. But even in the early 1950s it is possible to discern new attitudes to the audio-visual media that made this zero point into a theme. The artists were confronted with a firmly established media system whose technical resources developed more quickly than the corresponding media aesthetics, and it was a system that left very little scope for experiments. For this reason, these approaches relate implicitly or explicitly to the media as a counter-world to art. Using the three media radio, television and film, artistic

13 — Dziga Vertow, *Aufsätze, Tagebücher, Skizzen*, Berlin, 1967, pp. 114, 111. 14 — «La Radia,» Futurist Manifesto, October 1933, reprinted in *Wireless Imagination. Sound, Radio and the Avantgarde*, Douglas Kahn/ Gregory Whitehead (eds.), Cambridge, MA, 1992, pp. 265f. 15 — Cf. Friedemann Malsch, «Eine letzte (erste) Antizipation—Die Entdeckung des Fernsehens durch die italienischen Futuristen,» in *Vom Verschwinden der Ferne, Telekommunikation und Kunst*, Edith Decker/ Peter Weibel (eds.), Cologne, 1990, pp. 209–228.

models were introduced around 1951–52 that are already prototypes for all subsequent developments. Three strategies emerge clearly here in their early, radically pure form.

/ /

The utopian-emphatic strategy: Lucio Fontana and television 01/109

The introduction of television in Italy gave **Lucio Fontana** his first opportunity in 1952 to hold a dress rehearsal for the artistic use of the medium with a program about the «Spazialismo» that he had founded. The **«Spatialist Manifesto for Television»** that arose from this welcomes the new instrument with similar emphasis to that shown by the Italian Futurists, but without their political ambition: «We Spatialists are broadcasting our new art forms to the world for the first time through the medium of television... Television is an artistic device we have been awaiting for a long time, and it will integrate our concepts. We are pleased that this manifesto, which is intended to revivify all realms of art, will be broadcast by Italian television. It is true that art is eternal, but it has always been bound to matter. We want to liberate it from these shackles, we want it to last in space for a thousand years—even if only a single minute is broadcast.»[16] But the manifesto was not followed by any other artistic realizations, and because this broadcast by the Spatialists, their only one, went out live, there is unfortunately no recording of it. And so, entirely in the spirit of the manifesto, this first television art event's eternal quality remains reserved for future viewers, who may some day receive the remains of this broadcast in the faraway realms of outer space. Fontana's claims are utopian; he is going the whole hog, like the Futurists: television is to be changed into an instrument in the hands of the artists. Fontana had pronounced as early as 1948, in the second «Spazialismo» manifesto: «We will broadcast artistic forms of expression of a quite new kind, by means of radio and television.»[17] He then made this artistic penetration of space visible in 1949 by cutting through completely white images (**«Concetto spaziale»**) and later, from 1953, in light installations using neon tubes. Perhaps a totally utopian approach of this kind was possible only in a country like Italy, which was still largely untouched by television, as it completely fails to take account of all aspects of the real competition for future markets in the mass medium, which was already completely underway in the USA at the time.

/ /

The receptive-analytical strategy: John Cage and radio 01/110

In the USA, **John Cage** found scope for a new definition of the medium deriving from receivers, rather than broadcasters. In his 1951 composition **«Imaginary Landscape No. 4»** and some other pieces he used the radio as a musical instrument. The score instructs twenty-four performers to select volume, tone and station on twelve radios. The piece is four minutes long, and here, a year to come before his famous silent piece «4'33"» Cage makes two random structures overlap: for the composition he uses incidental

16 — «Manifesto del movimento spaziale per la televisione,» in *Fontana, Catalogo generale*, Enrico Crispolti (ed.), vol. 1, Milan, 1986, p. 37. **17** — Ibid., p. 36.

components from the Chinese oracle «I Ging» combined with incidental sounds from the radios; sounds that are in the air have to be received on the predetermined frequencies according to the time and location of the production. Thus Cage is realizing one of the first fully «open artworks» using technical media—incidentally, even before Umberto Eco coined this term.[18]

In fact, «Imaginary Landscape No. 4» represents a fresh start in Cage's work in three respects: it is the first performance of a piece in which he uses the «I Ging,» and it is the first use of media information that is not entirely predetermined.[19] The two different starting-points adopted by Cage meet: the ancient Chinese oracle and modern American media technology. Thirdly, «Imaginary Landscape No. 4» also uses silence as a compositional element: Cage says that «almost no sound» was to be heard at the 1951 premiere, and that he was aware of the soundless quality of this piece even while writing it.[20]

As with «4'33",» the audience of «Imaginary Landscape No. 4» experienced four minutes of heightened sensitivity in which musical content is replaced by pure listening, though still mediated through the twelve radios used as instruments, allowing the mass media omnipresence of the broadcasting stations to be experienced as aesthetic raw material at the time of performance. In today's terminology, it would be possible to speak of «4'33"» as an ‹unplugged› version of the piece for radio. The art takes place only on the part of the recipient in both pieces, though in «4'33"» direct physical experience replaces the radio-mediated experience.

Cage turns all utopias involving artistic use of the broadcasting capacity of the mass medium upside-down: the medium remains unchanged, only our perception changes. Perhaps there is a suggestion of the power of the recipients in this: they increasingly define their own program flow from the available raw material in this age of TV zapping and web surfing.[21]

/ /

01./111 *The critical-destructive strategy: Guy Debord and film*

At the age of just under twenty, **Guy Debord** attached himself to the Lettrist movement around Isidore Isou, which attracted his attention because of the scandal they caused at the 1951 Cannes Film Festival. His first contribution to Lettrist filmmaking premiered in Paris in 1952, but it was stopped after twenty minutes because of protests from the public. This was because «**Hurlements en faveur de Sade**» did not contain a single image, but simply alternated between a brightly-lit, white and completely dark cinema screen. Spoken dialogue could be heard in the light sequences; the dark passages were completely without sound. It was not until October 13, 1952 that a troop of Lettrists successfully insisted on a complete performance of the one-and-a-half-hour film. This time the audiences were prevented from leaving the cinema by promises and violence, and so finally came to enjoy the end with its twenty-four minutes of darkness and silence.[22]

18 — Umberto Eco points out that the idea for his postulate came from New Music, but without mentioning John Cage by name. Cf. Umberto Eco, *Das offene Kunstwerk*, Frankfurt/Main, 1977, p. 23. 19 — According to the Edition Peters catalogue of Cage's work (New York, 1962, pp. 8, 36) the premiere of «Imaginary Landscape No. 4» took place on May 2, 1951, before that of «Music of Changes» on August 19 that same year, but Cage wrote the latter work first. Cf. Richard Kostelanetz (ed.), *Conversing with Cage*, New York, 1988, p. 64. 20 — Ibid., p. 161. 21 — For the typology of the media flâneur cf. Daniels (2002), op. cit., pp. 189–205.

So Debord had already defined the direction which was to take him away from Lettrism and on to his foundation of situationism in his first effective public appearance: «The arts of the future will be violent upheavals in situations, or nothing» says a programmatic sentence from the dialogue in the screenplay.[23] Like Cage's «4'33",» Debord's film also rejects any form of spectacle. This radical critique of the media society then became the cornerstone for his theory of the «Society of the Spectacle,» which was to form the basis of the 1968 movement. His aim of «harming the spectacle society,» which he was still proclaiming in 1992, is already clearly present in his cinematic work forty years earlier.[24]
/ /

Three media, three strategies 01/112

These three archetypical examples of media art have two things in common: their astonishing simultaneity and the fact that they have survived only as drafts or memories, because they have been lost in audio-visual form: Fontana's broadcast went out live, without being recorded, as was customary at the time. There were no recordings of Cage's compositions with radios on principle, because according to Cage, as for «4'33"» they had meaning only in the here and now of their performance. Debord's film is thought to be lost; only various versions of the screenplay have survived.[25]

The theses put forward by these three artistic interventions can perhaps also be related to the state of development of each of the media concerned around 1952, in that they turn the chronology of technical development back to front: the film is already so well organized and commercialized that the only possibility left is a radical anti-approach of the kind that was later demonstrated in experimental work and video art. Radio's sound material still seems open to manipulation; it can be deconstructed and recombined, and this strategy too then becomes part of the artistic work program, from ‹found footage› to rave music's sampling. Only television, which seemed to offer a new field that was still open for the art of the future, still has utopian hopes clinging to it, though they were soon to be bitterly disappointed by TV reality.[26]

These three strategies, presented here in their pure conceptual form, are thus continued, differentiated and developed further from the 1960s in the many media art forms that exist in a state of tension with technical and social media development.
/

Translation by Michael Robinson

22 — Cf. the description of film and performances in Roberto Ohrt, *Phantom Avantgarde*, Hamburg, 1990, pp. 41f., and in Greil Marcus, *Lipstick Traces. Von Dada bis Punk*, Reinbek, 1996, pp. 320–327. 23 — Guy Debord, *Gegen den Film. Filmskripte (Contre le Cinema 1964)*, Hamburg, 1978, p. 26. 24 — Guy Debord, *La Société du Spectacle*, Paris, 1967, preface to the 1992 edition). 25 — This text was the basis for a cinematic reconstruction in German by Alina Viola Grumiller and Roberto Ohrt in 2001. 26 — Cf. the text **«Television—Art or Anti-art?»** □-02

02/001-021
02/101-121

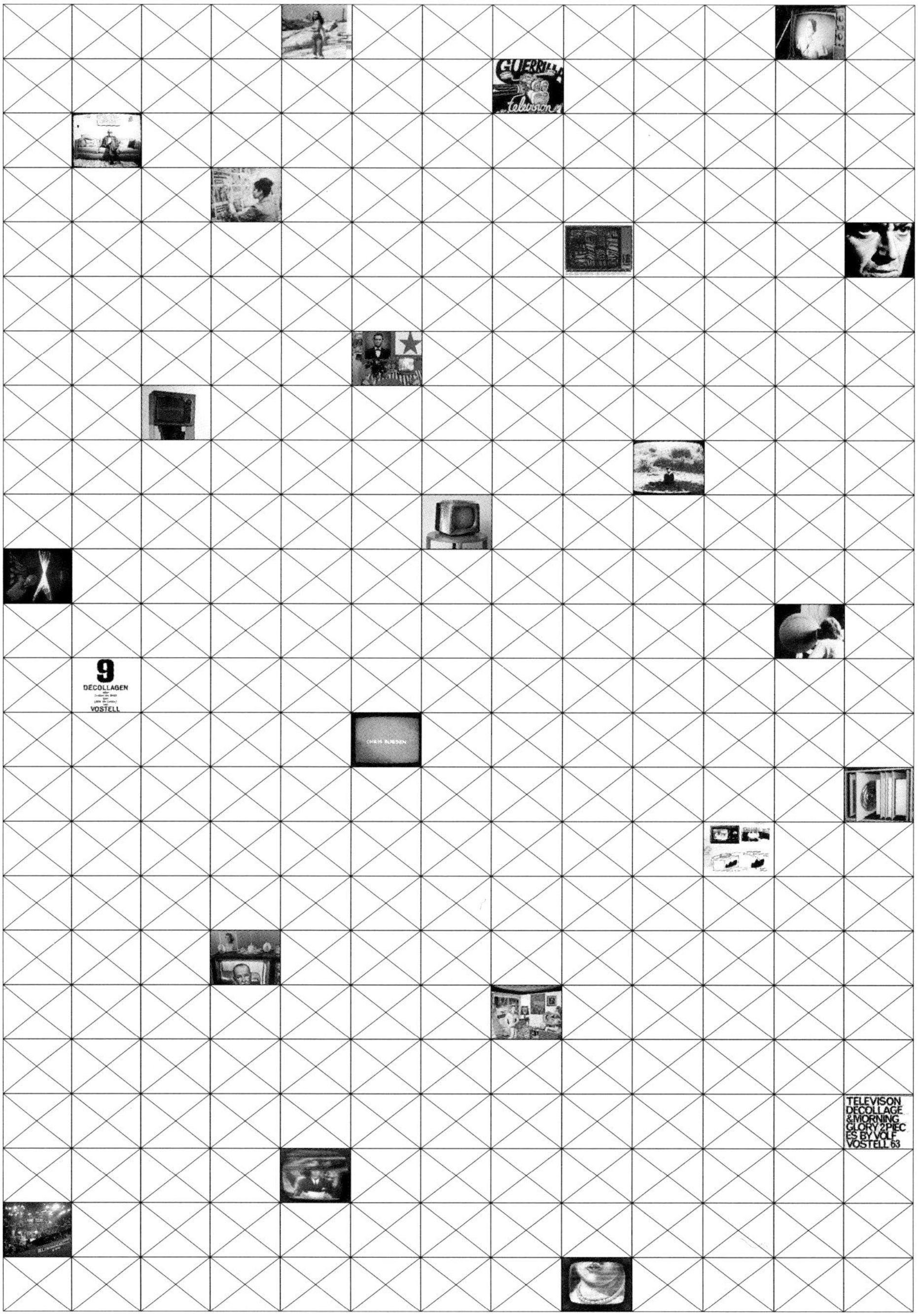

Fernsehen – Kunst oder Antikunst?

Konflikte und Kooperationen zwischen Avantgarde und Massenmedium in den 1960er/1970er Jahren

/

Dieter Daniels

/

Weltmacht Fernsehen

02./001

In den 1960er Jahren wird das Fernsehen weltweit zum beherrschenden Massenmedium, dessen meinungsbildende Macht die Presse und das Radio übertrumpft. Zeitgleich entsteht auch der heutige Begriff ›Massenmedium‹, wie sich am Sprachgebrauch auch ohne eingehende etymologische Untersuchung ablesen lässt. Presse, Radio und Film gelten zwar ebenfalls als Massenmedien, doch nur das Fernsehen scheint, den Begriff als Synthese von deren Wirkungen umfassend zu verkörpern. Er hat dabei tendenziell eine negative Konnotation, die sich deutlich von der Begeisterung unterscheidet, mit der in den 1920er Jahren das Radio begrüßt wurde. In der Tat ist das Fernsehen vom Standpunkt der Künste aus das hoffnungsloseste Medium. Seine Entstehung verläuft in den durch die fest etablierten Massenmedien Film und Radio vorgeprägten Bahnen. Es gibt kaum eine Phase der Offenheit und kreativen Suche nach der Bestimmung des Mediums. Die einzige Alternative, die sich stellt, ist die zwischen dem privatwirtschaftlichen Prinzip der Filmindustrie beziehungsweise amerikanischen Radioindustrie und dem staatlich kontrollierten Modell der europäischen Radiosender. Dies war schon vor der Einführung des Fernsehens absehbar, wie die entsprechende These Rudolf Arnheims im Schlusskapitel seines Buchs zum Radio von 1933 belegt.[1] Das hindert David Sarnoff, Chef der Radio Corporation of America, nicht daran, 1939 in seiner emphatischen Rede zum Beginn des amerikanischen TV-Programms von der »Geburt einer neuen Kunst« zu sprechen, welche »in einer krisengeschüttelten Welt als Fackel der Hoffnung leuchtet«[2].

Seit den 1920er Jahren ist die Entwicklung der Radio- und Fernsehlandschaft in den USA und Europa sehr verschieden verlaufen. Während in den USA von Anfang an das Feld den kommerziellen, werbefinanzierten Sendern gehört, hat in Europa zumeist der Staat die Oberhoheit über das Programm, mit dem sowohl politischer Einfluss als auch hohe kulturelle Zielsetzungen verknüpft werden. Dieser Konflikt zwischen Kommerz und Kultur reicht bis in die Debatten der 1980er Jahre über die Einführung des Privatfernsehens in Europa, und er endet mit dem weltweiten Siegeszug des amerikanischen Modells. Die Einschaltquote wird damit zum einzigen Kriterium für Erfolg oder Scheitern, und die spricht von Anfang an für die Kommerzialisierung. In den USA sieht die durchschnittliche Familie in den 1960er Jahren schon circa fünf Stunden TV täglich, dabei gibt es je nach Region eine Auswahl von mehr als zehn Programmen rund um die Uhr, seit 1957 zunehmend auch in Farbe. Demgegenüber ist Europa noch TV-Entwicklungsland.

1 — Rudolf Arnheim, *Rundfunk als Hörkunst*, Frankfurt/Main 2001, S. 172ff. (verfasst 1933, erschienen 1936 im Exil auf Englisch). 2 — Sarnoff in: Douglas Davis/Allison Simmons (Hg.), *The New Televison: a public/private Art*, Cambridge/MA, London 1977, S. 3.

In Deutschland steht den Zuschauern bis 1963 nur ein einziger Kanal in Schwarzweiß während der Abendstunden zur Verfügung. Dennoch kann man ab 1965 davon ausgehen, dass bei mittlerweile 10 Millionen Fernsehgeräten mit statistisch je 2,5 Zuschauern »das ganze deutsche Volk schon jetzt vom Fernsehen erreicht wird«[3].

/

02/002 Ein Medium ohne Kunst

Fernsehen ist das effizienteste Reproduktions- und Distributionsmedium der Menschheitsgeschichte, aber es hat im zurückliegenden halben Jahrhundert kaum etwas ausgebildet, was als eine dem Medium eigene Kunstform bezeichnet werden könnte. Die Differenz zwischen High und Low hat sich hier nie so wie im Film verankern können. Es gibt keine Form der TV-Hochkultur, die als bleibendes Kulturgut betrachtet würde, das für zukünftige Epochen zu bewahren sei.[4] Die einzige Ausnahme ist der seit den 1980er Jahren entstandene Musicclip, der in ausgewählten Beispielen mittlerweile auch zu höchsten musealen Ehren im Kunstkontext kommt. Die Musicclips werden oft als Fortsetzung der Avantgarde des ›absoluten Films‹ der 1920er Jahre bezeichnet. Diese in einzelnen Fällen durchaus berechtige Analogie darf aber nicht darüber hinwegtäuschen, dass sie primär Werbung im Dienst der Musikindustrie sind und von daher nicht zur Geschichte der modernen Kunst gehören, es sei denn, deren Status absoluter Autonomie würde mit Anbruch der Postmoderne hinfällig. Denn bezeichnenderweise bildete gerade MTV in den 1980er Jahren die Speerspitze des Vormarschs des kommerziellen TVs nach US-Vorbild gegen das europäische, öffentlich-rechtliche Modell und dessen staatlich verankerten Kulturauftrag.

Aus all diesen Gründen hat das Fernsehen viel weniger Anstoß zu kulturellen oder gar künstlerischen Utopien gegeben als das Radio und der Film seit den 1920er Jahren. Mit einer noch von der Erfahrung des Mediums ungetrübten Emphase wird es nur vor seiner Einführung begrüßt, so von den Futuristen 1933 (»**La Radia**«) und von **Lucio Fontana** 1952. Anfang der 1950er Jahre finden sich zur Einführung des Fernsehens in Europa zwar Ansätze zu einer Debatte über seinen möglichen Kunstcharakter. Aber vor allem in Deutschland führen viele Autoren bereits im Titel ihrer Veröffentlichungen so prätentiös den Begriff ›Kunst‹ ins Feld, als sei er die universelle Waffe gegen die Medienskepsis, zu welcher sowohl die amerikanische Kommerzialisierung als auch die nationalsozialistische Propaganda Anlass geben, die sich schon 1935 rühmte, den ersten regelmäßigen Fernsehsender der Welt zu betreiben.[5] Als sollte all das ungeschehen gemacht werden, heißt es voll zweck-optimistischer Zuversicht im ersten bundesdeutschen Fernsehjahr 1953: »Das Fernsehen ist schon heute eine Kunst. Es wird mit Gewissheit die Kunst von morgen sein.«[6] Hingegen rechnet Adorno aufgrund seiner amerikanischen Erfahrungen das Fernsehen schon 1953 anlässlich seiner bundesdeutschen Einführung zum »Schema der Kulturindustrie«, denn es »treibt deren Tendenz, das

3 — Josef Othmar Zöllner (Hg.), *Massenmedien – die geheimen Führer*, Augsburg 1965, S. 179. 4 — Das materialreiche Katalogbuch, *Fernsehen in der bildenden Kunst seit 1879*, Wulf Herzogenrath u. a. (Hg.), Dresden 1997, behauptet eine Kontinuität, die nicht existiert, ignoriert aber zugleich die künstlerische Bedeutung des Radios. 5 — Vgl. Herbert Kutschbach, »Das Fernsehbild zwischen Technik und Kunst«, in: *Rufer und Hörer 7*, Heft 8, 1953; Franz Tschirn, »Kunst im Bildschirm«, in: *Rufer und Hörer 6*, 1951/1952, S. 574–576.

Bewusstsein des Publikums von allen Seiten zu umstellen und einzufangen, als Verbindung von Film und Radio weiter. [...] Die Lücke, welche der Privatexistenz vor der Kulturindustrie noch geblieben war, solange diese die Dimension des Sichtbaren nicht allgegenwärtig beherrschte, wird verstopft«.[7]

Der gesellschaftliche Einfluss des Fernsehens bildet auch ein zentrales Thema für den Beginn der Medientheorie in den 1960er Jahren. Marshall McLuhan prognostiziert das Ende des Gutenberg-Zeitalters durch die audiovisuellen Medien, eine These, die er vor allem durch seine eigenen häufigen Radio- und TV-Auftritte ebenso illustriert wie belegt. Umberto Eco widmet den Schluss seines Buchs über das »**offene Kunstwerk**«[8] der Fernseherfahrung bei Live-Sendungen, in denen er eine strukturelle Verwandtschaft zu den nicht vordeterminierten ›offenen‹ Kunstformen seiner Zeit sieht. So wie das amerikanische und europäische Mediensystem weisen auch diese beiden Theorien der Kunst eine unterschiedliche Rolle zu: Für McLuhan bestimmt der medientechnische Fortschritt im wesentlichen ihre Entwicklung, indem er zuvor nur künstlerisch erahnte neue Darstellungsformen zur Machbarkeit bringt. Für Eco dagegen bietet die Kunst das Modell einer selbstbestimmten Alternative zur Fremdbestimmtheit durch die Macht der Medien.

/

Drei Zeitfenster

Im Folgenden zeigen drei Momentaufnahmen aus drei Dekaden exemplarisch die Entwicklung der Beziehung von Kunst und Fernsehen. Dabei werden sowohl verschiedene künstlerische Haltungen wie die Veränderungen der Medienlandschaft deutlich. Schon in den 1950er Jahren stecken Lucio Fontana, **John Cage** und **Guy Debord** mögliche künstlerische Positionen gegenüber Fernsehen, Radio und Film ab, die von totaler Begeisterung bis zu radikaler Ablehnung reichen.[9] Um 1963–1964 erproben dann **Nam June Paik**, **Wolf Vostell** und weitere Künstler erstmals praktisch die Kunsttauglichkeit des Fernsehens mit primitiven Mitteln, noch ganz ohne Videotechnik und ebenso ohne Unterstützung der Sendeanstalten. 1968–1969 entstehen die ersten von Künstlern gestalteten Sendungen, ab 1970 verschiedene Modelle der Zusammenarbeit mit den Fernsehanstalten.

Erstaunlich ist die weitgehende Synchronität dieser Schritte. In allen drei Zeitfenstern finden die Entwicklungen an verschiedenen Orten gleichzeitig statt, ohne dass die Beteiligten voneinander wissen. Diese Synchronität findet sich sowohl in der Technikentwicklung wie der Kunstgeschichte schon seit dem 19. Jahrhundert. Die Fotografie und die elektrische Telegrafie werden um 1840 von mehreren Erfinder fast gleichzeitig entwickelt, ebenso entstehen um 1910 die abstrakte Malerei oder um 1920 der absolute Film in mehreren Künstlerateliers unabhängig voneinander. »Es gibt Stunden im Denken der Menschheit, in denen eine bestimmte Idee gleichzeitig an verschiedenen Orten, sozusagen endemisch auftaucht«, schreibt der Fotograf Nadar, als er 1855 sein Verfahren für

6 — Gerhard Eckert, *Die Kunst des Fernsehens*, Hamburg 1953, S. 102. Der Autor hat noch 1941 den Bd. *Der Rundfunk als Führungsmittel* verfasst, in dem er die nationalsozialistische Radiopropaganda theoretisch begleitet.
7 — Theodor W. Adorno, »Prolog zum Fernsehen«, in: *Rundfunk und Fernsehen* 2, 1953, zit. nach: ders., *Gesammelte Schriften*, Bd. 10.2, Frankfurt/Main 1996, S. 507. 8 — Umberto Eco, *Das offene Kunstwerk*, Frankfurt/Main 1977.
9 — Siehe das Kapitel »**Medien → Kunst, Kunst → Medien**«.

Luftbilder aus dem Ballon patentieren lässt und feststellt, dass diese Idee gleichzeitig von einem Wissenschaftler namens Andraud in einem Buch beschrieben wird: »Daher auch der Ausdruck: Der Gedanke lag in der Luft.«[10]

/

I → Erstes Zeitfenster 1962–1964: Der Kampf mit der Fernseh-Kiste

/ /

02./004

Der Fernsehapparat als Kunstmaterial

Die Entwicklung intermedialer Kunstformen lässt in den 1960er Jahren enge Verbindungen zwischen Kunst, experimentellem Theater und dem zum **Expanded Cinema** gewordenen Film entstehen. Video spielt dabei bis gegen Ende der 1960er Jahre nur eine untergeordnete Rolle, denn erst 1965 bringt SONY den Portapak als erste für Privatpersonen erwerbbare Videoausrüstung auf den Markt. Welche Möglichkeit besteht in dieser Situation für einen Künstler, mit dem Medium Fernsehen zu arbeiten? Die Chance, als Einzelner das Recht zur Gestaltung einer ›TV-Kunst‹ - Sendung zu erhalten, ist ausgesprochen gering. Erst ab 1968–1969 erhalten in den USA und Deutschland Impulse der Videokunst Eingang in das Fernsehen. Künstler befinden sich also großteils in der gleichen Rolle wie fast alle anderen Menschen: der des Zuschauers. Diese Situation wird von mehreren Künstlern zum Thema gemacht, indem sie das Fernsehgerät, so wie es zuhause in der guten Stube steht, zum Ziel ihrer Attacke oder Transformation machen. Im Folgenden soll die Entstehung dieser künstlerischen Auseinandersetzung mit dem TV-Bild an einer Schlüsselstelle um 1962–1964 verfolgt werden.[11]

Diese Anfänge der Medienkunst stehen dabei durchweg unter viel bescheideneren Prämissen als alle utopischen oder politischen Forderungen der ersten Hälfte des Jahrhunderts: Künstler arbeiten nicht mit dem Fernsehen als Sendeanstalt und Institution, sondern nur mit dem Endgerät, dem Fernsehapparat. So wie in **Richard Hamiltons** Collage »**Just what is it, that makes today's home so different, so appealing**« von 1956 ist das Fernsehen eine unter vielen anderen neuen Bereicherungen des modernen Heims. Die Künstler sind also nur ›exemplarische Zuschauer‹, sie arbeiten mit der Fernseh-Kiste als Symbol für das gesamte Massenmedium, und statt selbst Sendungen zu machen, verarbeiten sie das normale TV-Progamm. Hier geht es also nicht mehr darum, das Fernsehen zu einem Instrument der Kunst zu machen; sein institutioneller Status als Mediensystem bleibt unangreifbar, Künstler können es lediglich modellhaft auf der Rezeptionsseite verändern. Nicht Fontanas[12] emphatisch-utopische, sondern Cages[13] rezeptiv-analytische Haltung ist der Vorläufer für die folgenden Beispiele. Wie schon 1951–1952 besteht auch 1962–1964 eine erstaunliche Synchronität, obwohl die Künstler meist unabhängig voneinander und auf verschiedenen Wegen zur Arbeit mit dem Fernsehen kommen. Alle im Folgenden genannten Beispiele zeigen, dass die Künstler schon mit dem elektronischen TV-Bild arbeiten, bevor die Industrie ab Mitte der 1960er

10 — Nadar, *Als ich Photograph war*, Bern/Zürich 1978, S. 84. **11** — Vgl. speziell für die deutsche Situation Dieter Daniels, »**Kunst und Fernsehen - Gegner oder Partner?**«, in: Rudolf Frieling/Dieter Daniels, *Medien Kunst Aktion. Die 60er und 70er Jahre in Deutschland*, Wien/New York 1997, S. 60–67. **12** — Siehe das Kapitel »**Medien → Kunst, Kunst → Medien**«. **13** — Siehe das Kapitel »**Medien → Kunst, Kunst → Medien**« zu John Cage.

-01./009
-01./010

Jahre die ersten erschwinglichen Videogeräte auf den Markt bringt. Die Kunst wartet also nicht auf den Fortschritt der Medientechnik, sondern greift zu ihren eigenen Mitteln, um sich mit dem beherrschenden Massenmedium der Zeit auseinander zu setzen.

/ / /

Von Cage zu Paik und von der Musik zur interaktiven Kunst: 02/005

Allgemein gilt **Nam June Paik** heute als Vater der Videokunst. Sein Weg führt vom Studium der klassischen Musik in Korea und Japan über die Entdeckung Arnold Schönbergs zu **John Cage** und dem Interesse an elektronischer Musik schließlich zur Arbeit mit dem elektronischen Bild. Seine erste wichtige Aufführung mit dem Titel »**Hommage à John Cage – Musik für Tonbänder und Klavier**«[14] findet 1959 in der Galerie 22 von Jean Pierre Wilhelm in Düsseldorf statt, wo ein Jahr zuvor auch Cage aufgetreten ist. Die Verbindung von Cage und Paik liegt in ihrem gemeinsamen Interesse an zufallsbestimmten Kreationsprozessen, welche mithilfe neuer Techniken, darunter auch der Elektronik, die Rolle der menschlichen Intention und des Ideals der künstlerischen ›Idee‹ hinterfragen.[15]

Zwei Beispiele können dies verdeutlichen: Cage verwendet in seiner ersten Tonbandkomposition »**Williams Mix**« von 1952 zufallsbestimmte Prozesse zur Komposition einer grafischen Partitur, nach der dann acht Tonbandspuren mit generierten und gefundenen Geräuschen geschnitten und montiert werden. Cage verlässt also das etablierte Zeichensystem der europäischen Musiknotation, um mit dem neuen Medium Tonband Klang als Material handhabbar zu machen, so dass durch grafische Strukturen eine musikalische Komposition entsteht. Paik entwickelt dieses Prinzip in seinen Stücken zum Thema »**Random access music**« von 1963 weiter. Er verwendet auch mehrere Tonbandspuren mit vorgefundenen Klängen, lässt diese jedoch nicht durch das Tonbandgerät laufen, sondern klebt sie nebeneinander und übereinander auf eine Unterlage. Während Cage mit der Software des auf Band aufgezeichneten Tonmaterials arbeitet, greift Paik in die Hardware des Geräts ein und löst den Tonkopf aus dem Apparat, so dass der Besucher per Hand die verschiedenen Tonspuren abfahren kann. Im individuellen Zugriff des ›random access‹ entsteht eine jeweils neue Klangfolge ohne bestimmten Anfang oder Ende. Das Gerät für lineare, möglichst originalgetreue Wiedergabe von Musik wird umfunktioniert zu einem Instrument der Interaktion mit dem musikalischen Rohstoff. Während Cage den Musikern und den Geräuschen des Umfelds einen wesentlichen Anteil an seinen Stücken einräumt, baut Paik eine interaktive Installation, deren Klänge nunmehr völlig ohne kompositorische Vorgabe erst durch die Mitwirkung der Besucher entsteht. Auf vergleichbare Weise greift Paik die rezeptiv-analytische Strategie von Cages Komposition für Radioapparate von 1951 auf und überträgt sie auf das Fernsehen, geht dabei aber einen entscheidenden Schritt weiter, von der partizipativen Rezeption zur kreativen Interaktion des Publikums.[16]

14 — Siehe Nam June Paik, »**Brief an Dr. Steinecke**« (1959), Wiederabdruck in: Frieling/Daniels (1997), S. 36–38. 15 — Vgl. Dieter Daniels, »Der Dualismus von Konzept und Technik in Musik und Kunst von Duchamp und Cage bis zur Konzeptkunst«, in: Christoph Metzger (Hg.), *Conceptualisms*, Berlin 2003. 16 — Vgl. die Kapitel »**Medien → Kunst, Kunst → Medien**« und »**Interaktion, Partizipation, Vernetzung**«.

/ / /

02/006 *Paiks »Participation TV«*

Paiks erste wichtige Ausstellung »**Exposition of Music – Electronic Television**« findet vom 11.–20. März 1963 in den Räumen der privaten Galerie Parnass des Wuppertaler Architekten Jährling statt. Schon der Titel zeigt den Übergang von Paik dem Musiker zu Paik dem Bildkünstler an, der sich über die Erweiterung der genannten Tonbandstücke zu Arbeiten mit dem Fernsehen vollzieht. In der über das ganze Haus bis in die Privaträume verteilten Ausstellung ist das Zimmer mit zwölf modifizierten TV-Geräten von den damaligen Besuchern oft nur en passant wahrgenommen worden. Erst im Rückblick von heute aus ist hier einer der entscheidenden Startpunkte der späteren Videokunst zu erkennen. Dies darf jedoch nicht vergessen lassen, dass das ganze Unternehmen wesentlich komplexer ist. Vier präparierte Klaviere, mehrere Schallplatten- und Tonbandinstallationen, mechanische Klangobjekte und ein frisch geschlachteter Ochsenkopf über dem Eingang gehören zu dem nur zehn Tage jeweils zwei Stunden abends von halb acht bis halb zehn geöffneten Ereignis. »Am Eröffnungsabend kommen fast nur Freunde der Beteiligten, an den weiteren Abenden fast niemand.«[17] Dennoch haben die zwanzig Stunden dieser Ausstellung das Jahr 1963 zur Stunde Null der Kunstgeschichtsschreibung zur Videokunst gemacht – und das, obwohl hier keinerlei Videogeräte zum Einsatz kommen.

Die abendlichen Öffnungszeiten richteten sich nach den Sendezeiten des damals einzigen deutschen Fernsehprogramms, da nur dann auf den TV-Geräten ein wie auch immer modifiziertes Bild zu sehen war.[18] Das zeigt, wie wichtig Paik selbst diese vom Publikum und der Presse kaum gewürdigten Fernsehexperimente sind. Die gebrauchten Fernseher verschiedener Fabrikate und verschiedenen Alters sind ›at random‹ im Raum verteilt. Vom Fluxuskünstler Tomas Schmit, der am Ausstellungsaufbau mitarbeitet, stammt die beste Beschreibung der unterschiedlichen elektronischen Modifikationen:

»ausgangsmaterial ist das normale fernsehprogramm, was allerdings bei den wenigsten geräten noch zu erkennen ist. (die verschiedenen komplizierten eingriffe, die paik an den inneren organen des tvs vorgenommen hatte, entziehen sich dem verständnis des elektrolaien und meinem; ich versuche, die resultate zu beschreiben): einer der fernseher zeigt ein negatives und überdies laufendes bild. bei einem ist das bild um die senkrechte mittelachse des bildschirms gewissermaßen zu einer walze zusammengerollt. bei einem ist es um die waagerechte moduliert. beim laut paik kompliziertesten fall rücken drei unabhängige sinusschwingungen den parametern des bildes zu leibe. die zweiergruppe: der untere ist waagerecht gestreift, der obere ist senkrecht gestreift. [...] beim **zen tv** läuft mitten über den bildschirm eine einzige senkrechte, weiße linie. einer liegt auf dem gesicht und zeigt sein programm dem parkett (paik heute: ›der war kaputt.‹).

[...] bei vieren sind die manipulationen so, daß obendrein von außen eingespeistes

17 — Tomas Schmit, »**Exposition of Music**«, in: *Nam June Paik, Werke 1946–76*, Kölnischer Kunstverein, Köln 1976, S. 69. 18 — Gespräch des Autors mit Paik, New York 1999.

das bild bestimmt oder beeinflusst: einer ist an einen vor ihm liegenden fußschalter angeschlossen; drückt man den, führen die kurzschlüsse des kontaktvorgangs dazu, daß ein feuerwerk von augenblicklich wieder verlöschenden lichtpunkten über den bildschirm spritzt. einer hängt an einem **mikrofon**; spricht jemand rein, sieht er ein ähnliches jedoch kontinuierliches punktefeuerwerk. am weitesten geht der **kuba tv**; er ist an ein tonbandgerät angeschlossen, das ihm (und uns) musik einspeist: parameter der musik bestimmen parameter des bildes. schließlich (im obergeschoß) der one point tv, der mit einem radio verbunden ist; er zeigt in der mitte des bildschirms einen hellen punkt, dessen größe sich nach der jeweiligen lautstärke des radioprogamms richtet [...].«[19] Der chaotische Eindruck des TV-Ensembles täuscht also, insofern das Ganze eher einer Laborsituation mit verschiedenen Versuchsaufbauten als einer klassischen Ausstellung gleicht. Cage hat mit dem ›präparierten Klavier‹ das Instrument der europäischen Musiktradition und das Symbol des gutsituierten Bürgerhauses einer Transformation und Befreiung unterzogen. Paiks Umgang mit dem Fernsehen, das in den 1960er Jahren als teuerstes Möbel im Heim die Nachfolge des Klaviers antritt, ist ebenso anarchisch und befreiend, aber zugleich sehr differenziert und medienspezifisch. Mit den jeweiligen Modifikationen zeigt Paik verschiedene mögliche Haltungen des Zuschauers gegenüber dem Fernsehen, die vom Meditationsobjekt (»**Zen for TV**«) bis zum Interaktionsobjekt reichen. Auch wenn Künstler nicht selbst zu TV-Machern werden, so können sie doch modellhaft neue Umgangsweisen mit dem Medium zeigen. Paiks Idee des »participation TV«[20], welches dem Betrachter statt passivem Konsum aktive Teilnahme erlaubt, weist voraus bis zur heutigen Diskussion über Interaktivität und Multimedia als Massenmedien des 21. Jahrhunderts.[21]

Das deutsche öffentlich-rechtliche Fernsehen war an solchen Vorschlägen für die Zukunft des Mediums nicht interessiert und hat von Paiks Ausstellung keine Notiz genommen. Der Zufall will aber, dass kurz danach, am 1. April 1963, das ZDF in Deutschland seinen Betrieb aufnimmt und somit der Zuschauer erstmals die Möglichkeit zur Auswahl zwischen zwei Progammen erhält – vorausgesetzt er hat seinen Fernseher mit der entsprechenden Set-Top-Box aufgerüstet. Man bedenke, dass bis dahin zumindest in Deutschland die einzige Interaktion des Zuschauers mit dem TV-Bild die Bedienung des An/Aus-Schalters war.

/ / /

Vostells TV-Decollage 02/007

Wolf Vostells erste öffentliche Ausstellung von TV-Arbeiten findet vom 22. Mai – 8. Juni 1963 in New York statt, also nur zwei Monate nach Paiks Wuppertaler Projekt. Die private, nicht-kommerzielle Smolin Gallery präsentiert laut Einladung »**Wolf Vostell & Television Decollage & Decollage Posters & Comestible Decollage**«. Entsprechend besteht die Ausstellung, ähnlich wie bei Paik, aus mehreren Teilen, die Vostell folgender-

19 — Tomas Schmit, »**Exposition of Music**«, in: *Nam June Paik, Werke 1946–76*, Kölnischer Kunstverein 1976, S. 69–70 (Schreibung im Original). **20** — Vgl. Nam June Paik, »**Projekte für elektronisches Fernsehen**«, Wiederabdruck in: Frieling/Daniels (1997), S. 76. **21** — Vgl. den Text von Nam June Paik, »**Medienplanung für das nachindustrielle Zeitalter – Bis zum 21. Jahrhundert sind es nur noch 26 Jahre**« (1974), Wiederabdruck in: Frieling/Daniels (1997), S. 236–238. Siehe auch das Kapitel »**Interaktion, Partizipation, Vernetzung**«. 03–09

maßen auflistet: »6 TV Geräte mit verschiedenem Programm / Das Bild ist decollagiert – 6 Schmelzungen / Töpfe mit Plastikflugzeugen die durch die Hitze zerfliessen – 6 gegrillte Hühnchen auf einer Leinwand / vom Publikum aus dem Bild zu essen – 6 Chicken Incubators / auf Leinwand / am Tag der Ausstellung sollen die Kücken entschlüpfen – jeder erhält eine Ampulle mit Flüssigkeit, mit der er Illustrierten verwischen kann.«[22] Besagte Ampulle mit Lösungsmittel wurde den Besuchern bei der Eröffnung überreicht, und Fotos zeigen, dass dieses Angebot zur »**Do it yourself Dé-collage**« von auf die Wand gehängten Zeitschriften regen Zuspruch erhielt. Dieses Verfahren wird von Vostell selbst in seinen bildnerischen Arbeiten verwendet und verweist auf den Ursprung des Begriffs ›Decollage‹, der von Vostell in den 1950er Jahren geprägt wird, als sein Werk noch von Plakatabrissen in der Nachfolge von Hains, Villeglé und Rotella bestimmt wird. Im Unterschied zur neue Sinnschichten schaffenden Collage ist die ›Decollage‹ ein aggressiver Akt durch Abreißen, Verwischen und Stören von vorgefundenen Bildstrukturen, seien dies Plakatwände, Zeitschriften oder Fernsehbilder.

Kurz vor Eröffnung der Ausstellung findet am 19. Mai 1963 das ebenfalls von der Smolin Gallery organiserte YAM Festival in New Brunswick statt, wo Happenings und Aktionen von Dick Higgins, Chuck Ginnever, **Allan Kaprow**, Yvonne Rainer, Wolf Vostell und **La Monte Young** aufgeführt werden. Vostells Aktion heißt »**TV Burying**« und in ihrem Verlauf wird die Mattscheibe bei laufendem Programm mit Sahnekuchen beworfen, ein altes Ölbild durchstochen und vor das TV-Bild gehängt. Dann wird das Gerät in einer symbolischen Krönung mit Stacheldraht umwickelt sowie mit Putenschnitzeln bestückt und schließlich die Flimmerkiste in einem mit Pressluftbohrer und Schippe ausgehobenen Grab beerdigt.[23] Die Assoziationen reichen vom Slapstick der Kuchenschlacht bis zu deutlichen Anklängen an die religiöse Darstellung der Kreuzigung und Grablegung.

Sowohl bei der Ausstellung als bei der Aktion wird Vostells direkter Bezug des TV-Bildes auf das Tafelbild deutlich. Die ›Decollage‹ wird gleichermassen auf Plakatwände, Zeitschriften, Leinwandbilder und das TV-Bild angewandt. Noch deutlicher zeigt sich die enge Verbindung von Vostells TV-Arbeiten mit der Malerei in seinen ersten Konzepten für Fernseh-Stücke, die von ihm selbst mit abweichenden Angaben auf 1958 oder auf 1959 datiert werden: »Saubere weiße Leinwand – dahinter 5 Fernsehgeräte montiert verschied. Größen – Fernsehen stößt an Leinwand – In Fernsehapparate werden Störeffekte eingebaut so daß es ständige Veränderungen gibt.«[24] Zusammen mit einer knappen Skizze dient diese Notiz als Grundlage für mehrere spätere Realisierungen wie sie unter

22 — Otto F. Walter / Helmut Heissenbüttel (Hg.), *Vostell, Happening & Leben*, Neuwied / Berlin 1970, S. 293.
23 — Der Ablauf ist auf einer Fotoserie von Peter Moore gut nachzuvollziehen. Eine Notiz von Barbara Moore gibt folgende Zusammenfassung: »The TV was changed 3 times 1. The voice [that] 1st spoke was Salvador Dali. He described his art and the symbols involved. 2. Next was Cooper the astronaut who will visit N.Y. next week. 3. Next was commercials of TV between broken picture. Al Hansen tried to help and got his hands cut on barbed wire. The cake frosting stuck and was smeared on the window. The hole in the painting showed static and different broken sound. Wonderful image of a big man with pneumatic drill. TV is buried after 1 hr.« (nicht datierter Zettel im Archiv Sohm, Staatsgalerie Stuttgart) Siehe auch Vostells nach dem Ereignis im Juni 1963 veröffentlichte Partitur »Televison Decollage & Morning Glory«, 3rd Rail Gallery (Hg.), New York. Hier weist Vostell auch darauf hin, dass während der Performance zufällig Dali im Fernsehprogramm erschien.
24 — Vostell (1970), S. 324, als Faksimile aus Vostells Notizbuch, hier ohne Hinweis auf eine Realisierung

anderem in der großen Vostell-Retrospektive 1992 als »**TV-Décoll/age no. 1**« ausgestellt wird. Der Schnitt durch die unberührte Leinwand der Malerei macht den direkten Bezug zu **Lucio Fontanas** »**Concetto spaziale**« mehr als deutlich. Im Unterschied zu Fontanas Blick ins Ungewisse ahnt Vostell jedoch schon, dass uns hinter der durchbrochenen Fläche der Malerei das Flimmern des elektronischen Bildes erwartet. Offen bleibt, ob Vostell das **Manifest** Fontanas zum Fernsehen kannte. Der destruktive Impuls von Vostells TV-Decollage setzt jedoch eher **Debords** Medienkritik fort, die auch nicht davor zurückschreckte, das Publikum mit ihrer Botschaft zu terrorisieren.[25] Vostell inszeniert bei dem Happening »**Nein - 9 Decollagen**« in Wuppertal dann 1963 sogar die rituelle Erschießung eines laufenden Fernsehapparats vor Publikum. Bei einer weiteren Station des als Rundfahrt organisierten Events werden die Teilnehmer in ein Kino geführt, auf dessen Leinwand ein Film mit einer TV-Decollage läuft, begleitet von einem Sirenenheulen, während auf dem Boden des Kinos regungslose Menschen liegen. Dieser Film »**Sun in your head**« kann als erste künstlerische Arbeit mit aufgezeichneten Bewegtbildern des Fernsehens gelten. Aber wie steht es mit Vostells Behauptung: »Ich bin der erste Künstler in der Welt, der seit 1958 Fernsehgeräte für Bilder nutzt«?[26]

/ / /

Paik oder Vostell? 02./008

Wie gesagt, kommen um 1962–1964 mehrere Künstler parallel auf die Idee, den Fernsehapparat als Kunstmaterial einzusetzen. Die Frage ›Wer war der Erste?‹ trifft nicht den Punkt, es geht wie auch in vergleichbaren Fällen solch erstaunlicher Synchronität eher um einen Blick auf die Differenzen und den gemeinsamen, zeitbezogenen Kontext. Eine besondere Konkurrenzsituation besteht allerdings zwischen Paik und Vostell, weil beide einander kannten und es nicht auszuschließen ist, dass hier eine Idee übernommen wurde. Zu dieser Frage sei hier nur Folgendes bemerkt: Paik hat zweifelsfrei als Erster seine TV-Arbeiten ausgestellt. Er hat an diesen Stücken circa ein Jahr im Vorfeld gearbeitet, sie aber in seinem ›geheimen Atelier‹ versteckt gehalten, damit ihm niemand zuvorkommt.[27] Paik und Vostell wussten von ihren ähnlichen Ideen und Paik verweist im Beiblatt zur »**Exposition of Music - Electronic Television**« von 1963 auf »Vostells Idee (Décollage Fernsehen)«. Inwieweit Vostell aber schon 1958 oder 1959 Ideen und Skizzen für TV-Stücke entwickelte und vor allem, in wie weit er diese auch realisierte, bleibt schwer zu beurteilen.[28] Auf alle Fälle hat er vor seinem Besuch von Paiks Wuppertaler Ausstellung keinerlei Hinweise auf seine TV-Konzepte veröffentlicht, was ihm in seiner selbst verlegten Zeitschrift »Dé-collage« ohne weiteres möglich gewesen wäre.[29]

bezeichnet als »Projekt 1959«. 25 — Vgl. das Kapitel »**Medien → Kunst, Kunst → Medien**« zu Debord. CD-01./011 26 — Interview mit Vostell von 1977 in: William Furlong, *Audio Arts*, Leipzig 1992, S. 64. 27 — Siehe Interview mit Nam June Paik von Dieter Daniels, *Kunstforum International*, Bd. 115, Sept./Okt. 1991, S. 207–210. Vostell war schon im Februar 1963 auf Einladung Paiks in dessen geheimem Atelier zu Gast, siehe Edith Decker, *Paik. Video*, Köln 1988, S. 49. 28 — Auch der Fluxus-Künstler George Brecht entwirft bereits 1959 ein nicht realisiertes Konzept für eine Installation mit Fernsehgeräten, die unmittelbar von Cages Arbeit mit Radioapparaten inspiriert ist. Vgl. Dieter Daniels, »Fragen zur Geschichte der Videokunst - eine Fußnote aus George Brechts notebook von 1959«, in: *Kunstforum International*, Bd. 115, Sept./Okt. 1991, S. 225–229. Und: Dieter Daniels (Hg.), *George Brecht, Notebooks I–III*, Köln 1991, Bd. III, S. 69. 29 — Edith Decker hat zu der Frage der Priorität Paik - Vostell umfangreiche Recherchen unternommen, die sich wie ein kunsthistorischer Krimi lesen. Vgl. Edith Decker, *Paik. Video*, Köln 1988.

Inhaltlich betrachtet ist klar, dass Vostells Arbeit mit dem Fernsehen eng an seine bildnerische Arbeit angebunden bleibt und er keine differenzierten Eingriffe in die Elektronik des Geräts vorgenommen hat, sondern nur mit der Störung des TV-Bildes durch äußere Eingriffe oder den Wechsel von Programmen arbeitet – wobei ihm aufgrund der größeren Programmvielfalt in den USA laut seiner Partitur immerhin 13 Sender zur Auswahl stehen. Strategisch betrachtet, war Vostells Platzierung seiner Ereignisse in New York, mitten in der aufbrechenden Kunstszene der 1960er Jahre, gewiss geschickt. Dagegen hat Paiks Wuppertaler Ausstellung nur ein sehr begrenztes Publikum erreicht. Kurz danach wechselt Paik auch nach New York, wo er ab 1965 beginnt, mit Video zu arbeiten.[30] Neben dem Zugriff auf die neueste Technik war für ihn maßgeblich, dass man etwas, das man in Europa veranstaltet hat, in der Kunstmetropole New York noch einmal machen müsse, um die Aufmerksamkeit der Kunstwelt zu erreichen.[31] Statt der von Vostell aufgegriffenen destruktiven Strategie Debords setzt Paik auf eine Erweiterung der rezeptiven Strategie Cages zu einer produktiven Arbeit mit dem Medium.

/ /

02/009 **Parallele Konzepte – der Fernsehapparat als Kunstobjekt bei Wesselmann, Uecker, César, Isou, Gerstner**

Paik und Vostell sind nicht die Einzigen, die sich um 1962–1964 mit dem Fernsehgerät als Kunstobjekt befassen. Einerseits überrascht dabei die Parallelität in der Arbeit von Künstlern, die nichts voneinander wussten, andererseits ist aufschlussreich, wie unterschiedlich die jeweiligen Kontexte sind, in denen diese Arbeiten entstehen.

/ / /

Tom Wesselmann

Tom Wesselmann baut 1962/1963 in einige seiner Pop-Art-Gemälde funktionierende TV-Geräte ein. Diese Gegenüberstellung von gemaltem Interieur und realen Objekten wie Telefon, Heizkörper oder Radio verwendet er auch in mehreren anderen Arbeiten, bis hin zu einem Objektkasten, der durch eine echte weibliche Brust zu komplettieren ist. In »**Great American Nude # 39**« von 1962 liegt ein gemalter weiblicher Akt zwischen realem TV und einem Fenster mit realer Jalousie. Wesselmann zeigt Fernsehen als Teil des amerikanischen Alltagslebens, als etwas, das man nicht gezielt betrachtet, sondern das nebenher läuft und ebenso zum Interieur gehört wie die Möbel und die Bilder an der Wand. Trotz des bewegten Bildes nennt er deshalb einige dieser TV-Gemälde Stillleben, am bekanntesten ist das »**Still Life # 28**« von 1963. Das Bild ist übervoll mit amerikanischer Symbolik und das Porträt von Präsident Lincoln an der Wand trifft auf das aktuelle Geschehen auf der Mattscheibe.[32] Hier sei heute der Ort der Politik, scheint das Bild zu sagen, denn 1960 gewinnt Kennedy gegen Nixon die Präsidentschaftswahl unter anderem, weil er im TV-Rededuell den besseren Eindruck macht.

30 — Siehe Nam June Paik, »**Elektronischer Videorecorder**« (1965), Wiederabdruck in: Frieling/Daniels (1997), S. 129. 31 — Paik im Gespräch mit dem Autor, Wiesbaden 1991. 32 — Ein weiteres Bild aus dieser Serie »Still Life # 31«, ebenfalls von 1963, stellt das TV einem Porträt von Präsident George Washington gegenüber. 33 — Ausstellung in der »Galerie d« von Rochus Kowallek, Frankfurt/Main 1963. Laut Uecker entstanden zu dieser Zeit drei überarbeitete Fernseher sowie ein Klavier nach diesem Prinzip der Übernagelung, zum Teil zusätzlich mit Überweißungen (Uecker im Telefonat mit dem Autor vom 20.8.1996). 34 — Zu den Filmen des Lettrismus und ihrer Vorbildrolle für Debord siehe: Greil Marcus, *Lipstick Traces.*

/ / /

Günther Uecker

Im gleichen Jahr 1963 bearbeitet **Günther Uecker** ein Fernsehgerät, »**TV 1963**«, indem er es mit einer Übernagelung sowie weißer Farbe versieht. Das Objekt ist Teil einer Ausstellung mit dem Titel »Sintflut der Nägel« bei der Uecker das Mobilar eines ganzen Wohnzimmers übernagelt. In einer TV-Sendung des Hessischen Rundfunks aus diesem Anlass wird Uecker gezeigt, wie er das TV-Gerät nagelneu erwirbt, um das gute Stück dann der künstlerischen Behandlung zu unterziehen.[33] Aus dem technischen Konsumfetisch Fernsehen wird dabei ein Objekt, das an primitive Rituale erinnert, wie sie beispielsweise mit afrikanischen Nagelfetischen ausgeführt werden.

/ / /

César

Eine ebenfalls skulpturale Umwidmung der Fernseh-Kiste nimmt **César** in dem Stück »**Télévision**« von 1962 vor. Er entkleidet einen Fernseher seines Gehäuses, um ihn auf eine Schrottskulptur zu setzen. Das Ganze wird mit einer Plexiglashaube abgedeckt, die Löcher für die Antenne, den Lautsprecher und die Bedienungsknöpfe hat. Ganz im Sinne von Pierre Restanys Manifest des Nouveau Réalisme wird die Idee des Readymade auf die Wunder der modernen Zivilisation übertragen.

/ / /

Isidore Isou

Aus dem gleichen Jahr 1962 stammt ein TV-Objekt von **Isidore Isou**, dem Begründer des Lettrismus, das den Titel trägt: »**La télévision dechiquetée ou l'anti-crétinisation**« (»Das zerstückelte Fernsehen oder die Anti-Idiotisierung«). Die etwas zu Unrecht in Vergessenheit geratene Bewegung des Lettrismus hat in den frühen 1950er Jahren viele Entwicklungen der konzeptuellen und intermedialen Kunst der 1960er Jahre vorweggenommen. Isou proklamiert 1951 die Zerstörung des Films, welche er mit eigenen Montagefilmen auch in die Tat umsetzt und damit den Skandal hervorruft, der den jungen Debord zum Lettrismus bringt.[34] Am bekanntesten wird die Bewegung durch die lettristische Hypergrafie, eine Zeichenschrift ohne Bedeutung, die in vielem die Entwicklung von Comics und Werbung vorwegnimmt. In seinem TV-Objekt setzt Isou dem Bildschirm eine Schablone mit solchen hypergrafischen Elementen vor und macht durch diese schlichte Geste die Mattscheibe zu einem Reservoir ständig neuer Zeichen, die aus der Überlagerung von hypergrafischer Matrix und laufendem Bild entstehen. Wesentlich ist, dass sowohl César als Isou ihre TV-Objekte im März 1962 in Paris ausstellen.[35]

/ / /

Karl Gerstner

Eine komplexere optische Veränderung des laufenden TV-Bildes nimmt der Schweizer

Von Dada bis Punk, Reinbek 1996, S. 312ff.; Roberto Ohrt, *Phantom Avantgarde*, Hamburg 1990, S. 27ff.
35 — Isous TV-Objekt »wurde im Pariser Museum für Moderne Kunst ausgestellt und dann zerstört«. *Lettrism and Hypergraphics – The Unknown Avant-Garde*, 1949–1985, Jean-Paul Curtay (Hg.), Franklin Furnace, New York 1985. Die Abbildung des rekonsturierten Objekts stammt aus *Flash Art*, No. 145, March/April 1989. Césars TV-Objekt ist ebenfalls im März 1962 in Paris in der Ausstellung »Antagonismes II – l'objet« des Musée des Arts Décoratifs ausgestellt. Edith Decker (1988, S. 48, S. 57) weist nach, dass Vostell diese Ausstellung besucht und hier Césars TV-Objekt gesehen hat.

Künstler, Grafikdesigner und Werbefachmann **Karl Gerstner** vor. Ab 1962–1963 entwickelt er verschiedene Modelle seiner »**Auto-Vision**«: »Der Name bezeichnet den Unterschied zur Tele-Vision: es geht nicht um die Übertragung von Programmen, sondern um die unmittelbare Erzeugung von Programmen. Dazu dienen die täglichen Fernsehsendungen, die durch eine ›Brille‹ abstrahiert, bis zur Ungegenständlichkeit verfremdet werden«, sagt Gerstner dazu.[36] Diese der Op-Art verwandten ›Brillen‹ aus geformtem Plexiglas können gewechselt werden, jede erzeugt einen anderen Effekt. Zur Ausstellung »Crazy Berlin« im Haus am Lützowplatz in Berlin werden 1964 zwölf verschiedene ›Brillen‹-Varianten von »Auto-Vision« in einer Monitorwand gezeigt, alle mit dem gleichen und einzigen Programm, das unverzerrt auch daneben auf einem dreizehnten Fernseher läuft. Das mit Designperfektion gestaltete Einzelmodell von »Auto-Vision« hat ein ganzes Set von ›Brillen‹, die gewechselt werden können, und hätte seinerzeit gut zum progressiven Wohnambiente im Stil von Verner Panton gepasst. Doch Gerstner geht es nicht nur um Oberflächeneffekte, sondern wie er in einem aufwändigen Film mit Demonstration des Werks erläutert, sieht er seine Methode zur »unmittelbaren Erzeugung von Programmen« als Ersatz für eine digitale Manipulation von Bildern, welche der Computer damals noch nicht erreicht. Obwohl im Unterschied zu Paiks und Vostells verschollenen oder defekten ersten TV-Arbeiten zwei funktioniernde Exemplare von »Auto-Vision« erhalten sind, wurden diese in der Videokunstgeschichte weitgehend ignoriert.

//

02/010 **TV-Interieurs in Malerei, Fotografie, Aktionskunst und Theater**

Neben diesen Stücken, die das Fernsehgerät als funktionierendes Objekt integrieren oder bearbeiten, lassen sich natürlich zahlreiche Beispiele für die Darstellung des Fernsehens in Malerei oder in Collagen nennen. Hier sei stellvertretend nur auf **Paul Thek** verwiesen, der 1963 in seiner Serie »**Television Analyzations**« vielleicht das klarste und radikalste Bild dieser Art malt, in dem die Mattscheibe mit einem angeschnittenen Gesicht formatfüllend die Leinwand beherrscht.[37] Auch in der Fotografie wird das Medium TV zum Thema. Ebenfalls 1963 untersucht der amerikanische Fotograf **Lee Friedländer** in einer Serie von Bildern die Relation von TV-Mattscheibe und Interieur.[38] Und im gleichen Jahr fotografiert der Schauspieler und Künstler **Dennis Hopper** die Serie »**Kennedy Suite**«, die sich noch deutlicher auf den TV-Bildschirm als Hauptthema konzentriert. Außer Vostell setzen noch weitere Künstler das Fernsehen in der Aktionskunst ein, behandeln es dabei jedoch wie Wesselmann als selbstverständlichen Teil eines Interieurs. **Gerhard Richter** und **Konrad Lueg** inszenieren 1963 in einem Düsseldorfer Möbelhaus das Ereignis »**Leben mit Pop. Eine Demonstration für den Kapitalistischen Realismus**«. Die Künstler sitzen selbst unbeweglich auf dort angebotenen Möbeln »in der Art von Plastiken auf Sockel gestellt, ihre natürlichen Abstände voneinander werden

36 — Zit. in: Johannes Gfeller, »Frühes Video in der Schweiz«, in: *Georges-Bloch Jahrbuch des Kunstgeschichtlichen Seminars der Universität Zürich*, 1997, S. 224f. Gfeller gibt eine umfassend recherchierte Darstellung von Gerstners TV-Arbeiten. 37 — Siehe auch Edith Deckers (1988, S. 21ff) Hinweise zu der kinetischen Malerei von **Karl Otto Götz**, die hier nicht berücksichtigt werden kann. 38 — Siehe: Lee Friedländer, *The little screens*, Fraenkel Gallery, San Francisco 2001.

vergrößert, um so ein Ausgestelltsein zu verwirklichen«.[39] Dazu läuft der Fernsehapparat, der pünktlich um 20 Uhr mit Beginn der Aktion die Tagesschau zeigt. In dem Happening »**Push and Pull**« lädt **Allan Kaprow** 1963 die Besucher ebenfalls in ein Möbelarrangement, zu dem eine laufender Fernseher gehört, aber hier ist es ihre Aufgabe, selbst neue Konstellationen daraus zu schaffen.

Das wichtigste Vorbild für eine zukünftige Kooperation von Künstlern und Sendeanstalten kommt jedoch aus der Literatur beziehungsweise dem Theater. **Samuel Beckett** realisiert 1966 beim Südfunk sein erstes Fernsehspiel, »**He, Joe**«, dem später weitere folgen. Er ist sowohl Autor als auch Regisseur des Stücks, das nur eine langsame Fahrt auf den einzigen Darsteller in einem kargen Interieur zeigt. Die auf ein Minimum reduzierten formalen Mittel seiner Fernsehspiele sind zwar durchaus den ebenso minimalistischen frühen Videoperformances der 1960er Jahre vergleichbar, doch Becketts Weg zum Fernsehen hat keine Verbindung zur zeitgenössischen Intermedia-Kunst, sondern fußt auf einem wesentlich älteren Genre, dem Hörspiel.[40]

/ /

Zusammenfassung zum ersten Zeitfenster – von Intermedia zu Multimedia 02./011

Von den Utopien der ersten Hälfte des 20. Jahrhunderts, wie sie Bertolt Brecht, Walter Benjamin, die Futuristen und auch noch Lucio Fontana entwerfen, die Radio, Film und Fernsehen als eine universale Erweiterung der Kunst sehen, ist in den 1960er Jahren nicht viel geblieben. Das Fernsehen und die übrigen Massenmedien sind zu wirtschaftlichen und politischen Machtfaktoren geworden, deren Größenordnung jenseits von Fragen der Ästhetik oder der kulturellen Bedeutung liegt. Statt als utopischer Hoffnungsträger wird das Fernsehen von den meisten Künstlern der 1960er Jahre als übermächtiges Angriffsziel gesehen, dessen mediale Breitenwirkung die Bildwelt der Kunst als unbedeutend erscheinen lässt. Dennoch werden erstaunlich viele Ansätze für eine künstlerische Umdefinition des Fernsehens unternommen, die noch vor Beginn der Videokunst verschiedene Haltungen exemplarisch belegen. Neben der kritisch-aggressiven Position (Vostell, Isou, Uecker) und der neutral-kontemplativen (Wesselmann, César, Friedländer, Richter/Lueg) entwerfen vor allem Gerstner und Paik Modelle für eine Arbeit mit dem elektronischen Bild als künstlerischem Material. Paik greift dabei als Erster und Einziger in die Elektronik des Apparats ein, um das Bild schon im Entstehungsprozess zu formen. Seine Vision lautet: »Wie die Collagetechnik die Ölfarbe ersetzte, wird die Kathodenstrahlröhre die Leinwand ersetzen.«[41]

Überraschend bleibt die Synchronität, mit der Künstler 1962–1963 mit dem Medium Fernsehen zu arbeiten beginnen. Eine klare Priorität unter ihnen gibt es noch weniger als bei anderen (Er)Findungen von Bildverfahren am Anfang des 20. Jahrhunderts. Beispielsweise arbeiten um 1920 **Walter Ruttmann**, **Viking Eggeling**, **Hans Richter** und **Marcel Duchamp** auch fast gleichzeitig an den ersten abstrakten Filmen, teils ohne

39 — Konzept der Aktion in: Gerhard Richter, *Text*, Frankfurt/Main 1994, S. 15. 40 — Vgl. auch das Kapitel »**Audio Art**« zu Max Neuhaus. 41 — Nam June Paik, »**Elektronischer Videorecorder**«, Flugblatt von 1965, Abdruck in Frieling/Daniels (1997), S. 129–130.

voneinander zu wissen. Wesentlich ist, dass die Künstler, ausgehend von verschiedenen Gattungen beginnen, mit dem TV zu arbeiten: Paik kommt von der Musik, Vostell und Wesselmann von der Malerei, César und Uecker sehen das TV vor allem als Objekt-Skulptur, Gerstner verwendet es als optischen Signalgeber, Isous Ausgangspunkte sind Film und Literatur. Das neue Medium steht am Schnittpunkt der verschiedenen tradierten Disziplinen. Die künstlerische ›Rückeroberung‹ des Fernsehens zeigt sich damit als symptomatischer Teil der interdiszipliären Aufbruchssituation der 1960er Jahre, die nach der Überwindung der Grenzen von Gattungen und der damit verbundenen Institutionen der Kultur strebt. Das Umfeld von Neuer Musik, Happening, Fluxus, Expanded Cinema und konkreter Poesie ist prägend für diese Anfänge, die erst von heute aus als Beginn der Medienkunst umgedeutet werden können. Zur Zeit ihrer Entstehung ist jedoch der von Dick Higgins eingeführte Begriff ›Intermedia‹ gewiss treffender als die spätere Eingrenzung auf ›Videokunst‹, die gegenüber dem umfassenden, medienübergreifenden Anspruch dieser Zeit eher einen Rückschritt auf ein doch wieder klar abgegrenztes Terrain anzeigt.

Als dreißig Jahre später in den 1990er Jahren das digitale Multimedia-Zeitalter proklamiert wird, erhält dieser in Vergessenheit geratene Intermedia-Begriff der 1960er Jahre eine neue Aktualität. Dabei besteht aber ein entscheidender Unterschied: Die künstlerischen Transformationen des TV-Apparats um 1962–1964 sind nur ein Symptom dieser Interferenz der Gattungen, für welche die Impulse aus der Kunst kommen. Der Computer ist in den 1990er Jahren aber de facto die treibende Kraft hinter der Konvergenz der Medien zur Multimedialität. Insofern haben sich von den 1960er zu den 1990er Jahren die Wechselbeziehungen von Kultur und Medientechnik umgekehrt.

/

II → Zweites Zeitfenster 1968–1969: Künstler gehen auf Sendung

//

02/012

Fernsehen – die Kunstform der Zukunft?

Um 1968–1969 erscheint es plötzlich doch so, als könne das Fernsehen zur Kunstform der Zukunft werden – und umgekehrt der Kuss der Muse den »schlafenden Riesen«[42] Fernsehen aufwecken. Fast zeitgleich entstehen in Europa und den USA Sendungen in Kooperation von TV-Stationen und Künstlern, die historische Meilensteinen in der Wechselwirkung von Kunst und Massenmedien sind. In erstaunlich kurzer Zeit werden die inhaltlich skeptisch-distanzierten und technisch meist primitiven Versuche einer TV-Kunst aus den Jahren 1962–1964 durch einen wiederbelebten utopischen Geist überholt: »Was passiert, wenn Künstler im Fernsehen die Kontrolle übernehmen? [...] Sie erreichen ein riesiges Publikum, schaffen ein Museum für Millionen.« Mit solcher futuristischen Emphase wird 1969 die Sendung **»The Medium Is the Medium«** auf WHGB-TV aus Boston eingeleitet. Und im gleichen Jahr verkündet **Gerry Schum**

42 — Laut Gene Youngblood ist »das Fernsehen, ebenso wie der Computer, ein schlafender Riese«, und 1969 sehen 400 Millionen Menschen zur gleichen Zeit den gleichen langweiligen, verwackelten und unscharfen ›Warhol Film‹, nämlich die Mondlandung. Ders., **Expanded Cinema**, London 1970, S. 257f. 43 — Abdruck der Rede im Katalog zur Sendung *Landart*, Hannover 1969, unpaginiert. 44 — Brief von Gerry Schum an Gene Youngblood, 1969, in: Wulf Herzogenrath (Hg.), *Videokunst in Deutschland*, 1963–1982, Stuttgart 1982, S. 64. 45 — Außer den hier vorgestellten Beispielen sind zu nennen: in den USA Tom DeWitt, Scott Bartlett, Loren

zur ersten Sendung seiner **Fernsehgalerie** im Sender Freies Berlin: »Der Personenkreis, der durch Galerien und Museen informiert werden kann, ist minimal [...] Verglichen mit dem Buchmarkt wäre das etwa so, als könne ein erfolgreicher Schriftsteller sein Publikum nur über Dichterlesungen erreichen, ohne dass seine Romane in Millionenauflage gedruckt würden. Es drängt sich der Eindruck auf, dass man in der Kommunikationsmöglichkeit zwischen Kunstwerk und Kunstpublikum etwa da steht, wo man in der Literatur vor Gutenbergs Erfindung des Buchdrucks stand. [...] Es ist nicht einzusehen, warum moderne Kunst erst dann in größerem Rahmen publiziert werden kann, wenn sie nicht mehr modern ist.«[43] In dieser Situation lautet Schums Credo: »Die einzige Chance, die ich für die bildende Kunst sehe, ist die bewusste Verwendung des Mediums Fernsehen.«[44] Und schon ein Jahr zuvor hat der WDR Köln sein neues TV-Studio für elektronische Bildbearbeitung mit dem aufwändigen intermedialen Event »**Black Gate Cologne**« eingeweiht, inszeniert von den Künstlern **Otto Piene** und **Aldo Tambellini**. Auch in Schweden und England sowie bei weiteren amerikanischen TV-Stationen kommt es um 1968-1969 fast zeitgleich zur Zusammenarbeit mit Künstlern.[45] Wie kommt es zu diesem erstaunlichen Stimmungswandel, der TV-Sendungen zum Hoffnungsträger der Kunst macht, statt sich an dem TV-Kasten als Stellvertreter für eine Systemkritik abzuarbeiten? Die Impulse kommen sowohl aus der Kunst als auch von den Sendeanstalten. Dabei wird das elektronische Bild um 1970 noch generell mit dem TV-Bild gleichgesetzt. Das zeigen die Titel der ersten großen Ausstellungen im Jahr 1969 »TV as a creative medium« (Howard Wise Gallery New York) sowie »Vision and Television« (Rose Art Museum, Waltham/MA) und die Zeitschrift Art in America betitelt ihr Themenheft »TV – The next Medium«.[46] Von Videokunst ist dabei noch kaum die Rede, obwohl seit 1965 der SONY Portapak als erste sowohl finanziell wie vom Gewicht her ›tragbare‹ Videoanlage für private Nutzung auf dem Markt ist. Zwar arbeiten Künstler wie **Bruce Nauman** damit, ihre technisch primitiven, aber durch ihre permanente Wiederholung intensiven Echtzeit-Videobänder entstehen durch Performances direkt vor der Kamera, ohne Nachbearbeitung.[47] Doch für eine Fernsehausstrahlung sind solche Videos denkbar ungeeignet, sie haben eher den Charakter von Exponaten, die im ›White Cube‹ einer Galerie neben Fotos oder Objekten ausgestellt werden.

Die Möglichkeit zur autonomen Videoproduktion stimuliert jedoch auch politische Medienarbeit, die eine Gegenöffentlichkeit zum Mainstream-TV produziert und damit provoziert: »**Guerrilla Television**« lautet das programmatische Ziel der Gruppe um die Zeitschrift »**Radical Software**«.[48] Die Underground-Video-Bewegungen geraten dabei in den Zweispalt zwischen Professionalisierung und Anpassung oder Radikalisierung und Marginalisierung.[49] Dieses durch den technischen Aufwand des Mediums TV verursachte Dilemma kann erfolgreicher in der Piraten-Radio-Bewegung vermieden

Sears und Robert Zagone, in Schweden **Ture Sjolander**, Bror Wikstrom und Lars Weck (teils schon ab 1966) und in England der deutsche Künstler Lutz Becker, vgl. Youngblood (1970), S. 285–292, 317–336. **46** — John S. Margolies, »TV – The Next Medium«, in: *Art in America*, Vol. 57, No. 5, Sept./Okt. 1969. **47** — Siehe das Kapitel »**Real/Medial**«. **48** — Siehe das Kapitel »**Soziale Technologien**«. **49** — Vgl. Gerd Roscher, »Bemerkungen zur Konzeption alternativer Medienpraxis«, in: Frieling/Daniels (1997), S. 228–231

werden. Doch für den Video-Underground bleibt das Fernsehen das Mastermedium, wie es die ironische Verdoppelung im Namen der Gruppe »**TVTV**« (Top Value Television) ausdrückt.

Das Fernsehen als Kunstform der Zukunft sollte also auf mehreren Plattformen stattfinden, in Ausstellungen, in Sendungen und in alternativen Screenings. Doch es sollte keine neo-primitve Videoästhetik haben, sondern eine perfekte Ausnutzung der professionellen Möglichkeiten des Mediums durch Künstler erproben. In diesem Punkt sind sich die Initiatoren der drei Sendungen, die 1968/1969 den Beginn dieser Hoffnungen markieren, einig. Ansonsten gehen sie jedoch von sehr unterschiedlichen Voraussetzungen aus – und darum sehen diese drei Programme so verschieden aus.

/ /

02/013 »Black Gate Cologne« – ein Happening im Studio

Otto Piene und **Aldo Tambellinis** **»Black Gate Cologne«** von 1968 wird oft als die erste TV-Kunst-Sendung bezeichnet. Doch das Konzept ist ursprünglich nicht für das Fernsehen entstanden, sondern beruht auf einer zuvor bereits in New York aufgeführten multimedialen Live-Aktion mit Publikumsbeteiligung. Tambellinis Filmprojektionen treffen im Raum auf Lichtobjekte und aufblasbare Objekte von Piene, welche vom Publikum spielerisch bewegt werden – Expanded Cinema im wörtlichen Sinne, wie es schon der Untertitel »Ein Lichtspiel« ankündigt. Das Stück wird vom WDR nicht live ausgestrahlt, sondern im neuen elektronischen Studio E aufgezeichnet. Dabei kommen die Möglichkeiten zur Überlagerung und Mischung der Bilder von fünf Fernsehkameras zum Einsatz. Die Bildästhetik der aus zwei Aufzeichnungen zusammenmontierten und in mehreren Arbeitsschritten immer mehr verdichteten Sendung beruht somit auf einer Verbindung von künstlerischer Inszenierung und fernsehspezifischer Umsetzung im engen Teamwork von Künstlern und Fernsehregie. Es bleibt dabei fraglich, ob die elektronische Bildbearbeitung mit der intermedialen Kunstaktion zur Synthese kommt oder ob beide miteinander um die stärkste Effektwirkung konkurrieren.[50] Doch der WDR kann sich nicht entschließen, mit dem Fernsehen an die Pionierarbeit seines Studios für elektronische Musik aus den 1950er Jahren anzuknüpfen, in der Künstler an die Nutzung der neuen Techniken herangeführt wurden, sondern es bleibt bei einem einmaligen Experiment.[51]

/ /

02/014 »The Medium is the Medium« – alles ist möglich

Die Station WHGB-TV in Boston gehört zu den öffentlichen TV-Sendern, die zwar nicht die Reichweite und Finanzkraft der nationalen kommerziellen Networks haben, aber dafür mehr Experimente in ihrem Programm erlauben. Ab 1967 richtet sie mit Unterstützung der Rockefeller Foundation ein »Artist-in-Television«-Programm ein, also genau das, was der WDR in Deutschland versäumt. Fred Barzyk, der kreative Produzent,

50 — Vgl. Wibke von Bonin, »Video und Fernsehen: Wer braucht wen?«, in: ebd. S. 108–110. 51 — Siehe zum NWDR Studio das Kapitel »**Audio Art**«. 03-03

lädt Musiker, bildende Künstler, Schriftsteller und Tänzer zu experimentellen Projekten ein. Mit unkonventionellen Produktionsmethoden sollen die Grenzen zwischen Technikern und Künstlern überwunden werden. Dabei beruft er sich auf die Theorie von John Cage: »Oft hatten wir bis zu dreißig Videoquellen gleichzeitig verfügbar und zwanzig Leute im Kontrollraum – wenn es jemand zu langweilig wurde, schaltete er ohne Sinn und Zweck einfach zu etwas anderem.«[52] Das prominenteste Resultat der Zusammenarbeit mit Künstlern ist 1969 »**The Medium Is the Medium**«, eine Sendung mit Beiträgen von **Allan Kaprow**, **Nam June Paik**, **Otto Piene**, James Seawright, Thomas Tadlock und **Aldo Tambellini**. In einem recht heterogenen Mix verschiedener Stile werden dabei innovative elektronische Mittel der Bildgestaltung in allen damals verfügbaren Varianten erprobt. Das reicht von abstrakten Videomustern des Effektgeräts von Tadlock bis zu dem komplexen Zweiwege-Kommunikations-Event »**Hello**« von Kaprow.[53] Paik lädt ein paar Hippies von der Straße ins TV-Studio zur Mitwirkung ein. Dieses offene Konzept setzt er 1970 bei WHGB mit der vierstündigen Live-Sendung »**Video Commune**« fort. Zu Musik der Beatles wird der von Paik und Shuya Abe entwickelte **Videosynthesizer**[54] für Genese und Modulation elektronischer Bilder eingesetzt, wobei auch das eingeladene Publikum bei der Gestaltung der Sendung mitwirken darf und so ein kollektives kreatives Ereignis in das Medium TV übertragen wird.

/ /

Schums Fernsehgalerie – Kunst ohne Ort 02/015

Eine klare Konzeption für die künstlerische Nutzung des Fernsehens wird von dem deutschen Filmemacher **Gerry Schum** seit 1968 entwickelt. Seine visionäre **Fernsehgalerie** soll ausschließlich Kunst im Medium TV produzieren und präsentieren und keine normalen Ausstellungsräume bestücken. »Eine unserer Ideen ist die Kommunikation von Kunst anstelle des Besitzes von Kunstobjekten. [...] Die Fernsehgalerie ist mehr oder weniger nur eine mentale Institution, die nur im Moment der Fernsehsendung zur Wirklichkeit wird.«[55] Schum sieht das Fernsehen als einen neuen Weg der Vermittlung von künstlerischen Prozessen und Konzepten jenseits des Objekts. Sein konzeptueller Purismus ist der Gegenpol zum multimedialen Aktionismus von Otto Piene und Aldo Tambellini und der Technikeuphorie des WHGB. Er geht nicht von der Faszination technischer Machbarkeit aus, sondern von der aktuellen künstlerischen Entwicklung, die sich mit Harald Szeemanns programmatischem Ausstellungstitel »**When Attitudes Become Form: Live in Your Head**« zusammenfassen läßt.[56]

Schums Zusammenarbeit mit den Fernsehsendern beschränkt sich deshalb auf die Ausstrahlung und Finanzierung sowie die Inszenierung eines an eine Galerieeröffnung angelehnten Rahmens im Fernsehstudio vor Beginn der Sendung »**Land Art**«. Die Sendungen selbst werden von Schum jedoch völlig selbstständig produziert, und die einzelnen Beiträge haben für ihn und die eng mit ihm zusammenarbeitenden Künstler

52 — Barzyk in: Youngblood (1970), S. 298. 53 — Siehe auch das Kapitel »**Interaktion, Partizipation, Vernetzung**«. 03-09 54 — Siehe auch das Kapitel »**Raum Zeit Technikkonstruktionen**«. 03-05 55 — Brief von Gerry Schum an Gene Youngblood, 1969, in: Herzogenrath (1982), S. 56. 56 — Ausstellung in der Kunsthalle Bern 1969.

unbedingt den Status eines autonomen Kunstwerks. Hierauf beruht auch Schums Weigerung, auf die nach der ersten Sendung laut werdenden Wünsche nach mehr Vermittlung oder Kommentar einzugehen. Vielmehr besteht er auf der ästhetischen Autonomie: »Während der gesamten 38 Minuten der Sendung ›Land Art‹ wird kein einziges Wort gesprochen. Keine Erklärung. Ich denke, daß ein Kunstobjekt, im Bezug auf das Medium Fernsehen entstanden, keiner gesprochenen Erklärung bedarf.«[57]
Sein Gespür für die Entwicklungen der aktuellen Kunst hat ihn zielsicher zu den wichtigsten Künstlern der Zeit geführt.[58] Viele dieser Künstler haben mit Schum zusammen erstmals Stücke für einen Fernsehfilm realisiert – nur wenige haben nach Schums frühem Tod ihre Arbeit mit Film oder Video fortgesetzt. In ihren Beiträgen steht nicht das Medium im Vordergrund, sondern die konsequente Übertragung ihres künstlerischen Ansatzes, deshalb wird auch keinerlei elektronische Bildbearbeitung eingesetzt.
»Im Fernsehobjekt kann der Künstler sein Objekt reduzieren auf die Attitüde, auf die bloße Geste als Hinweis auf seine Konzeption. Das Kunstobjekt stellt sich dar als eine Einheit von Idee, Visualisierung und dem Künstler als Demonstranten«, sagt Schum in seiner Einleitung zu »**Identifications**« (1970). In ähnlicher Weise verbindet er selbst widersprüchliche Rollen in einer Person. Er ist zugleich Vermittler zwischen Fernsehen und Künstlern, Kurator des Programms und Produzent der Beiträge. Dabei führt seine konsequent an der Kunst orientierte Haltung unausweichlich zu wachsenden Differenzen mit den auf breite Akzeptanz zielenden Bedingungen des Fernsehens. Seine Hoffnung, aus der »Fernsehgalerie« eine dauerhafte Einrichtung zu machen, werden nicht wahr, so dass er sich schließlich in den Kunstkontext zurückzieht, um hier mit einer »Videogalerie« auch Videos als signierte und limitierte Auflageobjekte zu vertreiben. Er opfert damit seine ursprüngliche Vision eines nur im Fernsehen existierenden Kunstwerks, bleibt jedoch auf dem am Original orientierten Kunstmarkt ebenso erfolglos.
/

III → Drittes Zeitfenster: Interventionen und Kooperationen seit 1970

/ /

02/016

Konzeptuelle Interventionen

Die im zweiten Zeitfenster untersuchten drei Beispiele stehen für die Suche nach einer eigenen Kunstform des Fernsehens, die jedoch letztlich ergebnislos bleibt. Sie gingen entweder wie Schum zu einseitig von den Fragen der Kunst aus oder sie suchten eine Sinnfrage des TV-Mediums über die Kunst zu lösen, so wie der WHGB-Workshop. Die Kunst der 1970er Jahre wird jedoch zunehmend konzeptuell und kontextbezogen, sie dematerialisiert sich, wie es Lucy Lippard ausdrückt. Die Materialschlacht des technischen Aufwands einer richtigen TV-Produktion stellt hingegen Rahmenbedingungen, welche nicht außer Acht gelassen werden können. Auf dieses Dilemma reagieren eine Reihe von TV-Interventionen und Irritationen, die nicht mit der Ankündigung ›Kunst‹

57 — Brief von Gerry Schum an Gene Youngblood, 1969, in: Wulf Herzogenrath (1982), S. 63f. 58 — Beide Sendungen wurden wie damals für Fernsehsendungen üblich auf Film gedreht, erst ab 1971 arbeitete Schum mit Video. Siehe auch die »**Statements zu Gerry Schum**«, in: Frieling/Daniels (1997), S. 89–93.

gesendet werden, sondern plötzlich und unerwartet den Programmfluss unterbrechen. Sie erhalten ihren Sinn nur im Kontext der Sendung, nicht als Videokonserve. Wie nach den mehrfachen Beispielen für eine Synchronität künstlerischer Konzepte fast nicht mehr anders zu erwarten, entstehen auch diese Interventionen fast gleichzeitig, aber meist unabhängig voneinander um 1971.

/ /

Spielerische Irritationen – Dibbets, Weibel, Export, Hall 02/017

Vorläufer dieses Typs von Interventionen sind zwei Produktionen Gerry Schums von 1969, **Keith Arnatts »Self Burial«** und **Jan Dibbets »TV as a Fireplace«**, dessen Sendung zur Weihnachtszeit den heimischen TV-Kasten in ein flackerndes Kaminfeuer verwandelte. **Peter Weibel** und **Valie Export** können im ORF von 1969 bis 1972 mehrere Interventionen platzieren, die sich ebenfalls direkt auf die häusliche Betrachtersituation beziehen. Um nur zwei Beispiele zu nennen: In **»The Endless Sandwich«** von 1969 bringt Weibel auch den letzten Couchpotato dazu aufzustehen und in **»Facing a Familiy«** macht Export 1971 das TV-Bild zum Spiegel der Familie. Ebenfalls 1971 lässt im schottischen Fernsehen **David Hall** in seinen poetischen **»7 TV Interruptions«** beispielsweise den TV-Kasten zum Wasserbehälter werden. Diese Art von Interventionen hat sich fast zu einem eigenen Genre entwickelt, dessen weitere Beispiele bis heute reichen.[59] So zeigt **»Reverse Television«** von **Bill Viola** 1983 vierundvierzig TV-Zuschauer jeweils für eine halbe Minute und wurde vom Fernsehsender WGHB in Form unangekündigter Inserts gesendet, und die **»Monodramas«** von **Stan Douglas** setzen 1991 kurze, poetisch-sinnlose Ereignisse zwischen die Werbeblöcke.

Ohne hier im Einzelnen auf alle Beispiele für solche Interventionen einzugehen, lässt sich feststellen, dass sie teilweise die Wirkungsweise des Fernsehens sehr genau erfassen und sogar seine zukünftige Entwicklung antizipieren. Exports symbolische Übertragung des Familienalltags in das Medium wird schon drei Jahre später zur Wirklichkeit, als die Familie Loud sieben Monate lang von einem TV-Team begleitet wird und dem amerikanischen Fernsehpublikum einen Blick in ihr Privatleben gestattet, das den Stoff für eine Miniserie liefert.[60] Die weitere Entwicklung bis zum heutigen Reality TV zeigt die Konsequenzen dieser Überschreitung der Grenze von Privat und Öffentlich auf.[61] Ebenso hat die TV-Werbung sich die Strategie der unerwarteten Intervention zu eigen gemacht. Und ein elektronisches Kaminfeuer, das Dibbets noch ironisch ins Fernsehen setzt, gibt es mittlerweile auf Video als ganz normales Produkt.

/ /

Radikale Interventionen – Burden 02/018

Die bisher angeführten künstlerischen Interventionen von 1971 sind alle in Kooperation mit dem jeweiligen Fernsehsender entstanden, der dafür einen Platz in seinem Programm ließ und teils auch die Produktion übernahm. Ein Jahr später erhält diese

59 — Weitere Beispiele sind: **Peter Weibel**, **»TV-Aquarium (TV-Tod 1)«** und **»TV-News (TV-Tod 2)«**, beide 1970–1972; **Lynn Hershman**, **»Commercials for NY Hotel Rooms«**, 1974; **Dara Birnbaum**, **»MTV Artbreak«**, 1987. 60 — Die von Craig Gilbert für den Sender PBS produzierte Miniserie basiert auf 300 Stunden Material. Daraus werden zwölf Episoden geschnitten und nach einem Jahr Postproduction gesendet (siehe Jeffrey Ruoff, *An American Family. A Televised Life*, Minneapolis 2002). 61 — Vgl. Dieter Daniels, »Big Brother Readymade«, in: ders., *Vom Readymade zum Cyberspace*, Ostfildern 2003.

interventionistische Strategie jedoch eine radikalere Zuspitzung jenseits der Legalität. Als **Chris Burden** 1972 wegen seiner Aufsehen erregenden Aktion »**Shoot**«, bei der er sich vor Publikum in den Arm schießen lässt, zu einer Talkshow eingeladen wird, nimmt er vor laufenden Kameras die Moderatorin als Geisel und droht sie mit einem Messer umzubringen, wenn die Sendung unterbrochen wird. Nach dem damals gängigen Modell der terroristischen Flugzeugentführung bringt Burdens Aktion »**TV Hijack**« eine Live-Sendung in seine Gewalt.[62] Ähnlich wie die politische Aufbruchsstimmung der 1960er Jahre nach ihrer Enttäuschung in der Radikalisierung endet, wird hier jeglicher Utopie einer friedlichen Symbiose von Kunst und Massenmedien eine Absage erteilt. Von vergleichbarer Radikalität ist **John Lennons** und **Yoko Onos** Film »**Film No. 6, Rape**«, 1969 vom ORF produziert und gesendet, in dem eine nicht vorgewarnte zufällige Passantin von einem Kamerateam auf der Straße verfolgt wird, dem sie entkommen will, das ihr aber schließlich bis in ihre Privaträume folgt.

Die konsequente Fortsetzung bilden eine Reihe von Werbespots, die Burden auf eigene Kosten zum üblichen Minutenpreis schaltet. Der bekannteste »**Chris Burden Promo**« besteht nur aus den Schriftzügen »Leonardo da Vinci, Michelangelo, Rembrandt, Vincent van Gogh, Pablo Picasso, Chris Burden« und endet mit »© 1976 paid for by Chris Burden – artist«. Der Spot läuft in Los Angeles und New York über zwanzig Mal im normalen Werbeblock zu guter Sendezeit. Die ersten fünf Künstlernamen sind laut einer Statistik die bekanntesten in den USA, und Burden »überzeugt mehrere Sendermanager, dass mein Name ›Chris Burden‹ auch der Name eines Art Business ist, also verkauften sie mir Sendezeit«.[63] Der inszenierte Größenwahn dieses Spots steht für die Hybris jedes Künstlers, der glaubt, über das TV seine Botschaft verbreiten zu können und damit eine Berühmtheit zu erlangen, welche den im Vergleich zum Massenmedium marginalen Kunstkontext übersteigt. Dass bei einem zufälligen Zuschauer durch den Spot Interesse für Chris Burden geweckt würde, ist offensichtlich eine völlig lächerliche Hoffnung. Doch ohne dass jemand diese Sendung gesehen haben muss, trägt sie im Kunstkontext zu Burdens Bekanntheit bei, da »Promo« unter anderem 1977 auf der **documenta 6** gezeigt wird. Die Fernsehsendung funktioniert also nur als Konzept, also letztlich symbolisch, aber nicht als Werbung durch die reale Wirkung des Massenmediums.

Burden untersucht die Funktionsweise des Mediums nicht nur in ökonomischer, sondern auch in technischer Hinsicht, indem er ebenfalls für die documenta 6 mit primitivsten Mitteln und ohne technische Unterstützung einen Fernsehempfänger nach dem im 19. Jahrhundert erfundenen System der Nipkow-Scheibe baut. Unter dem Namen »C.B.T.V.«, der wie ein amerikanischer Sender klingt, aber nur »Chris Burden Television« bedeutet, wird die Magie des Mediums aufgehoben und die Banalität seiner Funktion vorgestellt. Alle diese Arbeiten von Burden haben mit der Aktion »Shoot« gemeinsam, dass sie die Grenze des Symbolischen zum Realen ausloten, die zugleich die Grenze der

62 — Vgl. Peter Noever (Hg.), *Chris Burden, Beyond the Limits*, Wien 1996, S. 132. 63 — Chris Burden auf einer DVD-Edition seiner TV-Commercials, New York 2000. Für den 1975 insgesamt 72-mal gesendeten Spot »Poem for L. A.« musste Burden sogar die Sendezeit im Namen einer Non-Profit-Organisation kaufen, weil ein amerikanisches Gesetz verbietet, dass eine Individualperson direkt für sich im Fernsehen werben darf.

Kunst darstellt. Wäre Burden bei »Shoot« oder die TV-Moderatorin bei »TV Hijack« umgekommen, so hätte die so genannte Freiheit der Kunst nicht mehr gegolten und eine Strafverfolgung eingesetzt. Ebenso muss »Promo« ein ›echtes‹ Produkt vorweisen und ebenso zeigt »C.B.T.V.«, wie das Fernsehen ›wirklich‹ funktioniert. Alle Fernsehaktionen von Burden sind exemplarische Aneignung der Realität des Mediums, die aber zugleich die Chancenlosigkeit jedes Künstlers aufzeigen, ernsthaft mit der industriellen Produktion von Fernsehen als Technik, Programm und Institution konkurrieren zu wollen.

/ /

Radikale Kooperationen - Paik 02./019

Nam June Paik hat vermutlich als einziger Künstler der Pioniergeneration nie die Hoffnung aufgegeben, dass im Massenmedium TV eine künstlerische Arbeit möglich und nötig ist. Heute wird in der kunstgeschichtlichen Würdigung Paiks oft vergessen, dass fast alle seine Videos für das Fernsehen entstanden sind. Den Charakter eines Manifests für das TV der Zukunft hat sein Videoklassiker »**Global Groove**« von 1973. Im Vorspann heißt es: »Dies ist der Blick in eine neue Welt, wenn Sie jedes TV-Programm der Welt einschalten können und Fernsehzeitschriften so dick wie das Telefonbuch von Manhattan sein werden.« In Anlehnung an McLuhans Vision des »Global Village« lädt das Video zu einer weltumspannenden, lustvollen Reise durch die TV-Welt ein, zum Fest auf dem globalen Dorfplatz des Bildschirms. Damit greift es die Utopie der Völkerverständigung durch das Radio aus den 1920er Jahren auf und nimmt ebenso die Utopien einer globalen Netzgemeinschaft aus den 1990er Jahren vorweg. In diesem Sinne entwirft **Dziga Vertov** schon 1925 seine Utopie einer Verbindung von Radio und Film, damit alle Proletarier der Welt sich gegenseitig sehen können und so ihre internationale Solidarität entsteht.[64]

Hinter der bunten Oberfläche, die bereits die Effekt-Ästhetik von Videoclips vorwegnimmt, steht jedoch ein klares und engagiertes Konzept, das Paik schon 1970 formuliert. Er sieht die Einseitigkeit der nationalen TV-Berichterstattung als Motiv für politische Meinungsbildung, die bis zu Kriegen und Rassenkonflikten führt. Demgegenüber schlägt er den in »Global Groove« simulierten, weltweiten Austausch von Fernsehprogrammen vor: »Wenn wir ein wöchentliches Fernsehfestival zusammenstellen könnten, das aus Musik und Tanz einer jeden Nation besteht, und es über den vorgeschlagenen gemeinsamen Videomarkt frei an die ganze Welt verteilen, würde die Wirkung auf Erziehung und Unterhaltung deshalb phänomenal sein.«[65]

Die heutige Satelliten-TV-Technik hat Paiks Idee mittlerweile für jeden TV-Zuschauer zur erreichbaren Realität werden lassen, der von Paik erhoffte politische Effekt lässt jedoch bisher noch auf sich warten. Medientechnisch gehen Paiks Entwürfe zur Zukunft des Fernsehens also durchaus in Erfüllung, aber ohne die damit verbundene gesellschaftliche Utopie einzulösen. Damit sind sie ein typisches Beispiel für die Rolle

64 — Dziga Vertov, *Aufsätze, Tagebücher, Skizzen*, Berlin 1967, S. 111–114. **65** — Nam June Paik »Global Groove und der gemeinsame Videomarkt« (zuerst 1970), in: ders., *Niederschriften eines Kulturnomaden. Aphorismen, Briefe, Texte*, Edith Decker (Hg.), Köln 1992, S. 132.

der Medienkunst als Erinnerung und Refugium für die uneingelösten Utopien der Mediengeschichte.[66]
Paik verwendet in »Global Groove« wie auch fast allen anderen Videos eine Schnitttechnik, die der musikalischen Komposition nahe steht und keine Narration sucht, sondern auf einer Vielfalt wiederkehrender Motive beruht. Dazu gehört das ständige Recycling früherer Videos in späteren Arbeiten, so dass sich Material aus den 1960er Jahren durch Paiks Werk als Selbstzitat bis heute zieht.[67] »Global Groove« recycelt Stücke aus dem bei WHGB gesendeten Beitrag Paiks zu »**The Medium Is the Medium**«, das Video selbst wurde bei dem Sender WNET-TV produziert und ausgestrahlt, womit bereits ein erster Schritt zur Realisierung seiner Botschaft getan ist. Später hat Paik ähnliche Konzepte zur Grundlage seiner Live-Satelliten-Sendungen gemacht, bei »**Good Morning Mr. Orwell**« (1984) mit circa 33 Millionen Zuschauern in den USA, Kanada, Europa, Korea, Japan, Mexiko und Brasilien und in noch größerem Maßstab bei »**Wrap around the World**« (1988), von der es heißt, sie habe weltweit über 50 Millionen Zuschauer in 20 Ländern erreicht. Zweifellos ist Paik damit die in den 1920er und 1960er Jahren programmatisch verkündete Überwindung der Begrenztheit der Avantgarde gelungen – jedoch um den Preis, dass seine Arbeit kaum noch als Kunst wahrgenommen wurde. Diese Satelliten-TV-Projekte stehen deshalb dort, wo seine ersten Fernsehexperimente 1963 begannen: zwischen allen Stühlen. Im Kunstkontext sind sie wegen ihres Entertainment-Charakters kaum rezipiert worden und in der TV-Welt von ihrer konzeptuellen Seite her ohne Nachfolge geblieben.
/ /

02/020 VT ≠ TV

Im Rückblick haben das Scheitern der Fernsehgalerie von Schum und sein Rückzug auf Video im Kunstkontext einen symptomatischen Charakter. Es wird klar, dass mit dem Besitz autonomer Produktionsmittel in Form von Videokamera und Rekorder die Macht der Institution Fernsehen noch lange nicht gebrochen ist. Die Gleichsetzung von Fernsehen und Video, wie sie noch um 1970 den Sprachgebrauch kennzeichnet, wird nun durch den Begriff ›Videokunst‹ abgelöst. Damit tritt jedoch ein völlig neues Paradigma auf: Der Anspruch auf Massenwirkung wird fallen gelassen und stattdessen die private, ja sogar intime und persönliche Dimension des Videobildes von der Body Art und Performance-Kunst entdeckt. Diesen Wandel zeigt beispielhaft die Publikation »The New Television: a public/private Art« zur Konferenz, die 1974 im Museum of Modern Art stattfindet, deren Titel sich zwar noch auf das Fernsehen bezieht, deren Beiträge aber fast nur noch über Videokunst sprechen.[68] Diese Abgrenzung kommt in aller Deutlichkeit zum Ausdruck, wenn bei der **documenta 6** von 1977 über dem Eingang zur Videothek das Zeichen »VT ≠ TV« (Videotape ist nicht gleich TV) prangt. Dass anlässlich dieser so genannten ›Mediendocumenta‹ dennoch eine **Live-Satelliten-Sendung** zur Eröffnung

66 — »Medienkunst kann im Medium einen Blick auf dessen mögliche Zukunft öffnen und ebenso erinnert sie im Rückblick an die uneingelösten Utopien, welche die Entstehung und Formierung des Mediums begleiteten. Als Avantgarde im Sinne von Vorhut liefert sie Antizipationen der Wahrnehmungsformen, denen die Massenmedien dann zur Breitenwirkung verhelfen, die damit aber zugleich allen utopischen Charakter verlieren. Als Nachhut bildet sie den Ort, an dem diejenigen verschütteten ästhetischen Motive noch erhalten und erfahrbar bleiben, die in einer autonomen Konstruktion und Rezeption von Medien liegen.« Dieter Daniels, **Kunst als**

und ein umfangreiches Programm mit Kunstvideos im Fernsehen gezeigt werden, folgt diesmal weniger der Initiative der Künstler als der Ausstellungsmacher, die ihrem Konzept so zugleich eine mediale Präsenz verschaffen. Ulrike Rosenbach, die mit Schum eng verbunden war, fasst die Entwicklung so zusammen: »Das Fernsehgerät, der ›Altar‹ der modernen Familie würde es mindestens 60% aller Mitbürger ermöglichen, unsere Sendungen zu empfangen. Das waren unsere Theorien, unsere Träume. Wir wollten mit Videosendungen einen Verbreitungsgrad von Kultur erreichen, den kein Museum, keine Galerie und kein Buch hätten leisten können. [...] Übersehen wurden die Machtstellung des Fernsehens, seine Starrheit und seine gesellschaftliche Ideologie, die unsere Walter-Benjamin-Theorien naiv und spassig finden musste.«[69]

/

Ausblick: Vier post-utopische Strategien 02/021

Für die jüngere Generation von Videokünstlern, die das Fernsehen seit ihrer Kindheit kennt, hat es keinerlei utopischen Charme mehr. Es wird statt dessen mit einem gewissen Fatalismus so wie eine Naturgewalt als unveränderbar betrachtet. Ende der 1970er Jahre entwickeln sich deshalb, wie schon in den frühen 1950er Jahren, verschiedene Strategien der Arbeit in Bezug auf die Massenmedien, die parallel nebeneinander stehen:

* die analytische De-Konstruktion des Massenmediums mit den Mitteln der Kunst (**Dan Graham**, **Dara Birnbaum**, **Klaus vom Bruch**, **Marcel Odenbach**),
* die Annäherung an das Fernsehen unter teilweisem Verzicht auf die Exklusivität des künstlerischen Purismus (**Laurie Anderson**, **John Sanborn**, **Robert Wilson**, **Zbigniew Rybczynski**),
* die subversive Strategie der künstlerischen Besetzung von Nischen in der expandierenden Medienlandschaft (**Rabotnik TV**, **Paul Garrin**, **Kanal X**, **Brian Springer**),
* die direkte Zusammenarbeit mit dem Fernsehen zur Entwicklung innovativer Medientechniken (**Douglas Davis**, **Van Gogh TV**).

Alle diese Strategien lassen sich als post-utopisch und teils auch als post-modern bezeichnen. Sie werden hier in den Kapiteln »**Real/Medial**« und »**Soziale Technologien**« eingehender untersucht. CD-04 CD-05 Die Fortsetzung dieser Strategien bis zur ebenso ironischen wie endgültigen Des-Illusionierung, auch betreffs der Alternativen des Internets, findet sich im Künstlerprojekt »**Making Sense of It All**« von **Blank & Jeron** zu diesem Themenbereich Massenmedien.

Sendung. Von der Telegrafie zum Internet, München 2002, S. 258. 67 — Paik verwendet »Global Groove« dementsprechend 1974 auch in der Installation »TV Garden«. Siehe das Kapitel »**Form Follows Format**«. CD-10
68 — Davis/Simmons (1977). 69 — Herzogenrath (1982), S. 99-100.

Television — Art or Anti-art?

Conflict and cooperation between the avant-garde and the mass media in the 1960s and 1970s

/

Dieter Daniels

/

02/101

Television as a world power

In the 1960s television became the world's dominant mass medium, wielding an opinion-shaping power that took it well beyond the press and radio. The current term ‹mass medium› was coined at the same time. This can be seen quite clearly from linguistic usage, even without detailed etymological examination. The press, radio and film are mass media as well, but only television seems to comprehensively embody the concept as a synthesis of their collective effects. It tends to have negative connotations, however, and these are distinctly different from the enthusiasm that greeted radio in the 1920s. And television is indeed the most hopeless medium of all for the arts. It emerged and developed along tracks that had already been laid by the established mass media. There was scarcely a phase when everything was open, allowing creative investigation to define the medium. The only available alternative is between the commercial principles of the American film and radio industries and the state-controlled European radio station model. This was predictable even before television was introduced, as can be seen from Rudolf Arnheim's statement to this respect in the final chapter of his 1933 book on radio.[1] This did not prevent David Sarnoff, head of the Radio Corporation of America, from alluding in his emphatic address at the start of American television broadcasting in 1939 to «the birth of a new art ... which shines like a torch of hope in a troubled world.»[2]
Since the 1920s, the worlds of radio and television have developed very differently in Europe and America. In the USA the commercial stations funded by advertising held the field, but in Europe it was usually the state that was fully in charge of programs, implying lofty cultural aims as well as political influence. This conflict between commerce and culture continued into the 1980s debates about the introduction of commercial television in Europe, and ended with the worldwide triumph of the American model. So viewing figures became the sole criterion for success or failure, and they favored commercial TV from the outset. In the USA, the average family in the 1960s was already watching about five hours of television per day. There was also a choice of over ten channels according to region. They broadcast round the clock, increasingly in color from 1957. Until 1963, viewers in Germany were offered only one black-and-white channel, in the evenings only. Even so it can be assumed that from 1965, with currently ten million television sets and statistically 2.5 viewers each, «television is already reaching the whole German nation.»[3]

1 — Rudolf Arnheim, *Rundfunk als Hörkunst*, Frankfurt/Main, 2001, pp. 172ff. (written in 1933, published in exile in English in 1936 as *Radio. An Art of Sound*). 2 — Sarnoff cited in Douglas Davis/Allison Simmons (eds.), *The New Television: A public/private Art*, Cambridge, MA/London, 1977, p. 3. 3 — Josef Othmar Zöllner (ed.), *Massenmedien die geheimen Führer*, Augsburg, 1965, p. 179. 4 — The catalogue by Wulf Herzogenrath et al. (eds.), *Fernsehen in der bildenden Kunst seit 1879*, Dresden, 1997, contains a great deal of material, but it asserts a continuity that does not exist, at the same time ignoring the artistic significance of radio. 5 — Cf. the titles:

/

A medium without art

Television is the most efficient reproduction and distribution medium in human history, but it can scarcely be said to have come up with anything in the last half century that could be called an art form unique to that medium. The high-low distinction never took hold here in the way that it did in film. There is no form of high television culture that could be seen as a lasting cultural asset to be preserved for future generations.[4] The only exception is the music clip, which has emerged since the 1980s. Selected examples of this form have attracted accolades in the context of art and become part of museum collections. They are often seen as a continuation of the 1920s avant-garde absolute films. This analogy, which is entirely justifiable in certain cases, should not conceal the fact that they are primarily music industry advertising and therefore not part of modern art history, unless we accept that it lost its absolute autonomy with the onset of postmodernism. It is significant that in the 1980s MTV in particular spearheaded the advance of American-style commercial TV against the European public service model with its state-anchored cultural role.

For all these reasons, television has given far less of a boost to cultural, and certainly not to artistic, utopias than did radio or film since the 1920s. It was only welcomed before it was introduced, with vigor unclouded by actual experience of the medium. This applies to the Futurists in 1933 («**La Radia**») and to **Lucio Fontana** in 1952. In the early 1950s, the introduction of television did trigger the beginning of a debate about its possible artistic characteristics. But in Germany in particular many authors pretentiously brandished the term ‹art› even in the title of their publications, as if it were the universal weapon against media skepticism, a skepticism that was justified both by American commercialism and National Socialist propaganda, which was boasting even in 1935 that it was running the world's first regular television station.[5] And then, as if none of that had happened, what should we read, brimming with optimistic confidence, in 1953, the first year of West German television: «Television is already an art form. It will certainly be the art of tomorrow.»[6] But Adorno, drawing on his American experience, places television within the «scheme of the culture industry» as early as 1953, when it was introduced in West Germany, as it «continues that industry's tendency to surround and capture public awareness from all sides, as a combination of film and radio. ... The gap that still remained for private existence in the face of the culture industry, as long as this did not totally dominate the visible dimension, has now been plugged.»[7]

The social influence of television was also a central issue for the 1960s emergence of media theory. Marshall McLuhan predicted that the audio-visual media would bring the Gutenberg era to an end, a thesis that he both illustrates and substantiates by his own frequent radio and TV appearances. Umberto Eco devoted the conclusion of his

Herbert Kutschbach, «Das Fernsehbild zwischen Technik und Kunst,» in *Rufer und Hörer* 7, no. 8, 1953; Franz Tschirn, «Kunst im Bildschirm,» in *Rufer und Hörer* 6, 1951–1952, pp. 574–576. 6 — Gerhard Eckert, *Die Kunst des Fernsehens*, Hamburg, 1953, p. 102. The author also wrote the book *Der Rundfunk als Führungsmittel* in 1941, in which he provided a theoretical background for National Socialist radio propaganda. 7 — Theodor W. Adorno, «Prolog zum Fernsehen,» in *Rundfunk und Fernsehen* 2, 1953, cited in id., *Gesammelte Schriften*, vol. 10.2, Frankfurt/Main, 1996, p. 507.

book about «**the open artwork**»[8] to live broadcast television experience, where he saw a structural relationship with the non-predetermined ‹open› art forms of his day. Like the American and European media systems, these two theories cast art in very different roles: for McLuhan, progress in the technical media has a crucial effect on artistic development in that it makes art forms feasible that previously only existed in the artist's imagination. But for Eco, art offers the model for a self-determined alternative to extraneous determination by media power.

/

02/103 **Three time-windows**

In the following, three snapshots will provide examples of the developing relationship between art and television over three decades. Various artistic attitudes and changes in the media landscape will be revealed. Even in the 1950s, Lucio Fontana, **John Cage** and **Guy Debord** were staking out possible artistic positions relating to television, radio and film, ranging from total enthusiasm to radical rejection.[9] Then around 1963–1964, **Nam June Paik**, **Wolf Vostell** and other artists tested television's practical suitability in the art field for the first time using primitive resources, still completely without video technology and also without support from the broadcasting stations. The first programs created by artists date from 1968–1969, and beginning in 1970, various models were developed for cooperating with TV stations.

It is astonishing that the developments in these three time-windows took place simultaneously in different places, without the participants being aware of each other. This synchronicity occurs in both technological development and art history from the nineteenth century onwards. Photography and electric telegraphy were developed around 1840 by several inventors at almost the same time, abstract painting emerged around 1910 and absolute film around 1920 in several artists' studios independently of each other. «There are hours in the thought of mankind at which a certain idea crops up at the same time in different places, endemically, so to speak,» writes the photographer Nadar when patenting his process for aerial photographs taken from balloons, pointing out that this idea is described at the same time in a book by a scientist called Andraud: «Hence the expression: the idea was in the air.»[10]

/

I → First Time-Window: 1962–1964—Fighting the boob tube

/ /

02/104 **The television set as art material**

The development of intermedia art forms brought about close links in the 1960s between art, experimental theater and film, which had become expanded cinema. Video was involved only minimally until the late 1960s: Sony did not start to market its Portapak as the first video equipment for private individuals until 1965. What possibilities were

CD-01 8 — Umberto Eco, *The Open Work*, trans. Anna Cacogni, Cambridge, MA, 1989. 9 — Cf. the text «**Media → Art, Art → Media.**» 10 — Nadar, *Als ich Photograph war*, Bern / Zurich, 1978, p. 84. 11 — Cf. for the following passage and the German situation in particular «**Art and Television—Adversaries or Partners?**» in *Media Art Action—The 1960s and 1970s in Germany*, Rudolf Frieling / Dieter Daniels (eds.), Vienna / New York, 1997, pp. 68–75.

there for artists to work with television as a medium in this situation? The chances of an individual being given the right to create a ‹TV art broadcast› are extremely slight. Video art does not start to make any impact on television in the USA and Germany until 1968–1969. So artists find themselves in the same role as everybody else: they are viewers. Several artists addressed this by making the television set, as it stands in the front room at home, the target of their attacks or attempts at transformation. The following section takes a key point around 1962–1964 to explore the emergence of this artistic examination of the TV image.[11]

It should be pointed out that these early steps in media art were taken on a much more modest basis than any of the utopian or political demands made in the first half of the century: artists do not work with television as a broadcasting station and institution, but just with the terminal device, the television set. Just as in **Richard Hamilton**'s 1956 collage «**Just what is it, that makes today' s home so different, so appealing,**» television is only one of many new features enriching the modern home. So artists are just ‹exemplary viewers,› working with the tube as a symbol of the mass medium as a whole, using the normal television schedule rather than making programs themselves. So here it is no longer a matter of making television into an art instrument; its institutional status as a media system remains unassailable, artists can only change it as a model at the point of reception. The following examples are modelled on Cage's[12] receptive-analytical approach and not Fontana's[13] emphatic/utopian one. As in 1951–1952, there is astonishing synchronicity in 1962–1964 as well, even though the artists usually come to work with television independently of each other, and via various routes. All the following examples show that the artists were working with the electronic TV image before the industry launched the first affordable video equipment on the market from the mid-1960s. So art is not waiting for media technology to progress, but relies on its own resources to come to terms with the dominant mass medium of the day.

/ / /

From Cage to Paik and from music to interactive art 02./105

Nam June Paik is generally seen as the father of video art today. His path leads from studying classical music in Korea and Japan via his discovery of Arnold Schoenberg to **John Cage** and an interest in electronic music, and finally to work with electronic images. His first major presentation was called «**Hommage à John Cage—Musik für Tonbänder und Klavier**»[14] and was made in 1959 in Jean Pierre Wilhelm's Galerie 22 in Düsseldorf, where Cage had performed the year before. Cage and Paik are linked by their mutual interest in random creative processes, using new techniques, including electronics, to question the role of human intention and the ideal of the artistic ‹idea.›[15] Two examples will make this clearer: in his first tape composition «**Williams Mix,**» 1952, Cage uses random processes to compose a graphic score that is then used to edit and

12 — See the text «**Media → Art, Art → Media**» on John Cage. 13 — Cf. the text «**Media → Art, Art → Media**» on Fontana. CD-01./010 14 — See Nam June Paik, «**Letter to Dr. Steinecke**» (1959), reprint in Frieling/Daniels (1997), p. 39–41. CD-01./009 15 — Cf. Dieter Daniels, «Der Dualismus von Konzept und Technik in Musik und Kunst von Duchamp und Cage bis zur Konzeptkunst,» in *Conceptualisms*, Christoph Metzger (ed.), Berlin, 2003.

assemble eight tape tracks of found and generated sounds. So Cage is abandoning the well-established system of European music notation in order to manipulate sound as a material with the new medium of audiotape, thus producing a musical composition with graphic structures. Paik develops this principle in his 1963 pieces on the theme of «**Random Access Music**.» He also uses several tape tracks with found sounds, but does not run them through the tape recorder; he sticks them on a substrate instead, next to and on top of each other. Cage works with the software of sound material recorded on the tape, but Paik intervenes in the hardware by detaching the playback head so that visitors can run through the various sound tracks by hand. This individual ‹random access› approach creates a new sound sequence each time, without a beginning or an end. A device intended to reproduce music in a linear fashion, as faithfully as possible to the original, is converted into an instrument for interacting with the musical raw material. While Cage allows the musicians and the ambient sounds to modify and cocreate his pieces to a substantial extent, Paik builds an interactive installation from which sounds emerge without any compositional guidelines only when the visitors intervene. Comparably, Paik adopts the receptive-analytical strategy of Cage's 1951 composition for radio sets and transfers it to television, but then takes a decisive further step from participatory reception to creative intervention by the public.[16]

/ / /

02/106

Paik's «Participation TV»

Paik's first major exhibition «**Exposition of Music—Electronic Television**» took place from March 11–20, 1963 in the Wuppertal architect Jährling's private Galerie Parnass. The title alone shows the transition from Paik the musician to Paik the visual artist, achieved by extending the above-mentioned audiotape pieces to television work. The exhibition was distributed all over the building and even spilled over into Mr. Jährling's private quarters. Visitors at the time often took scant notice of the room containing twelve modified TV sets. It is only from today's perspective that this is seen as one of the key starting-points for what was later to become video art. But this should not let us forget that the whole enterprise was considerably more complex. Four prepared pianos, several disc and tape installations, mechanical sound objects and a freshly slaughtered ox's head above the entrance all formed part of the event, which was open for ten days only, for two hours in the evening from half past seven to half past nine. «Practically no one but the participants' friends came to the opening, and almost no one at all on the other evenings.»[17] Even so, this exhibition's twenty hours still made 1963 into zero hour for the history of video art—and that is true even though no video equipment was used here.

These short evening opening times were to fit in with the broadcast times of the only German television channel at the time. That was the only time an image, albeit modified,

01-01 01-09

16 — Cf. the texts «**Media → Art, Art → Media**» and «**Interaction, Participation, Networking**.» 17 — Tomas Schmit, «**Exposition of Music**,» in *Nam June Paik, Werke 1946–76*, Kölnischer Kunstverein, 1976, p. 67.

could be seen on the TV sets.[18] This shows how important these experiments, scarcely acknowledged by visitors and the press, were for Paik himself. The televisions used were of various makes and various ages, distributed ‹at random› in the space. The best description of the different electronic modifications comes from the Fluxus artist Tomas Schmit, who helped to set the exhibition up:

«eleven televisions in the room between the hall and garden; arranged—like the pianos—at random; one TV set is on top of another, the others are on the floor. the starting material is supplied by the normal TV programmes, but they are scarcely recognizable on most of the sets. (...) one of the TV sets shows a negative picture overlaid with a different one. the picture on another has been rolled up, so to speak, into a cylinder round the vertical centre axis of the screen. in what paik calls the most complicated case there are three independent sinusoidal oscillations attacking the image parameters. the group of two: the lower one has horizontal stripes, the upper one vertical stripes (the upper one actually shows the same picture as the bottom one, but is on its side as opposed to its feet). a single, vertical, white line runs through the middle of the screen of the ‹**zen tv**.› one set lies face-down and shows its pictures to the parquet floor (paik said today: «that one was broken»). in the top eight TV sets the picture composition (in television, the term picture also includes a temporal dimension) is derived from more-or-less pre-defined manipulations of the set's electronics, in the four bottom sets the manipulation is such that external influences determine the picture: one of the four is connected to a pedal switch in front of it; if you press the switch, the short-circuits of the contact procedure bring about a fireworks of instantly disappearing points of light on the screen. another set is hooked up to a **microphone**; anyone who speaks into the mike sees an explosion of light dots similar to the other set, but a continuous one this time. the ‹**kuba tv**› is the most extreme; it is connected to a tape recorder that feeds music to the TV (and to us): parameters of the music determine parameters of the picture. finally (on the top storey) you have the ‹one point TV› that is connected to a radio; in the middle of its screen is a bright point whose size is governed by the current volume of the radio; the louder the radio, the larger the point, the quieter the radio, the smaller the point becomes.»[19]

So the chaotic impression made by the TV ensemble is deceptive, insofar as the whole thing is more like a laboratory situation with various experiments set up in it than a classical exhibition. Cage's ‹prepared piano› liberated and transformed the instrument of European musical tradition and symbol of the prosperous middle-class home. Paik's treatment of the television, which succeeded the piano in the 1960s as the most expensive piece of domestic furniture, is equally anarchic and liberating, but at the same time very differentiated and media-specific. Each of Paik's modifications shows various possible approaches that viewers can make to television, ranging from meditation objects («**Zen**

18 — Conversation between the author and Paik, New York, 1999. 19 — Tomas Schmit (1976), op.cit., pp. 69–70.

for TV») to interactive objects. Even if artists do not start making television themselves, they can show models for new ways of handling the medium. Paik's idea of «participation TV»[20], which allows viewers to participate actively rather than remain passive consumers, anticipates current discussion about interactivity and multimedia as twenty-first century mass media.[21]

German public service television was not interested in this kind of suggestion about the future of the medium and ignored Paik's exhibition. But by coincidence shortly afterwards, on April 1, 1963, the second German television, ZDF, came on stream, thus allowing viewers a choice of programs for the first time—provided they had equipped themselves with the appropriate set-top box. It should be remembered that until then, in Germany at least, the viewer's only means of interaction with the TV image was the on-off switch.

/ / /

02/107

Vostell's TV Decollage

Wolf Vostell's first public show of TV works took place from May 22—June 8, 1963 in New York, in other words only two months after Paik's Wuppertal project. According to the invitation, the private, non-commercial Smolin Gallery was presenting «**Wolf Vostell & Television Decollage & Decollage Posters & Comestible Decollage.**» As this suggests, the exhibition, similarly to Paik's, consisted of several sections, which Vostell lists as follows: «6 television sets with various programs / the picture is decollaged—6 fusions / pots with plastic airplanes that melt in the heat—6 grilled chickens on a canvas / to be eaten by the public from the picture—6 chicken incubators / on canvas / the chicken should hatch on the day of the exhibition—everyone receives an ampoule of liquid he can use to smudge magazines.»[22] The said ampoule of liquid was handed to visitors at the opening, and photographs show that this offer of «Do it yourself Dé-collage» for magazines hanging on the wall was enthusiastically received. Vostell uses this procedure himself in his creative work. It introduces the term ‹dé-collage,› which Vostell coined in the 1950s, when his work was still driven by pulling down posters in the manner of the ‹affiches lacerées› by Hains, Villeglé and Rotella. Unlike the collage, which creates new layers of meaning, the ‹dé-collage› is an aggressive act of tearing down, smudging and disturbing found pictorial structures, which could be posters, magazines or television images.

Shortly before the exhibition opened, the YAM Festival in New Brunswick, also organized by the Smolin Gallery, took place on May 19, 1963, featuring happenings and actions by Dick Higgins, Chuck Ginnever, **Allan Kaprow**, Yvonne Rainer, Wolf Vostell and **La Monte Young**. Vostell's action was called «**TV Burying.**» In the course

20 — Cf. Nam June Paik, «**Projects for Electronic Television,**» reprint in Frieling/Daniels (1997), p. 77.
21 — Cf. Nam June Paik, «**Media Planning for the Postindustrial Society—The 21st Century is Now Only 26 Years Away**» (1974), reprint in Frieling/Daniels (1997), p. 239–242. Cf. the text on «**Interaction, Participation, Networking.**» 01-09
22 — Cited in Otto F. Walter/Helmut Heissenbüttel (eds.), *Vostell, Happening & Leben*, Neuwied/Berlin, 1970, p. 293.
23 — This sequence of events is well covered in a series of photographs by Peter Moore. A note by Barbara Moore provides the following summary: «The TV was changed 3 times 1. The voice [that] 1st spoke was Salvador Dali. He described his art and the symbols involved. 2. Next was Cooper the astronaut who will visit N.Y. next week. 3. Next was commercials of TV between broken picture. Al Hansen tried to

of it the television had cream cake thrown at it while a program was on, and an old oil painting was stabbed and hung in front of the TV image. Then the set was wrapped up in barbed wire in a symbolic coronation, also kitted out with turkey steaks and finally buried in a grave dug with a pneumatic drill and a shovel.[23] The associations extend from custard-pie slapstick to clear echoes of religious depictions of the Crucifixion and Entombment.

It is clear in both the exhibition and the action that Vostell is relating the TV image to the panel picture. The act of ‹dé-collage› is applied equally to posters, magazines, pictures on canvas and the TV image. The link between Vostell's TV works and painting can be seen even more clearly in his first drafts for television pieces, which he himself dates inconsistently to 1958 or 1959: «Clean white canvas—behind that 5 television sets installed var. sizes—television right next to canvas—Interference is built into the televisions so that there are constant changes.»[24] Along with a rough sketch, this note serves as a basis for several later versions, as shown for example at the major Vostell retrospective in 1992 as «**TV-Decoll/age no. 1.**» The incision in painting's virgin canvas quite obviously relates directly to **Lucio Fontana**'s «**concetto spaziale.**» But unlike Fontana, who is looking into the unknown, Vostell already senses that the flickering electronic image is waiting behind painting's broken surface. It is not known whether Vostell knew Fontana's **Manifesto** on television. But the destructive thrust in Vostell's TV decollage seems much more to be continuing **Debord**'s media criticism, which was quite prepared to terrorize the public with its message.[25] Then in 1963, at the «**Nein—9 Decollagen**» happening in Wuppertal, Vostell even staged a public ritual shooting of a television set showing a program. At another point in this event, which was organized as a bus tour, participants were taken into a cinema with a filmed TV decollage showing on its screen, accompanied by wailing sirens, while people lay motionless on the cinema floor. This film, «**Sun in your head,**» can be seen as the first artwork using recorded moving images of television. But what about this assertion by Vostell: «I am the first artist in the world who has been using television sets for images since 1958»?[26]

/ / /

Paik or Vostell? 02/108

As I have said, in about 1962–1964, several artists simultaneously hit on the idea of using the television set as artistic material. It is missing the point to ask «who was first?». As in other comparable cases of such astonishing synchronicity, it is more important to look at the differences and the common, time-related context. But there is a particular sense of competition between Paik and Vostell: they knew each other, and so it is perfectly possible that an idea was taken over in this case. I would just like to say this about the

help and got his hands cut on barbed wire. The cake frosting stuck and was smeared on the window. The hole in the painting showed static and different broken sound. Wonderful image of a big man with pneumatic drill. TV is buried after 1 hr.» (undated piece of paper in the Archiv Sohm, Staatsgalerie Stuttgart) See also Vostell's score, published after the event in June 1963: «Televison Decollage & Morning Glory,» 3rd Rail Gallery, New York. Here Vostell also points out that Dali happened to appear on television during the performance. **24** — Cited in Walter/Heissenbüttel (1970), op. cit., p. 324, as a facsimile from Vostell's notebook, here with no reference as to when it was created, and called «Projekt 1959.» **25** — Cf. the text «**Media → Art, Art → Media**» on Debord. CD-01/011 **26** — Interview with Vostell in 1977 in William Furlong, *Audio Arts*, Leipzig, 1992, p. 64.

point here: there is no doubt that Paik was the first to show his TV works. He worked on them for about a year in advance, but then kept them hidden in his «secret studio,» so that no one could get ahead of him.[27] Vostell and Paik were aware of each other's similar ideas, and Paik refers to «Vostell's idea (Décollage television)» in 1963 in the leaflet accompanying the «Exposition of Music—Electronic Television.» But it remains difficult to assess how much Vostell had already developed ideas and sketches for TV pieces as early as 1958 or 1959, and above all how much he put these into practice.[28] He had definitely not published any references to his TV concepts before his visit to Paik's Wuppertal exhibition, which he easily could have done in the magazine «Dé-collage,» which he published himself.[29]

In terms of content it is clear that Vostell's work with television is closely linked with his pictorial work, and that he did not undertake any sophisticated interventions into the sets' electronics, but just interfered with the TV image externally or by changing programs—and anyway according to his score he had thirteen stations at his disposal because of the larger range of channels available in the USA. In terms of strategy, it was certainly clever of Vostell to place his events in New York, right in the middle of the emerging 1960s art scene. Paik's Wuppertal exhibition reached a very limited public in comparison. Shortly after this Paik also moved to New York, where he started to work with video from 1965.[30] As well as having access to the latest technology, a decisive factor for him was that something that had already been done in Europe had to be repeated in the artistic metropolis of New York to attract the art world's attention.[31] Instead of using Debord's destructive strategy, as taken up by Vostell, Paik opted for extending Cage's receptive strategy to productive work with the medium.

/ /

02./109 **Parallel concepts—the television set as an art object in the work of Wesselmann, Uecker, César, Isou and Gerstner**

Paik and Vostell are not the only artists to be addressing the television set as an art object around 1962–1964. It is surprising that artists who knew nothing about each other were producing work of this kind at the same time, but the difference between the contexts in which these works emerge is also revealing.

/ / /

Tom Wesselmann

Tom Wesselmann built working TV sets into some of his pop art paintings in 1962–1964. He also uses this juxtaposition of painted interior and real objects like telephones, radiators or radios in several other works, right down to an object box that needs a female breast to complete it. In «**Great American Nude #39**,» 1962, a painted female

27 — Cf. interview with Nam June Paik by Dieter Daniels, *Kunstforum International*, vol. 115, September/October 1991, pp. 207-210. Vostell had visited Paik, at Paik's invitation, in his secret studio in February; see Edith Decker, *Paik. Video*, Cologne, 1988, p. 49. 28 — The Fluxus artist George Brecht also came up with an unrealized concept for an installation with television sets as early as 1959, directly inspired by Cage's work with radio sets. Cf. Dieter Daniels, «Fragen zur Geschichte der Videokunst—eine Fussnote aus George Brechts notebook von 1959,» in *Kunstforum International*, vol. 115, 1991 pp. 225-229 and Dieter Daniels (ed.), George Brecht, *Notebooks I—III*, Cologne, 1991, vol. III, p. 69. 29 — Edith Decker (1988, op. cit.) has undertaken a great deal of research about the question of Paik-Vostell priority; it reads like an art-historical detective story.

nude is lying between a real TV and a window with a real blind. Wesselmann shows television as part of everyday American life, as something that is not watched deliberately but running in the background, and just as much part of the interior as the furniture and the pictures on the wall. Despite the moving images he calls some of these TV paintings still lifes, the best known being the 1963 «**Still Life #28**.» The picture is crammed with American symbolism, and the portrait of President Lincoln on the wall relates to the topical events on the screen.[32] The picture seems to be saying that this is where politics is played out today: one of the reasons for Kennedy's win in the 1960 presidential election against Nixon was that he made a better impression in the television debate.

/ / /

Günther Uecker

In the same year, **Günther Uecker** processed a TV set, «**TV 1963**,» by covering it with nails—over-nailing—as well as painting it white. The object is part of an exhibition called «Sintflut der Nägel» in which Uecker over-nailed all the furniture in a living room. A TV broadcast by the Hessischer Rundfunk accompanying the exhibition showed Uecker buying the brand-new television set, and then subjecting this valuable object to artistic treatment.[33] Thus television as a consumer fetish becomes an object reminiscent of primitive rituals, of the kind found in African nail fetishes, for example.

/ / /

César

César also uses a television set sculpturally in his piece «**Télévision**» in 1962. He strips a television of its casing and places it on a scrap sculpture. The whole thing is covered with a Perspex hood, with holes for the aerial, loudspeaker and operating knobs. The idea of the ready-made is transferred to the wonders of modern civilization, entirely in the spirit of Pierre Restany's Nouveau Réalisme manifesto.

/ / /

Isidore Isou

A TV object by **Isidore Isou**, the founder of Lettrism, dates from the same year, 1962; it is called «**La télévision déchiquetée ou l'anti-crétinisation**.» Lettrism is a movement that has been somewhat unjustly forgotten. In the early 1950s, it anticipated many 1960s developments in conceptual and inter-media art. Isou proclaimed the destruction of the film in 1951, actually implementing this with a montage film and thus causing the scandal that brought the young Debord to Lettrism.[34] The movement was best known for Lettrist hypergraphics, a set of meaningless signs that anticipated the development of comics and advertising in many ways. In his TV object, Isou puts a template of such hypergraphic elements over the screen. This simple gesture makes the TV into a

30 — See Nam June Paik, «**Electronic Video Recorder**» (1965), reprint in Frieling/Daniels (1997), p. 130. **31** — Paik in conversation with the author, Wiesbaden, 1991. **32** — Another picture from this series, «Still Life #31,» also 1963, places the TV opposite a portrait of President George Washington. **33** — Exhibition in Rochus Kowallek's «d gallery,» Frankfurt, 1963. Uecker says that he produced three processed televisions at this time, and also a piano. Using the principle of nailing them over, and in some cases painting them white as well. (Uecker in a telephone conversation with the author on August 20, 1996). **34** — For the Lettrist films and their pioneering role see Greil Marcus, *Lipstick Traces. A Secret History of the Twentieth Century*, Cambridge, MA, 1989, chap. 8.; Roberto Ohrt, *Phantom Avantgarde*, Hamburg, 1990, pp. 27ff.

reservoir of constantly new signs, created by overlapping the hypergraphic matrix and the moving image. A key fact is that both César and Isou exhibited their TV objects in Paris in March 1962.[35]

/ / /

Karl Gerstner

The Swiss artist, graphic designer and advertising expert **Karl Gerstner** changed an active TV image in a much more complex visual way. He developed various models of his «**Auto-Vision**» from 1962–1963: «The name identifies the difference from television. The aim is not to broadcast programs, but to create programs directly. For this we use daily television programs that are abstracted through a ‹pair of spectacles,› and alienated to the point of being non-representational,» is Gerstner's comment on the process.[36] These Perspex ‹spectacles› have something in common with Op Art. They can be swapped around, and each pair creates a different effect. Twelve different ‹spectacles› versions of «Auto-Vision» were shown on a monitor wall at the «Crazy Berlin» exhibition in the Haus am Lützowplatz, Berlin in 1964. Each screen was showing the same program, which was also running in undistorted form on a thirteenth television. The single «Auto-Vision» model was put together with designer perfection. It has a complete set of ‹spectacles› that can be changed, and in its day would have fitted in well with progressive home design à la Verner Panton. But Gerstner is not just interested in superficial effects. He explains in an elaborate film including a demonstration of the work that he sees his «direct program creation method» as a substitute for manipulating images digitally, which the computer could not do at that time. Two working examples of «Auto-Vision» have survived—unlike Paik's and Vostell's early TV works, which have disappeared—but they have been largely ignored in the history of video art.

/ /

02./110 **TV interiors in painting, photography, action art and theater**

As well as the pieces that integrate or manipulate the television as a functioning object, there are of course numerous examples of television appearing in painting or collages. I will just single out **Paul Thek** as a representative; he painted perhaps the most lucid and radical picture of this kind in 1963 in his series «**Television Analyzations,**» in which the tube completely fills the canvas with a detail of a face.[37] TV is a subject for photography as well. Also in 1963, the American photographer **Lee Friedländer** examined the relationship between the television and the domestic interior in a series of pictures.[38] And in the same year the actor and artist **Dennis Hopper** photographed the «**Kennedy Suite**» series, which focuses even more sharply on the TV screen as a principal theme.

Artists other than Vostell use television in action art, but like Wesselmann they use it as a natural feature of the interior. **Gerhard Richter** and **Konrad Lueg** staged «**Leben**

35 — Isou's TV object «was shown in the Paris Museum of Modern Art and then destroyed.» Jean-Paul Curtay (ed.), *Lettrism and Hypergraphics— The Unknown Avant-Garde*, 1949–1985, Franklin Furnace, New York, 1985. The illustration showing the reconstructed objects comes from *Flash Art*, no. 145, March/April 1989. Césars TV object was also shown in Paris in March 1962 in the «Antagonismes II—l'objet» exhibition at the Musée des Arts Décoratifs. Edith Decker shows that Vostell visited this shows and saw César's TV object there. Cf. Decker (1988), op. cit., p. 48, 57. 36 — Cited in Johannes Gfeller, «Frühes Video in der Schweiz,» in *Georges-Bloch Jahrbuch des*

mit Pop. Eine Demonstration für den Kapitalistischen Realismus» in a Düsseldorf furniture store in 1963. The artists themselves sit motionless on the available furniture «like sculptures on pedestals, their natural distances apart increased to give a sense of being on show.»[39] The television is also on, showing the news punctually at 8 p.m., as the action begins. In the 1963 happening «**Push and Pull**,» **Allan Kaprow** also invites visitors into a furniture arrangement with a television showing a program in it, but here it is up to the visitors themselves to create new constellations.
But the most important model for future cooperation between artists and broadcasting institutions comes from literature and the theater. In 1966, **Samuel Beckett** produced his first television play, «**He, Joe**,» which was later followed by others with the south German television station (Südfunk). Beckett both wrote and directed the piece, which shows only a slow tracking shot up to the only performer in a bleak interior. The formal resources of his television plays are reduced to a minimum. They are entirely comparable with the equally minimalistic early video performances of the 1960s, however Beckett's route to television has no connection with contemporary video art, but is based on a much older genre, the radio play.[40]
/

Summary of the first time-window—from intermedia to multimedia 02./111

Nothing much remained in the 1960s of the utopias of the first half of the twentieth century as designed by Bertolt Brecht, Benjamin, the Futurists and also Lucio Fontana, who saw radio, film and television as a universal extension of art. Television and the other mass media became economic and political power factors of a magnitude that went well beyond questions of aesthetics or cultural significance. Rather then a source of utopian hope, most 1960s artists saw television as unduly powerful and as an objective for attacks whose widespread media effect made the pictorial world of art seem insignificant. And yet there were an astonishing number of attempts to redefine television, and there are various approaches to demonstrate this, going back well before the beginning of video art. Alongside the critical and aggressive positions (Vostell, Isou, Uecker) and the neutral and contemplative ones (Wesselmann, César, Friedländer, Richter and Lueg), Gerstner and Paik in particular design models for work with the electronic image as artistic material. Paik is the first and only artist to intervene in the electronics at this stage, so that an image can be formed as it emerges. His vision is: «As collage technic replaced oil-paint, the cathode ray tube will replace the canvass.» [sic][41]
The synchronicity with which artists started to work with television as a medium in 1962–1963 remains surprising. There is no more a sense of clear priority among them than in the case of other invented and found image-making processes in the early twentieth century. For example, around 1920 **Walter Ruttmann**, **Viking Eggeling**, **Hans Richter** and **Marcel Duchamp** were also all working on the first abstract films

Kunstgeschichtlichen Seminars der Universität Zürich, 1997, pp. 224f. Gfeller provides a comprehensively researched account of Gerstner's TV works. **37** — Cf. also Edith Decker's remarks on **Karl Otto Götz**'s kinetic painting, which cannot be considered here: Decker (1988), op. cit., pp. 21ff. **38** — Cf. Lee Friedländer, *The little screens*, Fraenkel Gallery, San Francisco, 2001. **39** — For an outline of the action cf. Gerhard Richter, *Text*, Frankfurt/Main, 1994, p. 15. **40** — Cf. also the text «**Audio Art**.» on works by Max Neuhaus. **41** — «**Electronic Video Recorder**» flyer from 1965, reprinted in Frieling/Daniels (1997), op. cit., pp. 130–131.

at the same time, to an extent without being aware of each other. One key fact is that the artists started to work with TV on the basis of different genres: Paik comes from music, Vostell and Wesselmann from painting, César and Uecker see the TV above all as object sculpture, Gerstner uses it as a source of optical signals, Isou's starting points are film and literature. The new medium is at a point of intersection between the traditional disciplines. So the artistic ‹reconquest› of television is symptomatic of the new interdisciplinary direction being taken in the 1960s, working towards removing the boundaries between genres and the cultural institutions linked with them. The milieu of new music, happening, Fluxus, expanded cinema and concrete poetry helped to shape this early phase, which can only be reinterpreted as the beginning of media art from today's perspective. However, at the time the term ‹intermedia› emerged, introduced by Dick Higgins, which was certainly a more apt description than the later restriction to ‹video art›; in the light of the sweeping ambitions of those days, which embraced all the media, this is something of a retrograde step into terrain that has clearly been cordoned off again.

When the digital multimedia age is proclaimed thirty years later in the 1990s, the forgotten 1960s intermedia concept comes back into its own. But there is one important difference: the artistic transformations of the TV set that took place around 1963–1964 are just one symptom of this interference with genres with an impetus derived from art—but in the 1990s the computer is de facto the driving force behind the media's convergence to multimediality. In this respect the interrelations between culture and media technique have reversed from the 1960s to the 1990s.

/

II → Second Time-Window 1968–1969: Artists go on the air

/ /

02/112

Television—the art form of the future?

Around 1968–1969 it suddenly seemed as though television could become the art form of the future—and conversely that the Muse's kiss could wake the «sleeping lion» television.[42] At almost the same time, in both Europe and the USA programs started to be made by TV stations and artists working together that were historic milestones in the interplay between art and the mass media. In an astonishingly short time, the TV art attempted around 1963–1964, which had been skeptical and distanced in terms of content and usually quite primitive technically, was overtaken by a reinvigorated utopian spirit: «What happens if artists take control of television? ... reaching a vast audience, creating a museum for millions.» This was the kind of futuristic emphasis used to introduce the program «**The Medium Is the Medium**» on WHGB-TV from Boston. And in the same year **Gerry Schum** pronounced on the occasion of his first broadcast of his Television Gallery on Sender Freies Berlin: «The circle of people that can be reached

42 — Gene Youngblood says that «television, like the computer, is a sleeping lion.» In 1969 400 million people watched the same boring, blurred and unfocussed ‹Warhol movie› at the same time, namely the moon landing. Gene Youngblood, **Expanded Cinema**, London, 1970, pp. 257f. 43 — Printed version of the speech in the catalogue on the *Land Art* broadcast, Hannover, 1969, unpaginated. 44 — Letter from Gerry Schum to Gene Youngblood, 1969, in *Videokunst in Deutschland*, 1963–1982, Wulf Herzogenrath (ed.), Stuttgart, 1982, p. 64.

by galleries and museums is minimal. ... Compared with the book market, it is as if a successful writer could only keep in touch with his public through poetry readings, with his novels going through print-runs of millions. I am forced to the conclusion that in terms of possible communication between artwork and art public we are at about the same point as literature was before Gutenberg's invention of the letterpress. ... I cannot see why modern art can only be publicized on a wider scale when it is no longer modern.»[43] In this situation, Schum's credo was: «The only chance for Fine Arts I see, is the deliberate use of the medium TV.»[44] And the year before that, WDR Cologne had opened its new TV studio for electronic image manipulation with the elaborate «**Black Gate Cologne**» intermedia event, staged by the artists **Otto Piene** and **Aldo Tambellini**. And in Sweden and England, and also at other American TV stations, cooperation with artists started at almost the same time around 1968–1969.[45]

How did this enormous change of mood come about, with TV programs as the white hope for art, rather than wearing yourself out at the boob tube as a representative of some criticism of the system? The impetus comes from the artists as well as the broadcasting institutions. Around 1970, an electronic image still meant a TV image. This is clear from the titles of the first major exhibitions in 1969: «TV as a creative medium» (Howard Wise Gallery New York) and also «Vision and Television» (Rose Art Museum, Waltham, MA) and the magazine «Art in America» called its special issue «TV—The next Medium.»[46] Video art has scarcely appeared yet, even though the Sony Portapak was on the market from 1965 as the first video camera for private use that was viable both financially and in terms of weight. Artists like **Bruce Nauman** work with it, but their real-time video tapes, technically primitive but intensive as a result of their permanent repetition, were made by performing directly to camera, without any subsequent editing.[47] But videos of this kind are extremely unsuitable for television broadcasts. They are more like exhibits to be shown in the white cube of a gallery, alongside photographs or objects.

But the possibility of autonomous video production also stimulated political media work, thus producing and provoking a counter-public to mainstream TV: «**Guerrilla Television**» was the program aim of the group that formed around the magazine «**Radical Software**».[48] But sooner or later the underground video movements usually fell between the two stools of professionalization and adaptation, or radicalization and marginalization.[49] This dilemma caused by the elaborate technical demands of TV as a medium was more successfully avoided by the pirate radio movement. But for the video underground, television remained the master medium, as expressed in the ironic doubling in the name of the group «**TVTV**» (Top Value Television).

So television as the art form of the future was to take place on several platforms—in exhibitions, in broadcasts and in alternative screenings. But it was not to have a

45 — The following examples should be mentioned as well as: in the USA Tom DeWitt, Scott Bartlett, Loren Sears and Robert Zagone: in Sweden **Ture Sjolander**, Bror Wikstrom and Lars Weck (to an exent even from 1966 onwards); and in England the German artist Lutz Becker. Cf. Youngblood (1970), op. cit., pp. 285–292, 317–336.
46 — John S. Margolies, «TV—The Next Medium,» in *Art in America*, vol. 57, no. 5, September/ October 1969.
47 — Cf. the text «**Reality/Mediality**.» 48 — Cf. the text «**Social Technologies**.» 49 — Cf. Gerd Roscher, «On the Concept of an Alternative Media Practice,» in Frieling/ Daniels (1997), op. cit., pp. 232–235.

neo-primitive video aesthetics. It was going to try out perfect exploitation by artists of the professional possibilities offered by the medium. The initiators of the three programs that mark the beginnings of these hopes in 1968–1969 were in complete agreement about this point. But otherwise they are started from very different agendas—and that is why the three programs look so different.

/ /

02/113 «Black Gate Cologne»—a happening in the studio

Otto Piene and **Aldo Tambellini**'s **«Black Gate Cologne,»** 1968, is often called the first TV art broadcast. But the concept was not originally produced for television, rather it is based on a multimedia live action involving audience participation that had already been performed in New York. Tambellini's films are projected on to light objects and inflatables by Piene that the audience playfully move around the space—«expanded cinema» in the literal sense, as the subtitle «Ein Lichtspiel» (= ‹cinema film› and ‹play on light›) suggests. WDR did not broadcast the piece live, but recorded it in the new electronic ‹Studio E.› Possibilities for superimposing and mixing images from five television cameras were fully exploited. The pictorial aesthetics of the program, which was edited from two recordings and increasingly condensed through a number of working phases, is thus based on combining artistic direction and TV-specific implementation by close teamwork between artists and the television directors. It remains difficult to decide whether the electronic image manipulation synthesizes with the intermedia art action, or whether both compete to make the most powerful effect.[50] But the WDR could not make up its mind to tie television in with the pioneering work of its 1950s electronic music studio so that artists could be taught to use the new techniques, hence the experiment remained unique.[51]

/ /

02/114 «The Medium is the Medium»—everything is possible

The WHGB-TV station in Boston is a public service institution that may not have the range and financial clout of the national commercial networks, but it can permit itself more experiments with its programs. From 1967, with the support of the Rockefeller Foundation, it set up an «Artist-in-Television» program, in other words, precisely what the WDR failed to do in Germany. Fred Barzyk, the creative producer, invited musicians, artists, writers and dancers to take part in experimental projects. Unconventional production methods were going to be used to break down the barriers between technicians and artists. Barzyk says: «We adopted some of John Cage's theories: many times we'd have as many as thirty video sources available at once; there would be twenty people in the control room—whenever anyone got bored they'd just switch to something else without rhyme or reason.»[52] The most distinguished product of work with artists was in 1969, **«The Medium Is the Medium,»** a program with contributions by **Allan Kaprow**,

50 — Cf. Wibke von Bonin, «Video and television—Who Needs Whom?,» in ibid., pp. 111–114. **51** — Cf. the text **«Audio Art»** on the NWDR Studio. **52** — Cited in Gene Youngblood, op. cit., p. 298.

Nam June Paik, Otto Piene, James Seawright, Thomas Tadlock and **Aldo Tambellini.** A really heterogeneous mixture of different styles is the result. It tries out innovative electronic image generation devices, running through all the variations available at the time. This ranges from abstract video patterns and Tadlock's effects equipment to Kaprow's complex two-way communications event «**Hello.**»[53] Paik invited two hippies from the street into the studio to join in. He continued this open concept for WHGB in 1970 with the four-hour live broadcast «**Video Commune.**» The **Videosynthesizer**[54] developed by Paik and Shuya Abe was used to generate and manipulate electronic images, accompanied by Beatles music. The invited audience was also allowed join in with creating the program, thus transferring a collective creative event into the medium of television.

/ /

Schum's «Fernsehgalerie«—art without a place

The German filmmaker **Gerry Schum** developed a clear concept for the artistic use of television from 1968. His visionary «**Fernsehgalerie**« (Television Gallery) was intended to produce and present art exclusively in the medium of television and not use any normal exhibition galleries. «One of our ideas is communication of art instead of possession of art objects. ... The TV Gallery is more or less a mental institution, which comes only into real existence in the moment of transmission by TV.»[55] Schum sees television as a new way for conveying artistic processes and concepts beyond the object. His conceptual purism is the counter-pole to Otto Piene's and Aldo Tambellini's multimedia actionism and WHGB's techno-euphoria. He does not work on the basis of technical feasibility, but addresses current artistic developments, which can be summed up by Harald Szeemann's programmatic exhibition title «**When Attitudes Become Form: Live in Your Head.**«[56]

Schum's collaboration with television stations is therefore restricted to broadcast and finances, and then staging something like a gallery opening in the television studio before the broadcast begins. But the programs themselves are completely produced by Schum, and both for him and the artists working closely with him the individual contributions definitely have the status of an autonomous work of art. This is also why Schum refused to take notice of the desire for more information or commentaries raised by the first broadcast. In fact he insists on aesthetic autonomy: «During all the 38 minutes of the ‹Land Art› show there is no word spoken. No explanation. I think an art object realized in regard of the medium TV does not need a spoken explanation.»[57]

His keen sense for developments in contemporary art led him straight to the most important artists of the day.[58] Many of these artists made pieces for a television film for the first time with Schum—very few of them carried on working with film or video after Schum's early death. The medium is not in the foreground in their contributions; they

53 — Cf. the text on «**Interaction, Participation, Networking.**» 54 — Cf. the text «**Technological Constructions of Space-Time.**» 55 — Letter from Gerry Schum to Gene Youngblood, 1969, in Herzogenrath (1982), op. cit., p. 56. 56 — Exhibition in the Kunsthalle Bern in 1969. 57 — Letter from Gerry Schum to Gene Youngblood, 1969, in Herzogenrath (1982), op. cit., pp. 63f. Cf. also «**Statements on Gerry Schum,**» in Frieling/Daniels (1997), op. cit., pp. 94-98. 58 — As was customary for television broadcasts at the time, both productions were shot on film; it was not until 1971 that Schum would begin working with video.

are interested in consistently conveying their artistic approach, and so no electronic image processing is used. «In a television object the artist can reduce his object to an attitude, to a mere gesture as an indication of his concept. The art object presents itself as a unit made up of the idea, a visual presentation and the artist as demonstrator,» says Schum in his introduction to «**Identifications.**» In a similar way, he combines contradictory roles in a single person. He simultaneously mediates between television and the artists, is the curator of the program and the producer of the contributions. But his attitude, which is consistently slanted towards art, inevitably leads to increasing difficulties with the conditions of television, which are tuned to wide-ranging acceptance. His hopes for making the «Fernsehgalerie» into a permanent institution were not fulfilled, and so finally he withdrew into the context of art to set up a «Videogalerie» to sell videos as signed objects in limited editions. He thus gives up his original vision of a work of art that exists only on television, but remains equally unsuccessful on the original-fixated art market.

/

III → Third Time-Window — Intervention and cooperation since 1970

/ /

02./116 Conceptual intervention

The three examples examined in the second time-window represent the search for an art form of its own for television, a search that is ultimately unsuccessful. Either they worked too narrowly on the basis of art, like Schum, or they tried to use art to analyze questions about the meaning of TV as a medium, like the WHGB workshop. But art became increasingly conceptual and context-related in the 1970s; it dematerializes itself, as Lucy Lippard puts it. But the material battle of the technological demands involved in a real TV production established conditions that can never be disregarded. A number of TV interventions and disturbances respond to this dilemma. They are not announced as ART, but suddenly and unexpectedly interrupt the flow of the program. They acquire meaning only in the context of the broadcast, not as something preserved on video. And as we have now come to expect after several examples of the synchronicity of artistic concepts, these acts of intervention also emerge almost at the same time, but usually independently of each other, around 1971.

/ /

02./117 Playful disturbances — Dibbets, Weibel, Export and Hall

Two 1969 Gerry Schum productions were the forerunners of this type of intervention, **Keith Arnatt**'s «**Self Burial**» and **Jan Dibbets**' «**TV as a fireplace.**» The latter was broadcast at Christmas, and turned the domestic TV set into a flickering fire in a fireplace. **Peter Weibel** and **Valie Export** were able to place several acts of intervention with ORF from 1969 to 1972, all relating directly to the home viewer's situation. To name but two examples: Weibel's 1969 «**The Endless Sandwich**» gets the ultimate couch potato to stand up, and in «**Facing a Family**» Export makes the television image into a mirror for the family in 1971. Also in 1971, **David Hall**'s poetic «**7 TV Interruptions**» were broadcast on Scottish television; one of them made the TV set into a water container. This kind of intervention almost developed into a genre in its own right, with additional examples extending right down to the present day.[59] For example, **Bill Viola**'s 1983 «**Reverse Television**» shows forty-four television viewers for half a minute each. These were shown by WGHB in 1983 in the form of unannounced inserts, and **Stan Douglas**' 1991 «**Monodramas**» place short, poetic yet meaningless events between the blocks of commercials.

Without going into all the examples of such intervention here it is possible to say that some of them capture television's influence very precisely, and even anticipate its future developments. Export's symbolic transfer of everyday family life into the medium became reality two years later when the Loud family were accompanied by a TV crew for seven months, thus allowing the American public a glimpse of their lives that provided enough material for a mini-series.[60] The move on to today's Reality TV shows the consequences of this breaking down the barrier between private and public.[61] Television advertising has also adopted the strategy of unexpected intervention for itself. And an electronic fire of the kind that Dibbets gave his television as an ironic touch is now available on video as a completely normal product.

/ /

Radical intervention — Burden

The above-mentioned acts of artistic intervention dating from 1971 were all made in cooperation with the television station concerned, which allocated slots for them in its program and also took over part of the production. But this interventionist strategy became more radical, and indeed illegal, a year later. When **Chris Burden** was invited to appear on a talk show because of his sensational action «**Shoot**,» in which he had himself shot in the arm, he took the hostess hostage while the show was on the air and threatened to cut her throat if the broadcast was broken off. Following the current pattern of terrorist aircraft hijacking, Burden's «**TV Hijack**» action took control of a live program.[62] Just as the sense of a fresh political start in the 1960s ended in radicalization after it was disappointed, here we have a clear rejection of any utopia involving peaceful symbiosis between art and the mass media. **John Lennon** and **Yoko Ono**'s 1969 film «**Film No. 6, Rape**» is equally radical. It was produced and broadcast by ORF, and shows a camera crew following a passer-by down the street. She tries to get away, but finally they follow her into her home.

The logical continuation of all this is a series of TV commercials that Burden had broadcast at his own expense at the usual price per minute. The best-known example «**Chris**

59 — Cf. works by **Peter Weibel**, «**TV-Aquarium (TV-Tod 1)**,» 1970–1972, «**TV-News (TV-Tod 2)**,» 1970–1972; **Lynn Hershman**, «**Commercials for NY Hotel Rooms**,» 1974; **Dara Birnbaum**, «**MTV Artbreak**,» 1987. 60 — The mini-series produced by Craig Gilbert for PBS is based on 300 hours of material. This was edited down to twelve episodes and broadcast after a year's post-production (see Jeffrey Ruoff, *An American Family. A Televised Life*, Minneapolis, 2002). 61 — Cf. Dieter Daniels, «Big Brother Readymade,» in id., *Vom Readymade zum Cyberspace*, Ostfildern, 2003. 62 — Cf. Peter Noever (ed.), *Chris Burden, Beyond the Limits*, Vienna, 1996, p. 132.

Burden Promo» consisted only of the words «Leonardo da Vinci, Michelangelo, Rembrandt, Vincent van Gogh, Pablo Picasso, Chris Burden,» and ends with «© 1976 paid for by Chris Burden—artist.» This commercial was broadcast in Los Angeles and New York over twenty times in the normal commercial break at a peak viewing period. Statistics state that the first five artists named are the best known in the USA, and Burden «convinced several station managers that my name ‹Chris Burden› was also the name of an art business, and they agreed to sell me air time.»[63] The staged megalomania of this commercial stands for the hubris of all artists who believes that TV can disseminate their message and thus bring them greater fame than would be possible in the context of art, which is marginal in comparison with the mass medium. It is obviously completely ridiculous to hope that the commercial could trigger some random viewer's interest in Chris Burden. But it did make Burden better known in the art world, and you did not even have to see the broadcast, as «Promo» was one of the works featured at **documenta 6** in 1977. So the television broadcast is effective only as a concept, in other words ultimately symbolic, but not as advertising through the real impact of the mass medium.

Burden not only examines the way the medium functions commercially, he looks at the technical side as well: he built, again for documenta 6, a television set using the Nipkow disc system invented in the nineteenth century. He had only the most primitive equipment, and no technical support. He used the name «C.B.T.V.» which sounds like an American station but only stands for «Chris Burden Television.» This takes the magic out of the medium and shows the banality of its functions. All these works by Burden have in common with the «Shoot» action that they probe the boundary between the symbolic and the real, which is at the same time the boundary of art. If Burden had died in «Shoot,» or the TV hostess in «TV Hijack,» then art's so-called freedom would have been annulled and prosecution initiated. Equally, «Promo» had to have a ‹genuine› product and «C.B.T.V.» shows how television ‹really› works. All of Burden's television actions stand as appropriations of the reality of the medium, but at the same time they show that no artist is in a position to compete seriously with the industrial production of television as a technique, program and institution.

/ /

02/119

Radical cooperations—Paik

Nam June Paik must be the only artist of the pioneer generation who has never given up hope that artistic work is possible and necessary in the mass medium of television. Art historians writing about him often forget that almost all his videos were made for television. His 1973 video classic «**Global Groove**» is like a TV manifesto for the future. In the opening sequence it says: «This is a glimpse of a new world when you will be able to switch on every TV channel in the world and TV guides will be as thick as the Manhattan telephone book.» Picking up McLuhan's vision of the «Global Village,» the

63 — Chris Burden in a DVD edition of his TV Commercials, New York, 2000. Burden even had to buy the air time in the name of a non-profit organization for the commercial «Poem for L. A.,» which was shown a total of seventy-two times in 1975, as an American law prohibits individuals from advertising themselves directly on television. 64 — Dziga Wertow, *Aufsätze, Tagebücher, Skizzen*, Berlin, 1967, pp. 111–114. 65 — Nam June Paik, «Global Groove und der gemeinsame Videomarkt» (first 1970), in *Nam June Paik, Niederschriften eines Kulturnomaden*, Edith Decker (ed.), Cologne, 1992, p. 132. 66 — «Media art can open up a view within the medium about its

video is an invitation to a fun journey through the whole world of television, to a party on television's global village green. Thus it is taking up the utopia of understanding between nations proclaimed by radio in the 1920s, and also anticipating the utopias of the global Internet community in the 1990s. This was the spirit in which Dziga Vertov sketched out his utopia of a combination of radio and film as early as 1925, so that all the proletarians in the world could see each other, thus creating a sense of international solidarity.[64]

But the colorful surface, anticipating the effect-aesthetics of video clips, conceals a clear and committed concept that Paik formulated as early as 1970. He sees the one-sidedness of national TV reporting as a motif for forming political opinion that leads to wars and racial conflict. His counter-proposition is the world-wide exchange of television programs simulated in «Global Groove»: «If we could assemble a weekly television festival comprised of music and dance from every nation and disseminate it freely via the proposed Video Common Market to the world, its effects on education and entertainment would be phenomenal.»[65]

Current satellite TV technology has now made Paik's idea an achievable reality for every TV viewer, but the political effect Paik hoped for has yet to happen. So in terms of media technology, Paik's ideas for the future of television are being fulfilled but without providing the social utopia he associated with it. Thus they are a typical example of the role of media art as a memory and refuge for the unredeemed utopias of media history.[66]

In «Global Groove,» as in all his other videos, Paik uses an editing technique that is close to musical composition. It makes no attempt at narrative, but is based on a large number of recurrent motifs. This also includes the recycling of early videos in later works, so that we still see material from the 1960s appearing as quotations in Paik's work today.[67] «Global Groove» recycles Paik's contribution, broadcast by WHGB, to «**The Medium Is the Medium**.» The video itself was produced and broadcast by the WNET-TV station, which meant that the first step towards realizing its mission had been taken. Paik made similar concepts the basis of his 1984 live satellite broadcasts, «**Good Morning, Mr. Orwell**,» which reached an audience of about thirty-three million in the USA, Canada, Europe, Korea, Japan, Mexico and Brazil. On an even larger scale «**Wrap around the World**» (1988) is said to have reached over fifty million viewers in twenty countries world-wide. There is no doubt that by achieving this Paik successfully surmounted the limitations of the avant-garde, as proclaimed programmatically in the 1920s and 1960s—but he paid the price that his work was scarcely seen as art any more. These satellite TV projects are thus in the same place that his first television experiments started from in 1963: between two stools. They made little impact in art circles because of their entertainment character, and their conceptual side did not subsequently lead to anything in the TV world.

/ /

possible future and it also reminds us in retrospect of the unredeemed utopias that accompany the emergence and shaping of the medium. As an avant-garde in the sense of vanguard it anticipates the perception forms that the mass media helped to disseminate on a broad base. As a rearguard it is the place in which the same submerged aesthetic motives contained within the autonomous reception of media have survived and remain open to experience.» Dieter Daniels, «**Kunst als Sendung. Von der Telegrafie zum Internet**,» Munich, 2002, p. 258. 67 — Paik uses «Global Groove» in this way in 1974 in the installation «TV Garden.» Cf. the text «**Form Follows Format**.»

02/120 **VT ≠ TV**

In retrospect, the failure of Schum's «Fernsehgalerie» and his withdrawal to video can be seen as symptomatic in the art context. It becomes clear that possessing autonomous production devices in the form of video cameras and players has not broken the power of television as an institution by a long shot. The habit of equating television and video, which linguistic usage still suggested around 1970, was replaced by the concept of ‹video art.› But this produces a completely new paradigm: the demand for a mass effect is dropped, and instead the private, indeed intimate and personal dimension of the video image is discovered by body art and performance art. This change can be seen very clearly in the publication «The New Television: a public/private art,» which accompanied the 1974 conference in the Museum of Modern Art. The title still refers to television, but the contributions are almost all about video art.[68] This distinction was expressed very clearly indeed at **documenta 6** in 1977, when the sign «VT ≠ TV» (videotape is not the same as TV) was resplendent above the entrance to the videotheque. But the opening of this media documenta was still accompanied by a live satellite broadcast, and a wide-ranging program of art videos was shown on television, this time not so much at the behest of the artists as of the exhibition makers, who thus achieved an instant media presence for their concept. Ulrike Rosenbach, who was closely associated with Schum, sums up the development like this: «The television set, the ‹altar› of the modern family, would make it possible for at least 60% of all fellow citizens to receive our broadcasts. Those were our theories, our dreams. We wanted to use video broadcasts to reacha breadth of dissemination for culture that no museum, no gallery and no book could have achieved. ... What we overlooked was the television's position of power, its rigidity and its social ideology, which must have found our Walter Benjamin theories naïve and comical.»[69]

/

02/121 **Prospects: Four post-utopian strategies**

The younger generation of video artists have known television since their childhood, and it holds no utopian charm for them any longer. Instead it is looked upon with a certain fatalism, like an unalterable force of nature. And so in the late 1970s, as in the early 1950s, various strategies developed in parallel in relation to the mass media.

* Analytical deconstruction of the mass medium using the resources of art (**Dan Graham, Dara Birnbaum, Klaus vom Bruch, Marcel Odenbach**). * An approach to television that abandons the exclusivity of artistic purism to some extent (**Laurie Anderson, John Sanborn, Robert Wilson, Zbigniew Rybczynski**). * The subversive strategy of artistic occupation of niches in the expanding media landscape (**Rabotnik TV, Paul Garrin, Kanal X, Brian Springer**). * Direct cooperation with television to develop innovative media techniques (**Douglas Davis, Van Gogh TV**).

68 — Davis/Simmons (1977), op. cit. 69 — Wulf Herzogenrath (1982), op. cit., pp. 99-100.

All these strategies can be called post-utopian, and some of them post-modern as well. They will be examined more closely under the subject headings «**Reality/Mediality**» -04
und «**Social Technologies**.» The continuation of these strategies to the point of ironic -05
and final disillusionment, also in terms of the Internet alternatives, is to be found in the artists' project «**Making Sense of It All**» by **Blank & Jeron** for MediaArtNet.

/

Translation by Michael Robinson

03/001-021
03/101-121

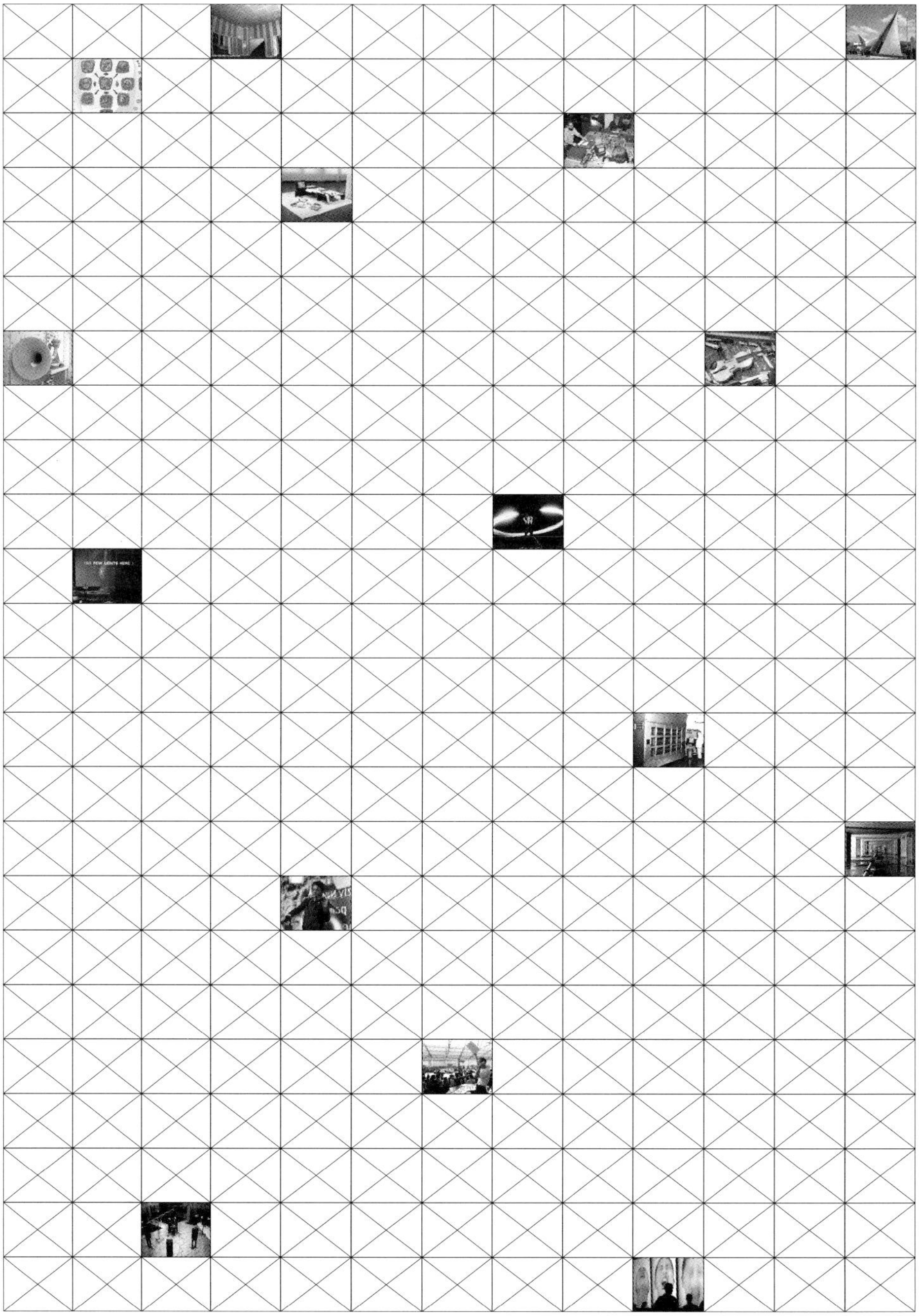

Audio Art

/

Golo Föllmer

/

Im letzten Viertel des 19. Jahrhunderts setzt eine umfassende Technisierung von Musik ein. Sie umfasst drei radikal neue Prinzipien: Übertragung, Speicherung und Synthese von Schall. Diese medialen Grundtechniken ermöglichen neue Formen der Gestaltung und Erzeugung von Klang und Musik und verändern die Art und Weise, wie Musik gehört wird. Nachdem Musik bis weit in das 19. Jahrhundert hinein immer auf einen engen Raum und eine überschaubare Zuhörerschaft begrenzt war, dehnt sich ihr Wirkungsbereich zur Jahrhundertwende stark aus. Grammofon und Radio lassen Musik omnipräsent werden, weil sie nunmehr weder an einen bestimmten Raum noch an eine bestimmte Zeit gebunden ist. Schließlich lösen sich die technischen Medien sogar von der Abbildungsfunktion, indem sie selbst Klänge hervorbringen. 03./001

In der folgenden Phase, die um die Mitte des 20. Jahrhunderts einsetzt, sind die Grundtechniken elektronischer Medien in die Kreativtechniken integriert, und nun kann auf ihrer Basis eine Vielfalt anderer Themen bearbeitet werden. Intermediale Verknüpfungen, der Raum als musikalische Bestimmungsgröße, medienspezifische Narrationsweisen, Entzeitlichung, Virtualisierung und Enthierarchisierung werden im vorliegenden Text exemplarisch diskutiert. In dieser zweiten Phase bedeutet ›Tonkunst‹ nicht mehr nur Musik. Es haben sich künstlerische Umgangsweisen mit Klängen entwickelt, die das überlieferte Musikverständnis sprengen und einen neuen Begriff erfordern. Während sich für das Phänomen in seiner allgemeinen, nicht medienspezifischen Ausprägung der Begriff ›Klangkunst‹ etabliert hat,[1] steht ›Audio Art‹ hier für Klangkunst, bei deren Entstehung technische Medien wesentlich oder notwendig sind.

Im Hauptteil werden die Entwicklung und das Spektrum der Audio Art vorgestellt. Anschließend werden Techniken und Motive ihrer Mediennutzung mit denen eines historischen Vorläufers elektrischer Musikmedien, der mechanischen Musikinstrumente verglichen, um den Umbruch kenntlich zu machen, der Audio Art vom tradierten Musikverständnis trennt.

/

Übertragung 03./002

Das Radio macht Musik und andere akustische Kulturgüter frei verfügbar. Sein Auftreten fiel in eine Zeit, in der ein erheblicher Teil der deutschen Komponisten nach einer neuen Verankerung ihrer Musik suchte und unter Begriffen wie ›Gebrauchsmusik‹ und ›Umgangsmusik‹[2] Versuche anstellte, populärmusikalische Elemente in Kunstmusik zu integrieren und Musik funktional in Alltagssituationen einzubinden.

/ /

1 — Vgl. Helga de la Motte-Haber, »Klangkunst – eine neue Gattung?«, in: *Klangkunst*, Akademie der Künste Berlin (Hg.), München 1996, S. 12–17. 2 — Vgl. Eberhard Preussner, »Der Wendepunkt in der modernen Musik oder Die Einfachheit der neuen Musik«, in: *Die Musik*, 21, 6. März 1929, S. 415–418; vgl. Heinrich Besseler, *Das musikalische Hören der Neuzeit*, Berlin 1959.

03/003 *Partizipation*

Mit dem »**Lindberghflug**« realisierten Bertolt Brecht, Paul Hindemith und Kurt Weill 1929 eine Funkoper, die die Zuhörer am Rundfunkempfänger zuhause einbeziehen sollte. Bei einer szenischen Aufführung in Baden-Baden platzierte Brecht einen Stellvertreter der Zuhörer in Hemdsärmeln auf der Bühne, der Lindberghs Gesangspart übernahm. Für spätere Realisierungen sah Brecht vor, dass sich zum Beispiel Schulklassen mit dem Werk vertraut machen und dann eine ohne den Fliegerpart gesendete Version deklamierend vervollständigen sollten. »Der Rundfunk wäre der denkbar großartigste Kommunikationsapparat des öffentlichen Lebens, [...] wenn er es verstünde, nicht nur auszusenden, sondern auch zu empfangen, also den Zuhörer [...] nicht zu isolieren, sondern in Beziehung zu setzen.«[3]

Brecht zielte nicht auf ästhetische Gestaltung, sondern auf gesellschaftlichen Lehrwert, was unter anderem von Adorno kritisiert wurde. Aus Adornos Sicht verfehlte jede Musik, die sich auf Elemente populärer und damit vom Warencharakter geprägter Musik einließ, ihr Ziel, das Leben unverfälscht widerzuspiegeln.[4] Brecht wiederum wertete Adornos Position als Ausdruck einer arroganten Elite, die sich (unter anderem durch Musik) ihrer Integrität versichert, während sie vorwurfsvoll, aber de facto tatenlos auf eine ideologisch verblendete Masse der Musikhörer blickt, die fest im Griff der Kulturindustrie ist.

Das Medium Radio stellte Brechts weitgehenden Utopien strukturelle Hindernisse entgegen. Technisch und organisatorisch hatte es sich bereits zu einem Massenmedium entwickelt,[5] bei dem kein effektiver Sendekanal für die Rezipienten existiert.[6] Als Hans Magnus Enzensberger in den 1960er Jahren kritisierte, dass die Trennung zwischen Produzenten und Konsumenten in den Massenmedien künstlich aufrecht erhalten würde,[7] begann **Max Neuhaus** gerade mit einer Serie von Rundfunkarbeiten, die das Potenzial der Öffnung demonstrierten. Bei »**Public Supply I**«, 1966 in New York auf WBAI realisiert, mischte Neuhaus live eingehende Telefonanrufe von zehn Leitungen und verstand sich dabei zwar als Gestalter der technischen Konfiguration, aber nur mehr als Moderator des musikalischen Ereignisses. Sender waren die anrufenden Hörer. Bei »**Radio Net**« zog er sich 1977 als Künstler noch weiter zurück, indem er die Gestaltung einer elektronischen Automatik überließ. Zugleich thematisierte er Dimension und immanente Ästhetik des technischen Systems ›Radio‹: Die den Kontinent umspannende Ringleitung des US-amerikanischen Radionetzwerks NPR verschaltete er derart, dass Signale darin durch Rückkopplung klanglich transformiert wurden.[8]

/ /

03/004 *Ästhetisierung*

Der Rundfunk prägte Musik auch ästhetisch. Indem er potenziell die ganze Welt erschloss, setzte er eine Faszination für das Hören des Globalen, des Fremden, des Vielgestaltigen frei und regte die Phantasie der Künstler an. Rudolf Arnheim beschrieb

3 — Bertolt Brecht, »**Der Rundfunk als Kommunikationsapparat**«, zit. nach ders., *Schriften zur Literatur und Kunst I*, Frankfurt/Main 1967, S. 134. 4 — Vgl. Klaus-Dieter Krabiel, *Brechts Lehrstücke. Entstehung und Entwicklung eines Spieltyps*, Stuttgart 1993, S. 125f. 5 — Vgl. Dieter Daniels, **Kunst als Sendung. Von der Telegrafie zum Internet**, München 2002, S. 135f. 6 — Niklas Luhmanns Definition der Massenmedien beruht auf diesem Kriterium. Vgl. Niklas Luhmann, *Die Realität der Massenmedien*, 2. Aufl., Opladen 1996, S. 10. 7 — Vgl. Hans Magnus Enzensberger, »Baukasten zu einer Theorie der Medien«, in: Claus Pias u. a. (Hg.), *Kursbuch Medienkultur.*

die Wirkung des Radios 1936 als geradezu bewusstseinserweiternd. »Im Rundfunk enthüllten die Geräusche und Stimmen der Wirklichkeit ihre sinnliche Verwandtschaft mit dem Wort des Dichters und den Tönen der Musik[...].«[9] Radiohörer stellten fest, dass Geräusche eine vorher kaum bemerkte ästhetische Qualität besitzen. Der Hörspieltheoretiker Richard Kolb schrieb diesen Effekt der Entkörperlichung des Klangs zu, die die Hörer unweigerlich zu größerer geistiger Involvierung führe. »Je weniger wir an eine bestimmte Vorstellung von Zeit, Ort, Kostüm, Figuren gebunden sind, um so mehr Spielraum bleibt unserer Phantasie, mit deren Hilfe wir uns die uns gemäßeste Vorstellung machen können. Auf diese Weise nähert sich das Wort in seiner Wirkung der Musik[...].«[10] Diese veränderte Wahrnehmung von Geräuschen hatte nicht erst mit dem Radio, sondern schon mit der Industrialisierung eingesetzt. Die italienischen Futuristen verstanden den Rhythmus der Maschinen als ästhetischen Ausdruck ihrer Epoche, und so proklamierte der Maler **Luigi Russolo** 1913 die ›Geräuschkunst‹: »Das Leben der Vergangenheit war Stille. Mit der Erfindung der Maschine im 19. Jahrhundert entstand das Geräusch. [...] Wir haben Spaß daran, den Krach der Jalousien, [...] den Lärm und das Scharren der Menge, die verschiedenen Geräusche der Bahnhöfe, der Spinnereien, der Druckereien [...] im Geiste zu orchestrieren. Wir wollen diese so verschiedenen Geräusche aufeinander abstimmen und harmonisch anordnen.«[11] Russolo konstruierte spezielle mechanische Geräuscherzeuger und führte diese **›intonarumori‹** in Veranstaltungen vor, denen bedeutende Künstler und Musiker der Zeit beiwohnten. Edgard Varèse, John Cage und andere wurden von Russolos Geräuschkunst beeinflusst und setzten zuerst das Schlagzeug, das bis dahin vorwiegend rhythmisch akzentuierend in der Kunstmusik verwendet worden war, als Träger einer Musik aus Geräuschklangfarben ein.

/ /

Radiokunst 03/005

John Cage war 1951 mit »**Imaginary Landscape No. 4**« der erste, der die Spezifika des Radios – das Fiepen und Rauschen, das zufällige Nebeneinander von Sprache, Musik und Geräusch auf dem Wellenband – in einer Komposition zur Aufführung brachte. Er verwendete also nicht nur die aus traditioneller Sicht vielleicht gerade noch hinnehmbaren natürlichen Geräuschklänge, sondern auch die in der Musik gänzlich unerwünschten Nebeneffekte technischer Medien als musikalisches Material. In den 1960er Jahren entwickelte sich aus diesem Ansatz heraus eine spezifische ›Radiokunst‹[12], die neben den ästhetischen Effekten der Übertragung und Wahrnehmung von Klang über den Rundfunk auch die gesellschaftlichen Bedingungen der Produktion und Konsumption des Radios thematisierte. Negativland beispielsweise zeigen in Radio-Collagen aus gefundenen Audiobruchstücken ästhetische und soziale Effekte warenwirtschaftlicher Kontrolle von Medieninhalten und leiten daraus – wie **John Oswald** – die Forderung nach Bewahrung kreativer Spielräume beim Umgang mit Technologie ab.

Die maßgeblichen Theorien von Brecht bis Baudrillard, Stuttgart 1999, S. 264–278. 8 — Vgl. Max Neuhaus, »**Rundfunkarbeiten und Audium**«, in: *Zeitgleich*, Transit (Hg.), Wien 1994, S. 19–32. 9 — Rudolf Arnheim, *Rundfunk als Hörkunst*, Frankfurt/Main 2001, S. 13f. 10 — Vgl. Richard Kolb, »Die neue Funkkunst des Hörspiels«, in: Richard Kolb / Heinrich Giesmeier (Hg.), *Rundfunk und Film im Dienste nationaler Kultur*, Düsseldorf 1933, S. 238f. 11 — Luigi Russolo, »L'arte dei rumori«, (futuristisches Manifest vom 11.3.1913), zit. nach: *Für Augen und Ohren*, Akademie der Künste Berlin (Hg.), Berlin 1980, S. 254. 12 — Vgl. Klaus Schöning, →

/

03./006 Speicherung

Die Schallspeicherung durch Fonograf und Grammofon ermöglichte die unbegrenzte Reproduktion von Musik. Während der Notendruck nur im Bürgertum Verbreitung fand, erreichte die Schallplatte als erstes musikalisches Medium die Hörer aller Schichten. Wie die Übertragung veränderte die Tonaufzeichnung auch Produktion und Rezeption, da die beiden Bereiche nun zeitlich und räumlich voneinander getrennt waren. Da Hörer nicht mehr auf Musiker angewiesen waren, konnten sie Musik erstmals vollständig in ihren Alltag integrieren. Musik wurde zu einem omnipräsenten Lebensmittel.

/ /

03./007 *Musique concrète*

Künstlerische Experimente mit der Reproduktionstechnologie ließen lange auf sich warten. Obwohl schon 1877 entwickelt und spätestens ab der Jahrhundertwende allgegenwärtig, wurden erst ab den 1910er Jahren konkrete Vorschläge für den künstlerisch-musikalischen Einsatz des Grammofons gemacht. So versuchte circa 1917 der spätere Dokumentarfilmpionier **Dziga Vertov**, Geräusche zu montieren, scheiterte mit seinen Vorstellungen aber am damaligen Stand der Technologie.[13] Der ungarische Bauhauskünstler **László Moholy-Nagy** schlug 1923 vor, »aus dem Grammophon als aus einem Reproduktionsinstrument ein produktives zu schaffen, so dass auf der Platte ohne vorherige akustische Existenzen durch Einkratzen der dazu nötigen Ritzschriftreihen das akustische Phänomen selbst entsteht«.[14] Der Klangkünstler **Paul DeMarinis**[15] kommentierte in den 1990er Jahren Moholy-Nagys Idee, nach der durch optisches Lesen von Schallrillen ein grafisches ›Ritzschrift-ABC‹ gefunden werden könne, als Fehleinschätzung, die der Dominanz des Visuellen in der westlichen Kultur geschuldet ist. Paul Hindemith machte Mitte der 1920er Jahre Versuche mit ›grammofoneigener Musik‹, indem er Aufnahmen montierte, rückwärts und mit unterschiedlichen Geschwindigkeiten abspielte. Über Experimente kam er aber nicht hinaus. Für das erste gelungene Experiment der Geräuschkomposition benutzte **Walter Ruttmann** 1930 nicht das unhandliche Grammofon, sondern die ein Jahr zuvor entwickelte Lichttontechnologie des Films. Filmton, der mit der Schere geschnitten und neu zusammengeklebt werden konnte, ermöglichte die erste stringente Klangmontage. Unter großem technischem Aufwand sammelte Walter Ruttmann in Berlin Tonaufnahmen eines Wochenendes. Das daraus montierte Stück »Weekend« changiert zwischen Erzählung und klanglichem Portrait – eine fotografisch inspirierte Hörkunst. Zwar machte er Ansätze, die Struktur nach musikalischen Gesichtspunkten wie Tonhöhe und Rhythmus zu montieren. Der Duktus von »**Weekend**« ist aber durchgehend erzählerisch; Klangfarbe, Rhythmus und Tonhöhe gestalten die Erzählung nur aus.[16]

← »Sound Mind Sound. Klangreise zur akustischen Kunst«, in: *Welt auf tönernen Füßen. Die Töne und das Hören*, Kunst- und Ausstellungshalle der BRD (Hg.), Göttingen 1994, S. 64–78; vgl. Daina Augatitis / Dan Lander (Hg.), *Radio Rethink. Art, Sound and Transmission*, Banff 1994. Weitere Beispiele in diesem Text sind »**Public Supply I**« und »**Radio Net**« von Neuhaus, »**Klangbrücke Köln/San Francisco**« von Fontana und »**State of Transition**« von Sodomka / Breindl / Math / x-space. **13** — Vgl. Stefan Amzoll, »›Ich bin das Ohr‹ Zum 100. Geburtstag des Klangpioniers«, in: *Neue Zeitschrift für Musik*, 1, 1996, S. 50–53. **14** — László Moholy-Nagy, »Neue Gestaltung in der Musik«, in: *Der Sturm*, 7, 1923, zit. nach Ursula Block / Michael Glasmeier (Hg.), *Broken Music. Artists'*

Erst 1948, 18 Jahre nach »Weekend« und 71 Jahre nach der Erfindung der Schallspeicherung, war **Pierre Schaeffers** Ansatz, eine grammofoneigene Kompositionweise zu finden, folgenreich. Die Kompositionshaltung, die hierfür verantwortlich war, beruhte auf zwei Aspekten: Schaeffer konzentrierte sich erstens allein auf die ästhetischen Qualitäten des Geräuschmaterials, schaltete das damit konnotierte Ereignis weitgehend aus. Zweitens oktroyierte er dem Material keine präformierte, übergeordnete Struktur auf. Er hob hervor, dass die ›Musique concrète‹, wie er sie in Abgrenzung zu Kompositionsweisen nannte, die von abstrakten Vorstellungen ausgehen, immer auf der Erfahrung konkreten musikalischen Materials fußt: Während die traditionelle Komposition von der geistigen Konzeption über die Niederschrift zur Interpretation gelangt, beanspruchte Schaeffer für seine Musik den umgekehrten Weg vom Hören der gesammelten Materialien über skizzenartige Experimente zur materiellen (nämlich als fertiger Tonträger fixierten) Komposition.[17]

Klangmaterial kann seiner Meinung zufolge alles sein: die überwiegend geräuschhaften Schallereignisse der Umwelt, Sprachlaute sowie herkömmliche Musik. Durch technische Fixierung werden Klänge zu so genannten ›objets sonores‹, aber erst spezielle Verarbeitungsweisen machen sie zu ›objets musicaux‹. Zu diesen Techniken zählt Schaeffer das Beschneiden einzelner Klänge, die Geschwindigkeitsvariation, das Abspielen aus extra hergestellten geschlossenen Schallplattenrillen, das Rückwärtsspielen und die Schichtung mehrerer Klänge. Der Plattenspieler wird in jenem Moment zum Musikinstrument, in dem man aus seinen spezifischen Möglichkeiten Gestaltungstechniken ableitet. Die Musique concrète nimmt schon in Schaeffers erstem Stück von 1948, der »**Étude aux chemins de fer**«[18], die späteren DJ-Techniken des Cuttings, Cueings und ansatzweise des Scratchings vorweg.

/ /

Sound 03/008

Die Popmusik erhält auch durch die Einführung des Tonbandgeräts entscheidende Impulse. Durch das Playback-Verfahren, bei dem die Instrumente eines Musikstückes nacheinander aufgenommen werden, wird die Reproduktion zur primären Instanz von Musik. Auch Live-Auftritte müssen nun wie die Platte klingen. Weil immer aufwändigere Studiotechnologie zum Einsatz kommt, zählt das ›Lied‹ im Sinne einer bestimmten Melodie und Harmoniefolge immer weniger. Stattdessen wird der ›Sound‹ zum zentralen Kriterium von Musikstilen.[19] Das beginnt mit Cover-Versionen, zum Beispiel Jimi Hendrix' Version der amerikanischen Nationalhymne, gespielt auf rückkoppelnder E-Gitarre. Eine neue Ebene erreicht die Bedeutung des Sounds mit den Zitattechniken im DJ-Mix dann mit der Verbreitung des digitalen Samplings in den 1990er Jahren. Nun wird nicht mehr nur ein Song, sondern der Sound selbst zitiert. Wenn **John Oswald**

Recordworks, Berlin 1989, S. 53. 15 — Vgl. »**The Edison Effect**«. 16 — Vgl. »**Ruttmanns photographisches Hörspiel**«, in: *Film-Kurier*, 41, 15.2.1930, zit. nach Jeanpaul Goergen (Hg.), *Walter Ruttmann. Eine Dokumentation*, Berlin o. J., S. 130. 17 — Vgl. André Ruschkowski, *Elektronische Klänge und musikalische Entdeckungen*, Stuttgart 1998, S. 210f. 18 — Eine Zusammenstellung von Klassikern elektroakustischer Musik bietet die CD-ROM, *The Early Gurus of Electronic Music*, New York 2000. 19 — Vgl. Peter Wicke, »Sound-Technologien und Körper-Metamorphosen. Das Populäre in der Musik des 20. Jahrhunderts«, in: ders. (Hg.), *Rock- und Popmusik*, (*Handbuch der Musik im 20. Jahrhundert*, Bd. 8), Laaber 2001, S. 37f.

Beethoven und Michael Jackson mit denselben Mitteln rekomponiert, dann zählt primär die Bearbeitungstechnik – Melodie, Harmonie, formale Anlage oder Liedtext sind nur der Anlass für eine Sound-Realisierung.[20] Der Sound ist die Musik.

Christian Marclay, der als bildender Künstler und Art-DJ die Tonträgergeschichte thematisiert, collagierte 1993 im »**Berlin Mix**« Musiken verschiedener stilistischer und geografischer Herkunft. Ungewöhnlich war daran, dass er gerade keine technischen Medien benutzte, sondern die Originalschallquellen in der Halle versammelte und mit Pappschildern dirigierte. Der gewohnte eklektizistische Umgang mit Samples wirkte unter der physischen Präsenz von mehr als 180 Musikern absurd. Marclays Aktion zeigte, dass Musik mehr als Sound sein kann und wie sehr wir uns daran gewöhnt haben, bei der Medienrezeption nur mit einem Bruchteil ihrer Substanz auszukommen.[21]

/ /

03/009

Zufallsprinzipien

John Cage wandte schon 1939 in »**Imaginary Landscape No. 1**« ähnliche Techniken wie Pierre Schaeffer an, verwendete aber Testschallplatten mit Sinustönen, blieb also beim ›musikalischen Ton‹. Dabei hatte er bereits 1937 in seinem manifestartigen Text »Die Zukunft der Musik – Credo« vorausgesagt, dass die Verwendung von Geräuschen und eine vollständige Kontrolle der Obertonstruktur aller Klänge mit Hilfe von Audiotechnologien die Musik der Zukunft prägen würde.[22] 1952 ging Cage davon aus, dass jeglicher Klang und jedes Geräusch aus sich heraus musikalisch wären, und manifestierte das in seiner ersten Tonbandkomposition »**Williams Mix**«. Vorteil der Tonbandtechnik war für ihn, dass man in die Mikrozeit des Klangs eindringen und hohe Komplexität erzeugen kann. »Das Faszinierende an den Möglichkeiten des Tonbands war, dass eine Sekunde, die wir immer als eine sehr kurze Zeitspanne empfunden hatten, 38 cm lang wurde.«[23] In einer fast fünfhundertseitigen, nach Zufallsprinzipien erstellten Partitur ist die Schnittweise des Bandes wie bei einem Schnittmuster grafisch dargestellt. Die Partitur gibt vor, welcher von sechs Klangtypen in welcher Form und welcher Dauer montiert werden soll. In einem Fall musste ein Bandstück von einem Viertel Zoll Länge (also einer sechzigstel Sekunde) aus 1097 Tonabandpartikel montiert werden. Cage verwendet Technologie, um durch deren Spezifika bei der Transformation einer Idee in klingende Realität zu unkonventionellen Strukturen zu finden.

Der Fluxus-Künstler **Nam June Paik** erweiterte 1963 Cages Zufallsprinzip der »Unbestimmtheit«[24], indem er auf seiner »**Exposition of Music – Electronic Television**« Schaeffers Techniken in eine Installationssituation stellte. »In den meisten indeterministischen Musikstücken räumt der Komponist die Möglichkeit der Willensentscheidung oder der Freiheit dem Interpreten, nicht aber dem Publikum ein.«[25] Paiks »**Random Access**« zum Beispiel ermöglichte mit einem frei beweglichen Tonkopf das Abhören an

20 — Siehe die Website **plunderphonics.** 21 — Vgl. *Klangkunst* (1996), S. 96f. 22 — John Cage, »**Die Zukunft der Musik – Credo**«, in: *Für Augen und Ohren* (1980), S. 112f. 23 — John Cage im Interview mit Richard Kostelanetz (1984), zit. nach R. Kostelanetz, *Conversing with Cage*, 2. Aufl., New York 2003, S. 170, Übers. G.F.
24 — Vgl. John Cage, »**Komposition als Prozeß. Teil II: Unbestimmtheit**«, in Rudolf Frieling/Dieter Daniels, *Medien Kunst Aktion – Die 60er und 70er Jahre in Deutschland*, Wien/New York 1997, S. 27–29. Während Cage Ergebnisse von Zufallsoperationen anfänglich als exakte Anweisungen notierte, bedeutete die Weiterentwicklung zur ›indeterminacy‹ gegen Ende der 1950er Jahre, dass die Partitur erheblichen Interpretationsspielraum

die Wand geklebter Tonbänder. Beim »**Schallplattenschaschlik**« konnten die Besucher mit der Nadel des Tonabnehmers auf gleichzeitig drehende Platten zugreifen. Paiks Skulpturen wirkten erfrischend widersprüchlich, weil sie in grobem bastlerischem Stil aus profanen Consumer-Medien hergestellt waren und ihre interaktive Bedienung der Einweg-Kommunikation der Massenmedien so offensichtlich entgegen stand.

/ /

Musique d'ameublement 03./010

Der französische Komponist **Erik Satie** hatte schon mehr als vierzig Jahre vor Paik ein ähnliche kritisches Szenario entworfen. In berühmt gewordenen Pamphleten schlug er eine hochgradig funktionale Musik vor, die peinliche Konversationspausen beim Abendessen füllen oder unangenehme Nebengeräusche überdecken sollte. Satie kritisierte, dass Kaufhausmusiken, die damals noch live von Musikern gespielt wurden, simplifizierte Bearbeitungen von Konzertmusik waren. In einem Brief vom März 1920 knüpfte er an das musikalische Klima seines Klavierstücks »**Vexations**« (1893) an, das 840 Wiederholungen zweier Notenzeilen vorsieht. »Wir nun wollen eine Musik einführen, die die ›nützlichen‹ Bedürfnisse befriedigt. Die Kunst gehört nicht zu diesen Bedürfnissen. Die ›Musique d'ameublement‹ erzeugt Schwingungen; sie hat kein weiteres Ziel; sie erfüllt die gleiche Rolle wie das Licht, die Wärme – & der Komfort in jeder Form.«[26] Am 8. März 1920 verwendete Satie in der Pariser Galerie Barbazanges für solche ›Musique d'ameublement‹ Fragmente aus Stücken von Ambroise Thomas und Camille Saint-Saëns. Nach einem Bericht von Darius Milhaud ging das Experiment schief: Satie konnte die Besucher nicht davon abbringen, der Musik zuzuhören.[27]

/ /

Klanginstallation und Ambient Music 03./011

Auf Saties Experimente, aber auch auf Cage und Paik beziehen sich zwei zentrale Konzepte der zweiten Hälfte des 20. Jahrhunderts: Klanginstallation und Ambient Music. Die Klanginstallation, Ende der 1960er Jahre von **Max Neuhaus**, Maryanne Amacher und anderen entwickelt, verfolgt unter anderem zwei von Satie hervorgehobene Ziele: erstens nicht einfach eine für Darbietungssituationen konzipierte Musik an beiläufige Rezeptionsformen anzupassen, sondern klangliche Raumgestaltung von Grund auf als Integration in einen spezifischen Ort zu denken; zweitens die Aufmerksamkeit der Hörer nicht zu okkupieren, sondern Spielraum dafür zu lassen, welche Art von Aufmerksamkeit der Klanggestaltung gegeben wird. 1975 übertrug **Brian Eno**, Grenzgänger zwischen Kunst- und Popmusik, diese Avantgardetechniken auf Format und Klangästhetik der Popschallplatte und prägte dafür den Genrebegriff ›Ambient Music‹. In den 1990er Jahren erhielt Enos Idee mit dem elektronischen ›Ambient‹-Stil viele Nachfolger, unter anderem von The Orb und Aphex Twin.[28]

enthielt. Vgl. Kyle Gann, *American Music in the Twentieth Century*, New York 1997, S. 136f. 25 — Nam June Paik, »Über die Ausstellung der Musik«, in: Wolf Vostell (Hg.), *Dé-collage No. 3*, Köln 1963, zit. nach Edith Decker (Hg.), *Nam June Paik - Niederschriften eines Kulturnomaden. Aphorismen, Briefe, Texte*, Köln 1992, S. 100. 26 — Zit. nach Ornella Volta, *Satie/Cocteau. Eine Verständigung in Mißverständnissen*, Hofheim 1994, S. 124. 27 — Vgl. Grete Wehmeyer, *Erik Satie*, Regensburg 1974, S. 227. 28 — Vgl. Mark Prendergast, *The Ambient Century. From Mahler to Trance - The Evolution of Sound in the Electronic Age*, London 2000; vgl. Tony Marcus, »Ambient«, in: Peter Shapiro (Hg.), *Modulations. A History of Electronic Music*, New York 2000, S. 156–165.

/

03/012 **Synthese**

Mit der Elektronenröhre entstanden um 1930 die ersten vielversprechenden elektronischen Instrumente, unter anderem Leon Theremins Ätherophon[29], Jörg Magers Sphärophon, Friedrich Trautweins Trautonium und Maurice Martenots Ondes Martenot. Sie bewiesen, dass die Gesetze der physikalischen Mechanik in einer »elektrischen Musik«[30] umgangen werden könnten und daher eine neue musikalische Ära im Anbruch war. Komponisten erhofften sich von der Klangsynthese neue Klangfarben, ebenso die Überwindung der als Fessel empfundenen zwölfstufigen Tonskala und einen Ersatz für den unberechenbaren menschlichen Interpreten. Diese Instrumente waren aber zu großen Teilen aus einem traditionellen Musikverständnis erdacht, imitierten, wie das Ätherophon zum Beispiel, einen romantischen Espressivo-Stil.

/ /

03/013 *Klangkomposition*

Als **Karlheinz Stockhausen** 1953 am neu eingerichteten NWDR-Studio »**Studie I**« realisierte, ließ er die beiden vorhandenen elektrischen Musikinstrumente – ein Melochord und ein Monochord – unberührt und arbeitete stattdessen mit unhandlichen Tongeneratoren für sendetechnische Messzwecke. Mit den neuen technischen Möglichkeiten sollte der einzelne Klang genauso wie die formale Anlage einer Komposition bis in seine spektralen Details hinein ›komponiert‹ werden können.[31] Der jenerzeit in der musikalischen Avantgarde Europas dominierende Serialismus, bei dem alle Parameter einer Komposition nach einem zentralen Konstruktionsprinzip organisiert sind, erforderte planvolle Präzision. Damit stand er antipodisch zu Schaeffers Herangehensweise, die auf Intuition und dem umgekehrten Kompositionsweg vom Material zur Struktur beruhte.

/ /

03/014 *Partitursynthese*

1956 unternahmen **Lejaren Hiller** und **Leonard Isaacson** das erste Experiment, musikalische Entscheidungsprozesse des Menschen im Computer nachzubilden, indem sie den Großcomputer ILLIAC 1 eine viersätzige Partitur für Streichquartett synthetisieren ließen, die »**Illiac Suite**«. Die ersten drei Sätze basierten auf Formalisierungen herkömmlicher Kompositionsregeln (einfache Mehrstimmigkeit, Kontrapunkt, serielle Reihentechniken), der vierte Satz aber auf dem mathematischen Prinzip der so genannten »Markow-Ketten«. Komponisten wie Iannis Xenakis knüpften später immer wieder an diese Verwendung ›nicht-musikalischer‹ Mittel an, indem sie mathematische Disziplinen wie Spiel- oder Chaostheorie zur Partitursynthese heran zogen.

29 — Auch als ›Theremin‹ und ›Ätherwelleninstrument‹ bekannt geworden. 30 — Vgl. Peter Lertes, *Elektrische Musik. Eine gemeinverständliche Darstellung ihrer Grundlagen, des heutigen Standes der Technik und ihrer Zukunftsmöglichkeiten,* Dresden u. a. 1933; vgl. Carlos Chavez, *Toward a New Music. Music And Electricity,* New York 1937. 31 — Vgl. Karlheinz Stockhausen, »**Zur Situation des Metiers (Klangkomposition)**«, in: ders., *Texte zur elektronischen und instrumentalen Musik,* Dieter Schnebel (Hg.), Bd. 1, Köln 1963, S. 45–61. 32 — Diese Sicht prägte auch die frühen Formen der Computerkunst. 33 — Joel Chadabe, beeinflusst u. a. von David Tudors Umgang mit Elektronik, prägte diesen Begriff 1967 für improvisativ-experimentellen Einsatz elektroakustischer Klangerzeuger als Gegenpol zu der jenerzeit dominierenden ›klinischen‹ Kompositionsweise in den akademischen Studios. Vgl. Joel Chadabe, *Electric Sound. The Past and Promise of Electronic Music,* Upper Saddle River/NJ, 1997.

Heutige avancierte Musikprogramme wie Max/MSP oder SuperCollider integrieren Klang- und Partitursynthese in einem System. Wie mit Stockhausens elektronischer Musik gefordert, können Klangfarbe und kompositorische Form mit den gleichen Werkzeugen und daher sehr leicht nach denselben Prinzipien bearbeitet werden. Gleichzeitig hat sich die Vorstellung vom Computer seitdem grundlegend gewandelt. Während Hiller von dem für die frühe Epoche der Künstliche-Intelligenz-Forschung typischen Bild der lückenlosen Formalisierung menschlichen Handlungswissens ausging,[32] soll der Computer den Menschen nun nicht mehr ersetzen, sondern wird ihm als Interaktionspartner gegenübergestellt. Die Vorstellung von der Maschine wandelt sich vom Menschensurrogat zum kooperativen Gegenüber, das weniger durch Perfektion als durch Eigenartigkeit besticht. Interaktive Systeme werden zum Ideen-Pool, ›Interactive Composing‹[33] etabliert die Prozessorientiertheit der experimentellen Musik[34] fest in der Domäne der Musikelektronik und Computer.

Interaktive, prozessorientierte Computertechnologie zieht immer weitere Kreise. In den 1990er Jahren ist neben elektroakustischer Musik aus den Forschungsstudios und der Klanginstallation auch elektronische Club-Musik von prozesshaften Kreationstechniken durchzogen. Autechre verstehen ihre CDs als Ausschnitte aus fortlaufenden Vorgängen.[35] Farmers Manual verdeutlichen den Prozessgedanken, indem sie eine Performance unprätentiös durch das Herausziehen des Audiokabels aus dem Laptop abreißen lassen – als Betonung der Tatsache, dass die gehörte Musik ein Segment aus endlosen automatischen Strukturierungsvorgängen im Computer ist.[36] **Markus Popp** versteht seine Ästhetik als Resultat digitaler Gestaltungsmittel. ›Electronic Listening Music‹, einer von vielen Genrebegriffen für die Produkte der ›Laptop-Szene‹ um das Jahr 2000, erfordert aus seiner Sicht ein Musikverständnis, das dem immensen technischen Einfluss auf Gestaltungsvorgänge – delinearisierte Zeit, sekundenschnelle Umformung von Klängen, Ergonomie der Software-Bedienung – Rechnung trägt. »[...] das Konzept ›Musik‹ wird auf fast tragische Weise von den verbreiteten Vorstellungen zu Kreativität, Autorschaft und künstlerischem Ausdruck überschattet.«[37] Fehlerknackse des CD-Players, Geräusche der Computerhardware und von (oftmals gezielten) Software-Fehlbedienungen prägen das Klangmaterial. »Tatsächlich ist ›Scheitern‹ zu einer bedeutenden Ästhetik geworden [...], die uns daran erinnert, dass die Kontrolle der Technologie eine Illusion bleibt [...].«[38]

Das Duo **Granular Synthesis** wendet ein Klangsyntheseverfahren auf Videoaufnahmen an. Bei der akustischen Granularsynthese werden neue Klangfarben aus gegebenen Samples erzeugt, indem extrem kurze Klangbruchstücke nach verschiedenen Mustern iteriert werden. Dieses Verfahren synchron auf Ton und Bild anwendend, zeigen

34 — Unter dem dehnbaren Begriff ›experimentelle Musik‹ wird heute primär die Musik der Gruppe um John Cage und ihre Nachfolger verstanden. Sie zeichnet sich durch Prozessorientiertheit und ständige Infragestellung des Musikverständnisses aus. Vgl. Michael Nyman, *Experimental Music – Cage and Beyond*, 2. Aufl., New York 1999. 35 — Vgl. Sascha Kösch, »The Ultimate Folk Music. Laptops, Napster, Derrida & Autechre«, in: *De:Bug*, 48, Juni 2001, S. 3. 36 — Vgl. Max Hollein u. a. (Hg.), *Frequenzen [Hz]. Audiovisuelle Räume/Frequencies [Hz]. Audio-visual Spaces*, Frankfurt/Main 2002, S. 35f. 37 — Markus Popp zit. nach Kurt B. Reighley, »Downtempo. Lost in Music«, in: *Shapiro* (2000), S. 179. 38 — Kim Cascone, »The Aesthetics of Failure. ›Post-Digital‹ Tendencies in Contemporary Computer Music«, in: *Computer Music Journal*, 24, 4, 2000, S. 13.

Granular Synthesis seit 1991 Bild-Klang-Collagen, die wie eine technische Simulation zerebraler Fehlfunktionen wirken könnten – wobei unklar bliebe, ob die portraitierte Person ihre Bewegungen oder die Zuschauer ihre Wahrnehmungen nicht wie gewohnt koordinieren können. Tatsächlich sieht man ein extremes Beispiel einer alltäglichen Medienmanipulation, nämlich was geschieht, wenn ein dem Medium entnommenes Material nicht an sich verfremdet, sondern durch technisch ermöglichte Zeitsprünge an seiner vollen Bewegung gehindert wird.[39] In »**MODELL** 5« (1994) ergeben sich bei der im Portrait gezeigten Performerin Akemi Takeya entmenschlichte Regungen. Hier wird klar, dass das Charakteristische der Person gar nicht in der Substanz des Einzelbildes, sondern in deren Bewegungen zu suchen ist.

/

03/015 **Intermedia**

Intermediale Ausdrucksformen suchen nach Entsprechungen zwischen Phänomenen in verschiedenen Wahrnehmungsbereichen. Technische Transformationen sind dafür hocheffizient, denn einmal konfiguriert, kann ein maschineller Aufbau mit beliebigen Inputs evaluiert werden. Dabei entpuppt sich der Übersetzungscode als das eigentliche Problem von Intermedia: Die Frage, nach welchen Regeln Ton in Bild, räumliche Bewegung in Klangfarbe oder Harmonie in Farbe übertragen werden soll.

Schon 1729 hatte Louis-Bertrand Castel mit dem optischen Cembalo ein Instrument gebaut, das Töne in Farben übersetzte. Unter anderem Kastners Pyrophon (1870) und Rimingtons Farborgel (1910) verfolgten die Idee weiter.[40] Ab circa 1910 häuften sich assoziative Übertragungen musikalisch-zeitlicher Gestaltungsformen in die Malerei.[41] Erst nach 1900 entstanden Technologien, die flexible Übertragungen zwischen den Wahrnehmungsbereichen ermöglichten. Als beispielsweise das Orchesterpoem »Prométhée – Le Poème du feu« des Mystikers und Synästhetikers Aleksandr Skrjabin 1911 uraufgeführt wurde, mussten die zwei für farbiges Licht notierten Stimmen mit simplen Glühbirnen realisiert werden.[42] Der Film brachte neue Technologien mit sich und legte nahe, dass die im 19. Jahrhundert als reine Raumkunst verstandene bildende Kunst sich der Zeitkunst Musik annähern könne. **Walter Ruttmanns** 1921 uraufgeführtes »**Lichtspiel Opus I**« mobilisiert in musikalischem Duktus abstrakte visuelle Formen und Farben. Mit der Einführung des Lichttonprinzips konnten die Analogien zwischen Bild und Musik durch technische Kopplung noch enger gezogen werden. Ähnlich wie es Moholy-Nagy für die Schallplatte vorgeschlagen hatte, knüpfte **Oskar Fischinger** an die technisch bedingte visuelle Erscheinungsform von Ton an: die reliefartige Zackenschrift der Lichttonspur.[43] Indem Fischinger 1932 für »**Tönende Ornamente**« die Lichttonspur von Hand malte, versuchte er den Beweis anzutreten, dass zwischen visuellen und akustischen Formen ästhetische Korrespondenz besteht. Synästhetische Theorien, die solche eindeutigen Beziehungen zwischen Hören und

39 — Vgl. Tom Sherman, »Maschine des perpetuierten Augenblicks. Granular Synthesis: Was bisher geschah…«, in: Berno Odo Polzer/Thomas Schäfer (Hg.), *Wien Modern. Elektronik, Raum, ›musique spectrale‹*, Wien 2000, S. 164–171. 40 — Vgl. William Moritz, »Der Traum von der Farbmusik«, in: Veruschka Bódy/Peter Weibel (Hg.), *Clip, Klapp, Bumm. Von der visuellen Musik zum Musikvideo*, Köln 1987, S. 17–52. 41 — Umfassend dargestellt bei Karin von Maur, *Vom Klang der Bilder. Die Musik in der Kunst des 20. Jahrhunderts*, München 1985. 42 — Vgl. Gottfried Eberle, »Mysterium und Lichttempel. Alexander Skrjabin und Ivan Wyschnegradsky –

Sehen voraussetzen, wurden aber bald als subjektive Wahrnehmungsphänomene identifiziert. An ihre Stelle trat nun die Maschine mit den ihr eigenen, technisch bedingten Transformationsvorschriften.

»**Poème électronique**« nannte **Le Corbusier** zusammenfassend visuelle Gestaltung, Musik und Architektur des unter seiner Leitung entstandenen Philips-Pavillons für die Brüsseler Weltausstellung von 1958. In einer Verschmelzung der drei Ebenen Bild/Licht, Klang und Bauwerk sollte zum Ausdruck kommen, wie elektrische Technologien die Wahrnehmungsebenen auf neue Weise verbinden und eine Neuorientierung des Menschen notwendig machen.[44] Zwei Tonbandkompositionen entstandenen dafür: »Poème électronique« von Edgard Varèse zielte auf eine intensive Verquickung von Raum- und Klangerfahrung. Die verwendeten synthetischen und konkreten Klänge wurden zu Le Corbusiers Film/Lichtprojektion mit Hilfe aufwändiger Lautsprechertechnik als Linien und Volumina im Raum bewegt. Das ›Pausenstück‹ »Concrete PH« von Iannis Xenakis basierte formal auf parabolischen und hyperbolischen Kurven, die auch dem Bau seine außerordentliche Form gegeben hatten. Mathematische Prinzipien werden somit von Xenakis als allgemeine Wahrheiten aufgefasst, die sich in verschiedenen Medien ausdrücken können und ein Bindeglied zwischen ihnen bilden.[45]

»**Fontana Mix**« (1958) gehört zu den frühen Beispielen grafischer Notation. John Cage erstellte aus transparenten Grafiken eine Art Erzeugungspartitur, die zur Herstellung beliebiger Realisationspartituren dienen kann. **Matthew Rogalsky**, Anne Wellmer, Jem Finer benutzten »Fontana Mix« im Jahr 2002 für »**FontanaNet**«, eine Performance für vernetzte Computer, bei der die Linien der Erzeugungspartitur auf Grafiktabletts nachgefahren und daraufhin zwischen den beteiligten Computern nach komplexen Regeln Klangereignisse ausgehandelt werden.

Künstlerische Praktiken, die die verschiedenen Ausdrucksebenen kombinieren und Möglichkeiten der Transformation visueller, akustischer, haptischer, räumlicher oder sonstiger Daten ineinander nutzen, wurden mit der Verbreitung elektronischer und digitaler Technologien immer häufiger. Intermediale Techniken sind in das Repertoire grafischer Formensprachen und Montagepraktiken des Popmusik-Videoclips eingegangen. In abstrakterer Stilistik kommen sie auch in dekorativen ›visuals‹ zum Einsatz, die in Chill-out-Räumen von Clubs und Raves als optisches Pendant zu Spielarten von Ambient Music gezeigt werden. Vertreter der ›Laptop-Szene‹ wie 242 Pilots und der Grenzgänger zwischen bildender Kunst und Musik **Carsten Nicolai** verweben die Gestaltung von Klang und Bild mit spezieller Hard- und Software.[46]

/

Raum 03/015

Im 20. Jahrhundert erhielten klangliche Raumwirkungen neue Bedeutung. Raumorte und -bewegungen waren in der theoretischen Reflexion von Musik lange nicht als

zwei multimediale Konzepte«, in: *Der Hang zum Gesamtkunstwerk*, Berlin 1984, S. 48–52. **43** — Oskar Fischinger in der *Deutschen Allgemeinen Zeitung* vom 28.7.1932, zit. nach Peter Weibel, »Von der visuellen Musik zum Musikvideo«, in: Bódy/Weibel (1987), S. 84. **44** — Vgl. Marc Treib, *Space Calculated in Seconds. The Philips Pavilion, Le Corbusier, Edgard Varèse*, Princeton/NJ, 1996, S. XVI. **45** — Vgl. Helga de la Motte-Haber, »Zwischen Performance und Installation«, in: dies. (Hg.) *Klangkunst. Tönende Objekte und klingende Räume*, Laaber 1999, S. 248. **46** — Vgl. *visuals/clubs/sounds (Positionen. Beiträge zur Neuen Musik)* 43, 2000.

Gestaltungsparameter behandelt worden, obwohl sie zum Beispiel schon bei Andrea und Giovanni Gabrieli im Venedig des 16. Jahrhunderts gezielt eingesetzt worden waren. Nach Ansätzen von Gustav Mahler und Charles Ives erhob Edgard Varèse den Raum zu einer zentralen Kategorie, indem er seine Musik physisch im einzelnen Klang zu materialisieren suchte. Durch speziellen Orchestereinsatz ließ er sie im Raum bewegen und rückte sie damit in die Nähe skulpturaler und choreografischer Werke.

Noch bevor Varèse Klangmassen und -flächen im Philips-Pavillon elektronisch mobilisieren ließ, behandelte **Karlheinz Stockhausen** 1956 in dem fünfkanaligen Tonbandstück »**Gesang der Jünglinge**« und 1955–1957 in »Gruppen«, bei dem drei Orchester um das Publikum verteilt sind, den Raum als gleichwertigen Gestaltungsparameter neben Tonhöhe, Lautstärke, Dauer und Klangfarbe.[47] Auf seine Anregung wurde 1970 der deutsche Pavillon der Weltausstellung in Osaka als **Kugelauditorium** gebaut, in dem Klänge elektroakustisch dreidimensional bewegt werden konnten.[48]

Max Neuhaus kehrte 1967 die übliche Denkrichtung um und gelangte dadurch zu einer neuen Art von musikalischem Raum: der Klanginstallation. Musik sollte nicht bereichert werden, indem ihr eine Dimension hinzugegeben wird, sondern sie sollte primär vom Raum ausgehen: »Traditionellerweise haben Komponisten die Elemente einer Komposition in der Zeit angeordnet. Mich interessiert aber, wie man sie stattdessen im Raum platziert und es dem Zuhörer überlässt, sie in seiner eigenen Zeit anzuordnen.«[49] Neuhaus installierte für »**Drive In Music**« Klangquellen zum Hören via Autoradio entlang einer Straße und ordnete dadurch die Zeit dem Raum unter. Musikalische Form war zum ersten Mal in der Musikgeschichte nicht mehr primär Zeitkunst, sondern basierte auf dem Raum. Zeitliche Abfolge ergibt sich aus drei Faktoren: Der Verteilung von Klangquellen (meist Lautsprecher) im Raum; dem individuellen Weg des Benutzers, bei Installationen im öffentlichen Raum von Alltagsbedürfnissen geprägt; sowie einer häufig darunter liegenden zeitlichen Struktur der Klänge, oft aus Umwelteinflüssen gewonnen, zum Beispiel indem Helligkeit, Lautstärke oder Körperbewegungen die Klangentwicklung über Sensoren beeinflussen.

Christina Kubisch arbeitet ebenfalls mit Verzeitlichungen des Realraums. »**Klang Fluß Licht Quelle**« (1999) ist Teil einer Serie von Klanginstallationen, bei denen die Besucher mit speziellen Induktionskopfhörern Klänge aus Kabelstrukturen heraushören und zu einer individuellen Klangkomposition montieren. Kubisch bezieht sich zudem oft auch auf einen geschichtlichen Gehalt oder hintergründige Elemente vorgefundener Räume, indem sie Klänge verwendet, die an diesem Ort früher einmal zu hören waren oder eine dem Ort eigene Atmosphäre betonen.[50]

David Rokebys »Very Nervous System« bildet Bewegung im euklidischen Raum auf musikalische Dimensionen, also einen nicht-euklidischen Raum ab. Insofern stellt seine Arbeit eine Fortsetzung der Versuche intermedialer Transformationen dar, besitzt jedoch

47 — Vgl. Karlheinz Stockhausen, *Texte zu eigenen Werken, zur Kunst Anderer, Aktuelles*, Dieter Schnebel (Hg.), Bd. 2, Köln 1963, S. 49f. 48 — Vgl. Golo Föllmer, »Osaka: Technik für das Kugelauditorium«, in: Frank Gertich u. a. (Hg.), *Musik..., verwandelt. Das Elektronische Studio der TU Berlin 1953–1995*, Hofheim 1996, S. 195–211. 49 — Max Neuhaus, »Program Notes«, York University, Toronto 1974, in: ders., *inscription*, Ostfildern 1994, S. 34, Übers. G. F. 50 — Vgl. Helga de la Motte-Haber, »Die Idee der Kunstsynthese«, in: *Christina Kubisch. Zwischenräume*, Stadtgalerie Saarbrücken (Hg.), Saarbrücken 1996, S. 40–45

eine weitere Ebene. Bei der 1995 in der Hannoveraner Eisfabrik installierten Version konnte man das Ticken eines frei hängenden Weckers in brüllende Rückkopplungsschleifen führen, wenn man ihn in Schwingung versetzte. Kernpunkt war hier das Ausloten eines unsichtbaren, ungreifbaren elektronischen Raums, der sich stets entzieht, weil alle Transformationen nur arbiträr sein können.

Den Weg zurück vom elektronischen in den physischen Raum beschreibt **Gordon Monahans** Performance »**Speaker Swinging**«(1994). Statische Sinustöne werden von drei Performern, die Lautsprecher an langen Seilen um sich herum im Kreis schwingen, im Raum rotiert. Die monotonen Sinustöne erhalten durch den Dopplereffekt und komplex variierende Reflexionen und Interferenzmuster eine ungeahnte Lebendigkeit. Hinzu kommen die Körperlichkeit der schwitzenden Performer und die Bedrohlichkeit der zweckentfremdeten, durch den Raum rasenden Lautsprecher. Monahan führt vor, dass musikalische Räumlichkeit erheblich mehr bedeutet, als Punkte im dreidimensionalen Koordinatensystem einzunehmen.[51]

/

Mediale Narration

03/017

In den großen Formen medialen Erzählens wie Buch, Film und Rundfunk haben sich Gestaltungstechniken ausgebildet, die uns als spezifisch romanhaft, filmisch oder ›funkisch‹[52] vertraut sind. Diese Stereotpye benutzt **Laurie Anderson** in ihren Medienerzählungen. Gleichzeitig beschreibt sie deren Herkunft und alltägliche Bedeutung. Andersons Stimme führt in der Performance »**United States I–IV**« (1983) durch Alltagsgeschichten und stützt diese auf eine changierende multimediale Begleitung. Obwohl ihre Performances einen aufwändigen Multimediaapparat einsetzen, spiegeln sie gerade nicht High-Tech, sondern die Erfahrung mit profanen Alltagsmedien.[53] Die Performerin **Laetitia Sonami** nimmt Andersons virtuosen Stil der Mediennarration auf und ersetzt deren zentral gesteuerte Multimediapräsentation durch physische Interaktion mit einem technischen System aus Bewegungssensoren. Während sie erzählt, navigiert sie mittels Körperbewegungen durch einen Pool von Klängen, Geräuschen, Melodien, Harmonien. Anderson berichtet von den Mythen der Medienwelt, Sonamis tänzerisch erzählte Stücke (etwa »**Lady's Glove**«) führen einen ritualhaften Umgang mit dem Mysterium technischer Medien vor.[54]

Paul DeMarinis befasst sich mit Mediengeschichte. Das Installationsensemble »**The Edison Effect**« (1989–1993) reflektiert mystische Komponenten der technischen Errungenschaften der Schallspeicherung. Anstatt von einer Nadel werden Wachszylinder und Schellackplatten berührungslos mit einer vom Künstler selbst entwickelten Lasertechnologie abgetastet. DeMarinis hält quasi die Zeit an, denn im Gegensatz zu digitalen Speichertechnologien löscht die mechanische Schallplattenwiedergabe das Memorierte bei jedem Abspielen beharrlich aus, schreibt sogar den Abspielmoment

51 — »Körperlicher Klang. Gordon Monahan im Gespräch mit R.I.P. Hayman«, in: *MusikTexte*, 27, 1989, S. 17–19.
52 — Der Begriff war während der Entstehungsjahre des Radios zur Beschreibung rundfunkspezifischer Sprech- und Gestaltungstechniken geläufig. 53 — Vgl. Laurie Anderson, *United States*, New York u. a. 1984
54 — De la Motte-Haber (1999), S. 138f; vgl. das Kapitel »**Virtuelle Narrationen**«. CD-07

in das Speichermedium, denn die in einem Raum präsenten Geräusche werden bei der Wiedergabe einer Schallplatte über die Abtastnadel in die Rille eingraviert.[55] Mit einem aus dem antiken Jericho stammenden Tonzylinder mit Schallrillen verweist DeMarinis darauf, dass Edisons simple Erfindung der mechanischen Schallspeicherung schon Jahrhunderte früher hätte entwickelt werden können. Auch Bach und Mozart wären dann in Originalaufnahmen erhalten geblieben, und ihre Musik wäre für uns eine andere.

/

03/018

Entzeitlichung

Bei DeMarinis löst sich schon auf, was das Erzählen hauptsächlich ausmacht: Narration verfolgt eine Linie, steuert entlang einer vorgegebenen oder auch ad hoc entwickelten Dramaturgie auf einen Endpunkt zu, strebt oft eine Auflösung oder Entspannung an. Nimmt man dem Erzählen diese Linie, dann bleibt eine entzeitlichte Geste des Zeigens. Entzeitlicht muss dabei nicht heißen, dass Dauer keine Rolle spielt, sondern nur, dass nicht die logische Abfolge vom Anfang zum Ende im Fokus steht. Zeitdauer bietet nur ›Raum‹ für eine gedehnte Momentaufnahme oder eine multiperspektivische Ansicht eines Phänomens. Zweck solcher Zeitdehnung ist die Konzentration auf ein einzelnes Phänomen, eine Art Detailaufnahme oder Purifikation desselben.

Alvin Luciers Performance »**I Am Sitting in a Room**« (1969) basiert auf einer stetigen Entwicklung von einem Zustand zu einem anderen. Tatsächlich aber hören wir nur verschiedene Stufen ein und desselben Phänomens, der spezifischen Resonanz eines Raums. Lucier spielt seine Stimme über Lautsprecher in den Raum ein und nimmt den Klang immer wieder auf, bis der Text durch die Resonanzfrequenzen des Raums unkenntlich wird. Der zu sprechende Text ist Libretto, Partitur, Ausführungsanweisung und Kommentar in einem.[56] Indem ein Verhältnis umgedreht wird, wechselt die Perspektive: Im normalen Verständnis ist der Raumhall färbendes Anhängsel sich klingend ausdrückender Objekte. Hier nun drückt sich der Raum im Nachhall eines klingenden Objekts aus, dessen Klangqualität nur färbende Beigabe des Raumerlebnisses ist. Der Raum wird vom umgebenden Kontext zum Objekt.

La Monte Youngs Installationen lassen die Zeit in unterschiedlichen Graden still stehen. 1962 schon konzipierte er das »**Dream House**« als eine Art Labor, in dem er in den 1980er Jahren Langzeiteffekte rein gestimmter Intervalle von Sinustönen auf die Psyche untersuchte. Die Serie der »Drift Studies« erforscht das sublime Phänomen eines minimal verstimmten reinen Intervalls. Spätere Installationen mit großen Sets minutiös gestimmter Sinustöne bilden durch Interferenzen unendlich komplexe Lautstärkeverteilungen der einzelnen Frequenzen im Raum. Jeder Ort enthält andere Tonkombinationen. Bewegt sich der Hörer, so hört er ein Gewitter wechselnder Klangmuster, ist er ruhig, so bleibt die Musik in der Zeit stehen.[57]

55 — Paul DeMarinis, »Essay anstelle einer Sonate«, in: de la Motte-Haber (1999), S. 251f. 56 — Alvin Lucier, »**I Am Sitting in a Room**«, in: Gisela Gronemeyer/Reinhard Oehlschägel (Hg.), *Alvin Lucier. Reflexionen. Interviews, Notationen, Texte*, Köln 1995, S. 322. 57 — Vgl. William Duckworth/Richard Fleming (Hg.), *Sound and Light. La Monte Young, Marian Zazeela*, London 1996.

/

Virtualisierung

Technische Medien bilden ab. Übertragung, Speicherung und Synthese von Schall basieren auf Zeichensystemen, die in plastischen, magnetischen, optischen, elektrischen, digitalen Repräsentationen jeweils diejenigen Merkmale eines Phänomens abbilden, die uns für einen bestimmten Zusammenhang relevant erscheinen. Die tägliche Erfahrung, dass eine Repräsentation ein Phänomen nie in all seinen Aspekten wiedergeben kann und daher Veränderungen der erlebten Realität hervorbringt, weist darauf hin, dass mithilfe frei erfundener Zeichensysteme auch irreale, virtuelle Phänomene dargestellt werden können.

Schwerpunkt von **Bernhard Leitners** Arbeit ist die virtuelle Konstruktion von Raum. Die permanente Installation »**Ton-Raum TU-Berlin**« (seit 1984) bietet wie viele andere Arbeiten Leitners akustische Versionen architektonischer Bauformen.[58] Bernhard Leitner verflüssigt Maße und architektonische Charakteristika wie Proportion, Spannung und Gewicht, indem er ihre Merkmale verzeitlicht. Klangbewegungen ziehen denkbare Architekturformen nach, Baulinien werden plastisch durch Klanglinien nachempfunden. Umgekehrt wirken die baukünstlerischen Koordinaten strukturgebend für ein durchaus auch als musikalisches Ereignis verstandenes Klanggeschehen. Leitner vermischt musikalische und architektonische Zeichensysteme zu einer neuen ästhetischen Symbolsprache.

Bill Fontana kombinierte in der Installation »**Klangbrücke Köln/San Francisco**« die örtliche Versetzung von Klängen über den halben Erdball, mit Zerrungen räumlicher Form und Dimension. Er übertrug markante Stadtklänge aus ganz San Francisco live auf den Kölner Domplatz (und umgekehrt), zog also ein im Original über Kilometer ausgestrecktes Klangfeld auf einem Platz zusammen. Die akustische Repräsentation eines realen Raums wird beim Parameter Raumausdehnung sozusagen mit einem falschen Multiplikator dekodiert.[59]

Klaus Gasteier virtualisierte mit der Computerinstallation »**SMiLE**« die Zeit, indem er das Hypertext-Prinzip zur Abbildung eines musikalischen Mythos anwendete. Die mehr als hundert Musikfragmente eines ominösen, nie erschienenen Albums der Beach Boys wurden über ein grafisches Interface in einen halb automatischen, halb vom Hörer steuerbaren Ablauf gebracht. Mögliche Verknüpfungen zwischen einzelnen Fragmenten wurden dabei aus musikalischen Ähnlichkeiten und aus Legenden, die um das Album kursieren, abgeleitet und in eine Datenbank eingegeben. Im allgemeinen versteht man die Zeit als jenen eindimensionalen ›Raum‹, in dem die Struktur von Musik festgelegt ist. Technische Mittel und das gewählte Zeichensystem verwandeln sie hier in einen mehrdimensionalen Möglichkeitsraum.

/

58 — Vgl. Bernhard Leitner, *Sound:Space*, Ostfildern 1998, S. 134–143. 59 — Vgl. das Kapitel »**Interaktion, Partizipation, Vernetzung**«.

03/020 Enthierarchisierung

Audio Art ist häufig bestrebt, Hierarchien aufzulösen. Als Umfeld und strukturelles Modell dafür bietet sich das Netzwerk an, und daher häufen sich Beispiele mit diesem Fokus seit der Entstehung des Internets. Aber der Ansatz ist älter.

Unter Bezug auf John Cage hatte David Tudor schon seit den 1950er Jahren indeterministische elektronische Systeme gebaut, deren Bestandteile derart verwoben waren, dass er ihr Verhalten nicht voraussagen konnte. Ende der 1970er Jahre übertrug die **League of Automatic Music Composers**[60] das Konzept auf drei lokal vernetzte ›KIM1‹, die ersten erschwinglichen Vorläufer des Personal Computers. Jede Komposition bestand aus einem Regelsystem, nach dem der einzelne Computer (und sein Performer) auf jeweils andere Informationen der beiden anderen reagierte und diese wiederum unterschiedlich beeinflusste. »Man kann sich ein Computersystem als ein Gehäuse zur Verkörperung anderer Systeme vorstellen, die Komplexität und Überraschung ermöglichen [...]. Unter diesem Paradigma wird die Komposition zur Gestaltung eines komplexen, sogar wilden Systems, dessen Verhalten eine Spur hinterlässt: Diese Spur ist die Musik.«[61] Zwischen Performern und Computern wie auch zwischen diesen untereinander existieren keine eindeutigen Herrschaftsverhältnisse. Stücke sind unterschiedliche Modelle von Musik, die diskursiv zwischen gleichgestellten Beteiligten – Maschinen eingeschlossen – entsteht.

Ähnliche Konzepte entstanden seit Mitte der 1990er Jahre im Umfeld des **ORF-Kunstradios** in Wien, hier aber motiviert durch Experimente der Telekommunikationskunst.[62]

»**State of Transition**« von **Andrea Sodomka, Martin Breindl, Norbert Math** und **x-space** bildete 1994 Prozesse der Datenbewegung ab. Zwischen Graz und Rotterdam wurden verschiedene elektronische Datenwege benutzt: Über ISDN, Übertragungswege der Rundfunksender, normale Telefonleitungen und Internetverbindungen kommunizierten Performer unter anderem mit Audio, Midi und HTML. Zuhörer konnten über Telefon Klänge in die zwei eigenständigen Konzerte einspielen und im Internet beim Navigieren durch Webseiten zum Thema **Migration** Klangereignisse in den Konzertsälen auslösen.[63] Für die Hörer wie auch für die Performer war es unmöglich, alle fremden Teilaktionen zu identifizieren. Ebenso blieb die Einbindung der eigenen Aktionen in den Zusammenhang am entfernten Ort ungewiss. Es konnte also nicht darum gehen, einzelne Ereignisse zu synchronisieren. Das System musste in seiner Gesamtheit durch Stimulanz und Korrektur von Teilsystemen abgestimmt werden.

»**nebula.m81**« von **Netochka Nezvanova** ist ein Netzwerk für Internet und einen einzelnen Benutzer. Die Software konstruiert aus Fundstücken audiovisuelle Ausgaben, der Spieler setzt sie lediglich in Gang. Im Netz gefundener HTML-Code und andere Datenformate werden in Klang, Klang in visuelle Form transformiert. Text, Grafik und Ton sind gleich gesetzt. Der Benutzer beeinflusst die Automatiken, kann in einzelne Audiopartikel hineinhören und vage definierte Transformationsprozesse auslösen. Dynamik

60 — John Bischoff/Rich Gold/Jim Horton, »Music for an Interactive Network of Microcomputers«, in: *Computer Music Journal*, 2, 3, 1978, S. 24–29. **61** — Tim Perkis, »Bringing Digital Music to Life«, in: *Computer Music Journal*, 20, 2, 1996, S. 31, Übers. G.F. **62** — Vgl. das Kapitel »**Interaktion, Partizipation, Vernetzung**«. **63** — Vgl. Martin Breindl, »lo-res vs. hifi. Kunst Internet«, in: *Positionen*, 31, Mai 1997, S. 9–13.

und Ästhetik von Musik, Bild und Text entspringen aber primär der Interaktion zwischen dem Programm, den Daten und technischen Prozessen im Netz. Nezvanova nimmt Gregory Bateson wörtlich: »All that is not information, not redundancy, not form and not restraints is noise, the only possible source of new patterns.«[64]
Alle drei Beispiele enthierarchisierter Netzwerke beschränken sich nicht auf die Produktion neuartiger Ästhetiken. Sie haben auch die Funktion, ungreifbare technische Vorgänge sinnlich abzubilden und soziale und politische Bedeutungen dieser kommunikativen Prozesse darzustellen, zu kritisieren bzw. Alternativen modellhaft zu entwickeln.
/

Audio Art als Phänomen der Moderne 03/021

Nicht erst seit dem 20. Jahrhundert, sondern schon Jahrhunderte länger ist Musik wesentlich von Medien geprägt. Insbesondere Musikinstrumente und schriftliche Notation bestimmen als Medien, wie Musik gemacht wird, wie sie gehört wird und damit: was Musik ausmacht. Erst mit dem Aufkommen mechanischer Musikautomaten aber kann Musik gänzlich medial vermittelt werden, weil sie nicht mehr an die Konkretisierung durch einen Menschen gebunden ist.
Drei Leitkonzepte prägten den Umgang mit mechanischen Musikinstrumenten. Das erste kommt schon in den ältesten automatischen Musikinstrumenten vor: in Aeolsharfe und Windspiel, deren Saiten oder Klangstäbe von Luftbewegungen in zufällige Schwingungen versetzt werden und eine Art natürliche, ›organische‹ Musik erzeugen. Diederich Nikolaus Winkels Komponium aus dem Jahr 1821, das mehr als 14 Trillionen Variationen aus einem eingespeisten Thema ableiten konnte, war ein Automat, der diese Idee umsetzte.[65] Das zweite Leitkonzept mechanischer Musikautomaten ist die ästhetische Darstellung höherer Gesetzmäßigkeiten. Glockenspiele in astronomischen Uhren (zum Beispiel im Straßburger Münster, circa 1354) stellten göttliche Prinzipien und ihre Verbindung zur Wissenschaft dar, etwa die Idee der Sphärenharmonie.[66] Nach dem dritten Leitkonzept sollte der Mensch durch einen Mechanismus, der dessen Fähigkeiten nachbilden oder sogar übertreffen könnte, vervollkommnet werden. Jacques Vaucansons Querflöte spielende Satyrfigur von 1738 verkörperte dieses Streben nach exakter Reproduktion und größerer Kontrolle.
Die drei genannten Leitkonzepte finden sich auch in der Audio Art. Das erste, die Gewinnung von ›Partituren‹ aus kunstfremden Vorgängen, ist in der Audio Art als Partitursynthese verbreitet. Hier werden aber nicht nur Natur und Mathematik, sondern auch technische und kommunikative Vorgänge als Quelle von Gestaltungsregeln akzeptiert. Das zweite Leitkonzept, die Darstellung höherer Gesetzmäßigkeiten, begegnet uns unter anderem bei intermedialen Verbindungen zwischen den Künsten. Diese richten sich jedoch selten ungebrochen auf metaphysische Vorstellungen, sondern eher auf Wahrnehmungsphänomene.

64 — Zit. nach Netochka Nezvanova, »The Internet, A Musical Instrument in Perpetual Flux«, in: *Computer Music Journal*, 24, 3, 2000, S. 38. 65 — Vgl. Dieter Krickeberg, »Automatische Musikinstrumente«, in: de la Motte-Haber (1999), S. 25. 66 — Vgl. ebd., S. 11 f.

Zentrales Thema der Audio Art ist das dritte Leitkonzept: der Kontrollgewinn und die technisch bedingte Machbarkeit von zuvor Unerreichbarem. Speicherung, Übertragung und Synthese von Schall sind ebenso wie intermediale Transformation und Virtualisierung solche neuen Machbarkeiten, und sind, wie die Beispiele zeigen, immer wieder Kern musikalischer Auseinandersetzungen mit technischen Medien. Wie die Beispiele ebenfalls dokumentieren, entfaltet sich künstlerischer Wert aber nicht allein durch Kontrollzuwachs, erweiterte Spielbarkeiten und neue Klangperspektiven. Das mechanische Orchestrion stellte genauso wie die ersten elektronischen Instrumente oder manche interaktive Installation nicht mehr als eine technische Attraktion dar.

Wolfgang Amadeus Mozart teilte diese Ansicht. Bei einer Auftragskomposition für eine automatische Flötenuhr nutzte er zwar die technischen Außerordentlichkeiten des Instruments, empfand das Ergebnis aber als begrenzt erquickliche Spielerei.[67] Ihm lag gänzlich fern, das technische Medium selbst zu thematisieren, denn als Tonkünstler der Vormoderne ging er vom menschlichen Spiel als Maß aller Dinge aus. Sogar der Erfinder der Geräuschmusik, Luigi Russolo, konnte diesen Schritt nicht denken. Indem er »diese so verschiedenen Geräusche aufeinander abstimmen und harmonisch anordnen«[68] wollte, suchte er die Regeln der Gestaltung weder im neuen Material noch in seinem Ursprung (den Maschinen), sondern bemühte ein Musikverständnis, das sich an traditionellen Instrumenten, Musizier- und Hörformen ausgebildet hatte – und das die Futuristen eigentlich überwinden wollten.

Erst Igor Stravinsky erhoffte sich von mechanischen Instrumenten einerseits Kontrollgewinn, schenkte dem Player Piano aber auch deshalb Beachtung, weil die spezifischen Probleme, die das Komponieren dafür bereitete, seine Arbeit bereicherten.[69] Die ab circa 1950 entstandenen »Studies for Player Piano« des amerikanischen Komponisten Conlon Nancarrow bilden den ersten vollständigen musikalischen Werkkorpus, der die Möglichkeiten eines technischen Mediums konsequent in den Vordergrund stellt.

Zum einen wird in der Audio Art also auf einen Kontrollgewinn durch die Verwendung technischer Medien spekuliert. Medien übermitteln Information, wo zuvor keine Informationsübermittlung möglich war; sie stellen große Mengen an Daten zur Verfügung, die wiederum nur mit Hilfe von Medien recherchierbar und navigierbar werden; sie machen Vorgänge bis in zeitliche, räumliche und strukturelle Details hinein steuerbar, die für den Menschen ohne diese Hilfsmittel weder wahrzunehmen noch zu kontrollieren wären. Zum anderen wird gegen diesen Kontrollgewinn mit gezieltem Kontrollverlust operiert. Nicht nur technische Vorteile, sondern gerade auch vorgebliche Nachteile verwendeter Medien werden als Potenzial ausgeschöpft: mechanische Starrheit, bastlerisch-amateurhafte Konstruktion und ›unnatürliche‹ Raum- und Zeitmaßstäbe.

Noch ein zweiter Wirkungsbereich mechanischer Musikinstrumente soll vergleichend betrachtet werden. Neben den drei genannten ästhetischen Leitkonzepten sind auch

67 — Vgl. Jürgen Hocker, »Mechanische Musikinstrumente«, in: *Musik in Geschichte und Gegenwart*, Bd. 5, Kassel 1995, S. 1726f. **68** — Luigi Russolo, »**L'arte dei rumori**«, (futuristisches Manifest vom 11. März 1913), zit. nach: *Für Augen und Ohren* (1980), S. 254. **69** — Vgl. Alexander Buchner, *Mechanical Musical Instruments*, London 1959, S. 20.

erhebliche gesellschaftliche Effekte von Musikautomaten auszumachen: Darstellung von Geltung, Macht und Reichtum im technischen Wunderwerk; Synchronisation gesellschaftlicher Gruppen im Tages- und Jahresverlauf; Widerspiegelung des Alltags in figuralen Darstellungen von Handwerk, Tanz et cetera; Komfort selbsttätiger musikalischer Untermalung am Hof und später in Bürgerhaushalten und Vergnügungseinrichtungen; weiträumige Verbreitung und Popularisierung von Volksweisen und Operettenschlagern durch Drehorgeln, Straßenklaviere und Plattenspieldosen.
Auch diese Aspekte kommen in der Audio Art zum Ausdruck, aber nicht als Nebeneffekt gesellschaftlicher oder ökonomischer Prozesse von Kunst, sondern im Gegenteil häufig als eigentlicher Fokus eines Werkes. Technische Medien werden benutzt, um alltägliche Wahrnehmungen von Körper, Geschichte, Raum oder Zeit in ästhetisierter Form neu zu erfahren. Sie werden aber auch kritisch auf ihre gesellschaftlichen Potenziale und Effekte auf das Individuum reflektiert.
Drei grundlegend neue Verwendungsformen technischer Medien unterscheiden also die Audio Art vom traditionellen Musikverständnis, wie es in der Verwendung mechanischer Musikinstrumente manifestiert ist. Diese Unterschiede bestimmen die Audio Art als Phänomen der Moderne. Erstens akzeptiert Audio Art strukturelle Eigenarten von Medien als Quelle ästhetischer Gestaltungsregeln. Zweitens nimmt sie die experimentelle Untersuchung medienspezifischer Wahrnehmungsphänomene als Aufgabe an. Drittens verwendet sie Medien teils kritisch, teils auch spielerisch gegen sie selbst, indem gezielt der Kontrollverlust gesucht wird, denn Pluralität der Zugriffe und Unvorhersehbarkeit der Ergebnisse werden als Bedingung von Entwicklung verstanden.

Audio Art

/

Golo Föllmer

/

03/101 In the last quarter of the nineteenth century, a comprehensive mechanization of music began which contained three radically new principles: the transmission, storage and synthesis of sound. These basic media technologies enabled new forms of designing and generating sound, changing the way in which music is heard. After being limited to a confined space and an apprehensible audience until well into the nineteenth century, at the turn of the century the scope of music expanded greatly. The gramophone and radio enabled it to become omnipresent, because from now on it was not confined either to a particular space or a particular time. Finally, the technical media even broke away from their hitherto reproductive function by producing their own sounds.

In the subsequent phase, which began in the mid-twentieth century, the basic technologies of electronic media were integrated into the creative techniques, now making it possible to process a variety of other subject matter. Intermedia connections, space as a musical determinant, media-specific forms of narration, detemporalization, virtualization and dehierarchization will be discussed by way of example. In this second phase, ‹musical art› no longer meant just music. Artistic ways of dealing with sounds developed that burst the traditional understanding of music and called for the coining of a new term. While the term ‹sound art› has established itself for the general, non-media-specific expression of this phenomenon,[1] in the present context ‹audio art› stands for sound art for whose production technical media are either essential or necessary. The main part of the present contribution introduces the development and the spectrum of audio art. This is followed by a comparison of the techniques and motifs of its use of media with those of the historic precursors of electric music media, mechanical musical instruments, allowing the clear identification of the radical change that separates audio art from the traditional understanding of music.

/

03/102 Transmission

Radio made music and other acoustic cultural assets freely available. Its appearance occurred at a time in which a significant number of German composers were searching for a new berth for their music. Using terms such as ‹utility music› and ‹colloquial music,›[2] they experimented with integrating popular musical elements into art music and involving music in everyday situations in a functional way.

/ /

03/103 *Participation*

In 1929, **Bertolt Brecht**, Paul Hindemith and Kurt Weill produced the radio opera «**Lindberghflug**,» which was designed to include the listeners at home sitting at their

1 — Cf. Helga de la Motte-Haber, «Klangkunst—eine neue Gattung?» in *Klangkunst*, Akademie der Künste Berlin, Munich, 1996, pp. 12–17. 2 — On the original terms ‹Gebrauchsmusik› and ‹Umgangsmusik› cf. Eberhard Preussner, «Der Wendepunkt in der modernen Musik oder Die Einfachheit der neuen Musik,» in *Die Musik*, 21, 6, March 1929, pp. 415–418; cf. Heinrich Besseler, *Das musikalische Hören der Neuzeit*, Berlin, 1959. 3 — Bertolt Brecht, «**The Radio as an Apparatus of Communication,**» in *Radiotext(e).=Semiotext(e)*, Neil Strauss (ed.), 16, VI, 1, New York, 1993, p. 15. 4 — Klaus-Dieter Krabiel, *Brechts Lehrstücke. Entstehung und Entwicklung eines Spieltyps,*

radio receivers. For the stage performance in Baden-Baden, Brecht placed a shirtsleeved representative of the listeners on stage, who took over Lindbergh's singing part. For later productions, Brecht had in mind that for example classes of schoolchildren become familiar with the piece and then complete a version of it, which is broadcast without the part of the aviator. «The radio would be the finest possible communication apparatus in public life ... if it knew how to receive as well as to transmit, ... how to bring [the listener] into relationship instead of isolating him.»[3]

Brecht was not aiming at aesthetic arrangement, but rather at social educational value, which amongst other things was criticized by Theodor W. Adorno. In Adorno's view any kind of music that lets itself in for elements of popular music, i.e. music with commodity character, did not achieve its goal of reflecting life in an unadulterated way.[4] Brecht, on the other hand, judged Adorno's position to be the expression of an arrogant elite that secures its integrity (amongst other things through music) while reproachfully—but de facto idly—looking at an ideologically blinded mass of music listeners under the tight control of the culture industry.

The medium of radio presented structural obstacles to Brecht's far-reaching utopias. Technologically and organizationally speaking, it had already developed into a mass medium[5] that lacked an effective transmission channel for its recipients.[6] In the 1960s, when Hans Magnus Enzensberger criticized that the mass media artificially separated the producer from the consumer,[7] **Max Neuhaus** had just begun working on a series of pieces for radio that demonstrated the potential for openness. In «**Public Supply I**,» produced in New York at WBAI in 1966, Neuhaus did a live mix of incoming telephone calls from ten lines. Although he considered himself to be the designer of the technical configuration, at this point he was merely the host of a musical event. The listeners who called in were the broadcasters. In 1977, for «**Radio Net**» he withdrew even further as an artist by leaving the arrangement up to an automatic electronic system. At the same time he thematized the dimension and the immanent aesthetics of the technical system of the radio by wiring up the circuit of the American radio network NPR, which spanned the entire continent, in such a way that the sounds of the signals it contained were transformed through feedback.[8]

/ /

Aesthetization

03/104

Radio also had an aesthetic influence on music. By potentially opening up the entire world, it released a fascination for hearing global, alien, multi-shaped things and stimulated the imagination of artists. In 1936, Rudolf Arnheim wrote that radio virtually had a consciousness expanding effect: «In radio, the sounds and voices of reality revealed their sensual affinity with the word of the poet and the tones of music... .»[9] Radio listeners discovered that noises possessed an aesthetic quality they had hardly taken notice of

Stuttgart, 1993, pp. 125f. 5 — Cf. Dieter Daniels, **Kunst als Sendung. Von der Telegrafie zum Internet**, Munich, 2002, pp. 135f. 6 — Luhmann's definition of the mass media is based on this criterion. Cf. Niklas Luhmann, *Die Realität der Massenmedien*, 2nd ed., Opladen, 1996, p. 10. 7 — Cf. H. M. Enzensberger, «**Constituents of a Theory of the Media**,» in *Electronic Culture. Technology and Visual Representation*, Timothy Druckrey (ed.), New York, 1996, pp. 62-85. 8 — Cf. Max Neuhaus, «**The Broadcast Works and Audium**,» in *Zeitgleich*, Transit, Vienna, 1994, pp. 19-32. 9 — Rudolf Arnheim, *Rundfunk als Hörkunst* (1936), Frankfurt/Main, 2001, pp. 13f.

before. The radio play theorist Richard Kolb attributed this effect to the disembodiment of sound, which invariably leads the listeners to become more involved mentally. «The less we are bound to a particular idea about time, place, costume, character, the more scope is left to our imagination, with whose aid we can form an idea that is befitting us. In this way the effect of the word approaches music ....»[10]

This altered perception of noises did not first begin with the radio, but had already begun with the advent of industrialization. The Italian Futurists considered the rhythm of machines to be an aesthetic expression of their epoch, and thus in 1913 the painter **Luigi Russolo** proclaimed the ‹art of noise›: «Ancient life was all silent. In the nineteenth century, with the invention of machines, Noise was born. ... We will amuse ourselves by orchestrating together in our imagination the din of rolling shop shutters, the varied hubbub of train stations, iron works, thread mills, printing presses, electrical plants, and subways. ... We want to give pitches to these diverse noises, regulating them harmonically and rhythmically.»[11] Russolo constructed special mechanical noise generators and demonstrated these **‹intonarumori›** at events attended by important artists and musicians of the time. Edgard Varèse, John Cage and others were influenced by Russolo's art of noise and were the first to implement percussion instruments, which had hitherto primarily been used in art music for the purpose of rhythmic accentuation, as carriers of a music consisting of timbres of noise.

/ /

03/105 *Radio art*

With his piece **«Imaginary Landscape No. 4,»** in 1951 **John Cage** was the first person to perform the peculiarities of the radio—the cheeping and hissing, the accidental juxtaposition of language, music and noise on the waveband—in a composition. He not only used the natural sounds of noise, which from a traditional point of view are perhaps only just acceptable, rather he also used the side effects of technical media, which are typically absolutely undesirable in music, as musical material. A specific ‹radio art› developed out of this approach in the 1960s that thematized the aesthetic effects of the transmission and perception of sound via radio as well as the social conditions of radio production and consumption. In radio collages consisting of audio fragments, Negativland, for example, show the aesthetic and social effects of the merchandising control of media content and from this—as did **John Oswald**—they derive their demand for the preservation of the creative scope when dealing with technology.[12]

/

03/106 **Storage**

The storage of sound through the phonograph and the gramophone enabled the unlimited reproduction of music. Whereas sheet music was only disseminated amongst the

10 — Cf. Richard Kolb, «Die neue Funkkunst des Hörspiels,» in *Rundfunk und Film im Dienste nationaler Kultur*, Richard Kolb / Heinrich Giesmeier (eds.), Düsseldorf, 1933, pp. 238f. **11** — Luigi Russolo, «**The Art of Noises. Futurist Manifesto**,» (dated March 11, 1913), in *The Art of Noises, Monographs in Musicology*, Luigi Russolo, no. 6, New York, 1986, pp. 23-27. **12** — Cf. Klaus Schöning, «Sound Mind Sound. Klangreise zur akustischen Kunst,» in *Welt auf tönernen Füßen. Die Töne und das Hören*, Kunst- und Ausstellungshalle der BRD, Göttingen, 1994, pp. 64-78; cf. Daina Augatitis/Dan Lander (eds.) *Radio Rethink. Art, Sound and Transmission*, Banff, 1994. Further examples in this text are «**Public Supply I**» and «**Radio Net**» by Max Neuhaus, «**Klangbrücke**

bourgeoisie, the record was the first musical medium to reach listeners of all classes. Like transmission, sound recording also changed production and reception as the two areas were now separated in terms of both time and space. Because listeners were no longer dependent on musicians, for the first time they were able to integrate music into their daily lives. Music had, so to speak, become a ubiquitous source of nourishment.

/ /

Musique concrète 03/107

Artistic experiments with reproduction technology were a long time coming. Although the gramophone had already been developed in 1877 and was widespread at the latest at the turn of the century, concrete suggestions for its artistic-musical use were not made until the 1910s. Around 1917 the later documentary film pioneer **Dziga Vertov** attempted to create a montage of noise, however his plan fell through because of the state of technology at the time.[13] In 1923 the Hungarian Bauhaus artist **László Moholy-Nagy** suggested «to change the gramophone from a reproductive instrument to a productive one, so that on a record without prior acoustic information, the acoustic phenomena itself originates by engraving the necessary ‹Ritzschriftreihen› (etched grooves).»[14] In the 1990s, the sound artist Paul DeMarinis[15] referred to Moholy-Nagy's idea that a graphic ‹etched alphabet› could be found by reading sound grooves optically, as a false estimation owning to the dominance of the visual in Western culture. In the mid-1920s, Paul Hindemith experimented with ‹gramophone music› by creating a montage of recordings and playing them backwards at different speeds. He did not get beyond the experimental stage. For the first successful noise composition experiment, in 1930 **Walter Ruttmann** did not use the unwieldy gramophone, but rather the optical sound technology that had been developed for film a year prior to this. Film sound, which could be cut with scissors and taped back together, enabled the creation of the first stringent sound montage. At great technical expense, Walter Ruttmann collected sound recordings over a weekend in Berlin. The montage he produced, «**Weekend**,» changes between narrative and sound portrait—an art of listening inspired by photography. Although he attempted to structure the montage according to musical standpoints such as pitch and rhythm, the characteristic style of «Weekend» is narrative throughout; timbre, rhythm and pitch merely organize the narrative.[16]

It was not until 1948—eighteen years after «Weekend» and seventy-one years after the invention of sound storage—that **Pierre Schaeffer**'s approach to discovering a way to compose specifically with the gramophone led to fruition. The compositional attitude responsible for this was based on two aspects: Firstly, Schaeffer concentrated solely on the aesthetic qualities of the sound material, thus largely eliminating the occurrence it connotated. Secondly, he did not force a preformed, superordinate structure onto the

Köln/San Francisco» by Bill Fontana and «**State of Transition**» by Sodomka/Breindl/Math/x-space.
13 — Cf. Stefan Amzoll, «Ich bin das Ohr. Zum 100. Geburtstag des Klangpioniers,» in *Neue Zeitschrift für Musik*, 1, 1996, pp. 50–53. 14 — László Moholy-Nagy, «New Plasticism in Music,» in Der Sturm, 7, 1923; English transl. in *Broken Music. Artists' Recordworks*, Ursula Block/Michael Glasmeier (eds.), Berlin, 1989, pp. 54–55.
15 — Cf. «**The Edison Effect**.» 16 — Cf. «**Ruttmanns photographisches Hörspiel**,» in *Film-Kurier*, 41, 15 February 1930, cited in Jeanpaul Goergen, *Walter Ruttmann. Eine Dokumentation*, Berlin, p. 130.

material. He stressed that the ‹musique concrète,› a name he chose in order to distinguish it from ways of composing that come from abstract ideas, is always based on the experience of concrete musical material: While traditional composition attains interpretation from the intellectual concept via writing down, for his music Schaeffer uses the reverse path: from listening to the collected material, to sketch-like experiments, finally arriving at the material composition, which is recorded as a finished sound carrier.[17]
In his opinion, sound material can be everything: the primarily noise-like sound occurrences in the environment, linguistic utterances, as well as conventional music. Sounds become so-called ‹objets sonores› when they are recorded technically, but they do not become ‹objets musicaux› until they have been processed in a special way. According to Schaeffer, these methods include the cutting of individual sounds, the variation of speed, playing from specially manufactured closed record grooves, playing backwards, and the layering of several sounds. The record player becomes a musical instrument the moment creative methods are derived from its specific possibilities. In Schaeffer's first piece, the «**Étude aux chemins de fer**,»[18] composed in 1948, ‹musique concrète› anticipates the later DJ methods of cutting, cueing, and in part scratching.
//

03/108

Sound

Pop music also received decisive impulses with the introduction of the tape recorder. The playback method, which consists of recording the instruments in a piece of music one after the other, causes reproduction to become the primary instance of music. Now even live performances have to sound like the record. Because more and more complex studio technology is used, the ‹song› in the sense of a certain melody and harmony sequence counts less and less. Instead, ‹sound› has become the central criterion of music styles.[19] This begins with cover versions, for example Jimi Hendrix's version of the American national anthem played on a feedback electric guitar. The significance of sound reaches a new level with the audio electroquote techniques in DJ mixes, and then again with the dissemination of digital sampling in the 1990s. Now not only a song is quoted, but the sound itself. When **John Oswald** recomposes Beethoven and Michael Jackson using the same means, then what primarily counts is the processing technique—melody, harmony, formal structure or lyrics only prompt a sound realization.[20] The sound is the music.
In 1993, **Christian Marclay**, who as an artist and art DJ thematized the history of the sound carrier, assembled a collage of music from a variety of stylistic and geographic origins in his «**Berlin Mix.**» What was unusual about it was that he did not use any technical media, rather he assembled the original sound sources in an auditorium and conducted them using cardboard signs. The physical presence of more than 180 musicians made the usual eclectic dealing with samples seem absurd. Marclay's action showed

17 — Cf. André Ruschkowski, *Elektronische Klänge und musikalische Entdeckungen*, Stuttgart, 1998, pp. 210f. 18 — The CD ROM, *The Early Gurus of Electronic Music* (New York, 2000), contains a collection of classic pieces of electro-acoustic music. 19 — Cf. Peter Wicke, «Sound-Technologien und Körper-Metamorphosen. Das Populäre in der Musik des 20. Jahrhunderts,» in *Rock- und Popmusik, (Handbuch der Musik im 20. Jahrhundert, vol. 8)*, Peter Wicke (ed.), Laaber, 2001, pp. 37f. 20 — Cf. the website **plunderphonics**. 21 — Cf. *Klangkunst*, op. cit., pp. 96f. 22 — John Cage, «**The Future of Music: Credo**,» in *Silence. Lectures and Writings by John Cage*, Hanover, NH, 1973, pp. 3–6. 23 — John Cage in an interview with Richard Kostelanetz (1984), cited in Richard Kostelanetz,

that music can be more than just sound and how much we have become accustomed to getting by with just a fraction of the substance from the media we receive.[21]

/ /

Principles of chance 03/109

With his composition «**Imaginary Landscape No. 1,**» in 1939 **John Cage** applied techniques similar to those of Pierre Schaeffer, however he used test records with sine tones, thus keeping to the ‹musical tone.› With the publication of his manifesto-like text «The Future of Music: Credo» in 1937, he had already predicted that the use of noises and the complete control of the overtone structure of all sounds with the aid of audio technologies would shape the music of the future.[22] In 1952 Cage started from the assumption that every sound and every noise is musical unto itself, and he manifested this in his first tape composition «**Williams Mix.**» For him, the advantage of tape technology was that one could penetrate into the micro-time of the sound and create a high degree of complexity.

«What was so fascinating about tape possibility was that a second, which we had always thought was a relatively short space of time, became fifteen inches.»[23] In a nearly 500-page score drawn up according to principles of chance, the way the tape has to be cut is presented graphically, much like a cutting pattern. The score specifies in which form, for how long and which of six types of sound are to appear in the montage. In one case a section of tape a quarter of an inch long (one-sixth of a second) had to be assembled out of 1,097 tape particles. Cage applies the specific characteristics of technology in order to discover unconventional structures during the transformation of an idea into sounding reality.

In 1963 the Fluxus artist **Nam June Paik** extended Cage's principle of indeterminacy[24] by placing Schaeffer's technologies into an installation situation at his «**Exposition of Music—Electronic Television.**» «In most indeterministic pieces of music the composer grants the decision of will or freedom to the interpreter, but not to the audience.»[25] «**Random Access,**» for example, enabled listening to tapes, which had been stuck to the wall, with a freely moving recording head. During «**Schallplattenschaschlik**» visitors would help themselves to records rotating simultaneously using the stylus of a phono pickup. Paik's sculptures had a refreshingly contradictory effect because they were created out of profane consumer media in a crude, handcrafted fashion, while their interactive operation so obviously stood in the way of the one-way communication of mass media.

/ /

Musique d'ameublement 03/110

More than forty years prior to Paik, the French composer **Erik Satie** drew up a similar critical scenario. In pamphlets, which have since become famous, he suggested extremely

Conversing with Cage, 2nd ed., New York, 2003, p. 170. **24** — Cf. John Cage, «**Composition as Process. Part II: Indeterminacy,**» reprinted in *Media Art Action—The 1960s and 1970s in Germany*, Rudolf Frieling/Dieter Daniels (eds.), Vienna/New York 1997, S. 30–33. While Cage initially noted precise instructions for the results of chance operations, when it developed into ‹indeterminacy› around the end of the 1950s the score now contained considerably more interpretational scope. Cf. Kyle Gann, *American Music in the Twentieth Century*, New York, 1997, pp. 136f.
25 — Nam June Paik, «Über die Ausstellung der Musik,» in *Dé-collage* no. 3, Wolf Vostell (ed.), Cologne, 1963, in *Niederschriften eines Kulturnomaden. Aphorismen, Briefe, Texte. Nam June Paik*, Edith Decker (ed.), Cologne, 1992, p.100.

functional music intended to fill embarrassing pauses in conversations during dinner or to cover up unpleasant interfering sounds. Satie criticized that department store music, which at the time was still played live by musicians, was a simplified adaptation of concert music. In a letter written in March 1920 he took up the musical climate of his piano piece «**Vexations**» (1893), which allowed for 840 repetitions of two rows of notes. «We now want to introduce music that satisfies the ‹useful› needs. Art does not belong to these needs. ‹Musique d'ameublement› generates vibrations; it has no other purpose; it performs the same role as light, warmth—and comfort in every form.»[26] On March 8, 1920 in the Barbazanges Gallery in Paris, Satie used fragments from pieces by Ambroise Thomas and Camille Saint-Saëns to produce such ‹musique d'ameublement.› According to an account written by Darius Milhaud, the experiment went wrong: Satie could not keep the visitors from listening to the music.[27]

/

03./111 Sound installation and ambient music

Two central concepts from the second half of the twentieth century make reference not only to Satie's experiments, but also to Cage and Paik: sound installation and ambient music. The sound installation, developed at the end of the 1960s by **Max Neuhaus**, Maryanne Amacher and others, pursues amongst other things two of the objectives emphasized by Satie: Firstly, not to simply adapt music conceived for a performance situation to casual forms of reception, rather to fundamentally conceive the tonal design of space as integration into a specific place. Secondly, not to occupy the attention of the listeners, rather to provide the scope for the listeners to determine which kind of attention they choose to lend to the tonal design. In 1975 **Brian Eno**, a commuter between art and pop music, transferred these avantgarde techniques onto the format and sound aesthetics of the pop record and coined the genre term ‹ambient music.› In the 1990s many other musicians, for example The Orb and Aphex Twin, developed Eno's idea of the electronic ‹ambient› style.[28]

/ /

03./112 *Synthesis*

Around 1930, the invention of the electron tube allowed the development of the first promising electronic musical instruments, amongst others Leon Theremin's «etherophone,»[29] Jörg Mager's «spherophone,» Friedrich Trautwein's «trautonium,» and Naurice Martenot's «Ondes Martenot.» They proved that the laws of physical mechanics could be circumvented in an ‹electric music›[30] and that this meant the dawning of a new musical era. Composers hoped for new timbres from the sound synthesis, a substitute for unpredictable human interpreters, as well as the opportunity to overcome the twelve-tone scale, which they perceived as constricting. However, for the most part these instruments

26 — Cited in Ornella Volta, *Satie/Cocteau. Eine Verständigung in Mißverständnissen*, Hofheim, 1994, p. 124. 27 — Cf. Grete Wehmeyer, *Erik Satie*, Regensburg, 1974, p. 227. 28 — Cf. Mark Prendergast, *The Ambient Century. From Mahler to Trance—The Evolution of Sound in the Electronic Age*, London, 2000; cf. Tony Marcus, «Ambient,» in *Modulations. A History of Electronic Music*, Peter Shapiro (ed.), New York, 2000, pp. 156–165. 29 — Also known as «theremine» and «ether wave instrument.» 30 — Cf. Peter Lertes, *Elektrische Musik. Eine gemeinverständliche Darstellung ihrer Grundlagen, des heutigen Standes der Technik und ihrer Zukunftsmöglichkeiten*, Dresden, 1933; cf. Carlos Chavez, *Toward a New Music. Music And Electricity*, New York, 1937. 31 — Cf. Karlheinz

had been conceived out of a traditional understanding of music, like the etherophone imitating for example a romantic espressivo style.

/ /

Sound composition 03/113

When **Karlheinz Stockhausen** produced «**Studie I**» in the newly equipped NWDR studio in 1953, he did not use the available musical instruments—a melochord and a monochord—working instead with awkward sound generators originally developed for the purpose of transmission measurement. These new technical possibilities were meant to enable ‹composing› the individual sound as well as the musical form of a composition, including its spectral details.[31] Serialism, which dominated Europe's musical avantgarde at the time and in which all of the parameters of a composition are organized according to a central principle of construction, required precise planning. This meant that it was contrary to Schaeffer's approach, which rested on intuition and the reverse method of composition from the material to the structure.

/ /

Score synthesis 03/114

In 1956 **Lejaren Hiller** and **Leonard Isaacson** conducted the first experiment involving the reproduction of human decision-making processes with regard to music on the computer: they had the mainframe ILLIAC 1 synthesize a four-movement score for string quartet, the «**Illiac Suite.**» The first three movements were based on formalizations of conventional rules of composition (simple polyphony, counterpoint, serial techniques); the fourth movement, however, was based on the mathematic principle of so-called «Markov chains.» Composers such as Iannis Xenakis later frequently took up the use of these ‹non-musical› means by implementing mathematic disciplines such as game or chaos theory for score synthesis.

Today's advanced music programs such as Max/MPS and SuperCollider integrate sound and score synthesis in a single system. As claimed by Stockhausen's electronic music, timbre and compositional form can be processed with the same instruments and thus more easily according to the same principles. At the same time, the idea of the computer has changed fundamentally since then. While Hiller started out from the image of the unbroken formalization of human behavioral knowledge, which was typical for the early stage of research on artificial intelligence,[32] computers were now not meant to replace human beings, but rather confront them as interactive partners. The notion of the machine transformed from a human surrogate to a cooperative counterpart, which was impressive less due to its perfection than its uniqueness. Interactive systems became pools of ideas; ‹interactive composing›[33] firmly established the process orientation of experimental music[34] in the domain of music electronics and computers.

Stockhausen, «**Zur Situation des Metiers (Klangkomposition)**,» in *Karlheinz Stockhausen, Texte zur elektronischen und instrumentalen Musik*, vol. 1, Dieter Schnebel (ed.), Cologne, 1963, pp. 45–61. 32 — This view also shaped the early forms of early Computer graphics. 33 — In 1967 Joel Chadabe, influenced amongst others by David Tudor's use of electronics, coined this term for the improvisational-experimental use of electro-acoustic sound generators as a counterpole to the ‹clinical› fashion of composition dominant at the time in the academic studios. Cf. Joel Chadabe, *Electric Sound. The Past and Promise of Electronic Music*, Upper Saddle River, NJ, 1997. 34 — Today, the flexible term ‹experimental music› is primarily used to refer to the music made by →

The repercussions of interactive, process-oriented computer technology are becoming wider and wider. In addition to the sound installation and electro-acoustic music out of the research studios, in the 1990s club music as well was pervaded by process-like methods of creation. Autechre regard their CDs as sections of continuing processes.[35] Farmer's Manual elucidate the process idea by unpretentiously breaking off a performance by pulling the audio cable out of the laptop—to emphasize the fact that the music being heard is a segment from endless automatic design processes in the computer.[36] **Markus Popp** sees his aesthetics as a result of digital means of design. In his view, ‹electronic listening music,› one of many genre terms for the products of the ‹laptop scene› around the year 2000, requires an understanding of music that pays tribute to the immense technical influence on design processes—delinearized time, the split-second reshaping of sounds, the ergonomics of software operation. «[T]he concept of ‹music› itself is almost tragically overshadowed by assumed notions of creativity, authorship, and artistic expression.»[37] Crackling sounds caused by a faulty CD player, the noises coming from computer hardware and caused by the (frequently intentional) incorrect use of software characterize the sound material. «Indeed, ‹failure› has become a prominent aesthetic ..., reminding us that our control of technology is an illusion ....»[38]

The duo **Granular Synthesis** uses a sound synthesis technique on video recordings. During the acoustic granular synthesis new timbres are created from existing samples by iterating extremely short sound fragments according to different patterns. Using this method on sound and image synchronously, since 1991 Granular Synthesis have been presenting image-sound collages that could work like the technical simulation of cerebral malfunctions—however, it would remain unclear whether the person being portrayed cannot coordinate his or her movements or the audience cannot coordinate their perception as usual—see for example «**Pole**» (1998) with Diamanda Galas. In reality one is seeing an extreme example of everyday media manipulation, i. e. what happens when the material extracted from the medium is not defamiliarized in itself, but rather is prevented from its full scope of movement by leaps in time made possible by technology.[39] In «**MODELL 5**» (1994), the movements by the performer shown in the portrait, Akemi Takeya, appear to be dehumanized. Here it becomes clear that the characteristic qualities of a person should not be sought in the substance of the individual image, but rather in the person's movements.

/

← the group around John Cage and their successors. It is marked by its process orientation and its constant questioning of the understanding of music. Cf. Michael Nyman, *Experimental Music—Cage and Beyond*, 2nd ed. New York, 1999. 35 — Cf. Sascha Kösch, «The Ultimate Folk Music. Laptops, Napster, Derrida & Autechre,» in *De:Bug*, 48, June 2001, p. 3. 36 — Cf. Max Hollein et al. (eds.), *Frequenzen [Hz]. Audiovisuelle Räume/Frequencies [Hz]. Audio-visual Spaces*, Frankfurt/Main, 2002, pp. 35f. 37 — Markus Popp cited in Kurt B. Reighley, «Downtempo. Lost in Music,» in *Modulations. A History of Electronic Music*, Peter Shapiro (ed.), New York, 2000, p. 179. 38 — Kim Cascone, «The Aesthetics of Failure. ‹Post-Digital› Tendencies in Contemporary Computer Music,» in *Computer Music Journal*, 24, 4, 2000, p. 13. 39 — Cf. Tom Sherman, «Maschine des perpetuierten Augenblicks. Granular Synthesis: Was bisher geschah...,» in *Wien Modern. Elektronik, Raum, ‹musique spectrale,›* Berno Odo Polzer/Thomas Schäfer (eds.), Vienna, 2000, pp. 164–171.

Intermedia

Intermedia forms of expression seek correspondences between phenomena in different areas of perception. Technical transformations are highly efficient in this respect, because once they are configured a mechanical structure can be evaluated with arbitrary inputs. In the process, it turns out that the translation code is the actual problem associated with intermedia: the question arises of which rules should be applied to transform sound into image, spatial movement into timbre, or harmony into color.

As early as 1729, Louis-Bertrand Castel built the ‹optical cembalo,› an instrument that translated sounds into color. Amongst others, Kastner's «pyrophone» (1870) and Rimington's «color organ» (1910) pursued this idea further.[40] After about 1910, the associative transference of musical-spatial forms into painting became more frequent.[41] It was not until after 1900 that technologies were developed which allowed flexible transference between areas of perception. When, for instance, the poem for orchestra «Prométhée—Le Poème du feu» by the mystic and synaesthetician Aleksandr Skrjabin premiered in 1911, the two voices for colored light had to be produced using simple light bulbs.[42] Film involved new technologies and suggested that fine art, which in the nineteenth century was understood purely as spatial art, could come closer to the temporal art of music. **Walter Ruttmann**'s composition «**Lichtspiel Opus I**,» which premiered in 1921, mobilizes abstract visual forms and colors in a characteristic musical style. The introduction of the optical sound recording principle enabled the analogies between image and music to be drawn even closer using technical coupling. Similar to what Moholy-Nagy had suggested for the record, **Oskar Fischinger** took up the technically conditioned visual manifestation of sound: the relief-like jagged script of the optical soundtrack.[43] By painting the optical soundtrack for «**Tönende Ornamente**» by hand, in 1932 Fischinger attempted to prove that there is an aesthetic correspondence between visual and acoustic forms. However, synaesthetic theories, which presuppose these kinds of unambiguous relationships between hearing and seeing, were soon identified as subjective perceptive phenomena. They were replaced by the machine and its unique, technically conditioned rules of transformation.

Le Corbusier summarized the visual design, music and architecture of the Philips Pavilion he created for World's Fair in Brussels in 1958 under the title «**Poème électronique.**» The blending of the three levels of image/light, sound and structure was intended to express how electric technologies connect the levels of perception in a new way and make it necessary for human beings to reorient themselves.[44] Two tape compositions were

40 — Cf. William Moritz, «Der Traum von der Farbmusik,» in *Clip, Klapp, Bum. Von der visuellen Musik zum Musikvideo*, Veruschka Bódy/Peter Weibel (eds.), Cologne, 1987, pp. 17–52. 41 — Comprehensively described by Karin von Maur, *Vom Klang der Bilder. Die Musik in der Kunst des 20. Jahrhunderts*, Munich, 1985. 42 — Cf. Gottfried Eberle, «Mysterium und Lichttempel. Alexander Skrjabin und Ivan Wyschnegradsky—zwei multimediale Konzepte,» in *Der Hang zum Gesamtkunstwerk* (catalogue supplement), Berlin, 1984, pp. 48–52. 43 — Oskar Fischinger in the *Deutsche Allgemeine Zeitung*, 28 July 1932, cited in Peter Weibel, «Von der visuellen Musik zum Musikvideo,» in Bódy/Weibel, op. cit., p. 84. 44 — Cf. Marc Treib, *Space Calculated in Seconds. The Philips Pavilion, Le Corbusier, Edgard Varèse*, Princeton/NJ, 1996, p. XVI.

created for this occasion: «Poème électronique» by Edgard Varèse was aimed at an intense fusion of space and sound experience. The synthetic and concrete sounds used were set into motion as lines and volumes in space to Le Corbusier's film/light projection with the aid of lavish loudspeaker technology. Iannis Xenakis' ‹intermission piece› «Concrete PH» was formally based on parabolic and hyperbolic curves, which had also lent the structure its extraordinary form. Xenakis thus interpreted principles of mathematics as general truths that could express themselves in different media and form a link between them.[45]
«**Fontana Mix**» (1958) counts as one of the early examples of graphic notation. John Cage created a kind of generative score out of transparent graphics, which promoted the creation of an arbitrary number of realization scores. In 2002, **Matthew Rogalsky**, Anne Wellmer and Jem Finer used «Fontana Mix» for «**FontanaNet**,» a performance for networked computers in which the lines of the generative score were followed on a graphics tablet and after that, sound occurrences were negotiated between the participating computers according to complex rules.
Artistic practices that combine the different levels of expression and take mutual advantage of the possibilities of the transformation of visual, acoustic, haptic, spatial or other data have become more and more widespread with the dissemination of electronic and digital technologies. Intermedia techniques have been adopted into the repertoire of the graphic languages of form and the montage practices of the pop music video clip. They also occur as decorative, abstract visuals shown in the chillout rooms of clubs and raves as an optical counterpart to varieties of ambient music. Representatives of the ‹laptop scene› such as 242 Pilots and the commuter between art and music, Carsten Nicolai, interweave the design of sound and image with special hardware and software.[46]
/

03/115

Space

In the twentieth century, the spatiality of sound gained new significance. Space locations and movements had not been treated as design parameters in the theoretical reflection of music for a long time, although they had, for example, already been specifically implemented by Andrea and Giovanni Gabrieli in sixteenth century Venice. Following attempts made by Gustav Mahler and Charles Ives, Edgard Varèse elevated space to a central category by striving to physically materialize his music in each individual sound. By implementing the orchestra in a special way he allowed music to move in space, thus moving it close to sculptural and choreographic works.
Even before Varèse allowed sound masses and surfaces to be electronically mobilized in the Philips Pavilion, **Karlheinz Stockhausen** treated space as a design parameter equal to pitch, volume, duration and timbre—in 1956 in his five-channel piece recorded on tape, «**Gesang der Jünglinge**,» and in 1955–1957 in «Gruppen,» in which three orchestras were distributed around the audience.[47] On his suggestion, the German Pavilion at the

45 — Cf. Helga de la Motte-Haber, «Zwischen Performance und Installation,» in *Klangkunst. Tönende Objekte und klingende Räume*, (Handbuch der Musik im 20. Jahrhundert, vol. 12), Helga de la Motte-Haber (ed.), Laaber, 1999, p. 248. 46 — Cf. *visuals/clubs/sounds (Positionen. Beiträge zur Neuen Musik)*, 43, 2000. 47 — Cf. Karlheinz Stockhausen, *Texte zu eigenen Werken, zur Kunst Anderer, Aktuelles*, vol. 2, Dieter Schnebel (ed.), Cologne, 1964, pp. 49f. 48 — Cf. Golo Föllmer, «Osaka: Technik für das Kugelauditorium,» in *Musik…, verwandelt.*

1970 World's Fair in Osaka was built as a **spherical auditorium**, in which sounds could be moved electro-acoustically in three dimensions.[48]

In 1967 **Max Neuhaus** reversed the customary direction of thought, thus attaining a new kind of musical space: the sound installation. Music should not be enriched by adding a new dimension to it, rather it should primarily start out from space: «Traditionally, composers have located the elements of a composition in time. One idea which I am interested in is locating them, instead, in space, and letting the listener place them in his own time.»[49] For «**Drive In Music**,» Neuhaus installed sound sources which could be heard along a road via the car radio, thus subordinating time to space. For the first time in the history of music, musical form was no longer primarily temporal art, but rather it was based on space. Temporal sequence ensues from three factors: The distribution of sound sources (mostly loudspeakers) in space; the individual path of the user, which in installations in public space is molded by everyday needs; as well as the frequently underlying temporal structure of the sounds, often obtained from environmental influences, for example in that brightness, volume or physical movements influence the development of sound via sensors.

Christina Kubisch also works with the temporalization of real space. «**Klang Fluß Licht Quelle**» (1999) is part of a series of sound installations at which visitors wearing special induction headphones hear sounds out of cable structures and then assemble them to create an individual sound composition. In addition, Kubisch also often refers to the historic content or the background elements of existing rooms by using sounds that could once be heard in them or by accentuating an atmosphere unique to a particular place.[50]

David Rokeby's «**Very Nervous System**» depicts motion in Euclidean space in musical dimensions—therefore a non-Euclidean space. In this respect his work represents a continuation of the attempts at intermedia transformation, however it possesses a further level. In the version installed in 1995 in the «Eisfabrik» (independent exhibition venue for media art—ed.) in Hanover, one could lead the ticking of a free-hanging alarm clock into roaring feedback loops by starting it to swing. The crux here was to fathom out an invisible, unseizable space that is consistently elusive, because any transformations can only be arbitrary.

Gordon Monahan's performance «**Speaker Swinging**» (1994) describes the way back from electronic into physical space. Static sine tones are rotated in space by three performers swinging loudspeakers on long ropes around them in a circle. The monotone sine tones obtain an unimaginable vitality through the Doppler effect and the complexly varying reflections and interference patterns. This is enhanced by the corporeality of the perspiring performers and the menacing character of the misused loudspeakers tearing through the room. Monahan demonstrates that musical three-dimensionality means considerably more than occupying points in a three-dimensional system of coordinates.[51]

Das Elektronische Studio der TU Berlin 1953–1995, Frank Gertich et al. (eds.), Hofheim, 1996, pp. 195–211. **49** — Max Neuhaus, «Program Notes,» York University, Toronto, 1974, in Max Neuhaus, *inscription*, Ostfildern, 1994, p. 34. **50** — Cf. Helga de la Motte-Haber, «Die Idee der Kunstsynthese,» in *Christina Kubisch. Zwischenräume*, Stadtgalerie Saarbrücken, Saarbrücken, 1996, pp. 40–45. **51** — «Körperlicher Klang. Gordon Monahan im Gespräch mit R.I.P. Hayman,» in *Musik Texte*, 27, 1989, pp. 17–19.

/

03/117 Media narration

In the great forms of media narration such as the book, film and radio, design techniques have developed that are familiar to us as being specifically novel-like, cinematic or ‹funkisch› (radioesque).[52] **Laurie Anderson** uses these stereotypes in her media narratives. At the same time she describes their origin and their everyday meaning. In her performance «**United States I-IV**» (1983), Anderson's voice guides us through everyday stories and bases them on a changing multimedia accompaniment. Although her performances implement a lavish multimedia apparatus, they do not reflect high technology, but rather the experience with profane everyday media.[53] The performer **Laetitia Sonami** takes up Anderson's virtuoso style of media narration and replaces its centrally controlled multimedia presentation with physical interaction with a technical system made up of motion sensors. During her narratives, by moving her body she navigates through a pool of sounds, noises, melodies and harmonies. Anderson tells of the myths of the media world; Sonami's choreographically narrated pieces demonstrate a ritual-like association with the mystery of technical media.[54]

Paul DeMarinis deals with media history. The installation «**The Edison Effect**» (1989–1993) reflects mystical components of the technical achievements of sound storage. Instead of using a stylus, a wax cylinder and shellac discs are scanned contact-free by a laser technology developed by the artist himself. DeMarinis virtually stops time, because in contrast to digital storage technologies, the mechanical record playback persistently deletes what has been memorized every time the recording is played; it even writes the moment of play into the storage medium because the noises present in a space are engraved into the groove via the stylus when the record is played back.[55] By example of a clay cylinder with grooves that stems from ancient Jericho, DeMarinis points out that Edison's simple invention of mechanical sound storage could have already been developed centuries earlier. Original recordings of Bach and Mozart would have been preserved, and their music would be different to us.

/

03/118 Detemporalization

With DeMarinis, what narration chiefly consists of disperses: narration follows a line, steers along a dramaturgy which has been prescribed or even developed ad hoc towards an end, often aims towards a resolution or relaxation. If one removes this line from a narrative structure, then what remains is a detemporalized gesture of showing. Detemporalized does not have to mean that duration does not play a role, but that the focus is not on the logical sequence from the beginning to the end. Temporal duration only provides ‹space› for a lengthened snapshot or a multi-perspective view of a phenomenon in order to be able to concentrate on a single phenomenon, a kind of detailed shot or purification of the same.

52 — This term was commonly used in the early years of radio to describe radio-specific speech and design techniques. 53 — Cf. Laurie Anderson, *United States*, New York, 1984. 54 — Cf. *Klangkunst*, op. cit., pp. 138f; cf. also the text «**Virtual Narrations.**» 55 — Paul DeMarinis, «Essay anstelle einer Sonate,» in *Klangkunst*, op. cit., pp. 251f.

Alvin Lucier's performance «**I Am Sitting in a Room**» (1969) is based on a constant development from one state to another. However in reality, what we are hearing is only different stages of one and the same phenomenon: the specific resonance of a space. Lucier plays his voice through a loudspeaker into the room and repeatedly records the sound until due to the resonance frequencies of the space, the text becomes unrecognizable. The text to be spoken is libretto, score, performance instruction and comment in one.[56] By reversing a relation, the perspective changes: Our normal understanding is that the spatial reverberation is the coloring appendage of objects expressing themselves sonically. However, now the space expresses itself in the reverberation of a sounding object whose own sonic quality is only a coloring addition to the experience of space. The space changes from the surrounding context to the object.
La Monte Young's installations allow time to stand still to different degrees. In 1962 he conceived of the «**Dream House**» as a kind of laboratory; in the 1980s he used it to investigate the long-term effects of purely tuned intervals of sine tones on the psyche. The series of «Drift Studies» explore the sublime phenomenon of a minimally out-of-tune pure interval. Later installations with large sets of minutely tuned sine tones use interference to form infinitely complex volume distributions of the individual frequencies in space. Each location in the space contains other tone combinations. If the listener moves, he/she hears a thunderstorm of alternating sound patterns; if he/she is still, the music stands still in time.[57]

/

Virtualization 03./115

Technical media reproduce. The transmission, storage and synthesis of sound are based on semiotic systems which respectively reproduce those features of a phenomenon in plastic, magnetic, optical, electrical and digital representations that appear relevant to us in a particular context. The daily experience that a representation can never reproduce a phenomenon in all of its aspects and thus alters the reality experienced points out that even unreal, virtual phenomena can be represented with the aid of fictitious semiotic systems.
The focal point of **Bernhard Leitner**'s work is the virtual construction of space. As do many of Leitner's other works, the permanent installation «**Ton-Raum TU-Berlin**» (since 1984) provides acoustic versions of architecturally constructed forms.[58] Bernhard Leitner liquefies dimensions and architectural characteristics such as proportion, tension and weight by temporalizing their features. Sound movements follow conceivable architectural forms, the lines of a structure are plastically adapted to become lines of sound. Conversely, architectural coordinates lend structure to a sound event that can definitely be understood as a musical occurrence. Leitner blends musical and architectural systems of symbols to create a new aesthetic symbolic language.

56 — Alvin Lucier, «**I Am Sitting in a Room**,» in *Alvin Lucier. Reflections. Interviews, Scores, Writings*, Gisela Gronemeyer/Reinhard Oehlschägel (eds.), Cologne, 1995, p. 322. 57 — Cf. William Duckworth/Richard Fleming (eds.), *Sound and Light. La Monte Young, Marian Zazeela*, London, 1996. 58 — Cf. Bernhard Leitner, *Sound: Space*, Ostfildern, 1998, pp. 134–143.

In his installation «**Klangbrücke Köln/San Francisco,**» **Bill Fontana** combined the local displacement of sounds over half the globe with distortions of spatial form and dimension. He transmitted prominent urban sounds from all of San Francisco live to Cologne's Cathedral Square (and vice versa), thus pulling together a field of sound in one place that originally extended over kilometers. Under the parameter extension of space, the acoustic representation of real space is so to speak decoded with a false multiplier.[59]

In his computer installation «**SMiLE,**» **Klaus Gasteier** virtualized time by using the hypertext principle to represent a musical myth. The more than a hundred music fragments from an ominous, never released album by the Beach Boys were run—semi-automatically and semi-controllable by the listener—via a graphic interface. In the process, possible links between individual fragments were derived from musical similarities and from legends circulating around the album and entered into a database. Time is normally understood to be that one-dimensional ‹space› in which the structure of music is fixed. Here, technical means and the semiotic system chosen transform them into a multi-dimensional space of possibilities.

/

03./120

Dehierarchization

Audio art frequently endeavors to dissolve hierarchies. The network presents itself as an environment and structural model for this purpose, which is why examples with this focus have occurred more and more frequently since the genesis of the Internet. But the approach is older.

With reference to John Cage, as early as the 1950s David Tudor began building indeterministic electronic systems whose components were interwoven in such a way that he could not predict their behavior. At the end of the 1970s the «**League of Automatic Music Composers**»[60] transferred the concept to three locally networked ‹KIM 1› computers, the first affordable precursors to the PC. Each composition consisted of a system of rules, according to which each individual computer (and its performer) responded to the different information coming from the other two, in turn influencing them in different ways. «One can conceive of a computer system as a framework for embodying systems offering complexity and surprise .... Under this paradigm, composition is the design of a complex, even wild, system whose behavior leaves a trace: this trace is the music.»[61] There are no clear relationships of power between the performers and the computers or even between these amongst themselves. The pieces are different models of music that are created discursively between participants—including the machines—of equal status.

Since the mid-1990s, similar concepts have developed in association with ORF **Kunstradio** in Vienna, however in this case they are motivated by experiments in the field of telecommunication art.[62] In 1994, «**State of Transition**» by **Andrea Sodomka**,

59 — Cf. the text «**Interaction, Participation, Networking.**» 60 — John Bischof/Rich Gold/Jim Horton, «Music for an Interactive Network of Microcomputers», in *Computer Music Journal*, 2, 3, 1978, pp. 24-29. 61 — Tim Perkis, «Bringing Digital Music to Life,» in *Computer Music Journal*, 20, 2, 1996, p.31. 62 — Cf. the text «**Interaction, Participation, Networking.**»

Martin Breindl, **Norbert Math** and **x-space** depicted data movement processes. Different electronic data paths were used between Graz and Rotterdam: the performers communicated using amongst other things audio, MIDI and HTML via ISDN, radio station transmission paths, normal telephone lines and Internet connections. Listeners could play sounds into the two independent concerts by telephone and trigger off sound occurrences in the concert halls while navigating in the Internet through websites on the topic of ‹**migration**.›[63] It was impossible for either the listeners or the performers to identify all of the different sub-actions. It was also uncertain in how far one's own actions were integrated into the context at the remote location. So it could not be a matter of synchronizing individual occurrences. The system had to be coordinated in its entirety via stimulation and correction of sub-systems.
«**nebula.m81**» by **Netochka Nezvanova** is a network for the Internet and a single user. The software constructs audiovisual output out of found material, the player merely sets it going. HTML codes and other data formats found in the Net are transformed into sound, sound is transformed into a visual form. Text, graphics and sound have equal status. The user influences the automatic mechanisms, can listen into individual audio particles and trigger off vaguely defined transformation processes. However, the dynamics and aesthetics of music, image and text arise primarily from the interaction between the program, the data and technical processes in the network. Nezvanova takes Gregory Bateson literally: «All that is not information, not redundancy, not form and not restraints is noise, the only possible source of new patterns.»[64]
All three examples of dehierarchized networks are not limited to the production of new aesthetics. They also serve to depict unseizable technical processes in a sensory way and to represent and criticize the social and political significance of these communicative processes as well as to develop alternative models thereof.
/

Audio Art as a phenomenon of the modern age

03/121

Music did not first begin being shaped by media in the twentieth century, but centuries before that. Musical instruments and the written notation of music determine as media how it is made, how it is heard and thus: what makes up music. However, it was not until the emergence of mechanical musical instruments that music could be conveyed completely by media, as it was now no longer bound to its being concretisized by a human being.
Three central concepts molded the manner in which mechanical musical instruments were handled. The first one can be found in the oldest automatic musical instruments: the aeols harp and wind chimes, whose strings or chimes are caused to accidentally vibrate by the movement of the air, creating a kind of natural, ‹organic› music. Diederich Nikolaus Winkel's «componium,» constructed in 1821, which could derive more than

63 — Cf. Martin Breindl, «lo-res vs. hifi. Kunst Internet,» *Positionen*, 31 May 1997, pp. 9–13. **64** — Cited in Netochka Nezvanova, «The Internet, A Musical Instrument in Perpetual Flux,» in *Computer Music Journal*, 24, 3, 2000, p. 38.

fourteen quintillion variations from an incoming theme, was a machine that developed this idea.[65] The second central concept of mechanical music machines is the aesthetic representation of higher laws. The carillons in astronomical clocks (for example in the Strasbourg Cathedral, circa 1354) represented divine principles and their connection with science, for instance the idea of the harmony of the spheres.[66] The third central concept implies that human beings can be perfected by a mechanism able to reproduce their abilities or even surpass them. Jacques Vaucanson's flute-playing satyr from 1738 embodied this striving for exact reproduction and greater control.

These three central concepts can also be found in audio art. The first one—the extraction of ‹scores› from processes alien to art—is present in score synthesis and is widespread in audio art. It accepts not only nature and mathematics, but also technical and communicative processes as sources of design rules. We encounter the second central concept, the representation of higher laws, amongst other things in the intermedia connections between the arts. However, these are seldom unbrokenly directed towards metaphysical ideas, but rather more towards phenomena of perception.

The central issue of audio art is the third concept: gaining control and the technically determined feasibility of what was previously unachievable. The storage, transmission and synthesis of sound as well as intermedia transformation and virtualization are amongst these new possibilities, and as the examples show they are consistently at the core of the musical examination of technical media. As the examples likewise document, artistic value does not solely unfold through an increase in control, extended playability or new sound perspectives. As was the case with the first electronic instruments or one or the other interactive installation, the mechanical orchestrion was nothing more than a technical attraction.

Wolfgang Amadeus Mozart shared this view. He used the technical extraordinariness of the instrument in a commissioned composition for an automatic organ clock, however he felt that the result was somewhat frivolous.[67] It was furthest from his mind to thematize the technical medium itself, because as a musician in the pre-modern age his measure of all things was music played by human beings. Even the inventor of noise music, **Luigi Russolo**, could not conceive of taking this step. By wanting to «give pitches to these diverse noises, regulating them harmonically and rhythmically,»[68] he did not seek the rules of design in the new material or its origin (the machines), rather he engaged an understanding of music that had been cultivated on traditional instruments and traditional ways of making and listening to music—and which the Futurists actually wanted to overcome.

Igor Stravinsky hoped to gain increased control through mechanical instruments. However, one of the reasons he took so much notice of the player piano was that the specific problems caused by composing for it enriched his work.[69] The «Studies for Player

65 — Cf. Dieter Krickeberg, «Automatische Musikinstrumente,» in *Für Augen und Ohren*, Akademie der Künste Berlin, Berlin, 1980, p. 25. 66 — Ibid., pp. 11f. 67 — Cf. Jürgen Hocker, «Mechanische Musikinstrumente,» in *Musik in Geschichte und Gegenwart*, vol. 5, Kassel, 1995, pp. 1726f. 68 — Luigi Russolo, «**The Art of Noises. Futurist Manifesto,**» op. cit., p. 27. 69 — Cf. Alexander Buchner, *Mechanical Musical Instruments*, London, 1959, p. 20.

Piano,» which the American composer Conlon Nancarrow began writing around 1950, constitute the first complete body of musical work to consistently place the possibilities of a technical medium in the foreground.

On the one hand, audio art has hopes of gaining control through the use of technical media. Media convey information where conveying information was previously impossible; they make greater amounts of data available, which in turn can only be researched and navigated with the aid of media; they enable the control of the temporal, spatial and structural details of processes, which without these aids would be neither perceptible to nor controllable by human beings. On the other hand, the deliberate loss of control is being implemented to counter this gain of control. Not only the potential of the technical advantages, but also the alleged technical disadvantages of the media used are being exhausted: mechanical rigidity, amateur-like construction, and ‹unnatural› dimensions of space and time.

A comparative examination of a second domain of mechanical musical instruments still needs to be made. Besides the three central aesthetic concepts mentioned, considerable social effects of music-making machines can also be made out: the representation of influence, power and wealth in the technical work of wonder; the synchronization of social groups during the course of days and years; the reflection of the everyday in depictions figured by crafts, dance, etc.; the comfort of independent background music at court and later in middle-class households and entertainment facilities; the widespread dissemination of popular tunes and operetta hits by hurdy gurdies, street pianos and music boxes.

These aspects, too, are articulated in audio art: not as a secondary effect of the social or economic processes of art, but on the contrary, frequently as the true focus of a work. Technical media are used to re-experience everyday perceptions of body, history, space or time in an aestheticized form. However, they are also critically reflected on with regard to their social potential for and effect on the individual.

Three fundamentally new ways of implementing technical media thus distinguish audio art from the traditional understanding of music as manifested in the use of mechanical musical instruments. These differences define audio art as a phenomenon of Modernity. Firstly, audio art accepts the structural peculiarities of media as the source of aesthetic rules of design. Secondly, it accepts the task of the experimental investigation of media-specific phenomena of perception. Thirdly, it uses media both in a critical and in a playful way against media themselves by deliberately seeking the loss of control: because the plurality of access and the unpredictableness of the results are considered to be the condition of development.

/

Translation by Rebecca van Dyck

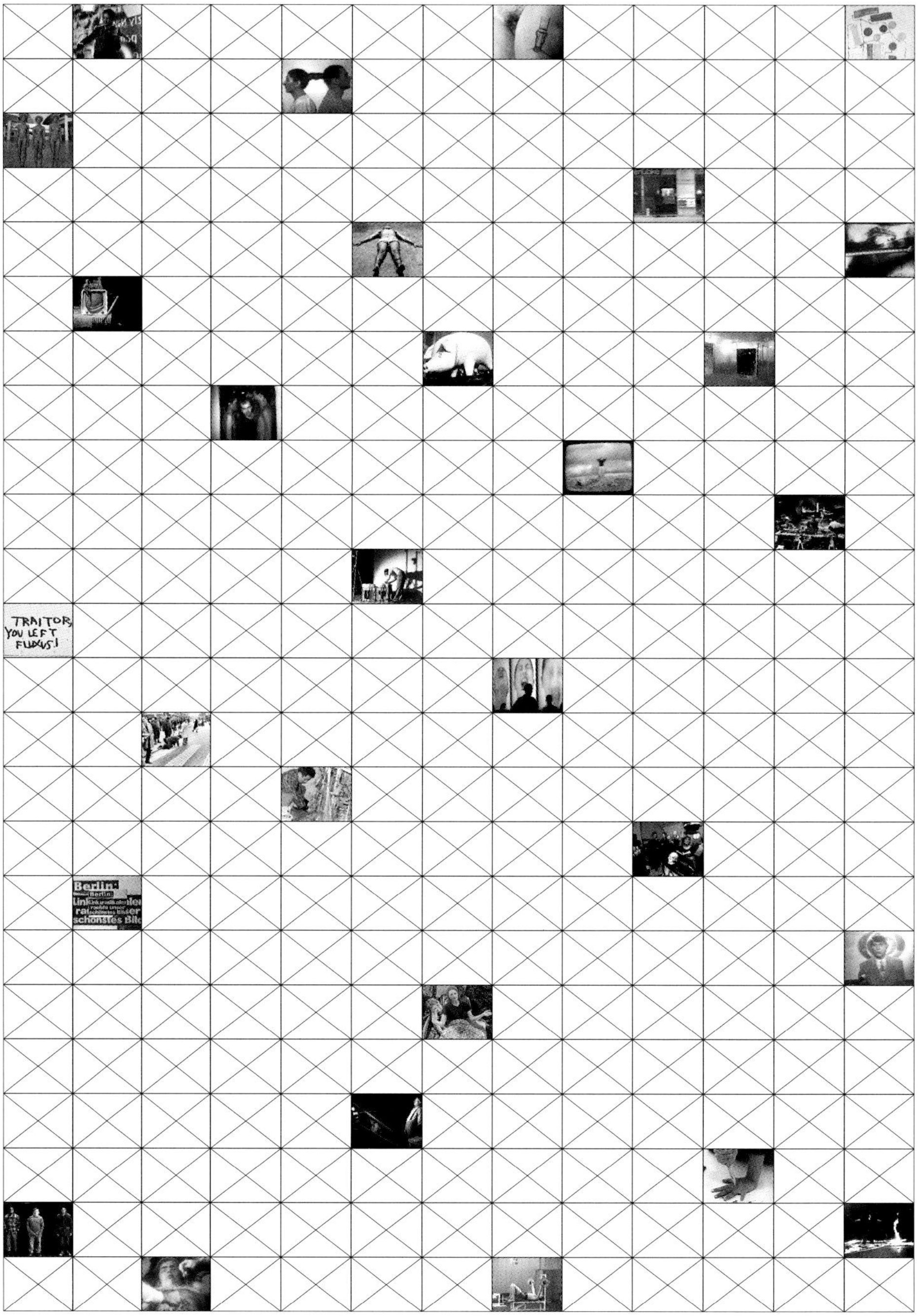

04/001-016
04/101-116

Real / Medial
Hybride Prozesse zwischen Kunst und Leben
/
Rudolf Frieling
/

04/001

Es ist erstaunlich, wie schon in der Anfangszeit der künstlerischen Arbeit mit elektronischen Medien eine Polarität existierte: Während die einen an der Präsenz und Materialität des Körpers mithilfe der oder auch gegen die Medien arbeiteten, erforschten die anderen die Immaterialitäten und Potentialitäten, die das scheinbare Verschwinden der realen Körper durch die Medien beinhaltet. Noch unbehelligt von allen theoretischen Diskursen zum Displacement und zur Simulation, wurde bereits in den 1960er Jahren der Grundstock zur Virtualisierung des Körpers gelegt, konzeptuell wie technologisch. Dieser Essay behandelt im weitesten Sinne hybride Prozesse zwischen Kunst und Leben und stellt die Frage nach dem Körper ins Zentrum der Diskussion der künstlerischen Konzepte von Happening, Aktion und Performance – die Frage nach dem Körper samt seiner medialen Verschaltungen als Feld privater wie auch öffentlicher Aktionen. Die Bewegung der Argumentation oszilliert dabei zwischen offenen und kollektiven Strukturen, partizipatorisch in vielerlei Hinsicht, und personalisierten, auf den Körper des Performers bezogenen Aktionen im Dialog mit dem Zuschauer. Vor dem Hintergrund heutiger künstlerischer Praxen, die gerade die radikalen Anfänge prozessualer Kunst mit und in den Medien aufgreifen und unter neuen Prämissen untersuchen, stellt sich im Zusammenhang der performativen Medienkunst bis heute die Frage von Authenzität. Die Grenzen zu raumbezogenen Installationen und interaktiven Environments sind durchlässig, doch in den neueren Aktionen, die den Körper als Handlungsfeld telematischer und netzbasierter Interventionen positionieren, könnte möglicherweise gerade das Insistieren auf der Realität des Körpers ein zentrales Motiv sein. Wenn zunächst die Wirkungen, die die avantgardistischen Strömungen des 20. Jahrhunderts auf das Verhältnis von Happening, Aktionskunst und Performance[1] zu den Medien hatten, beleuchtet werden, dann steht damit nicht die modernistische Kritik an Abbildung und Repräsentation des Körpers im Vordergrund, so interessant dies hier auch wäre, sondern die Frage danach, welche Ambivalenzen und hybriden Prozesse sich im medialen Handlungsfeld ›ereignen‹.
/

Retinaler Schock

Eine ganze Hollywood-Tradition beruht auf der symbolischen Kinoerfahrung zuzuschauen, wie Körper verletzt werden, physische wie psychische Gewalt angewandt wird, schockierende Szenen auf das Innere der Zuschauer zielen und sie nicht nur retinal, sondern auch emotional treffen. Es gibt wohl kaum eine größere Schrecksekunde im

1 — Zu den Unschärfen der Begriffe Aktion, Happening und Performance siehe Rudolf Frieling, »**Ohne Probe – Aspekte prozessualer Medienkunst**«, in: Rudolf Frieling/Dieter Daniels, *Medien Kunst Aktion – Die 60er und 70er Jahre in Deutschland*, Wien / New York 1997, S. 156f.

Kino als die scheinbar reale Verletzung eines Auges durch den Schnitt mit einer Rasierklinge in **Luis Buñuels** surrealistischem Film »**Un chien andalou**« (1928). Die bis heute ungebrochene Schockwirkung dieses Moments beruht auf der Radikalität, mit der dem Organ des Sehens ›zu Leibe‹ gerückt wird. Das Sehen selber wird von Buñuel als ein gefährdeter Akt dargestellt. Der symbolische wie auch reale Kampf gegen Tabuisierungen stößt hier erstmals – zumindest in der Geschichte der Visionen – an eine Grenze. Grenzerfahrungen sind also Kinopraxis. Und doch, wie beruhigend, wenn der Schock nachlässt und es bloß wieder ›nur‹ Kino war. Wie schön, wenn das »Theater der Grausamkeit« (Antonin Artaud) nur die Theaterschauspieler real involviert. Wieder einmal sind wir gerettet. Wieder einmal wird das spielerisch zerstörte Objekt der Begierde unverletzt und wiederhergestellt im Fernsehen, der Zeitschrift, dem nächsten Kinofilm zu sehen sein. Aber was, wenn es diese Grenze zwischen Kunst und Leben nicht mehr gibt? Wie ist ein Begriff von Kunst vorstellbar, der die reale Lebenszeit so radikal in das Korsett eines künstlerischen Performance-Konzepts zwängt, dass wir dies in seiner Dauer und unerbittlichen Konsequenz nicht mehr vorstellen können? Noch heute im scheinbar tabulosen medialen Zeitalter fungiert die symbolische oder reale Verletzung der Unversehrtheit des Körpers als ein zentrales Movens der Aktions- und Performance-Kunst.

/

04./002

Privat / öffentlich

Grenzerfahrungen von Produzenten wie Rezipienten wurden in den 1960er und 1970er Jahren sehr grundsätzlich angegangen. Und doch handelt es sich um Erfahrungen, die zwar historisch ihren besonderen Stellenwert besitzen, wie später ausgeführt werden wird, die aber deswegen nichts von ihrer Sprengkraft für heutige Augen, Ohren und Sinne eingebüßt haben. Der Akt einer Grenzüberschreitung muss aus heutiger Sicht nicht mehr mit utopischen oder ideologischen Begründungen überfrachtet sein, etwa im Sinne einer Befreiung der Sexualität, da wir inzwischen verstanden haben, dass diese ohne gleichzeitig neue Codierungen der Körper nicht wert- oder gar machtfrei zu haben ist. Das »**Tapp- und Tastkino**« – von **Valie Export** 1968 öffentlich inszeniert und marktschreierisch unterstützt von **Peter Weibel**: »Überspringen Sie die Grenzen!« – zeigt exemplarisch, welche Wirkung dieses ›Kino‹ der direkten Aktion jenseits der historischen Kontexte der politischen wie künstlerischen Avantgarde der Aktionskünstler und Expanded-Cinema-Erforscher bis heute hat.

Zwar sind wir uns nach wie vor der Differenz zwischen privatem und öffentlichem Raum bewusst, wie ambivalent dies sich auch im konkreten Fall darstellt. Die unmittelbare Realität des Körpers wie des konkreten Orts als kollektiver Raum ist jedoch den vielfältigsten Dislozierungen und ›displacements‹ unterworfen. Nehmen wir als zweites Beispiel **Tehching Hsieh** und seine »**One Year Performances**« der 1980er Jahre. Das so genannte »Time Piece«[2] aus der Serie wirft ein scharfes Schlaglicht auf alle ›zeit-

2 — Siehe Steven Shaviro, »**Performing Life: the Work of Tehching Hsieh**«. 3 — RoseLee Goldberg, *Performance Art. From Futurism to the Present*, London 1988, S. 13ff., Übers. R.F. 4 — »Die Linie zwischen Kunst und Leben sollte so durchlässig, und vielleicht auch unbestimmt wie möglich gehalten werden.« Allan Kaprow, »untitled guidelines for happenings « (1965), in: *Assemblage, Environments and Happenings*, New York 1966, gekürzter Wiederabdruck in: Kristine Stiles / Peter Selz (Hg.), *Theories and Documents of Contemporary Art*, Berkeley u. a. 1996, S. 709, Übers. R.F. 5 — Titel des Katalogs seiner Performances für das Stedelijk

basierten‹ Kunstformen. Hsieh wollte die Zeiterfahrung illustrieren, aber nicht im Zusammenhang einer konkreten Arbeit oder Aktion, sondern in ihrer reinsten Form. Die Dauer und Konsequenz, physisch wie psychisch, liegt jenseits unseres Vorstellungsvermögens. Und dennoch glauben wir dem Künstler – nicht zuletzt deswegen, weil die Realität der Performance nachprüfbar war. Zur Performance gehört die Ankündigung von Zeit, Raum und Inhalt für die Öffentlichkeit. Ihre Wirkung entfaltet sie jedoch erst im Nachhinein. Die medialen Dokumente wie auch möglicherweise die ›oral history‹ der Beteiligten bürgen für ihre Authenzität, verweisen aber immer schon auf die grundlegende Differenz zwischen Aktion und Rezeption. Die adäquate Rezeption wäre in diesem Fall, Hsiehs Performance als Anleitung zu einer wie immer gearteten Übersetzung in das eigene Leben zu nutzen. Das hieße auch, dass wir zum Produzenten unseres Lebens werden.

/

Kunst = Leben 04/003

Von den Futuristen und ihren »**Grande Serate**« (1910ff.) zum Cabaret Voltaire der Dadaisten und den Neo-Dada- und Fluxus-Events (»**Neo-Dada in der Musik**«, »**Internationale Festspiele Neuester Musik**«) spannt sich der Bogen der antibürgerlichen, provokanten und situativen Künstlerevents, deren gemeinsames Interesse an der Produktion ›dynamischer Sensationen‹ zu sehen ist. Wie Umberto Boccionis Karikatur von 1911 zu entnehmen ist, handelte es sich um ein multimediales Happening avant la lettre. Bild, Ton, multiple und parallele Aktionen ohne Storyline sollten sich zu einer Aktivität im Jetzt verbinden, die den Zuschauer direkt involvierte: »[…] der Zuschauer [muß] im Zentrum der gemalten Aktion leben«[3]. Die Affinität der Futuristen zur technologischen Dynamik der Industriegesellschaft ist bekannt. Damit wird vorformuliert, was spätere Strömungen und KünstlerInnen in immer wieder neuem Gewand reklamiert haben: Kunst und Leben sind in einer industrialisierten oder medialen Gesellschaft untrennbar. Die zeitgemäße Kunst besetzt die entsprechenden Handlungsfelder und -formen. Es geht um in das Leben einwirkende Produktionsprozesse und nicht um die Abschottung der Kunst vor dem Leben.

Allan Kaprow, auf dessen Environment »**18 Happenings in 6 Parts**« (1959) die Einführung des Begriffs ›Happening‹ zurückgeht, sprach davon, die Linie zwischen der Kunst und dem Leben so durchlässig und unbestimmt wie möglich zu halten[4], was in der Folge zu der provokativen Gleichung des Selbstdarstellers und Fluxus-Künstlers **Ben Vautier** führt: »**ART = BEN**«[5]. Auch **Wolf Vostell** war einer der Künstler, die propagierten, »dass Leben und Mensch Kunst sein können«, und er schreibt nicht von ungefähr vom »Ereignis als Ganze[m]«[6]. Dieser ganzheitliche Anspruch der Verknüpfung von Kunst und Leben sollte helfen, starre und tradierte Formen der Kunst wie des Lebens aufzubrechen – sozial, politisch, aber in essentialistischem Bezug auf das Individuum.

Museum, Amsterdam 1973. 6 — »Duchamp hat vorfabrizierte Objekte und die Futuristen haben Geräusche zur Kunst erklärt es scheint mir heute ein wesentliches Merkmal meiner Bestrebungen und der meiner Kollegen zu sein dass das Ereignis als Ganzes welches Geräusch Objekte Bewegung Farbe und Psychologie enthält als Gesamtkunst erklärt wird dadurch ergibt sich eine Verschmelzung dass Leben und Mensch Kunst sein können.« Wolf Vostell, 9.2.1966, zit. in: Gerhard Johann Lischka, »Performance und Performance Art«, *Kunstforum International*, Nr. 96, 1988, S. 113 (Schreibung im Original).

/

04./004

Gesellschaft des Spektakels

Einer der wohl einflussreichsten Vorläufer der Happening-Bewegung war die Situationistische Internationale, die von circa 1957 bis 1972 bestand, jedoch bereits auf radikalen Filmexperimenten und schriftlichen Thesen zur »Gesellschaft des Spektakels« von **Guy Debord** seit den frühen 1950er Jahren aufbaute: »Die Konstruktion von Situationen beginnt jenseits des modernen Zusammenbruchs des Begriffs des Spektakels. Es ist leicht zu sehen, wie sehr gerade das Prinzip des Spektakels – die Nichteinmischung – mit der Entfremdung der alten Welt verknüpft ist. Umgekehrt sieht man, wie die gültigsten revolutionären Forschungen auf dem Gebiet der Kultur versucht haben, die psychologische Identifizierung des Zuschauers mit dem Helden zu brechen, um ihn aktiv werden zu lassen durch die Provokation seiner Fähigkeiten, das eigene Leben umzugestalten. So ist die Situation dazu bestimmt, von ihren Konstrukteuren erlebt zu werden.«[7] Nach Roberto Ohrt waren es vor allem die Praxis der Zweckentfremdung und die Kategorie des Kontextes, die den situationistischen, revolutionären Ansatz formten. Zu dieser provokatorischen und poetischen Praxis[8] gehörte auch das ziellose Driften (»dérive«) im städtischen Raum, das provozierende Konstruieren von Situationen, die einen direkten politischen Effekt haben sollten und in der Zeit der Pariser Studentenunruhen tatsächlich auch hatten. Das für unseren Zusammenhang interessante Moment liegt in dem auf den Medieneffekt zielenden Aktionismus. Der von den Medien aufgegriffene Skandal wird zum integralen Bestandteil künstlerischer Aktionen und später direkt politischer, aktivistischer Konzepte.[9] Medialität, so lässt sich pointiert folgern, beruht auf dem erfahrenen Umgang mit medialen Bedingungen, nicht aber per se auf dem direkten Einsatz technologischer bzw. elektronischer Mittel.

Im Umfeld der antibürgerlichen Praktiken etwa des Wiener Aktionismus – »an activist gesture pertaining to the body«[10]–, schockierender Skandale und der Kunst als Anti Kunst[11] bis hin zu den kunstimmanenten Versuchen Yves Kleins und seinen vor bürgerlichem Publikum inszenierten »Anthropometrien« (1958–1960), malerischen Prozessen mit weiblichen, nackten, ›lebenden Pinseln‹, bewegten sich KünstlerInnen, die sich mit den Interferenzen der verschiedensten Kunstformen und der Intermedialität befassten und dies mit einem dezidierten Interesse an den technologischen Bedingungen unserer Gesellschaft verbanden. Künstler wie **Allan Kaprow**, **John Cage** und später die

7 — Guy Debord, *Rapport sur la construction des situations*, Paris 1957, auf deutsch als *Rapport zur Konstruktion von Situationen*, Hamburg 1980, in: Museum Moderner Kunst Stiftung Ludwig Wien (Hg.), *Situationistische Internationale 1957–1972*, Wien 1998, S. 74–77, S. 76. Vgl. die **Texte der Situationistischen Internationale**. 8 — Vgl. Roberto Ohrt, »Situationistische Internationale«, in: Hubertus Butin (Hg.), *DuMonts Begriffslexikon zur zeitgenössischen Kunst*, Köln 2002, S. 273; siehe dazu das situationistische **Handbuch der Lebenskunst für die jungen Generationen** von Raoul Vaneigem (1967), deutsch 1972. 9 — So war es für **Joseph Beuys** nur konsequent, seine Ideen zur ›Sozialen Plastik‹ den ZuschauerInnen der ersten Satellitensendung des deutschen Fernsehens zur **Eröffnung der documenta 6** 1977 in einer direkten Ansprache zu kommunizieren, anstatt eine nur im Kunstkontext zu erschließende Aktion im Fernsehen aufzuführen. 10 — Hubert Klocker, »Gesture and the Object. Liberation as Aktion: A European Component of Performative Art«, in: Paul Schimmel (Hg.), *Out of Actions*, MoCA Los Angeles, Ostfildern 1998, S. 159–195, hier S. 170. 11 — Als Vorläufer dazu kann die japanische Gruppe Gutai angesehen werden, die in den 1950er Jahren bereits mit aktionistischen Formen des Theaters experimentierte. Ihr Mitglied **Atsuko Tanaka** schuf bereits 1957 den

Fluxus-KünstlerInnen wollten nicht nur dem Zufall und der Unbestimmtheit eine vornehme Rolle in der Kunst einräumen, sondern es ging ihnen gerade um die Aktivität und Partizipation der Teilnehmer. [12]

/

John Cage – die Ästhetik des Heterogenen

In zum Teil größter Nähe und Sympathie zu diesen experimentellen Formen arbeitete **John Cage** an einer Alternative zur Navigation zwischen der Scylla des Gesamtkunstwerks wie der Charibdis der Kunst=Leben-Praxis. Am **Black Mountain College** in North Carolina erprobten **Robert Rauschenberg**, **Merce Cunningham** und John Cage eine nachhaltig produktive Konstellation unabhängiger Kollaboration. Zusammenarbeit verstanden sie gerade nicht als ganzheitliche ›Fusion‹ der verschiedenen Künste, sondern in den Worten von Lawrence Alloway als eine »Ästhetik des Heterogenen«. Der implizite Glaube an die Möglichkeit, dass durch die Kombination zufälliger Ereignisse etwas offenbar wird, das durch intentionales Handeln nicht zugänglich ist, befreite – so die Hypothese – unbewusste Bedeutungsebenen. Die bis heute virulenten Schlüsselbegriffe von Situation, Multiplizität, Parallelität oder Kontingenz waren die Leitlinien in einem offenen System von Operationen, das zum Beispiel in Bezug auf die Musik die Musiker vom vorherbestimmten Takt und Gleichklang befreite. Nach John Cage war dies die Anerkennung eines Zeitbegriffs, der »von Radioübermittlungen und dem Fernsehen schon anerkannt wurde, nicht zu reden vom Magnettonband und gar vom Luftverkehr, von Abfahrt und Ankunft [...und] nicht zu reden von der Telefonie«. [13]

John Cage, Merce Cunningham und Robert Rauschenberg und in der Folge viele Produktionen des Judson Dance Theaters, wo auch **Yvonne Rainer** und **Carolee Schneemann** ›inszenierten‹, setzten nicht auf ein ganzheitliches Streben, sondern auf künstlerische Unabhängigkeit und Differenz. Sie knüpften damit an das an, was **Bertolt Brecht** schon 1930 in seinen »Noten zur Oper« gegen das Wagnerische Gesamtkunstwerk ins Feld führte: »Solange ›Gesamtkunstwerk‹ bedeutet, daß das Gesamte ein Aufwaschen ist, solange also Künste ›verschmelzt‹ werden sollen, müssen die einzelnen Elemente alle gleichermaßen degradiert werden, indem jedes nur Stichwortbringer für das andere sein kann. [...] Musik, Wort und Bild mußten mehr Selbständigkeit erhalten.« [14] John Cage hat dies, wie bereits zitiert, auf die verschiedensten technischen und elektronischen Aufzeichnungs- und Sendemedien übertragen. Stellvertretend für viele strukturell

»**Electric Dress**«, eine Art Kimono als bewegte Lichtskulptur. Das berühmte »**Destruction in Art Symposium**« (DIAS), das Gustav Metzger 1966 in London organisierte, kann als einer der Höhepunkte der Anti-Kunst angesehen werden. 12 — »Ich entwickelte eine Art von Aktionscollagetechnik durch mein Interesse an [Jackson] Pollock. [...] Ich füllte einfach den ganzen Galerieraum von einer Wand bis zur andern. Wenn man reinkam, war man mitten drin in einem Environment. [...] Ich begriff sofort, dass jeder Besucher Teil des Environments war. Ich hatte daran vorher nie gedacht. Dann gab ich ihnen Möglichkeiten, etwas zu bewegen, einzuschalten – einfach ein paar Dinge zu tun. Mehr und mehr entwickelte sich daraus in den Jahren 1957 und 1958 eine ›vorgezeichnete‹ Verantwortung für den Besucher. Ich gab ihnen immer mehr zu tun, bis daraus das Happening entstand.« Allan Kaprow, zit. in: *Out of Actions*, S. 60f., Übers. R.F. 13 — John Cage, »**Komposition als Prozess. Teil II: Unbestimmtheit**«, Vortrag Darmstadt 1958, erstmals veröffentlicht in: John Cage, *Silence* (1961); auszugsweiser Wiederabdruck in Frieling/Daniels (1997), S. 29. 14 — Bertolt Brecht, »Anmerkungen zur Oper ›Aufstieg und Fall der Stadt Mahagonny‹«, in: *Gesammelte Werke 7, Schriften zum Theater 3*, Frankfurt/Main 1967, S. 1010f.

offene Aufführungen unter Einbeziehung von medialen Techniken sei hier das 1965 von Cunningham zusammen mit John Cage, **Billy Klüver**, **Nam June Paik** und **Stan VanDerBeek** aufgeführte, interaktive Tanzprojekt »**Variations V**« zitiert, in dem durch fotoelektrische Sensoren und Mikrofone, die auf die Tanzbewegungen reagierten, der begleitende Soundtrack zum Tanz generiert wurde.[15]

Aber auch die Erfahrung des eigenen Körpers in der konkreten Zeit an einem konkreten Ort wurde für Cages Performances, hier noch im engeren Sinne einer theatralischen oder musikalischen Aufführung, zum performativen Akt einer offenen Struktur: »Das beste Beispiel ist wohl das berühmte ›4'33"‹, zuerst von David Tudor in Woodstock, N.Y., im August 1952 aufgeführt. Angeregt durch das Erlebnis in einem schalltoten Raum – wo Cage nicht die erwartete totale Stille erlebte, sondern die hohen Töne seines Nervensystems und das tiefe Brummen seiner Blutzirkulation – beschloss er, dass ›Stille‹ in der Musik tatsächlich aus einer beliebigen Anzahl von ›Klangereignissen‹ komponiert wird, die nicht von den Musikern oder den Instrumenten herrühren.«[16] Der schalltote Raum, die scheinbare Isolation von allem Ereignishaften der äußeren Welt, schärft gerade die Konzentration auf die Wahrnehmung des eigenen Körperrauschens. Ein künstlerischer Akt situiert sich somit immer im nicht nur metaphorischen Spannungsfeld von Innen und Außen.

/

04/006 Happenings: Dispositive zur Partizipation

Eine experimentelle Aktion ist, nach John Cage, in ihrem Ergebnis nicht absehbar. Auch das Happening – nach Allan Kaprow schlicht: »something happens« – ist vom Ergebnis her offen, setzt jedoch in ganz anderer Weise als Cages Kompositionen auf einen Ereignischarakter.[17] Das Happening ist dabei keine singuläre Erscheinung einer bestimmten historischen Konstellation, sondern in bestimmten Aspekten ein Charakteristikum der Avantgarden des 20. Jahrhunderts, siehe James Joyces Begriff der Epiphanie, Walter Benjamins Hinweise auf den Schock als poetisches Prinzip und die blitzhafte Erkenntnis des »unrettbar sich verlierenden«[18], das zur Genüge zitierte Vorbild von Jackson Pollocks ›Action Painting‹, das auf den Prozesscharakter des Malens verwies, oder Yves Kleins Methode der inszenierten Körpermalerei. Das Happening fügte den avantgardistischen Strömungen des 20. Jahrhunderts jedoch eine entscheidende Komponente hinzu – in den Worten von Jean-Jacques Lebel: »Was wir mit den Happenings getan haben, war nicht einfach nur, den Leuten etwas zum Anschauen zu geben, sondern ihnen *etwas zu tun* zu geben, etwas, an dem sie teilhaben und das sie schöpferisch einsetzen konnten.«[19] Damit wurde klar, dass es nicht mehr nur um veränderte, prozesshafte Produktions-

15 — Merce Cunningham interessierte sich auch als einer der Ersten für den Computer als choreografisches Tool. Er setzte die Software »LifeForms« schon seit 1989 für die konzeptuelle Entwicklung von Tanzprojekten ein. 16 — Henry M. Sayre, *The Object of Performance. The American Avant-garde since 1970*, Chicago 1989, S. 105. 17 — »Ein Happening ist ein Experiment. Ein Happening findet in der Zeit und im Raum statt. Happenings sind einzigartiger Ausdruck unserer Zeit. Sie lassen Kunstformen überlappen und sich gegenseitig durchdringen.« Al Hansen, »New Trends in Art«, in: *the prattler*, 29. November 1961, Übers. R.F. 18 — »Das dialektische Bild ist ein aufblitzendes. So, als ein im Jetzt der Erkennbarkeit aufblitzendes Bild, ist das des Gewesenen, in diesem Falle das von Baudelaire, festzuhalten. Die Rettung, die dergestalt, und nur dergestalt, vollzogen wird, lässt sich immer nur als auf der Wahrnehmung von dem unrettbar sich verlierenden gewinnen.« Walter Benjamin, »Zentralpark«, in: ders., *Illuminationen*, Frankfurt/Main 1974, S. 245. 19 — Jean-Jacques Lebel, »A Point of View on

weisen ging, sondern um dialogische oder partizipatorische Prozesse zwischen Produktion und Rezeption in der Kunst, in den Medien, auf den Straßen.
In »Konzepte für eine operative Kunst« schreibt **Jeffrey Shaw** 1969: »Das Ereignis, das wir suchen, entsteht, wenn eine bestimmte Zusammensetzung von Kunst/Architektur/Spektakel/Technologie eine erweiterte Arena des Willens und der Aktion, offen für Jedermann, in Betrieb nimmt.«[20] Mit dem Begriff des Operativen – von John Cage ebenso propagiert – verknüpften sich vielfältige Parallelitäten, Interferenzen, Intermedialitäten (Dick Higgins). Die Kontingenz wie die Kontinuität, das Flüssige wie Amorphe, das Offene und Prozesshafte waren Begriffe, die die Raster und Codes traditioneller kultureller Produktion dekonstruieren sollten. Vostell machte daraus seine berühmte Wortschöpfung: Decollage (siehe »**Television Decollage**«; »**TV-Décollage no. 1**«; »**TV-dé-collage für Millionen**«). Kunst sollte als Störfaktor in das Leben überführt werden und umgekehrt. So hatte Gustav Metzger 1966 das berühmte »Destruction in Art Symposion« in London organisiert, das den schöpferischen Destruktionsprozess inszenierte. Ein wesentliches Element dieser Haltung war jedoch in der folgenden Zeit die konstruktive Kreation von Environments und, im heutigen Sprachgebrauch, offenen Plattformen. Die Kunst war das, was die Besucher und Teilnehmer daraus machten. In **Peter Weibels** »**Action Lecture**« (1968) reguliert das Publikum über die eigene Lautstärkefrequenzen interaktiv die Vorführung eines Films. Aber es ging auch ganz ohne vorproduzierten Content und die Nutzung technischer Medien. Es gab eine Fülle von multimedialen oder immersiven Environments im Kontext des Expanded Cinema und der experimentellen Architektur, so dass sich die Teilnehmer sozusagen vollkommen im Medium selbst bewegten.
Dem Happening konnte aber auch ein totalitärer Charakter aneignen, so ist Al Hansens Kommentar zu Wolf Vostells »**YOU**«**-Happening** (1964) zu verstehen. Weniger das Totalitäre als vielmehr die Pluralität und Parallelität von Ereignissen oder Nicht-Ereignissen wurde zum Merkmal des »**24-Stunden Happenings**« 1965 in der Galerie Parnass, das der Galerist Rolf Jährlings zum Abschluss seines 15-jährigen Avantgarde-Programms veranstaltete. Hier erlebte unter anderem Paiks **Robot K-456**, laut Paik »der erste nicht-menschliche Aktionskünstler«, sein erstes öffentliches Auftreten in Europa. Doch Happening – so die einleuchtende, bissige Kritik Nam June Paiks – muss sich zwischen »echter Erfahrung« als nicht-öffentlichem Einzel- oder Gruppenprozess und der inszenierten/medial vermittelten Konzertvariante entscheiden.[21] Diese Netzbeschmutzung verziehen ihm viele Künstlerkollegen aus dem Fluxus-Umfeld nicht (siehe die Postkarte:

Happenings from Paris«, Paris 1965, zit. in: *happening und fluxus*, Materialien vom Archiv Sohm, Köln 1970, unpaginiert (Hervorhebung im Original, Übers. R.F.); vgl. ebd: »Le happening établit und relation de sujet à sujet. On n'est plus (exclusivement) regardeur, mais regardé, consideré, scruté. Il n'y a plus monologue, mais dialogue, échange, circulation. [...] Il faut être voyant, pas yoyeur!« Jean-Jacques Lebel, *SIGMA des arts et tendances contemporaines*, 19. November, Paris, 1966, (Hervorhebung im Original). **20** — *Art and Artists*, Nr. 10, Januar 1969, wiederabgedruckt in: Anne-Marie Duguet u. a. (Hg.), *Jeffrey Shaw – eine Gebrauchsanweisung. Vom Expanded Cinema zur Virtuellen Realität*, Ostfildern 1997, S. 149. **21** — »Wenn du die Publicity vorher machst, die Kritiker einlädst, Snobs Eintrittskarten verkaufst und viele Zeitungen erwirbst, die darüber geschrieben haben – dann ist es kein ›Happening‹ mehr. Es ist lediglich ein Konzert.« Nam June Paik, »Eine neue Ontologie der Musik«, in: Edith Decker (Hg.), *Nam June Paik. Niederschriften eines Kulturnomaden. Aphorismen, Briefe, Texte*, Köln 1992, S. 94.

»**Traitor, you left Fluxus**«). Aber wie man an Allan Kaprows eigener Ambivalenz gegenüber dem Begriff Happening ablesen kann[22], führten die Erfahrungen mit der Gleichsetzung von Kunst und Leben in der Folge mehr und mehr zu einem bewussteren Inszenieren aktionistischer oder performativer Prozesse, was auch eine Rückkehr in die Traditionen des Theaters und des Museums[23] vorbereitete, während die auf das ›Leben‹ abzielenden Intentionen in eben diesem schließlich aufgingen und zur Nutzung von Situationen und Räumen jenseits der traditionellen Kunst-Welt führten. Einer dieser Räume war das Fernsehen, ein Kontext, der ebenso seine eigenen Regeln hatte wie der Kunstkontext im Unterschied zum ›realen Leben‹.[24]

/

04/007 Aktion in den Medien: Dramaturgie und Do-It-Yourself

Die Zeit um 1968 war der Kulminationspunkt der verschiedensten künstlerischen Versuche, Ereignisse ›passieren‹ zu lassen. Dass Ereignishaftigkeit jedoch nicht planbar ist, war die inhärente Crux dieser Konzepte. Diese Problematik der Happening-Bewegung löste sich in der Hinwendung zu inszenierten Aktionen und Performances einerseits, die oft mit einem dezidierten Anti-TV-Impetus operierten, sowie zu sehr viel spezifischeren medialen Aktionen innerhalb und außerhalb des Fernsehens.[25] So wurde nicht ein spezifischer Inhalt für das Fernsehen inszeniert, sondern eine prozesshafte Situation geschaffen, die die medialen Bedingungen des Fernsehens vorführte. Der Erfolg einer Aktion maß sich an der Zuschauerbeteiligung, die in der Form des Protestschreibens oder -anrufs die ›Partizipation‹ dokumentierte. Eine Aktion, die sich ›versendete‹ und zu keinem Riss in der gleichförmigen Oberflächenspannung des Fernsehkonsums führte, war eine erfolglose Aktion beziehungsweise musste erst wieder in den Kunstkontext rückübersetzt werden, um überhaupt wahrgenommen zu werden.

Eine Live-Sendung war potentiell eine Option auf Partizipation in Echtzeit, wie schon Umberto Eco in seinem einflussreichen Buch »**Das offene Kunstwerk**« von 1963 skizzierte. Die Möglichkeit, auf telematische Weise an einem Ereignis aber nur in einer vorgegebenen, rezeptiven Weise Anteil zu nehmen, eben nur als Konsument zu ›partizipieren‹, wurde von Nam June Paik schon in seiner ersten Fluxus-Ausstellung »**Exposition of Music – Electronic Television**« 1963 kritisiert. Wie sehr die Fülle der Optionen, zu agieren und zu intervenieren, vom künstlerischen Konzept unterlaufen und vom Publikum mit Passivität beantwortet wurde, zeigt jedoch exemplarisch das wegweisende Fernseh-Happening »**Black Gate Cologne**« (1968) von **Otto Piene** und **Aldo Tambellini**. Aktionen im Studio mit Publikum und Künstlern, vor und hinter der

22 — »Es gab einen Moment, wo ich doch auch an etwas Spontanes dachte und daran, dass das Spontane vielleicht gerade mit der größtmöglichen Disziplin und Kontrolliertheit erzielt werden konnte, was im Idealfall die allerbeste Spontaneität ist. Aber das erfordert dann doch den Leuten zuviel ab.« (Übers. R.F.) Allan Kaprow zit. im Materialienanhang von *happening und fluxus*. Dieser Band stellt die wohl umfassendste Geschichte der Happening- und Aktionskunst dar, einschließlich einer detaillierten Chronologie. 23 — Als ein Beispiel sei hier Wolf Vostells »**Elektronischer dé-coll/age Happeningraum**« (1968) genannt, dessen gesamtes Material zwar kinetisch oder auch elektronisch bewegt war, aber auf einem großen flachen Sockel präsentiert wurde, so dass gerade der immersive Aspekt zugunsten des Musealen verschoben war. Die Autonomie des Kunstwerks schlich sich unter dem Banner des Happeningraums wieder in die dé-collagierende Praxis. 24 — Äußerungen von Vito Acconci – »Der Kunstkontext hat andere Regeln als das reale Leben.« – oder Ulrike Rosenbach – »Das Leben lebe ich und in der Kunst stelle ich etwas von meinem oder ›dem‹ Leben dar, in einer vertexteten

Kamera in der künstlerischen wie technischen Regie – all dies scheiterte an den medialen Anforderungen des Fernsehens, das auf der ›anderen‹ Seite nach wie vor reine Konsumenten bediente. Was als potentiell bewusstseinserweiterndes Konzept geplant war, transformierte sich im Laufe der Produktion von einem Happening mit Studiogästen zu einem visuellen Bombardement des Publikums im Studio wie vor den Bildschirmen mit collageartigen Impressionen, Überlagerungen und Verfremdungen. Dennoch gebührt diesem vom WDR in der Redaktion von Wibke von Bonin produzierten Experiment ein herausragender Stellenwert für die tatsächlichen Grenzen einer direkten Übertragung von Ereignisformen des Theaters und des Ausstellungsraums in den medialen Kontext. Das Fernsehen funktioniert nach eigenen Gesetzen und Bedingungen. Diese produktiv zu machen, war »Black Gate Cologne« nicht gelungen. Kunst ›live‹ birgt also ein Risiko, der TV-Produzent distanziert sich daher gerne von dieser Verantwortlichkeit – so auch noch 1977 in der Anmoderation zur **Live-Eröffnung der documenta 6**.
Um institutionelle wie personelle Hindernisse zu umgehen und gleichzeitig Verantwortung zu delegieren, versuchten Künstler wie Wolf Vostell, Happenings nicht räumlich und dramaturgisch einzuengen, sondern sie im Kopf des Betrachters zu realisieren, sei es als »Verwischungen und Ideenfelder, die von der Phantasie des Betrachters realisiert und darin ihre Bestätigung finden können«[26], sei es als Handlungsanweisungen zum Beispiel in »**Morning Glory**« (1963), wie sie noch in den 1990er Jahren mit dem Projekt »**Do It**« des Kurators Hans-Ulrich Obrist wieder aufgegriffen wurden.[27] Der Ort der Handlung war die Galerie oder das Fernsehen, aber auch die öffentliche Straße oder das private Haus. Die Bedingungen waren also mehr oder weniger determiniert. Heute realisiert sich der Aktionismus in der letzten Konsequenz allein konzeptuell als Partizipation über das Internet. Der Ort ist nun im Höchstmaß variabel, offen und potentiell global vernetzt. Die bewusstseinserweiternde Aktion der 1960er Jahre überlebt 30 Jahre später als Hobby und »Do-It«-Yourself-Variante, wobei man seine eigene Aktualisierung des künstlerischen Konzepts per Foto auf der Website des Projekts dokumentieren lassen kann. Während **Joseph Beuys** propagierte, dass jeder Kunst machen kann, deutet die postmoderne Variante dies um: Alles muss man inzwischen selbst machen – sogar die Kunst.[28]
/

Medien und Bühne: Mediale Verstärker

Mitte der 1960er Jahre war es kaum vorstellbar, dass die elektronischen Tools einmal beim Discounter an der Ecke zu haben sein würden. Immerhin wurde zunehmend deutlich, dass an eine Erforschung des Zusammenhangs von Kunst und Technologie

Form und dichter, als ich es jeden Tag erlebe.« – verdeutlichen, wie sehr die Performance dann in den 1970er Jahren diese Differenz ausagierte. Vgl. Barbara Engelbach, *Zwischen Body Art und Videokunst. Körper und Video in der Aktionskunst um 1970*, München 2001, S. 38f. 25 — Vgl. **Peter Weibels** »**The Endless Sandwich**« und »**TV-News**«, **Valie Exports** »**Facing a Family**«. 26 — Wolf Vostell, 9.2.1966, zit. in: *happening und fluxus*, Materialien vom Archiv Sohm, Köln 1970, unpaginiert. 27 — »*Do It*« ist eine Ausstellung von Künstlerinstruktionen, die jeder ausführen kann. Sollten Sie teilnehmen, können Teile der Ausstellung bei Ihnen zuhause entstehen oder in Ihrem Büro oder an jedem anderen Ort, den Sie für passend halten. Wenn Sie dann eine Anweisung eines Künstlers Ihrer Wahl ausgeführt haben, schicken Sie uns bitte ein Foto, das wir in die Website aufnehmen können.« 28 — Zu aktionistischen Konzepten automatischer, maschinischer Kunst siehe z. B. beim »**Net Art Generator**« von **Cornelia Sollfrank**. Siehe auch das Kapitel »**Interaktion, Partizipation, Vernetzung**«.

nicht mehr unabhängig von der Industrie zu denken war. Während einerseits in der Folge der Situationisten eine Entwicklung hin zu kritischem, politischem Aktivismus die Kunst formte – Jean-Jacques Lebels Umwidmung des Pariser Mai 68 als einzigartiges und größtes Happening mag hier als typisches Beispiel gelten[29] – entsteht in den USA gleichzeitig eine der einflussreichsten Initiativen zur Erforschung möglicher Kooperationen zwischen Künstlern und Ingenieuren unter dem Namen **Experiments in Art and Technology** (E.A.T.). Die tragenden Säulen des Vereins waren aus Ingenieurssicht **Billy Klüver** und aus künstlerischer Perspektive **Robert Rauschenberg**. Eines der wegweisendsten Ereignisse aus medienkünstlerischer Perspektive waren 1966 die »**9 Evenings: Theater and Engineering**«. Es ging also schon im Titel um eine Weiterentwicklung der Theaterexperimente. Doch weder ein Theater noch ein Museum hätte Raum genug für ein derartiges Experiment geboten. Die Entscheidung für den Aufführungsort der New Yorker Armory, eine leerstehende riesige Halle, ist symptomatisch für die auch später immer wieder realisierte Besetzung neuer oder auch alter ungenutzter Räume durch mediale Events und temporäre Festivals.

Die mediale theatralische Inszenierung erlebte einen enormen Aufschwung durch die sich überschneidenden Ansätze zwischen Expanded Cinema und Pop, nicht zuletzt aber eben auch durch die Kooperation mit der Industrie. Als hätte es Guy Debords vernichtende Kritik an der »Gesellschaft des Spektakels«[30] nie gegeben, führt ein Bogen von den Undergroundevents zum Beispiel der Eventstructure Research Group (unter anderem mit **Jeffrey Shaw**) und der Vereinnahmung audiovisueller immersiver Räume, wie sie erstmals von Künstlern aus dem Kreis von E.A.T. für die **Expo 1970** in Osaka realisiert wurden, durch die Industrie (Pepsi-Pavillon) andererseits zu den 1970er Jahren mit ihren Mega-Multimediaperformances als Popevent (etwa Jeffrey Shaw und Genesis, Pink Floyd; **Mark Boyle** und Soft Machine). Die Gebilde der Kinetiker, die pneumatischen und partizipativen Objekte wie auch die vielfältigen Techniken der Projektion gingen nahtlos in die immer perfekteren Bühnenevents und Lightshows der Popindustrie über. Von Bewusstseinserweiterung war nun nur noch in pharmazeutischer Hinsicht die Rede und kollektive, kollaborative Events wurden zu Massenveranstaltungen, der Körper zu einer massenmedialen Ikone auf der Bühne.

Dass sich massenmediale Popevents auch aus der Performance-Tradition entwickeln konnten, bewies **Laurie Anderson**: »Ich bin in meinem Körper wie andere Leute in ihrem Auto«[31] – ihre Karriere von einer Straßenperformerin zur Popikone der Intellektuellen in den frühen 1980er Jahren mit »**United States I-IV**« ist paradigmatisch. Ihre einzigartige Bühnenshow aus persönlicher Erzählung, technologisch verfremdeter Stimme, medialer Abtastung des Körpers und einem assoziativen Bildpool basiert auf den massenmedialen Erfahrungen einer Generation, die mit der Popindustrie ebenso wie dem Fernsehkonsum aufwuchs.

29 — Permanente aktionistische Störung führt zu einem erweiterten Happeningbegriff bei Lebel, »der als wichtigstes und bedeutendstes Happening seines Lebens die Pariser Studentenrevolte von 1968 betrachtet«. Heinz Ohff, *Anti-Kunst*, Düsseldorf 1973, S. 97. 30 — Ein Zitat aus These 18: »Das Spektakel [...] ist das Gegenteil des Dialogs. Überall, wo es unabhängige Vorstellung gibt, baut sich das Spektakel wieder auf.« Guy Debord, *La societé du spectacle*, Paris 1967, deutsch: Berlin 1996. Siehe den **Originaltext**. 31 — Laurie Anderson zit. in: Henry Sayre (1989), S. 150. 32 — Siehe auch die Performances von **Survival Research Laboratories** oder **BBM**.

In Europa war die Integration von Bühnenperformance und Medialisierung widersprüchlicher und konfliktbeladener, kann hier aber auch nur exemplarisch angeführt werden. Die katalanische Truppe **La Fura dels Baus** inszenierte unter Einsatz maschinischer wie elektronischer Apparaturen in den 1980er Jahren eine Reihe von körperbetonten Spektakeln, in deren Mitte immer wieder der Zuschauer als Zielscheibe der entfesselten Aktionen der Schauspieler stand.[32] Die Truppe ist aber heute dort gelandet, wo sie ursprünglich nicht hinwollte, auf der klassischen Bühne. In diesem theatralischen Panorama[33] darf eine technologisch avancierte Truppe wie die japanischen MultimediakünstlerInnen von **Dumb Type**[34] nicht fehlen, die gegenüber dem ultimativen Körpereinsatz gerade die Medialisierung der Körper in aufwändigen Bühnenaufführungen inszenierten.
Es führt eine klare Linie von den theatralischen Experimenten der »9 Evenings« zu den multimedialen Spektakeln der Rockbands wie auch der internationalen Theaterszene mit William Forsythe, Robert Lepage, Robert Wilson oder der Wooster Group. Die technischen und logistischen Schwierigkeiten der »9 Evenings« zeigen schon früh die bis heute andauernde Ambivalenz gegenüber dem Live-Aspekt von Elektronik, so dass sich viele Regisseure nur zögerlich auf die Unwägbarkeiten technologischer Sets oder gar interaktiver Performances eingelassen haben. Viele Experimente betonten daher immer, aus ideologischen, aber eben auch pragmatischen Gründen, den nicht ergebnisorientierten, sondern prozessorientierten Ansatz. Die Neugier, neues Terrain zu besetzen, bezog sich jedoch nicht nur auf den klassischen Theaterort und ließ etwa den Künstler Alex Hay bereits 1966 sagen: »Ich möchte noch die leisesten Körpergeräusche aufzeichnen, Gehirnströme, Herztöne, Muskeltöne, und diese Aktivitäten, ihre unterschiedlichen Tempi und Wertigkeiten, verstärken.«[35] Das Zitat zeigt, wie sehr utopische Visionen sich gerade mit dem Durchdringen und Verstärken des Körpers und seiner Verkopplung mit den Medien verbanden. Hieran arbeiteten in der Folge viele Performance-KünstlerInnen auf unterschiedliche Weise und in Opposition zu den Orten der Massenmedien und theatralischen Shows. Während das Fernsehen einen auch global immer zentraleren Stellenwert bei der In-Formierung der Gesellschaft einnahm, setzten KünstlerInnen umso mehr auf den direktesten lokalen Bezug: ihren eigenen Körper.
/

Performance: An jedem Ort, zu jeder Zeit

04/009

Die dünne Grenzziehung zwischen persönlicher Erfahrung und gesellschaftlicher Situation wurde vor allem bei den Performances von **Abramović/Ulay** thematisiert. Ihr Credo – »Lebendige Kunst – kein fester Wohnsitz/permanente Bewegung/direkter Kontakt/lokaler Bezug/Selbst Auswahl/Grenzüberschreitung/Risikobereitschaft/bewegliche Energie – keine Probe/kein vorherbestimmtes Ende/keine Wiederholung«[36] – unterstreicht dabei gerade die psychische Dimension und das Risiko der eigenen Arbeit. Das Künstlerpaar hat die wohl konsequenteste und längste Serie von Performances

33 — Hier ergeben sich auch Korrespondenzen zum Bereich der Videoskulptur, wo **Marie-Jo Lafontaine** mit »**Les larmes d'acier**« in den 1980er Jahren einen monumentalen, theatralischen und opernhaften Auftritt feierte. 34 — Zum Panorama asiatischer zeitgenössischer Performance siehe die Dokumentation der Ausstellung »**Translated Acts**« im Berliner Haus der Kulturen der Welt. 35 — Beide zit. in: Simone Whitman, *Theater and Engineering. An Experiment – Notes by a participant*, New York 1966, E.A.T. Archiv, ZKM Mediathek. 36 — Marina Abramovic/Ulay – Ulay/Marina Abramovic, *Relation Work and Detour*, Amsterdam 1980, Motto S. 19.

realisiert, deren Motto immer »ohne Probe« war und die in vielfältiger Form die Grenze zwischen Macht und Ohnmacht, zwischen sich und dem andern, zwischen Zuschauen und Eingreifen ausgelotet haben. Während die psychische Dimension einer extremen Körpererfahrung über die Zeit im Zentrum ihrer Arbeit als Paar stand, hat Ulay 1976 in »**Da ist eine kriminelle Berührung in der Kunst**« als kritische Reflexion auf die Massenmedien und die bürgerliche Institution Museum einen realen Kunstraub initiiert und auf Video dokumentiert. Das ›Bitte nicht berühren‹ der Kunstobjekte im Reich der Institutionen wurde hier gezielt verletzt, um die vorhersehbare Reaktion der Medien und Boulevardblätter in der Folge in die Aktion einzubinden.

Performances manifestieren sich zunächst vor allem jenseits der traditionellen Kunstorte. Sie expandieren auch in die privatesten Räume und erproben die unterschiedlichsten Ansätze. Performances alleine für die Videokamera und die zeitversetzte Rezeption beharrten auf dem Kunstaspekt und misstrauten den Versprechungen einer partizipatorischen Involvierung des Publikums – siehe **Bruce Naumans** frühe **Filme und Videotapes** oder **Jochen Gerz'** »**Rufen bis zur Erschöpfung**« (1972). In anderen Arbeiten wurde demonstriert, wie berechenbar gewalttätig die Reaktion des Publikums gerade in Konfrontation mit medialen Dispositiven war (Jochen Gerz, »**Purple Cross for absent now**«, 1979). Aktionen im öffentlichen Raum an der Grenze zur Wahrnehmbarkeit (»**Ausstellung von Jochen Gerz neben seiner fotografischen Reproduktion**«, 1972) standen im Gegensatz zur provokanten Intervention – Valie Export und Peter Weibel in »**Aus der Mappe der Hundigkeit**« (1969). **Vito Acconci** hat für seine eigenen Arbeiten eine Klassifikation versucht.[37] Zwischen der fast privaten Geste/Haltung wie bei Gerz und der öffentlichen Intervention siedeln sich Konzepte an, die gerade die Verschränkung des privaten mit dem öffentlichen Raum erforschen. Eine Performance kann so zwar zuhause stattfinden, jedoch auch einen öffentlichen Addressaten haben. Vito Acconci beschreibt »**Step Piece**« (1970) so: »Das Publikum kann meine Handlung in meiner Wohnung jederzeit innerhalb des Monats der Performance sehen; wenn ich nicht zuhause sein kann, werde ich sie überall da ausüben, wo ich mich gerade befinde.«[38] Die Räume für Kunstaktionen wurden also auch bewusst in die Privatsphäre der Künstler erweitert und als kulturell wie politisch codierte Räume potenziert. Wie der private Raum öffentlich überwacht wird und wie eine private, sexuell explizite Aktion vom totalitären Staat als eine Gefährdung der Öffentlichkeit interpretiert werden kann, das zeigte **Sanja Iveković** 1979 mit ihrer Aktion »**Triangle**«. Diese fotografisch dokumentierte Aktion verweist gleichzeitig auf die medialen Dispositive des Überwachungsstaats und die daraus resultierenden Praktiken vor allem der osteuropäischen KünstlerInnnen, den politischen und kollektiven Körper zu thematisieren.[39] Inwieweit der kollektive Körper ein durch die Bildgeschichte und Bildmedien propagierter Körper ist, wird weiter unten noch ausgeführt.

/

37 — Vito Acconci, »Biography of Work« (1969–1981), in: *documenta 7*, Bd. 1, Kassel 1982, S. 174–176. 38 — Vito Acconci, »Conceptual Notes on ›Steps (Stepping Off Place)‹, Apartment 6B, 102 Christopher Street, New York City.« Wiederabdruck in: *Theories and Documents of Contemporary Art*, S. 761. 39 — Vgl. die umfassende Publikation *Body and the East. From the '60s to the Present*, Museum of Modern Art, Ljubljana, 1998. 40 — Lygia Clark zit. in: *Out of Actions*, S. 204. 41 — Bruce Nauman, »Notes and Projects« (1970), in: *Theories and Documents of Contemporary Art*, S. 605. 42 — »[Ich fand] einen Weg, die Situation so einzugrenzen, dass jemand anderes der

Ohne Zuschauer: der eigene Raum

04./010

Der Realität staatlicher Kontrolle im Osten stand die konkrete Suche nach unüberwachten ›herrschaftsfreien Räumen‹ im Westen gegenüber. Kollektivität als gruppendynamischen Prozess herzustellen, unterstreicht **Lygia Clark**, wenn sie zu »**Baba Antropofágica**« von 1973 sagt: »Wir erreichten eine Art von, wie ich es nenne, ›kollektivem Körper‹, einen Austausch von Intimitäten zwischen Menschen. Das ist überhaupt nichts angenehmes [...] und das Wort Kommunikation ist viel zu schwach, um das auszudrücken, was in der Gruppe passiert.«[40] Der Körper konnte sich noch so sehr mit anderen zu einer temporären, flexiblen Struktur verbinden, wie es in den Gruppenaktionen von Lygia Clark oder den multimedialen, benutzbaren Installationen von **Hélio Oiticica** der Fall war, er blieb zur gleichen Zeit auch eine hermetische Grenze. Der Körper ›offenbarte‹ sich allein der Innenansicht und der psychischen Erfahrung des eigenen Körpers. **Bruce Nauman** definierte den Körper als »sphere« und arbeitete mit isolierenden und anonymisierenden Körperkonzepten, »mentalen und psychischen Aktivitäten«[41]. Seine Performance ohne Zuschauer allein im Studio wird nun zu einem performativen Akt, den der Zuschauer allein vollziehen muss wie im »**Live-Taped Video Corridor**« (1970). Dieser das Ich sowohl im Produktions- wie im Rezeptionsprozess isolierenden Haltung entspricht Naumans späteres Diktum: »Ich misstraue der Publikumsbeteiligung.«[42]

Auch **Gary Hill** verweigert sich trotz seines Interesses und Erfolgs mit interaktiven Installationen jeder Anbiederung an ein Publikum und beharrt auf der Autonomie des Kunstwerks: »Es gibt immer diese Wahrnehmung von etwas Undurchdringlichem in der Art und Weise, wie diese Arbeit eben nicht um ein Publikum buhlt, oder um überhaupt etwas außerhalb seiner selbst buhlt. Vielleicht ist dies das Abfallprodukt aus meiner skulpturalen Arbeit, aber die Autonomie des Werks selbst ist mir nach wie vor sehr bewußt, jedenfalls soweit es darum geht, das Moment des Theatralischen in Schach zu halten.«[43] Das Schauen als Aktivität, wie 1996 in der Installation »**Viewer**«, wird zu einem performativen Akt auf der Seite der Zuschauer, während auf der ›anderen‹ Seite des Screens die einzige Handlung der Performer das Schauen ist.[44] Der Körper, der eigene wie der der anderen, wird bei Gary Hill wie im Grunde auch bei Bruce Nauman als letztendlich unhinterfragbare ›Sphäre‹, als Chiffre der Existenz weder durchdrungen noch erforscht oder gar medial verkoppelt. Es geht ihnen um eine körperliche Präsenz in der Zeit, aber eine Präsenz, die jeder für sich spüren muss. Zuschauer gehören eben dem Theatralischen an.

/

Performativität und Video

04./011

Wenn das, was bleibt, gerade die Kunst ausmacht, so Jochen Gerz, dann müsse konsequenterweise der Akt des Ausstellens von Prozessen künstlerisch gestaltet werden. Mediale Inszenierung, in einem weiteren Sinne jede ›time-based art‹, ist auch als ein

Performer sein kann, ohne etwas anderes zu tun, als was ich vorgesehen habe. Ich misstraue der Publikumsbeteiligung.« (Übers. R. F.). in: Willoughby Sharp, »Nauman Interview«, *Arts Magazine 44*, no. 5 (March 1970), zit. in: *Out of Actions*, S. 91. 43 — Gary Hill, »Liminal Performance«, in: Bonnie Marranca/Gautam Dasgupta (Hg.), *Conversations in Art and Performance*, Baltimore 1999, S. 363. 44 — »Die Besucher *agieren* als Zuschauer, während die Akteure still stehen und *schauen*.«, ebd., S. 370. Robert Rauschenberg bot bei der Probe der interaktiven Skulptur »**Solstice**«, Billy Klüver zufolge, »die beste Show dem bloßen Betrachter [...], nicht dem aktiven Teilnehmer«.

performativer Akt in der Reproduktion, Reinszenierung oder Ausstellungsgestaltung zu sehen. Das Videotape bot hierzu ideale Bedingungen. In diesem Sinne wurden die Performances von Bruce Nauman, ohne Publikum allein für sich und die Videokamera in seinem Studio produziert, erst in einem performativen Akt in einer Installation vom Besucher rezipiert. Im Gegensatz zum Ereignischarakter vieler öffentlicher Happenings und Aktionen ging es Bruce Nauman schon in seinen frühen Filmen und Videotapes wie **»Bouncing in the Corner«** (1968) oder **»Slow Angle Walk«** (1968) um die Anonymität des Performers. Seine Videoperformances dauerten so lange, wie die Bandlänge war – 30 Minuten oder 60 Minuten. Es waren minimalistische und konzeptuelle Anti-Events, die auf seine Weise **Andy Warhol** als filmische Konzepte von Echtzeit zum Beispiel in **»Sleep«** (1964) erprobt hatte: Gerade dass nichts passierte, war das Ereignis. Der Widerstand des alltäglichen, banalen Akts wurde – zum medialen Ereignis deklariert – gegen die »Gesellschaft des Spektakels« aufgeboten. Eine Distanz zwischen Performer und ›Viewer‹ wurde auf diese Weise gebrochen gespiegelt, aber eben nicht eliminiert. Diese Distanz gab dem ›Viewer‹ die Möglichkeit, etwas an sich selbst zu erfahren. Das allgemeine Konzept des Happenings – ›something happens‹ – transformierte sich so unter der Hand in ein psychologisierendes ›something happens with me‹. Naumans wie Acconcis Interesse galt nicht dem Video als Massenmedium, sondern gerade der privaten, ja intimen Qualität des Mediums und dem, was eine bewusste Begrenzung des Handlungsspielraums beim Betrachter und Besucher an Irritation auslösen kann.
Intimität und Psychologie waren jedoch keine Kriterien der Subjektivität. Im Gegenteil, der Widerstand Warhols oder Naumans gegen einen Rekurs auf Natürlichkeit und Subjektivität fand sich komplementär im artifiziellen und theatralischen ›Posing‹ gespiegelt. **Gilbert & Georges** »Lebende Skulpturen« wie in ihrem Tableau für **Gerry Schums** Fernsehsendung **»Identifications«** (1970) setzten »gegen das Flüssige, Interaktive, Plurale das Künstliche, Rigide, Distanzierte und Vereinzelte«[45]. Das Beharren auf dem künstlerischen Aspekt hermetischer Chiffren körperlicher Präsenz oder die Variation tradierter Motive in performativen Skulpturen und Tableaux Vivants als theatralischer Pose – diese Pole markierten einen zentralen Aspekt der Kunst der zeitbasierten Medien.[46] Damit war das Problemfeld umrissen, ohne eine Analyse der gesellschaftlichen und politischen Vektoren dieses Feldes leisten zu wollen. Dies jedoch interessierte Ende der 1960er Jahre mehr und mehr KünstlerInnen.

/

04./012 **Performativität als Einschreibung, Aufzeichnung, Signierung**

Der künstlerische Umgang mit der Speicherung von Erfahrung, Geschichte und Identität im Körper lässt sich archäologisch als Prozess einer Desillusionierung und Aufdeckung begreifen – nach dem Motto **Richard Kriesches »Malerei deckt zu, Kunst deckt auf!«** (1977) –, er lässt sich aber andererseits wie bei **»Film No. 6, Rape«** (1969)

45 — Guy Brett, »Life Strategies: Overview and Selection«, in: *Out of Actions*, S. 221. 46 — Vgl. Sabine Folie/ Michael Glasmeier, *Tableaux Vivants. Leben Bilder und Attitüden in Fotografie, Film und Video*, Kunsthalle Wien, Wien 2002. Besonders in der Fotografie und der Videoinstallation konnte dieser malerische, in jedem Fall piktoriale Effekt reüssieren, siehe die Werke von Cindy Sherman, James Coleman, Bill Viola, Orlan.

von Yoko Ono und John Lennon auch als Akt der Einschreibung demonstrieren und produzieren. Während **Dennis Oppenheims** Diktum »Mein Körper ist die Absicht, mein Körper ist das Ereignis, mein Körper ist das Ergebnis.«[47] – siehe seinen Film »**Two Stage Transfer Drawing**« von 1972 – oder auch die Videoinstallation »**Crux**« (1983–1987) von Gary Hill noch eine klassisch künstlerische Sicht auf die Frage nach der körperlichen Bedingtheit von Wahrnehmung zeigt, bezeugen **Chris Burdens** berühmte Aktionen wie »**Shoot**« vom 19. November 1971, in der er auf seinen Arm schießen ließ, oder auch »**Prelude to 220, or 110**« von 1976, in der er sich der Gefahr von Stromstößen aussetzte, die offensichtliche Überschreitung des Symbolischen. Der französische Künstler François Pluchart publizierte 1974 ein Manifest zur Body Art. Seine Formulierung trifft auch die auf die Medien zielenden Performances der frühen 1970er Jahre. Er nennt sie »unversöhnlich«, eine Form, in der »die Kraft einer Sprache zählt, die stört, zersetzt und offenlegt«[48]. Es ging also noch einmal – die Tradition von Antonin Artauds »Theater der Grausamkeit« reflektierend – um das Unveräußerliche einer Erfahrung, die durch den Körper vermittelt wird. Die Kunsthistorikerin Kristine Stiles erkennt hierin die »Veranschaulichung des tiefen Glaubens an das Ich als Subjekt«, ein letztes Aufbäumen vor der drohenden Auflösung des Subjektbegriffs, was Carolee Schneemann so formuliert: »Performance Art trägt eine Unmenge an Zorn, Wut, Rebellion in sich, die in einer anderen Gesellschaftsform in positives soziales Handeln umgewandelt werden könnte, ein im physischen und offensichtlichen Sinn das Leben wie die Kultur unterstützendes Handeln. Dieses Ausmaß an Entfremdung und Zorn weist für mich auf den Zusammenbruch persönlicher Sinnstiftung auch im Sinn der Integration des Selbst in eine real funktionierende Einheit.«[49]

»Herausfinden, wieviel Realität die Menschheit aushalten kann.«[50] Was real ist, kann wohl nur in spezifischer Hinsicht beantwortet werden: philosophisch, biologisch et cetera. Medientheoretisch hieße die Frage also: Welches konstitutive mediale Moment ist der Realität eigen, oder handelt es sich hier um einen fundamentalen Gegensatz? Es hilft hierbei, noch vor den theoretischen Implikationen des Reality TV auf das hybride Verhältnis von Realität und Medialität in den Körperinszenierungen der Medien- und Aktionskunst zu schauen. Deren Formulierung lässt sich in vielen Arbeiten auch paraphrasierend formulieren: Herausfinden, wieviel Medialität die Menschheit aushalten kann. Die Konzentration auf den »Körper als (mediales) Ereignis« reflektierte aber auch Anfang der 1970er Jahre die Erfahrung, dass die politischen Eingriffe in andere Medien und Kontexte nicht von nachhaltiger Dauer waren. Die Performance-KünstlerInnen sahen sich so zu gewalttätigeren Aktionen veranlasst, siehe die Arbeiten von Gina Pane, Mike Parr oder später noch von den **Autoperforationsartisten** in der DDR. ›Schießen Sie auf die Kunst‹, wie noch 1961 bei **Niki de Saint Phalle** und **Tinguely**, wurde nun zu ›Schießen Sie auf den Künstler‹ wie bei Chris Burdens »Shoot«. Gefahr und Schmerz als

47 — Günter Brus, »Bemerkungen zur Aktion: Zerreißprobe«, in: *Aktionsraum I oder 57 Blindenhunde*, München 1971, Wiederabdruck in: *Theories and Documents of Contemporary Art*, S. 754–755. **48** — François Pluchart, »Manifest de l'art corporel« (1974), in: *L'art corporel*, Galerie Stadler, Paris 1975, zit. in: Doris Krystof, »Body Art«, in: *DuMonts Begriffslexikon zur zeitgenössischen Kunst*, S. 40f. **49** — Carolee Schneemann, »Performance and the Body [interview with Robert Coe]«, in: Marranca/Dasgupta (1999), S. 331. **50** — Mark Boyle, *Journey to the Surface of the Earth: Mark Boyle's Atlas and Manual*, Edition Hanjörg Mayer, Köln u. a. 1970, unpaginiert.

Katalysatoren wollte Chris Burden als Ausübungen von Macht und Selbstkontrolle im wörtlichen Sinn verstanden wissen.[51] Der Kunsthistoriker Henry Sayre unterstreicht dabei die implizite Medialisierung, wenn er auf den ›Marktwert‹ eines Künstlers verweist, auf den geschossen wird – bis dato nur Andy Warhol, auf den 1968 ein Attentat verübt wurde und dessen Gesicht medial zu einer Art Popikone der Kunst aufgewertet wurde. Die Transformationen und Einschreibungen in den Körper sind jedoch nicht nur als visueller Akt zu begreifen. Valie Exports »**Body Sign Action**« von 1970 steht paradigmatisch für die unauslöschliche Einschreibung kultureller Codes in den Körper. Der Körper wird so zum Medium verschieden lesbarer Codierungen – ökonomisch, sozial, geschlechtlich. Peggy Phelan oder auch Marie-Luise Angerer folgern theoretisch: Performance lässt keine symbolische Repräsentation zu, sondern ist Darstellung des Realen, aber nicht als grundsätzlicher Gegensatz zum Medialen, da in diesem das Reale immer schon enthalten ist.[52] Dass Valie Export dies in einer öffentlichen Aktion der Tätowierung demonstriert, wendet diesen Akt der Einschreibung noch einmal in den Raum künstlerischer Identität: Als Akt der Selbstbezeichnung kann die geschlechtlich konstruierte Identität sichtbar und damit potentiell anders erfahrbar gemacht werden.[53]
Das neue und noch durch keine Tradition definierte Medium Video war von Anfang an ein wesentliches Mittel von Künstlerinnen wie **Martha Rosler**, **Ulrike Rosenbach**, **Valie Export**, **Joan Jonas**[54], um die Konstruktionsmechanismen und Zuschreibungen von weiblicher Identität aufzudecken. Sigrid Schade fasst zusammen, dass »Weiblichkeit nicht in bestimmten Ideal-Bildern definiert wird, sondern dass ihr Status das Bild-Sein ist, Bild aber des abwesenden Blicks: Projektionsfläche, Oberfläche«[55]. Seit den frühen 1960er Jahren inszeniert Carolee Schneemann lustvoll und exzessiv das Verhältnis von Bildproduktion und realen Körpern. Ihr kinetisches Augen-Körper-Theater[56] bewegte sich immer zwischen den Polen sinnlicher Exploration und feministischer Kritik an der Reduktion der Frau auf Images: »Ich durfte ein Bild sein, aber keine Bildermacherin, die ihr eigenes Selbstbild schafft.«[57] Besonders ihre Film/Aktion »**More Than Meat Joy**« (1964) und der Film »**Fuses**« (1967) begründeten ihren Ruf als Performerin sinnlicher Ekstase und fleischlicher Freuden. Dies trennte sie auch von den eher konzeptuell arbeitenden Fluxus-Künstlern: »In Fluxus wurde die Sexualität eher sublimiert und nicht in so offenkundig hedonistischer Weise dargestellt wie in den Performance-Praktiken in den Happenings und der Pop Art, die nebeneinander existierten, sich überlagerten und gelegentlich verknüpften.«[58] Es ist kein Zufall, dass sie von Anfang an auch an der von Jonas Mekas initiierten Bewegung des Expanded Cinema teilnahm und konsequenterweise ihr kinetisches Theater mit bewegten Objekten, Lichtern und Sound durch den Einsatz von Film und später auch elektronischen Elementen unter anderem mit der Unterstützung von E.A.T. fortführte. In Deutschland wurde sie zum

51 — Henry Sayre (1989), S. 102. 52 — Vgl. ausführlich zu diesem Komplex Peggy Phelan, *Unmarked. The politics of performance*, London / New York 1993. 53 — Vgl. auch Valie Export, »**Körperüberblendungen**« oder »**Die Geburtenmadonna**«. 54 — Martha Rosler, »**Semiotics of the Kitchen**«; Ulrike Rosenbach, »**Glauben Sie nicht, dass ich eine Amazone bin**«, Joan Jonas, »**Vertical Roll**« und viele andere Arbeiten der Künstlerinnen. 55 — Sigrid Schade, zit. in: *DuMonts Begriffslexikon zur zeitgenössischen Kunst*, S. 96. 56 — »Neurologische Funktionen werden als Bild erkannt. Man sieht es nicht in einem selbst, man tut es. Das Faszinierende an allem, was sich bewegt, hängt mit der primären Objektivierung unseres physischen

Beispiel für die Ausstellung »**happening und fluxus**« (1970) mit ihrem »**Electronic Activation Room**« eingeladen. Die notwendige und radikale Kritik an Bildern tradierter Weiblichkeit wurde bei Carolee Schneemann nicht in entsexualisierte Prozesse übersetzt, was ihren Performances einen sehr sinnlichen, spielerischen Aspekt verlieh. Dass ›Projektionsfläche‹ eben nicht immer einen Opferstatus implizierte, sondern auch offensiv umgedeutet werden konnte, zeigt vor allem in den 1990er Jahren der Erfolg von Künstlerinnen wie **Pipilotti Rist**, **Sadie Benning** oder **Tracey Emin**.[59] Sie alle sind in ihrer Arbeit ohne die Performances von Carolee Schneemann nicht denkbar.

/

Hybride Versuchsanordnungen

Carolee Schneeman konnte mit dem Bildstatus spielerisch umgehen, aber sie unterschied wie die meisten doch klar zwischen Kunst und Leben. Niemand hat das Verhältnis von innerem Bild und äußerer Wahrnehmung und Zuschreibung auf radikalere Weise zum Ort der eigenen künstlerischen Identität gemacht als die französische Performerin **Orlan**. In »**The Reincarnation of Saint Orlan**« hat sie seit 1990 eine Reihe von chirurgischen Gesichtsoperationen an sich vornehmen lassen, um bestimmte modellhafte Züge aus der Kunstgeschichte – ihre ›Modelle‹ waren Venus, Diana, Europa, Psyche und Mona Lisa – Fleisch werden zu lassen.[60] Christine Buci-Glucksmann spricht im Zusammenhang von Orlans Werken von dem Begriff Szenografie und dem Ereignis: »Was Orlan ausmacht, ist, dass sie eine Kunst des Ereignisses an sich schafft.«[61] Denn Orlans Operationen geschahen nicht nur nach medialen Images, sondern wurden auch selbst als mediales Ereignis für die Videokamera inszeniert.

Den eigenen Körper als Kunstobjekt nicht nur zu begreifen und zu nutzen, sondern auch als solchen öffentlich auszustellen – von **Timm Ulrichs**' »**Selbstausstellung**« über **Gilbert & George**, **Abramović/Ulay** bis in neuerer Zeit zu **Tanja Ostojić**' »**Personal Space**« –, distanziert ihn gleichzeitig von der Berührung durch Besucher. Den Körper in einem weiteren Schritt möglichen öffentlichen Interventionen, Aggressionen und Verletzungen auszusetzen, wurde in vielen Fällen symbolisch vollzogen, in einigen Fällen jedoch auch als reales partizipatorisches Event inszeniert, zum Beispiel in **Yoko Onos** »**Cut Piece**« (1965), das **Lynn Hershman** noch einmal als Reminiszenz wiederholte und auf Video aufzeichnete – ein Rekurs, der im übrigen auch vielfach die Arbeiten von Vito Acconci betrifft, wie »**Fresh Acconci**« (1995) von **Paul McCarthy/Mike Kelley** zeigt. Das Schneiden, Ausschneiden, im weiteren auch Rasieren, Brennen und Verletzen wurde zu einem der Markenzeichen der späteren Body Art. Aber mehr noch als diese direkt den Körper einsetzenden Aktionen berührt aus heutiger Sicht der Mediengesellschaft die Konsequenz ihrer Reflektion von Medialität – bei Yoko Ono später auch als Reaktion auf die massenmediale Popularität ihres Mannes John Lennon. Als Grenzgängerin

Dauerzustands zusammen.« Carolee Schneemann, »Performance and the Body«, S. 335. 57 — Dies., »Istory of a Girl Pornographer«, in: Bruce R. McPherson (Hg.), *More Than Meat Joy, Performance Works and Selected Writings*, New York 1979, S. 194. 58 — Kristine Stiles, »Uncorrupted Joy: International Art Actions«, in: *Out of Actions*, S. 315 (Übers. R.F.). 59 — Vgl. **Pipilotti Rist**, »**Pickelporno**«; **Sadie Benning**, »**Jollies**« oder **Tracey Emin**, »**Why I never became a dancer**«. 60 — Siehe die Website zu **Orlans Manifest**. 61 — Christine Buci-Glucksmann, »Orlan: triomphe du baroque«, zit. in: Folie/Glasmeier (2002), S. 23–25.

zwischen den esoterischen Fluxus-Zirkeln und den massenmedialen Beatles-Events hat sie zusammen mit **John Lennon** und dem ORF die Fernsehsendung »**Film No. 6, Rape**« (1969) produziert. Die hier inszenierte reale Verfolgung einer unbekannten, weiblichen Person mit einer Kamera nahm als Reality TV vieles von dem vorweg, was später als Spiel[62] oder »Big Brother«-Dauersoap aufwändig inszeniert wurde. Der reale Eingriff in die Privatsphäre einer Unbekannten ging sehr viel weiter als eine konzeptuelle Aktion wie Vito Acconcis »**Following Piece**« (1969). Sie rührte an reale oder imaginierte traumatische Erfahrungen und hinterlässt noch heute einen beklemmend realistischen Eindruck. Diesem dialogischen Zwangsverhältnis zwischen Realität und medialer Aufzeichnung voyeuristisch zuzusehen, wird mit der Dauer immer unerträglicher.

Was **Rassim Krastev** in ironischer Replik auf den Körperkult des Westens als Aktion eines östlichen Künstlers wiederholt und in »**Corrections 1996–98**« auf Video dokumentiert, gehorcht der Logik des Warenwerts und Bildwerts. Auch das Material des Künstlers, die Intervention in den eigenen Körper, bleibt letztendlich die Produktion eines Images zur Kapitalisierung auf dem Kunstmarkt. Auf ähnliche Weise beruhen die Performances von **Vanessa Beecroft**, siehe eine der letzten von der Biennale São Paulo, »**VB 50**« (2002), mit nackten, stilisierten Frauenkörpern als Tableaus auf den ›Images‹ der Werbung und den utopischen Visionen zum Klonen von Körpern. Der Akt des Ausstellens und der Akt des voyeuristischen Zuschauens wird jedoch durch die Ereignislosigkeit bei zunehmendem Verlauf der Performance immer nebensächlicher. Die Grenze zwischen Nackten und Bekleideten, zwischen Performern und Zuschauern wird undeutlich. Was bleibt, ist eine Situation nicht unähnlich dem Hintergrundrauschen des Fernsehens. Gelegentlich schauen wir hin, um zu überprüfen, ob das Programm inzwischen gewechselt hat. Dann wenden wir uns wieder anderen alltäglichen Beschäftigungen zu. In einer Ausstellungssituation ist es das unterbrochene Gespräch, das wir wieder aufnehmen. Interessanterweise wiederholt Vanessa Beecroft die Performances an einem anderen Tag ausschließlich für die elektronische Dokumentation, als wäre das Publikum nicht Teil der Performance, sondern nur in Kauf genommener Rahmen einer Performance. Vanessa Beecroft arbeitet zwar mit realen Körpern, aber meint am Ende wieder nur die Körperbilder. Fotografien – ›Stills‹ – sind daher das logische Verwertungsmedium ihrer Performances.[63] Die Aussetzung des eigenen Körpers wird hier nur noch den anderen als Lohnarbeit zugemutet. Über die Wahrheit des Körpers, was immer das sei, erfahren wir zumindest, dass er wieder zum Bild geronnen ist, auch wenn es ›live‹ ist.

/

04./014

Körper und Interface

Die Realität des Körpers wurde mit den Medien untersucht, aber oft auch gegen die Medien ins Feld geführt. Die Body Art war einerseits ein extremes Beispiel für das

62 — Siehe z. B. die deutsche Fernsehproduktion von Wolfgang Menge »**Das Millionenspiel**«, WDR 1970.

63 — Ganz im Gegensatz etwa zu den radikalen Performances von **Santiago Sierra**, der gerade das Reale einer ausgestellten Situation direkt herausarbeitet wie in »**Six People who cannot be remunerated for the Staying in the Interior of Cardboard Boxes**«, Kunst-Werke, Berlin, 2000.

64 — Mark Boyle in: J. L. Locher, *Mark Boyle's Journey to the Surface of the Earth*, Edition Hansjörg Mayer, Stuttgart/London, S. 72f., zit. in: *Out of Actions*,

Festhalten an der prekären Subjektivität und körperlichen Essentialität des Ichs. Orlans Operationen andererseits zeugen von der kulturellen Determiniertheit jeder Körperbildung im wahrsten Sinne des Wortes. Die Eingangsthese einer Polarität zwischen Präsenz und Materialität des Körpers mithilfe der oder auch gegen die Medien sowie andererseits den Immaterialitäten und Potentialitäten, die das graduelle Verschwinden der realen Körper durch die Medien beinhaltet, wird nun in ihrer Verwurzelung in den 1960er Jahren erkennbar. Hier wurde der Grundstock zur Virtualisierung des Körpers gelegt, konzeptuell wie technologisch.

Im Zuge der Expanded-Cinema-Bewegung, also einer bewusstseinserweiternden Praxis, findet sich eine der frühesten Performances, die den Körper durch einen elektronischen Screen ersetzte. **Mark Boyle** und **Joan Hills** inszenierten in Liverpool 1966 **»Son et Lumière: Bodily Fluids and Functions«**. In ihrer Arbeit wurde eine der ersten Videoprojektoren in einem künstlerischen Kontext eingesetzt: »In der Spermasequenz vollzieht ein Paar, das an ein EKG und ein EEG angeschlossen ist, lustvoll Geschlechtsverkehr [hinter einer Leinwand verborgen], während die Oszilloskope der beiden Apparate als Closed-circuit-Video mit Hilfe eines ›Eidofor‹-Videoprojektors auf einen großen Bildschirm hinter ihnen projiziert wurden. Ihre Herzfrequenzen und Gehirnströme wurde in Echtzeit vorgeführt.«[64] Diese heute weitgehend unbekannte Arbeit gibt paradigmatisch ein zentrales Motiv vor: das Interesse an den unsichtbaren und prozesshaften Aggregatzuständen des Körpers, anders gesagt: am Bild des Körpers aus der ›Innensicht‹.

Diese Körperzentriertheit war bereits medientheoretisch in Oswald Wieners kybernetischem »Bio-Adapter« reflektiert worden. Nur kurze Zeit später gelang es dem Künstler **Jean Dupuy** und den Ingenieuren **Ralph Martel/Hyman Harris** im Rahmen der E.A.T.-Ausstellung **»Some More Beginnings«** den ersten Preis der Ausschreibung zu bekommen, verbunden mit der parallelen Ausstellung ihrer Arbeit an zwei renommierten Kunstorten, dem Metropolitan Museum of Art und dem Museum of Modern Art in New York im Rahmen von **»The Machine – As Seen at the End of the Mechanical Age«**.[65] Ihre prozesshafte Skulptur **»Heart Beats Dust«** (1968) ermöglichte die Visualisierung des Herzrhythmus durch vorfabriziertes Bandmaterial, aber auch durch ein angeschlossenes Stethoskop.

Die ›Instrumentalisierung‹ und Verbildlichung des Körpers wurde in den letzten 40 Jahren immer weiter perfektioniert und nicht immer können KünsterInnen mit den Fortschritten der Technologie Schritt halten. Aber Körperprozesse, scheinbar nicht manipulierbar, als bildgebende Verfahren in Echtzeit einzusetzen, gelingt in performativen und partizipatorischen Closed-circuit-Installationen mit Sensoren, Interfaces und in letzter Konsequenz Implantaten. Spätestens mit den 1990er Jahren steht angesichts der biogenetischen Entwicklung nicht mehr die Freisetzung unter- oder unbewusster mentaler Prozesse im Vordergrund, sondern die Verknüpfung von Mensch und Computer

S. 280. Mark Boyle gehörte später auch zu den Künstlern, die Multimediashows für Rockbands inszenierten (Soft Machine, Pink Floyd, Cream, the Animals). Vgl. auch »When the Dust Settles: Mark Boyle Interviewed by Mark Bloch«, in: *High Performance 4*, no. 3 (Fall 1981), S. 73f. **65** — Die Ausstellung von 1968 von spannte einen großen Bogen von der Renaissance bis zu DADA, Futurismus und jüngeren Maschinenkünstlern wie Tinguely und auch Nam June Paik. Im Begleitprogramm hielt Kenneth Knowlton einen Vortrag »An Evening of Computer-Produced Films« (2. Dez. 1968).

in hybride Wesen. Erste Versuche eines künstlerischen Bio-Feedbacks kann man etwa an **Ulrike Gabriels** früher interaktiver Installation »**Breath**« (1992) erkennen. Der Unterschied war nun die Konfrontation mit dem eigenen Innenraum als einem großformatigen, visualisierten abstrakten Gewebe. Damit war jenseits der Laborbedingungen im universitären Rahmen nun der hybride Raum als komplexer virtueller und immersiver Datenraum erfahrbar.[66] Der Besuch einer Installation wurde zum performativen Akt der Begegnung mit einer audiovisuellen Konstellation, die vom Körper getaktet wurde.
Doch diese Verkoppelung mit der Maschine ist weder angstfrei noch herrschaftsfrei. Den Körper als ›Schlachtfeld‹ technologischer, sozialer und ideologischer Kriege hat die Ars Electronica in den 1990er Jahren immer wieder thematisiert.[67] Das unterstreicht auch die Arbeit »**Rehearsal of Memory**« (1994–1995) von **Graham Harwood / Mongrel**. Auch mit der Theoretisierung einer feministischen Praxis wurde der blinde Fleck aller technologischen Debatten immer deutlicher: Das Subjekt – KünstlerInnen wie Partizipierende – ist ein gesellschaftlich und geschichtlich geprägtes Konstrukt. Das Happening und in der Folge auch die noch so radikalste Performance konnten keinen Zugang zu einem mythischen, vorgeschichtlichen, natürlichen Erlebnis bieten. In jüngerer Zeit ist es unter anderem Marie-Luise Angerer, die für einen von der Gender-Theorie Judith Butlers geprägten Begriff des Performativen plädiert und notiert, »dass die Performance wesentlich die Bewegung (von Körpern und Bedeutungsprozessen) ist, die das Spektakel oder den Event antreibt«[68]. Sie folgert schließlich auch, dass »dem Körper in der Performance eine Eigenständigkeit zugesprochen werden [muss], die dem intentional handelnden Individuum vorausgeht«. Der Körper spricht, sei es der eines anderen, mein eigener oder ein kollektiver Körper – und Sprache ist, wie wir wissen, eine gesellschaftliche Konvention. Unter dieser Prämisse werden auch die scheinbar spektakulären und voyeuristischen Performances von **Vanessa Beecroft** zu komplex codierten Anti-Spektakeln.
/

04./015

Intervention in den Körper des Anderen

Vanessa Beecroft demonstriert, wie das Serielle unserer Identitätskonstruktionen dennoch subtile, codierte Differenzen produziert. Doch ist ihr künstlerisches Konzept mit der Einweg-Kommunikation des Fernsehens – auf das sie ja auch wesentlich abzielt – vergleichbar. Hier wie dort informiert ein Sender viele Empfänger. Interessant wird es, wenn man wie **Stelarc** die Perspektive umdreht – viele ›informieren‹ einen. Der Körper wird zum syntopischen Ort, oder anders ausgedrückt: der eigene Körper wird auch telematisch zum Handlungsfeld der anderen.[69] Stelarc ist insofern der paradigmatische

66 — Siehe auch zur CAVE-Technologie sowie den Projekten von **Eduardo Kac** das Kapitel »**Immersion**« oder auch Christian Möller / Sven Thöne, »**The Virtual Backbone**«. 67 — 1997 »**Flesh Factor**«; siehe auch die Themen »Genetisches Leben« (1993), »Life Science« (1999) oder »Next Sex« (2000). 68 — Marie-Luise Angerer, »Performance«, in: *DuMonts Begriffslexikon zur zeitgenössischen Kunst*, S. 243. Judith Butler prägte wesentlich die Gender-Theorie, die gesellschaftlich konstruierte Geschlechterkategorien des ›Männlichen‹ und ›Weiblichen‹ untersucht, in ihren Büchern *Gender Trouble* (London, 1990) und *Bodies That Matter* (London 1993); das Themenfeld wird im Rahmen des Projekts »Medien Kunst Netz« von den Wissenschaftlerinnen und Kuratorinnen um Yvonne Volkart unter dem Titel »**Cyborg_Configurationen**« noch vertieft. Die Spanne reicht vom visionären Videoclip – **Chris Cunningham**, »**Björk: All is full of love**« – zu den Diskursen zu Maschinen,

Schlusspunkt dieses Essays, als er in der Entwicklung seiner Projekte noch einmal den Weg von der Grenzerfahrung des realen Körpers zur Cyberutopie dislozierter Körper deutlich werden lässt. Anfang der 1970er Jahre begann er, mit Hilfe elektronischer Tools filmisch den eigenen Körper zu ›penetrieren‹. Er nennt seine frühen Filme des Körperinneren auch »probing« und »piercing«. Stelarc war somit einer der ersten, die medizinische bildgebende Verfahren am eigenen Körper in künstlerischer Absicht einsetzten. Berühmt wurde er danach mit seinen »Suspension«-Performances, die direkt aus der Tradition der Body Art abgeleitet waren. Der nächste Schritt war für ihn jedoch die Erweiterung und Bereicherung des Körpers durch physische wie virtuelle Extensionen, Performances mit »**Third Ear**«, »**Virtual Arm**« und anderen. In »**Ping Body**« (1996) und »**Fractal Flesh**« (1995) geht es ihm um eine Mensch-Maschine-Symbiose, die im wahrsten Sinne des Wortes ›post-human‹ ist, insofern er sich selbst als schließlich sogar durch das Internet ferngesteuertes, maschinisches System darstellt. Die Performance vollzieht sich an einem konkreten Ort, real räumlich und körperlich sichtbar, aber die Einheit des Körpers ist aufgehoben. Er erweitert seinen Körper um maschinische Extensionen und sein Nervensystem um ein globales Netz von Synapsen: andere agieren durch ihn hindurch. Impulse aus dem Internet sind die Auslöser einer »bewegenden Bewegung«[70]: »Ich bin es leid, Leute über das Internet als einer Art von Fluchtmöglichkeit für ihre Körper reden zu hören. Das Internet soll ihrer Meinung nach eine Kommunikation von ›Geist-zu-Geist‹. [...] Für mich umfasst Geist das Riechen, das Sehen – all diese Dinge erzeugen die Vorstellung eines Geistes in der Welt. Man sollte das nicht vom Körper trennen. Wir stülpen alte metaphysische Sehnsüchte über neue Technologien. Wir haben diesen transzendentalen Drang, dem Körper zu entfliehen, und wir stülpen das über die Technologie.«[71]

/

Augmented Reality 04./016

Der Virtualisierung der Körper, der Körperfunktionen und Begierden ließe sich ein weiteres Kapitel widmen.[72] Weltweit finden sich inzwischen eine Fülle von aktuellen performativen Ansätzen, die die reale Präsenz des Körpers, oft vermittels einer Tanzchoreografie, an einem gegebenen Ort mit Strategien der Dislozierung und Mediatisierung verbinden, siehe zum Beispiel **Christian Zieglers** Kooperation mit Tänzern in »**scanned V**« (2001), sowie mit Aspekten der Telematik und Internetanbindung in Echtzeit experimentieren. Als ein Beispiel hierfür sei die Company in Space genannt, eine von vielen multimedialen Theater/Tanz-Gruppen, die an den Schnittstellen von Internet und Live-Event arbeiten, um unser Verständnis des Begriffs von ›verteilter

Automaten, Puppen oder auch Robotik etc. **69** — Den Begriff ›Syntopie‹ verdanke ich den Ausführungen von Claudia Giannetti in *Ästhetik des Digitalen*, Wien/New York 2004. Siehe hierzu auch das Projekt »**Epizoo**« von Marcel.li Antuñez Roca. **70** — Vgl. Stelarc, »Beyond the Body: Amplified Body, Laser Eyes, and Third Hand« (1986), in: *Theories and Documents of Contemporary Art*, S. 427. **71** — Stelarc, Interview von Annie Griffin, »We Can Rebuild Him«, *Guardian* (4. Mai 1996). Vgl. Stelarc, *Obsolete Body Suspensions*, San Francisco 1984; Stelarc, »Prosthetics, Robotics and Remote Existence: Postevolutionary Strategies«, in: *Leonardo*, vol. 24, No. 5, S. 591–595 (1991); vgl. **Stelarcs Website**. **72** — Siehe zum Beispiel Stahl Stenslie – von Interface zu »**Inter_Skin**«, ein Cyber-SM-Projekt in Kooperation mit Kirk Woolford. **Alexej Shulgin** hat mit »**Fuck U Fuck Me**« eine ironische Replik auf alle Cybersexvarianten als »Ultimate Remote Sex Solution«™ ins Netz gestellt.

Autorenschaft‹ und ›augmented reality‹ in konkrete Verkörperungen vor Ort zu übersetzen.[73] Immer weniger wird das Verhältnis von real und medial an sich zum Thema der Events, immer mehr werden das Erzählen und ein ganz neuer Umgang mit dem erweiterten Datenraum zum Zentrum des künstlerischen Interesses. Der Einsatz neuer modularer Software für das telematische Arbeiten in Echtzeit ermöglicht es, die letzten Residuen avantgardistischer Konzepte der Moderne in der Vielfalt heterogener Datenräume aufzulösen. Immer mehr stülpt sich nicht nur ein Datenhelm über den Kopf des Performers, ganze Datenanzüge werden zu einer zweiten Haut. Es ist absehbar, dass man sie demnächst nicht mehr als ›zweite‹ Haut erkennen wird. Die Symbiose von Mensch und Datenimplantat ist längst begonnen und nicht nur in der Sciencefiction-Realität.
Die eingangs gestellt Frage nach der Realität des Körpers ist ununterscheidbar von seiner Medialität, sei es in biologischer Hinsicht als möglicherweise schon genetisch manipuliertes und somit im Hinblick auf ein imaginiertes Modell vorfabriziertes Wesen, sei es schon heute in seinem äußeren Aspekt, wie uns ›Kunstfiguren‹ wie Michael Jackson bereits überdeutlich vorgeführt haben, sei es schließlich in seinem performativen Aspekt als ein an binäre Codes gekoppelter Agent. Der Datenhandschuh ist überflüssig – der ganze Körper wird zur ›Mouse‹, zum Interface. Doch es wäre keine künstlerische Haltung, dies nur als Verlust von Subjektivität und Moral zu beklagen. Der neue Körper eröffnet Optionen und andere Identitäten. Nur die Zeit bleibt in allen zeitbasierten Medien und Projekten ein linearer Prozess – auch wenn das künstlerische Interesse wiederum als Gegenposition zur biogenetischen Veränderung des Menschen auf die subjektive Konfrontation mit Körperprozessen rekurriert, wie sie in den 1960er Jahren extensiv betrieben wurde. Low-Tech-Performances, zum Beispiel des kubanischen Videokünstlers **Felipe Dulzaides** in **»On the Ball«** (2000), sind symptomatisch für die ungebrochene Aktualität dieser aus der Anfangszeit der Medienkunst stammenden Positionen (besonders Vito Acconci). Wie immer der Körper gesehen, interpretiert, medialisiert oder dekonstruiert wird, er bleibt im Zentrum identifikatorischer Prozesse. Er ist, mit anderen Worten, in jedem Fall das ›Gegebene‹.

73 — Siehe zum Beispiel ihre Produktion »Incarnate« (2001): Live Performance verbunden mit ISDN-Videokonferenzschaltungen, Echtzeit-Anwendungen und -Interfaces.

Reality / Mediality
Hybrid processes between art and life
/
Rudolf Frieling
/

It is astonishing how artists' positions were polarized from the moment they began to work with electronic media: Whereas some worked with (or against) their chosen mediums in order to emphasize corporeal presence and materiality, others investigated aspects of immateriality and other possibilities opened up by the apparent disappearance of the physical body brought about by the media. As early as the 1960s, the conceptual and technological foundations for virtualizing the body had been laid, as yet undisturbed by any theoretical discourses about displacement and simulation. This essay deals with a broad spectrum of hybrid processes between art and life. Its examination of the concepts underlying happening, action and performance art focuses on the question about the body—about the body along with its media interconnections as a field of both private and public action—and moves back and forth between public, collective structures that were participatorial in a number of regards, and personalized body-related performances delivered in a dialogue with the audience. In view of contemporary art practices that are returning to, and under new premises investigating, precisely those radical beginnings of process-based art made with and in the media, the question of authenticity has lost nothing of its relevance in regard to performative media art. The borders with site-specific installations and interactive environments may be porous, yet it seems feasible to suggest that exactly this insistence on the reality of the body is a central motif in more recent actions that make the body the arena of telematic and Net-based interventions. Although I initially scrutinize the influence of twentieth-century avant-garde currents on the relationship between happening, action art and performance[1] and the media, Modernist critique of the imaging and representation of the body is not highlighted (interesting though the subject is). Instead, I concentrate on the question of the ambiguities and hybrid processes that «occur» in the media-based field of action.

04/101

/
Retinal shock
An entire Hollywood tradition is based on the symbolic cinema experience of watching bodies being injured, and physical and mental violence being inflicted; shocking scenes are aimed at the viewer's mind and have an impact not just on the retina but on the emotions, too. There is probably no greater second of cinematic horror than watching an eye apparently being sliced with a razor blade in the Surrealist film «**Un chien andalou**» by **Luis Buñuel**. The undiminished shock effect is due to the radical physical attack made upon the organ of sight. Buñuel shows the very act of seeing to be in danger.

1 — For a detailed treatment of the unclear distinction between the terms «action,» «happening» and «performance,» cf. my earlier essay «No Rehearsal—Aspects of Media Art as Process,» in *Media Art Action. The 1960s and 1970s in Germany*, Rudolf Frieling/Dieter Daniels (eds.),Vienna / New York, 1997, pp. 162f.

Here, for the first time (at least in the history of visions), both the symbolic and real struggles against putting up taboos are confronted with their own limits.
Borderline experiences are therefore part of the cinematic experience. And yet how soothing to remember, once the shock wears off, that it was ‹only› a film. What a relief to know that the theater of cruelty involves only the actors, and when next we see our theatrically destroyed object of desire (on TV, in a magazine or film), all trace of injury or imperfection will have vanished. But what if this border between art and life no longer exists? How do we conceive of a notion of art that so radically forces real life-time into an artistic performance concept that the duration and stubborn persistence of the result surpass our powers of imagination? Even in the present apparently tabooless media age, the symbolic or real infliction of bodily harm remains a central moving force of action and performance art.

/

04/102 **Private / Public**

Borderline experiences that tested artists and audience alike were tackled fundamentally in the 1960s and 1970s. Yet although these experiences now possess the special historical status elaborated below, their impact on the eyes, ears and senses is undiminished today. From the contemporary perspective, the act of crossing borders no longer needs to be top-heavy with utopian or ideological justifications such as the cause of sexual liberation: In the meantime, we have come to understand that since the body is simultaneously re-coded, such liberation is not to be had value-free, let alone free from power structures. **Valie Export**'s «**Tapp- und Tastkino**,» a street action staged in collaboration with **Peter Weibel** as market-crier («Leap over the boundaries!») in 1968, illustrates the enduring power of such direct-action ‹cinema› even outside the historical context of politically and artistically avant-garde action art and expanded cinema.

While we continue to distinguish between private and public space, however blurred the boundaries may appear in specific cases, the immediate reality of the body and specific location as a collective space is subject to manifold displacements. Let us take as a second example **Tehching Hsieh** and his «**One Year Performances**» of the 1980s. His «Time Piece» from that series casts a searching spotlight on all «time-based» art forms.[2] Hsieh wanted to illustrate the experience of time, but in its purest form rather than in connection with a specific work or action. His stamina and perseverance—both physical and mental—confound our powers of imagination. And yet we believe the artist, not lastly due to the fact that the reality of the performance was verifiable. The announcement of time, place and content may have been part of the public performance, but its impact is felt in retrospect. While warranting authenticity, the media recordings (and possibly the oral accounts of those who participated) at the same time point to the fundamental difference between the artistic act and its reception. An adequate response to Hsieh's

2 — Cf. Steven Shaviro, «**Performing Life: the Work of Tehching Hsieh.**» 3 — Cf. RoseLee Goldberg, *Performance Art. From Futurism to the Present,* London, 1988, pp. 13ff. 4 — «The line between art and life should be kept as fluid, and perhaps indistinct, as possible.»—Allan Kaprow, «untitled guidelines for happenings» (1965), in *Assemblage, Environments and Happenings,* New York, 1966. Reprinted in abridged form in *Theories and Documents of Contemporary Art,* Kristine Stiles/Peter Selz (eds.), Berkeley et al., 1996, p. 709. 5 — Title of the catalogue for his performances at the Stedelijk Museum, Amsterdam, 1973. 6 — «Duchamp declared

performance would be to treat it as a manual for transposing it—in whatever manner—into one's own life. That would also mean becoming the producers of our own lives.

/

Art = Life 04/103

A common interest in producing «dynamic sensations» is evident in the anti-bourgeois, provocative and situative artistic happenings ranging from the Futurists' «**Grande Serate**» (1910 onward) to the Dadaists' Cabaret Voltaire and the events staged by neo-Dada and Fluxus artists («**Neo-Dada in der Musik**,» «**International Festspiele Neuester Musik**»). As Umberto Boccioni's caricature of 1911 shows, the Futurists produced what we would now call a multimedia happening. They wanted visuals, sound, and multiple and parallel actions without any plot to join together to constitute an occurrence taking place «here and now» and directly involving the spectator: «[T]he spectator [must] live at the center of the painted action.»[3] The Futurists' documented affinity with the technological dynamic of industrialized society preformulated an assertion made in constantly changing guises by later movements: That art and life are inseparable in an industrial or media-based society. Contemporary art must occupy the commensurate fields and forms of action, and seek production processes that do not isolate art from life but instead influence life.

Allan Kaprow, whose Environment «**18 Happenings in 6 Parts**» (1959) originated the term «happening,» spoke of the need to keep the line between art and life as fluid and indistinct as possible,[4] a statement that inspired the provocative equation «**ART = BEN**»[5] from showman and Fluxus artist **Ben Vautier**. Another artist who propagated the notion that «life and people can be art» was **Wolf Vostell**, who not without good reason wrote about the «event as a whole.»[6] This demand for a holistic linkage of art and life was intended to play a part in loosening the constraints of inflexibility and tradition in both the social and political spheres, yet in its essence always referring to the individual.

/

The Society of the Spectacle 04/104

One of the most influential forerunners of the happening movement was probably the Situationist International, which existed from around 1957 to 1972, but built on the radical film experiments and written theses on the «Society of the Spectacle» that **Guy Debord** had been producing since the early 1950s: «The construction of situations begins on the ruins of the modern spectacle. It is easy to see to what extent the very principle of the spectacle—nonintervention—is linked to the alienation of the old world. Conversely, the most pertinent revolutionary experiments in culture have sought to break the spectator's psychological identification with the hero so as to draw him into activity by provoking his capacities to revolutionize his own life. The situation is thus made to be lived by its constructors.»[7] According to Roberto Ohrt, it was above all the practice of

prefabricated objects to be art, the Futurists did the same with noises, and to me it seems that an essential attribute of my own endeavors and those of my fellow-artists is that an occurrence as a whole—including noise, objects, movement, color and psychology—is declared to be ‹gesamtkunst,› thus leading to a fusion that will enable life and people to be art.» Wolf Vostell, 9 Feb. 1966, quoted in «Performance und Performance Art,» Gerhard Johann Lischka, *Kunstforum International*, no. 96, 1988, p. 113. 7 — Guy Debord, «Rapport sur la construction des situations» (1957), reprinted in *Theories and Documents of Contemporary Art*, op. cit., p. 706.

using (art) objects for purposes other than originally intended, along with the category of the context, that constituted the revolutionary Situationist approach. The provocative and poetical practice[8] also included the aimless drifting («dérive») in urban space, the provocative construction of situations intended to have a direct political effect—as indeed they did during the period of student unrest in Paris. The impetus that is interesting for our context lies in the actionism targeted at media impact. The scandal that was taken up by the media became an integral component of artistic actions and later of directly political activist concepts. Mediatedness, it might be pointedly concluded, is based on the skilled handling of media conditions, but not per se on the direct deployment of technological or electronic means.[9]
Artists preoccupied with crossovers between the most disparate art forms and with using a range of different media moved in circles associated with anti-bourgeois practices such as those of the Viennese Actionists («an activist gesture pertaining to the body»),[10] with scandals and art as anti-art,[11] all the way up to Yves Klein's art-immanent experiments and «Anthropometries» consisting of painting processes with naked female «living brushes» staged for a bourgeois audience between 1958–1960. At the same time, these artists displayed a decided interest in the technological conditions of society. Artists like **Allan Kaprow**, **John Cage** and later the **Fluxus artists** did not just want to concede chance and indeterminacy a primary role in art, but were particularly concerned with the participation of active spectators.[12]

/

04./105

John Cage—The aesthetic of heterogeneity

Working partly in close proximity to, and with great sympathy for, these experimental forms, **John Cage** was exploring an alternative to circumnavigating the twin perils of the Gesamtkunstwerk and «art = life» practice. At **Black Mountain College** in North Carolina, **Robert Rauschenberg**, **Merce Cunningham** and John Cage tried out an enduringly productive collaboration. They saw collaboration by no means as a holistic «fusion» of the various arts but instead, in Lawrence Alloway's words, as an «aesthetic of heterogeneity.» According to the hypothesis, the implicit belief in the possibility that something unable to be achieved with intentional action will be revealed through the combination of chance occurrences liberated unconscious levels of meaning. The key notions of situation, multiplicity, parallelism or contingency, which have remained pertinent up to the present day, were the guiding lines in an open system of operations

8 — Roberto Ohrt, «Situationistische Internationale,» in *DuMonts Begriffslexikon zur zeitgenössischen Kunst*, Hubertus Butin (ed.), Cologne, 2002, p. 273. Cf. the Situationist *Manual of the Art of Living for the Young Generation* by Raoul Vaneigem (1967), see **German translation**. 9 — And so it was only logical that **Joseph Beuys** communicated his ideas on «social sculpture» by directly addressing the viewers of German television's first satellite broadcast on the occasion of the opening of the **documenta 6** in 1977, rather than perform an art action on the air. 10 — Hubert Klocker, «Gesture and the Object. Liberation as Aktion: A European Component of Performative Art,» in *Out of Actions*, Paul Schimmel (ed.), MoCA Los Angeles, Ostfildern, 1998., pp. 159–195, here p. 170. 11 — The Japanese group Gutai, who experimented with forms of action theater already in the 1950s, can be seen as a forerunner. In 1957, member **Atsuko Tanaka** created the «**Electric Dress**,» a kind of kimono as a moving light sculpture. The celebrated «**Destruction in Art Symposium**» (**DIAS**) organized by Gustav Metzger in London in 1966 may be considered a highpoint of anti-art. 12 — «I developed a kind of action-collage technique, following my interest in Pollock. ... I just simply filled the whole gallery up, starting from one wall

that, for instance in regard to music, liberated the musicians from the constraints of predefined timing and harmony. According to John Cage, this was acknowledgement of a notion of time «which has already been recognized on the part of broadcast communications, radio, television, not to mention magnetic tape, not to mention travel by air, departures and arrivals... [and] not to mention telephony.»[13]
John Cage, Merce Cunningham and Robert Rauschenberg—and as a result many productions by the Judson Dance Theater, where **Yvonne Rainer** and **Carolee Schneemann** «directed»—placed their stakes not on holistic aspirations but on artistic autonomy and difference. In doing so, they followed on from the argument that **Bertolt Brecht** used against the Wagnerian Gesamtkunstwerk in his «Notes on the Opera» (1930): «So long as the expression ‹Gesamtkunstwerk› (or ‹integrated work of art›) means that the integration is a muddle, so long as the arts are supposed to be ‹fused› together, the various elements will all be equally degraded, and each will act as a mere ‹feed› to the rest.... Words, music, and setting must become more independent of one another.»[14]
John Cage, as already cited, applied this view to the most diverse technical and electronic recording and broadcasting mediums. The interactive dance project «**Variations V**» put on stage by Cunningham together with Cage, **Billy Klüver**, **Nam June Paik** and **Stan VanDerBeek** in 1965 was a representative example of many structurally open performances that included the usage of media technologies: It generated its own soundtrack to accompany the music by means of photo-electrical sensors and microphones that responded to the dancer's movements.[15]
However, in Cage's performances (here in the more narrow sense of a theatrical or musical delivery) the experience of one's own body in a real time and place also became a performance, became the performative act of an open structure: «The purest example is probably the famous «4'33",» first performed by David Tudor in Woodstock, New York, in August 1952. Inspired by his experience in an anechoic chamber—where instead of experiencing total silence as he had anticipated, Cage heard both the pitched impulses of his nervous system and the low-pitched drone of his blood circulating—he decided to demonstrate that ‹silence› in music is actually composed of any number of ‹incidental› sounds originating from sources other than the musicians and their instruments.»[16] Thus, an artistic act situates itself always in the not purely metaphorical area of tension between interior and exterior.
/

and ending with the other. When you opened the door, you found yourself in the midst of an Environment... I immediately saw that every visitor to the Environment was part of it. I had not really thought of it before. And so I gave him opportunities like moving something, turning switches on—just a few things. Increasingly during 1957 and 1958, this suggested a more ‹scored› responsibility for the visitor. I offered him more and more to do until there developed the Happening.» Allan Kaprow, cited. in *Out of Actions*, op. cit, pp. 60f. **13** — John Cage, «**Composition as Process. Part II: Indeterminacy**,» lecture held in Darmstadt in 1958, published in John Cage, *Silence* (1961); extracts reprinted in *Media Art Action*, op. cit., p. 33. **14** — Bertolt Brecht, «Anmerkungen zur Oper ‹Aufstieg und Fall der Stadt Mahagonny›,» in *Gesammelte Werke 17*, Schriften zum Theater 3, Frankfurt/ Main 1967, pp. 1010f. (Brecht quoted after Henry M. Sayre, *The Object of Performance. The American Avant-garde since 1970*, Chicago, 1992, p. 108). **15** — Merce Cunningham was one of the first to become interested in the computer as a choreographic tool. From 1989 onward, he used the «LifeForms» program for the conceptual development of dance projects. **16** — Henry M. Sayre, op. cit., p. 105.

04/106

Happenings: Technical apparatuses for participation

While the happening—defined, by Allan Kaprow, with the simple words «something happens»—had no predefined outcome, it still relied on the event character in a way wholly different from Cage's compositions.[17] The happening was not the singular manifestation of a specific historical constellation, but in some aspects characteristic of twentieth-century avant-garde movements. See, for instance, James Joyce's notion of the epiphany, Walter Benjamin's references to shock as a poetic principle and the lightning-fast recognition of that which is «irrevocably losing itself,»[18] or the often cited example of Jackson Pollock's action painting, which pointed out the process-based character of painting, or Yves Klein's method of staged body-painting. However, the happening added a crucial component to the avant-garde currents of the twentieth century that Jean-Jacques Lebel expressed as follows: «What we have been doing with happenings is not just giving people something to look at, we have been giving them *something to do*, something to participate in and create with. We are giving them a language for their hallucinations, desires and myths.»[19] That made it clear that it was no longer a question merely of altered, process-based production methods, but of dialogical or participatorial processes between production and reception in art, in the media, on the street.

In the essay «Concepts for an Operative Art» (1969), **Jeffrey Shaw** wrote: «The event we look for is when a particular structuring of art/architecture/spectacle/technology makes operational an expanded arena of will and action open to everyone.»[20] Associated with this notion of the operative was a multifarious range of parallel, interfering activities («intermedia,» to use the term coined by Dick Higgins). Contingency and continuity, the fluid and the amorphous, the open and the process-based—these concepts aimed at dismantling the patterns and codes of traditional cultural production. The same aim inspired Wolf Vostell to coin the famous term **«dé-coll/age,»** (variously adapted in titles including **«Television Décollage,»** **«TV-Décollage no.1,»** and **«TV-dé-collage für Millionen»**). The intention was to transfer art, as a disruptive factor, into life, and vice versa. In London in 1966, for instance, Gustav Metzger organized the noted «Destruction in Art Symposion,» in which devastation was staged as a creative process. An essential element of this attitude was the constructive creation of environments and, to use the current term, open platforms. Art was what spectators and participants made it. In **Peter**

17 — «A Happening is an experiment. A Happening takes place in Time and Space. Happenings are uniquely of our time. They involve overlap and interpenetrations of artforms.» Al Hansen, «New Trends in Art,» in *the prattler*, 29 November 1961. 18 — «The dialectical image is one that flashes up. The image of what has been in this case, the image of Baudelaire must be caught in this way, flashing up in the now of its recognizability. The redemption enacted in this way, and solely in this way, is won only against the perception of what is being irredeemably lost.» Walter Benjamin, «Central Park,» in Walter Benjamin: *Selected Writings 1938–1940*, vol. 4, Michael W. Jennings (ed.), Howard Eiland/Edmund Jephcott (trans.), Cambridge, MA, 2003, pp. 183–184. 19 — Jean-Jacques Lebel, «A Point of View on Happenings from Paris,» Paris, 1965, quoted in *happening und fluxus*, Materialien vom Archiv Sohm, Koelnischer Kunstverein, Cologne 1970, unpaginated. Lebel's translation and emphasis. Cf. his statement: «Le happening ètablit und relation de sujet à sujet. On n'est plus (exclusivement) regardeur, mais regardé, consideré, scruté. Il n'y plus monologue, mais dialogue, échange, circulation. ... Il faut être voyant, pas yoyeur!» in *SIGMA des arts et tendances contemporaines*, 19 November 1966. 20 — Art and Artists, no. 10, January 1969, reprinted in *Jeffrey Shaw—a user's manual. From Expanded Cinema to Virtual Reality*, Anne-Marie Duguet et al. (eds.), Ostfildern, 1997, p. 148. 21 — «If you make the publicity in advance, invite the critics, sell tickets to snobs, and buy many copies of newspapers having written about it,—then it is no more a ‹happening.› It is just a concert.»

Weibel's «**Action Lecture**» (1968), the audience interactively—over its own volume frequency—regulated the screening of a film. Some projects even dispensed entirely with the usage of preproduced content or technical media. There was a wealth of multimedia and immersive environments in the context of expanded cinema and experimental architecture that enabled the participants to move, so to speak, entirely within the medium. While the happening was capable of taking on totalitarian character, as Al Hansen commented in reference to Wolf Vostell's happening «**YOU**» (1964), it was less the totalitarian aspect than the pluralism and parallelism of occurrences or non-occurrences that characterized happenings in general (see the «**24-Hour Happenings**» staged by Rolf Jährlings at the Galerie Parnass in 1965). The gallery was venue to Europe's first public presentation of, among other things, Paik's **Robot K-456**, «the first non-human action artist.» Yet, according to Paik's illuminative and biting critique, the happening had to choose between «real experience» as a non-public individual or group process and the staged/media-conveyed concert variant.[21] Paik's soiling of his own nest was something that many artists associated with Fluxus could not forgive (see the postcard «**Traitor, you left Fluxus**»). As is obvious from Allan Kaprow's own equivocal attitude to the term «happening,»[22] the experience of equating art with life led to the increasingly calculated staging of actionist or performative processes that simultaneously paved the way for a return to the traditions of the theater and museum, although the intention had been a merging with «life» itself.[23] One way of sidestepping the alternative of either art context or real life was to use spaces outside the scope of the traditional art world.[24] Television offered one such possibility.

/

«Action» in the media: Dramaturgy and do-it-yourself

04./107

The very diverse artistic attempts to allow occurrences to «happen» culminated in the period around 1968. However, the inherent crux of these concepts was that occurrences cannot be planned. The happening artists solved this problem by turning either to staged actions and performances, which often operated with a decided anti-television impetus, or else to more specifically media-oriented actions in and outside the framework of television.[25] Content was not presented specifically to meet the demands of television, but instead as part of a process-based situation that demonstrated the media conditions

Nam June Paik, «New ontology of music,» in *Nam June Paik. Niederschriften eines Kulturnomaden—Aphorismen, Briefe, Texte*, Edith Decker (ed.), Cologne, 1992, p. 94. 22 — «At one time, perhaps, I did think of something spontaneous, and I did think that maybe the spontaneous could be achieved by the greatest discipline and control which is, ideally, the best spontaneity. This, however, is asking too much of people and so I gave up the problem.» Allan Kaprow, quoted in the appendix to *happening und fluxus*, op. cit. This publication is probably the most comprehensive history of happening and action art, and includes a detailed chronology. 23 — Wolf Vostell's «**Elektronischer dé-coll/age Happeningraum**» (1968) can be cited as an example. Composed entirely of kinetically or electronically moved materials, it was presented on a large, flat base with the result that the museum-like aspect took predominance over the immersive aspect in particular. Flying under the flag of the «happening space,» the autonomy of the artwork stealthily crept back into the practice of the Dé-collagists. 24 — Statements by Vito Acconci—«The art context hasn't the rules real life has»—or Ulrike Rosenbach—«I live life and my art presents something of my life, or of ‹life,› in a text-based form more intense than my day-to-day experience»—illustrate the degree to which 1970s performance art acted out this distinction. Cf. Barbara Engelbach, *Zwischen Body Art und Videokunst. Körper und Video in der Aktionskunst um 1970 (1996)*, Munich, 2001, pp. 38f. 25 — Cf. the works by **Peter Weibel** («**The Endless Sandwich**» and «**TV-News**») and **Valie Export** («**Facing a Family**»).

under which television operates. The success of an action was measured against the viewer ‹participation› documented in the form of protest letters or phone calls. If an action was ‹lost› during broadcasting and did not ruffle the monotonous harmony of television consumption, it was deemed to be a failure or, in some cases, was translated back into an art context in order to be noticed in the first place.

As delineated by Umberto Eco in his influential book «**The Open Work**,» published in 1962, live broadcasts harbored the potential for real-time participation. («**Exposition of Music and Electronic Television**»). **Otto Piene** and **Aldo Tambellini**'s pioneering television happening «**Black Gate Cologne**» (1968) illustrates the extent to which the wealth of options to act and intervene could be undermined by artistic concepts and produce a passive audience response. The requirements of television, which was continuing to serve mere consumers on the ‹other› side, thwarted the actions in the television studio involving audience and artists in front of and behind the camera as both art and technical directors. In the course of the production, a concept planned as a potentially mind-expanding happening involving a studio audience turned into a visual bombardment of the viewers—whether in the studio or at home—with collage-like impressions, superimposed and manipulated images. All the same, this experiment (produced for WDR by Wibke von Bonin) importantly displayed the boundaries of directly transferring to a media context the happening-based forms of the theater and exhibition space. Television functions according to its own laws and conditions, which «Black Gate Cologne» had not been able to make productive. ‹Live› art harbors a risk, and the TV producer therefore prefers to keep a distance from this responsibility—as was still evident some years later, during the introduction to the live broadcast of the opening of **documenta 6** in 1977.

In order to avoid obstructions by institutions or individuals and at the same time to delegate responsibility, artists like Wolf Vostell attempted to free happenings from the constraints of space and dramatic structure, and instead produce them in the spectators' minds, either as «blurrings and conceptual fields that are realized by the viewer's imagination and in which they can find their confirmation,»[26] instructions for action in, for instance, «**Morning Glory**» (1963), or as reformulated in the 1990s in the curator Hans-Ulrich Obrist's «**Do It**» project.[27] The venue of action was a gallery or television, or even the street or a private home. The degree of predefinition of the conditions therefore varied. Today, actionism is realized in the final consequence on a purely conceptual level in the form of participation via the Internet. The venue is now variable in the highest degree, open and potentially globally interconnected. Thirty years on, the consciousness-raising action has survived as a hobby and variant on «do-it-yourself,» and artists can document their updated concepts by posting photographs on a project website. While **Joseph Beuys** propagated the theory that everyone can make art, the postmodern variant proposes something along the lines of «now you must do everything yourself—even art.»[28]

26 — Wolf Vostell, February 9, 1966, quoted in *happening und fluxus*, op. cit. 27 — «**Do It**» is an exhibition of artists' instructions to be executed by you. Should you decide to take part in it, segments of the show can materialize in your home, office or any other place you may find appropriate. Once you have realized an instruction by the artist of your choice, please send us a picture and a name, we will include it on the site.» Statement on the website.

28 — On the actionist concepts for automatic, machine art, e.g. **Cornelia Sollfrank**'s «**Net Art Generator**,» cf. «**Interaction, Participation, Networking**.»

/

Media and stage: Media amplifiers

In the mid-1960s it was scarcely conceivable that only a few decades later people would be purchasing electronic tools at their local discount supermarket. Nevertheless, awareness was growing that it was impossible to investigate the links between art and technology while wholly ignoring the electronics industry. While on the one hand a development towards critical, political activism influenced art in the wake of the Situationists (Jean-Jacques Lebel's rededication of the Parisian May of 1968 as a unique and superlative happening may be seen as a typical example),[29] at the same time one of the most influential initiatives for investigating possible cooperation between artists and engineers was originating in the USA under the name of «**Experiments in Art and Technology**» (**E.A.T.**). **Billy Klüver** was the group's technological expert, while **Robert Rauschenberg** took the artistic lead. In terms of media art, the group staged one of its most trailblazing events in 1966: «**9 Evenings: Theater and Engineering**.» The title made it clear that it was a matter of further developing prior experiments with theater. Yet neither a theater nor a museum could have offered space sufficient for an experiment of that nature. The chosen venue, the vast and empty New York Armory, presaged the unusual new sites or abandoned old spaces that would be favored for media events and temporary festivals in later years.

Due to the overlapping approaches of expanded cinema and pop art, but equally—and tellingly—to cooperation with corporate sponsors, there was a boom in media-based theater productions. As if Guy Debord had never articulated his annihilating critique of the society of the spectacle,[30] a line can be traced from underground events such as those of the Eventstructure Research Group (with **Jeffrey Shaw** and others) over the first corporate occupation of audiovisual immersive space at the Osaka World's Fair, **1970 Expo** (where the Pepsi Pavilion was created by artists associated with E.A.T.) to the mega-multimedia performances staged as pop events (Jeffrey Shaw and Genesis, **Mark Boyle** and Soft Machine, Pink Floyd and others) in the 1970s. Kinetic art structures—pneumatic objects inviting participation, diverse projection techniques—were seamlessly integrated into the pop industry's ever more perfect spectacles and light shows. Any talk of consciousness-raising was now limited to the pharmaceutical aspect, and collective, collaborative events became happenings for the masses, the body a mass media icon on the stage.

Proof that mass media pop events could evolve from the performance tradition was delivered by **Laurie Anderson**—«I am in my body as other people are in their cars»[31]—and her paradigmatic rise from street performance artist to intellectuals' pop icon after the release of «**United States I–IV**» in the early 1980s. Her unique stage show made up of personal narrative, a technologically altered voice, electronic body scanning, and a pool of freely associated images was based on the mass media literacy of a generation for whom the pop industry and television were equally formative influences.

29 — Permanent actionist disruption led to an extended notion of the happening in the case of Lebel, who viewed «as the most important and significant Happening in his life the Paris students' revolt of 1968.» Heinz Ohff, *Anti-Kunst*, Düsseldorf, 1973, p. 97. **30** — An extract from Thesis 18: «It [the spectacle] is the opposite of dialogue. Wherever there is independent *representation*, the spectacle reconstitutes itself.» Guy Debord, «**The Society of the Spectacle**,» 1967 (French original publ. in Paris, 1967). The entire text is online. **31** — Laurie Anderson, quoted in Sayre, op. cit., p. 150.

This essay can merely touch upon the more contradictory and conflict-ridden process of integrating stage performance and mediatization in Europe. Throughout the 1980s the Catalonian theater troupe **La Fura dels Baus** toured with a series of body-centered spectacles employing mechanical and electronic equipment and repeatedly centering on the viewer as the target of the performers' disinhibited actions.[32] In the meantime, the group is back on the same classical stage it originally tried to avoid, playing in large theaters. No survey of theatrical performances[33] would be complete without mentioning the technologically advanced troupe **Dumb Type.**[34] Composed of Japanese multimedia artists, the group's elaborate stage performances were based not on extreme physical feats, but rather precisely on the mediatization of the body.

A distinct line leads from the theatrical experiments of E.A.T.'s «9 Evenings» in 1966 to the later multimedia spectacles mounted by rock bands or by directors and ensembles on the international theater scene (William Forsythe, Robert Lepage, Robert Wilson, Wooster Group). The technical and logistic complications experienced in the course of the «9 Evenings» were an early demonstration of the problems of live electronics that even today make many directors reluctant to risk the imponderables of hi-tech sets, not to mention interactive performances. It was hence not only an ideological but also a pragmatic issue to stress the importance of the process as opposed to the result of these experiments. That the curiosity about new territory was not confined to classical theater venues was demonstrated by artists like Alex Hay, who as early as 1966 said: «I want to pick up faint body sounds like brain waves, cardiac sounds, muscle sounds, and to amplify activity, its changing tempo and value.»[35] His words illustrate the degree in which utopian visions were connected specifically with the permeation and amplification of the body and its linkage with media. Many performance artists subsequently worked on the question in different ways and in opposition to the mass media and theatrical venues. While globally televised information continued to gain importance for the formation of society, artists were increasingly placing their stakes on the most direct point of local reference, namely their own bodies.

/

04/109

Performance: Anywhere, anytime

The thin line between personal experience and social situation was thematized above all in the performances of **Abramović/Ulay**. Their motto—«Art Vital—no fixed living-place/permanent movement/direct contact/local relation/self-selection/passing limitations /taking risks/mobile energy/no rehearsal/no predicted end/no repetition»[36]—underscored in particular the mental dimension of their own work and the risks it involved. The duo accomplished what probably amounts to the most consistent and longest series of performances, running under the invariable motto «no rehearsals» and exploring in multifarious form the border between power and impotence, between the self and

32 — Cf. also the performances of **Survival Research Laboratories** or of **BBM**. 33 — In this respect, marked similarities emerged with the theatricality of 1980s video sculpture, for instance **Marie-Jo Lafontaine**'s monumental and operatic **«Les larmes d'acier.»** 34 — For Dumb Type and a survey of contemporary Asian Performance cf. the website of the exhibition **«Transcultural Acts»** mounted by the House of World Culture, Berlin. 35 — Quoted in Simone Whitman, *Theater and Engineering. An Experiment—Notes by a participant*, New York, 1966, E.A.T. Archive, ZKM Mediathek.

others, between watching passively from the sidelines or actively intervening. While their work as a couple focused on the mental dimensions of extreme physical experiences over a sustained period of time, in his solo action «**Da ist eine kriminelle Berührung in der Kunst**» (1976) Ulay perpetrated and documented on video a real-life art robbery as a critical reflection on the mass media and the museum as a bourgeois institution. He deliberately violated the museum rule of «Please do not touch» in order to make the predictable reaction of the media and tabloid press part of his action and the aftermath. Initially, performances were held primarily outside the traditional art venues. They extended into even the most private spaces, and tried out diverse approaches. Performances delivered alone in front of the video camera for audiences that would see them at a deferred point in time insisted on their status as art and were suspicious of audience participation—see **Bruce Nauman**'s early **films and video tapes** or **Jochen Gerz**' «**Rufen bis zur Erschöpfung**» (1972). Other works demonstrated how predictably violently audiences responded when confronted with technical apparatuses (Jochen Gerz, «**Purple Cross for absent now**» 1979). Street actions barely noticeable («**Ausstellung von Jochen Gerz neben seiner fotografischen Reproduktion**» 1972) contrasted with provocative incursions into the public domain (Valie Export/Peter Weibel, «**Aus der Mappe der Hundigkeit**» 1969). **Vito Acconci** attempt-ed to draw up a classification system for his own works.[37] Between the almost private gesture, or attitude, and the public interventions, concepts were to be found that precisely investigated the interconnection of the private and the public. In that way, a performance might take place at home, but would still be addressed to the public. Describing «**Step Piece**» (1970), Acconci wrote: «The public can see the activity performed, in my apartment any morning during the performance-month; whenever I cannot be home, I will perform the activity wherever I happen to be.»[38] Thus, artists deliberately extended the venue of the art action into the private sphere, charging it with both cultural and political codes. With her action «**Triangle**» in 1979, **Sanja Iveković** demonstrated how private space is subject to public surveillance and a private, sexually explicit action can be interpreted as a public threat by a totalitarian state. Documented in photographs, this action simultaneously points to the media apparatus of the surveillance state and the resultant thematization of the political and collective body, primarily by East European artists.[39] The extent to which the collective body is also one propagated by the history of images and by the visual media will be discussed below.
/

Without audience: A room of one's own

04./110

The reality of state control in Eastern European countries was in contrast with the specific search for non-monitored «domination-free» spaces in the west. Referring to «**Baba Antropofágica**» (1973), **Lygia Clark** stresses the establishment of collectivity as a process of group dynamics: «We arrived at what I call ‹collective body,› an exchange between

36 — Marina Abramović/ Ulay—Ulay/ Marina Abramović, *Relation Work and Detour*, Amsterdam, 1980, motto on p. 19. 37 — Vito Acconci, «Biography of Work (1969-1981),» in *documenta 7*, exhib. cat., vol. 1, Kassel, 1982, pp. 174-176. 38 — Vito Acconci, «Conceptual Notes on ‹Steps (Stepping Off Place), Apartment 6B, 102 Christopher Street, New York City›.» Reprinted in *Theories and Documents of Contemporary Art*, op. cit., p. 761. 39 — This complex is afforded the most comprehensive coverage in *Body and the East. From the '60s to the Present*, Museum of Modern Art, Ljubjlana, 1998.

people of their intimate psychology. This exchange is not a pleasant thing ... and the word communication is too weak to express what happens in the group.»[40] But no matter how much the body could join up with others to form a temporary, flexible structure—as was the case in the group actions by Lygia Clark or the multimedia, usable installations by **Hélio Oiticica**—it still remained a hermetically sealed border. The body «disclosed» itself solely to the internal view and mental experience of one's own body. **Bruce Nauman** defined the body as a «sphere» and worked with isolating and anonymizing body concepts, with «mental and psychic activities.»[41] Nauman's performances in a studio without an audience now became a performative act in which the viewer was likewise isolated (as in «**Live-Taped Video Corridor**» 1970). This attitude, which isolates the first person in both the processes of production and reception, was in line with Nauman's later mistrust of any kind of audience participation.[42]

Despite his success with interactive installations, **Gary Hill** similarly rejects any notion of currying audience favor, instead insisting on the autonomy of the work of art: «There is always a sense of opaqueness in the way that the work is not calling out for an audience, or for that matter, not calling outside itself at all. Perhaps this is left over from my sculpture days, but the autonomy of the work itself is still something that I'm very aware of, at least in terms of keeping theatricality at bay.»[43] Watching, as in his «**Viewer**» installation of 1996, becomes a performative activity on the part of the viewer, while on the «other» side of the screen watching is all that the performer does.[44] In Gary Hill's work, and basically in Bruce Nauman's, too, the body—whether one's own or somebody else's—is ultimately an unfathomable «sphere,» a sign of existence that cannot be permeated or scrutinized, let alone linked up to electronic media. These artists are concerned with a bodily presence in time, but it is a presence each viewer must feel for him or herself. Theater simply needs an audience.

/

04./111 Performativity and video

If that which remains is precisely what distinguishes art, as Jochen Gerz once suggested, then it was a logical step to artistically design the way processes are exhibited. The act of directing productions in the media, in a wider sense any «time-based art,» must also be seen as a performative act when it is reproduced, restaged or exhibited—something for which the videotape offered ideal conditions. Bruce Nauman's performances, produced alone in the studio with a video camera, were therefore first perceived as a performative act when viewed by visitors to an installation. In contrast to the event character of many public happenings and actions, Bruce Nauman was concerned with the anonymity of the performer even in his early films and videotapes such as «**Bouncing in the Corner**» or

40 — Lygia Clark, quoted in *Out of Actions*, op. cit., p. 204. **41** — Bruce Nauman, «Notes and Projects» (1970), in *Theories and Documents of Contemporary Art*, op. cit., p. 605. **42** — «[I created] a way of limiting the situation so that someone else can be a performer, but he can only do what I want him to do. I mistrust audience participation.» Bruce Nauman speaking to Willoughby Sharp in «Nauman Interview,» *Arts Magazine 44*, no. 5 (March 1970), quoted in *Out of Actions*, op. cit, p. 91. **43** — Gary Hill, «Liminal Performance,» in *Conversations on Art and Performance*, Bonnie Marranca/Gautam Dasgupta (eds.), Baltimore, 1999, p. 363. **44** — «The viewers perform the act of viewing. The performers stand and *view*.» Gary Hill, «Liminal Performance,» in Marranca/Dasgupta, op. cit., p. 370. Robert Rauschenberg, when giving his interactive installation «**Solstice**» a trial run in

«**Slow Angle Walk**» (1968) His video performances lasted the length of the tape—either thirty or sixty minutes. They were Minimalist and Conceptual anti-events that **Andy Warhol** had tried out in his own way as cinematic real-time concepts, for instance in «**Sleep**» (1964): The event was precisely that nothing happened. Declared as a media event, the unspectacular everyday, trivial act was placed up against the «society of the spectacle.» In this way, a distance between performer and viewer was reflected in ruptured form, but not eliminated—and that was the point. The distance that remained offered the «viewer» the possibility of experiencing something personally. The general concept of the happening—«something happens»—was thus surreptitiously transformed into a psychologizing «something happens with me.» Neither Nauman nor Acconci was interested in video as a mass medium, but instead in precisely the private, intimate quality of the medium and in the irritation that a deliberate limitation of freedom to act can rouse in viewers and visitors.

In this case, however, intimacy and psychology were not criteria associated with introspection. On the contrary, other artists took up an artificial and theatrical posing that complementarily reflected Warhol or Nauman's opposition to a return to naturalness and subjectivity. **Gilbert & George**'s «living sculptures,» as presented in their tableau for **Gerry Schum**'s television broadcast «**Identifications**,» (1970) set the «artificial, rigid, remote and single» against the «fluid, interactive and plural.»[45] Insistence on the artistic aspect of hermetic signs of bodily presence, on the one hand, and the theatrical pose adapting traditional motifs for performative sculptures and tableaux vivants—these opposites encompassed a central aspect of time-based media art.[46] Between the two poles, the scope of the problem was roughly outlined, but there was no desire to furnish an analysis of its social and political vectors. By the late 1960s, however, more and more artists were becoming interested in delivering such an analysis.

/

Performativity as inscription, recording, signature

04/112

In archaeological terms, artistic treatment of the in-body storage of experience, history and identity can be grasped as a process of disillusionment and disclosure—in line with **Richard Kriesche**'s motto «**Painting covers up, art reveals!**». On the other hand, the same process can be demonstrated and produced as an act of inscription, as in «**Film No. 6, Rape**» (**John Lennon** and **Yoko Ono**, 1969). Whereas a classical artistic perspective on the question of the body-conditioned nature of perception was still evident in **Dennis Oppenheim**'s statement, «My body is the intention, my body is the event, my body is the result,»[47] (see his film «**Two Stage Transfer Drawing**,» 1972) or Gary Hill's video installation «**Crux**,» an overstepping of the symbolic was obvious in **Chris Burden**'s famous

front of an invited audience, offered the best show, according to Billy Klüver, «to the mere spectator, ... not to the active participant.» **45** — Guy Brett, «Life Strategies: Overview and Selection,» in *Out of Actions*, op. cit., pp. 197–225, here p. 221. **46** — Cf. Sabine Folie / Michael Glasmeier, *Tableaux Vivants. Leben Bilder und Attitüden in Fotografie, Film und Video*, Kunsthalle Wien, Vienna, 2002. This painterly, in all events pictorial, effect was able to enjoy success in the fields of photography and video installation; cf. the works of Cindy Sherman, James Coleman, Bill Viola, Orlan. **47** — Günter Brus, «Bemerkungen zur Aktion: Zerreissprobe,» in *Aktionsraum I oder 57 Blindenhunde*, Munich, 1971, reprinted in *Theories and Documents of Contemporary Art*, op. cit., pp. 754–755.

actions such as «**Shoot**» (1971), in which he allowed himself to be shot in the arm, or «**Prelude to 220, or 110**» (1976), in which he exposed himself to the danger of electric shocks. In 1974 the French artist François Pluchart published a body art manifesto that equally applied to those early 1970s performances targeting the media. He calls them «irreconcilable,» a form in which «the power of a language counts that disturbs, dissects and reveals.»[48] Once again, therefore, it was a matter—reflecting the tradition of Antonin Artaud's Theater of Cruelty—of the inalienable aspect of an experience conveyed through the body. The art historian Kristine Stiles discerned in such performances the «illustration of the deep belief in the ego as subject,» a rebellion against the imminent dissolution of the notion of the subject. Or as Carolee Schneemann put it: «Performance art [has got] an enormous amount of internalized fury, anger, rebellion that would potentially, in another kind of society, go to very positive social action.... So much alienation and fury indicates to me a breakdown of the utilization of the self and of its integration into a real functioning unit.»[49]

«Discovering just how much reality humankind can bear.»[50] The question of what is real can probably be answered only in specific aspects: philosophically, biologically, and so forth. In terms of media theory, then, the question must run: Which constitutive media element is characteristic of reality, or is it a matter of a fundamental antithesis? It is helpful when considering this issue to look back to the time before Reality TV with all its theoretical implications and examine the hybrid relationship between reality and mediatedness in early body-oriented productions of media and action artists. Their agenda might have been reformulated as: «Discovering just how much mediality humankind can bear.» Even in the early 1970s, however, concentration on the «body as (mediated) occurrence» reflected the discovery that no lasting impact had been achieved with political interventions in other media and contexts. Performance artists therefore saw themselves as impelled to produce more violent actions—see the works of Gina Pane, Mike Parr or, later, of the **Autoperforation** artists in what was then East Germany. If in 1961 **Niki de Saint Phalle** and **Jean Tinguely** had articulated their cause with the words «Shoot at art,» the motto now became «Shoot at the artists,» for instance in Chris Burden's «Shoot.» Burden saw danger and pain as catalytic converters that must be understood as exercises of power and self-control in the literal sense.[51] The art historian Henry Sayre stresses the implicit mediatization when he refers to the «market value» of an artist who has been shot at—a dubious honor so far confined to Andy Warhol, on whom an attack was perpetrated in 1968 and whose face the media promoted to a kind of pop icon of art.

Transformations of, and inscriptions on, the body should not however be understood as a purely visual act. Valie Export's «**Body Sign Action**» of 1970 is paradigmatic of the

48 — François Pluchart, «Manifest de l'art corporel» (1974), in: *L'art corporel*, exhib. cat., Galerie Stadler, Paris 1975; quoted in Doris Krystof, «Body Art,» in *DuMonts Begriffslexikon zur zeitgenössischen Kunst*, op. cit., pp. 40f. 49 — Carolee Schneemann, «Performance and the Body,» interview with Robert Coe, in Marranca / Dasgupta, op. cit., p. 331. 50 — Mark Boyle, *Journey to the Surface of the Earth: Mark Boyle's Atlas and Manual*, Edition Hansjörg Mayer, Cologne et al., 1970, unpaginated. 51 — Henry M. Sayre, op. cit., p. 102 52 — Cf. detailed treatment of this complex in Peggy Phelan, *Unmarked. The politics of performance*, London / New York, 1993. 53 — Cf. also Valie Export, «**Körperüberblendungen**,» «**Die Geburtenmadonna**.» 54 — Cf. also Martha Rosler, «**Semiotics of the Kitchen**»; Ulrike Rosenbach, «**Glauben Sie nicht, dass ich eine Amazone bin**,» Joan

indelible inscription of cultural codes onto the body. Thus, the body becomes the medium of codes legible in various ways—economically, socially, sexually. Peggy Phelan drew the following theoretical conclusion: Performance does not admit symbolic representation but is a representation of reality; not, however, as a fundamental antithesis to the mediated, since the latter always contains the real.[52] As Valie Export demonstrated in her public tattooing action, this act of inscription could be diverted into the field of artistic identity: As an act of self-inscription, the gender-constructed identity can be made visible and thus potentially be experienced in a different way.[53]

For artists like **Martha Rosler**, **Ulrike Rosenbach**, **Valie Export** and **Joan Jonas**,[54] the new medium of video, as yet unfettered by the constraints of tradition, immediately became an important means of exposing the mechanisms by which female identity was constructed and assigned. Sigrid Schade reaches the conclusion that «femininity is not defined in specific idealized images, but possesses the status of being an image, an image however of the absent gaze: a flat-screen projection surface.»[55] Since the early 1960s, Carolee Schneeman had been wholeheartedly and excessively staging the relationship between image production and real bodies. Her kinetic eye-body-theater[56] always moved between the extremes of sensual exploration and feminist critique of reducing women to images: «I was permitted to be an image but not an imagemaker creating her own self-image.»[57] In particular, the film-action «**More Than Meat Joy**» (1964) and the film «**Fuses**» (1967) won her a reputation as a performance artist of sensual ecstasy and the delights of the flesh. That also set her apart from the Fluxus artists, with their more conceptual approach: «In Fluxus, sexuality was more sublimated than the overtly hedonistic performance practices of Happenings and Pop Art that coexisted, overlapped, and sometimes interlocked with it in the 1960s.»[58] It is no coincidence that she also began taking part in the expanded cinema movement as soon it as was founded by Jonas Mekas and, by using film and electronic elements, consistently carried forward her kinetic theater based on moving objects, lights and sound. She was supported in her endeavors by E.A.T., among others. She received invitations to Germany, for instance to show her «**Electronic Activation Room**» at the «**happening und fluxus**» exhibition in 1970. The work of Carolee Schneemann did not translate the necessary and radical critique of images of traditional femininity into desexualized processes, and that lent her performances a very sensual and playful aspect. That being a «projection surface» did not always necessarily imply the status of victim, but could be offensively reinterpreted, became more evident in the 1990s above all through the success of artists like **Pipilotti Rist**, **Sadie Benning** or **Tracey Emin**.[59]

/

Jonas, «**Vertical Roll**» and many other works by the same artists. 55 — Sigrid Schade, quoted in *DuMonts Begriffslexikon zur zeitgenössischen Kunst*, op. cit., p. 96. 56 — «Neurological function recognizes itself in terms of imagery. You don't see it in yourself, you do it. The fascination with anything that moves has to do with the primary objectification of our constant physical state.» Carolee Schneemann, «Performance and the Body,» interview with Robert Coe, in Marranca/Dasgupta, op. cit., p. 335. 57 — Carolee Schneemann, «Istory of a Girl Pornographer,» in *More Than Meat Joy, Performance Works and Selected Writings*, Bruce R. McPherson (ed.), New York, 1979, p. 194. 58 — Kristine Stiles, «Uncorrupted Joy: International Art Actions,» in *Out of Actions*, op. cit., p. 315. 59 — Pipilotti Rist, «**Pickelporno**,» Sadie Benning, «**Jollies**,» Tracey Emin, «**Why I never became a dancer**.»

04/113

Hybrid experimental setups

Carolee Schneeman knew how to play with the status of the image, but like most people she drew a clear distinction between art and life. The French performance artist **Orlan** has been the most radical in siting her personal artistic identity in the relationship between internal image and external perception and ascription. Since 1990, in the course of her «**The Reincarnation of Saint Orlan**» she has undergone a series of surgical operations on her face in order to re-embody certain physiological features that have served as models in the history of art. Her «models» were Venus, Diana, Europa, Psyche and Mona Lisa.[60] Christine Buci-Glucksmann refers to the notions of scenography and the event when referring to Orlan's oeuvre: «What is distinctive about Orlan is that she creates an art of the event in itself.»[61] Not only were Orlan's operations based on mediated images, after all—they took place as media events for the camera.

In work ranging from **Timm Ulrichs**' «**Self-Exhibition**» over that of **Gilbert & George** and **Abramović/Ulay** up to **Tanja Ostojić**'s more recent «**Personal Space**,» it was the case that not only seeing and using one's own body as an art object but also publicly exhibiting it as such simultaneously placed the body beyond the touch of its viewers. While many artists went one step further and symbolically exposed the body to potential public interference, aggression and violation, a small number even made this part of a real participatorial event. One example was **Yoko Ono**'s «**Cut Piece**,» restaged by **Lynn Hershman** for video in the early 1990s—incidentally, similar examples of recurrence have taken place with the works of Vito Acconci, as shown (again in the 1990s) by **Paul McCarthy**'s/**Mike Kelley**'s «**Fresh Acconci**.» Cutting and cutting out, as well as shaving, burning and injuring, became one of the trademarks of later body art. From the contemporary media-society perspective, however, the consistency of Ono's reflection of mediated conditions (later also as a reaction to her husband John Lennon's popularity with the mass media) has even more impact than the later actions that directly deployed the body. Able to negotiate and transgress the borders between the esoteric Fluxus circles and the mass media Beatles events, together with the Austrian public broadcaster ORF Ono and **John Lennon** produced the television broadcast «**Film No. 6, Rape**» (1969). As Reality TV—an unknown woman was genuinely stalked by a camera—the broadcast anticipated many aspects that would later be elaborately produced in the form of games[62] or «Big Brother»-like soap operas. Ono's authentic interference in an anonymous woman's private sphere went much further than a conceptual action like Vito Acconci's «**Following Piece**;» it touched upon real or imagined traumatic experiences, and even today leaves behind a claustrophobically realistic impression. The longer one watches the broadcast, the more unbearable the voyeuristic viewing of the obsessive, dialogical relationship between reality and its media recording becomes.

What **Rassim Krastev** documents on videotape in «**Corrections 1996–98**,» an action

60 — See the CICV website on Orlan's **manifesto**. 61 — Christine Buci-Glucksmann, «Orlan. triomphe du baroque», cited in Folie/Glasmeier (2002), op. cit., pp. 23–25. 62 — Cf., for instance, the German television production by Wolfgang Menge «**Das Millionenspiel**,» WDR, 1970.

repeated by an eastern European artist as an ironical rejoinder to the western body cult, obeys the logic of merchandise and image value. The raw material of the artist, the intervention in his own body, ultimately remains the production of an image to capitalize in the art market. Similarly, the performances of **Vanessa Beecroft** (see «**VB 50**,» one of the most recent, which was delivered at the 2002 Sao Paulo Biennial and featured tableaux made up of nude, stylized women's bodies) are based on advertising images and the utopian visions of human cloning. Due to the lack of occurrences, however, the act of exhibition and that of voyeuristic watching become ever more incidental in the course of the performance. The border between naked and clothed persons, between performers and viewers, becomes blurred. What remains is a situation not unlike the noise of a television running in the background: We occasionally glance at the screen to see what's showing, then return to our everyday activities. In an exhibition situation, we simply pick up the threads of a conversation we were having. Interestingly, Vanessa Beecroft repeats her performances on a different day exclusively for the purposes of electronic documentation: As if the audience were not part of the performance but only a performance framework that has to be allowed for. Although Vanessa Beecroft works with real bodies, the ultimate goal is the body image. Photographs—«stills»—are therefore the logical medium for exploiting her performances.[63] The exposure of one's own body is a paid job demanded only of others. At least we discover this much about the truth of the body, whatever that is: The body has yet again congealed into an image, even if these images are «live.»

/

Body and interface 04/114

If the reality of the body was investigated with the use of media, it was often also advanced as an argument against them. Body art was on the one hand an extreme example of the clinging to the precarious subjectivity and physical essentialism of the ego. Orlan's operations, on the other hand, testify to the cultural determination of every physical formation, in the truest sense of the word. It begins to become clear that the polarity posited at the beginning of this essay—between, at one end of the spectrum, using (or counteracting) media in order to demonstrate the presence and materiality of the body and, at the other extreme, exploring the immaterialities and potentialities implicit in the gradual disappearance of the real body due to the media—had its roots in the 1960s. In that decade, the foundation for the virtualization of the body had been laid in both conceptual and technological terms.

One of the earliest performances to substitute an electronic screen for the human body was delivered in the framework of expanded cinema and its practice of consciousness-raising. «**Son et Lumière: Bodily Fluids and Functions**,» in which one of the first video projectors was used for art purposes, was staged by **Mark Boyle** and **Joan Hills** in

63 — Wholly in contrast to radical performances such as those of **Santiago Sierra**, who directly elaborates precisely the real aspects of an exhibited situation, as in «**Six People who Cannot be Remunerated for the Staying in the Interior of Cardboard Boxes**,» Kunst-Werke, Berlin, 2000.

Liverpool in 1966: «In the sperm sequence a couple wired to ECG (electro-cardiogram) and EEG (electroencephalogram) celebrated intercourse [hidden behind a screen], while the oscilloscopes of the ECG and EEG were televised on closed circuit television and projected with an Eidofor TV projector on to a large screen behind the couple. Thus, their heartbeats and brain waves were instantly revealed.»[64] Now as good as forgotten, this performance paradigmatically defined a central motif, namely interest in the invisible and process-based aggregate states of the body. In other words: interest in the image of the body when «viewed from the inside.»

This concentration on the body had already been reflected from a media theory point of view in Oswald Wiener's cybernetic «Bio Adapter.» Not long afterwards, the artist **Jean Dupuy** and the engineers **Ralph Martel** and **Hyman Harris** took first prize in a competition staged within the framework of the E.A.T. exhibition «**Some More Beginnings.**» The prize led to a parallel exhibition of their work at two renowned New York art institutions - the Metropolitan Museum of Art and the Museum of Modern Art—in the show «**The Machine—As Seen at the End of the Mechanical Age.**» Their process-based sculpture «**Heart Beats Dust**»[65] enabled the cardiac rhythm to be made visible over prerecorded tape footage as well as a stethoscope connected to the sculpture itself.

The «instrumentalization» and visualization of the body has been increasingly perfected in the course of the past forty years. Although artists were not always able to keep pace with technological progress, they succeeded—with the aid of sensors, interfaces and, in the final consequence, implants - in deploying apparently non-manipulable body processes as real-time imaging techniques in performative and participatorial closed-circuit installations. By the 1990s at the latest, advances in the field of bio-engineering sparked an increased interest in the linkage of humans and computers as hybrid beings, as opposed to revealing subconscious or unconscious mental processes. Initial attempts to produce artistic bio-feedback are discernible in works such as «**Breath**» (1992), an early interactive installation by **Ulrike Gabriel**. The difference was that artists now confronted their inner life in the form of a large-scale visualized abstract fabric. The experience of hybrid space as a complex and immersive data realm was no longer confined to laboratory conditions in an academic framework.[66] The viewing of an installation became a performative act of encounter with an audiovisual constellation synchronized by the body.

Yet, this linkage with the machine is never free from anxiety or the structures of domination. In the 1990s, the Ars Electronica festival repeatedly addressed the subject of the body as a «battlefield» of technological, social and ideological wars.[67] The same theme

64 — Mark Boyle, in *Mark Boyle's Journey to the Surface of the Earth*, J. L. Locher, Edition Hansjörg Mayer, Stuttgart/London, pp. 72f.; quoted in *Out of Actions*, op. cit., p. 280. Mark Boyle later numbered among the artists who staged multimedia shows for rock bands (Soft Machine, Pink Floyd, Cream, The Animals). 65 — Pontus Hulten, **The Machine—As Seen at the End of the Mechanical Age**, MoMA, New York, 1968. The exhibition forged an extensive link from the Renaissance up to DADA, Futurism and later machine artists such as Tinguely and Paik. On December 2, 1968, as part of the accompanying program, Kenneth Knowlton delivered a lecture entitled «An Evening of Computer-Produced Films.» 66 — Cf. also the entire range of CAVE technology as well as projects like those of **Eduardo Kac** or Christian Möller and Sven Thöne, «**The Virtual Backbone.**» See also the text «**Immersion and Interaction.**» 67 — «**Flesh Factor**» (1997); cf also the themes

was underscored in «**Rehearsal of Memory**» by **Graham Harwood/Mongrel**. Similarly, as feminist practice became more theorized, the blind spot of all technological debates became increasingly clear: The subject—artists and participants alike—is a construct shaped by social and historical aspects. No matter how radical a happening or, subsequently, a performance was, it was unable to provide access to mythical, prehistorical, natural experience. In the recent past, exponents of a notion of the performative shaped by Judith Butler's gender theory have included Marie-Luise Angerer, who notes that «the performance is essentially the movement (of bodies and signifying processes), that drives on the spectacle or event.»[68] She also concludes that «in the performance the body [must] be allocated an autonomy that precedes the intentionally acting individual.» The body—be it somebody else's, one's own, or a collective body—speaks; and language, as we know, is a social convention. Under these premises, even the apparently spectacular and voyeuristic performances of **Vanessa Beecroft** become complexly coded anti-spectacles.

/

Intervention in the body of the other

04/115

Vanessa Beecroft demonstrates how the serial aspect of our identity construction nevertheless produces subtle, coded differences. Yet her artistic concept is comparable with the one-way communication of television—which is, of course, her main target. In either case, one sender informs many receivers. Things start to get interesting when artists like **Stelarc** reverse the perspective, with the result that numerous senders «inform» one receiver. The body becomes a syntopic location or, put differently: One's own body becomes, also in telematic terms, the others' field of action.[69] Stelarc provides the paradigmatic conclusion of this essay insofar as his development as an artist illustrates the path from confronting the real body with its own limits to cyber-utopian experiments with dislocated bodies. One of the first to use medical visualization techniques for art purposes, in the early 1970s Stelarc began to «penetrate» and film his own body with the aid of electronic tools. «Probing» and «piercing» are also the terms he uses to describe these early films of the inside of his body. He subsequently became famous with his «Suspension» performances, which were directly in line with the body art tradition. His next step, however, was to extend and enhance the body through physical and virtual extensions like the «**Third Ear**,» «**Virtual Arm**» or similar. In «**Ping Body**» and «**Fractal Flesh**,» he aspires to a «human-machine symbiosis» that is literally «post-human» inasmuch as the artist acts as a mechanical system able to be remote-controlled—ultimately even via the Internet. While the venues of his performances are real, physical, visible spaces, the unity of the human body no longer applies. Using mechanical extensions, Stelarc

«Genetic Life» (1993), «Life Science» (1999) or «Next Sex» (2000). **68** — Marie-Luise Angerer, «Performance,» in *DuMonts Begriffslexikon zur zeitgenössischen Kunst*, op. cit., p. 243. In *Gender Trouble* (London, 1990) and *Bodies That Matter* (London, 1993), Judith Butler essentially shaped the gender theory that investigates the socially constructed gender categories of «male» and «female.» Under the title «**Cyborg_Configurations**,» in 2004 Yvonne Volkart and others will examine the field in more depth in the scope of «Media Art Net 2.» A visionary treatment of the discourses surrounding machines, automats, dolls, robotics and so forth is conveyed in **Chris Cunningham**'s video clip, «**Björk: All is full of love.**» **69** — I owe the term «syntopy» to the elaborations of Claudia Giannetti in «Estetica Digital,» Barcelona, 2002 (see also «Media Art Net 2» in 2004). Cf. also the «**Epizoo**» project of Marcel.li Antuñez Roca.

expands his body and, over a global network of synapses, his nervous system, too: He becomes the agent for the actions of others. Impulses delivered via the Internet are the triggers for a «moving movement»:[70] «I get so tired and irritated when people talk about the Internet as a kind of strategy for escape from their bodies. They say that the Internet is ‹mind to mind› communication. Well! If ‹mind› means this reductive realm of text with a few images thrown in them, that notion of mind for me is a very reductive concept. Mind for me is smell, sight—all these things generate this notion of a mind in the world. It's not a mind that should be talked of separately from the body. We're superimposing old metaphysical yearnings onto new technologies. We have this transcendental urge to escape the body, and we've superimposed this on technology.»[71]

/

04/116

Augmented reality

A discussion of projects tackling the virtualization of the body and its functions and desires would offer material for a separate essay.[72] Around the world any number of contemporary performative approaches are aspiring to link, often with the means of dance choreography, real bodily presence at a given location with strategies of dislocation and mediatization (see, for example, **Chris Ziegler**'s cooperation with dancers in «**scanned V**»), or experimenting with aspects of telematics and real-time Internet connectivity. **Company in Space** is one of many multimedia theater or dance groups working at the intersection of the Internet with live events in order to translate our understanding of the notion of «distributed authorship» and «augmented reality» into physical embodiments in real locations.[73] Events focus less and less on the relationship between real and mediated, whereas artistic interest is increasingly concentrating on narration and a wholly new treatment of expanded data space. The deployment of new modular software for real-time telematic operations enables the vestiges of Modernist avant-garde concepts to be dispersed in the diversity of heterogeneous data spaces. The data helmet that once covered a performer's head is increasingly being replaced by an entire data suit, a ‹second skin› that in the near future may not even be recognizable as such. The symbiosis of human being and data implant has long since started to leave the realms of science fiction and become reality.

My opening question about the reality of the body cannot be distinguished from the body's own mediatedness, be this in the biological sense—as a being that has possibly already been genetically manipulated and was therefore prefabricated on the basis of an imaginary model—or with respect to the external manipulation already possible and demonstrated all too clearly by artificial figures like Michael Jackson, or in regard to

70 — Cf. Stelarc, «Beyond the Body: Amplified Body, Laser Eyes, and Third Hand» (1986), in *Theories and Documents of Contemporary Art*, op. cit., p. 427. 71 — Stelarc in an interview with Annie Griffin, «We Can Rebuild Him,» *Guardian* (May 4, 1996). Cf. Stelarc, *Obsolete Body Suspensions*, San Francisco, 1984; Stelarc, «Prosthetics, Robotics and Remote Existence: Postevolutionary Strategies,» in *Leonardo*, vol. 24, no. 5, pp. 591–595 (1991); cf. also **Stelarc's website**. 72 — Cf. for instance Stahl Stenslie—from interface to «**Inter_Skin**,» a cyber SM project in cooperation with Kirk Woolford. With «**Fuck U Fuck Me**,» **Alexej Shulgin** placed as «Ultimate Remote Sex Solution»™ on the Net an ironic rejoinder to all cyber-sex variants. 73 — Cf. for instance the group's «Incarnate» (2001), a live performance delivered in combination with ISDN video-conference links as well as real-time applications and interfaces.

the body's performative aspect as an agent coupled to binary codes. The data glove is superfluous; the entire body is becoming a mouse, an interface—yet to deplore this as a loss of subjectivity and morality would not amount to an artistic stance. The new body opens up options and different identities. In all time-based media and projects, time alone remains a linear process- even if artists are countering the bio-genetical manipulation of the human being by going back to the kind of subjective confrontation with body processes that was extensively conducted in the 1960s. Performances such as that of the Cuban video artist **Felipe Dulzaides** in «**On the Ball**» (2000), are symptomatic of the continuing relevance of these low-tech positions. However the body is seen, interpreted, mediatized or deconstructed, it remains at the center of identificatory processes. It is, in other words, in all cases the «given.»

/

Translation by Tom Morrison

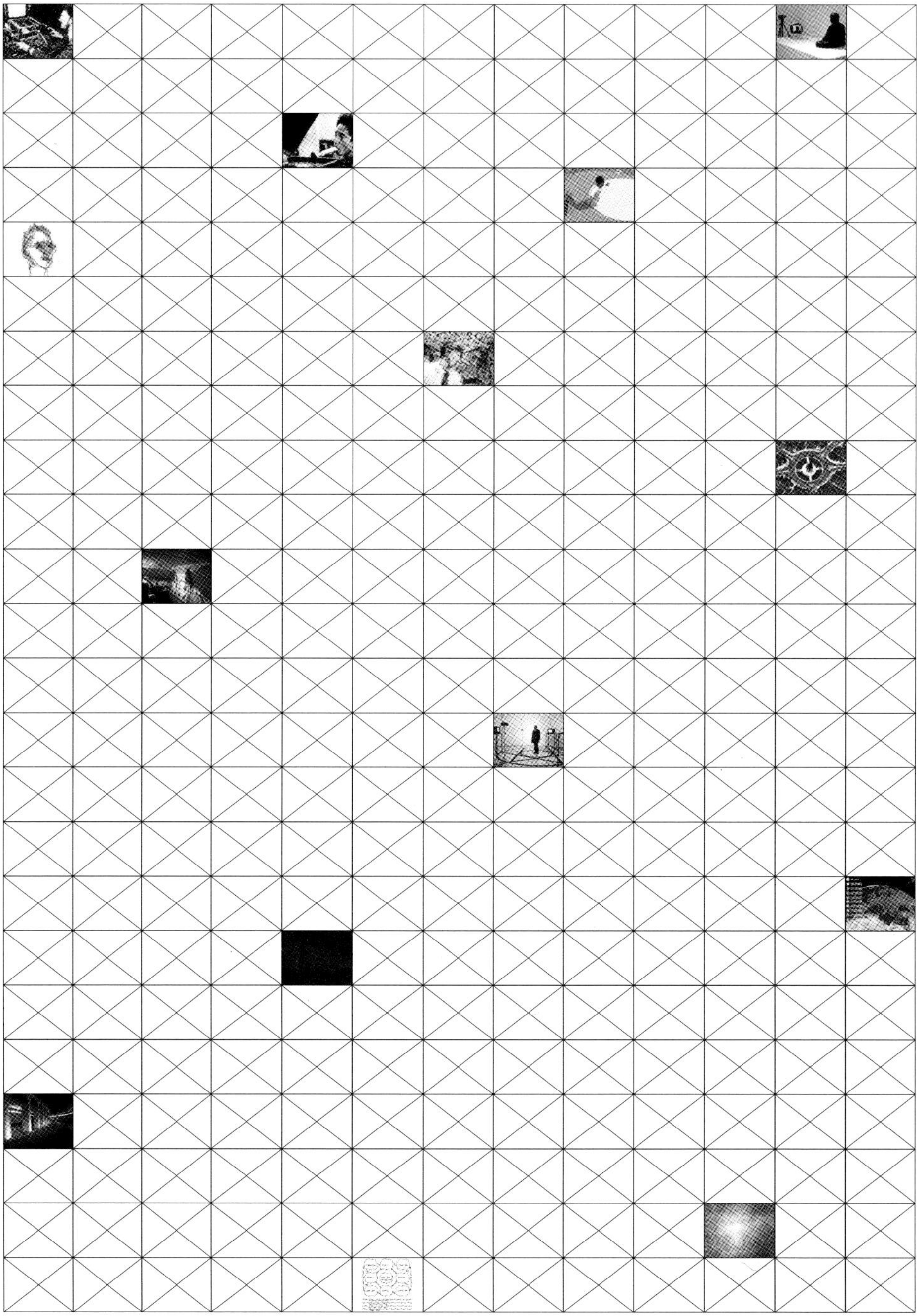

05/001-015
05/101-115

Raum Zeit Technikkonstruktionen
Aspekte der Wahrnehmung

/

Heike Helfert

/

Mit der Entwicklung technischer Abbildungsmedien sind diese zugleich auch in das Blickfeld künstlerischer Auseinandersetzungen gerückt. Die neuen Kommunikationstechniken wurden umfangreich untersucht und mitunter sogar weiterentwickelt, und der Gebrauch audiovisueller Medien hat zahlreiche neue Qualitäten in die ästhetische Auseinandersetzung mit Fragen der Wahrnehmung eingebracht. So eröffnen sich insbesondere neue Möglichkeiten für den Umgang mit räumlich-zeitlichen Zusammenhängen, die künstlerisch auf vielfältige Art und Weise neu erprobt werden. 05./001

Dieser Text beschreibt anhand ausgewählter Beispiele unterschiedliche Aspekte der ästhetischen Auseinandersetzung mit Fragen der Wahrnehmung im Zusammenhang mit technischen Abbildungsmedien im 20. Jahrhundert. Im ersten Teil, »Mediale Möglichkeiten«, werden Entwicklungen wie der absolute Film, der strukturelle Film und der Experimentalfilm erörtert, die sich allesamt mit der besonderen Beschaffenheit und Materialität ihres Mediums beschäftigen. Als besonderer Faktor im Bereich der audiovisuellen Wahrnehmung wird daraufhin Zeit als wahrnehmungskonstituierendes Element betrachtet. Die künstlerische Darstellung zeitlicher Strukturen ist hierbei vorrangig an die Auseinandersetzung mit dem Illusionsraum Kino gebunden.

Im zweiten Teil des Textes rückt das »Medium Video« in den Mittelpunkt. Dabei wird die Auseinandersetzung mit grundlegenden Phänomenen wie Zeit, Raum und dem menschlichen Körper wie auch deren wechselseitige Einflussnahme bei der Wahrnehmung dieser Elemente thematisiert. Anschließend werden das Verhältnis von Video und Fernsehen sowie die Abhängigkeit unserer Wahrnehmungsmöglichkeiten von medientechnischen Voraussetzungen dargestellt, sowie auch die Suche nach medienübergreifenden Wahrnehmungserfahrungen.

Der dritte Abschnitt, »Wahrnehmungsräume«, beschreibt Beispiele eines erweiterten Medienbegriffs und der Ausdehnung künstlerischer Handlungsfelder in den dreidimensionalen Raum. Besonders hervorgehoben werden dabei eine mobile Betrachterperspektive und die Einbeziehung des Körpers in den Vorgang der Wahrnehmung.

Der letzte Teil des Textes, »Wahrnehmungsapparate«, beschäftigt sich mit wissenschaftlich geprägten Ansätzen im Bereich der Wahrnehmungsuntersuchungen. Dabei werden Beispiele der Entwicklung und Anwendung von Wahrnehmungsinstrumenten mit unterschiedlichen technischen Voraussetzungen beschrieben. Anhand von analogen wie digitalen Technologien wird schließlich das Phänomen des Sehens mit Unterstützung technischer Hilfsmittel betrachtet.

/

05./002

I → Mediale Möglichkeiten

Die Entwicklung technischer Abbildungsmedien wie Fotografie und Film im 19. Jahrhundert bringt völlig neue Darstellungsmethoden und Formensprachen hervor. Im Film und später im Video wird die Möglichkeit, Raum abzubilden, um die Darstellbarkeit von Abläufen und Bewegung ergänzt. Zeit wird somit als zusätzlicher Faktor in das Repertoire darstellerischer Mittel eingebunden und eröffnet neue ästhetische Möglichkeiten, die sich ohne die zugrundeliegenden technischen Voraussetzungen nicht entwickelt hätten. Schon Walter Benjamin betont in seinem Aufsatz über das »**Kunstwerk im Zeitalter seiner technischen Reproduzierbarkeit**«[1] die Verflechtung zwischen neuen Technologien und neuen Kunstformen und der daraus entstehenden Prägung von Mustern der Wahrnehmung. Er veranschaulicht diesen Zusammenhang am Beispiel des Films, der durch Verfahren wie Zeitlupe und Vergrößerung oder mittels Bewegungsstudien eine neue Betrachtungsweise der Natur und der Umwelt hervorbringt und vor allem durch die Montage bis dahin nicht gekannte Sehweisen erlaubt. Der Medienwissenschaftler Marshall McLuhan beschreibt in den 1960er Jahren die zunehmende Mediatisierung unseres Alltags und sieht darin eine Erweiterung unserer Wahrnehmungsmöglichkeiten begründet. McLuhan betrachtet den Mediengebrauch als eine kulturelle Technik, die unterschiedliche Wahrnehmungsbereiche miteinander verbindet: »Das Fernsehbild hat auf jeden Fall mit einer vereinigenden, synästhetischen Kraft auf die Sinneserfahrung dieser stark von der alphabetischen Kultur geprägten Völker gewirkt. [...] Radio und Fernsehen [...], diese gewaltigen Erweiterungen unseres Zentralnervensystems, haben den westlichen Menschen das Erlebnis der Synästhesie zu etwas Alltäglichem gemacht. Die westliche Lebensweise, wie sie schon seit Jahrhunderten durch strenge Trennung und Spezialisierung der Sinne zustande kam, wobei das Sehen die wichtigste Rolle übernahm, kann den Radio- und Fernsehwellen nicht standhalten, welche die ganze Augenwelt des abstrakten, individualistischen Menschen überfluten.«[2]

Es ist jedoch nicht die Technik allein, die Wahrnehmung beeinflusst oder Wahrnehmungsmuster prägt, sondern auch ihr spezifischer Einsatz beziehungsweise ihr ästhetischer Gebrauch, der dazu führt, dass sich unsere Sinneswahrnehmung entsprechend neu organisiert. Über die wechselseitige Beziehung zwischen Medientechniken und ihrem künstlerischen Einsatz schreibt der Kunsthistoriker Vittorio Fagone im Katalog zur documenta 8: »Allgemein gilt die Technologie nicht als Norm äußerlicher Gegebenheiten, sondern als ein ›Medium‹ zur Steigerung kommunikativer Ausdrucks- und Gestaltungsmöglichkeiten. Im speziellen besitzen die neuen Informationsinstrumente eigentümliche sprachliche Kräfte, die es in beiden Richtungen auszukundschaften gilt: einmal hinsichtlich eines lebendigen Austausches mit den anderen Techniken der mechanischen Bildaufnahme (wie Fotografie, Kino und Video), zum anderen hinsichtlich der eigenen

1 — Vgl. Walter Benjamin, *Das Kunstwerk im Zeitalter seiner technischen Reproduzierbarkeit* (1936), Frankfurt / Main 1977. 2 — Marshall McLuhan, *Die magischen Kanäle – Understanding Media*, Dresden 1995, S. 477f. 3 — Vittorio Fagone, »Kontinuität und Wandel im Verhältnis zwischen Kunst und Technologie im 20. Jahrhundert«, in: *documenta 8*, Bd. 1, Kassel 1987, S. 31. 4 — Dieter Daniels, »Inter (-disziplinarität, -media, -aktivität, -net)«, in:

Fähigkeit, neue figurative Synthesen zu entwickeln, die aus sich selbst heraus leben, [und] multimediales audio-video sind. Jedenfalls handelt es sich um kein Übertragungsverfahren, sondern um die mögliche Definition neuer Materialien, Qualitäten und raum-zeitlicher Bezüge im Bild.«[3] Etwas allgemeiner äußert sich auch Dieter Daniels über die Wechselwirkung von Kunst und Medien: »So wie die künstlerischen Gattungen sich nicht nur durch ihr Material, sondern ebenso durch ihre Kontexte und Institutionen definieren, so beruht auch die Abgrenzung und Erzeugung von Medientechniken auf einer Mischung von kultureller Konvention und technischer Innovation.«[4]

/ /

Medium Film 05./003

Die Entwicklung des Filmes mit seinen neuartigen visuellen Qualitäten bildete seit Anfang des 20. Jahrhunderts[5] eine wichtige Ausgangsbasis für die künstlerische Untersuchung von neuen Ausdrucksformen und Wahrnehmungstechniken, die im Verlauf ihrer Entwicklung auch in anderen Medien fortgesetzt wird. Gegenstand dieser Untersuchungen ist dabei meist die spezifische Form der Medien selbst und ihre Eignung als künstlerisches Ausdrucksmittel. Auch bildende Künstlerinnen und Künstler, insbesondere Maler, beschäftigen sich mit den ästhetischen Möglichkeiten des Films.[6] Das Licht des Films wird als Erweiterung des künstlerischen Spektrums, nämlich als Übertragungsmittel der Malerei in die Dimension der Bewegung betrachtet. **Walter Ruttmann**, einer der Protagonisten des abstrakten Films, stellt eine beschleunigte Form der geistigen Auseinandersetzung mit Informationen und Eindrücken fest, bedingt durch technische Übertragungsmedien wie Telegrafen, Schnellzüge, Stenografie, Fotografie et cetera. Hierin sieht er den Grund für eine gesteigerte Konzentration auf zeitliche Abläufe. Er fordert daher als adäquate Reaktion auf das damalige Tempo, zeitliche Strukturen auch in geistige Prozesse einzubinden und in den Bereich der bildenden Kunst zu integrieren. In seinem um 1919 entstandenen Aufsatz »**Malerei mit Zeit**«[7], der schon im Titel die Verbindung verschiedener Ausdruckselemente miteinander vorgibt, schreibt er: »Der Blick, der in geistigen Dingen immer mehr auf die Betrachtung eines zeitlichen Geschehens gedrängt wird, weiß mit den starren, reduzierten zeitlosen Formeln der Malerei nichts mehr anzufangen«, und schlägt als Lösung vor, »eine ganz neue Art Lebensgefühl in künstlerische Form zu bringen, ›Malerei mit Zeit‹. Eine Kunst für das Auge, die sich von der Malerei dadurch unterscheidet, dass sie sich zeitlich abspielt (wie Musik), und dass der Schwerpunkt des Künstlerischen nicht (wie im Bild) in der Reduktion eines (realen oder formalen) Vorgangs auf einen Moment liegt, sondern gerade in der zeitlichen Entwicklung des Formalen. Da diese Kunst sich zeitlich abwickelt, ist eines ihrer wichtigsten Elemente der Zeitrhythmus des optischen Geschehens. Es wird sich deshalb ein ganz neuer, bisher nur latent vorhandener Typus von Künstlern herausstellen, der etwa in der Mitte von Malerei und Musik steht.«[8]

Kai-Uwe Hemken (Hg.), *Bilder in Bewegung*, Köln 2000, S. 137. 5 — Vgl. zur Entwicklung des künstlerischen Films im 20. Jahrhundert: Birgit Hein/Wulf Herzogenrath (Hg.), *Film als Film 1910 bis heute*, Stuttgart 1977. 6 — Vgl. das Kapitel »**Medien → Kunst, Kunst → Medien**«. 7 — Walter Ruttmann, »Malerei mit Zeit«, CD-01 um 1919, zit. nach Hein/Herzogenrath (1977), S. 63–64. 8 — Ebd., S. 64.

Im Berlin der 1920er Jahre finden erste öffentliche Vorführung von abstrakten Filmen statt, die einem breiteren Publikum zugänglich sind und sogleich auf größeres Interesse stoßen. Am 3. und 10. Mai 1925 wird die als legendär geltende Filmmatinee »Der absolute Film«[9] mit Beiträgen unter anderem von **Hans Richter, Viking Eggeling** und **Walter Ruttmann** aufgeführt. Von der Kritik werden diese Animationsfilmexperimente neben Kommentaren zur mangelnden technischen Perfektion auch durchaus positiv aufgenommen, da ihnen ein großes Innovationspotenzial zugeschrieben wird. Den Künstlern geht es dabei weniger um die Entwicklung narrativer Möglichkeiten als um die Ausdehnung ihrer ästhetischen und zumeist abstrakten Untersuchungen in dem neuen Medium Film.[10] Für »**Le Retour à la Raison**«, der bereits 1923 anlässlich der »Soirée Dada du Cœur à Barbe« in Paris entstand, »streute **Man Ray** Gewürze, Nadeln, Reißnägel auf das Negativ, belichtete es und setzte seine ›Rayogramme‹ in Bewegung«.[11] Dieser Transformationsprozess, reale Objekte durch ihre direkte Belichtung ohne den Einsatz einer Kamera in bewegte Filmbilder zu übertragen, verändert die Beschaffenheit filmischer Darstellungsweisen, die bis dahin vor allem reproduktiv waren. Der Film wird direkt zum Trägermedium der Bildinformation und dient somit nicht mehr als Abbildungsmedium einer äußeren Realität.

Auch im futuristischen Film[12] experimentieren Künstler zum Teil mit nicht-gegenständlichen Ausdrucksweisen und setzten das Filmmaterial Manipulationen wie dem Zerkratzen oder Bemalen der Materialoberfläche aus. Doch die Animationstechnik, die größtenteils mit der Hand ausgeführt werden muss, macht die Produktion rein abstrakter Filme sehr aufwändig. Schon wenige Jahre später entstehen filmische Kompositionen wie Walter Ruttmanns »**Berlin. Die Sinfonie der Großstadt**« (1926–1927), die kein abstraktes Filmmaterial mehr zur Grundlage haben, sondern dokumentarische Filmaufnahmen nutzen und von einer starken Rhythmisierung der Bilder getragen werden. Das Aufkommen des Faschismus und die schlechte wirtschaftliche Lage haben alsbald ebenso zum Ende des abstrakten Films in Deutschland beigetragen wie der »Mangel an Kooperation und Solidarität« innerhalb der Avantgardebewegung und die »Ungeduld mit den Schwierigkeiten einer neuen Technik«.[13]

Die Tendenz, sich mit den materiellen Grundlagen des Films auseinander zu setzen, wird Anfang der 1970er Jahre mit dem strukturellen Film, der ausdrücklich seine Form zum Inhalt macht, wieder aufgegriffen. Eine zentrale Rolle spielt dabei die Betonung des Materialcharakters von Film und die Untersuchung filmischer Wahrnehmungsphysiologie und -psychologie. Die meisten strukturellen Filme arbeiten mit einfachen Grundformen wie statischen Einstellungen, Zoom oder Lichteffekten, um filmtechnische Voraussetzungen bewusst zu machen.

Aus wahrnehmungsphysiologischer Sicht besteht die Grundlage des Films in der Trägheit des menschlichen Wahrnehmungsapparates. Bilder, die in schneller Abfolge nachein-

9 — Vgl. Holger Wilmesmeier, *Deutsche Avantgarde und Film: Die Filmmatinee ›Der Absolute Film‹*, Diss. Heidelberg 1993, Münster/Hamburg 1994. **10** — Da die entstandenen Filme größtenteils auf einer starken Rhythmisierung abstrakter Formen beruhen, wird in diesem Zusammenhang auch von ›Visueller Musik‹ gesprochen. **11** — Peter Tscherkassky, »Weißes Rechteck und Schwarzes Quadrat: Über das Verhältnis von Film und bildender Kunst«, in: Kat. *An der Front der Bilder. Kinematographie als Kunst*, Wien 1998. **12** — Auszug aus Manifest **Der Futuristische Film**, 1916, F. T. Marinetti/Bruno Corra/Emilio Settimelli

ander projiziert werden, verschmelzen dabei zu einem kontinuierlichen Bewegungsablauf. Angeregt durch die Beschäftigung mit den spezifischen Eigenschaften der Filmprojektion, wie beispielsweise dem pulsierenden Licht, entstand »**The Flicker**« (1966) von **Tony Conrad**, der bereits als Musiker bekannt war. Der Film besteht ausschließlich aus einer strukturierten Aneinanderreihung schwarzer und weißer Einzelbilder, die in der Projektion also nur als rhythmischer Wechsel von Hell und Dunkel erscheinen und keinem optischen Bild entsprechen. Dieser lichtrhythmische Formalismus bewirkt beim Betrachten eine bewusst provozierte Irritation der Wahrnehmung, die Nachbilder, Farbsehen und ähnliche Phänomene auslösen kann; gewissermaßen die Übertragung vom Flackern des frühen Films in eine Reizstimulierung des Gehirns.[14]
Die gezielte Sensibilisierung für die Grundlagen von Wahrnehmungsprozessen ist auch Gegenstand in **Michael Snows** Film »**Wavelength**« von 1967. Auch hier geht es um formale Probleme anstelle von erzählerischen Inhalten. Durch strukturelle De- und Rekonstruktion des filmischen Aufbaus verweist er auf das, was er gerade nicht einlöst, nämlich den Illusionismus des narrativen Films. »Snows Anliegen ist es, den Betrachter zur größtmöglichen Erkenntnis beider Qualitäten des filmischen Bildes zu bringen: seinen Verweischarakter als Repräsentation der visuellen Welt und seine wesentliche Beschaffenheit als, in Snows Worten, ›projiziertes, bewegtes Licht-Bild‹.«[15]
Experimentelle Filme haben im allgemeinen nicht zum Ziel, die Wirklichkeit zu reproduzieren, sondern sie zu deuten beziehungsweise die Art, wie und wodurch wir sie wahrnehmen, offenzulegen. Gerade die repräsentative Funktion des Films wird angegriffen, indem die Selbstreferenz der filmischen Bilder an die Stelle von außerfilmischer Referentialität tritt.
Allerdings stoßen die Vertreter des strukturellen Films mit ihrem formalen Anliegen nicht auf dasselbe Publikumsinteresse wie ihre Künstlerkollegen knapp 50 Jahre zuvor mit den damaligen Avantgardefilmen. »Waren in den 20er Jahren die Bildenden Künstler zu Filmemachern geworden, so schließt sich in den 70ern dieser Kreis, als die Filmemacher zu Bildenden Künstlern werden. Von der Kritik hoch gelobt entschwindet der Experimentalfilm in den Elfenbeinturm der Bildenden Kunst, weitab vom Publikum.«[16]
Seine Beschaffenheit und mediale Funktionsweise bleibt aber auch weiterhin Thema im Experimentellen Film, dessen Bedeutung seit Ende der 1970er Jahre spürbar abnimmt. So inszeniert die Gruppe **Schmelzdahin**, die sich als ›Filmproduktionskollektiv‹ versteht, zwischen 1983 und 1989 mit ›Found-Footage‹-Material[17] eindrucksvoll die Materialität des Films und zugleich auch dessen ästhetischen Auflösungsprozess. Sie nutzen hierzu ältere Super-8-Filmsequenzen, eine Technik, die längst nicht mehr im alltäglichen Gebrauch ist, sondern deren typischer Einsatzbereich bereits durch die allgemeine Verwendung von Homevideo abgelöst wurde. Das Filmmaterial wird dabei biochemischen Prozessen ausgesetzt, die beim Vergraben im Garten, beim Einlagern im Teich oder bei

u. a. in: Umbro Appolonio (Hg.), *Futurist Manifestos*, New York 1973, S. 207. **13** — Wilmesmeier (1994), S. 187. **14** — Vgl. Julia Schmidt, »Federleichte Beschaffenheit des Bildes«, in: *Neue Zürcher Zeitung*, 20. Oktober 2001. **15** — William C. Wees, *Light Moving in Time*, Berkeley u. a. 1992, S. 155 (Übers. H. H.). **16** — Ingo Petzke, »Kurze Geschichte des Experimentalfilms«, in: *Grid*, Nr. 17, Frankfurt Juli 1997. **17** — Als ›Found Footage‹ wird bereits existierendes Film- oder Bildmaterial bezeichnet, das für eine andere künstlerische Arbeit als Ausgangsmaterial dient.

Überhitzung entstehen. Die Ergebnisse dieser natürlichen Zersetzungs- oder Alterungsprozesse werden dann erneut auf Film kopiert und somit im Stadium ihrer Auflösung konserviert. In »**Stadt in Flammen**« von 1984 zerschmelzen die Filmszenen durch Überhitzung und erzeugen einen infernalischen Bildeindruck des Verschwindens. »Die Bilder zeigen nicht mehr eine figurativ dargestellte Szene, sondern deren Auflösung als zeitlichen Verlauf.«[18]

//

05./004 **Filmzeit**

Die Dimension Zeit spielt im Umgang mit audiovisuellen Medien eine besondere Rolle. Die Interpretation einer Fotografie als Abbildung eines einzelnen Momentes oder einer Filmsequenz als Darstellung eines zeitlichen Verlaufs setzt bestimmte Abbildungs- und Wahrnehmungskonventionen voraus. Um Zeit als besonderes, wahrnehmungskonstituierendes Element hervorzuheben, gilt es, die gewohnten Darstellungsmuster in den einzelnen Medien zu durchbrechen oder zu unterlaufen. Besonders deutlich wird dies in den verschiedenartigen künstlerischen Auseinandersetzungen mit dem Illusionsraum Kino. Durch die Übertragung zeitlicher Abläufe in ein zeitlich stillstehendes Medium wie das der Fotografie gelingt es Künstlern wie **Hiroshi Sugimoto** oder **Jim Campbell**, Darstellungsstrukturen von Zeit zu visualisieren. Das Verhältnis von Zeit und Raum steht dabei vielfach im Zentrum der Wahrnehmungsuntersuchungen. Das Mittel der konventionellen Fotografie dient dabei eher der Verschmelzung und Verdichtung von zeitlichen Abläufen, während die digitale Technik eine Schichtung und Überlagerung zeitlicher Einzelsegmente erlaubt. Hiroshi Sugimoto führt mithilfe von Licht die Komprimierung von Zeit vor Augen. In seiner Fotoserie »**Theaters**« beleuchtet er seit den 1970er Jahren das Kino als einen Ort, der durch Licht den Raum und die Zeit gestaltet. Gewöhnlich tritt der architektonische Raum des Kinos in den Hintergrund, sobald das Licht des Projektors eingeschaltet wird. Sugimoto komprimiert aber den gesamten Film auf einem Foto und kehrt das Verhältnis von realem Raum und Illusionsraum um. Er belichtet seine Fotografien während der gesamten Dauer einer Kinovorführung und führt den Film damit auf seine Grundlage, nämlich Licht, zurück. Der gesamte Spielfilm ist somit zwar in einem einzigen Foto enthalten, die Leinwand erscheint jedoch aufgrund der langen Belichtungsdauer lediglich als helle Fläche. Sichtbar bleibt nur der physische Raum des Kinos. Ein ähnliches Ziel verfolgt Jim Campbell in seiner Arbeit »**Illuminated Average #1 Hitchcock's Psycho**« (2000), indem er den zeitlichen Verlauf eines Spielfilms in einem einzigen Diapositiv speichert. Doch arbeitet er nicht mit analoger, sondern mit Digitaltechnik. Es geht also nicht um die Belichtungsdauer, die eine bestimmte Lichtmenge erzeugt, sondern um die Addition einzelner Filmbilder und ihrer Daten. Bild für Bild wird dabei übereinandergeschichtet und ergibt eine Konzentration von Helligkeits- und Kontrastwerten, die nur in den weniger stark ausgeleuchteten

18 — Joachim Paech, »(Avantgarde-)Film und Entropie – Oder: Ordnung und Unordnung in der Filmgeschichte«, Vortrag anlässlich des Symposiums »**Das frühe Kino und die Avantgarde**«, Wien, März 2002. **19** — In der Nähe von Oslo wird das Projekt ab Ende 2002 in voller Länge auf dem Gelände des norwegischen Telekommunikationskonzerns Telenor gezeigt. **20** — Deutscher Verleihtitel: »Der schwarze Falke«, Regie: John Ford, USA 1956, mit John Wayne. **21** — Douglas Gordon äußert sich selbst dazu: »Wie kann ein Film,

Bildbereichen noch die Umrisse einer Handlung erahnen lassen. Zeit manifestiert sich in diesem Verfahren als Licht und Helligkeitsüberlagerung.
Um extreme, fast bis zur Auflösung getriebene Verlangsamung zeitlicher Strukturen, geht es dem schottischen Künstler **Douglas Gordon**. Das Verhältnis der inneren und äußeren Wahrnehmung bestimmt seine Arbeit »**5 year drive-by**«, die erstmals 1995 auf der Biennale de Lyon gezeigt wurde.[19] Douglas Gordon zerlegt darin den amerikanischen Westernklassiker »The Searchers«[20] in seine filmischen Bestandteile, nämlich Einzelbilder. Indem er die Projektionszeit des Filmes auf die Zeitspanne der dargestellten Handlung ausdehnt, die immerhin einen Zeitraum von fünf Jahren umfasst, ist es dem Betrachter nicht mehr möglich, der Dramaturgie der Bilder zu folgen. Was bleibt, ist ein Nacheinander von einzelnen Bildern, jedes etwa 14 Minuten lang, bevor es von dem nächsten, kaum veränderten Bild abgelöst wird. Da wir den Inhalt nicht verfolgen können, werden das Kino selbst und die überhöhte Darstellung seiner Helden zur Hauptsache. Anders als beim gewöhnlichen Kinoerlebnis scheint hier die filmische Zeit aber nahezu stillzustehen, während die subjektive Zeiterfahrung der Betrachter und die mediale Wahrnehmung selbst in den Mittelpunkt des Bewusstseins rückten.[21]
Andy Warhol geht mit dem Verhältnis von Kino, Zeit und filmischen Konventionen ebenso radikal wie konsequent um. Viele seiner Filme sind Erzählungen ohne narrative Eingriffe, indem sie zwar ein Geschehen in der Zeit repräsentieren, sich aber einer Handlungsentwicklung oder einem Handlungshöhepunkt verweigern. Meist sind sie auf ein Thema reduziert und mit einer festen, unbewegten Kamera aufgenommen. »**Empire**« (1964) zeigt beispielsweise acht Stunden lang dieselbe Einstellung des Empire State Buildings, während sich lediglich das Tageslicht ändert. Warhol unterläuft damit grundlegende filmische Strukturen wie die Darstellung von Bewegung oder den Einsatz narrativer Elemente. Das Filmbild ist durch seinen dauerhaft gleichbleibenden Inhalt gewissermaßen seiner repräsentativen Funktion, Bewegung in der Zeit dazustellen, enthoben. Die Frage ›und was passiert dann?‹ erübrigt sich bereits nach den ersten Minuten, sobald nämlich klar ist, dass sich nichts ereignen wird, was einem filmischen Höhepunkt gleichkäme. Warhol konstruiert somit eine an sich dokumentarische Situation, die aber stärker auf die eigentliche Rezeptionssituation verweist als auf den Inhalt des Abgebildeten. So erzeugt er eine Übereinstimmung von Drehzeit, dargestellter Zeit und Rezeptionszeit, die gerade durch die Verweigerung dramatischer Möglichkeiten die Wahrnehmung von Zeit und eine durch mediale Konventionen geprägte Erwartungshaltung des Publikums in den Mittelpunkt rückt. Viel interessanter als die Frage, was im Film passiert, ist hier die Frage danach, was im Publikum passiert.
Diesem Synchronitätskonzept verleiht **Wolfgang Staehle** mit »**empire 24/7**« die zusätzliche Komponente der Gleichzeitigkeit des realen Objekts und seiner dauerhaften, allseits verfügbaren Wiedergabe im selben Moment. Eine Webcam zeigt 7 Tage in der

der nur zwei Stunden dauert, eigentlich die Angst, die Verzweiflung, die seelische Qual, das wirkliche ›Suchen und Warten und Hoffen‹ übermitteln. [...] Wie kann überhaupt jemand versuchen, fünf unglückliche Jahre in nur 113 Minuten zusammenzufassen? Nun, es ist wichtig zu sagen, dass dies weder eine Kritik gegenüber John Ford ist, noch an den Beweggründen, diesen Film zu machen. Aber für mich tut sich da eine Kluft auf, in der Art, wie wir die Kinoerfahrung erleben.« in: Kat. 3e Biennale d'art contemporain de Lyon 1995, S. 372 (Übers. H. H.).

Woche 24 Stunden täglich das sich ständig aktualisierende Bild des unbeweglichen, ikonenhaften Gebäudes im Internet. Medienrealität wird so als realzeitliches Ereignis erlebbar. Permanent verfügbar, prozessual und ohne Original verknüpft das digitale Bild des Empire State Buildings den Ort der Aufzeichnung mit dem Ort des Beobachters und führt damit, typisch für Live-Webcam-Bilder, eine Realität vor Augen, die ansonsten außerhalb unserer Wahrnehmung liegt.

/

05./005

II → Medium Video

Die Reflexion des Videomediums durch das Ausleuchten seiner Möglichkeiten führt von Beginn an zu einer Auseinandersetzung auf wissenschaftlicher, technischer und künstlerischer Ebene. Technische wie künstlerische Experimente und Erfindungen bringen neue Formen der Bilderzeugung hervor. Wiederum sind es anfänglich zumeist bildende Künstlerinnen und Künstler, die ansonsten mit anderen Medien arbeiten, und sich nun mit der neuen Technologie beschäftigen. So erweitern beispielsweise viele Bildhauer und Performance-Künstlerinnen und -Künstler ihre Darstellungsmittel um den Einsatz von Video in ihren Arbeiten und Aufführungen.[22] Die Intermedialität oder Wechselwirkung von Kunst und Medien beruht jedoch weniger auf technischen Gesichtspunkten als auf dem inhaltlichen Interesse an gesellschaftlichen Kommunikationszusammenhängen. Nicht die technische Umsetzung steht deshalb im Mittelpunkt künstlerischer Produktion, sondern die Art und Weise, wie das Medium eingesetzt wird und was damit gezeigt werden kann.

/ /

05./006

Closed Circuit

Die sofortige Verfügbarkeit der Videobilder und ihre gleichzeitige Manipulationsmöglichkeit durch Verzögerung oder räumlich getrennte Wiedergabe ist eine besondere Eigenschaft von Video. Viele Künstlerinnen und Künstler haben sich diese Technik in ihren Arbeiten zunutze gemacht. Es entstanden Installationen und Situationsanordnungen, die den Betrachter selbst in die Darstellungssituation einbinden. Das besondere Verhältnis der Gleichzeitigkeit von Realität und Abbild ist die Grundlage für so genannte Closed-circuit-Situationen. Eine solche Anordnung beschreibt eine geschlossene Abbildungssituation, bei der das Aufnahmemedium (die Kamera) direkt mit dem Abbildungsmedium (zum Beispiel einem Monitor) verbunden ist. Häufig wird zugleich ein Objekt oder eine Person seinem eigenen Abbild gegenübergestellt. Der Betrachter macht dabei die Erfahrung der Synchronität seiner Handlung mit deren Abbildung, ähnlich wie im Spiegelbild, jedoch nicht wie gewohnt seitenverkehrt. Er befindet sich nur nicht mehr innerhalb einer aktuellen Situation, die er als Gegenwart empfindet, oder in deren zeitversetzter Wiedergabe, die eher Erinnerungs- oder dokumentarischen Charakter hat, sondern auch in einer medial erweiterten Realität. Der Besucher ist dabei ebenso Akteur wie Zuschauer.

CD-04

22 — Vgl. das Kapitel »**Real/Medial**«. 23 — Vgl. Auszug aus: Dan Graham, »**Video in Relation to Architecture**«, in: Doug Hall/Sally Jo Fifer (Hg.), *Illuminating Video*, New York 1990, S. 185–186. 24 — Vgl. Bill Viola, Notiz

Mit dem Einsatz des Closed-circuit-Verfahrens können Situationen für Wahrnehmungserfahrungen zwischen architektonischem und medialem Raum erzeugt werden, die sich dann durch die Anwesenheit des Betrachters aktualisieren. Eine frühe und bedeutende Arbeit, bei der die Besucher in die Installation eingebunden werden, ist zum Beispiel **»Wipe Cycle«** von **Frank Gillette** und **Ira Schneider** (1969).
Video wird häufig ebenso in seiner Funktion als Spiegel wie auch als Überwachungsinstrument eingesetzt. Im Unterschied zum Spiegel ist das Videobild aber von der Position einer aufzeichnenden Kamera abhängig, nicht von der Position zum Abbild. Das heißt, die Selbstwahrnehmung wird durch ein Kameraauge vermittelt, was die Perspektive in irritierender Weise verändern kann, wie zum Beispiel in **Peter Weibels** Videoinstallation **»Beobachtung der Beobachtung: Unbestimmtheit«** (1973).
/ /

Zeit Raum Körper 05/007

Der Effekt der kameratechnisch vermittelten Selbstwahrnehmung kommt besonders in Raumsituationen zum Tragen, die den Betrachter selbst einbinden. **Bruce Nauman** erzeugt etwa mit seinem **»Live-Taped Video Corridor«** (1969–1970) Irritationen der Raum- und Zeiterfahrung, ausgelöst durch das Gefühl der körperlichen An- bzw. Abwesenheit. Nauman betont in seiner Anordnung gezielt den Aspekt der Abhängigkeit von körperlichen Eindrücken bei der Wahrnehmung von Zeit. **Dan Graham** thematisiert dagegen Zeit als eine im Raum erfahrbare Dimension. Mit seiner Installation **»Present Continuous Past(s)«**[23] (1974) behandelt er das Verhältnis von räumlicher und zeitlicher Erfahrung. Wahrnehmung findet gewöhnlich in der Gegenwart statt. Deshalb sind wir nicht in der Lage, Vergangenes oder Zukünftiges wahrzunehmen. Mit »Present Continuous Past(s)« konstruiert er einen Raum, der das Phänomen der sich ständig fortschreibenden Gegenwart erfahrbar macht, indem er zeitliche Distanz räumlich visualisiert.
Während Nauman und Graham gerade Brüche und Diskontinuitäten im Erleben von Zeit betonen, erzeugt **Bill Viola** in seiner Installation **»He Weeps For You«**[24] (1976) die Erfahrung von Kontinuität, Beständigkeit und den Zusammenhängen zwischen Mikro- und Makrostrukturen. Er schafft einen Erfahrungsraum, der auf ganzheitliche Wahrnehmung angelegt ist. Dabei spricht er ›archetypische‹ Vorstellungen an, wie den unaufhörlichen Kreislauf der Erneuerung, und erzeugt eine Wahrnehmungssituation, die auf urtümliche Prägungen und Auffassungsmuster des menschlichen Lebens zielt. Durch die Fokussierung des Blicks auf einen stetig herabfallenden und dazu akustisch verstärkten Wassertropfen zeigt Viola kleinste Ereignisse in riesenhafter Vergrößerung. So wird das Augenmerk auf die Beobachtung der Beständigkeit und das eigene Bewusstsein gelenkt.[25] Das persönliche Erleben der fortschreitenden Zeit wird dabei verstärkt durch die Beobachtung der ständig neu entstehenden, den Betrachter reflektierenden Tropfenoberfläche.
/ /

zu »He Weeps for You«, 1976, in: *Reasons for Knocking at an Empty House*, Writings 1973–1994, London 1995, S. 42.
25 — Vgl. ders. **»Video Black – The Mortality of the Image«** in: Hall/Fifer (1990), S. 482.

05./008 Video/TV

In der Anfangsphase des Mediums stand weniger die Auseinandersetzung mit individuellen Wahrnehmungserfahrungen im Vordergrund als das Interesse an den generellen ästhetischen und kommunikationstechnischen Möglichkeiten. Viele Künstler haben ein eher medienanalytisches Interesse verfolgt. Videokunst wurde dabei aufgrund ihrer technologischen Nähe zum Fernsehen vielfach als Schnittstelle zwischen Kunst und kommerzieller Massenkommunikation betrachtet. Das ambivalente Verhältnis zwischen Video und Fernsehen wurde besonders in den Anfängen von vielen Künstlerinnen und Künstlern aufgearbeitet. Es entstanden Reflexionen des Mediums Fernsehen durch gezielte Abgrenzung, Imitation, Unterwanderung, Manipulation, Inbesitznahme, Zerstörung, Verfremdung und so weiter. Meist stand dabei der Kommunikationsprozess selbst im Mittelpunkt der Arbeiten.[26]

Nam June Paik, einer der Pioniere der Videokunst, hat sich bereits 1963 in der Wuppertaler Ausstellung »**Exposition of Music – Electronic Television**«, mit dem Fernsehen als Massenkommunikationsmittel und der Störung oder Durchbrechung von dessen Einwegcharakter auseinander gesetzt.[27] Seiner Zeit voraus hat er, in Ermangelung verfügbarer Videotechnik, technisch manipulierte TV-Geräte mit elektronisch verfremdeten Bildern gezeigt. Das Publikum war dabei eingeladen, selbst Manipulationen vorzunehmen und so aktiv in den Bildprozess einzugreifen (»Participation TV«). Später entwickelt er dann »**TV-Buddha**« (1974), eine Closed-circuit-Videoinstallation, die heute als ›Ikone‹ der Medienkunst gilt: eine Buddhastatue ›meditiert‹ in dieser selbstreflexiven Gegenüberstellung vor ihrem Abbild. Nicht Zerstreuung, sondern kontemplative Versenkung und die unausweichliche Konfrontation mit dem eigenen Abbild sind das Prinzip dieser Arbeit – eine frühe Form medialer Entschleunigung und Dekompression. In groß angelegten Videoinstallationen verfolgt Paik aber auch den umgekehrten Weg und betont durch Informations- und Reizüberflutung die Redundanz der Medien. Dabei nutzt er das elektronische Medium als Mittel der uneingeschränkten Reproduktion und setzt das permanente Selbstzitat als ein Arbeitsprinzip ein, das sich durch sein gesamtes Werk zieht.[28]

In den 1960er Jahren entsteht verstärkt das Bestreben nach einem wachsenden Austausch zwischen wissenschaftlichen Methoden, technischen Umsetzungen und künstlerischen Ansätzen der Erfahrungsaneignung. Technologische Neuerungen im Bereich der Massenkommunikation werden als Chance zur Entwicklung einer Massenkultur betrachtet. **Aldo Tambellini**, der 1968 gemeinsam mit **Otto Piene** die Fernseh-Live-Kunstsendung »**Black Gate Cologne**« produzierte, äußerte sich dazu geradezu enthusiastisch: »Technologie und Kultur stehen miteinander in einer Wechselbeziehung. Wir haben uns von einer industriell-elektronischen zu einer Kommunikations-Informations-Gesellschaft gewandelt. – Durch Telekommunikation sieht man einander von Bildschirm zu Bild-

26 — Vgl. Gerda Lampalzer, *Videokunst: historischer Überblick und theoretische Zugänge*, Wien 1992. 27 — Vgl. das Kapitel »**Fernsehen – Kunst oder Anti-Kunst?**« (03-02). 28 — Vgl. Edith Decker, *Paik. Video*, Köln 1988.

schirm, und wir werden eins mit der neuen Wahrnehmung der Welt. Das elektromagnetische Spektrum muß als eine natürliche Quelle kreativer Aktivitäten angesehen werden. Übermittelte Information ist die neue Form von Kunst.«[29]

Viele Künstlerinnen und Künstler waren auf der Suche nach ästhetischen Ausdrucksformen, die die gegenwärtigen technischen Möglichkeiten nutzen oder sie sogar überwinden und dadurch mitkonstruieren. Dazu gehört seit den 1970er Jahren besonders die Auseinandersetzung mit Sehgewohnheiten. So sendet **David Hall** 1971 unter dem Titel »**TV Interruptions**« eine Reihe von visuell irritierenden Filmsequenzen kommentarlos im öffentlichen Fernsehen. Dabei läuft beispielsweise der Monitor vorgeblich mit Wasser voll, das überraschenderweise, nachdem die Kamera um einen Winkel von 90 Grad gedreht worden ist, wieder abläuft, was die Erwartung einer gleichbleichenden Perspektive stört. Mit derartigen Eingriffen in die Sehgewohnheiten unterbricht Hall das Kontinuum der Fernsehrezeption am heimischen Bildschirm.

Wojciech Bruszewski stellt in seinen Film- und Videoarbeiten »**Ten Works**« (1973–1977) audiovisuelle Untersuchungen an, in denen er die gewohnte Synchronität von Bild- und Tonebene aufhebt und damit deren Zusammenhang zur Disposition stellt. Der Zuschauer ist eher bereit, einen nachträglich vertonten Film hinzunehmen, als eine Störung der als natürlich angenommenen, in Wirklichkeit aber medial erzeugten Zusammengehörigkeit von Bild und Ton zu akzeptieren.[30]

/ /

Video als immaterielles Medium 05/009

Die Untersuchung ästhetischer Eigenschaften der Videotechnik und die Beschäftigung mit optischen Verfremdungseffekten führt auch zu der Auseinandersetzung mit Video als reiner Lichtform. Die Bildinformation im Videoaufzeichnungsverfahren basiert im Gegensatz zum Film auf einer elektromagnetischen Information, die für die menschliche Wahrnehmung nur mittels technischer Apparaturen zugänglich ist. Das Videobild bietet dabei bemerkenswerte Möglichkeiten der Manipulation.

Peter Campus inszeniert in »**Three Transitions**« (1973–1977) Wahrnehmungssituationen, die eigentlich unmöglich sind. Indem er unterschiedliche Perspektiven, die nicht gleichzeitig wahrnehmbar sind, miteinander verknüpft, stellt er die Struktur natürlicher Raumgefüge in Frage. In einer Sequenz durchschreitet Campus beispielsweise sein eigenes Abbild. Der Betrachter wird dabei Zeuge seiner eigenen Täuschung. Campus hinterfragt natürliche, physikalische Gesetzmäßigkeiten, indem er sie scheinbar durchbricht. Dabei macht er sich die Losgelöstheit des Videobildes von materiellen Bedingungen zunutze. Durch die Verbindung eigentlich divergierender Standpunkte, die durch die Gleichzeitigkeit der Videobildwiedergabe simultan dargestellt werden können, erzeugt er eine künstliche Einheit von Zeit und Raum. Ausgangspunkt für diese Situationsanordnungen sind für Campus dabei sein »Interesse an Zeit-Räumen und der Akkumulation von

29 — Zit. nach Bettina Gruber / Maria Vedder, *Kunst und Video*, Köln 1983, S. 198. **30** — Zur Kritik an der ›Formalisierung‹ unserer Wahrnehmung im Fernsehen vgl. von Peter Weibel »**TV News (TV-Tod 2)**« (1972).

Perspektiven, deren Umwandlung und Verlagerung von Licht und Elektrizität, die Rückkoppelung des eigenen, projizierten Abbildes, und die Balance und das Verschmelzen von Unterschieden, deren gemeinsame Ursprünge nicht direkt wahrzunehmen sind«.[31] Unsere medialen Wahrnehmungsmöglichkeiten sind abhängig von medientechnischen Voraussetzungen. Diesen Einfluss auf unsere durch Erfahrung und Technik geprägten Sehgewohnheiten betont auch **Dieter Kiessling** in seiner Installation »**Pendelnder Fernseher**« (1983). Gewohnte Abbildungsverhältnisse werden hier scheinbar umgekehrt. In einer Feedbacksituation zwischen Kamera und Monitor, die ihren technischen Aufbau durchaus offen zeigt, gibt er wahrnehmungstechnische Rätsel auf. Um zu verstehen, was er sieht, muss der Betrachter sich die Differenz und die wechselseitige Abhängigkeit zwischen der physischen Situation und ihrer medialen Abbildung vor Augen führen.

/ /

05./010

Technische Manipulationen

Unsere Sehgewohnheiten wandeln sich analog mit der technischen Veränderung der Abbildungsmedien. Die Bedeutung von Video für die veränderte Weltwahrnehmung begründet sich neben der realzeitlichen Wiedergabemöglichkeit in der gleichzeitigen Möglichkeit der Manipulation, die einen Eingriff in die Bilder bereits während der Aufzeichnung erlaubt. Das Interesse an einer direkten Manipulierbarkeit von Bildern und damit an der visuellen Interpretation und Erzeugung von Welt, hat verschiedene Künstlerinnen und Künstler zu einer Reihe von technischen Experimenten und Erfindungen herausgefordert.

Mit seinem Videoband »**Artifacts**« (1980) fasst **Woody Vasulka** systematisch die Ergebnisse seiner experimentellen Untersuchungen zusammen und führt das dabei entwickelte ästhetische Vokabular vor. Nicht mehr das Bild als ganzes, sondern das Halbbild als strukturierende Einheit bildet dabei die Grundlage seiner videoästhetischen Forschungen. Betrachtet vom Standpunkt heutiger Sehgewohnheiten, die auf einer technologisch sich ständig verbessernden Grundlage basieren, wird der revolutionäre Charakter dieser Bilder allerdings erst durch seine historische Einordnung deutlich. Durch die Entwicklung elektronischer Bildwerkzeuge seit den 1970er Jahren und den Einsatz dieser selbstentwickelten Technologien entwirft Woody Vasulka, häufig gemeinsam mit **Steina Vasulka**, technisch und ästhetisch neuartige Formen digitaler Bilderzeugung und -manipulation.[32] Diese nehmen zum Teil eine elektronische Bildsprache vorweg, die 10 Jahre später zum Fernsehalltag gehört. Oft entstanden diese Entwicklungen in Zusammenarbeit mit Ingenieuren und Technikern.

Auf dem Gebiet der Bilderzeugung und Manipulation haben auch Künstler wie **Nam June Paik** in Zusammenarbeit mit dem Techniker Shuya Abe oder Ed Emshwiller geforscht und dabei technische Möglichkeiten der Bildbearbeitung entwickelt, wie den nach ihnen benannten »**Paik/Abe Synthesizer**«[33] (1969). Stephen Beck entwickelte

31 — Peter Campus zit. nach: Gruber/Vedder (1983), S. 88. 32 — Siehe ihre informative **Website**.
33 — Auch **Keith Sonnier**, der gleichfalls für seine Arbeiten mit Licht bekannt ist, zeigt in seiner Videoarbeit »**Animations II**« (1974) das Ergebnis computergestützter Bildanimation.

1970 den so genannten »**Direct Video Synthesizer**«, der eine direkte Beeinflussung von Elementen wie Farbe, Form, Bewegung und sogar Raumillusion ermöglicht. Damit konnten Bilder erzeugt werden, die in die Nähe von optischen Halluzinationen rückten, was damals eher im psychedelischen Film Ausdruck fand, dessen Merkmal es war, die Konstanten des Wahrnehmungsvermögens durch visuelle Effekte in Frage zu stellten.
»Auch wenn es nicht lange angehalten hat, gab es doch eine Phase im Videobereich, wo es um die Frage der Darstellung ging, ähnlich wie der Streit zwischen Konkreter Musik und dem Synthesizer oder dem Bazinschen Diskurs über die filmische Realität. Es ging um die Verwendung von Bildern; diejenigen, die gottgegeben oder natürlich waren gegenüber denen, die innerhalb eines Gerätes erzeugt wurden. Es gab ein deutliches Interesse an maschinell erzeugten Formen, die so entfernt von der Natur waren wie möglich. Das Prinzip des Synthetischen war das Thema des Tages.«[34]
Der Gegensatz zwischen synthetisch erzeugtem und aufgezeichnetem ästhetischen Material drückt sich seit der Erfindung elektronischer Verfahren in unterschiedlichen künstlerischen Feldern aus. Im visuellen Bereich entsteht der Gegensatz von Film und synthetischem Bild, während sich im akustischen Bereich die Musique Concrète mit Repräsentanten wie **Pierre Schaeffer** und **Pierre Henry** und die elektronische Musik mit Vertretern wie **Karlheinz Stockhausen** gegenüberstehen.[35] Der Verwendung von Bildern oder Tönen, die einen Bezug zur äußeren Wirklichkeit haben, steht dabei die künstliche Neuerschaffung von visuellen oder akustischen Ausdruckselementen entgegen. Ähnlich wie die Bilder im abstrakten Film haben die rein elektronisch produzierten Videoarbeiten, wie etwa »Artifacts« (1980) von Woody Vasulka, keine repräsentative Absicht. Ihre Funktion ist selbstreferenziell und verweist auf ihr eigenes Bilderzeugungsverfahren.
Im Lauf der 1980er Jahre lässt das Interesse an der Untersuchung des Mediums Video nach. Wahrnehmungs- und kommunikationstechnische Fragestellungen, die bis dahin umfangreich untersucht wurden, treten hinter das Interesse an narrativen Formen[36] und subjektivem Ausdruck zurück.
/

III → Physiologische Effekte und Erweiterungen 05./011

Das Hinterfragen gewohnter Wahrnehmungserfahrungen zeigt sich auch in Versuchen, verschiedene Wahrnehmungsbereiche miteinander zu verbinden oder Sinneserfahrungen im Bereich des Bewusstseins nachzuspüren. Arbeiten wie »**Tap Dance**«[37] von **Willie Walker** oder »**Tunnel**«[38] (1999) von **Thomas Demand** verweisen auf die Verknüpfung von Sinneswahrnehmung und kognitiver Erfahrung. Indem sie gezielt Assoziationen hervorrufen, spielen sie auf Wahrnehmungsmechanismen an, die zwar fast unweigerlich bestimmte Eindrücke auslösen, jedoch physisch nicht repräsentiert werden. Das, was man wahrzunehmen glaubt, wird eigentlich nicht gezeigt. Willie Walker spielt mit dem

34 — W. Vasulka in: Ars Electronica 1992, *Die Eigenwelt der Apparate-Welt Pioneers of Electronic Art*, David Dunn (Hg.), Linz 1992, S. 122. 35 — Vgl. das Kapitel »**Audio Art**«. 36 — Vgl. das Kapitel »**Virtuelle Narration**«.
37 — »Tap Dance«, eine dreiminütige Videosequenz von 1972, s/w mit Ton, aus: »The Weekend Tapes«, von Willie Walker. 38 — »Tunnel« (1999), 35mm-Film.

ergänzenden Wissen der Betrachter, wenn er einen Steptanz aufführt, bei dem aber nur sein Oberkörper im Bild zu sehen ist und er die Geräusche dazu mit dem Mund erzeugt. Thomas Demand geht noch einen Abstraktionsschritt weiter, wenn er den Betrachter auf eine Kamerafahrt durch das Papiermodell des Tunnels schickt, in dem Prinzessin Diana bei einem Autounfall tödlich verunglückte. Das gespeicherte Bildwissen aus den massenmedialen Wiederholungen der Bilder vom Unglücksort löst beim Betrachten das Gefühl aus, Zeuge der Situation zu sein, die zwar real kaum jemand gesehen hat, die aber Teil des kollektiven Bewusstseins zu sein scheint.

Im Gegensatz zu eher analytischen Beobachtungen in den visuellen Medien nehmen Künstler wie **Jan Peter E. R. Sonntag** in seiner Installation »**modern minimal disco**« (seit 1995) oder **Granular Synthesis** in ihrer Performance »**POL**« (1998) direkten Einfluss auf die physische Wahrnehmung der Rezipienten und erzeugen synästhetische Erfahrungen. Mit der Übertragung von Sinneseindrücken von einem Medium in ein anderes, wie der Umwandlung von Klang in Vibration, wird die ansonsten typische Kopplung von deren Darstellungsweise an bestimmte Medien durchbrochen und in andere Bereiche ausgedehnt. In Installationen oder Performances machen sie Klänge körperlich spürbar und fügen dem akustisch Wahrnehmbaren eine zusätzliche sensorische Qualität hinzu.

//

05/012

Wahrnehmungsräume

Auch außerhalb des Rahmens klassischer Kommunikationsmedien wie Film und Video existierte immer ein anhaltendes Interesse an der Untersuchung optischer Phänomene. Ein erweiterter Medienkunstbegriff verlässt die Grenzen der reinen Bildübertragung und bezieht andere Ausdrucksmittel in den künstlerischen Prozess ein. Dazu können architektonische Gebilde ebenso zählen wie beispielsweise Licht oder Klang. Meist geht es darum, die Wahrnehmungsuntersuchungen über die zweidimensionalen Möglichkeiten der Bildmedien hinaus in den dreidimensionalen Raum auszudehnen.

In den 1960er Jahren wird immer häufiger das Mittel der Performance als Instrumentarium zur sinnlichen Wahrnehmung von Raum eingesetzt.[39] Im Expanded Cinema[40], das mehr oder weniger alles beschreibt, was herkömmliche Filmproduktions- und Projektionstechniken überschreitet, werden konventionelle Formensprachen auch durch die Ausdehnung des Films in den Raum aufgebrochen. Oftmals werden Kunst und Technik dabei gleichwertig miteinander verbunden, neue Projektionstechniken erprobt und das Publikum in das Ereignis eingebunden. Joachim Paech beschreibt die Utopie der Expanded-Cinema-Bewegung als »eine neue Avantgarde, mit der das Cinema in alle Bereiche der Information und Kommunikation, des Performativen und des Wissens, kurz des gesellschaftlichen und kulturellen Lebens ausgeweitet würde. Kunst wird ebenso zum Medium gesellschaftlicher Information, wie die neuen Medien mit künstlerischen Mitteln ihrer Informationsaufgabe gerecht werden, wobei Information generell mit Veränderung identifiziert wird«.[41]

03-04 39 — Vgl. das Kapitel »**Real/Medial**«. 40 — Vgl. Gene Youngblood, **Expanded Cinema**, New York 1970. 41 — Vortrag Paech (2002).

»Movie Movie«[42] (1967) war eine solche Environment-Aktion mit Film, die Wahrnehmungsvorgänge als ein Ereignis mit vielen flexiblen Komponenten inszenierte. Ein mit Pressluft gefüllter Raumkörper wird zu einer mobilen, transparenten Projektionsfläche, die von dem ebenfalls mobilen Publikum durch Körpereinsatz verformt werden kann. Das dynamische Verhältnis der einzelnen Faktoren wie architektonischer Raum, Betrachter und Bild zueinander erzeugt ein variables visuelles Erlebnis, das das Bild als Teil der Architektur inszeniert. Die damit beabsichtigte Erweiterung der Wirklichkeitserfahrung entspricht auch der damaligen (zum Teil durch Drogen beeinflussten) Stimmung der Zeit und nimmt durch die Einbeziehung des Betrachters spätere, meist computergestützte, immersive Wahrnehmungsräume vorweg.[43]
Peter Weibel, selbst ein wichtiger Vertreter der aktionsbezogenen Kunst dieser Zeit, beschreibt die damalige Auffassung von medialen Situationen so: »Das klassische Filmsystem mit den Grundfiguren und Grundregeln – Projektor, Projektionsfläche, Tonstreifen, Regisseur, Kamera, Kamerabewegung, Schneidemaschine, Montage, Kameraposition, Kinovorhang etc. – wurde als jederzeit veränderbare Konvention, als ein System von Variablen aufgefasst. Man kann statt Zelluloid einen Zwirnsfaden nehmen, statt des Projektors einen Spiegel, statt des Lichtstrahls eine Schnur, statt einer Leinwand einen Brustkorb, statt elektrischem Licht Feuer, statt Lichtreaktionen chemische Reaktionen, man kann mit oder ohne Zelluloid arbeiten, im Kinosaal oder außerhalb, mit oder ohne Leinwand, mit beweglicher oder stabiler Leinwand, mit der Kamera als Projektor, mit dem Menschen als Leinwand etc.«[44]
Die technische Weiterentwicklung der Computertechnologie ermöglicht es heute, die Konzepte der 1960er und 1970er Jahre zur räumlichen und handlungsorientierten Einbindung des Betrachters in das Kunstwerk mit technologischen Mitteln neu umzusetzen. **Jeffrey Shaw**, einer der Initiatoren intermedialer Ereignisse wie »Movie Movie«, setzt zum Beispiel die partizipativen Ansätze in computergestützten virtuellen (Projektions-) Umgebungen fort.
//

Licht und Bewegung 05/013

Ein erweiterter Begriff medialer Kunst bindet auch den Einsatz von Licht und Bewegung als künstlerisches Material ein. Bereits in den 1950er Jahren beschäftigten sich Künstler der Gruppe **ZERO** wie **Heinz Mack**, **Otto Piene** und **Günther Uecker** mit Licht als gestalterischem Mittel. Ihr Anliegen war es, Malerei auf ihre Bedingungen, nämlich insbesondere das Licht als zugrundeliegendes Element, zurückzuführen. Dabei verließen sie allerdings die Technik der Malerei mit Farbe und Leinwand und gestalteten räumliche Werke, die Schatten warfen oder Reflexionen hervorriefen und Bewegung in ihr Konzept einbezogen. Es entstanden Arbeiten, deren Eindruck sich je nach Betrachterstandpunkt verändert. Heinz Mack betrachtet nicht die Farbe oder andere formale

42 — Urheber dieser Aktion waren Theo Botschuijver, Jeffrey Shaw, Tjebbe van Tijen und Sean Wellesley-Miller, die in ähnlicher Zusammensetzung unter dem Gruppennamen **Eventstructure Research Group** zwischen 1967–1979 weiterführende Experimente und Aktionen mit flexibler Architektur, pneumatischen Raumkörpern und Bildprojektionen realisierten. 43 — Vgl. das Kapitel **»Immersion und Interaktion«**. 44 — Peter Weibel, »Jeffrey Shaw: Eine Gebrauchsanweisung«, in: *Jeffrey Shaw – eine Gebrauchsanweisung*, Anne-Marie Duguet u. a. (Hg.), Ostfildern 1997, S. 11–12.

Komponenten, sondern deren räumliche Organisation und Bewegung als die eigentliche Form künstlerischer Arbeit.[45]

Gerade die Einbindung einer variablen Betrachterperspektive in das Werk ist wichtiger Bestandteil vieler raumbezogener Kunstwerke. Während der Besucher einen Raum durchschreitet, hat er keinen festgelegten Betrachterstandpunkt, der eine optimale Wahrnehmungsperspektive vorgibt. Die Bewegung und Orientierung im Raum ist dabei ein beabsichtigtes Element der Besuchererfahrung.

James Turrell[46] schafft seit den 1970er Jahren Installationen, die Nicht-Materielles, nämlich Licht, physisch erfahrbar machen. Diese Lichträume lösen intensive Sehereignisse aus und geben dem Betrachter oft perspektivische Rätsel auf. In seinen begehbaren Rauminstallationen löst er den Zusammenhang von optisch wahrnehmbaren Raumtiefen und der Erfahrung räumlicher Dimensionen auf und erzeugt den Eindruck, sich in einem grenzenlosen Umfeld aus reinem, farbigen Licht zu befinden. Turrells Lichträume behandeln damit nicht nur das Sehen selbst und das Wechselspiel zwischen Illusion und Wahrnehmung, sondern weisen durch die hervorgerufene optische und räumliche Orientierungslosigkeit zugleich auf den Körper als Ort der Perzeption. Mit seinen »Perceptual Cells« (1991) schafft Turrell die partizipatorische Variante dieser Wahrnehmungsinszenierungen. Der Betrachter begibt sich in eine kleine geschlossene Wahrnehmungskapsel hinein, wo er mit Hilfe von Knöpfen und Reglern unterschiedliche optische Sinnesreizungen selbst erproben und regulieren kann.

/ /

05/014 Klang

Ausgehend vom Körper als dem Ort, wo sich Wahrnehmung manifestiert, zeigen **Olaf Arndt** und **Rob Moonen** durch sensorische Deprivation[47] in ihrem Isolationsraum **»Camera Silens«** (1994), dass es ausgeschlossen ist, nichts wahrzunehmen. Abgeschirmt von äußeren Einflüssen, konzentriert sich die Wahrnehmung auf die eigenen Körpergeräusche. **John Cage**, dessen Denken durch asiatische Philosophie beeinflusst war, ließ sich durch die Erfahrung in einem Isolationstank zu einer seiner wohl berühmtesten Arbeiten anregen. Die Erkenntnis, dass das Fehlen äußerer Einflüsse nicht zu einer absoluten Stille, sondern zu einer Konzentration auf innere Sinneserfahrungen führt, die in der alltäglichen Wahrnehmung unterdrückt werden, ist in das Konzept der Klavieraufführung **»4'33"«**[48] eingeflossen, die 1952 uraufgeführt wurde. Der Titel entspricht der Dauer des Stücks, während der jedoch kein einziger Klavierton erklingt. Statt die Tasten zu bedienen, klappt der Pianist den Klavierdeckel zu und erzeugt so eine vermeintliche Stille, mehrmals unterbrochen vom Öffnen und Schließen des Klavierdeckels. Was dabei tatsächlich zu hören ist, sind die Zuschauergeräusche wie Rascheln, Husten, Zwischenrufe und dergleichen.[49]

Das Verfahren, die Stille durch hölzernes Klappern kurzzeitig zu unterbrechen, um sie

45 — Heinz Mack, **»Resting Restless«** (1958), in: Kristine Stiles/Peter Stelz (Hg.), *Theories and Documents of Contemprary Art*, Berkeley u. a. 1996, S. 410. 46 — James Turrell, **»Mapping Spaces«** (1987), in: ebd., S. 574. 47 — Eine Situation, in der die Wahrnehmung von äußeren Reizen und Sinneseindrücken abgeschirmt ist (Reizentzug). 48 — Nam June Paik **»Global Groove«**, Sequenz mit John Cage. 49 — Vgl. das Kapitel 03-02 **»Fernsehen – Kunst oder Anti-Kunst?«**.

anschließend um so intensiver wieder erfahren zu können, findet auch in der Kunst traditioneller japanischer Klanggärten Anwendung. In einem Bachlauf wird dazu ein Holzgefäß an einer Art Wippe befestigt, das in regelmäßigen Abständen voll Wasser läuft, Übergewicht gewinnt und beim Aufschlagen ein Geräusch erzeugt, das die herrschende friedvolle Atmosphäre kontrastiert, um mit diesem kurzzeitigen kleinen Schock den Genuss an den Klängen des Gartens zu steigern. Unklar bleibt jedoch, ob John Cage dieses traditionelle Verfahren kannte.

/

IV → Wahrnehmungsapparaturen 05/015

In der Auseinandersetzung mit Fragen der Wahrnehmung liegt die Anwendung wissenschaftlich geprägter Forschungsansätze nahe. An der Schnittstelle von wissenschaftlichen und künstlerischen Arbeitsfeldern werden einfache, analoge Instrumente bis hin zu technisch sehr komplexen Apparaturen systematisch erprobt und entwickelt. Dabei werden besonders technisch erzeugte Perspektiven untersucht, aber auch Wahrnehmungsräume in bisher nicht sichtbare Bereiche ausgedehnt.

Den Gebrauch von Wahrnehmungstechnologien und deren Einfluss auf unsere Welterfahrung zeigen auf eine ebenso einfache wie eindrucksvolle Weise **Florian Kleinefenn** und **Fritz Rahmann**. Für ihr »**Watteau**«-Projekt haben sie anlässlich der **documenta 8** (1987) ein Auto zu einer mobilen Camera Obscura[50] umgebaut und ›erfahren‹ so im wörtlichen Sinn ihre Umgebung. Zu ihrer Orientierung, und damit als Handlungsgrundlage, dient ihnen dabei ausschließlich die medial vermittelte Wahrnehmung, nämlich das auf den Kopf gedrehte Abbild der Umgebung im Wageninneren. Technische Innovationen und optische Apparaturen wie die Camera Obscura haben Künstler immer wieder zu einer Auseinandersetzung mit derartigen Wahrnehmungsinstrumenten herausgefordert. Dabei steht aber zumeist nicht wie hier der Aspekt der medial vermittelten Wahrnehmung, sondern vielmehr die Beschäftigung mit optischen Phänomenen im Zentrum des Interesses.

So untersucht **Alfons Schilling** seit den 1960er Jahren die physikalischen und optischen Gegebenheiten des Sehens und entwickelte infolgedessen so genannte ›Sehapparate‹ zur Erprobung des stereoskopischen Sehens. Es entstanden dabei verschiedene optische Systeme, die sich mit räumlichem Sehen in Verbindung mit Bewegung beschäftigen, wie der »**Dunkelkammerhut**«, eine große tragbare Camera Obscura, die den ganzen Körper in den Vorgang der Wahrnehmung der Umwelt einbezieht. 1973 entwickelt Schilling unter dem Titel »**Video-Head-Set**« ein **Head-Mounted-Display**, wie es Ende der 1960er Jahre auch von **Ivan Sutherland** vorgestellt wurde; eine Apparatur, bei der der Benutzer zwei kleine Monitore vor den Augen trug und damit die Vorstellung haben konnte, sich in verschiedenen räumlichen und zeitlichen Dimensionen bewegen zu können. Allerdings war die verfügbare Technik zu diesem Zeitpunkt noch nicht befriedigend

50 — Die Camera Obscura gilt als Vorläuferin der Fotokamera. Wörtlich bedeutet es so viel wie dunkle Kammer. Dabei fällt in einen ansonsten lichtdicht verschlossenen Raum nur durch ein kleines Loch, das auch mit einer Linse versehen sein kann, Licht von außen ein. Das Bild, das so von der Außenwelt nach innen projiziert wird, erscheint dabei auf dem Kopf stehend und seitenverkehrt. Dieses Verfahren, das ein Abbild der Realität (übrigens live und in Bewegung) von außen nach innen überträgt, wurde Mitte des 16. Jahrhunderts gerne als Vorlage in der Malerei eingesetzt, wodurch gewissermaßen ein manueller Speicherprozess des Abbildes vorgenommen wurde.

ausgereift, so dass Schillings Entwicklung im Stadium des Prototypen verblieb. Dennoch können diese Sehmaschinen als gedankliche und technische Vorläufer heutiger Virtual-Reality-Konstruktionen gelten. Denn damit zeichnete sich deutlich eine Entwicklung von der bisherigen, technisch simulierten Darstellung von Bewegung zum tatsächlichen Erleben von Bewegung im Raum ab. »Die Grunderfahrung und für die Zukunft der Vision entscheidende Erfahrung ist, dass die apparative Wahrnehmung eine neue Wahrnehmung von Raum und Zeit ermöglicht [...]. Mit klassischen Worten: Scheinkörper bewegen sich in Scheinräumen und sind vom Betrachter durch die Apparate steuerbar. Dies ist das Grundkonzept von Cyberspace.«[51]

Doch das Sehen mit Unterstützung technischer Hilfsmittel entspricht nicht dem gewohnten Eindruck des Sehens und muss erlernt werden, wie das Beispiel der mobilen Camera Obscura zeigt. Vom Sehen durch ein einfaches optisches Gerät wie eine Brille über die beschleunigte Perspektive einer Bahnfahrt bis zur Darstellung eines Zooms, bei dem sich der Blick einem entfernten Punkt stufenlos immer mehr annähert, muss die Interpretation von Sinneseindrücken erst trainiert werden. Dies gilt besonders bei technisch erzeugtem Sehen, das Bilder hervorbringt, die vom natürlichen Sehen abweichen. Selbst das, was wir als natürliches Sehen empfinden, ist keine angeborene Funktion und bedarf ähnlich anderen grundsätzlichen Fähigkeiten wie Gehen oder Sprechen einiger Übung. Bereits in einem frühen Lebensstadium lernt der Mensch daher, Sinneseindrücke zu analysieren und die daraus gewonnenen Informationen zu interpretieren – eine entscheidende Grundlage für die menschliche Orientierung.

Durch die Verbindung von Computer und Videotechnologie hat sich seit Mitte der 1980er Jahre die Möglichkeit einer beinahe uneingeschränkten Manipulation der Bilder entwickelt. Digitale Bilder können, losgelöst von der äußeren Realität, generiert werden. In einer simulierten Wirklichkeit kann sich somit die Bedeutung bekannter Wahrnehmungskonstanten auflösen, da sie an keine physikalischen Gesetzmäßigkeiten gebunden ist, wenn Größen wie Proportionen, Raumdimensionen oder Farben zu beliebig manipulierbaren Größen werden.

Tamás Waliczky nutzt diese Möglichkeiten in seiner Computeranimation »**The Garden**« (1992), um Wahrnehmung als erlernte Fähigkeit sichtbar werden zu lassen. Er entwirft eine Welt, die hypothetisch an die Perspektive eines Kindes geknüpft ist, das die Interpretation von Umgebungsinformationen wie Entfernungen und Größenverhältnisse noch lernen muss. Der Betrachter wird dabei in diese computertechnisch erzeugte Wahrnehmungsperspektive, die Waliczky die »Water-dRop-Perspektive«[52] nennt, eingebunden. Allerdings geht es hier nicht um die psychologisierende Darstellung von subjektiver oder psychedelischer Wahrnehmung. Der Blickwinkel bleibt stets ein 360 Grad umfassendes Wahrnehmungsfeld, das an alle Umgebungsobjekte dieselben optischen Maßstäbe legt. Lev Manovich schreibt über das Verhältnis der virtuellen Kamera zur

51 — Peter Weibel, »Anatomie des Sehens«, in: Alfons Schilling, *Ich, Auge, Welt – the art of vision*, Wien/New York 1997, S. 121. 52 — Tamás Waliczky, »**Der Garten (ein Amateurfilm des 21. Jahrhunderts)**«, in: Klaus Peter Denker (Hg.), *Interface 2*, Hamburg 1995, S. 361. 53 — Lev Manovich, »**The Camera and the World: New Works by Tamás Waliczky**«, 1998 (Übers.: H. H.). 54 — Ein Instrument zur Erfassung von Augenbewegungen. Es gibt mobile Eye-Tracking-Systeme, die wie ein Datenhelm direkt vor den Augen getragen werden. Hier wird das Prinzip des ›Head-Mounted-Displays‹ in sein Gegenteil verkehrt. Der Benutzer

virtuellen Umgebung: »In Waliczkys Arbeiten vereinen sich die Welt und die Kamera zu einer Einheit. [...] Die Kamera dient nicht nur als Wahrnehmungsinstrument, sondern als schöpferisches Element beziehungsweise als erkenntnistheoretisches Instrument.«[53]
Die Bandbreite möglicher Beobachtungs- oder Wahrnehmungsperspektiven wurde mit der Einführung technischer Sehapparate um diejenigen Wahrnehmungsbereiche erweitert, die das natürliche menschliche Sehen überschreiten. Eine technisch erzeugte Wahrnehmungsperspektive, die allerdings tatsächlich an ein sehendes Subjekt gebunden ist, führt **Jochem Hendricks**, in seiner Serie von »**Augenzeichnungen**« vor. Mit Hilfe eines ›Eye-Tracking-Systems‹[54] werden dabei die Augenbewegung einer Person beim Sehen durch Infrarot-, Video- und Computertechnik erfasst und in die Darstellung von Linien übertragen. So entstehen Grafiken, die die Wahrnehmung eines Einzelnen nach außen sichtbar machen, wobei das Wahrnehmungsorgan gleichzeitig zum Ausdrucksinstrument wird. Das durch technische Mittel erzeugte Bild, das ebenso durch das Lesen einer Zeitung wie das visuelle Abtasten eines Porträts hervorgebracht sein kann, ist somit immer an die natürliche Perspektive eines menschlichen Betrachterstandpunktes gekoppelt.
Am anderen Ende des Spektrums technischen Sehens steht das Verlassen der natürlichen menschlichen Perspektive. Geräte, die einen Blick auf die Realität ermöglichen, der dem menschlichen Auge allein nicht zugänglich ist, entstammen häufig aus dem medizinischen oder naturwissenschaftlichen Bereich. Dazu zählen Mikroskope, die kleinste Elemente sichtbar machen, Röntgenaufnahmegeräte oder Sonden, die einen Einblick in das Körperinnere zulassen[55] oder Teleskope, die den Blick ins All ermöglichen.
Art+Com hat ein System entwickelt, dass nicht nur einen Blick auf ein bestimmtes Detail unserer Welt öffnet, sondern unter Nutzung eines komplexen Datensystems eine umfassende Betrachtung unserer Erde ermöglicht. »**Terravision**«, ein frei navigierbares, computergestütztes Globussystem, nutzt keine abstrakten kartografischen Daten, sondern reale Satellitenaufnahmen zur Darstellung der Welt. Der Benutzer dieses Programms kann nahezu aus jeder beliebigen Perspektive und jeder gewünschten Distanz die Erde betrachten. Er kann seinen Blick dabei aus dem All direkt auf einen bestimmten Punkt der Erde lenken und sich diesem mit zunehmender Detailgenauigkeit nähern. Vom Satellitenbild bis zur Detailaufnahme eines Zielobjektes entspricht der Blickwinkel dieser Aufnahmegeräte dabei nicht dem menschlichen Betrachterstandpunkt. Diese losgelöste Perspektive legt vielmehr den Gedanken an eine weltumspannende Überwachungsfähigkeit nahe oder suggeriert einen nahezu göttlichen Überblick, der die natürliche menschliche Fähigkeit des Beobachtens und Sehens durch technische Hilfsmittel überschreitet. Satellitenbilder oder andere von menschlicher Manipulation vermeintlich unabhängige Aufzeichnungssysteme suggerieren durch ihre meist wissenschaftliche Nutzung die Darstellung einer objektiven Realität.

eines solchen Systems bekommt keine visuellen Informationen zugespielt, sondern erzeugt Informationen durch die Bewegung seiner Augen. Der Benutzer produziert dabei Daten, anstatt sie zu konsumieren.
55 — Der australische Performancekünstler Stelarc lotet in Performances das Verhältnis von Technik und dem menschlichen Körper aus. In seiner »**Stomach Sculpture**« überträgt er Anfang der 1990er Jahre Videobilder aus seinem Körperinneren, die von einer Sonde aufgezeichnet wurden, nach außen. Vgl. das Kapitel »**Real/Medial**«.

Doch selbst solche Bilder, die unsere Wahrnehmungsfähigkeit scheinbar grenzenlos erweitern, müssen von uns gedeutet werden. Eine solche Interpretation kann nicht völlig frei von weltanschaulich oder ideologisch geprägten Grundlagen sein. Als Beobachter sind wir immer ein Teil des zu untersuchenden Systems und beeinflussen allein dadurch bereits die Untersuchungsergebnisse. Unsere Wahrnehmung ist also immer an unsere eigene (geistige oder physische) Perspektive gebunden, die wir nicht verlassen können, deren technische, ästhetische oder soziale Codierung jedoch von Künstlern erfahrbar gemacht wird.

Technological Constructions of Space-Time

Aspects of perception

/

Heike Helfert

/

With the development of technical media of representation, these media simultaneously moved into the scope of artistic debates. Not only were the new communications technologies extensively studied and even further developed; the use of audiovisual media has also introduced numerous new aspects to the aesthetic engagement with questions of perception. In this fashion, new possibilities are opened up in particular for the use of temporal-spatial contexts, which are artistically explored in many new ways and forms. 05/101

Using selected examples, this text describes various aspects of the aesthetic engagement with questions of perception in connection with the technical media of reproduction in the twentieth century. The first part, «Media Possibilities,» is dedicated to developments like absolute film, structural film and experimental film, each of which deals with the particular make-up and materiality of the medium. Time, a key factor in the area of audiovisual perception, will then be examined as a constitutive element of perception. The artistic representation of temporal structures is here primarily linked to the engagement with the illusion space of the cinema.

In the second part of the text, the «Video Medium» is brought center stage. Here, the engagement with fundamental phenomena like time, space, and the human body will be discussed, as well as their mutual influence on the perception of these elements. Subsequently, the relationship between video and television and the contingent relation of our possibilities of perception to media technology as well as the search for perceptive experiences that transcend individual media will be explored.

The third section, «Spaces of Perception,» describes examples of an extended concept of media and the extension of artistic fields of action into three-dimensional space. Here, particular emphasis will be placed on the perspectives of mobile spectatorship and the inclusion of the body in the process of perception.

The fourth and final part, «Perception Apparatuses,» deals with approaches in the area of perception studies that are influenced by science. In so doing, examples of the development and application of perception instruments under different technological conditions will be described. Finally, by way of analog and digital technologies, the phenomenon of vision with the help of technological aids will be discussed.

/

I → Media Possibilities 05/102

The development of technical media of reproduction like photography and film in the nineteenth century engenders entirely new methods of representation and formal languages. In film and later in video, the possibility of depicting space is supplemented with the capacity to represent processes and movement. Time is thus included as an additional element in the repertoire of the representational media and opens up new aesthetic possibilities that could not have developed without fundamental technological preconditions. Walter Benjamin already emphasized in his essay on «**The Work of Art in the Age of Technical Reproduction**»[1] the interlinking connections between new technologies and new art forms and the resultant formation of patterns of perception. He illustrates this by means of the example of film; in techniques like slow motion and the close-up and in studies of motion, film produces a new way of observing nature and the environment. In addition, by way of technologies like editing, i.e., the structuring and recombination of images and sequences, film offers previously unknown ways of seeing.

In the 1960s, the media scholar Marshall McLuhan described the increasing role of the media in our everyday life, seeing in it the foundation for an expansion of our possibilities of perception. McLuhan considers the use of media a cultural technique that links various areas of perception with one another. «The TV image has exerted a unifying synesthetic force on the sense-life of these intensely literate populations.... Radio and television..., these massive extensions of our central nervous systems[,] have enveloped Western man in a daily session of synthesia. The Western way of life attained centuries since by the rigorous separation and specialization of the senses, with the visual sense atop the hierarchy, is not able to withstand the radio and TV waves that wash about the great visual structure of abstract Individual Man.»[2]

Nevertheless, technology is not the only factor that influences perception or patterns of perception; the specific application or aesthetic use of a technology also leads to the reorganization of our sensory perception. In an article published in the catalogue for documenta 8, the art historian Vittorio Fagone writes about the mutual relationship between media technologies and their artistic use: «In general, technology is considered not a norm of external facts, but a ‹medium› for the increasing communicative possibilities of expression and design. In particular, the new informational tools possess unique linguistic powers that need to be explored in both directions: first in light of a vital exchange with the other technologies of technological image storage (like photography, cinema, and video); on the other hand in light of its own ability to develop new figurative syntheses that live from themselves [and] are multimedia audio-video. At any event, at issue are not techniques of transmission, but rather the possible definition of new materials, qualities and temporal-spatial linkages in the image.»[3] Dieter Daniels is somewhat more general about the mutual relation between art and media: «Just as artistic genres are not only defined by their material but also by their contexts and institutions, the delimitation and production of media technologies are also based on a mix of cultural conventions and technological innovation.»[4]

1 — Cf. Walter Benjamin, «The Work of Art in the Age of Mechanical Reproduction,» in *Illuminations. Walter Benjamin. Essays and Reflections*, Hannah Arendt (ed.), Harry Zohn (trans.), New York, 1969. 2 — Marshall McLuhan, «Television,» in *Understanding Media*, London, 2002 [1964], pp. 343–344. 3 — Vittorio Fagone, *Kontinuität und Wandel im Verhältnis zwischen Kunst und Technologie im 20. Jahrhundert*, in exhib. cat. documenta 8, vol. 1, Kassel, 1987, p. 31. 4 — Dieter Daniels, «Inter (-disziplinarität, -media, -aktivität, -net),» in *Bilder in Bewegung*, Kai-Uwe Hemken (ed.), Cologne, 2000, p. 137. 5 — On the development of artistic film in the twentieth century see Birgit Hein / Wulf

/ /

The film medium

Since the beginning of the twentieth century, the development of film with its new visual qualities formed an important point of departure for the artistic study of new forms of expression and techniques of perception.[5] This was also continued in the course of the development of other media. Here, the object of these studies is usually the specific form of the media themselves and their suitability as artistic means of expression. Artists as well, especially painters, explore the aesthetic possibilities of film.[6] The light of film is considered an extension of the artistic spectrum, a means of transferring painting to the dimension of movement. **Walter Ruttmann**, one of the protagonists of abstract film, observes an accelerated form of intellectual engagement with information and expression caused by technological media of transmission like the telegraph, fast trains, stenography, photography, etc. He sees in this the reason for an increased concentration on temporal processes. To provide an adequate response for the new speed characteristic of the period, he calls for also integrating temporal structures into intellectual processes and the sphere of art. In his essay «**Malerei mit Zeit**,»[7] written around 1919, which already in the title links the various elements of expression with one another, he writes: «The gaze that in intellectual matters is increasingly driven towards a focus on a temporal occurrence can no longer find the rigid, reduced timeless forms of painting relevant.» As a solution, Ruttman suggests «bringing an entirely new kind of life-feeling into artistic form, ‹painting with time.› An art for the eye that distinguishes itself from painting in that is takes place temporally (like music) and the artistic emphasis does not (as in the image) consist in the reduction of a (real or formal) process to a single moment, but precisely in the temporal development of formal aspects. That this art develops temporally is one of its most important elements of the temporal rhythm of optic events. It will therefore produce an entirely new type of artist, up until now only latently present, positioned somewhere halfway between painting and music.»[8]

In Berlin of the 1920s, the first public showings of abstract films accessible to a broader audience take place, and immediately attract great attention. On May 3 and May 10, 1925, the now legendary film matinee «Der absolute Film»[9] is presented, including contributions by **Hans Richter**, **Viking Eggeling**, and **Walter Ruttmann**. Other than commenting on technical deficiencies, the critics receive these experiments in animated film quite positively, since they attribute to them a great potential of innovation. Here, the artists are less interested in developing narrative possibilities than in extending their aesthetic and usually abstract studies to the new medium of film.[10] For «**Le Retour à la Raison**,» already made in 1923 on the occasion of the «Soirée Dada du Coeur à Barbe,» **Man Ray** strew spices, needles, thumb-tacks onto the negative, exposed it and set his «Rayograms» in motion.[11] This process of transformation, transferring real

Herzogenrath (eds.), *Film als Film 1910 bis heute*, Stuttgart, 1977. **6** — Cf. the text «**Media → Art/Art → Media.**» 03-01 **7** — W. Ruttmann, «Malerei mit Zeit,» (written ~1919), cited in *Film als Film*, op. cit., pp. 63–64. **8** — Ibid., p. 64. **9** — Cf. Holger Wilmesmeier, *Deutsche Avantgarde und Film: Die Filmmatinee ‹Der Absolute Film,›* diss. Heidelberg, 1993; Münster/Hamburg, 1994. **10** — Since the films that emerged out of this are largely based on the rhythmification of abstract forms, the term «visual music» is also used as a description. **11** — Peter Tscherkassky, «Weißes Rechteck und Schwarzes Quadrat: Über das Verhältnis von Film und bildender Kunst,» in exhib. →

objects through their direct exposure without using a camera into moving film images, changes the composition of cinematic modes of representation, which up until then had primarily been reproductive. Film becomes a direct bearer of visual information, and thus no longer serves as a medium for reproducing an external reality.

In Futurist film[12] as well, artists experimented in part with non-objective modes of expression and subjected the film material to manipulations like scratching or painting of the material surface. But the technique of animation, which to a large part has to be done by hand, makes the production of purely abstract films quite arduous. Only a few years later, film compositions like Walter Ruttman's «**Berlin. Die Sinfonie der Großstadt**» (1926–1927) emerge; these do not have abstract film material as their foundation, but rather use documentary film images and are supported by the strong rhythmification of the images. But, due to the rise of Fascism and the poor economic situation, as well as the «lack in cooperation and solidarity» within the avant-garde movement and the «impatience with the difficulties of a new technology,» abstract film in Germany soon came to an end.[13]

At the start of the 1970s, the tendency of engaging with film's material foundation is again picked up with structural film, which expressly makes its form its content. Here, the emphasis on the material character of film and the study of the physiology and psychology of film perception play a central role. Most structural films work with simple basic forms like static shots, zoom, or light effects to make the spectator conscious of the preconditions of film technology.

From the point of view of the physiology of perception, film is based on the laziness of the human perceptive apparatus. Images projected one after the other in a rapid sequence fuse into one continuous movement.

Inspired by the occupation with specific qualities of film projection, like pulsating light, is **Tony Conrad**'s «**The Flicker**» (1966); Conrad was already known as a musician. The film exclusively consists of a structured series of black and white individual images, which in projection only appear as the rhythmic change of light and dark and correspond to no optical image. This formalism of light-rhythms causes in the spectator a consciously provocative irritation of perception that can produce after-images, seeing spots, and similar phenomena; in a certain sense, this is the transmission of the early cinema's flicker to a nervous stimulation of the brain.[14]

Michael Snow's 1967 film «**Wavelength**» also seeks to raise our awareness of the foundations of processes of perception and deals with formal issues rather than narrative content. Through the structural deconstruction and reconstruction of cinematic structure, he points to precisely that what he does not provide, that is the illusionism of narrative film. «Snows goal is to bring the spectator to the fullest possible recognition of both qualities of the cinematic image: its referential nature as representation of the visual world and its essential nature as, in Snow's words, ‹projected moving light image›.»[15]

← cat. *An der Front der Bilder. Kinematographie als Kunst*, Vienna 1998. **12** — Cf. the passage from the manifesto: «**The Futurist Film**,» 1916. **13** — Holger Wilmesmeier, (1994), op. cit., p. 187. **14** — Cf. Julia Schmidt, «Federleichte Beschaffenheit des Bildes,» in *Neue Zürcher Zeitung*, October 20, 2001. **15** — William C. Wees, *Light Moving in Time*, Berkeley/London, 1992, p. 155.

In general, experimental films do not intend to reproduce reality, but to interpret it or to expose how we perceive it. In particular the representative function of film is critiqued when the self-referentiality of film images takes the place of extra-cinematic referentiality. All the same, the proponents of structural film with their formal intentions do not receive the same public attention as their art colleagues fifty years earlier with their avant-garde films. «If in the 1920s, visual artists became filmmakers, in the 1970s the circle closes: the filmmakers become visual artists. Highly praised by the critics, experimental film disappears into the ivory tower of art, far from the audience.»[16]

Although film's composition and its operation as a medium remain an issue in experimental film, its importance since the end of the 1970s has declined noticeably. Thus, between 1983 and 1989, using «found footage material,»[17] the group **Schmelzdahin,** which understands itself as a «film production collective,» impressively stage the materiality of film and at the same time its aesthetic process of dissolution. For this they use old sequences of Super-8 films, a technology that had long ago ceased to be a medium of everyday use; its typical area of application had already been replaced by the general use of home video. Here, film material is subjected to biochemical processes by burying it in the garden, storing it in a pond, or overheating it. The results of these natural processes of decay or aging are then copied back onto film and thus conserved in the state of their dissolution. In the 1984 film »**Stadt in Flammen,**» the scenes melt due to overheating, producing an infernal image impression of disappearance. «The images no longer show a figuratively represented scene, but rather its dissolution as a temporal process.»[18]

//

Film time

05/104

In the use of audiovisual media, the dimension of time plays a special role. The interpretation of a photograph as a depiction of an individual moment or a film sequence as a representation of a temporal process presumes certain conventions of representation and perception. In order to emphasize time as a special, constitutive element of perception, the usual patterns of perception in the individual media are broken through or subverted. This becomes particularly clear in various artistic engagements with the illusionary space of the cinema. By transferring temporal processes to a temporal medium that stands still (like photography), artists like **Hiroshi Sugimoto** or **Jim Campbell** are able to visualize representational structures of time. Here, the relationship of time to space is often central to these studies of perception. In so doing, the means of conventional photography serve more or less the fusion and condensation of temporal processes, while digital technology allows a layering and superimposition of individual temporal segments. With the help of light, Hiroshi Sugimoto illustrates the condensation of time. In his photograph series «**Theaters,**» which he has been working on since the 1970s, he exposes the cinema as a site that shapes space and time with light. Usually, the architectural space of the cinema

16 — Ingo Petzke, «Kurze Geschichte des Experimentalfilms,» in *Grid*, no.17, Frankfurt/Main, July 1997.
17 — Found footage refers to already existing film or images that serve as the starting point for other artistic works. 18 — Joachim Paech, «(Avantgarde-) Film und Entropie—Oder: Ordnung und Unordnung in der Filmgeschichte,» lecture for the conference «**Das frühe Kino und die Avantgarde,**» Vienna, March 2002.

steps into the background as soon as the light of the projector is turned on. Sugimoto, however, condenses the entire film on one photo, inverting the relationship of real space to illusionary space. He exposes his photographs over the entire course of a film showing, and thus returns film to its foundation, that is, light. The entire film is thus contained in a single photo, but due to the long exposure time the screen only appears as a bright surface. All that remains visible is the physical space of the cinema. A similar goal is pursued by Jim Campbell in his work «**Illuminated Average #1 Hitchcock's Psycho**» (2000) by storing the temporal course of a film on one single slide. But he works with digital, and not analog, technology. At issue is thus not the duration of exposure that produces a certain amount of light, but the addition of individual film images and their data. Here, image after image are superimposed on one other, producing a concentration of light and contrast that only allow the outlines of a plot to be glimpsed in the less strongly illuminated parts of the image. In this process, time manifests itself as light and the superimposition of different degrees of brightness.

The Scottish artist **Douglas Gordon** is interested in the extreme deceleration of temporal structures, almost to the point of dissolution. The relationship of inner and external perception structures his work «**Five Years Drive-By,**» first shown in 1995 at the Biennale de Lyon.[19] In this work, Douglas Gordon dissects the Western classic «The Searchers»[20] into its cinematic components, that is, individual images. By extending the projection time of the film to the time span of the represented plot, which however encompasses a time frame of five years, it is no longer possible for the viewer to follow the dramaturgy of the images. What remains is a sequence of individual images fourteen minutes in length; each is replaced by the following image, almost entirely unchanged. Since we cannot follow the content, the cinema itself and the excessive representation of its protagonists become the central issue. In contrast to the usual cinema experience, cinematic time seems almost to stand still, while the subjective time experience of the observer and the media perception itself move to the center of attention.[21]

Andy Warhol deals just as rigorously with the relationship between cinema, time and cinematic conventions. Many of his films are narratives without narrative interventions; although they represent an occurrence in time, they refuse plot development or a climax. Usually they are reduced to one subject and filmed with a fixed, unmoving camera. «**Empire**» (1964), for example, shows the same shot of the Empire State Building for eight hours, while only the daylight changes. With this, Warhol subverts fundamental cinematic structures like the representation of movement or the use of narrative elements. In a certain sense, due to its unchanging content, the film image is relieved of its representative function, representing movement in time. The question, «and what happens next?» already becomes superfluous after the first minutes, as soon as it is clear that nothing will happen that would approach a cinematic climax. Warhol thus constructs an

19 — At the end of 2002, the project was shown in its full length near Oslo on the grounds of the Norwegian telecommunications company Telenor. **20** — Director: John Ford, USA 1956, starring John Wayne. **21** — Douglas Gordon himself says on this «How can one film, which lasts only 2 hours possibly convey the fear, the desperation, the heartache, the real ‹searching and waiting and hoping› .... How can anyone even try to sum

essentially documentary situation, which however refers more to its own situation of reception than to the content of what is represented. He thus produces a synchronicity of filming time, represented time, and the time of reception, which, precisely due to the refusal of dramatic possibilities, moves the perception of time and the expectant posture of the audience—the product of media conventions—to the center of attention. Much more interesting than the question of what happens in the film is here the question of what happens in the audience.

In his «**empire 24/7,**» **Wolfgang Staehle** adds additional components to the concept of synchronicity: the simultaneity of the real object and its permanently, generally available reproduction. Twenty-four hours a day, seven days a week, a web cam shows a real-time image of the immobile, iconic building on the Internet. Media reality can thus be experienced as a real-time event. Permanently available, and without an original, the digital image of the Empire State Building links the site of ‹filming› with the site of the observer, and thus shows a reality typical of live web cam images, one which usually lies outside our realm of perception.

/

II → The Video Medium 05/105

Reflecting on the medium of video by illuminating its possibilities leads from the very beginning towards a debate on an academic, technical and artistic level. Technical as well as artistic experiments and inventions lead to new forms of image production. Again, visual artists who usually work with other media are the first to dedicate themselves to the new technology. For instance, many sculptors and performance artists expand their means of representation with the use of video in their works and exhibitions.[22] The intermedia character or the reciprocal influence of art and media rests, however, less on technical aspects than an interest in complexes of social communication. Thus, technical execution is not central to artistic production, rather the way in which the medium is used and what can be shown with it.

/ /

Closed-circuit 05/106

The immediate accessibility of the video images and the simultaneous possibility of their manipulation by delay or spatially separate playback is a special characteristic of video. Many artists have made use of this technique in their work. Installations and arranged situations emerge that include the viewer in the representative situation. The special relationship of the simultaneity of reality and depiction forms a basis for so-called closed-circuit situations. Such an arrangement refers to a closed situation of representation in which the recording medium (the camera) is linked directly with the medium of representation (for example a monitor). Often an object or a person is simultaneously confronted with his own image. Observers thus experience the synchronicity of their actions with

up five miserable years in only 113 minutes? Now, it's important to say that this is not a criticism directed at John Ford, nor the motives behind making the movie. But, for me, it does open up a gap in the way we experience the experience of cinema,» in exhib. cat. *3e Biennale d'art contemporain de Lyon*, 1995, p. 372. 22 — Cf. the text «**Reality/Mediality.**»

their depiction, as in a mirror, but this time not reversed. They thus no longer find themselves either within a current situation, which they experience as the present, or its time-delayed representation, which has more the character of reminder or documentary, but rather in a media-extended reality. The visitor thus becomes both actor and spectator.
With the use of the closed-circuit technique, situations for perceptive experiences between architectural and media space can be produced, which are then made current by the presence of the observer. An early and important work in which the visitor is integrated in the installation is «**Wipe Cycle**» by **Frank Gillette** and **Ira Schneider** (1969).
In addition to its role as a mirror, video is also used in its function as an instrument of surveillance. In contrast to the mirror, the video images are dependent on the position of a recording camera, not on the position in relation to the reflected object. This means self-perception is mediated through a camera eye that can change the perspective in an irritating way, as in **Peter Weibel**'s installation «**Beobachtung der Beobachtung: Unbestimmtheit**» (1973).
/ /

05./107

Time space body

The effect of technologically mediated self-perception through a camera is particularly powerful in spatial situations that include the observer. For example, **Bruce Nauman** produces in «**Live-Taped Video Corridor**» (1969–1970) irritations of the experience of space and time caused by the feeling of physical presence or absence. Nauman specifically emphasizes in his arrangement the aspect of dependence of physical impressions in perceptions of time. In contrast, **Dan Graham** thematizes time as a dimension that can be experienced in space. With his installation «**Present Continuous Past(s)**»[23] he treats the relationship of spatial and temporal experience. Perception usually takes place in the present. We are thus are not in the position of perceiving things past or future. Graham constructs a space that makes the phenomenon of constantly continuing presence available to experience by visualizing temporal distance in space.
While Nauman and Graham precisely emphasize breaks and discontinuities in the experience of time, **Bill Viola** produces in his installation «**He Weeps For You**»[24] (1976) the experience of continuity, constancy, and the connections between micro- and macrostructures. He produces a space of experience based on total perception. In so doing, he addresses «archetypal» notions like the inexorable cycle of renewal, and produces a situation of perception that is directed towards primeval forms and patterns for conceiving human life. By focusing the gaze on a constantly falling and acoustically amplified water drop, Viola shows the smallest events magnified many times over, thus directing attention towards the observation of constancy and one's own consciousness.[25]
The personal experience of a continuous time is thus amplified by the observation of the constantly newly emerging drop that reflects the observer.

23 — Passage from Dan Graham, «**Video in Relation to Architecture**,» in *Illuminating Video*, Doug Hall/Sally Jo Fifer (eds.), New York, 1990, pp. 185–186. 24 — Cf. Bill Viola, note on «He Weeps for You,» 1976, in *Reasons for Knocking at an Empty House, Writings 1973–1994*, London, 1995, p. 42. 25 — Cf. Bill Viola: «**Video Black–The Mortality of the Image**» in *Illuminating Video*, op. cit., p. 482.

//

Video/TV

05/108

In the early phase of the medium, the confrontation with individual experiences of perception was less prominent than the interest in the general possibilities video offered for aesthetics and communication technology. Many artists were more interested in an approach that focused on media analysis. Due to its technological proximity to television, video art was often seen as an intersection between art and commercial mass communication. Particularly in the beginning, the ambivalent relationship between video and television was treated by many artists. Reflections emerged of the medium television through intentional delimitation, imitation, subversion, manipulation, appropriation, destruction, alienation, etc. Usually the communication process itself was central in these works.[26]
Nam June Paik, one of the pioneers of video art, had already in 1963 in the Wuppertal exhibit **Exposition of Music—Electronic Television** confronted television as a means of mass communication and the disturbance or breaking its conventional one-way character.[27] Ahead of his time, lacking video technology, he showed technically manipulated TV devices with electronically distorted images. The audience was thereby invited to undertake manipulations of their own and thus actively participate in the image process («Participation TV»). Later he developed «**TV-Buddha**» (1974), a closed-circuit video installation, today considered an icon of media art. A Buddha statue ‹meditates,› self-reflexively confronted with its own image. Not distraction, but a being absorbed in contemplation and the unavoidable confrontation with one's own image are the principle of this work—an early form of media deceleration and decompression. In large video installations, Paik also takes the reverse route, and emphasizes in a flood of information and irritations the redundancy of the media. He thereby uses the electronic medium as a means of unlimited reproduction and uses permanent self-citation as a principle of construction that can be seen throughout his entire work.[28]
In the 1960s, a drive towards a growing exchange between academic methods, technical executions and artistic approaches of experiential appropriation increasingly emerges. Technological renewals in the area of mass communication are seen as a chance to develop a mass culture. **Aldo Tambellini**, who in 1968 together with **Otto Piene** produced the live television art show «**Black Gate Cologne,**» expressed this in almost enthusiastic terms. «Technology and culture are mutually related to one another. We have changed from an industrial-electronic to a communication-information society. By way of telecommunication, we see one another from screen to screen, and we become one with the new perception of the world. The electromagnetic spectrum must be seen as a natural source of creative activities. Transmitted information is the new form of art.»[29]
Many artists in search of aesthetic forms of expression used the then current technological possibilities or even transcended them, thus helping to construct them. Since the

26 — Cf. Gerda Lampalzer, *Videokunst: historischer Überblick und theoretische Zugänge*, Vienna, 1992. 27 — For more on this see the text «**Television—Art or Anti-art?**» 28 — Cf. Edith Decker, *Paik, Video*, Cologne, 1988. 29 — Quoted in Bettina Gruber/Maria Vedder, *Kunst und Video*, Cologne, 1983, p. 198.

1970s, these included in particular the confrontation with habits of vision. Thus in 1971 **David Hall** broadcasts under the title «**TV Interruptions**» a series of visually irritating film sequences without commentary in public television, during which, for example, the monitor seems to fill with water, but then surprisingly in a 90-degree camera angle again seems to empty, disturbing the expectation of a constant perspective. With these kinds of interventions in visual conventions, Hall breaks the continuum of television reception in the domestic screen. In his film and video project «**Ten Works**» (1973–1977), **Wojciech Bruszewski** represents audiovisual studies, in which he suspends the usual synchronicity of image and sound tracks and thus places their linkage to disposition. The spectator is more ready to accept a post-synchronized film than a division of the unity of image and sound that is assumed to be natural, although this unity is produced by the medium.[30]

/ /

05/109

Video as an immaterial medium

The study of aesthetic characteristics of video technology and the occupation with optic alienation effects leads also to the confrontation with video as a pure light form. In contrast to film, the image information is based on electromagnetic information that is only available to human perception by means of technical apparatuses. The video image offers thereby significant possibilities of manipulation. **Peter Campus** stages in «**Three Transitions**» (1973–1977) situations of perception that are impossible in reality. By taking various perspectives that cannot be perceived simultaneously and linking them to one another, he questions the structure of natural space. In one sequence, Campus walks through his own image. The viewer thereby becomes a witness of his own deception. Campus questions natural physical laws by seemingly breaking through them. In so doing, he makes use of the nature of the video image as divorced from material conditions. By connecting truly divergent standpoints that can be simultaneously represented by the simultaneity of video playback, he produces an artificial unity of time and space. Campus' starting point for these situational arrangements is his «interest in time spaces and the accumulation of perspectives, their transition and transferal of light and electricity, the feedback of his own, projected image, and the balance and amalgamation of differences, their common sources are not directly to be perceived.»[31] Our possibilities of perception in the media are dependent on the state of media technology.

This influence on our visual habits, molded by experience and technology, is also emphasized by **Dieter Kiessling** in his installation «**Pendelnder Fernseher**» (1983). Usual relationships of representation are here apparently reversed. In a feedback situation between camera and monitor, which displays its technical construction quite openly, he poses riddles on the mechanics of perception. In order to understand what he or she is seeing, the observer must confront both the difference and the mutual dependence between the physical situation and its media depiction.

30 — On the critique of the «formalization» of our perception in television, cf. Peter Weibel's work «**TV News (TV-Tod 2)**» (1972). **31** — Peter Campus quoted in Gruber/Vedder (1983), op. cit., p. 88.

//

Technical manipulations

Our visual habits change analogously with the technical alteration of the media of reproduction. Besides the real time playback possibilities it offers, video's meaning for the changed perception of the world is based in the possibility of real-time manipulation, allowing an intervention in the image already during recording. The interest in the direct manipulability of images and thus in the visual interpretation and production of the world has challenged various artists to a series of technical experiments and inventions. With his video «**Artifacts**» (1980), **Woody Vasulka** systematically summarizes the results of his experimental studies and presents the vocabulary developed in the process. Here, the foundation of these studies of video technology is no longer the image as a whole, but a half-image as a structuring unity. Seen from the standpoint of current visual habits, themselves based on a constantly improving technological foundation, the revolutionary character of these images only becomes clear in a historical context. By developing electronic image tools and using these technologies, Woody Vasulka, often together with Steina Vasulka, has been developing technologically and aesthetically new kinds of forms of digital image production and manipulation since the 1970s.[32] In part, these anticipate an electronic image language that ten years later is part of everyday television. Often, these developments would emerge in collaboration with engineers and technicians.
In the area of image production and manipulation, artists like **Nam June Paik** (in collaboration with the technician Shuya Abe) or Ed Emshwiller also explored the technical possibilities of image editing, and in so doing further developed them, for example the **Paik/Abe Synthesizer**[33] (1969), which is named after them. In 1970, Stephen Beck developed the so-called **Direct Video Synthesizer**, which makes possible a direct influence of elements like color, form, movement, and even the illusion of depth. With this, images could be produced that approached optical hallucinations, something then more commonly found in psychedelic film, which questioned the constants of perception by way of visual effects. «Although not long lasting, there was a period in video when the subject of representation was discussed, resembling the dialog between musique concrète and the Synthesizer or the Bazinian discourse of cinematic reality. The appropriation of images was the topic; those taken from God/Nature through the camera versus those constructed inside the instrument. There was a clear interest in machine-made forms as far away from nature as possible. The synthetic principle was the talk of the day.»[34]
Since the invention of electronic technologies, the opposition between synthetically produced and recorded aesthetic material has played a role in various artistic areas. In the area of the visual there is the opposition of film and synthetic image, while in the acoustic area, musique concrète (for example, the work of **Pierre Schaeffer** and **Pierre Henry**) is opposed to electronic music (**Karlheinz Stockhausen**).[35] The use of

32 — See their extensive **online archive**. 33 — Relevant here as well is the work of **Keith Sonnier**, who is also known for his use of light. In his video works «**Animations II**» (1974), he presents the result of computer-aided image animation. 34 — Woody Vasulka in exhib. cat. *Eigenwelt der Apparate-Welt (Pioneers of Electronic Art)*, The Vasulkas/David Dunn (eds.), Ars Electronica, Linz, 1992, p. 122. 35 — Cf. the text «**Audio Art.**»

images or sounds that maintain a link to external reality is here opposed to the artistic new creation of visual and acoustic elements of expression. Similar to the images in abstract film, video works that are purely electronically produced, like «**Artifacts,**» have no representative intention. Their function is self-referential and indexes their own technique of image production. Over the course of the 1980s, the interest in the study of video as a medium has declined. Questions about perception and technology that until then were extensively studied are overshadowed by an interest in narrative forms[36] and subjective expression.

/

05/111

III → Physiological Effects and Extensions

The interrogation of ordinary perceptual experience is also illustrated in attempts to connect various areas of perception with one another or to trace out sensory experiences in the area of consciousness. Works like «**Tap Dance**»[37] by **Willie Walker** or «**Tunnel**» (1999) by **Thomas Demand** point to the link between sensory perception and cognitive experience. By provoking particular associations, they allude to the mechanisms of perception, which almost unavoidably produce certain impressions, but are nonetheless physically not represented. What one imagines one is perceiving is not really shown. Willie Walker plays with the supplementary knowledge of the observer when he performs a tap dance in which only his upper body is visible in the image; he produces the sounds with his mouth. Thomas Demand takes abstraction a step further when he sends the viewer on a camera ride through a paper model of the tunnel in which Princess Diana was killed in a car accident. The information stored from the repetitions of the images of the site of the accident in the mass media produce while watching the feeling of being the witness of a situation that, although really hardly seen by anyone, seems to be part of the collective consciousness.

In contrast to more or less analytic observations in the visual media, artists like **Jan Peter E.R. Sonntag** in his installation «**modern minimal disco**» (since 1995) or **Granular Synthesis** in their performance «**POL**» (1998) exert direct influence on the physical perception of the spectator and produce synaesthetic experiences. By transferring sensory impressions from one medium to another, as with the transformation of sound to vibration, the usual link of their mode of representation to certain media is broken through and extended into other areas. In installations or performances, they make sounds physically felt and add an additional sensory element to acoustic perception.

/ /

05/112

Perception spaces

The interest in the study of optical phenomena has also always existed beyond the framework of classical communication media like film and video as well. An extended concept of media art leaves behind the borders of pure image transmission and brings

CD-07
36 — Cf. the text «**Virtual Narrations.**» 37 — «Tap Dance,» a three-minute video sequence from 1972, black and white, sound, from *The Weekend Tapes*, by Willie Walker. 38 — Cf the text «**Reality/Mediality.**»
CD-04
39 — Cf. Gene Youngblood, **Expanded Cinema**, New York, 1970 40 — Joachim Paech (2002), op. cit.
41 — The originators of this action were Theo Botschuijver, Jeffrey Shaw, Tjebbe van Tijen and Sean Wellesley-

other means of expression into the artistic process. This can include architectural structures just as much as light or sound. Usually at issue is extending perception studies into the three dimensions, surpassing the two-dimensional possibilities of image media. In the 1960s, performance is increasingly used as an apparatus for the sensory perception of space.[38] In the so-called Expanded Cinema,[39] which more or less describes everything that goes beyond usual film production and projection technologies, conventional formal languages are also broken by the extension of film into space. Often, art and technology are here linked to one another as equals; new projection technologies are tested and the audience is integrated into the event. Joachim Paech describes the utopia of this movement as «a new avant-garde with which the cinema would be extended into all areas of information and communication, the performative and knowledge, or to put it briefly, social and cultural life. On the one hand, art becomes a medium of social information; at the same time, the new media similarly carry out their task of information with artistic means, whereby information is generally identified with transformation.»[40]

«**Movie Movie**»[41] (1967) was such an environmental action with film that staged processes of perception as an event with many flexible components. A spatial body filled with compressed air becomes a mobile transparent projection surface formed by using the bodies of the equally mobile audience. The dynamic relationship of the individual factors like architectonic space, observer and image to one another produce a variable visual experience that stages the image as part of architecture. The extension of the experience of reality here intended corresponds to the mood of the time (in part influenced by drugs) and by integrating the observer anticipates immersive perception spaces, which are usually computer supported.[42]

Peter Weibel, himself an important proponent of the action-referential art of this period, describes the then current notion of media situations as such: «The classical film system with its basic figures and rules—projector, projection surface, sound track, director, camera, camera movement, editing machine, montage, camera position, screen curtain, etc.—was conceived as a convention that could be changed at any time, a system of variables. Instead of the projector a mirror, instead of the stream of light a cord, instead of the screen a mirror, instead of the screen a thorax, instead of electric light fire, instead of light reactions chemical reactions, one can work with or without celluloid, in the cinema or outside it, with or without screen, with moving or static screen, with the camera as projector, with the people as screen, etc.»[43]

The technological further development of computer technology makes it possible today to re-execute the concepts of the 1960s and 70s in spatial and active integration of the beholder in the artwork with technological means. **Jeffrey Shaw**, for example, one of the initiators of inter-media events like «Movie Movie,» resumes the participative approaches in computer supported virtual (projection) environments.

Miller, who in a similar constellation under the group name **Eventstructure Research Group** realized additional experiments and actions with flexible architecture, pneumatic spatial bodies and image projections between 1967 and 1979. 42 — Cf. the text «**Immersion and Interaction**.» 43 — Peter Weibel, «Jeffrey Shaw: a user's manual,» in *Jeffrey Shaw—a user's manual*, Anne-Marie Duguet et al. (eds.), Ostfildern, 1997, pp. 11–12.

/ /

05./113 Light and movement

An extended concept of media art also encompasses the use of light and movement as artistic material. Already in the 1950s, artists of the group **ZERO** like **Heinz Mack**, **Otto Piene** and **Günther Uecker** worked with light as an artistic medium. Their intention was to return painting to its conditions, that is, in particular light as a foundational element. In so doing, however, they abandoned the technique of painting with paint and canvas and formed spatial works that threw shadows or reflections and included movement in their concept. Works emerged that created an impression that changed according to the point of observation. Instead of color or other formal components, Heinz Mack considered spatial organization and movement as the true form of artistic work.[44]
Particularly the inclusion of the variable perspective of the viewer is an important component of many space-referential art works. While the visitor walks through a space, there is no fixed point that provides an optimal perspective of perception. Movement and orientation in space are thereby an intended element of the visitor's experience.
Since the 1970s, **James Turrell**[45] has been creating installations that make the immaterial, that is, light, physically available to experience. These light spaces cause intensive visual events and often pose perspectivist riddles to the visitor. In his spatial installations, which can be entered by the viewer, he dissolves the connection between optically perceptible spatial depths and the experience of spatial dimensions, engendering the impression of finding oneself in an infinite field of pure colored light. Turrell's light spaces thus not only treat vision itself and the mutual play between illusion and perception, but show through a lack of optical and spatial orientation at the same time the body as a site of perception. In his «Perceptual Cells« (1991), Turrell provides the participatory variant of these stagings of perception. The observer enters in a small closed perception capsule, where with the help of buttons and regulators he can test sensory stimulations.

/ /

05./114 Sound

Starting from the body as a site where perception manifests itself, **Olaf Arndt** and **Rob Moonen** use sensory deprivation to show in their isolation space «**Camera Silens**» (1994) that it is impossible to not perceive anything.[46] Protected from external influences, perception concentrates on one's own body noises. **John Cage**, whose thinking was influenced by Asian philosophy, allowed himself to be inspired to one of his most famous works through the experience in an isolation tank. The realization that the lack of external influences does not lead to absolute silence, but a concentration on interior sensory experiences that are suppressed in everyday perception is the concept of the piano work «4'33"»[47] which was premiered in 1952. The title corresponds to the length of the piece, during which however no single piano tone sounds. Instead of using the keys, the pianist

44 — Passage from Heinz Mack, «**Resting Restless**» (1958), in *Theories and Documents of Contemporary Art*, Kristine Stiles/Peter Stelz (eds.), Berkeley/London, 1996, p. 410. 45 — Passage from James Turrell, «**Mapping Spaces**» (1987), in ibid., p. 574. 46 — A situation in which the perception of external stimuli and sensory impressions is blocked (sensory deprivation). 47 — Cf. Nam June Paik «**Global Groove**,» sequence with John Cage.

shuts the cover of the keyboard and thus produces a supposed silence, which is multiply interrupted by the opening and closing of the piano lid. What thereby can be heard are the sounds of the spectators like rustling, coughing, heckling and the like.[48]

The technique of briefly interrupting silence with the banging of wood in order to subsequently experience the silence all the more intensely is used in the art of traditional Japanese sound gardens. In a creek, a wooden vessel attached to a kind of see-saw fills in regular intervals with water; this then shifts the balance, and when the see-saw hits the bottom it produces a sound that contrasts the dominant peaceful atmosphere with its brief small shock of the pleasure in the sounds of the garden all the more. It is not clear whether John Cage was familiar with this traditional technique.

/

IV → Perception Apparatuses 05/115

In engaging questions of perception, the use of scientific research suggests itself. At the intersection between scientific and artistic work, instruments that stretch from simple analog machines to technically quite complex apparatuses are systematically tested and developed. In particular, technologically produced perspectives are studied, but also perception spaces that extend into yet unseen areas.

Florian Kleinefenn and **Fritz Rahmann** illustrate the use of perception technologies and their influence on our experience of the world in a manner that is just as simple as it is impressive. For their «**Watteau-Projekt,**» made for **documenta** 8 (1987), they transformed an automobile into a mobile camera obscura,[49] and thus explore their surroundings. Orientation, the foundation of action, is only provided with the assistance of mediated perception, that is, the upside down representation of their surroundings inside the car. Technical innovations and optical apparatuses like the camera obscura have always challenged artists to engage with such instruments of perception. Usually, however, at the center of interest is not the aspect of the medially mediated perception, as is true here, but the occupation with optical phenomena.

Since the 1960s **Alfons Schilling** has been studying the physical and optical characteristics of vision, and developed as a result so-called «vision apparatuses» to test stereoscopic sight. What emerged thereby were the most various optical systems that concern themselves with spatial sight in connection to movement, like the «**Dunkelkammerhut,**» a large portable camera obscura that includes the entire body in the process of perceiving the surroundings. In 1973, under the title «**Video-Head-Set**» Schilling develops a **head mounted display**, as had also been presented by **Ivan Sutherland** at the end of the 1960s; an apparatus in which the user wears two small monitors placed in front of the eyes and thus could have the impression of moving in various spatial and temporal dimensions. However, the technology available at the time had not yet reached a sufficiently advanced state, so that Schilling's development remained a mere prototype. Nevertheless,

48 — Cf. the text «**Television—Art or Anti-art?**» 49 — The camera obscura is considered a predecessor of the photograph camera. Literally, it means «dark chamber.» In a small chamber otherwise sealed off from any outside light, the only light falls through a small hole that can also be fitted with a lens. The image, which is thus projected to the outside world, appears upside down and reversed. This technique transmits a representation of reality (live and in motion) from the outside to the inside, and was in the mid-sixteenth century often used as the basis for painting. In a certain sense, this entailed a manual storage process of the representation.

these vision machines can be considered mental and technological predecessors of current virtual reality constructions. Here, a trend emerges from the previous technologically simulated representation of movement to the actual experience of movement in space. «The basic experience, decisive for the future of vision, that perception through an apparatus makes possible a new perception of space and time. … In classical vocabulary: illusory bodies move in illusionary spaces and can be driven by the beholder through the apparatuses. This is the basic concept of cyber-space.» [50]

But vision with the support of technological aids does not correspond to the usual impression of vision and has to be learned, as for example the mobile camera obscura shows. From looking through a simple optical device like a pair of glasses to the accelerated perspective of a train ride up through the representation of a zoom, in which the gaze gradually approaches a distant point, the interpretation of sensory impressions first has to be learned. This is especially true of technically produced vision, which produces images that diverge from natural vision. Even what we experience as natural vision is not an inborn function, and like other fundamental skills, like walking or speaking, requires some practice. Already at an early stage of life, human beings thus learn to analyze sensory impressions and to interpret the information won from it—a decisive foundation for human orientation.

Since the mid-1980s, the almost unlimited manipulation of images has become possible by combining the computer with video technology. Video images can be produced divorced from external reality. In a simulated reality, thus the significance of familiar perceptive constants can dissolve, since they are tied to no physical laws, when variables like scale, spatial dimensions or colors can be arbitrarily manipulated.

Tamás Waliczky makes use of this in his computer animation «**The Garden**» (1992) to illustrate how perception is a learned ability. He designs a world that is hypothetically bound to the perspective of a child that still has to learn the interpretation of environmental information like distances and size relations. The viewer is thereby integrated into a perception perspective produced by computer technology that Waliczky calls the «Water-dRop Perspective.» [51] All the same, at issue here is not the psychologizing representation of subjective or psychedelic perception. The perspective constantly remains a 360° comprehensive field of perception, imposing the same optical dimensions on all surrounding objects. Lev Manovich writes on the relationship of a virtual camera to virtual surroundings: «[T]he camera and the world similarly function as parts of a single gestalt, creating an effect which is larger than the sum of the individual parts. … Waliczky's virtual camera operating [sic] not only as a tool of perception but also as a tool of epistemology.» [52] The spectrum of possible perspectives of observation or perception was extended with the introduction of technical apparatuses of vision to those areas of perception that go beyond natural human vision.

50 — Peter Weibel, «Anatomie des Sehens,» in *Alfons Schilling, Ich, Auge, Welt—the art of vision*, Vienna, New York, 1997, p. 121. 51 — Passage from Tamás Waliczky, «**The Garden (an Amateur Film of the 21st Century)**,» in *Interface 2*, Klaus Peter Denker (ed.), exhib. cat., Hamburg, 1995, p. 361. 52 — Lev Manovich, «**The Camera and the World: New Works by Tamás Waliczky**,» 1998. 53 — An instrument for capturing eye movement. There are mobile eye tracking systems, which are worn like a data helmet directly before the eyes. Here, the

A technologically produced perspective of perception, nevertheless tied to an actual seeing subject, is presented by **Jochem Hendricks** in his series of «**eye drawings**.» With the help of an «eye-tracking system,»[53] the eye movements of a person are registered while the person looks through infrared, video and computer technology; these movements are then transmitted to a representation in lines. In this way, graphics emerge that make individual perception externally visible, whereby the perception organ simultaneously becomes the instrument of expression. The technically produced image as an affect of the reading of a newspaper or by the visual scanning of a portrait—is thus always tied to the natural perspective of a human standpoint of observation.

At the opposite end of the spectrum of technical visual aids is the abandonment of the natural human perspective. Devices that enable a view of reality not available to the naked human eye often come from the areas of medicine or science. These include microscopes that make the smallest elements visible, X-ray devices or sonar, which allow a view in the inside the body,[54] or telescopes that enable gazing into outer space.

Art+Com has developed a system that not only opens a view on a certain detail of our world but under use of a complex data system enables comprehensive viewing of our earth. «**Terravision**,» a freely navigable, computer-driven global system, uses no abstract cartographic data, but rather real satellite images to represent the world. The user of this program can view the Earth from almost any random perspective and any desired distance. He can direct his gaze directly towards a certain point on earth and approach it with increasing detail precision. From the satellite image to the detail image of a target, the point of view of this recording device does not correspond to the human point of observation. This liberated perspective suggests instead the notion of a worldwide surveillance capability, or an almost divine overview, which transcends the natural human ability of observation and vision by using technical means. Satellite images or other systems of inscription supposedly independent of human manipulation suggest due to their primarily scientific use the representation of an objective reality.

But even those images that apparently infinitely extend our perceptive ability require our interpretation. Such an interpretation cannot be fully divorced of worldview or ideological foundations. As observers, we are always part of the system to be studied and merely in this influence the results of the study. Our perception is thus always tied to our own (mental or physical) perspective, from which we cannot separate ourselves; artists can make the technical, aesthetic or social coding of this perspective available to experience.

/

Translation by Brian Currid

principle of head-mounted display is turned into its opposite. The user of such a system receives no visual information, but rather produces information through the movement of his eyes. The user here is a producer rather than a consumer. 54 — The Australian performance artist has been literally ‹sounding out› the relationship between technology and the human body. In his «**Stomach Sculpture**,» he has been transmitting video images of the inside of his body recorded with sonar towards the outside world in the beginning of the 1990s. Cf. the text «**Reality/Mediality**».

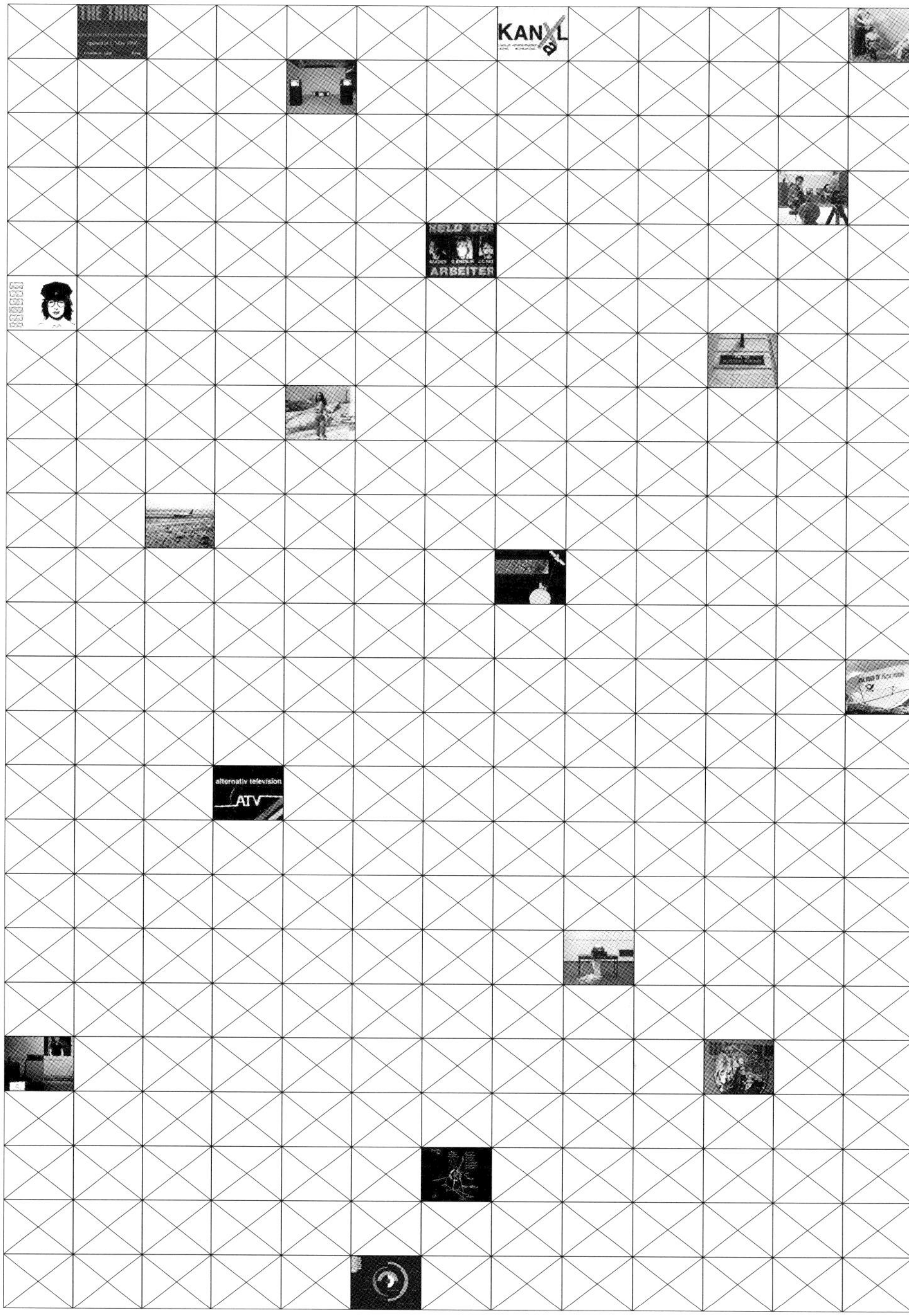

06/001-012
06/101-112

Soziale Technologien

Dekonstruktion, Subversion und die Utopie einer demokratischen Kommunikation

/

Inke Arns[1]

/

Als das vielleicht beste Beispiel einer gesellschaftsverändernden Kunst seit den 1960er Jahren kann der Künstler **Joseph Beuys** gelten. Im Gegensatz zu einem rein formal-ästhetisch begründeten Kunstverständnis schließt das von ihm vertretene Konzept der »Sozialen Plastik« »dasjenige menschliche Handeln mit ein, das auf eine Strukturierung und Formung der Gesellschaft – Beuys spricht vom ›sozialen Organismus‹ – ausgerichtet ist«.[2] Kunst beschränkt sich in diesem Verständnis nicht auf materielle Artefakte, sondern ist auch und vor allem auf soziale Konsequenzen hin reflektierte Handlung. Mit der Idee, plastisches Gestalten auf gesellschaftspolitische Aktivitäten zu beziehen, knüpft Beuys an die sozialutopischen Vorstellungen der historischen Avantgarde an. 06/001

Während Beuys die Einbeziehung und Verwendung von Medien dabei jedoch gar nicht oder nicht vorrangig interessierte, haben sich viele KünstlerInnen seit den 1960er Jahren nicht nur explizit mit Medien auseinander gesetzt, sondern diese auch für konkrete gesellschaftspolitische Ziele eingesetzt. Ausgangspunkt ist dabei die Annahme, dass in einer zunehmend durch Medien beeinflussten Gesellschaft eine (künstlerische) Veränderung der Medieninhalte oder der Medienstrukturen zu einer signifikanten Demokratisierung der Gesellschaft beitragen kann. Hinter dieser Vorstellung steht letztendlich die Hoffnung, dass Kunst die Gesellschaft verändern kann.

Der Titel »Soziale Technologien« versucht dabei, die ambivalente Bedeutung von ›(neuen) Medien‹ oder ›(neuen) Technologien‹ zu fassen, die von Künstlerinnen und Künstlern, die mit diesen Medien oder Technologien arbeiten, thematisiert wird. Sie fragen einerseits, inwieweit Technologien zur sozialen Konditionierung eingesetzt werden, die sich in Begrenzungen, Beschränkungen, Überwachung und Kontrolle des Zugangs äußert. Gleichzeitig untersuchen sie, inwieweit sich diese Medien und Technologien für die Schaffung neuer sozialer und gesellschaftlicher Verbindungen und Strukturen einsetzen lassen und sich somit in ihr Gegenteil verkehren können. Die Utopien hinsichtlich einer gesellschaftlichen Funktion von Medien richten sich dabei – vielleicht mit Ausnahme von Nam **June Paiks »Global Groove«** – nicht mehr vorrangig auf das Fernsehen, sondern auf alternative, von den Massenmedien unabhängige Medienkanäle.

Analytische Dekonstruktion, Subversion und Aufbau alternativer Produktions- und Distributionskanäle stellen dabei in den 1970er Jahren nur einige der »postutopischen Strategien«[3] in Bezug auf das Fernsehen dar, die in diesem Text anhand wichtiger

1 — Mit einigen Textpassagen von Dieter Daniels. 2 — Barbara Lange, »Soziale Plastik«, in: Hubertus Butin (Hg.), *DuMonts Begriffslexikon zur zeitgenössischen Kunst*, Köln 2002, S. 276. 3 — Dieter Daniels definiert in seinem Text »**Fernsehen – Kunst oder Antikunst?**« folgende »postutopische Strategien«: 1) die »analytische De-Konstruktion des Massenmediums mit den Mitteln der Kunst«; 2) die »Annäherung an das Fernsehen unter teilweisem Verzicht auf die Exklusivität des künstlerischen Purismus«; 3) die »subversive Strategie der künstlerischen Besetzung von Nischen in der expandierenden Medienlandschaft« und die »direkte Zusammenarbeit mit dem Fernsehen zur Entwicklung innovativer Medientechniken«. Siehe auch das Kapitel »**Interaktion, Partizipation, Vernetzung**«.

künstlerischer Beispiele exemplarisch vorgestellt werden sollen. Medienkünstlerinnen und -künstler betreiben analytische Dekonstruktionen des Massenmediums Fernsehen mit den Mitteln der Kunst (**Dan Graham, Dara Birnbaum, Klaus vom Bruch, Marcel Odenbach**).[4] Außerdem bedienen sie sich subversiver Strategien bei der künstlerischen Besetzung von Nischen in der expandierenden Medienlandschaft (**Paul Garrin, Brian Springer**) und versuchen, eigene Produktionskontexte und Distributionsmedien zu entwickeln (**Rabotnik TV, Kanal X**). Wie jedes neue Medium weckt auch das Medium Video die Hoffnung auf künstlerische Freiräume und eine Revolutionierung der Produktionsmittel. Viele medienkünstlerische Projekte der 1970er Jahre zielen daher konsequent auf eine Umwandlung der Sender-Empfänger-Struktur ab – eine Forderung, die schon **Bertolt Brecht** in seiner **»Radiotheorie«** in den 1930er Jahren erhoben hatte. Hans Magnus Enzensberger aktualisiert diese 1970 in seinem Text **»Baukasten zu einer Theorie der Medien«**. Zu Beginn der 1970er Jahre beginnt auch eine Reihe feministischer Künstlerinnen mit dem Medium Video zu arbeiten (**Ulrike Rosenbach, Valie Export** und andere). Video als neues, noch nicht durch starre Regeln und Traditionen belastetes Medium gilt in diesem Kontext als ideales Medium der Emanzipation. In den 1980er Jahren wird jedoch klar, dass das Medium Video die in es gesetzten Hoffnungen alternativer Medienkanäle nur zu einem geringen Maß hat erfüllen können. Mit dem Internet und den digitalen Medien kommen Anfang der 1990er Jahre neue Medien auf, welche auf Grund ihrer technischen Struktur und der relativ guten Verfügbarkeit des Zugangs erneut Brechts Utopie eines genuinen **»Kommunikationsapparates«** in greifbare Nähe rücken lassen. Während der (künstlerische) Netzaktivismus der 1990er Jahre in vielem an die gesellschaftlichen bzw. gesellschaftskritischen Projekte der 1970er und 1980er Jahre anschließt, hebt er sich doch durch seine globale Reichweite ab, die mit der Kommunikation über das Internet erstmals möglich geworden ist.

/

06/002 Vorläufer: Situationistische Internationale, Burroughs / Gysin, Fluxus

Für politisierte Formen von Medienkunst seit den 1970er Jahren sind insbesondere die Theorien und Praktiken der Situationistischen Internationale, die Cut-up-Techniken von Brion Gysin und **William Burroughs** sowie die Strategien einiger Vertreter von Fluxus von großer Bedeutung. Besonders die Situationistischen Internationale und Burroughs/Gysin knüpfen dabei deutlich an Techniken und Ziele der historischen Avantgardebewegungen (Dadaismus – hier insbesondere John Heartfield –, Surrealismus) an.

Die 1957 aus Lettristen, der Künstlergruppe Cobra und der Bewegung für ein imaginistisches Bauhaus gegründete Situationistische Internationale[5] formulierte unter anderem in der Person von **Guy Debord** eine radikale Gesellschaftskritik sowie eine radikale Kritik der Mediengesellschaft. Sie lehnte die Schaffung ästhetischer Objekte zugunsten

4 — Vgl. z. B. den gegen das Massenmedium Fernsehen gerichteten Impuls der Gruppe **Ant Farm** (**»Cadillac Ranch Show«** und **»Media Burn«**, 1975) sowie die Aktion **»TV Hijack«** von **Chris Burden** (1972); vgl. dazu das Kapitel **»Fernsehen – Kunst oder Antikunst?«**. 5 — Vgl. Roberto Ohrt, *Phantom Avantgarde. Eine Geschichte der Situationistischen Internationale und der modernen Kunst*, Hamburg 1990. 6 — Siehe auch das Kapitel **»Real/Medial«**. 7 — Robert Ohrt, »Situationistische Internationale«, in: *DuMonts Begriffslexikon zur zeitgenössischen Kunst*, S. 273. 8 — Vgl. Ulrich Gregor, *Geschichte des Films ab 1960*, Bd. 3, Gütersloh 1978. Siehe auch das Kapitel **»Fernsehen –**

einer Strategie der sozialen Konstruktion von Situationen ab, die nicht auf Kunst, sondern das Leben zielt – und dies lange bevor Happening und Performance im Kunstkontext diskutiert wurden.[6] Im Zentrum von Guy Debords Ende der 1950er Jahre erschienenem »**Rapport zur Konstruktion von Situationen**« stand »die Forderung, sich nicht mehr auf die Produktion von Kunstwerken zu beschränken, sondern die künstlerische Praxis auf den Stand der technologischen Möglichkeiten in den modernen Industriegesellschaften zu heben«.[7] Die Situationisten prägten das Konzept der Zweckentfremdung (»détournement«) sowie das Konzept des ziellosen Umherschweifens (»dérive«), das eine Kritik an der zeitgenössischen Stadtplanung intendierte. In »**Die Gesellschaft des Spektakels**« (1967) analysierte Debord in 221 Thesen die Funktionsweise von Macht und Herrschaft in der bürgerlichen Gesellschaft. Debords Theorie wird in der zweiten Hälfte der 1960er Jahre zunehmend radikaler und mündet in subversive Aktionen für eine revolutionäre Veränderung der Gesellschaft. Damit werden die Situationisten zu einem wichtigen Impulsgeber des Pariser Mai 68. Der aus einer Studentenrevolte hervorgegangene Generalstreik, die Besetzung von Universitäten und Fabriken brachten den bürgerlichen Staat an den Rand des Zusammenbruchs.

Im Kontext des Mai 68 arbeiteten Filmregisseure wie Chris Marker, Alain Resnais und **Jean-Luc Godard** an der Erstellung anonymer »CINE-Tracts« (Flugblattfilme), die sich in kurzen Montagen von stummen Bildern mit Zwischentiteln an der Aufarbeitung der unmittelbaren Tagesereignisse versuchten und so ein agitatorisch-didaktisches Ziel verfolgten, das an das Vorbild **Dziga Vertov** erinnert.[8] Godard, der seit seinem Spielfilmdebüt mit »Außer Atem« (1959) als der innovativste und radikalste Vertreter der französischen Nouvelle Vague galt, hatte sich Ende der 1960er Jahre in der Folge des Vietnam-Krieges zunehmend radikalisiert. Er wollte nicht nur »politische Filme machen«, sondern »politisch Filme machen«, »militant« sein (Godard). Gemeinsam mit dem sozialistischen Theoretiker und Ex-Studentenführer Jean-Pierre Gorin gründet er die Gruppe »Dziga Vertov«, um außerhalb des kommerziellen Kinos revolutionäre Filme im Kollektiv zu produzieren.[9] Mit der Gründung des Sonimage-Studios (1973) zusammen mit Anne-Marie Miéville beginnt Jean-Luc Godard als einer der ersten Filmregisseure, sich mit dem Medium Video auseinander zu setzen.[10] Er wendet sich jetzt konkreten Bildern und Tönen zu, die im Alltag ihre Spuren hinterlassen – vorzugsweise Werbeseiten von Illustrierten, Fernsehspots, Ikonen der politischen Berichterstattung. Dieses akustische und visuelle Found Footage kombiniert er mit Sequenzen aus eigenen Filmen, später mit langen, neu gedrehten Interviewpassagen. Godards Ziel ist es nicht nur, sein eigenes Material einer grundlegenden Revision zu unterwerfen, sondern die vorgefundenen Bilder und Töne den sie dominierenden Beschreibungen durch eine omnipräsente Medienmaschinerie zu entreißen und dadurch neu sicht- und hörbar zu machen (**Interview** 1976).[11]

Kunst oder Antikunst?«. 9 — Arbeiten wie »Un film comme les autres« (1968), »One american movie« (1968–1972), »British Sounds« (1969) und »Prawda« (1969), die kollektiv hergestellt wurden, trieben die ›Auflösung‹ des filmischen so weit, dass sie faktisch kein Kinopublikum mehr fanden. Daher bezeichnen Filmhistoriker Godards Filme dieser Periode als »unsichtbare Filme«, weil sie »nicht mehr im üblichen Rahmen der etablierten Verbreitungssysteme (Filmverleih) dem allgemeinen Kinopublikum zugänglich gemacht wurden« (M. Schaub, zit. in »**dasfilmarchiv.de**«). 10 — Vgl. dazu Elisabeth Büttner, *Projektion. Montage. Politik. Die Praxis der Ideen von* →

Ein zweites wichtiges Inspirationsmoment der politischen Medienkunst seit den 1970er Jahren sind die Schriftsteller der so genannten Beat Generation. Am 1. Oktober 1959 erfanden Brion Gysin und **William Burroughs**, dessen Buch »Naked Lunch« gerade erschienen war, im Beat Hotel in Paris die Technik des Cut-up. Diese Technik besteht darin, vorgefundenes Text- und Audiomaterial willkürlich auseinander zu schneiden und nach dem Zufallsprinzip wieder zusammenzufügen.[12] Dabei kommen durchaus vollständige Sätze zustande, die teils erheiternden Nonsens enthalten, teils aber auch einen verschlüsselten Sinn zu haben scheinen. Gysin und Burroughs setzten auch Tonbandgeräte ein, deren Bänder von Hand über die Tonköpfe gezogen wurden, so dass auf einmal ganz neue Laute und Wörter zu hören waren. »Es war, als würde ein Virus das Wortmaterial von Mutation zu Mutation treiben«,[13] und Burroughs fand es durchaus naheliegend, in seinen ersten Textmontagen einen Bericht über den Stand der Virusforschung zu verwenden. William Burroughs setzt also einerseits Medien (Tonband) zur Produktion von Texten ein: In der ersten Hälfte der 1960er Jahre publizierte er drei mittels des Cut-up-Verfahrens erstellte Romane: »The Soft Machine«, »The Ticket that Exploded« und »Nova Express«. Darüber hinaus überträgt Burroughs die Technik des Cut-ups auch direkt auf Medienprodukte: auf seine in dieser Zeit entstandenen experimentellen Kurzfilme »Towers Open Fire« (1963) und »The Cut-Ups« (1965). In dem Roman »Nova Express« (1964), der die Cut-up-Methode in ihrer ganzen Radikalität vorführt, stehen Burroughs' Interessen dieser Zeit im Vordergrund: »Sprachtheorie, Verhaltenssteuerung, Gedankenkontrolle, Virus als ominöser Organismus an der Grenze zwischen lebender und toter Materie und Virus als Metapher für die Wirkungsweise von Sprache.«[14] Hier findet sich auch der Ursprung von Burroughs' These »Language is a virus from outer space« (»Sprache ist ein Virus aus dem All«), die Anfang der 1980er Jahre in der Hit-Single der Performancekünstlerin **Laurie Anderson** unverhoffte Verbreitung finden sollte.[15] Die Literaturkritik des Jahres 1964 war ratlos. **Marshall McLuhan** jedoch, der im Dezember 1964 Burroughs' Cut-up-Romane in einem Essay für die Zeitschrift The Nation analysierte, kam zu dem Schluss, dass diese so etwas seien wie »der Report eines Ingenieurs über das risikoreiche Terrain und die zwanghaften Prozesse des neuen elektronischen Environments«.[16] Burroughs' Verwendung von Medien richtet sich – nach dem Einsatz zur Text- und Filmproduktion in der ersten Hälfte der 1960er Jahre – schließlich in einem dritten Schritt auf eine außerkünstlerische Subversion gesellschaftlicher Prozesse. Um diese von einer allmächtigen Medienmacht ausgehenden, »zwanghaften Prozesse« erfolgreich zu unterlaufen, empfiehlt Burroughs in **»The Electronic**

→ *J.-L. Godard und Gilles Deleuze*, Wien 1999. **11** — Vgl. Wilfried Reichart, »Interview mit Jean-Luc Godard« (1976), in: *Filmkritik*, Bd. 242, Feb. 1977, zit. in: Siegfried Zielinski (Hg.), *Video – Apparat/Medium, Kunst, Kultur*, Frankfurt/Main u. a. 1992, S. 197–209; sowie Jean-Luc Godard, »Videotechnik im Dienste der Film-Produktion und der Kommunikation«, in: *Filmkritik*, Bd. 259, Nr. 7 (1978). **12** — Als rein poetisches Verfahren zur Erzeugung ungewöhnlicher Bilder haben »Cut-up« und »Fold-in« zahlreiche Vorläufer: bei den Dadaisten und Surrealisten, bei den Lettristen und der Konkreten Poesie der 1950er Jahre, im Gesellschaftsspiel der ›Cross-column readings‹, das um 1770 in England aufkam, sowie in der ›ars combinatoria‹ der europäischen Manieristen, die im 16. und 17. Jahrhundert mit Kombinationstabellen so genannte ›Oppositionsmetaphern‹ erzeugten. **13** — Carl Weissner, »Das Burroughs-Experiment«, in: *Burroughs, eine Bild-Biografie*, Berlin 1994, S. 62. **14** — Ebd., S. 73. **15** — Erst in den 1980er Jahren gelangten amerikanische und französische Literatur-

Revolution« (1971) die subversive Technik des Einspielens von Tonbandaufnahmen in den öffentlichen Raum. Dieses »Playback« soll »ALS EINE FRONTWAFFE ZUR PRODUKTION UND ESKALATION VON UNRUHEN« eingesetzt werden. Burroughs schreibt: »An diesem Vorgang ist nichts geheimnisvolles. Geräusche von Unruhen können in einer geeigneten Situation wirkliche Unruhen hervorrufen. AUFGEZEICHNETE POLIZEI-TRILLERPFEIFEN WERDEN POLIZISTEN ANZIEHEN. AUFGEZEICHNETE SCHÜSSE, UND SIE ZIEHEN IHRE WAFFEN.«[17] Diese ursprünglich aus dem Bereich der psychologischen beziehungsweise subliminalen Kriegsführung stammenden Methoden wurden in den 1980er Jahren von Undergroundmusikgruppen wie Psychic TV und anderen erneut aufgegriffen.[18]

Wichtige Impulse innerhalb der **Fluxus**-Bewegung sind **Wolf Vostells** »**Television Décollage**«[19] sowie **Nam June Paiks** Arbeiten der 1960er und 1970er Jahre, in denen er sich dem Fernsehen analytisch-kritisch nähert und seinen Strukturen anpasst, um mit dem Medium ein breites Publikum zu erreichen. Bereits in seinen ersten Videoarbeiten von 1965 greift er auf Fernsehmaterial zurück, das er mit den damals zur Verfügung stehenden primitiven Mitteln einer Bearbeitung unterzieht. In »**Mayor Lindsay**« (1965) wird eine Szene aus einem Fernsehbericht, in dem sich der New Yorker Bürgermeister den Journalisten stellt, in kurzen Sequenzen wiederholt. Da es 1965 noch keine Amateuren zugängliche Videoschnittanlagen gab, erreicht Paik dies durch manuelle Eingriffe in das laufende Videoband, so dass es zu ständigen Verzerrungen, Bildstörungen und -zusammenbrüchen kommt. Auch in späteren Videotapes hat Paik immer auf Fernsehmaterial zurückgegriffen.[20] Dies unterscheidet ihn von der gesamten Body- und Performance-Kunst der frühen 1970er Jahre, die fast nur mit eigenen Bildern arbeitet.

/

Appropriation, Montage: politisch-analytische Dekonstruktion 06/003

Für den Kontext der bildenden Kunst im engeren Sinne hat unter den angeführten »postutopischen Strategien« die der analytischen Dekonstruktion gewiss die größte Bedeutung. Eine typische Vertreterin der dekonstruktiven Medienanalyse ist **Dara Birnbaum**, die von 1977 bis 1980 in einer Serie von Videos die Machart des Fernsehens einer sehr präzisen Untersuchung unterzieht. Die psychologische und kulturelle Bedeutung von Bild- und Schnitttechniken wird in einer konsequenten De- und erneuten Remontage von TV-Material deutlich. Das bekannteste dieser Videos ist »**Technology/Transformation: Wonder Woman**« (1978). Es besteht aus einer Neumontage

wissenschaftler zu der Feststellung, dass Burroughs in seinen Cut-up-Romanen bereits wesentliche Elemente des Poststrukturalismus vorgedacht und praktiziert habe. **16** — Zit. nach Carl Weissner (1994), S. 75. **17** — William Burroughs, *The Electronic Revolution*, Blackmoor Head 1971. **18** — Der Sänger von Psychic TV Genesis P-Orridge verwendete in den 1980er Jahren die Cut-up-Filme von Burroughs aus den frühen 1960er Jahren für die Bühnenshow der Gruppe. Siehe auch die so genannten Immediasts, deren Ziele »Hacking«, »Seizing the Media« und »Routing the Spectacle against itself« waren. Vgl. *Retrofuturism*, Nr. 16, March 1992, zum Thema »The Immediast Underground«; sowie das heute legendäre, von Klaus Maeck in den 1980er Jahren herausgegebene »Decoder«-Handbuch. **19** — Vgl. das Kapitel »**Fernsehen – Kunst oder Antikunst?**« **20** — Durch diese Verwendung bereits bestehender (medialer) Bilder ergeben sich Parallelen zur Materialverwendung in der amerikanischen Pop Art der Zeit (v. a. **Robert Rauschenberg**).

von Schlüsselelementen der amerikanischen TV-Serie »Wonder Woman«. Die von einem Special-Effect-Lichtblitz begleitete Verwandlung einer Durchschnittsfrau vom Typ Sekretärin in das weibliche Pendant von Superman wird durch ständige Wiederholung zum Mittel- und Ausgangspunkt einer neuen narrativen Struktur. Birnbaum berichtet, dass es bei einer öffentlichen Präsentation des Videos im Schaufenster des New Yorker »H Hair Salon« und bei Sendungen des Videos im Fernsehen zu einer Irritation der Betracher kam, die das Video mit der TV-Serie verwechselten und vergeblich auf die eigentliche Geschichte warteten.[21] Die entscheidenden Identifikationsmomente, die jeder Zuschauerin die mögliche Flucht aus dem Alltag durch die Verwandlung zur »Wonder Woman« suggerieren, werden in ihrer Überdosis zu ebenso leeren wie faszinierenden Ritualen.

In ihren Videos und Installationen der 1980er Jahre verwendet Birnbaum vor allem selbst aufgenommene Bilder. Für eine Installation im öffentlichen Raum knüpft sie aber an ihre Arbeit mit dem Fernsehmedium an. Die im RIO Shoppingcenter von Atlanta im Rahmen eines Wettbewerbs realisierte »**Rio Videowall**« (1989) ist weltweit die erste dauerhafte Videoinstallation im öffentlichen Raum. Birnbaum verbindet auf 25 großen Monitoren Bilder der Landschaft vor der Errichtung des Shoppingcenters mit Live-Fernsehbildern des von Ted Turner in Atlanta begründeten Senders CNN. Hinzu kommt eine Videokamera, die Silhouetten von vorbeigehenden Passanten mit den TV- und Naturbildern überlagert. Die ständig neuen Bilder des 24-Stunden-Nachrichtensenders, die Erinnerung an die vergangene Landschaft und die Umrisse der Passanten verweisen erneut auf den Gegensatz von privatem/öffentlichem Medium, wobei der Ansatz der 1970er Jahre um eine historische und ortsspezifische Dimension erweitert wird.

Auch in Deutschland haben Ende der 1970er Jahre Videokünstler die Massenmedien einer kritischen Analyse unterzogen. **Klaus vom Bruch** und **Marcel Odenbach** beginnen beide 1977 mit Videos zum damals alle Medien beherrschenden Thema des deutschen Terrorismus, der das definitive Ende der 1968er-Utopien markiert. Klaus vom Bruch nimmt in »**Das Schleyerband**« (1977–1978) eine selektive Revision der Fernsehberichte zur Entführung des Industriellen Hanns Martin Schleyer vor. Odenbach stellt in »**Sich selbst bei Laune halten oder die Spielverderber**« (1977) eigene Szenen mit kleinen Geduldsspielen den Fotos der Schlüsselereignisse um die Fahndung und den Tod der Terroristen gegenüber: »Die Tätigkeit des Geduldsspielens als ein Symbol für den Zustand, Stellung, Haltung, etc. eines Großteils unserer Gesellschaft. Die andere Seite, das zweite Element, dem das Stichwort Spielverderber zukommt [...] sind die verallgemeinert bezeichneten Terroristen [...] ein Bezug besteht darin, dass sich beide Gruppen gegenseitig eine sinnlose, unverantwortliche Haltung, Beschäftigung – Zeitgestaltung – vorwerfen.«[22] Das endgültige Ende der 1968er-Utopien wird mit einem faktischen, fast resignativen Blick konstatiert.

21 — Vgl. Dara Birnbaums **Bericht** in: *Rough Edits: Popular Image Video, Works 1977–1980*, Benjamin Buchloh (Hg.), Nova Scotia/Halifax 1987, S. 86. 22 — Marcel Odenbach in: *Video im Kunstmuseum Bonn*, Kunstmuseum (Hg.), Bonn 1992, S. 98–99.

Die in diesen beiden Videos verwendete Gegenüberstellung von Zitaten aus den Medien und eigenen Aufnahmen, zum Teil mit der Person des Künstlers im Bild, bleibt für die nächsten Jahre in der Arbeit beider Künstler stilprägend. Die spezifisch deutsche Problematik der Vergangenheitsbewältigung verbindet sich bei beiden Künstlern mit biografischen Elementen zu einer Medienanalyse, die nicht nur wie bei Birnbaum den Status Quo der Mediensituation zum Thema hat, sondern die umfassend über den historischen Zusammenhang von Medienmacht und Geschichtsbild nachdenkt. In »**Das Duracellband**« (1980) stellt Klaus vom Bruch durch eine klar gegliederte Montage in harten Schnitten die Zusammenhänge zwischen Technologiefaszination (verkörpert durch einen Werbespot für Duracell-Batterien) und ihren politisch fatalen Konsequenzen her (Bilder der Atombombenexplosion und ihrer Opfer in Nagasaki).

Marcel Odenbachs Videos zielen auf die Verbindung von persönlicher und gesellschaftlicher Erfahrung. Die Fernsehzitate und eigene Aufnahmen werden nicht in harten Schnitten gegenübergestellt, sondern fast zur Unkenntlichkeit miteinander verschmolzen. Der Ton bildet dabei den Gegenpol zum Bild und fügt diesem eine neue Bedeutung hinzu. In »**Die Distanz zwischen mir und meinen Verlusten**« (1983) wird Goethes Gedicht »Der Erlkönig« in der Vertonung von Franz Schubert zur Grundlage einer emotional dichten Montage, die einen Rückblick in die eigene Vergangenheit mit einer historischen Dimension verknüpft. Die im Titel genannten Verluste an Rückbindungen gesellschaftlicher, familiärer oder religiöser Art sind ebenso Bedrohung wie Erlösung.

In Odenbachs Installationen führen einzelne, symbolische Objekte zu einer Situierung des Monitors im Raum. Das ortlose elektronische Bild wird damit in einen direkten Bezug zum Betrachter gestellt. Es reichen je ein paar Schuhe auf dem Boden vor den TV-Bildschirmen von »**Das Schweigen deutscher Räume erschreckt mich**« (1982), um eine Vielfalt kultureller Assoziationen und möglicher Verhaltensweisen anzudeuten. In seiner Arbeit zur deutschen Wiedervereinigung »**Wenn die Wand an den Tisch rückt**« (1990) nehmen die Monitore selbst den Platz von Versatzstücken der deutschen Geschichte ein: ein zu zwei Bildern verdoppelter DDR-Soldat, der immer noch auf Geheiß seines bereits untergegangenen Staats die Ewige Flamme in der Gedenkstätte für die Opfer des Faschismus in der Neuen Wache am Berliner Schlossplatz bewacht.

Das Verfahren der analytischen De-Konstruktion ist seit den 1980er Jahren zu einer gängigen Technik geworden.[23] Die Arbeit mit ›vorgefundenen Bildern‹ – im Kontext des experimentellen Films gibt es dafür den Begriff des Found Footage[24] – findet sich unter anderem in den Arbeiten von **Gorilla Tapes** (Gavin Hodge/Tim Morrison/Jon Dovey, »**Zygosis**«, 1988), **Johan Grimonprez** (»**Dial H.I.S.T.O.R.Y**«, 1997), **Philipp Lachenmann** (»**Surrogate I (Dubai)**«, 2000), **Walid Ra'ad/The Atlas Group** (»**I Only Wish That I Could Weep**«, 2001) und vielen anderen. Diese seit den 1980er, vor allem aber in den 1990er Jahren entstandenen Arbeiten zeichnen sich jedoch auch durch einen stark

23 — In der DDR experimentierte **Carlfriedrich Claus** schon früh mit Soundcollagen und Cut-ups von Tonbandaufnahmen. 24 — Vgl. Cecilia Hausheer/Christoph Settele (Hg.), *Found Footage Film*, Luzern 1992.

›synthetischen‹ Aspekt aus: Vorgefundene Fragmente werden in einen neuen fiktionalen Zusammenhang und neue narrative Sinngefüge gestellt und oft auch ›gegen den Strich‹ gelesen. Explizit mit der Dekonstruktion von Corporate Identity und Unternehmens-Logo-Kultur der 1990er Jahre setzen sich **Daniel Pflumm** (»**anti-logo video**«, 1997), **Sebastian Lütgert** (»**rolux**«, 2000) und **Daniel García Andújar** (»**Technologies to the People**«, seit 1995) auseinander.

/

06/004 Gegenöffentlichkeit: Video- und Medienaktivismus der 1970er und 1980er Jahre

Die Strategie der Medienanalyse spielt zwar bis heute im Kunstkontext eine wichtige Rolle, sie bleibt jedoch ohne Rückwirkung auf die tatsächliche Medienentwicklung. Die in den 1960er Jahren wurzelnde Idee der Gegenöffentlichkeit wird eher in Randbereichen oder außerhalb des Kunstkontexts fortgesetzt. Nach der Einführung von Kabelfernsehnetzen (Cable Access Television, CATV) und des tragbaren Portapaks von SONY entstanden in den USA seit Beginn der 1970er Jahre viele Videogruppen, die ihre Aktivitäten auf die staatlich sanktionierten Public-Access-Kanäle des Kabelfernsehens ausrichteten. Das Kabelfernsehen war in dieser Zeit der demokratische Hoffnungsträger per se – und hatte somit eine ähnliche Rolle inne, wie über zwanzig Jahre später das Internet.

Die vom Videokollektiv Raindance Corporation herausgegebene Zeitschrift »**Radical Software**« (1970–1974) wurde zum Forum der CATV-Videobewegung. »Raindance glaubte, dass das Fernsehen durch den Einsatz von Video – auf der Straße, im Kabelfernsehen und an Ausstellungsorten – demokratisiert werden könnte und dass diese Befreiung von Informationen zu einer politischen Demokratisierung führen würde.«[25] Die Zeitschrift wurde herausgegeben von Beryl Korot, Phyllis Gershuny (heute Phyllis Segura), **Ira Schneider** und Michael Shamberg, dem Autor der wichtigen Raindance Publikation »**Guerilla Television**« (1971). »Radical Software« vertrat die Meinung, dass man zur Demokratisierung der zentralisierten Sendestrukturen des kommerziellen Fernsehens das Konzept des Feedbacks (also des Rückkanals) einführen müsse. Kunst und Aktivismus seien aufgrund der ihnen beiden gemeinsamen Praxis des Feedbacks – und damit war sowohl echte Zweiwege-Kommunikation gemeint als auch die absichtliche Störung von Kommunikation durch Feedback-Geräusche – strukturell und konzeptuell eng miteinander verbunden.[26]

Seit den 1970er Jahren haben Videogruppen wie **Top Value Television** (TVTV) in dieser Hinsicht in den USA eine politisch engagierte Arbeit geleistet. Das Videokollektiv **Paper Tiger TV** (Motto: »Smashing the Myths of the Information Industry«) produziert seit 1981 für die offenen Kabelkanäle in New York und San Francisco jede Woche ein engagiertes und humorvolles Magazin. Ihre Gegen-Berichterstattung zum Golf Krieg fand 1991 auch in Europa Beachtung. **Deep Dish Television** (DDTV), »das erste

25 — David Joselit, »Tale of the Tape«, in: *Artforum*, Mai 2002, S. 152. 26 — Aufgrund dieser sozialen Dimension des Feedbacks kann das künstlerische Medium Video in den 1970er Jahren auch nicht ausschließlich auf die einfache Formel des Narzissmus reduziert werden, wie Rosalind Krauss dies suggeriert. Vgl. dazu Rosalind Krauss, »Video: The Aesthetics of Narcissism«, in: Gregory Battock (Hg.), *New Artists Video: A Critical Anthology*, New York 1978, S. 43–64. 27 — »Deep Dish TV widmet sich der Demokratisierung der Medien, indem es ein nationales Forum für Programme von lokalen gesellschaftlichen Initiativen und unabhängigen Produzenten

nationale basisdemokratische Satellitennetzwerk«, verbindet seit Mitte der 1980er Jahre unabhängige Produzenten, Programmmacher, Aktivisten und Zuschauer in den ganzen USA.[27] Paper Tiger TV und Deep Dish Television können daher im Rückblick als Vorläufer von Indymedia bezeichnet werden, einem Zusammenschluss unabhängiger JournalistInnen und AktivistInnen, der seit Ende der 1990er Jahre im Internet über die WTO-Proteste und andere globalisierungskritische Aktivitäten informiert.[28]

In den frühen 1970er Jahren entstanden auch in Deutschland Gruppen und Kollektive, die dem Motto folgten: »Macht euer Fernsehen selber« oder »Wo Fernsehen aufhört, fängt Video an«. Zu den Ersten gehörte seit 1970 die von Herbert Schuhmacher geleitete Gruppe **telewissen** aus Darmstadt, die bereits 1972 zur **documenta 5** kommunikative Aktionen mit Besuchern durchführte. Vor dem Ausstellungsgebäude platzierte die Gruppe einen Transporter mit Videomonitor und -kamera, um durch direktes Feedback mit den Passanten kommunikative Situationen und »Mikrofernsehen«[29] zu produzieren. In Berlin arbeiteten seit 1969 Michael Geißler und die Videogruppe VAM (Video Audio Medien) und seit 1977 die **MedienOperative Berlin** an der Herstellung von Gegenöffentlichkeit. Allen Projekten ist gemeinsam, dass sie zum Teil gegen, zum Teil mit dem Fernsehen eine Öffentlichkeit aus der Sicht von Minderheiten und Betroffenen ermöglichen wollen. Bereits 1977 können sie damit so viel Gehör finden, dass das Fernsehen im Rahmen von »Kultur aktuell« eine eigene Sendung mit Portraits dieser Gruppen produziert und die documenta ihre Kunstsparten um politische und dokumentarische Medienarbeit erweitert. Utopisches Ziel bleibt dabei jedoch die Demokratisierung des Fernsehens durch neue Sende- und Produktionsformen.

Aus einem eher künstlerischen Kontext heraus initiieren **Klaus vom Bruch**, **Marcel Odenbach** und **Ulrike Rosenbach** ebenfalls 1977 in einem Akt antiautoritärer Fernsehpiraterie das »**Alternativ Television ATV**«. Aus ihrem Atelier in Köln, das zum Studio und (illegalen) Sender umfunktioniert wird, senden sie ein selbstproduziertes, alternatives Fernsehprogramm, das in einem Umkreis von ein paar Hundert Metern zu empfangen ist. Im selben Jahr realisiert **Friederike Pezold** ihre Aktion »**Radio Freies Utopia**«.

In den 1980er Jahren entwickeln sich ›echte‹ Piratenradios und -fernsehsender zu einer genuinen Subkultur. In Amsterdam hat die aus dem Umkreis der Hausbesetzer stammende Gruppe **Rabotnik TV** ab Mitte der 1980er zunächst illegal mit einem kleinen Piratensender nachts nach Programmende ihr Signal in die offiziellen TV-Kanäle eingespeist und erhielt dann legale Sendeplätze im Kabel. Der Erfolg ihrer spontanen, der Musik von Rap, Scratch und Sampling verwandten Bildästhetik lässt bis zu 50.000 Zuschauer wöchentlich einschalten.[30] Ebenfalls Mitte der 1980er Jahre sendet im Raum Freiburg das illegale **Radio Dreyeckland** regelmäßig jeweils 10 Minuten lang

anbietet.« Siehe **Deep Dish TV** online. **28** — In diesem Zusammenhang seien auch die Videos von Oliver Ressler erwähnt (z. B. »Disobbedienti«, mit Dario Azzellini, 2002), die im Kontext eines wiedererstarkten Videodokumentarismus seit 2000 zu sehen sind. **29** — René Berger unterscheidet zwischen »Makrofernsehen«, also nationalem Massenfernsehen, »Mesofernsehen«, regional begrenzten Reichweiten, und »Mikrofernsehen«, das ein Individuum für andere Individuen produziert. **30** — Vgl. dazu: Agentur Bilwet, *Bewegungslehre. Botschaften aus einer autonomen Wirklichkeit*, Berlin 1991.

Informationen zu den politischen Protestbewegungen aus der Sicht der Beteiligten und Betroffenen.[31] In Leipzig waren **Ingo Günther** und andere[32] im Frühjahr 1990 an der Gründung des Piraten-Fernsehsenders **Kanal X** beteiligt, der im quasi rechtsfreien Raum der DDR vor der Wiedervereinigung echtes Bürgerfernsehen produzierte.
Mit diesen Fortsetzungen der subversiven Strategien, die Burroughs und die 68er-Bewegung entwarfen, wird zwar der Anspruch einer breiten Wirksamkeit zum Teil Wirklichkeit, aber die Macht der Massenmedien bleibt unangefochten.

/

06./005 Medienaktivismus

Ein Modell zur taktischen Umnutzung dieser Macht kann der Fall von **Paul Garrin** liefern: Per Zufall geriet er 1989 am Tompkins Square in New York in eine Straßenschlacht, bei der die Polizei brutal gegen Obdachlose vorging, um sie aus einem Park zu vertreiben. Er flüchtete sich auf ein Auto und machte Aufnahmen mit seiner Videokamera. Von der Polizei entdeckt, wurde er ebenfalls geprügelt, konnte aber das Videoband retten und es an mehrere Fernsehsender weitergeben. Das daraufhin in den ganzen USA diskutierte Thema brachte den Begriff ›Videokünstler‹ erstmals in die Nachrichtensendungen: der Künstler als exemplarischer Bürger in Form des Videoamateurs (Garrin sprach von der »camcorder revolution«). Garrin verdichtete die Ereignisse in dem Videoclip **»Man with a Videocamera (Fuck Vertov)«** (1989).[33] Zusammen mit der später aus diesem Video entwickelten Installation **»Yuppie Ghetto with Watchdog«** (1989–1990) erlangte Garrin internationale Anerkennung. Auch **Brian Springers** Video **»Spin«** (1995) kann als genuin subversiv bezeichnet werden: Im Zuge der US-Präsidentschaftswahl 1992 benutzte Springer ein einfaches selbstgebasteltes Satelliten-Equipment, um Satelliten-Feeds (unbearbeitetes Rohmaterial für Fernsehsender) abzufangen und aufzunehmen. Springers Dokumentation, die dieses inoffizielle Satellitenmaterial öffentlich macht, zeigt, wie Politiker und Journalisten sich hinter den Kulissen bewegen und legt die völlige Verquickung von Macht und Medien in der spektakulären TV-Demokratie der USA bloß.[34]
In den 1990er Jahren bekamen die Begriffe des Interventionismus' und Aktivismus' eine für den Kunstbetrieb spezifische Bedeutung. Die AIDS-Krise gab diesen Praxisformen zuerst in New York eine besondere Relevanz und verknüpfte politische und kulturelle Strategien untrennbar miteinander. Die Plakataktionen und Videodokumentationen verschiedener schwul-lesbischer Gruppen wie **ACT UP** (**»Voices from the Front – Testing the Limits«**, 1990), Gran Fury und **General Idea**[35] »zielten auf das homophobe Unbewusste der Staatsräson und ihrer VertreterInnen«.[36]

/

06./006 Video als Medium der Emanzipation: Vom Feminismus zum Cyberfeminismus

»Als das Thema ›Frau‹ in der Kunst Ende der 1960er Jahre aktuell wurde, sprachen die Künstlerinnen vom gesellschaftlichen Rand, als Minderheit, als Einzelstimme, die vom

31 — Diese selbstauferlegte Begrenzung der Sendezeit sollte eine Ortung durch die Post verhindern. 32 — Joerg Seyde, Norbert Meissner und eine Gruppe von AktivistInnen. 33 — Dieser Clip ist insofern eine Fortsetzung von Garrins Video **»Free Society«** (1988), das Kriegsverherrlichung und Polizeibrutalität zum Thema hat. 34 — Vgl. Springers **Transkripte** online. 35 — Vgl. auch General Ideas Video **»Test Tube«** (1979), **Transkript** in: Elke Town, *Video by Artists 2*, 1986, S. 59–66. 36 — Stephan Geene, »Interventionismus und

männlich dominierten Kunstbetrieb selbstverständlich ignoriert wurde. Mit heute bisweilen dramatisch erscheinenden Aktionen und Performances, Pamphleten und Bildern traten Künstlerinnen an die Öffentlichkeit – und wurden von dieser vor allem als Frauen wahrgenommen.«[37] **Valie Export** schnallte sich 1968 das »**Tapp- und Tastkino**« vor ihre Brust, um ›begreifbar‹ zu machen, wie der weibliche Körper mit den voyeuristischen Blicken der Männer abgetastet wird. Anfang der 1970er Jahre beginnt eine Reihe von Künstlerinnen, mit dem Medium Video zu arbeiten. Video gilt in diesem Kontext als ideales Medium der Emanzipation, denn es ist neu und noch nicht durch gesellschaftliche und institutionelle Regeln vorbelastet. Auch ermöglicht es Künstlerinnen aufgrund seiner technischen Struktur ein unabhängigeres Arbeiten als zuvor das Medium Film.[38] **Ulrike Rosenbach** beginnt 1972 als erste Künstlerin in Deutschland, sich auf das Medium einzulassen, sich selbst und den Körper modellhaft zu inszenieren und sich mit feministischen Videobändern und Performances einen Namen zu machen. »**Glauben Sie nicht, dass ich eine Amazone bin**« (1976) wurde zu einem der ersten Klassiker der deutschen Videokunstgeschichte. In dieser Videoperformance zielt Rosenbach mit Pfeil und Bogen auf ein mittelalterliches Madonnenbildnis, das für die Künstlerin einen bis in die Gegenwart gültigen Inbegriff des Idealbildes der Frau repräsentiert: »stets jung und faltenlos, unschuldig und schön zu sein, mit zur Erde geschlagenen Augen.«[39] Durch die Videoüberblendung des von Pfeilen getroffenen Madonnenbildnisses mit Rosenbachs eigenem Gesicht wird jedoch klar, dass die Pfeile der Amazone auch Rosenbach selbst treffen. **Friederike Pezolds** reduziert in ihren Arbeiten, unter anderem in ihrer Videoskulptur »**Madame Cucumatz**« (1970–1975), dem Drehbuch zu »**Scham-Werk**« (1973–1976) und dem Performance-Konzept »**Die neue leibhaftige Zeichensprache**« (1975) den weiblichen Körper auf reduzierte, fast minimalistische Symbole. **Martha Roslers** Video »**Semiotics of the Kitchen**« (1975) ist eine feministische Reflexion über Ernährung und Nahrungszubereitung sowie den häuslichen Kontext von Frauenarbeit, den die Künstlerin in eine studioähnliche Küche im Stile der beliebten Kochsendungen überträgt: Eine ernst blickende Frau, die Antithese der perfekten TV-Hausfrau, präsentiert in frontaler Position ein alphabetisches Lexikon an Küchenutensilien. Mit dem Hang zum Banalen korrigiert Rosler gleichzeitig die allzu puritanischen und blutleeren Tendenzen der in den 1970er Jahren vorherrschenden Conceptual Art. Damit war sie Vorläuferin von Medienaktivistinnen wie etwa der Gruppe der **Guerilla Girls**. Diese demonstrierten seit Mitte der 1980er Jahre mit großformatigen Plakaten (»Müssen Frauen nackt sein, um ins Metropolitan Museum zu gelangen?«) vor US-amerikanischen Museen, um auf den skandalösen Umstand aufmerksam zu machen, dass in diesen Institutionen immer noch kaum Kunst von Frauen gezeigt wurde.

Zu Beginn der 1990er Jahre war in Diskussionen oft die Rede von Veränderungen und Rekonfigurationen des Individuums unter den Bedingungen des neuen digitalen Raums

Aktivismus«, in: *DuMonts Begriffslexikon zur zeitgenössischen Kunst*, S. 140. 37 — Marie-Luise Angerer, »Feminismus und künstlerische Praxis«, in: ebd., S. 82. 38 — Vgl. Ulrike Rosenbach, »Video als Medium der Emanzipation«, in: Wulf Herzogenrath (Hg.), *Videokunst in Deutschland 1963–1982*, Stuttgart 1982, S. 99–102. 39 — Ulrike Rosenbach in einem Interview mit Amine Haase, in: Rudolf Frieling/Dieter Daniels (Hg.), *Medien Kunst Aktion – Die 60er und 70er Jahre in Deutschland*, Wien/New York 1997, S. 195.

des Internets. So war man sich sicher, dass in den virtuellen Welten Geschlechterrollen unwichtig werden, da man sie nach Belieben wechseln kann. Vor allem in den USA vertraten einige Theoretiker die Ansicht, dass der physische Körper im Netz an Bedeutung verlieren würde. Der Cyberspace stelle eine Bühne für das von Geschlecht, Rasse und Klasse befreite Individuum dar, das im virtuellen Raum die vollkommenen Bedingungen für seine absolute Selbstverwirklichung vorfände. Für Frauen und ethnische Minderheiten sollte das endlich ein Ende der Diskriminierungen und Benachteiligungen bedeuten. Diese Sicht steht und fällt jedoch mit ihrer Prämisse, dass die Körperkonfigurationen im Internet diejenigen des realen Raums aufheben würden.
Bereits 1984 hatte die Kulturwissenschaftlerin Donna Haraway ihr »Manifesto for Cyborgs« verfasst, in dem sie unter anderem behauptet, dass die Gesellschaft sich mit der Entwicklung von Cyborgs (»cybernetic organisms«) auf dem Weg in eine Post-Gender-Welt befinden würde.[40] Haraways Manifest hatte zunächst innerhalb akademischer Kreise große Wirkung. Doch erst mit der Deklaration einer cyberfeministischen Bewegung durch die britische Kulturwissenschaftlerin Sadie Plant und die australische Künstlerinnengruppe **VNS Matrix** 1994 in Australien[41] »gewann die Vorstellung von Cyborgs politisches Gewicht und verlor gleichzeitig an theoretischer Schärfe. In der Politisierung des Cyberspace wurde dieser mit einem Mal als ein besonderer Raum für Frauen entdeckt«.[42] Seit 1997 organisiert das **Old Boys Network** (OBN) verschiedene Projekte im Kontext des Cyberfeminismus, unter anderem die »First Cyberfeminist International« (Hybrid WorkSpace, Kassel 1997), die »next cyberfeminist international« (Rotterdam 1999) und die »very cyberfeminist international« (Hamburg 2001).[43]
/

06./007

Postkolonialer Diskurs, Transkulturalität, translokale Identitäten

»Der postkoloniale Diskurs setzt in jenen Augenblicken ein«, so schreibt Christian Kravagna, »als die politische, theoretische oder künstlerische Beschreibung des Verhältnisses zwischen Herrschenden und Beherrschten, zwischen der dominanten Kultur des Westens und den dominierten Kulturen der ehemaligen Kolonien nicht mehr ausschließlich der Seite der Macht vorbehalten blieb. Der Diskurs findet statt, seit sich die Unterworfenen Zugang zu den Mitteln der Repräsentation verschafft haben und als Subjekte angesehen werden, die der Perspektive der Herrschaft andere Perspektiven entgegenhalten können«.[44] Nachdem 1992 die **documenta** 9 erstmals zwei afrikanische Künstler ausgestellt hatte, bekam sie zehn Jahre später mit Okwui Enwezor einen aus Afrika stammenden Leiter. Überhaupt ist in den letzten zehn Jahren eine (langsam) zunehmende Präsenz einer bis dato für den westlichen Blick ›unsichtbaren‹, nicht-westlichen Kunstproduktion festzustellen. Im Prozess der (ökonomischen) Globalisierung wird zudem kulturelle Identität als passiv übernommenes, einheitliches Schema abgelöst von einer produktiven, offenen Praxis, die fortwährend neue Identifikationen entstehen lässt.

40 — Der Begriff ›Gender‹ wurde Mitte der 1980er Jahre von der US-amerikanischen Filmtheoretikerin Teresa de Lauretis geprägt. Er stellt eine Differenzierung des Feminismus der 1970er Jahre dar. ›Gender‹ bezeichnet im Unterschied zum Begriff ›Sex‹ das soziale Geschlecht bzw. die soziale Konstruiertheit der Geschlechterkategorien. In den 1990er Jahren kritisierte die amerikanische Philosophin Judith Butler die Unterscheidung zwischen ›Gender‹ und ›Sex‹ und wies auf die Diskursivität biologischer Kategorien hin. Ihr ›Gender‹-Begriff führte zu einer erneuten Rezeption des Feminismus im Kunstkontext. **41** — VNS Matrix, **»Dirty Work for Slimey Girls«**

In diesem Sinne verstehen Theoretiker wie Arjun Appadurai ›Transkulturalität‹ als einen Prozess, der eine neue kulturelle Vielfalt – im Gegensatz zur vielbeschworenen Einförmigkeit – hervorbringt. »Transkulturelle Durchdringungen und Überschneidungen führen der Theorie nach zu immer neuen identifikatorischen Teilmengen, die ebenso wenig aufeinander reduzierbar wie prinzipiell voneinander trennbar sind. Es entstehen partiell überlagerte Teilkulturen, die in sich von Differenzen gekennzeichnet sind.«[45] Verstärkt setzen sich in den 1990er Jahren KünstlerInnen mit diesen Prozessen auseinander, so zum Beispiel **Renée Green** in ihrer Videoinstallation »**Partially Buried Continued**« (1997) und **Fiona Tan** in ihrem Video »**Thin Cities**« (2000). In der Performance »**Two Undiscovered Amerindians**« (1992) stellten sich **Coco Fusco** und **Guillermo Gómez Peña** als zwei Vertreter einer bislang unentdeckten Spezies amerikanischer Eingeborener in einem Käfig zur Schau. Explizite Thematisierungen von postkolonialer Problematik finden sich auch in den Arbeiten von **Shirin Neshat** (»**Turbulent**«, 1998), **Kutlug Ataman** (»**Never My Soul**«, 2001) und **Mona Hatoum** (»**Measures of Distance**«, 1988).
/

Öffentlicher Raum, medialer Raum

Seit den 1970er Jahren thematisieren bildende KünstlerInnen in ihren Arbeiten den sich zunehmend durch den Einfluss von (Massen-)Medien und privatwirtschaftlichen Interessen wandelnden öffentlichen Raum. Pioniere auf diesem Gebiet sind unter anderem **Dan Graham**, **Hans Haacke**, **Sanja Iveković**, **Jochen Gerz** und **Jenny Holzer**.
Dass immaterielle Informationen den urbanen Raum mindestens genauso stark strukturieren wie gebaute Architektur, macht Hans Haackes Installation »**Nachrichten**« (1969)[46] deutlich, in der er die von der Deutschen Presseagentur (dpa) verbreiteten Nachrichten im Ausstellungsraum über einen Fernschreiber in Echtzeit zugänglich machte. In seiner Foto-Text-Arbeit »**Shapolsky et al. Manhattan Real Estate Holdings, A Real Time Social System, as of May 1, 1971**« analysierte und dokumentierte Haacke die Zusammenhänge von Immobilienspekulation, Besitzverhältnissen und dem Preis für Wohnraum. Legendär wurden die Zensur und Absage dieser Ausstellung durch das Guggenheim Museum in New York: Haacke hatte in seinem Projekt Scheinfirmen – auch von Trustees des Museums – und deren Verflechtungen aufgedeckt und so die Verbindungen dieser Trustees bis in höchste politische Kreise publik gemacht.
Die Auseinandersetzung mit Architektur und urbanem Raum hat sich seit den 1960er Jahren zu einem bedeutenden Thema in der bildenden Kunst entwickelt. Schlüsselwerke sind die so genannten »Cuttings« von **Gordon Matta-Clark** aus den 1970er Jahren – Projekte, in denen reale Gebäude durchschnitten wurden – und die »Homes for America« von **Dan Graham**, eine Serie von Fotografien und Tabellen, die die Architektur amerikanischer Vorstädte analysiert.[47] In den frühen 1970er Jahren wandte sich Dan Graham

(1991–1997). **42** — Marie-Luise Angerer, »Feminismus und künstlerische Praxis«, in: *DuMonts Begriffslexikon zur zeitgenössischen Kunst*, S. 85. **43** — Eine Mitbegründerin von OBN ist **Cornelia Sollfrank**, die zuvor Mitglied der Hamburger Künstlerinnengruppe **-Innen** war. **44** — Christian Kravagna, »Postkoloniale Blicke«, in: *DuMonts Begriffslexikon zur zeitgenössischen Kunst*, S. 250. **45** — Christian Höller, »Transkulturalität«, in: ebd., S. 289. **46** — 1970 wurde diese Installation unter dem Titel »Information« in der von Jack Burham kuratierten Ausstellung »**Software**« im Jewish Museum in New York gezeigt. **47** — Publiziert in: *Arts Magazine*, 1966.

interaktiven Videokonzepten zu. Im Vordergrund standen dabei Fragen der Privatheit, der Kontrolle und der medialen Überwachung. Das Konzept zu »**Picture Window Piece**« (1974) sah zum Beispiel eine Art ›Zweiwege-Überwachung‹ vor: Inner- und außerhalb eines Hauses sollte jeweils eine Kamera mit Monitor aufgestellt werden, die es den auf beiden Seiten stehenden BeobachterInnen ermöglichen sollten, nicht nur den jeweils anderen Personen, sondern auch sich selbst beim Beobachten zuschauen zu können. **Sanja Iveković** zeigte 1979 mit ihrer Aktion »**Triangle**«,[48] wie der private Raum öffentlich überwacht wird und wie eine private, sexuell explizite Handlung vom Staat als eine Gefährdung der Öffentlichkeit interpretiert werden kann.[49] **Barbara Kruger**, Jenny Holzer und andere trugen politische Kritik an stereotypen Geschlechterrollen und an der damit einhergehenden Gewalt in den städtischen Außenraum. Jenny Holzer arbeitet seit 1977 mit Sprache, vor allem mit so genannten »Truisms« – irritierenden Statements, sich widersprechenden, teils klugen und auch ärgerlichen Sätzen, Maximen, Klischees, Vorurteilen. Diese »**Truisms**« platziert Holzer auf verschiedenen Trägermedien im öffentlichen Raum: so zum Beispiel 1982 auf der 75 Quadratmeter großen Anzeigentafel auf dem New Yorker Times Square und 1989 als Clipserie im Programm des Fernsehsenders MTV. In dieselbe Zeit fallen auch **Stan Douglas**' »**Television Spots**« (1987–1988) und seine »**Monodramas**« (1991), die beide im normalen Fernsehprogramm während der Werbepausen ausgestrahlt werden sollten. Diese Serien bestehen aus jeweils zwölf bzw. zehn kurzen Mini-Fiktionen kommerzieller Länge, die – da in Echtzeit gedreht – im Vergleich zu ›normalem‹ Fernsehen extrem verlangsamt erscheinen und so die Sehgewohnheiten des Zuschauers irritieren.[50]

/

06/009 **Politisch-künstlerischer Aktivismus**

Als explizit in politische und soziale Verhältnisse eingreifend, verstehen sich dagegen die Arbeiten von **Krzysztof Wodiczko**, **Jochen Gerz**, **Peter Fend** und **Ingo Günther**. Der 1976 aus Polen zuerst nach Frankreich und dann in die USA emigrierte Künstler-Ingenieur Krzysztof Wodiczko ist in den 1980er Jahren durch seine großformatigen Dia- und Videoprojektionen auf öffentliche Gebäude und Monumente bekannt geworden. Seine »**Homeless Vehicles**« (1988) gehören zu einer Reihe nomadischer Instrumente, die der Künstler für Obdachlose und MigrantInnen in Zusammenarbeit mit diesen entwickelt hat.[51] Es handelt sich hierbei um mobile und zusammenschiebbare Karren, die Platz bieten für den Transport von Habseligkeiten oder zum Deponieren aufgesammelter Pfandbüchsen; sie dienen aber auch als Regenschutz und zum Übernachten im Freien. Wodiczkos Ziel ist es dabei, Obdachlosigkeit öffentlich sichtbar zu machen: »Wenn sich die Wagen durch New York City bewegen, ist dies ein Akt des Widerstands. Er widersetzt sich dem fortschreitenden Zusammenbruch einer städtischen Gemeinschaft, die Tausende von Menschen ausschließt.«[52]

48 — Vgl. Sanja Iveković in: *Body and the East. From the 60s to the Present*, Museum of Modern Art, Ljubljana, 1998, S. 68; die Aktion fand in Zagreb aus Anlass des Besuchs Titos 1979 statt. 49 — Vgl. das Kapitel »**Real/Medial**«. CD-04
50 — Vgl. das Kapitel »**Fernsehen – Kunst oder Antikunst?**«. CD-02 51 — Dazu gehören »Personal Instruments« (Warschau 1969), »First Vehicle« (1972), »Poliscar« (1991), »Alien Staff« (1992) und »Mouthpiece« (1994).

Das Projekt »**2146 Steine – Mahnmal gegen Rassismus**«, das Jochen Gerz mit StudentInnen der Kunsthochschule Saarbrücken zwischen 1990 und 1993 auf dem Platz vor dem Saarbrücker Schloss realisierte, zeichnet sich dadurch aus, dass es – selbst vollkommen »unmedial« und unsichtbar – nur durch die Massenmedien präsent ist. Gerz und die StudentInnen begannen 1990 im Geheimen die Pflastersteine des Saarbrückener Schlossplatzes gegen von ihnen präparierte Steine auszutauschen: Auf 2146 Steinen wurden die Namen der 2146 jüdischen Friedhöfe in Deutschland graviert. Diese Pflastersteine wurden mit der Schrift nach unten in den Platz eingelassen. Nach dem Austausch eines Teils der Steine wandte sich Gerz an das saarländische Parlament, das sich trotz heftiger Diskussionen nicht gegen ein halb fertiggestelltes Mahnmal aussprechen konnte: Das Projekt wurde mit knapper Mehrheit angenommen. 1993 schließlich erfolgte die Umbenennung des Platzes in »Platz des unsichtbaren Mahnmals«.[53]
Im Gegensatz zu dem lokalen, punktuellen Projekt bei Wodiczko und Gerz nehmen Ingo Günther und Peter Fend (»**Ocean Earth Construction and Development Corporation**«, seit 1980) eine betont globale Perspektive ein. Ingo Günther schlägt mit seiner »**Refugee Republic**« (seit 1995) die Gründung eines supraterritorialen und supranationalen Staates vor, der alle Flüchtlinge der Welt umfassen soll (1990 waren es nach Schätzungen des US Committee for Refugees 47 Millionen, also 1 % der Weltbevölkerung). Diese deterritoriale und immaterielle Flüchtlingsrepublik, für die auch ein Sitz in der UN angestrebt war, sollte nach Günthers Vorstellungen über das Internet Flüchtlingscamps in aller Welt verbinden.
In diesem Projekt spiegeln sich teilweise die (oft völlig) übersteigerten Hoffnungen wider, die Mitte der 1990er Jahren in das Medium Internet gesetzt wurden. Ähnlich wie zu Beginn der 1970er Jahre, als die Kabelnetze und Video als Medium der Demokratisierung der Massenmedien gesehen wurden, und wie in den 1980er Jahren, als **Paul Garrin** von der »Camcorder Revolution« sprach (und damit die Hoffnung auf ein Massenmedium von unten bezeichnete), betrachtete man jetzt das Internet als Mittel der Demokratisierung. Die hochfliegenden Hoffnungen und hochgesteckten Ziele dieser Zeit sind in einer Reihe virtueller, ›stadtähnlicher‹ Gemeinschaften und ›Kontextsysteme‹ verkörpert, die sich 1994 und 1995 im damals neuen World Wide Web (WWW) entwickelten: der **Digitalen Stad** (DDS) Amsterdam und der **Internationalen Stadt (IS)** Berlin. Diese frühen utopischen Ansätze wurden jedoch schnell von der kommerziellen Entwicklung eingeholt und zerbrachen daran.[54]
Mit dem Verschwinden dieser beiden Pionierprojekte ist jedoch das Thema der Erweiterung und Veränderung des öffentlichen Raums durch die neuen Medien noch längst nicht vom Tisch. Das zeigt das Projekt der Gruppe **Knowbotic Research** »**IO_dencies**« (1996–1999), das an der Schnittstelle von Netz und Realraum angesiedelt ist. »IO_dencies« (sprich: »Tendencies«) erkundet die Möglichkeiten des Intervenierens und

52 — Krzysztof Wodiczko, zit. in: Jochen Becker, »**Optische Störung, öffentliches Ärgernis – Krzysztof Wodiczko**«, in: *motz*, Nr. 13, 20.11.1995. 53 — Vgl. Jochen Gerz, *2146 Steine – Mahnmal gegen Rassismus Saarbrücken*, Stuttgart 1993. 54 — Vgl. das Kapitel »**Interaktion, Partizipation, Vernetzung**« und Inke Arns, *Netzkulturen*, Hamburg 2002.

Handelns in komplexen urbanen Prozessen, die innerhalb von Netzwerkumgebungen stattfinden. Es untersucht das Potenzial, das digitale Technologien zur Schaffung vernetzter, partizipatorischer Modelle bieten können und fragt danach, wie der öffentliche Raum aussehen könnte, der in den elektronischen Netzen oder durch diese entsteht.
Seit 2000 machen verschiedene politische und zugleich künstlerische Kampagnen auf sich aufmerksam: Deportation.Class, »Bitte liebt Österreich!«, »[V]ote-auction« und die »Yes Men« bedienen sich Taktiken des Widerstands durch scheinbare Affirmation und Anpassung an das Image und die Corporate Identity ihrer Gegner. Während **Deportation.Class** die von der Lufthansa und zwölf weiteren Airlines in den 1990er Jahren gegründete »Star Alliance« als eine »Deportation Alliance« bloßstellt und so gegen das Abschiebungsgeschäft der Lufthansa agitiert, adaptierte **Christoph Schlingensief** in seiner Aktion »**Bitte liebt Österreich!**« das massenmediale Big-Brother-Format, um zu den Wiener Festwochen 2000 eine mediengerechte und per TED-Zuschauerabstimmung durchgeführte Abschiebung von Asylbewerbern direkt aus dem Container auf dem Herbert-von-Karajan-Platz zu inszenieren. Da das Ganze als eine Aktion von Haiders Freiheitlicher Partei Österreichs (FPÖ) beworben wurde, war Schlingensief die massenmediale Aufmerksamkeit sicher. Ähnliche Wellen der Empörung rief die von **ubermorgen.com** durchgeführte Aktion »**[V]ote-auction**« hervor, die amerikanischen Wählern pünktlich zur US-amerikanischen Präsidentschaftswahl (Gore vs. G. W. Bush) 2000 die Möglichkeit anbot, ihre Stimme in einer Online-Aktion meistbietend zu versteigern. Hier wurde in erstaunlicher Klarheit die Verschränkung von Kapital und (Stimm-) Macht demonstriert. Die amerikanische Aktivistengruppe **RTMark** schickte in ihrer Aktion »**The Yes Men**« angebliche Vertreter der World Trade Organisation (WTO) zu internationalen Konferenzen, wo sie Erstaunliches zur Lage der Weltwirtschaft berichteten und das Ende der WTO verkündeten.

/

06/010 **Netzaktivismus**

RTMark ist Teil des so genannten ›Netzaktivismus‹, der sich ab Mitte der 1990er Jahre entwickelte und unterschiedliche Strategien umfasst. Diese reichen von der Einrichtung alternativer Kommunikations- und Informationskanäle bis hin zu praktiziertem »elektronischen zivilen Ungehorsam«. Der ›ermöglichende‹ oder vernetzende Einsatz bezeichnet dabei eine auf Herstellung von Kommunikation angelegte Verwendung. In der zweiten Hälfte der 1990er Jahre vernetzen sich etwa verstärkt Umwelt- und Menschenrechtsaktivisten sowie Globalisierungskritiker, die dem so genannten Empire Paroli bieten wollen, und organisieren ihren Protest über das Internet. Außerdem kommt es zur (zumindest konzeptuellen) Entwicklung unabhängiger Kommunikationssysteme vor allem durch MedienkünstlerInnen (»**ZaMir**«, »**Name.Space**«, »**INSULAR Technologies**«). Neben dem Aufbau solch autonomer Kommunikationssysteme zählt in den letzten

Jahren die Strategie des »Electronic Civil Disobedience« zu den wichtigsten Praktiken des Netzaktivismus. Dieses Konzept, das von der US-amerikanischen Künstlergruppe **Critical Art Ensemble** (CAE) 1996 geprägt wurde, überträgt das Prinzip des zivilen Ungehorsams in den elektronischen Datenraum. »Elektronischer ziviler Ungehorsam« geht von der These aus, dass die gewaltlose Strategie des zivilen Ungehorsams, der das reibungslose Funktionieren von Unternehmenszentralen und anderen Machtzentren durch Blockade des Zugangs temporär stört, heute nicht mehr ausreicht. Unternehmen sind zu transnationalen, global agierenden Korporationen geworden, die sich zunehmend von konkreten Orten in den nomadischen elektronischen Datenstrom des Cyberspace verlagern. Diese Korporationen können daher Provokationen des zivilen Ungehorsams ausweichen. Um unter diesen Umständen noch wirksam zu sein, solle sich, so das CAE, Widerstand nicht länger nur der Blockade physischer Orte widmen, sondern vielmehr den Fluss von Informationen selbst hemmen. Verschiedene Projekte bedienen sich dieser Strategie des ›Virtuellen Sit-Ins‹ (**Electronic Disturbance Theatre, etoy**).[55] **Heath Buntings** Internetprojekt »**BorderXing Guide**« (2001) schließlich dokumentiert die illegalen Grenzübertritte innerhalb und außerhalb Europas, die Heath Bunting und seine Partnerin Kayle Brandon in den letzten Jahren im Selbstversuch vollzogen haben. »BorderXing Guide« versteht sich dabei als Anleitung zum Grenzübertritt ohne Papiere. Die Informationen, die Bunting und Brandon in Form von Fotografien, detaillierten Aufzeichnungen, Karten und lakonischen Kommentaren zu den einzelnen Routen auf der Website zur Verfügung stellen, sind jedoch nicht für jede/n InternetnutzerIn zugänglich. Um zum Beispiel als WesteuropäerIn Zugang zu dem Projekt zu erhalten, muss man physisch zu einem der weltweit verteilten ›social servers‹ reisen (Orte mit öffentlichem Internetzugang), die Buntings Vertrauen erworben haben – der Künstler war selbst in den letzten Jahren auf seinen Reisen ausschließlich auf diese Kontakte angewiesen, um Zugang zum Internet zu bekommen. Dieses Prinzip der ›umgekehrten Authentifizierung‹ spielt dabei auf die alltäglichen Erfahrungen illegaler GrenzgängerInnen an.

/

Von der Videoüberwachung zur Dataveillance

06./011

In der internationalen Video- und Medienkunst setzen sich KünstlerInnen wiederholt mit den Themen Überwachung und Kontrolle auseinander. **John Lennons** und **Yoko Onos** »**Film No. 6, Rape** « (1969) ist eine der ersten Arbeiten, die mit fast unheimlicher Präzision die Reality-TV-Ästhetik der späten 1990er Jahre vorwegnimmt. Klassiker des künstlerischen Umgangs mit gesellschaftlichen Überwachungsdispositiven sind **Vito Acconci** (»**Following Piece**«, 1969), **Bruce Nauman** (»**Live-Taped Video Corridor**«, 1969–1970; »**Video Surveillance Piece: Public Room, Private Room**«, 1969–1970) und **Dan Graham** (»**Time Delay Room**«, 1974; »**Yesterday/Today**«, 1975). Das 82-minütige Video »**Der Riese**« (1982–1983) von **Michael Klier** besteht ausschließlich aus von

55 — Vgl. dazu Inke Arns (2002).

Überwachungskameras aufgenommenen Bildern und suggeriert so die Anwesenheit einer allgegenwärtigen Kontrollinstanz. **Julia Scher** stattet Museumsräume mit so genannten Sicherheitssystemen aus, die die Besucher filmen und diese Aufnahmen auf Bildschirmen im gesamten Ausstellungsraum ausstrahlen (»**Welcome to Security Land**«, 1995). **Harun Farockis** Video bzw. Videoinstallation »**Ich glaubte, Gefangene zu sehen**« (2000) fokussiert auf Überwachungstechnologien in amerikanischen Hochsicherheitsgefängnissen.[56]

Seit Mitte der 1990er Jahre entwickeln einige KünstlerInnen kreative Détournements von Überwachungs- und Sicherheitssystemen, deren Präsenz im urbanen öffentlichen Raum heute fast allgegenwärtig geworden ist. Ziel ist es dabei, potentielle Schutz- oder Gegenmaßnahmen gegen das Dispositiv der Kontrolle zu entwickeln. Dies geschieht zum Beispiel durch den Umbau von Unterhaltungselektronik in (Selbst-)Überwachungstechnologien (**Bureau of Inverse Technology, 0100101110101101.org**) oder die ungewöhnliche Benutzung und Umwidmung existierender Überwachungssysteme (**Surveillance Camera Players**). Eines der frühesten Netzkunstprojekte zum Thema Zensur ist »**The File Room**« (1994) von **Antoni Muntadas**. In einer offen über das Internet zugänglichen und durch die Nutzer erweiterbaren Datenbank werden weltweit Fälle staatlicher, religiöser und politischer Zensur archiviert – und somit der Akt des Löschens und Zensierens sichtbar gemacht. Die Surveillance Camera Players (SCP) spielen seit Ende 1996 kurze Theaterstücke von Jarry, Poe und Beckett vor den Überwachungskameras von New York. Dialoge werden nicht gesprochen, sondern auf Texttafeln gezeigt – ähnlich wie die Zwischentitel in Stummfilmen. Das Publikum besteht aus dem Sicherheitspersonal, das die Bilder der Überwachungskameras ansieht, und aus den Passanten, die zufällig an den Aufführungsorten vorbeikommen. Das Bureau of Inverse Technology entwickelte 1997–1999 das »**BIT Plane**«, ein umgebautes fernsteuerbares Spionage-Modellflugzeug, das, ausgerüstet mit einer Videokamera, über ›feindliches‹ Territorium fliegen und dort Aufnahmen machen kann. Der erste Überwachungsflug fand 1997 über dem Silicon Valley, dem ›glitzernden Herzen des Informationszeitalter‹ in Kalifornien statt.

In der zweiten Hälfte der 1990er Jahre – spätestens seit der Veröffentlichung von Duncan Campbells ECHELON-Bericht[57] im Auftrag des Europäischen Parlaments 1998 – wird jedoch auch klar, dass es inzwischen neben der Videoüberwachung viele andere Formen der Überwachung und Kontrolle gibt. Zu nennen wären hier insbesondere Datenüberwachung unter anderem im Internet[58] (›Dataveillance‹) sowie der Einsatz biometrischer Kontrolltechnologien.[59] Mit diesen neuen »post-optischen«[60] Überwachungsmöglichkeiten setzen sich verschiedene künstlerische Projekte auseinander: In ihnen geht es um die Sichtbarmachung von Machtstrukturen in Räumen elektronischer Kommunikation. So betreibt **Marko Peljhan** seit 1997 seine mobile Forschungsstation »**makrolab**«, die als

56 — Vgl. dazu die umfassende Ausstellung *Ctrl_Space. Rhetorics of Surveillance from Bentham to Big Brother*, Ursula Frohne/Tom Levin/Peter Weibel (Hg.), ZKM Karlsruhe, Cambridge/MA, 2002. 57 — Duncan Campbell, »**An Appraisal of the Technologies of Political Control**«, STOA Interim Study/Executive Summary, September 1998. 58 — Vgl. dazu z. B. Christiane Schulzki-Haddouti, *Datenjagd im Internet. Eine Anleitung zur Selbstverteidigung*, Hamburg 2001. 59 — Vgl. hierzu die vom Netzkulturverein Public Netbase (Wien)

eine Art privates ECHELON-System mit Hilfe von allerlei technischem Gerät die »Topographie der Signale«[61] im gesamten elektromagnetischen Spektrum kartografiert. »makrolab« ist ausgerüstet mit Sende- und Empfangsantennen, die verschiedene Signalbereiche erfassen und die dort zirkulierenden Datenströme aufzeichnen können. In seiner GPS-gestützten, psycho-geografischen Performance »**UCOG-144 (Urban Colonization and Orientation Gear-144)**« (1996) bezog sich Peljhan direkt auf das Konzept der »dérive« bei den Situationisten. **Dragan Espenschied** und **Alvar Freude** manipulierten während ihres Projektes »**insert_coin**« (2000–2001) den Proxy-Server der Merz-Akademie in Stuttgart und konnten so den gesamten Web- und Mailverkehr unter ihre Kontrolle bringen und mit eigenen Inhalten versehen. Die Tatsache, dass das Experiment trotz auffälliger Manipulationen vollkommen unbemerkt blieb, ließ auf ein nur gering entwickeltes Problembewusstsein auf Seiten der Nutzer schließen. Das italienische Netzkunst-Duo **0100101110101101.org**, das sich der Einfachheit halber auch »zero one dot org« nennen lässt, arbeitet seit Anfang 2001 an der Realisierung eines Selbstüberwachungssystems, das unablässig Daten über das Leben der beiden Mitglieder sammelt und diese Informationen unzensiert öffentlich macht. Im Rahmen des Projektes »**VOPOS**« (Januar 2002) trägt das Duo GPS-Transmitter (Global Positioning System), die in regelmäßigen Abständen die Koordinaten der Künstler an deren Website senden, auf die die Öffentlichkeit jederzeit zugreifen kann. Die Daten werden auf Stadtkarten übertragen und visualisieren somit ständig den aktuellen Aufenthaltsort der Künstler.

/

Zusammenfassung 06/012

Dekonstruktion, Subversion und Aufbau alternativer Produktions- und Distributionskanäle sind wichtige Taktiken, derer sich MedienkünstlerInnen seit den 1960er Jahren bedienen. Als postutopisch lassen sich diese Vorgehensweisen insofern bezeichnen, als sie nicht mehr einen anderen Gebrauch der Massenmedien Fernsehen und Film imaginieren, sondern sich gegen eben diese fest etablierten Medien richten. Gleichzeitig lässt sich jedoch in vielen Ansätzen ein genuin utopisches Moment erkennen: Sowohl zu Beginn der 1970er Jahre als auch zu Beginn der 1990er Jahre werden die für ihre Zeit jeweils neuen Medien (Video, Public Access Television, Internet) aufgrund ihrer leichteren Verfügbarkeit bzw. ihrer verteilten Struktur zum Auslöser euphorischer Visionen einer – im Gegensatz zu den etablierten und zentralisierten Massenmedien – genuin demokratischen Kommunikation. Diese neuen, jeweils gesellschaftlich unvorbelasteten Medien bieten sich auch für alternative Verwendungsweisen an; nämlich für ganz persönliche, subjektive Formen des Umgangs. Darüber hinaus fragen viele der in diesem Text vorgestellten Projekte einerseits danach, inwieweit mittels Dispositiven, die durchaus nicht nur technischer Art sind, soziale, politische oder ökonomische Grenzen

initiierte Ausstellung »**world-information.org**« (2000–2003), die die Herstellung, Manipulation, Kontrolle und Distribution von Informationen in der so genannten »Informationsgesellschaft« untersucht. **60** — Timothy Druckrey, »Secreted Agents, Security Leaks, Immune Systems, Spore Wars…«, in: *Ctrl_Space*, S. 150–157. **61** — Vgl. Dieter Daniels' Text zu Marko Peljhan in: cITy. *Internationaler Medienkunstpreis 2000*, ZKM (Hg.), Karlsruhe 2000, S. 95.

gezogen werden. Andererseits interessieren sich diese Projekte aber auch für die verbindenden, sozialen Elemente oder Potenziale, die in bestimmten Technologien enthalten sein können und mit denen diese Grenzen unterwandert werden können. Unter den Begriff der Technologie fallen insofern sowohl Grenzen beziehungsweise Grenzregime und Überwachungsstrukturen als auch das Subvertieren technologischer Strukturen und das Generieren von Gegen-Diskursen in der Gesellschaft.

Social Technologies

Deconstruction, subversion and the utopia of democratic communication

/

Inke Arns[1]

/

06/101

Joseph Beuys is perhaps the best post-1960s example of an artist whose work changed society. Rather than adopting a perception of art that is formal and aesthetic only, his concept of «social sculpture» includes «the kind of human action that is directed at structuring and shaping society—Beuys calls it the ‹social organism›.»[2] When seen in this way, art is not just a material artifact: it is also, and above all, action designed to have social consequences. Beuys' idea of relating plastic creativity to socio-political activities took up the social utopias of the historical avant-garde.

Beuys was not primarily interested in including and using media in this context, but many post-1960s artists have both addressed media explicitly, and also used them to pursue concrete socio-political aims. They start by assuming that in a society increasingly influenced by media, an (artistic) change of media content or media structures can contribute significantly to democratizing society. And ultimately, behind this idea there lies the hope that art can change society.

My title, «Social Technologies,» is an attempt to pin down the ambivalent meaning of ‹(new) media› or ‹(new) technologies› as addressed by artists working with these media or technologies. On the one hand they are asking how much these media are being used for social conditioning, expressed in limitations, restrictions, surveillance and access control. At the same time they are examining how much these media can be used to create new public and social links and structures and thus can be turned into their opposite. Here utopias involving a social function for media—with the possible exception of **Nam June Paik**'s «**Global Groove**»—are no longer directed mainly at television, but at alternative channels independent of the mass media.

But in the 1970s, analytical deconstruction, subversion and the development of alternative production and distribution channels were only some of the television-related «post-utopian strategies»[3] that this essay's key artistic examples will present. Media artists deconstruct the mass medium of television analytically using the resources of art (**Dan Graham, Dara Birnbaum, Klaus vom Bruch, Marcel Odenbach**).[4] They also use subversive strategies by occupying niches in the expanding media landscape artistically (**Paul Garrin, Brian Springer**), and try to develop their own production contexts and

1 — With some passages by Dieter Daniels. 2 — Barbara Lange, «Soziale Plastik,» in *DuMonts Begriffslexikon zur zeitgenössischen Kunst*, Hubertus Butin (ed.), Cologne, 2002, p. 276. 3 — In his essay «**Television—Art or Anti-art?**,» Dieter Daniels defines the following «post-utopian strategies»: 1) Analytical deconstruction of the mass medium using the resources of art; 2) An approach to television that abandons the exclusivity of artistic purism to some extent; 3) The subversive strategy of artistic occupation of niches in the expanding media landscape; 4) Direct cooperation with television to develop innovative media techniques. Cf. the text «**Interaction, Participation, Networking.**» 4 — Cf. for example the approach, vigorously opposed to television as a mass medium, by the group **Ant Farm** («**Cadillac Ranch Show**» and «**Media Burn**,» 1975) and **Chris Burden**'s «**TV Hijack**» action (1972); for this cf. the chapter «**Radical Interventions**« in «**Television—Art or Anti-art?**»

CD-02 CD-09 CD-02

distribution media (**Rabotnik TV, Kanal X**). Like every new medium, video also fosters hope about artistic scope and revolutionizing the means of production. Many 1970s media art projects therefore aim consistently at transforming the broadcaster-receiver structure—a demand that **Bertolt Brecht** had already made in his «**Radio Theory**» in the 1930s. Hans Magnus Enzensberger brought this up to date in 1970 in his essay «**Constituents of a Theory of the Media**». In the early 1970s, a number of feminist artists started to work with the medium of video (**Ulrike Rosenbach, Valie Export** and others). In this context video, as a new medium unburdened with rigid rules and traditions, is seen as an ideal medium for emancipation. But in the 1980s it became clear that video had only been able to fulfill the hopes placed in it for alternative media channels to a limited extent. In the early 1990s, new media emerged in the form of the Internet and the digital media. These, because of their technical structure and relatively good access availability, once again bring Brecht's utopia of a genuine ‹**communication apparatus**› within striking distance. While the (artistic) Net activism of the 1990s links up in many ways with the social or socially critical processes of the 1970s and 1980s, it is distinct because of the global reach that only became possible via Internet communication.

/

06/102

Forerunners: Situationist Internationale, Burroughs and Gysin, Fluxus

The Situationist Internationale's theories and practices, Brion Gysin and **William Burroughs**' cut-up techniques and the strategies employed by some exponents of Fluxus are very important in terms of politicized forms of media art since the 1970s. Here the Situationist Internationale and Burroughs and Gysin in particular were clearly adopting the historical avant-garde movements' techniques and aims (Dadaism—here John Heartfield in particular—and Surrealism).

The Situationist Internationale was founded in 1957 by Lettrists, the Cobra group of artists and the Imaginist Bauhaus movement.[5] In the person of **Guy Debord** among others it formulated a radical social critique and also a radical critique of the media society. It rejected creating aesthetic objects in favor of socially constructing situations aimed not at art but at life—and this was long before happenings and performance were discussed in the art context.[6] Central to Guy Debord's «**Rapport sur la construction des situations**,» which appeared in the late 1950s, was «the demand not to limit oneself to producing works of art any more, but to raise artistic practice to the level of the technological possibilities offered by modern industrial societies.»[7] The Situationists coined the term *détournement* (diversion) and the concept of *dérive* (drift), intended as a criticism of town planning at the time. In «**La société du spectacle**» (1967), Debord's two hundred

5 — Cf. Roberto Ohrt, *Phantom Avantgarde. Eine Geschichte der Situationistischen Internationale und der modernen Kunst*, Hamburg, 1990. 6 — Cf. the text «**Reality / Mediality.**» 7 — Robert Ohrt, «Situationistische Internationale,» in *DuMonts Begriffslexikon zur zeitgenössischen Kunst*, op. cit., p. 273. 8 — Ulrich Gregor, *Geschichte des Films ab 1960*, vol. 3, Gütersloh, 1978. Cf. also the text «**Television—Art or Anti-art?**» 9 — Works like «Un film comme les autres» (1968), «One American movie» (1968–1972), «British Sounds» (1969) and «Pravda» (1969), which were made in a collective, took the ‹termination› of the cinema so far that they in fact reached no cinema audiences at all, so film historians call Godard's work at this time «invisible films,» because they «were no longer made accessible to the general cinema audiences through the usual established distribution systems» (M. Schaub, quoted in «**dasfilmarchiv.de**»). 10 — For this cf. Elisabeth Büttner, *Projektion. Montage. Politik.*

and twenty-one theses analyzed the way power and sovereignty function in bourgeois society. In the second half of the 1960s, Debord's theory became increasingly more radical, leading to subversive campaigns for a revolutionary change in society. This made the Situationists important driving forces behind May 1968 in Paris. The general strike arising from a student revolt, and the occupation of universities and factories, brought the bourgeois state to the brink of collapse.

In the context of May 1968, film directors like Chris Marker, Alain Resnais and **Jean-Luc Godard** worked on making anonymous «CINEtracts» (film flyers). These attempted to review the immediate daily events in short silent film montages with subtitles, thus pursuing an agitatory and didactic role, reminiscent of the **Dziga Vertov** model.[8] Godard had been seen as the most original and radical exponent of the French ‹Nouvelle Vague› with his feature film début «A bout de souffle» (1959), and became increasingly radical in the late 1960s as a result of the Vietnam war. He did not just want to «make political films,» but to «make films politically,» to be «militant» (Godard). With the socialist theoretician and ex-student leader Jean-Pierre Gorin he founded the «Dziga Vertov» group to produce revolutionary films in a collective outside the commercial cinema.[9] When the Sonimage studio was set up (1973) with Anne-Marie Miéville, Jean-Luc Godard became one of the first film directors to come to terms with the medium of video.[10] He now turned to concrete images and sounds that leave their traces in everyday life—mainly advertisements from magazines, television commercials and icons of political reporting. He combined this acoustic and visual found footage with sequences from his own films, and later with long, specially filmed interviews. Godard was not just aiming to thoroughly revise his own material, but to wrest the images and sounds he found from the descriptions that dominated them by using an omnipresent media machinery, thus making them visible and audible again (**interview** 1976).[11]

A second important inspirational element in political media art since the 1970s came from the writers of the so-called ‹Beat Generation›. On October 1, 1959, Brion Gysin and **William Burroughs**, whose book «Naked Lunch» had just been published, invented the cut-up technique in the Beat Hotel in Paris. This involved cutting up found textual and audio material at random and reassembling it in the same way.[12] This produces sentences that actually are complete, some containing amusing nonsense, but also appearing to contain some codified meaning. Gysin and Burroughs also used tape recorders, pulling the tapes across the playback heads by hand to produce sudden and completely new sounds and words. «It was as though a virus was driving the word material from mutation to mutation,»[13] and Burroughs found it entirely natural to use a report about

Die Praxis der Ideen von J.-L. Godard und Gilles Deleuze, Vienna, 1999. 11 — Cf. Wilfried Reichart, «Interview mit Jean-Luc Godard» (1976), in *Filmkritik*, vol. 242, Feb. 1977, quoted in *Video—Apparat/ Medium, Kunst, Kultur*, Siegfried Zielinski (ed.), Frankfurt am Main et al., 1992, pp. 197–209; and Jean-Luc Godard, «Videotechnik im Dienste der Film-Produktion und der Kommunikation,» in *Filmkritik*, vol. 259, no. 7 (1978). 12 — As a purely poetic process for creating unusual images, ‹cut-up› and ‹fold-in› had numerous precursors: among the Dadaists and Surrealists, the Lettrists and the Concrete Poets of the 1950s, in the social game of ‹cross-column readings›, which emerged in England in the 1770s, and in the ‹ars combinatoria› of the European Mannerists, who created so-called ‹opposition metaphors› using combination tables in the sixteenth and seventeenth century. 13 — Carl Weissner, «Das Burroughs-Experiment,» in *Burroughs, eine Bild-Biografie*, Berlin, 1994, p. 62.

the current state of virus research in his first text montages. So William Burroughs uses media (tape recorder) to produce texts: in the first half of the sixties he published three novels produced using the cut-up process: «The Soft Machine,» «The Ticket that Exploded» and «Nova Express.» As well as this, Burroughs applies the cut-up technique directly to media products in his experimental short films that appeared at this time: «Towers Open Fire» (1963) and «The Cut-Ups» (1965). In the novel «Nova Express» (1964), which demonstrates the cut-up method in all its radicality, Burroughs' current interests are central: «Linguistic theory, behavior control, thought control, the virus as a sinister organism on the border between living and dead matter and the virus as a metaphor for the way language works.»[14] This is also the origin of Burroughs' thesis that «language is a virus from outer space,» which was to find unhoped-for exposure in an early 1980s hit single by the performance artist **Laurie Anderson**.[15] The literary critics were at a loss in 1964. But **Marshall McLuhan**, who analyzed Burroughs' cut-up novels in an essay for the magazine «The Nation» in December 1964, reached the conclusion that these were something like «an engineer's report on the new electronic environment's risky terrain and compulsive processes.»[16] Burroughs' use of media was finally directed, in a third step—after the approach to text and film production in the first half of the 1960s—towards an extra-artistic subversion of social processes. In order to undermine these «compulsive processes» emanating from omnipotent media power successfully, in «**The Electronic Revolution**» (1971), Burroughs recommended the subversive technique of playing tape recordings in public spaces. This «playback» is to be used «AS A FRONT LINE WEAPON TO PRODUCE AND ESCALATE RIOTS.» Burroughs writes: «There is nothing mystical about this operation. Riot sound effects can produce an actual riot in a riot situation. RECORDED POLICE WHISTLES WILL DRAW COPS. RECORDED GUNSHOTS, AND THEIR GUNS ARE OUT... .»[17] Underground music groups like Psychic TV and others[18] readopted these methods, originally from the sphere of psychological or subliminal warfare, in the 1980s.

Important initiatives within the **Fluxus** movement were **Wolf Vostell**'s «**Television Décollage**»[19] and **Nam June Paik**'s 1960s and 1970s works, in which he approaches television analytically and critically and adapts himself to its structures so that the medium can reach a wider audience. Even in his first video works in 1965 he goes back to television material, which he processes using the primitive resources available to him at the time. In «**Mayor Lindsay**» (1965), a scene from a television report in which the New York mayor faces journalists is repeated in short sequences. As there were no video editing tools available to amateurs in 1965, Paik had to work with manual interventions in the running video tape, causing constant distortion, interference and breakdowns. Paik also returned to television material in his later videotapes.[20] This distinguishes him from all the early 1970s body and performance artists, who worked almost exclusively with their own images.

14 — Ibid., p. 73. **15** — It was not until the 1980s that American and French literary critics established that Burroughs had anticipated and used key elements of post-structuralism in his cut-up novels. **16** — Quoted in Weissner (1994), op. cit., p. 75. **17** — William Burroughs, *The Electronic Revolution*, Blackmoor Head, 1971. **18** — The Psychic TV singer Genesis P-Orridge used Burroughs' early 1960s ‹cut-up› films for the group's stage show. Cf. e.g. the so-called ‹Immediasts,› whose aims were «Hacking,» «Seizing the Media» and «Routing

/

Appropriation, montage: Political/Analytical deconstruction

In the context of fine art in the restricted sense, analytical deconstruction is certainly the most important of the ‹post-utopian› strategies listed. One typical exponent of deconstructive media analysis is **Dara Birnbaum**, who subjected television as a style to a very precise examination from 1977 to 1980. The psychological and cultural significance of image and editing techniques is revealed in a logical dissection and new montage of TV material. The best known of these videos is «**Technology/Transformation: Wonder Woman**» (1978). It consists of a new montage of key elements from the American TV series «Wonder Woman.» An average woman is transformed, complete with special effects flash, from a typical secretary into the female equivalent of Superman. This event is constantly repeated, which makes it the center and starting-point of a new narrative structure. Birnbaum reports that at a public presentation of the video in the window of the New York «H Hair Salon,» and when the video was shown on television, viewers were disturbed, confusing the video with the familiar television series and waiting in vain for the actual story.[21] An overdose makes the crucial identification elements in the TV series, which suggested to every female viewer that she might escape from everyday drudgery by being transformed into «Wonder Woman,» into rituals that are as empty as they are fascinating.

In her 1980s videos and installations, Birnbaum used mainly pictures she had taken herself, but for a large public installation she worked with appropriated TV images. «**Rio Videowall**» (1989) was realized in the Atlanta RIO shopping center as part of a competition, and was the world's first long-term video installation in a public space. Dara Birnbaum used twenty five large monitors to combine pictures of the landscape before the RIO shopping center was built with live television images from CNN, which was started by Ted Turner in Atlanta. She also used a video camera, which superimposed silhouettes of passers-by on the TV and nature images. The constantly changing images from the twenty-four-hour news station, the memories of the former landscape and the outlines of the passers-by again point to the contrast between the private and the public medium, with the 1970s approach expanded by the addition of a historical and site-specific dimension.

German video artists also subjected the mass media to critical analysis in the late 1970s. **Klaus vom Bruch** and **Marcel Odenbach** both started in 1977 with the topically media-dominating subject of German terrorism, which definitively terminated the 1968 utopias. In «**Das Schleyerband**» (1977–1978), Klaus vom Bruch undertook a selective revision of television reports on the kidnapping of the industrialist Hanns Martin Schleyer. «**Sich selbst bei Laune halten oder der Spielverderber**» (1977) juxtaposes scenes showing little puzzles with photographs of the key events surrounding the hunt for and death of

the Spectacle against itself.» Cf. *Retrofuturism*, no. 16, March 1992, on «The Immediast Underground»; also the legendary «Decoder» manual published by Klaus Maeck in the 1980s. 19 — Cf. the text «**Television—Art or Anti-art?**» 20 — This use of existing (media) images produces parallels with the use of materials by contemporary American pop artists (above all **Robert Rauschenberg**). 21 — Cf. Dara Birnbaum's **report**, taken from *Rough Edits: Popular Image Video, Works 1977–1980*, Benjamin Buchloh (ed.), Halifax, 1987, p.86.

the terrorists: «Doing puzzles as a symbol of the condition, position, attitude, etc. of the majority of our society. The other side, the second element, to which the word spoilsport applies ... are the generalized terrorists ... one link lies in the fact that each group reproaches the other with a senseless, irresponsible attitude, occupation—way of spending time.»[22] The end of the 1968 utopias is stated factually, almost resignedly.

The juxtaposition of quotations from the media and images of their own, sometimes including the artist in person, remains a key feature of the two artists' work for the next few years. The specifically German problem of coming to terms with the past is linked for both these artists with biographical elements to form a media analysis that does not just address the status quo of the media situation, but reflects comprehensively about the historical links between media power and historical image. In «**Das Duracellband**» (1980), Klaus vom Bruch uses a clearly structured, sharply edited media montage to link a false fascination with technology (embodied by a TV commercial for Duracell batteries) with its politically disastrous consequences (images of the atomic bomb exploding and its victims in Nagasaki).

Marcel Odenbach's videos are aimed above all at linking personal and social experience. His quotations from television and the images he creates are not sharply juxtaposed, but blended together almost to the point of unrecognizability. The sound often forms a counterpole to the images, investing them with a new significance. In «**Die Distanz zwischen mir und meinen Verlusten**» (1983), Goethe's poem «Der Erlkönig,» in the setting by Franz Schubert, forms the basis of an emotionally dense montage linking a look back into his own past with a historical dimension. The losses mentioned in the title of social, family or religious ties are equally a threat and a relief.

In Odenbach's installations, individual, symbolic objects identify the monitor's position in the space. Thus the unlocated electronic image is directly linked with the viewer. A few shoes on the floor in front of the TV screens in «**Das Schweigen deutscher Räume erschreckt mich**» (1982) are enough to indicate a number of cultural associations and possible behaviors. In his work on German reunification «**Wenn die Wand an den Tisch rückt**» (1990), the monitors themselves replace set pieces of German history. A GDR soldier is doubled up into two images. He is still guarding, at his fallen state's behest, the Eternal Flame at the Neue Wache Memorial for the Victims of Fascism in Berlin's Schlossplatz.

The process of analytical deconstruction was a commonly used technique from the 1980s onwards.[23] Work with ‹found footage›—as it is called in the experimental film context[24]—is found in work by artists including **Gorilla Tapes** (Gavin Hodge, Tim Morrison and Jon Dovey), («**Zygosis,**» 1988), **Johan Grimonprez** («**Dial H.I.S.T.O.R.Y,**» 1997), **Philipp Lachenmann** («**Surrogate I (Dubai),**» 2000), **Walid Ra'ad / The Atlas Group** («**I Only Wish That I Could Weep,**» 2001) and many others. But these works,

22 — Marcel Odenbach in *Video im Kunstmuseum Bonn*, Bonn, 1992, pp. 98–99. 23 — In the GDR, **Carlfriedrich Claus** experimented with sound collages and tape recording cut-ups from an early stage. 24 — Cf. Cecilia Hausheer / Christoph Settele (eds.), *Found Footage Film*, Lucerne, 1992.

created from the 1980s, but above all in the 1990s, are marked by a strongly ‹synthetic› aspect: found fragments are placed in a new fictional context and new narrative structure, and often read ‹against the grain›. **Daniel Pflumm** (« **anti-logo video,**» 1997), **Sebastian Lütgert** («**rolux,**» 2000) and **Daniel García Andújar** («**Technologies to the People**» from 1995) explicitly address deconstructing corporate identity and the company logo culture of the 1990s.

/

The concept of alternative public quality: Video and media activism in the 1970s and 1980s

The strategy of media analysis has certainly had a part to play in the art context down to the present day, but has had no repercussions in actual media development. The idea of alternative public quality goes back to the 1960s, and tends to be continued either in peripheral areas or outside the context of art. After the introduction of cable television (Cable Access Television, CATV) and Sony's Portapak video camera, a large number of video groups emerged in the USA after the early 1970s, directing their activities towards cable TV's state sanctioned public access channels. At this time, cable television was the democratic white hope—thus playing a similar part to that of the Internet twenty years later.

The magazine «**Radical Software**» (1970–1974), published by the Raindance Corporation, became a forum for the CATV video movement. «Raindance believed that television could be democratized through the deployment of video—on the street, on cable television, and in exhibition venues—and that this information liberation could lead to political democratization.»[25] The magazine was edited by Beryl Korot, Phyllis Gershuny (now Phyllis Segura), **Ira Schneider** and Michael Shamberg, the author of the important Raindance publication «**Guerilla Television**» (1971). «Radical Software» felt that the concept of feedback had to be introduced in order to democratize the centralized broadcasting structures of commercial television. Given that they had the practice of feedback in common—and this meant genuine two-way communication as well as deliberately disturbing communication by feedback noises—art and activism were closely linked structurally and conceptually—see the text on Guerilla Television.[26]

Since the 1970s, video groups like **Top Value Television (TVTV)** have been doing politically committed work in the USA in his respect. The video collective **Paper Tiger TV** (motto: «Smashing the Myths of the Information Industry») has been producing a committed and amusing magazine each week for the open cable channels in New York and San Francisco since 1981. Their alternative reports on the 1991 Gulf War also attracted attention in Europe. From the mid-1980s, **Deep Dish Television (DDTV)**, «the first national grassroots satellite network,» linked independent producers, programmakers, activists and viewers across the USA.[27] Paper Tiger TV and Deep Dish

25 — David Joselit, «Tale of the Tape,» in *Artforum*, May 2002, p. 152. 26 — Given this social dimension of feedback, video as an artistic medium in the 1970s cannot be reduced to the simple formula of narcissism as Rosalind Krauss suggests. For this cf. Rosalind Krauss, «Video: The Aesthetics of Narcissism,» in *New Artists Video: A Critical Anthology*, Gregory Battock (ed.), New York, 1978, pp. 43–64. 27 — «**Deep Dish TV**» is devoted to democratizing media by providing a national forum for programming created by community-based organizations and independent producers.»

Television can thus be seen in retrospect as the forerunners of Indymedia, a union of independent journalists and activists who have been providing information about WTO protests and other activities critical of globalization on the Internet since the late 1990s.[28] In the early 1970s, similar groups and collectives emerged in Germany, with mottoes like «Make your own television» or «Where television ends, video begins.» Among the first of these, from 1970, was the group **telewissen** from Darmstadt, headed by Herbert Schuhmacher, which carried out communicative actions with spectators as early as 1972 at **documenta 5**. The group placed a van with video monitor and camera outside the exhibition building, so that they could produce communicative situations and «micro-television»[29] through direct feedback from passers-by. In Berlin, Michael Geißler and the video group **VAM** (Video Audio Media) started alternative public work in 1969, and **MedienOperative Berlin** in 1977. All these projects wanted to create public quality for minorities and affected parties, working partly against and partly with television. As early as 1977 they had got such a response that public television produced a broadcast of its own as part of «Kultur aktuell,» with portraits of these groups, and documenta extended its branches of art to include political and documentary media work. But the utopian aim remained democratizing television by means of new broadcasting and production forms.

Klaus vom Bruch, **Marcel Odenbach** and **Ulrike Rosenbach**, also in 1977, staged an act of anti-authoritarian television piracy that came more from an artistic context, «**Alternativ Television ATV**.» From their workshop in Cologne, which was converted into a studio and (illegal) broadcasting station, they put out an alternative television program they had produced themselves, which could be received over a radius of a few hundred meters. In the same year, **Friederike Pezold** realized her «**Radio Freies Utopia**» action. In the 1980s, ‹genuine› pirate radio and television stations become a real sub-culture. In Amsterdam, the group **Rabotnik TV**, which emerged from the squatters' movement, fed its signal into the official TV channels, illegally at first, through a small pirate station at night after programs had finished, then acquired a legal slot on cable. The success of their spontaneous image aesthetics, related to rap, scratch and sampling music, attracted about 50,000 viewers per week.[30] Also in the mid-1980s, the illegal **Radio Dreyeckland** regularly broadcast ten minutes of information on political protest movements from the point of view of participants and affected parties in the Freiburg area.[31] In Leipzig, **Ingo Günther** and others[32] were involved in founding the pirate TV station **Kanal X** in spring 1990, which in the quasi law-free GDR area produced genuine citizens' television before reunification.

These continuations of the subversive strategies created by Burroughs and the student movement of 1968 meant that the broad impact requirement was met to an extent, but the power of the mass media remained undisputed.

28 — Oliver Ressler's videos should also be mentioned in this context (e.g. «Disobbedienti,» with Dario Azzellini, 2002), which are to be seen as part of a reinvigorated documentary approach since 2000. 29 — René Berger distinguishes between «macro-television,» in other words national mass television, «meso-television,» with regional scope, and «micro-television,» which one individual produces for other individuals. 30 — For this cf. Agentur Bilwet, *Bewegungslehre. Botschaften aus einer autonomen Wirklichkeit*, Berlin, 1991. 31 — This self-imposed restriction on broadcasting time was intended to avoid being located by the German postal service.

/

Media activism

06/105

One model for a tactical switch in terms of this power comes from the case of **Paul Garrin**: by chance, he became involved in a street battle in Tompkins Square in New York in 1989, where the police were taking brutal action against homeless people to drive them out of a park. He made himself scarce to the top of a car and filmed the events with his video camera. He was noticed by the police and beaten as well, but managed to rescue the videotape and pass it on to several TV stations. The topic was then discussed all over the USA, and put the term ‹video artist› in the news for the first time: the artist as video amateur and exemplary citizen (Garrin called it the «camcorder revolution»). Garrin condensed the events down into a video clip in «**Man with a Videocamera (Fuck Vertov)**» (1989).[33] Garrin achieved international recognition with the installation «**Yuppie Ghetto with Watchdog**» (1989–1990), which was later developed from this video. **Brian Springer**'s video «**Spin**» (1995) was genuinely subversive: during the 1992 US presidential elections, Springer used simple, homemade satellite equipment to receive and record satellite feeds (unedited raw material for television stations). Springer's documentation, which made this unofficial satellite material public, shows how politicians and journalists operate behind the scenes and reveals how power and the media are inextricably entangled in the USA's spectacular TV democracy.[34]

In the 1990s, the concepts of interventionism and activism acquired a special significance for the art business. The AIDS crisis made these approaches particularly relevant, in New York first of all, and linked political and cultural strategies firmly together. Poster actions and video documentations by various gay and lesbian groups like **ACT UP** («**Voices from the Front—Testing the Limits**»), Gran Fury and **General Idea**[35] «targeted the homophobic subconscious of the state and its representatives.»[36]

/

Video as a medium of emancipation: From feminism to cyberfeminism

06/106

«When art took up the subject of ‹women› in the 1960s, female artists were speaking from the social fringe, as a minority, as a lone voice, which of course was ignored by the male-dominated art business. Female artists made their presence felt in public with campaigns and performances, pamphlets and pictures that seem dramatic in places today—and were perceived by the public above all as women.»[37] **Valie Export** strapped the «**Tapp- und Tastkino**» to her chest in 1968, to make it ‹comprehensible› how the female body is felt all over by men's voyeuristic eyes. In the early 1970s, a number of artists started to work with video as a medium. In this context, video is seen as the ideal medium for emancipation, as it is new and not yet tied down by social and institutional rules. Its technical structure also makes it possible for artists to work more independently with film as a medium than they had previously.[38] In 1972, **Ulrike Rosenbach** was the first female

32 — Joerg Seyde, Norbert Meissner and a group of activists. 33 — In this respect, this clip is a continuation of Garrin's Video «**Free Society**» (1988), on the subject of glorifying war and police brutality. 34 — Cf. Springers **transcripts** online. 35 — Cf. also General Idea's video «**Test Tube**» (1979); **transcript** reprinted in *Video by Artists 2*, Elke Town, 1986, pp. 59–66. 36 — Stephan Geene, «Interventionismus und Aktivismus,» in *DuMonts Begriffslexikon zur zeitgenössischen Kunst*, op. cit., p. 140. 37 — Marie-Luise Angerer, «Feminismus und künstlerische Praxis,» ibid., p. 82. 38 — Cf. Ulrike Rosenbach, «Video als Medium der Emanzipation,» →

artist in Germany to get involved with the medium, to model herself and her body and to make a name for herself with feminist videos and performances. «**Glauben Sie nicht, dass ich eine Amazone bin**» (1976) became one of the first classics of German video art history. In this video performance, Rosenbach aims a bow and arrow at a medieval portrait of the Madonna, which for the artist represents the epitome of the ideal image of the woman: «always young and smooth of skin, innocent and beautiful, with downcast eyes.»[39] But the video dissolve of the Madonna portrait after being hit by the arrow and Rosenbach's own face shows that the Amazon's arrows hit Rosenbach herself as well. **Friederike Pezold's** work, including her video sculpture «**Madame Cucumatz**» (1970–1975), reduces the screenplay to a «**Scham-Werk**» (1973–1976) and the performance treatment «**Die neue leibhaftige Zeichensprache**» (1975) restricts the female body to reduced, almost minimalist symbols. **Martha Rosler's** video «**Semiotics of the Kitchen**» (1975) is a feminist reflection on diet and food preparation and also the domestic context of women's work, which the artist shifts into a studio-like kitchen of the kind used for popular cookery programs: a serious-looking woman, the antithesis of the perfect TV housewife, shot full-face, presents an alphabetic encyclopaedia of kitchen utensils. Rosler's tendency towards the banal at the same time corrects the all too puritanical and anemic tendencies of the conceptual art that dominated the 1970s. Thus she paved the way for female media activists like the **Guerilla Girls** group. They demonstrated outside US museums from the mid-1980s, with large posters («Do women have to be naked to get into the Metropolitan Museum?»), to draw attention to the scandal that these institutions still showed no art by women.

In the early 1990s there was a lot of discussion about changes and reconfigurations for the individual given the conditions of the new digital space offered by the Internet. One thing they were sure of was that sexual roles were unimportant in the virtual world, as they can be changed at will. In the USA in particular, some theoreticians felt that the physical body would lose its importance on the Net. They saw cyberspace as a stage for the individual liberated from gender, race and class, who would find perfect conditions for his or her absolute self-realization in virtual space. This would finally put an end to discrimination and disadvantage for ethnic minorities. But this view stands and falls with the premise that body configurations on the Internet would cancel out those in real space.

As early as 1984, the cultural historian Donna Haraway had written her «Manifesto for Cyborgs,» in which she asserts among other things that society would find itself on the way into a post-gender world when it started developing cyborgs («cybernetic organisms»).[40] Haraway's manifesto made a great impact in academic circles at first. A cyberfeminist movement was set up by the British cultural historian Sadie Plant and the group of female Australian artists called **VNS Matrix** in 1994.[41] It was not until then

← in *Videokunst in Deutschland 1963–1982*, Wulf Herzogenrath (ed.), Stuttgart, 1982, pp. 99–102. **39** — Ulrike Rosenbach in an interview with Amine Haase, reprinted in *Media Art Action. The 1960s and 1970s in Germany*, Rudolf Frieling/Dieter Daniels (eds.), Vienna/New York, 1997, p. 195. **40** — The term ‹gender› was coined in the mid 1980s by the US film theoretician Teresa de Lauretis. It identifies a distinction made by feminism in the 1970s. ‹Gender›, as distinct from ‹sex›, defines social gender or the social construction placed on gender categories. In the 1990s, the American philosopher Judith Butler criticized the distinction between ‹gender› and

that «the cyborg idea gained political momentum, while at the same time losing its theoretical incisiveness. The politicization of cyberspace suddenly made this a special place for women.»[42] Since 1997, the **Old Boys Network** (OBN) has organized various projects in the context of cyberfeminism, including the «First Cyberfeminist International» (Hybrid WorkSpace, Kassel, 1997), the «next cyberfeminist international» (Rotterdam, 1999) and the «very cyberfeminist international» (Hamburg, 2001).[43]

/

Post-colonial discourse, transculturality, translocal identities

06/107

«Post-colonial discourse,» writes Christian Kravagna, «begins at those moments when the political, theoretical or artistic definition of the relationship between ruler and ruled, between the dominant culture of the West and the dominated culture of the former colonies is not exclusively reserved for the side with power. The discourse takes place from the point at which the subjugated individuals gain access to the means of representation and are seen as subjects who can hold different perspectives up to the perspective of dominance.»[44] After **documenta 9**, in 1992, showed work by two African artists for the first time, it acquired its first African director, Okwui Enwezor, ten years later. In fact it has been possible to discern a (slowly) increasing overall presence for non-Western art production in the last ten years, something that had hitherto been ‹invisible› to the Western eye. Additionally, in the process of (economic) globalization, cultural identity has been replaced as a passively accepted, uniform scheme by a productive, open practice that continually creates new identifications.

In this sense, theoreticians like Arjun Appadurai see ‹transculturality› as a process that produces a new cultural diversity—in contrast with the much-mentioned uniformity. «According to theory, transcultural fusion and overlapping lead to a constant flow of new identificatory subsets that can no more be reduced relative to each other than they can be separated from each other in principle. Partially overlapping subcultures are created, characterized as such by differences.»[45] Artists increasingly addressed these processes in the 1990s, like for example **Renée Green** in her video installation «**Partially Buried Continued**» (1997), and **Fiona Tan** in her video «**Thin Cities**» (2000). In the performance «**Two Undiscovered Amerindians**» (1992), **Coco Fusco** and **Guillermo Gómez Peña** put themselves on show in a cage as two representatives of a hitherto undiscovered species of native American. Post-colonial problems are also addressed explicitly in works by **Shirin Neshat** («**Turbulent**,» 1998), **Kutlug Ataman** («**Never My Soul**,» 2001) and **Mona Hatoum** («**Measures of Distance**,» 1988).

/

Public space, media space

06/108

Since the 1970s, artists have used their work to address the way public space is increasingly being transformed by the influence of (mass) media and private commercial

‹sex›, pointing out the discursive quality of biological categories. Her ‹gender› concept led to a new view of feminism in art. 41 — VNS Matrix, «**Dirty Work for Slimey Girls**» (1991-1997). 42 — Angerer, «Feminismus und künstlerische Praxis,» op. cit., p. 85. 43 — One of the co-founders of OBN is **Cornelia Sollfrank**, who had previously been a member of the Hamburg female artists' group **-Innen**. 44 — Christian Kravagna, «Postkoloniale Blicke,» in *DuMonts Begriffslexikon zur zeitgenössischen Kunst*, op. cit., p. 250. 45 — Christian Höller, «Transkulturalität,» in ibid., p. 289.

interests. Pioneers in this field include **Dan Graham**, **Hans Haacke**, **Sanja Iveković**, **Jochen Gerz** and **Jenny Holzer**.

Hans Haacke's installation «**Nachrichten**» (1969)[46] makes it clear that immaterial information can structure urban space just as much as built architecture. He made news distributed by the Deutsche Presseagentur (DPA) accessible in the exhibition gallery in real time, via a teleprinter. In his photo-text work «**Shapolsky et al. Manhattan Real Estate Holdings, A Real Time Social System, as of May 1, 1971**,» Haacke analyzed and recorded the connections between property speculation, ownership relations and the price of living space. The New York Guggenheim's censorship and rejection of this exhibition has become legendary: Haacke's project had unmasked bogus companies—some involving trustees of the museum—and their entanglements, thus publicizing these trustees' connections right up to the top political circles.

Examining architecture and urban space has developed into an important theme in fine art since the sixties. Key works are **Gordon Matta-Clark**'s so-called «Cuttings,» dating from the 1970s—projects in which real buildings were dissected—and **Dan Graham**'s «Homes for America,» a series of photographs and tables analyzing American suburban architecture.[47] In the early 1970s, Dan Graham turned to interactive video concepts. In the foreground here were questions of privacy, control and media surveillance. The treatment for «**Picture Window Piece**» (1974), for example, foresaw a kind of ‹two-way surveillance›: a camera and a monitor were to be set up both inside and outside a building, so that the observers standing on the two sides could watch the other people and themselves as they were watching as well.

In 1979, **Sanja Iveković**'s action «**Triangle**»[48] showed how private space is kept under public observation, and how the state can see a private, sexually explicit act as a threat to public well-being. **Barbara Kruger**, Jenny Holzer and others took political criticism of stereotypical gender roles and the violence associated with them into outdoor urban space. Jenny Holzer has been working with language since 1977, above all with so-called «**Truism**»—disturbing statements, contradictory sentences, some shrewd and some annoying, maxims, clichés, prejudices. Holzer places these «Truisms» on various support media in public places: thus for example in 1982 on the seventy-five square meter advertisement display in New York's Times Square and in 1989 as a clip series on MTV. **Stan Douglas**' «**Television Spots**» (1987–1988) and his «**Monodramas**» (1991) fall into the same period; they were both intended to be broadcast during the commercial breaks in the normal television program. These series consists of twelve or ten short mini-fictions of commercial length in each case, which—as they are shot in real time—seem to have been enormously slowed down in contrast with ‹normal› television, and thus disturb viewers' watching habits.[49]

/

46 — This installation was shown in the Jewish Museum in New York in 1970, with the title «Information,» in the «**Software**» exhibition curated by Jack Burham. **47** — Published in *Arts Magazine*, 1966. **48** — Cf. Sanja Iveković in *Body and the East. From the 60s to the Present*, Museum of Modern Art, Ljubljana, 1998, p. 68; the action took place in Zagreb on the occasion of Tito's 1979 visit. Cf. also the text «**Reality/Mediality**» on Iveković. **49** — Cf. also the text «**Television—Art or Anti-art?**»

Politico-artistic activism

In contrast with this, the works of **Krzysztof Wodiczko**, **Jochen Gerz**, **Peter Fend** and **Ingo Günther** explicitly intervene in political and social matters. The artist-engineer Krzysztof Wodiczko immigrated first to France from Poland, then to the USA. He made a name for himself in the 1980s with his large-format slide and video projections on public buildings and monuments. His «**Homeless Vehicles**» (1988) are part of a series of nomadic instruments that the artist developed for homeless people and migrants, with their cooperation.[50] The items involved are mobile, collapsible carts, with enough room to transport possessions or store accumulated tins with deposits on them; but they also offer protection against the rain or when spending the night outdoors. Wodiczko's aim is to make homelessness more publicly visible: «When the carts move through New York City, it is an act of resistance. It resists the ongoing collapse of a municipal community that excludes thousands of people.»[51]

In collaboration with students from the Saarbrücken College of Art, between 1990 and 1993 Jochen Gerz realized his «**2146 Steine—Mahnmal gegen Rassismus**» project in the square in front of the castle in Saarbrücken. This work—completely ‹non-media› and invisible—is distinctive because it acquires a presence only through the mass media. Gerz and the students started to replace the flagstones in the Schlossplatz in Saarbrücken secretly with ones they had prepared themselves: the names of the 2146 Jewish cemeteries in Germany were engraved on 2146 stones, which were then let into the square with the writing facing downwards. After replacing some of the stones, Gerz appealed to the Saarland parliament, which found itself unable to reject the half-finished monument despite heated arguments: the project was accepted with a narrow majority. Finally, in 1993, the square was renamed «Platz des unsichtbaren Mahnmals» («Invisible Monument Square»).[52]

In contrast with Wodiczko's and Gerz's local projects, Ingo Günther and Peter Fend («**Ocean Earth Construction and Development Corporation**,» since 1980) adopted a markedly global perspective. In Ingo Günther's «**Refugee Republic**» (from 1995), he suggests setting up a supra-territorial and supra-national state that could accommodate all the refugees in the world (in 1990 the US Committee for Refugees estimated that there were forty-seven million, i.e. one percent of the world's population). Günther's idea was that this de-territorial and immaterial refugee republic—he even aspired to a UN seat—should link all the refugee camps in the world via Internet.

This project to an extent reflects the (often completely) exaggerated hopes that were invested in the Internet in the mid-1990s. It was rather like the early 1970s, when cable networks and video were seen as ways of democratizing the mass media, and the 1980s, when **Paul Garrin** talked about the «camcorder revolution» (thus defining the hope for a mass medium coming from below): the Internet was now seen as a means of

50 — These include «Personal Instruments» (Warsaw 1969), «First Vehicle» (1972), «Poliscar» (1991), «Alien Staff» (1992) and «Mouthpiece» (1994). **51** — Krzysztof Wodiczko, cited in Jochen Becker, «**Optische Störung, öffentliches Ärgernis—Krzysztof Wodiczko**,» in: *motz*, Nr. 13, 20.11.1995. **52** — Cf. Jochen Gerz, *2146 Steine—Mahnmal gegen Rassismus Saarbrücken*, Stuttgart, 1993.

democratization. The high-flown hopes and ambitious plans of this period are embodied in a series of virtual ‹city-like› communities and ‹context systems› that developed in 1994 and 1995 in the then new World Wide Web (WWW): the **Digitale Stad** (DDS) Amsterdam and the **International City Federation** (ICF) Berlin. But these early utopian approaches were rapidly overtaken by commercial developments and fell apart as a result.[53]

But even if these two pioneering projects disappeared, the theme of extending and changing public space via the new media was by no means off the agenda. This is shown by the project by the «**IO_dencies**» (1996–1999) project by the **Knowbotic Research** group, which was located on the interface between the Net and real space. «IO_dencies» (pronounced ‹tendencies›) explores the possibilities of intervening and acting in complex urban processes taking place in network environments. It examines the potential that digital technologies have for creating interlinked, participatory models and investigates how public space could look if it emerged within electronic networks, or through them.

Since 2000, various political and at the same time artistic campaigns have drawn attention to themselves: «Deportation.Class,» «Bitte liebt Österreich!», «[V]ote-auction» and the «The Yes Men» use the tactic of resistance by apparently affirming and conforming to their opponents' image and corporate identity. While **Deportation.Class** exposes «Star Alliance» set up by Lufthansa and twelve other airlines in the 1990s as a «Deportation Alliance,» thus agitating against Lufthansa's deportation practices, **Christoph Schlingensief**'s «**Bitte liebt Österreich!**» campaign adapted the mass media Big Brother format to stage a media friendly deportation, voted for by TED viewers of asylum-seekers and carried out during the Wiener Festwochen directly from a container in Herbert-von-Karajan-Platz. As the whole thing was promoted as an action by Haider's Freiheitliche Partei Österreichs (FPÖ), Schlingensief could be sure of media attention. Similar waves of outrage were cause by the action by **ubermorgen.com**, «**[V]ote-auction**,» which offered voters the opportunity to sell their votes online to the highest bidder, just in time for the US presidential election in 2000 (Gore vs. G.W. Bush). Here the link between capitalism and (voter) power was demonstrated with astonishing clarity. The American activist group **RTMark**, in their «**The Yes Men**» action, sent ostensible representatives of the World Trade Organization (WTO) to international conferences, where they reported some astonishing facts about the state of the world economy and proclaimed the end of the WTO.

/

06/110

Net activism

RTMark is part of so-called ‹Net Activism›, which developed from the mid-1990s and includes a variety of strategies. These extend from setting up alternative communication and information channels to practicing ‹electronic civil disobedience.› The ‹enabling› or

53 — Cf. the text on «**Interaction, Participation, Networking**» and Inke Arns, *Netzkulturen*, Hamburg, 2002.

linking approach here identifies a use directed at establishing communication. In the second half of the 1990s, environmental and human rights activists linked themselves up increasingly, and so did critics of globalization, who wanted to pit themselves against the so-called ‹empire› and organized their protest via the Internet. As well as this, independent communication systems were developed (at least conceptually), above all by media artists («**ZaMir**,» «**Name.Space**,» «**INSULAR Technologies**»).

Alongside developing autonomous communications systems of this kind, the strategy of ‹electronic civil disobedience› was one of the most important Net activism practices. This concept, which was coined by the American artists' group **Critical Art Ensemble** (CAE) in 1996, transfers the principle of civil disobedience into the sphere of electronic data. Electronic civil disobedience is based on the thesis that the non-violent strategy of ‹civil disobedience,› which temporarily disturbs the smooth functioning of business headquarters and other power centers by blocking access, is no longer adequate today. Businesses have become transnational corporations operating globally, increasingly shifting from concrete locations to the nomadic electronic data-stream of cyberspace, and thus avoiding provocation by civil disobedience. CAE maintained that to continue to be effective under these conditions, resistance should no longer be aimed at blockading physical locations, but should stem the actual information flow. Various projects use this ‹virtual sit-in› strategy (**Electronic Disturbance Theatre**, **etoy**).[54]

Finally, **Heath Bunting**'s «**BorderXing guide**» Internet project (2001) records illegal border crossings inside and outside Europe that Heath Bunting and his partner Kayle Brandon have carried out themselves in recent years. «BorderXing guide» sets out to provide instructions for crossing borders without papers. But the information that Bunting and Brandon post on their website in the form of photographs, detailed notes, maps and laconic comments on the individual routes is not available to all Internet users. For example, to gain access to the project as a Western European, you have to travel in person to one of the ‹social servers› (places with public Internet access) available world-wide that Bunting has come to trust—the artist himself had to depend exclusively on these contacts on his travels in recent years to gain access to the Internet. This principle of ‹reverse authentication› also alludes to the everyday experiences of people crossing borders illegally.

/

From video surveillance to dataveillance

In international video and media art, artists often address the subjects of surveillance and control. **John Lennon** and **Yoko Ono**'s «**Film No. 6, Rape**» (1969) is one of the first works to anticipate with almost uncanny precision the reality TV aesthetics of the late 1990s. Classic artistic treatments of social surveillance devices include **Vito Acconci** («**Following Piece**,» 1969), **Bruce Nauman** («**Live-Taped Video Corridor**,» 1969–1970;

54 — Cf. Inke Arns (2002), op. cit.

«**Video Surveillance Piece: Public Room, Private Room,**» 1969–1970) and **Dan Graham** («**Time Delay Room,**» 1974; «**Yesterday / Today,**» 1975). The eighty-two-minute video «**Der Riese**» (1982–1983) by **Michael Klier** consists exclusively of images taken by surveillance cameras, thus suggesting an omnipresent controlling authority. **Julia Scher** equips museum galleries with so-called ‹security systems› that film visitors and transmit the resultant images all over the exhibition space («**Welcome to Security Land,**» 1995). **Harun Farockis** video piece «**Ich glaubte, Gefangene zu sehen**» (2000) focuses on surveillance technologies in American high-security prisons.[55]

Some artists have been creatively diverting surveillance and security systems, today almost omnipresent in public spaces, since the mid-1990s. The aim here is to develop potential protective or counter-measures against the control device. This can be done for example by converting entertainment electronics into (self-)surveillance technologies (**Bureau of Inverse Technology, 0100101110101101.org**) or by unusual use and redesignation of existing surveillance systems (**Surveillance Camera Players**). One of the earliest Net art projects on censorship is «**The File Room**» (1994) by **Antoni Muntadas**. Cases from all over the world of state, religious and political censorship were archived in a database that was openly accessible via the Internet and that users could add to—thus revealing the act of deletion and censorship. The Surveillance Camera Players (SCP) have been performing short plays by Jarry, Poe and Beckett to New York surveillance cameras. The dialogue is not spoken, but displayed on panels—rather like the subtitles in silent films. The audience is made up of the security staff who monitor the surveillance camera pictures, and passers-by who happen to be upon the performance venues. Between 1997–1999, the Bureau of Inverse Technology developed the «**Bit Plane,**» a converted remote-control model spy plane, equipped with a video camera so that it can fly out over ‹enemy› territory and take pictures there. The first surveillance flight was conducted over Silicon Valley, California's «glittering heart of the information age,» in 1997.

But in the second half of the 1990s—at the latest after the publication of Duncan Campbell's ECHELON[56] report for the European Parliament in 1998—it also became clear that there are now many forms of surveillance and control other than video surveillance. The main things to be mentioned here would be data surveillance in particular, on the Internet among other places[57] («Dataveillance») and the use of biometric control techniques.[58] Various artistic projects have examined these new «post-visual»[59] surveillance options: they deal with revealing power structures in the sphere of electronic communications. For example, **Marko Peljhan** has been running his «**makrolab**» mobile research station since 1997. This works as a kind of private ECHELON system using all kinds of technical apparatus to map the «topography of signals»[60] across the electromagnetic spectrum. «makrolab» is equipped with broadcasting and receiving aerials that pick up signals at various frequencies and record the data streams circulating there. In his

55 — For this cf. the comprehensive exhib. cat. *Ctrl_Space. Rhetorics of Surveillance from Bentham to Big Brother*, Ursula Frohne / Tom Levin / Peter Weibel (eds.), ZKM Karlsruhe, Cambridge, MA, 2002. 56 — Duncan Campbell, «**An Appraisal of the Technologies of Political Control,**» STOA Interim Study / Executive Summary, September 1998. 57 — Cf. e.g. Christiane Schulzki-Haddouti, *Datenjagd im Internet. Eine Anleitung zur Selbstverteidigung*, Hamburg, 2001. 58 — Cf. the exhibition initiated by the association for net culture

GPS-supported, psycho-geographical performance «**UCOG-144 (Urban Colonization and Orientation Gear-144)**» (1996), Peljhan referred directly the dérive concept used by the Situationists. In the course of their «**insert_coin**» project (2000-2001), **Dragan Espenschied** and **Alvar Freude** manipulated the Merz-Akademie's proxy-server, successfully gaining full control of all its web and mail traffic and inserting their own material into it. The fact that the experiment remained completely unnoticed despite conspicuous manipulation suggested that the users had a low threshold of problem awareness. The Italian Net art duo **0100101110101101.org**, which for simplicity's sake also answers to «zero one dot org,» ceaselessly collects information about the two members and make it publicly available uncensored. For the project «**VOPOS**» (January 2002), the duo wore GPS (Global Positioning System) transmitters. These sent information about the artists' location to their website, which is available to the public at all times, at regular intervals. The data were transferred to city maps, thus constantly showing where the two artists were at the time.

/

Summary

Deconstruction, subversion and the development of alternative production and distribution channels are important tactics that media artists have used since the 1960s. These approaches can be called ‹post-utopian› in that they no longer postulate different uses for the mass media television and film, but work against these firmly established media. But at the same time, a genuinely utopian element can be discerned in some of them: both in the early 1970s and the early 1990s the media that were new at the time in each case (video, Public Access Television, Internet) triggered euphoric visions of genuinely democratic communication because of their greater ease of access and wider distribution—in stark contrast with the established and centralized mass media. These new media, all without social handicaps, also offer themselves for alternative uses, indeed for very personal, subjective handling modes. As well as this, many of the projects presented in this essay question the extent to which devices that are by no means all of a technical nature can be used to create social, political or economic boundaries. But these projects are also interested in the linking of social elements or potentials that certain technologies can contain, and that could be used to subvert the above-mentioned boundaries. In this respect, both borders and border regimes and surveillance structures come under the heading of technology, and so does subverting technological structures and generating counter-discourse in society.

/

Translation by Michael Robinson

Public Netbase (Vienna) «**world-information.org**» (2000-2003), which examines the generation, manipulation, control and distribution of information in the so-called ‹information society.› **59** — Timothy Druckrey, «Secreted Agents, Security Leaks, Immune Systems, Spore Wars ...,» in *Ctrl_Space*, op. cit., pp. 150-157. **60** — Cf. Dieter Daniels' article on Marko Peljhan in cITy. *International Media Art Award 2000*, ZKM, Karlsruhe, 2000, p. 95.

07/001-016
07/101-116

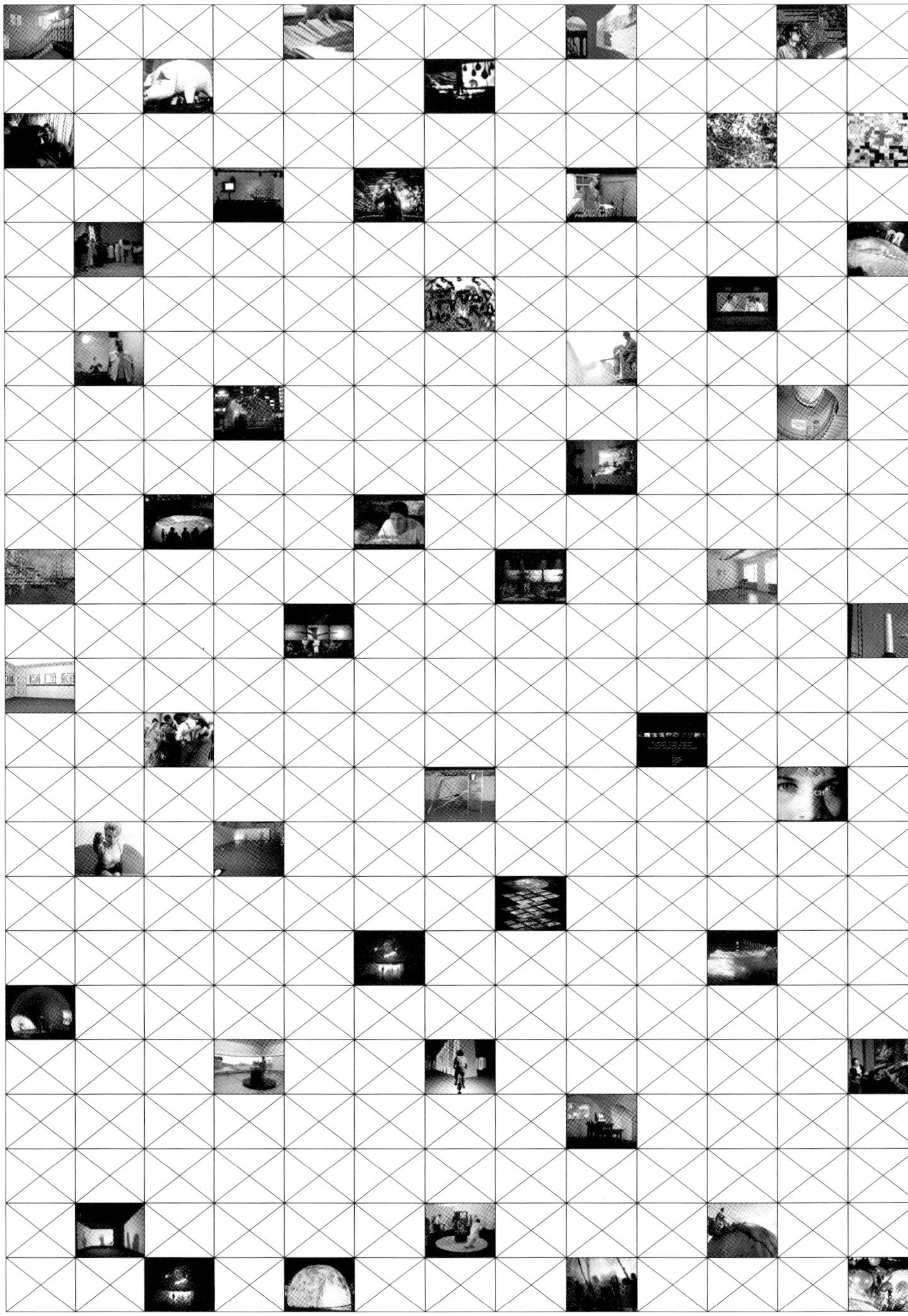

Virtuelle Narrationen

Von der Krise des Erzählens zur neuen Narration als mentales Möglichkeitsfeld

/

Söke Dinkla

/

Gerade im 20. Jahrhundert hat die Kunst des Erzählens gravierende Veränderungsprozesse und krisenhafte Situationen durchgemacht, in deren Verlauf nicht nur einmal ihr Tod prophezeit wurde. Die Kunst des Erzählens – traditionell verstanden als Darstellung des Verlaufs von wirklichen oder erdachten Ereignissen[1] – hat durch die Jahrhunderte gesellschaftlichen und politischen Wandel nicht nur thematisiert, sondern hat auch durch formale Änderungen gesellschaftlichen Wandel signalisiert, und war selbst Ausdruck dieses Wandels. Trotz aller Frakturen und Zäsuren scheint das Erzählen als kulturelle Praxis gerade am Ende des 20. Jahrhunderts eine ›Renaissance‹ zu erleben.[2] Sie ereignet sich erstaunlicherweise nicht nur in der Literatur und im Film, sondern sie kommt mit besonderer Intensität im elektronischen Medium zum Tragen. Das Internet als neue Kommunikationsform hat den Status eines Massenmediums erreicht und schreit förmlich nach adäquaten Formen der Vermittlung von Inhalten. Aber auch das bereits etablierte Medium Video greift auf erzählerische Strategien zurück und etabliert eine Form der Narration, die eine Reihe von Fragen aufwirft: Handelt es sich bei diesen narrativen Praktiken wirklich um eine Renaissance des Erzählens, das heißt um die Hoffnung, dass nach dem Zusammenbruch der großen Utopien in den 1970er Jahren erneut eine Form gefunden werden kann, die Erzählung möglich macht? Ist diese Entwicklung in ihrer Haltung eklektizistisch, das heißt, handelt es sich bei ihr um einen Rückschritt in die Zeit vor der postmodernen Kritik und vor der grundsätzlichen Infragestellung der Repräsentation als Mittel, die gesellschaftliche Realität zu reflektieren? Oder entsteht hier vielmehr eine neue narrative Form, die in der Lage ist, in der Reflektion der Geschichte und Geschichten der Moderne eine treffende Aussage über den Zustand unserer Wirklichkeit zu machen?

Um diesen Fragen nachzugehen, möchte ich im Folgenden zunächst die historischen Bedingungen und Funktionsveränderungen des Erzählens in der Literatur am Beispiel James Joyce skizzieren, um dann seine veränderten Ausdrucksformen in interaktiven Medien- und Netzwerkarbeiten der 1980er und 1990er sowie in Videoarbeiten der 1990er Jahre darzustellen. Dabei sollen die Erzählstrategien auf ihre ästhetischen Verfahren befragt werden, mit denen sie an der (Neu)Formulierung unseres Wirklichkeitsverständnisses arbeiten. In unterschiedlichen Etappen und Medien wird seit dem späten

1 — Obwohl das Konzept der ›Narration‹ aus der Literaturwissenschaft stammt, werde ich im Folgenden ›Narration‹ nicht nur als literarischen Gattungsbegriff begreifen, sondern vielmehr als kulturelle Diskurspraxis, die nicht nur sprachliche Äußerungen, sondern vor allem die künstlerische Verwendung von narrativen Strategien in der audiovisuellen Kunst umfasst. 2 — Einige Ausstellungen trugen dieser Tatsache Rechnung, darunter »Pagan Stories. The Situations of Narrative in Recent Art«, APEX Art C.P., New York 1997; »Stories. Erzählstrukturen in der zeitgenössischen Kunst«, Haus der Kunst München, 2002; und »Dialogues & Stories«, Museum Küppersmühle Duisburg, in der ausschließlich Video- und Filminstallationen zu sehen waren; vgl. 25. »Duisburger Akzente im Innenhafen«, konzipiert von Söke Dinkla (Hg.), Stadt Duisburg 2001.

18. Jahrhundert das vorbereitet, was die Heterogenität der heutigen Formen des Erzählens und ihre Ausdrucksformen in elektronischen Medien ausmacht.
Der entscheidende historische und theoretische Hintergrund, ohne den die Wirkstrategien der aktuellen medialen Erzählverfahren unverständlich bleiben, ist die Krise des Erzählens um 1900. Sie äußerte sich vor allem in einer Krise des Romans und bezog sich auf den grundlegenden Zweifel an der Möglichkeit, mithilfe von linearen, kausal motivierten Geschichten die komplexe Wirklichkeit der modernen Gesellschaft darzustellen. Diese Entwicklung zeigt bis heute Nachwirkungen und wird in Netzwerkarbeiten, in interaktiven Installationen sowie in der filmisch-narrativen Videokunst der 1990er Jahre zitiert und bestimmt dort nicht nur die Form, sondern auch die Inhalte. In Robert Musils »Der Mann ohne Eigenschaften« (1930) heißt es: »Wohl dem, der sagen kann ›als‹, ›ehe‹ und ›nachdem‹ [...]. Und Ulrich bemerkte nun, dass ihm dieses primitiv Epische abhanden gekommen sei, woran das private Leben noch festhält, obgleich öffentlich schon alles unerzählerisch geworden ist und nicht einem Faden mehr folgt, sondern sich in einer unendlich verwobenen Fläche ausbreitet.«[3]
/

07./002

Kritik des Realismus

Die Autoren der frühen Moderne kritisierten nicht etwa ganz generell traditionelle Erzählweisen, sondern sie richteten sich gezielt gegen eine Poetik des Naturalismus und damit gegen eine deterministische Weltsicht, die von naturwissenschaftlichen Verfahren geprägt ist. Sie entlarvten Ursache-Wirkungsprinzipien, chronologische Abfolgen von Ereignissen, die sich kausal entwickeln, als Spiegel der naturwissenschaftlichen Methodik. Im Zentrum der Kritik stand Emile Zolas Manifest »Le roman expérimental« (1879), in dem er eine »wahrhaft realistische Poetik« forderte.[4] Als Mittel der Kritik hat die Kunst der Moderne zu Beginn des 20. Jahrhunderts Elemente ausgebildet, um dem herrschenden, an naturwissenschaftlicher Methodik orientierten Welterklärungsmodell entgegenzuwirken.[5] Einige dieser Elemente werden heute in den medialen Erzählformen wieder relevant, dazu gehören:

* *»Entfabelung«:* Jakob Wassermann bezeichnet so das Herauslösen von Geschichten aus Ursache-Wirkungsketten. Statt dessen konzentrieren sie sich auf ein bloßes Geschehen, auf eine Abfolge von Zuständen.[6]
* *Simultaneität:* Bedeutende Romane des 20. Jahrhunderts stellen die simultane, fragmentarische, disparate Präsenz heterogener Elemente im modernen (Großstadt)Leben dar.
* *Detail:* In der Erzählung der Moderne finden sich Detailbeschreibungen alltäglicher Gegenstände, deren Notwendigkeit sich einer narrativen Handlungslogik entzieht (zum Beispiel bei Alain Robbe-Grillet, dem Begründer des ›nouveau roman‹).
* *Autorschaft:* Die Autorschaft wird zum Thema der Erzählungen unter anderem

3 — Robert Musil, *Der Mann ohne Eigenschaften*, Reinbek 1952, S. 650. 4 — Vgl. dazu Matías Martínez, »Krise und Innovation des Erzählens in der Literatur der Moderne«, in: Stephanie Rosenthal (Hg.) *Stories. Erzählstrukturen in der zeitgenössischen Kunst* (2002), S. 78–84, hier S. 79f. 5 — Dieser Prozess beschränkt sich nicht auf die Literatur allein. In der bildenden Kunst bereitet Cézanne mit seinem inzwischen berühmten Statement, dass der Maler nicht nach der Natur arbeite, sondern parallel zu ihr, den Boden für das autonome Bild und damit für die nicht-gegenständliche Kunst. 6 — Jakob Wassermann »Kolportage und Entfabelung«, in:

durch eine Verknüpfung von Biografie und Werk (zum Beispiel bei Marcel Proust, Ernest Hemingway, Peter Handke).

Ein weiteres erzählerisches Mittel, das der moderne Roman entwickelte und das erst im elektronischem Medium seine volle ästhetische Wirkkraft entfalten konnte, ist das der Perspektivierung. Der Erzähler schildert das Geschehen aus unterschiedlichen Perspektiven und befindet sich im Innern der Erzählung selbst, so dass unterschiedliche Zugänge zu der Psyche der Personen möglich werden. Verfahren wie der innere Monolog, der Bewusstseinsstrom und die freie Assoziation bestimmen die Erzählung. In der Medientheorie wird dies später weiterentwickelt zu dem »endogenen Betrachterstandpunkt«[7], der sich nicht nur auf den Autor, sondern vielmehr auf den Leser/Rezipienten bezieht. Da die Perspektivierung als erzählerisches Mittel zwar vom modernen Roman entwickelt wurde, aber erst im elektronischen Medium seine volle ästhetische Wirkkraft entfalten konnte und dort schließlich radikalisiert wurde, werde ich im Folgenden auf diese narrative Strategie näher eingehen.

/

Joyce und das narrative Prinzip des ›networking‹ 07/003

Der Wechsel der Erzählperspektiven evoziert eine instabile Wahrnehmung, die als prägendes Merkmal bereits in den Romanen von James Joyce, besonders in »Ulysses« (1922) und in »**Finnegans Wake**« (1939), angelegt ist. Joyce setzt das Verfahren der Perspektivierung ein, um das Subjekt als einheitliche Größe aufzuspalten und seine strikte Trennung von der Objektwelt aufzuheben. Er bringt damit die Mehrschichtigkeit und Fluidität der Person zum Ausdruck. Die mehrfache Brechung des Blickwinkels sorgt dafür, dass sich das fiktive Subjekt in Relation zu dem Blickwinkel, unter dem es betrachtet wird, verändert. Joyce gibt damit die Vorstellung einer objektiven Wirklichkeit auf. Damit einher geht die Auflösung einer strengen Beziehung zwischen Subjekt und Objekt zugunsten einer dynamischen Darstellung.

In dem Romanwerk »Ulysses«, an dem Joyce sieben Jahre gearbeitet hat, werden die Erlebnisse, Gedanken und Empfindungen des jüdischen Anzeigenmaklers Leopold Bloom, seiner Frau Molly und des jungen Stephen Dedalus in 18 epischen oder dramatischen Szenen vorgeführt. Diese Szenen werden zu bestimmten Abschnitten der »Odyssee« von Homer in Beziehung gesetzt. Joyce bezieht fast alle Bereiche der menschlichen Erfahrung in dieses Werk ein, und er erschließt neue Bereiche des Bewusstseins für die Sprache. Seine Sprache entwirft Bilder, die sich durch äußerste Mehrdeutigkeit auszeichnen. In ihrer Struktur und Metaphorik ist sie visuellen künstlerischen Äußerungen nah. Die Wahrnehmungskategorie ›Sehen‹ bekommt gerade in »Ulysses« eine für die Literatur eher ungewohnt bedeutsame Rolle.[8] Dies ist einer der Gründe dafür, dass Joyce' Literatur nicht nur die bildende Kunst, vor allem die Concept Art mit ihrem großen Vordenker und Inspirator **John Cage**, sondern auch den Experimentalfilm

Eberhard Lämmert (Hg.), *Romantheorie. Dokumentation ihrer Geschichte in Deutschland seit 1880*, 2. Aufl., Königstein 1984, S. 142. 7 — Peter Weibel, »Die Welt von innen – Endo & Nano. Über die Grenzen des Realen«, in: Karl Gerbel/Peter Weibel (Hg.), *Ars Electronica 92. Die Welt von innen – Endo & Nano*, Linz 1992, S. 8–12. 8 — Vgl. dazu Susanne Peters, *Wahrnehmung als Gestaltungsprinzip im Werk von James Joyce*, Trier 1995; die Bedeutung des Visuellen veranlasste auch Sabine Fabo zu ihrer Untersuchung *Joyce und Beuys. Ein intermedialer Dialog*, Heidelberg 1997.

maßgeblich beeinflusst hat. Die Bedeutung Joyce' kommt dabei nicht nur in einzelnen Werken zum Ausdruck wie zum Beispiel in John Cages »**Writing for the Second Time through Finnegans Wake**«, 1977, und **Werner Nekes** Experimentalfilm »**Uliisses**«, 1982, sondern äußert sich generell in komplexen Werkstrukturen, in denen Vieldeutigkeiten und semantische Widerstände einen ruhelosen, aktiven Leser verlangen.
Joyce entwickelt Textstrategien, die die Wahrnehmung des Lesers stimulieren und mit seinen Wahrnehmungsfähigkeiten spielen. Der Prozess der Werkaneignung ist Gegenstand des Werkes selbst und setzt einen »impliziten Leser« voraus.[9] Erzählen ist nun nicht mehr nur die Darstellung des Verlaufs von wirklichen oder erdachten Ereignissen, die auf einem Sender-Empfänger-Modell beruht, sondern wird bei Joyce zu einem kommunikativen Akt. Um dies zu erreichen, entwickelt er verschiedene narrative Strategien, die sich im Folgenden als wegweisend vor allem für die Medienkunst der 1980er und 1990er Jahre des 20. Jahrhunderts herausstellen werden. Insbesondere in »**Finnegans Wake**« stößt die lineare Erzählung eines objektiven Berichts immer wieder an ihre Grenzen. Der Text schafft ständig neue Konstellationen, die offen sind für wechselnde Verbindungen und für das Knüpfen immer neuer Knoten. Das Lesen wird zusehends zu einem ›networking‹.[10]

/

07./004

Das Rhizom – Metapher für hypertextuelle Narrationen

Dieser Blick auf das Joycesche Werk wäre sicher nicht ohne die poststrukturalistische Theorie und ohne die Metapher des Rhizoms möglich, die Gilles Deleuze und Felix Guattari 1977 entworfen haben. Sie schreiben: »Das Rhizom selbst kann die verschiedensten Formen annehmen, von der Verästelung und Ausbreitung nach allen Richtungen an der Oberfläche bis hin zur Verdichtung in Knollen und Knötchen [...]. Jeder beliebige Punkt des Rhizoms kann und muß mit jedem anderen verbunden werden.«[11]
Damit bildet das Rhizom die ideale Metapher für eine narrative Strategie, die bei Joyce bereits angelegt war, die allerdings ihre ästhetische Realisierung erst mit der Entwicklung des Computers erfuhr. Seit Mitte der 1960er Jahre wurde die Erzählstrategie des Hypertexts in der Kunst diskutiert. Theodor Nelson, der den Begriff ›Hypertext‹[12] bereits 1965 prägte, verfolgte seit den 1970er Jahren die Idee, eine Software zu entwickeln, die wie die Bibliothek von Babel alle Schriften verwaltet und es den Benutzern ermöglicht, an Stellen, an denen sie weiterführenden Hinweisen folgen wollen, sofort den entsprechenden Text aufzurufen. Nelson definiert Hypertext als »nicht-sequentielles Schreiben – ein Text, der sich verzweigt und dem Leser Wahlmöglichkeiten läßt, am besten am interaktiven Bildschirm«.[13] Interaktive Installationen und Environments, die seit Mitte der 1980er Jahre in Europa und den USA entstanden, nutzen das dialogische

9 — Anfang der 1970er Jahre begründete Wolfgang Iser die Rezeptionsästhetik in der Literatur und prägte den Begriff des »impliziten Lesers«, vgl. ders., *Der Akt des Lesens. Theorie ästhetischer Wirkung*, München 1990; für die Kunstwissenschaft adaptierte Wolfgang Kemp zentrale Elemente der Rezeptionsästhetik und stellt die These auf, dass jedes Werk »auf aktive Ergänzung durch den Betrachter angelegt ist, daß also ein Dialog der Partner stattfindet [...]«, vgl. ders., »Kunstwissenschaft und Rezeptionsästhetik«, in: *Der Betrachter ist im Bild. Kunstwissenschaft und Rezeptionsästhetik*, Köln 1985, S. 7–27, hier S. 21, s. auch ders., *Der Anteil des Betrachters. Rezeptionsästhetische Studien zur Malerei des 19. Jahrhunderts*, München 1983. **10** — Zum Konzept des Netzes bei Joyce vgl. David Hayman, »Nodality and Infra-Structure in Finnegans Wake«, in: *James Joyce Quarterly*, Vol. 16, No. 1/2,

Funktionsprinzip des Computers, um die Mitwirkung des Rezipienten nicht nur strukturell, sondern auch funktional zu realisieren. Obwohl Joyce bereits einige der zentralen ästhetischen Kategorien für eine Involvierung der Leser entwickelt hat, konnten diese im Medium der Literatur nicht ihre volle ästhetische Wirkkraft entfalten. Dies gelang erst im Medium des Computers, der die mentale Interaktion untrennbar an eine physische Re/Aktivität koppelte. Erst der Computer als ›Kommunikationsmaschine‹ konnte die Sehnsucht nach einer Prozessualisierung der ästhetischen Erfahrung und gleichzeitigen Transformation in eine physische Dialogsituation erfüllen.
/

Kybernetik als narratives Prinzip 07/005

In der interaktiven Kunst wurde das neue digitale Medium genutzt, um non-lineare narrative Strategien zu entwickeln, die Prozesse der Imagination physisch erfahrbar machten. Wichtige Wegbereiter der interaktiven Medienkunst waren sich der Bedeutung und Rolle von James Joyce für die Konzeptionalisierung der neuen Kunstform bewusst, unter ihnen **Ken Feingold**, **Grahame Weinbren**, **Bill Seaman**, **Simon Biggs** und **Jeffrey Shaw** sowie in anderer Weise auch **Lynn Hershman**, die in »**Lorna**« (1983–1984) und »**Deep Contact**« (1989–1990) Joycesche Erzählstrategien gewissermaßen zu ihrer ästhetischen Vollendung geführt hat. Interaktion ist für diese Künstler nicht nur aktive Interpretation, sondern Fortschreibung und imaginäre Verselbstständigung des Bild-Textangebots. Der dynamisierte und fluktuierende Erzählstoff, der sich non-linear organisiert, entsteht nicht schon im Erzähltwerden durch den Autor, sondern erst in der Interaktion mit dem Leser, der sich vom impliziten Leser zum Benutzer wandelt.
Im Unterschied allerdings zum Hypertext und auch zum Rhizom, dessen Ausgangspunkt und Endpunkt so gut wie nie miteinander übereinstimmen, sind zentrale Werke der interaktiven Kunst ähnlich wie Joyces »Finnegans Wake« von einer zirkulären Narrationsstruktur geprägt, die die Prinzipien traditioneller Logik zumindest teilweise aufhebt. Zum Tragen kommt dieses Prinzip in »**The Surprising Spiral**« (1991) von Ken Feingold, »**The Narrative Landscape**« (1985–1995) von Jeffrey Shaw, in »**Sonata**« (1991–1993) von Grahame Weinbren, in »**The Exqiusite Mechanism of Shivers**« (1992) von Bill Seaman und in Simon Biggs' »**Alchemy**« (1990).[14] Diese Werke arbeiten in sehr unterschiedlicher Weise gezielt gegen Ursache-Wirkungsprinzipien, die gerade die paradigmatische Logikmaschine Computer charakterisieren. Sie setzen das kybernetische Feedback-system, in dem auf jede (Re)Aktion eine (Re)Aktion folgt ein, um Kausalität außer Kraft zu setzen und jeder narrativen Linearität entgegenzuwirken. Sequentialität und damit ein fortschrittsorientiertes Geschichtsverständnis sind im Strudel der interaktiven Narrationen nicht mehr denkbar. Die Strukturprinzipien der Zirkularität in den

Fall 1978, S. 135–149 und Hilary Clark, »Networking in Finnegans Wake«, in: ebd., Vol. 27, No. 4, Summer 1990, S. 745–758. **11** — Gilles Deleuze/Felix Guattari, *Rhizom*, Berlin 1977, S. 11. **12** — Theodor Holm Nelson, »The Hypertext, Lecture at the Congress of the International Federation for Documentation«, Washington D.C. 1965, erwähnt in: Theodor Holm Nelson, »Getting it Out of Our System«, in: George Schecter (Hg.), *Information Retrieval. A Critical View*, Third Annual Colloquium on Information Retrieval, Philadelphia, 1966, Washington D.C. u. a. 1967, S. 191–210, hier S. 195. **13** — Theodor Holm Nelson, *Literary Machines*, South Bend, Edition 87.1, 1987, S. 2, Übers. R.F. **14** — Ausführlicher zu Shaw, Weinbren, Feingold, Seaman: Söke Dinkla, *Pioniere Interaktiver Kunst. Von 1970 bis heute*, Ostfildern 1997, S. 97–147, S. 196–216 und S. 245f.

genannten interaktiven Arbeiten stehen für ein postmodernes Geschichtsverständnis, das seinen Glauben an die Kraft des Fortschritts verloren hat. Die digitale Maschine funktioniert als ständiger Kreislauf eines Rückkopplungssystems. Das kybernetische Prinzip beschreibt ein Kommunikationsmodell, das den endogenen Rezipienten, der immanenter Bestandteil des Systems ist, voraussetzt. Der Rezipient wird in diesen Werken von diesen durch Vieldeutigkeiten, aber auch durch Unbestimmbarkeit und Leerstellen zur Konsistenzbildung und temporären Komplettierung der interaktiven Narration aufgefordert.

Eine ähnlich strukturelle Offenheit, in der Feedback als ästhetisches Prinzip eingesetzt wird, findet sich in den Arbeiten von **Gary Hill**. Allerdings kennzeichnet sie weniger eine veränderte Form der Erzählung als eine andere Form des Schreibens. Sprache als Bedeutungs- und Zeichensystem wird in ihren grundlegenden Funktionen und Regeln offengelegt und so in Funktionskontexte eingebunden, dass Bedeutungen und Interpretationen situativ und subjektiv wechseln. Das Video »**Primarily Speaking**« (1981 – 1983), ursprünglich Teil einer Acht-Monitor-Installation, stellt eine komplexe Wechselbeziehung zwischen gesprochenen Worten und Bildern her. Der gesprochene Text ist eine Montage von Klischees, Wortspielen und Redewendungen und läuft über zwei parallelen Bildern ab. Obwohl die Bedeutungen der meist simplen ›ur-amerikanischen‹ Sätze auf der Hand zu liegen scheinen, entstehen in der Konfrontation mit den Bildern irritierende und widersprüchliche Bedeutungen. Sie entfernen sich von der ersten offensichtlichen Konnotation, nehmen andere Bedeutungen an, die mit den jeweiligen Bildkonstellationen wechseln. Die Worte scheinen, sich um sich selbst zu drehen, um dann zur ursprünglichen Bedeutung zurückzukehren, dort kurz zu verweilen und neue unvorhersehbare Konstellationen einzugehen. Nichts ist festgeschrieben und jede Bedeutung existiert nur in ephemeren Verbindungen mit anderen Bedeutungen. Gary Hills elaborierte Sprachspiele lassen einen reflexiven Denkraum entstehen, der im Betrachter die Vorstellung von einer von unendlich vielen möglichen Bedeutungen wachruft.[15]

/

07/006 **Dialogische Experimente im Kino, Theater und Fernsehen**

Mit dialogischen narrativen Strategien, die weniger auf Vieldeutigkeiten als auf neue Formen der Betrachterinvolvierung ausgerichtet sind, arbeiten interaktive Filme wie »**Mörderische Entscheidung**« von **Oliver Hirschbiegel**, ein Krimi, der 1992 in ARD und ZDF gleichzeitig ausgestrahlt wurde. Er knüpft an frühe Versuche des interaktiven Kinos an, wie sie 1967 im tschechoslowakischen **Pavillon** auf der Weltausstellung in Montréal zu sehen waren. Hier wurde der Film »**One Man and his Jury**« an bestimmten Stellen angehalten, und die Zuschauer konnten durch Knöpfe in den Armlehnen über den weiteren Verlauf des Geschehens entscheiden. Im Theater realisierte **Nicolas Schöffer** mit **Pierre Henry** und **Alwin Nikolais** die multimediale Inszenierung des

15 — Vgl. die Website »**artcontent**«.

›Schau-Spiels‹ »**Kyldex**«, das 1973 an der Hamburger Staatsoper uraufgeführt wurde. Jeder Zuschauer wurde vor Beginn der Aufführung mit verschiedenfarbigen Kellen ausgestattet, mit denen das Bühnengeschehen beeinflusst werden konnte. »Kyldex« ging einen Schritt weiter als der interaktive Film »One Man and his Jury«, denn das Stück wurde durch die Interventionen der Zuschauer vollständig in narrative Fragmente zerlegt, aus denen sich kaum noch ein kausal motivierter Handlungsverlauf rekonstruieren ließ. Dieser Prozess der Zuschauerbeteiligung, der in den 1960er und 1970er Jahren vor allem durch die Erprobung neuer Formen der politischen Mitbestimmung motiviert war, wurde in den 1990er Jahren mit der Software Cinematrix für interaktives Kino weiterentwickelt. Das System wurde 1991 als Prototyp auf der SIGGRAPH in Las Vegas präsentiert. 1994 setzten es Loren und Rachel Carpenter für interaktive Spiele eines großen Publikums auf einer Großleinwand im Rahmen des Ars Electronica Festivals in Linz ein. Zuschauer konnten mithilfe von Kellen, die mit roter beziehungsweise grüner Reflexionsfolie bezogen waren, das Geschehen auf der Großprojektion beeinflussen und miteinander Spiele spielen.[16] Diese Versuche fanden keine weitere Fortsetzung, denn zwei widerstreitende Konzepte – das traditioneller Repräsentationsformen und das der Interaktion – existierten unreflektiert nebeneinander. Die Werkstrukturen des interaktiven Kinos, Theaters und Fernsehens waren in den 1960er/1970er Jahren wie auch in den 1990er Jahren nicht so angelegt, dass es ihnen gelingen konnte, das Repräsentationsmodell Bühne mithilfe der Zuschauerintervention kritisch zu brechen.

/

Verteilte Autorschaft, kollektive Erzählformen 07/007

Gelungen ist dies kollektiven Erzählformen, die seit Mitte der 1980er Jahre Telekommunikationstechniken und den Computer verwenden, um das Prinzip der Autorschaft zu destruieren. **Roy Ascott** war einer der ersten, der mit »**La plissure du texte**«[17] (1983) ein Projekt der verteilten Autorschaft initiiert hat. Er selbst bezeichnet es als »kollaboratives Projekt des Geschichtenerzählens«, bei dem Künstler aus Europa, Nord Amerika und Australien Textbeiträge lieferten, die in dem ARTEX-Computernetz zusammenliefen. Ähnlich ist die Struktur von **Andrea Zapps** Online-Projekt »**Little Sister**« (2000) angelegt, das sie als »CCTV Drama« und »24 Hrs online Surveillance Soap« bezeichnet. Narrative Fragmente werden hier den Stereotypen der Soap Opera entliehen. Mit dieser Referenz auf Modelle kohärenter, in sich geschlossener Identitätsentwürfe spielen Ascott wie Zapp etablierte, in ihrer Uniformität oft erstarrte Erzähltypen gegen Formen der non-linearen Narration aus. An die Stelle kohärenter Identitätskonzepte tritt in der non-linearen Narration von Netzarbeiten der Entwurf fluider Persönlichkeiten. Diesen Persönlichkeiten liegt ein Identitätsentwurf zugrunde, der die Entgrenzung des Subjekts als gegeben voraussetzt. Betraf Entgrenzung bei Joyce vor allem die Vereinigung getrennter Erfahrungsbereiche, bei dem der gegenwärtige Erfahrungsraum mithilfe der

16 — Vgl. Karl Gerbel/Peter Weibel (Hg.), *Ars Electronica, Intelligente Ambiente – Intelligent Environments*, Bd. II, Wien 1994, S. 102–105. 17 — Vgl. Robert Adrians **Homepage** und das Kapitel »**Interaktion, Partizipation, Vernetzung**«.

Vorstellungskraft und des Bewusstseins zu einem Zwischenraum oder Übergangsraum wird, gelingt es **Lynn Hershman** in ihren ortsspezifischen performativen, interaktiven Netzarbeiten die Subjektgrenzen nahezu aufzulösen. Die Protagonistinnen besitzen nicht nur instabile Identitäten, es sind ›shifting personalities‹, die die Nicht-Existenz der Grenzen zwischen unterschiedlichen Realitätsebenen verinnerlicht haben. Als Subjektentwurf liegt ihnen nicht mehr das perspektivierte Subjekt wie bei Joyce und auch nicht das der multiplen Persönlichkeiten zugrunde, sondern das virtuelle Subjekt – das Subjekt als Möglichkeitsform –, dessen Identität nur momentane Gültigkeit hat und sich in jedem Moment durch die Interventionen der Betrachter/Benutzer neu manifestiert.

Das virtuelle Subjekt als Identitätsentwurf kennzeichnet auch die Benutzer von Netzwerkarbeiten wie »**Die imaginäre Bibliothek**« von **PooL Processing**, die 1990 als Diskursnetz mit dem Ziel des »offensive Ausspielens aller Metaphern einer elektronischen Bibliotheksphantasie«. Das Ziel der Anwendung ist es, durch verzweigtes assoziatives Lesen und Navigieren den Benutzer in ein Netzwerk aus Texten zu verstricken und somit eine Beteiligung des Lesers an dem Imaginationsraum Bibliothek zu simulieren. Inspiriert wurde die Gruppe PooL Processing dabei nicht nur von Jorge Luis Borges »Die Bibliothek von Babel« und Umberto Ecos »Der Name der Rose«, sondern auch von dem Minitel-Schreibprojekt, das 1985 im Rahmen der Ausstellung »**Les Immatériaux**« im Pariser Centre Pompidou von Jean-François Lyotard konzipiert wurde.[18]

/

07./008 Diskursive Felder

Während diese Projekte bewusst auf die kulturelle Praxis des Schreibens und des Erzählens referieren, versucht die Gruppe **Knowbotic Research**, jegliche Anleihen bei tradierten Repräsentationssystemen zu vermeiden. In ihren Arbeiten entwerfen sie zeichenhaft organisierte Strukturen, in denen visuelle, textuelle, narrative und auditive Strukturen ohne hierarchische Ordnung organisiert sind. In Netzprojekten wie »**I0_dencies**« (1997–1999)[19] und in interaktiven Environments wie »**Dialogue with the Knowbotic South**« (1994–1997) entstehen in Bewegung geratene, non-lineare Ordnungen, die räumlich erfahrbar und assoziativ zu erkunden ist. Es sind diskursive Felder oder ›Handlungsräume‹, die die Benutzer ermächtigen, einzugreifen und die Komplexität nach eigenen Kriterien zu ordnen. Gerade diese Fähigkeit, eigene Kriterien zu bilden, wird hier auf die Probe gestellt, denn der Benutzer befindet sich in einer Situation permanenter Unsicherheit, da seine Versuche, auf herkömmliche Weise Repräsentationen zu bilden, kontinuierlich scheitern. Es gelingt in keinem Moment, die abstrakten Signaturen zu bekannten Repräsentationen zu formen.

In interaktiven Environments und Netzarbeiten bewegt sich der Benutzer durch das Werk hindurch; dabei entstehen temporäre, fragmentarische Narrationen. Die Situation des Benutzers lässt sich jetzt nicht mehr mit der Denkfigur des »impliziten Lesers«

18 — Jean-François Lyotard u. a., *Immaterialität und Postmoderne*, Berlin 1985, S. 11f. Vgl. das Kapitel »**Interaktion, Partizipation, Vernetzung**« und **Douglas Davis**, »**The World's First Collaborative Sentence**«. 19 — Von der Arbeit existieren drei Versionen »I0_dencies São Paulo«, »I0_dencies Tokyo« und »I0_dencies Ruhrgebiet«, vgl. dazu Timothy Druckrey/Peter Weibel (Hg.), *net_condition*, ZKM Karlsruhe, Cambridge/MA, 2001; sowie Söke Dinkla/Christoph Brockhaus (Hg.), *Connected Cities. Kunstprozesse im urbanen Netz*, Wilhelm Lehmbruck Museum und ausgewählte Standorte der Industriekultur, Ostfildern 1999, S. 145–153.

(Iser) oder des »Betrachters im Bild« (Kemp) erfassen, denn das ›Im-Werk-Sein‹ ist an eine gleichzeitige physische Erfahrung des ›Außen‹ gekoppelt. Es wird nicht nur imaginiert, sondern durch Bewegung verursacht und physisch erlebt. Der Benutzer entwirft den narrativen Raum als Möglichkeitsform, in der Handlungsalternativen körperlich erprobt werden können. So ist es möglich, zwischen körperlicher Erfahrung und intellektueller Erkenntnis zu vermitteln. Es kann gelingen, eine Wirklichkeit, die sich abstrakt und zeichenhaft organisiert, erfahrbar zu machen und an den Körper rückzukoppeln.

/

Cinematische Non-Linearität 07/009

Mit ihrer Einschätzung, dass erst eine Negation bisheriger Formen der Repräsentation von Wirklichkeit – und damit auch bisheriger Formen des Erzählens – das Hervorbringen von etwas Neuem ermöglicht, unterscheidet sich Knowbotic Research nicht nur von Künstlern wie Shaw, Weinbren, Seaman, Feingold und Biggs, sondern auch von Künstlern, die in ihren Video- und Filminstallationen narrative Strategien zitieren, um sie zu dekonstruieren und sie so auf ihre Potenz, Wirklichkeit zu repräsentieren, zu befragen. Zu diesen Künstlern zählen unter anderem **Stan Douglas, Diana Thater, Eija-Liisa Ahtila, Aernout Mik, Sam Taylor-Wood.** Obwohl es zunächst scheint, als wäre die Wahl der chronologisch-sequentiellen Medien Video und Film hinsichtlich der Auslotung alternativer non-linearer Erzählstrukturen ein medialer Rückschritt, zeigt sich bei näherer Betrachtung, dass die an der Praxis des Kinos orientierte, cinematische Videoinstallation gerade durch die Wahl ihres Mediums in der Lage ist, das Kino als erzählmächtige Technik und damit als kulturelles Dispositiv[20] zu thematisieren, zu reflektieren und zu dekonstruieren. Die KünstlerInnen arbeiten mit und gegen die spezifische Konstellation des Kinos: die immersive Wirkung des dunklen Raumes, die helle Video- oder Filmprojektion, das Verhältnis zwischen Projektion und Zuschauer sowie mit und gegen Erzählstrategien, die die Macht des Erzählkinos à la Hollywood bis heute ausmachen. Sie werden so nicht nur zu Kritikern der cinematischen Wirkungsweise, sondern zugleich auch zu deren Komplizen. Ihre Aufmerksamkeit gilt insbesondere dem Manipulationspotenzial des Kinos und dessen Tendenz, den Besucher in illusionistische Zustände abseits der Alltagswirklichkeit zu versetzen.

In Videoinstallationen wie »**Broken Circle**« (1997) verwendet Diana Thater Strategien, die auf das Erzählkino verweisen und zugleich eine neue Form von Kino als Zeit- und Illusionsmaschine entwickeln. Auch Sam Taylor-Wood und Aernout Mik arbeiten mit ähnlichen Intentionen und lassen Schlussfolgerungen auf unsere Film- und Kinoerfahrung im Allgemeinen zu. Sie zeigen, dass und wie ›anti‹-narrative und ›anti‹-illusionäre Strategien in der Rezeption des Betrachters letztlich wieder zu einer veränderten Form von Narrationen und Illusionen führen.

20 — Michel Foucault bezeichnet Strategien von Kräfteverhältnissen, die Typen von Wissen stützen und von diesen gestützt werden als Dispositiv, ders., »Ein Spiel um die Psychoanalyse«, in: ders., *Dispositive der Macht. Über Sexualität, Wissen und Wahrheit,* Berlin 1978, S. 123.

Diese KünstlerInnen sind sich bewusst, dass weder Sprache noch Bilder ohne die Ideologien, die sie begleiten, verwendet werden können. Einige setzen obsolete Systeme der Repräsentation ein, um das zu zeigen, was nicht repräsentierbar ist. Stan Douglas sagt dazu: »In dem Moment, in dem die Formen der Kommunikation obsolet werden, dienen sie als ein Index zum Verständnis der Welt, die uns nicht mehr zugänglich ist. Das ist der Kern einer Arbeit wie ›**Onomatopoeia**‹ (1985–1986), wobei das Lautmalerische eine Welt darstellt, die die Welt aus dem Klang der Darstellung erschafft [...]. Abwesendes ist häufig der Gegenstand meiner Arbeit. Selbst wenn ich diese obsoleten Darstellungsformen wieder auferstehen lasse, verweise ich immer auf deren Unvermögen, den eigentlichen Gegenstand der Arbeit darzustellen. Es handelt sich immer um etwas, das außerhalb des Systems liegt.«[21]

In »**Win, Place or Show**« (1998), einer raumgreifenden Videoinstallation, baut sich über mehrere Erzählebenen ein Konflikt zwischen zwei Männern auf, der in einer kurzen Rauferei eskaliert. Auf zwei nebeneinander stehenden Leinwänden ergänzen die Bilder einander, wiederholen die Situation aus einer etwas anderen Perspektive oder zeigen eine andere Erzählebene. Immer, wenn man glaubt, eine Szene wiederhole sich, läuft sie wieder etwas anders ab, so dass sich grundlegende Zweifel darüber einstellen, was man eigentlich gesehen haben könnte. Douglas setzt narrative Strategien des Fernsehdramas ein, die in uns die Erwartung wecken, wir würden Zeuge eines TV-Dramas, um diese Erwartungshaltung gleich wieder zu durchbrechen, denn es gelingt zu keinem Zeitpunkt, uns in gewohnter Weise mit dem erzählten Geschehen zu identifizieren. Wir werden uns immer wieder unseres unsicheren Betrachterstandpunkts bewusst. Douglas fragt sich, wie Repräsentation heute noch möglich ist, und weiß, dass das, was gesagt werden soll, nur durch ein komplexes System von Referenzen gesagt werden kann. Daher versucht er, Bedeutungen zu schaffen, die in gewisser Weise autonom sind und keine eindeutige Referenz in der Wirklichkeit haben. Damit sind seine Geschichten nur in Ansätzen lesbar. Sie bewegen sich zwischen historischer Authentizität und Fiktion, zwischen Lesbarkeit und dem gezielten Verbergen von Sinnhaftigkeit. Sie verlangen vom Betrachter ein Höchstmaß an bildersprachlicher Kompetenz und mentaler Aktivität.

/

07/010 **Paradoxe Erzählstrukturen**

Neben der Erhebung der Betrachterperspektive/n, genauer: der Wahrnehmungskonditionen, zum wesentlichen Thema der Arbeit ist in der Medienkunst der 1980er und 1990er Jahre die Kategorie ›Zeit‹ ein weiteres wichtiges Mittel, um Narrationen zu dekonstruieren. An einem Ort verschränken sich zwei oder mehrere Zeitebenen. Paradigmatisch ist dies nicht nur in den Arbeiten von Stan Douglas, sondern auch bei Grahame Weinbren (insbesondere in »Sonata«) und bei **Eija-Liisa Ahtila**. Ahtilas Arbeiten sind geprägt von paradoxen Erzählstrukturen. Es ereignen sich immer wieder Vorfälle,

21 — Diana Thater im Gespräch mit Stan Douglas, in: Scott Watson u. a. (Hg.), *Stan Douglas*, London 1998, S. 12, 16, Übers. R.F.

die in die Sequentialität nicht einzufügen sind und die in der zeitlichen Ordnung des Erzählten keinen Platz zu haben scheinen. In der Videoinstallation »**The House**« (2002) springt der Betrachter von einem Ereignis zum nächsten, das mit Ausnahme der einführenden Sequenz entweder im Innern eines kleinen Hauses oder in den Gedanken der Protagonistin stattfindet. Die Protagonistin beginnt, Geräusche zu hören, von denen nie ganz klar ist, ob es ihre eigenen Gedanken, Erinnerungen an vergangene Ereignisse oder parallele Ereignisse sind, die zur gleichen Zeit an einem anderen Ort passieren. Es findet eine Verschmelzung zwischen innen und außen, Subjekt und Objekt statt. Als klassisches narratives Mittel setzt Ahtila die ›Stream-of-consciousness-Technik‹ ein, mit deren Hilfe schon Joyce den Prozess des Denkens selbst zum Thema machte. Dieses narrative Mittel ermöglicht es, die Welt der Linearität, der Logik und der Klarheit zu verlassen. Die Werke Ahtilas wie die von Lynn Hershman setzen die Entgrenzung des Subjekts als gegeben voraus. Sie zeigen, dass das Zwanghafte, Absurde und Fantastische Teil unserer Wirklichkeit ist.
Auch in der räumlichen Präsentation von »The House« findet sich die paradoxe Erzählstruktur wieder: Dadurch, dass drei ähnliche, aber nicht identische Videofilme auf drei Projektionsflächen zu sehen sind, entsteht der Eindruck, dass Ereignisse, die plausiblerweise folgen müssten, übersprungen werden oder mehrmals stattfinden. Die Szenen schweben zwischen Vergangenheit, Gegenwart und möglicher Gegenwart, wie Daniel Birnbaum schreibt: »Die Vergangenheit ist gegenwärtig. Etwas ist geschehen: ein Unfall, eine Katastrophe, ein tragisches Ereignis. Die Arbeit entfaltet diesen Prozess des Auf- und Durcharbeitens – einen Prozess des Trauerns, der aus Erzählfragmenten besteht, ohne einen übergeordneten kohärenten Zusammenhang präsentieren zu können.«[22]
Neben der Verschränkung mehrerer zeitlicher Ebenen finden in Ahtilas Arbeiten wie »**Consolation Service**« (1999) oder »**Anne, Aki and God**« (1989) Verschränkungen unterschiedlicher Realitätsebenen statt. So lässt sie narrative Elemente aus Genres wie Dokumentarfilm, Spielfilm, Musikvideo und Werbespot gleichberechtigt nebeneinander stehen. Sie unternimmt Verwebungen und Vernetzungen im gesamten Bereich der audiovisuellen Kultur, so dass ihre Narrationen virtuell bleiben – sie befinden sich in einem schwebenden Zustand, in dem viele mögliche Bedeutungen gleichzeitig anwesend und abwesend sind.

/

Dekonstruktion von Narrationen

07/011

Im Umgang mit dem narrativen Parameter ›Zeit‹ in der Medienkunst der 1980er und 1990er Jahre spielen sowohl Beschleunigung als auch Langsamkeit eine besondere Rolle. **Bill Violas** Videoinstallation »**The Greeting**« (1995) ist geprägt von einer starken Verlangsamung des Bildrhythmus. Die ursprünglich auf Film gedrehte Begrüßungsszene zwischen drei Frauen wird in einem solchen Maß gedehnt, dass jede einzelne

22 — Daniel Birnbaum, »Crystals of Time. Eija-Liisa Ahtila's Extended Cinema«, in: Eija-Liisa Ahtila, *Fantasized Persons and Taped Conversations*, Museum of Contemporary Art Kiasma und Tate Modern, Helsinki 2002, S. 200–203, S. 200, Übers. R.F.

Bildsequenz nicht mehr im Kontext der vorangegangenen und der folgenden gelesen wird, sondern vielmehr als Einzelbild autonom für sich steht und so mit Bedeutung förmlich aufgeladen wird. Narrative Zusammenhänge lösen sich zugunsten der »Präsenz des Moments«[23] auf. Auch **Steve McQueen** arbeitet in seinem Film »**Bear**« (1993) mit Manipulationen der Zeit. Ausschnitthafte Kameraeinstellungen, die Details ins Zentrum rücken, brechen übergeordnete narrative Bezüge auf. Erzählerische Elemente formieren sich nicht zu einem Plot, so dass die Bedeutung letztendlich im Verborgenen bleibt. Steve McQueen rückt so den Prozess des Beobachtens, besser: den Prozess der Sinnproduktion, selbst ins Zentrum seiner Arbeiten.[24]

In »**24 Hour Psycho**« (1993) hat **Douglas Gordon** Alfred Hitchcocks Film »Psycho« extrem verlangsamt. Damit hebt er die Kontinuität des Geschehens auf und macht das Lesen einer ursprünglich kohärenten Erzählung unmöglich. Die Beziehungen der Handlungen untereinander werden aufgelöst, so dass Dramaturgie und Psychologie der Personen ihre Bezüge verlieren und in narrative Fragmente zerlegt werden.[25] Eine vergleichbare Wirkung erzielt **Jeffrey Shaw** in »**Revolution**« (1989) mit dem Mittel der Beschleunigung der Bilder und einer gleichzeitig extremen Verlangsamung der Betrachterbewegung. Der Betrachter wird hier zum Benutzer und dreht mit Hilfe eines Holzhebels einen Videomonitor um seine eigene Achse. Dadurch setzt er Bilder in Bewegung, die revolutionäre Ereignisse zwischen 1789 und 1989 zeigen.[26] Selbst wenn sich der Benutzer sehr langsam bewegt, wechseln die Bilder so schnell, dass sie nur blitzartig aufscheinen. Trotz größter Mühe, gelingt es nur, diejenigen Ereignisse zu entziffern, die im individuellen Geschichtsbewusstsein verankert sind.

/

07./012

Aktivierung der Erinnerung

In diesem Verfahren, historische Erzählfragmente zu verwenden, gibt es eine geistige Nachbarschaft zwischen den Arbeiten Stan Douglas' und Jeffrey Shaws. Historische Elemente dienen beiden Künstlern nicht etwa als Verweis auf das, was sie erzählen, sondern auf die Funktion, die sie als kulturelle Form der Kommunikation für uns besitzen. Sie zeigen weniger, das, was sie uns bedeuten, als das, was sie uns nicht mehr bedeuten können. Oder aber sie verweisen auf eine Bedeutung, die heute unterdrückt wird und nicht mehr möglich ist. Historische Elemente werden weder bei Shaw noch bei Douglas metaphorisch eingesetzt. Sie verwenden sie statt dessen als Zeichen – Zeichen, die im Baudrillardschen Sinn nicht mehr auf ein Bezeichnetes verweisen, sondern nur noch auf sich selbst.[27] Bedeutungen konstituieren sich nicht mehr durch die Zeichen selbst, sondern durch die Nachbarschaft zu anderen Zeichen.

In diesem Sinn zeugen auch die Videoarbeiten von **Aernout Mik** und **Sam Taylor-Wood** von der Unmöglichkeit, Bildsequenzen als Zeichen, die auf ein Bezeichnetes

23 — Vgl. Susanne Gaensheimer, »Geschichten des Augenblicks. Über Narration und Langsamkeit«, in: *Geschichten des Augenblicks*, Helmut Friedel (Hg.), Lenbachhaus München, Ostfildern 1999, S. 27-51, S. 30.
24 — Jon Thompson schreibt dazu: »Was den Künstler betrifft, so handelt es sich immer um die Verständlichkeit der Erzählung. Nicht [...] um eine im Hollywood-Stil verpackte Erzählweise, sondern um eine Erzählung, die sich in und durch den Akt des Erzählens verfolgen läßt, beinahe wie eine Art von taktiler, psycho-visueller Untersuchung. Jede Entscheidung ist Teil eines Prozesses, der wiederum die Präsenz der Erzählung evident werden läßt.« Ders., »It's the Way You Tell'em. Narrative Cliché in the Films of Steve McQueen«, in: Ion

verweisen, einzusetzen. Beide verwenden narrative Fragmente, besser: narrative ›bits‹, die nur die Möglichkeit der Erzählung einer Geschichte nahe legen – einer Geschichte, die virtuell bleiben muss. Der Betrachter wird zum Lesen einer kausalen Handlung ermutigt, scheitert aber kontinuierlich daran, die narrativen ›bits‹ zu einem übergeordneten Ganzen zu montieren. Sam Taylor-Wood spricht hier auch von »dysfunktionaler Narration«.

/

Entschlüsselung kultureller Codes 07/013

Diese Form der Narration, die die Medienkunst der 1980er und 1990er Jahre prägt, spielt mit unserer Sehnsucht, Codes zu entschlüsseln und Zusammenhänge herzustellen. Sie trägt der Tatsache Rechnung, dass eine gemeinsam für alle Gesellschaftsschichten gültige Ikonografie weitgehend verloren gegangen ist, dass es aber sehr wohl ein kollektives Wissen über audiovisuelles Erzählen gibt, das durch historische Symbole und Erzählmotive sowie durch Stereotypen des Fernsehens, des Kinos und des Internets[28] geformt ist. Der Betrachter, sein Blick, sein Wissen, seine Erwartungen – kurz seine kulturell bestimmte Wahrnehmungskonditionierung –, seine Verfahren, Sinn zu konstituieren und Repräsentationen zu bilden, sind die Hauptthemen der Medienkunst der 1980er und 1990er Jahre, die mit narrativen Elementen arbeitet – ganz gleich, ob im digitalen oder analogen Medium. Die Arbeiten handeln vom Ungewissen (Ahtila, Douglas, Hershman), dem Überraschenden (Feingold, insbesondere »**The Surprising Spiral**«, 1991), der intimen Zwiesprache (**Runa Islams** »**Gaze of Orpheus**«, 1998, Hershmans »**Room of One's Own**«, 1992), von dem, was der Ratio nicht zugänglich ist (Thater, Ahtila, Weinbren), von dem, was ungesagt bleibt oder nicht gesagt werden kann (**Bill Seamans** »**Passage Sets. One Pulls Pivots at the Tip of the Tongue**«, 1995).

/

Der mobile Betrachter 07/014

Sie alle arbeiten mit dem Eindruck des Unvollendeten: Netzarbeiten, interaktive und Multiscreen-Videoinstallationen hinterlassen beim Betrachter/Benutzer das Gefühl, das Entscheidende verpasst haben zu können, das gerade auf einer anderen Leinwand beziehungsweise in einem nicht verfolgten Erzählstrang geschehen ist.[29] So entsteht zu keinem Moment der Eindruck, einem kohärenten Ganzen gegenüberzustehen, sondern sich in einem komplexen »agencement«[30] – einem Gefüge von Wechselbeziehungen – zu bewegen. Der Begriff ›bewegen‹ macht schon deutlich, dass die narrative Medienkunst den mobilen Betrachter voraussetzt. Videofilme werden auf mehreren Leinwänden gezeigt, die von unterschiedlichen Standpunkten aus betrachtet werden können (zum Beispiel in »**Anne, Aki and God**«, 1998, von Ahtila) oder sie erstrecken sich über mehrere Räume, die nacheinander abgeschritten werden müssen zum Beispiel in »**Electric**

Thompson, *Steve McQueen*, Frankfurt/Main 1997, S. 6, Übers. R.F. **25** — Auf das cinematische Stilmittel der Reduktion von Bewegung, um die Auflösung von Relationen zu erreichen, geht Gilles Deleuze in seinem Buch *Das Bewegungsbild. Kino 1*, Frankfurt/Main 1989, S. 26 näher ein. **26** — In dem für seine Arbeiten charakteristischen Verfahren des ›Recyclings‹ als ästhetische Methode und narratives Prinzip verwendet Shaw die Bilder aus der Datenbank der Arbeit »The Imaginary Museum of Revolution« (1988–1989) hier erneut. **27** — Vgl. Jean Baudrillard, *Agonie des Realen*, Berlin 1978, S. 14. **28** — Radikalisiert im Verfahren des Künstlerduos **Jodi**: siehe die Websites http://www.jodi.org; http://404.jodi.org; http://sod.jodi.org; http://map.jodi.org.

Earth«, 1999, von **Doug Aitken**). In diesen Arbeiten wie in Netzprojekten und interaktiven Installationen wird eine Vielzahl von Erzählrichtungen angeboten, aus denen letztlich der Betrachter eine Auswahl trifft. Die narrative Struktur der Medienwerke arbeitet hier mit Verfahren des Hypertexts: Jedes narrative Fragment konstituiert sich erst in einem Umgebungsfeld, zu dem es in Beziehung steht. Die Rezeption ist nicht linear, sondern sie entspricht dem ›Browsing‹, dem ziellosen Durchstreifen von Informationsangeboten, das digitalen Datenmengen eigen ist und das erst dann Vergnügen bereitet, wenn der Versuch der gewohnten zielgerichteten Rezeption aufgegeben wird. Eine Erzählung ist dann nicht mehr eine vom Autor vorgegebene Darstellung des Verlaufs von wirklichen oder erdachten Ereignissen, die vom Leser/Betrachter nur noch nachvollzogen wird, sondern die momentane Manifestation der narrativen Route des Benutzers. Das ›Browsen‹ durch narrative Sequenzen und fragmentierte Informationsangebote lässt für jeden Benutzer eine immer etwas andere ›Geschichte‹ entstehen.[31]
/

07/015 **Kritik großer Erzählentwürfe der Moderne**

Die KünstlerInnen unterziehen so das Erbe der Moderne einer kritischen Befragung. Sie thematisieren ihre Mythen und unrealisierbaren Utopien, die unser Denken über Wirklichkeit noch immer bestimmen. Sie beschäftigen sich mit der Geschichte der Subjektivität, um einen Ort für das Subjekt auszumachen, und sie beschäftigen sich mit den Technologien der Repräsentation, um zu erkunden, wie Repräsentation heute (wieder) möglich ist. Hier klingt eine Hoffnung an, ein Abweichen vom Nihilismus der 1970er und frühen 1980er Jahre, von der Radikalität des ›Stop making sense‹ (der Verweigerung von kohärenten Sinnzusammenhängen), die in diesem Licht nun selbst als totalisierende Geste erscheint. Die ›Wiederentdeckung‹ des Narrativen in den 1980er/ 1990er Jahren ist also kein Rückfall in eine Zeit vor der Negation der großen Erzählentwürfen der Moderne, sie ist vielmehr deren Kritik, denn sie geht davon aus, dass Erzählung als kulturelles Dispositiv unsere Wahrnehmung und unsere Verfahren der Sinnkonstitution nach wie vor beeinflusst. Gleichzeitig tragen die veränderten Formen der Narration dem Medienwandel Rechnung, denn sie verlassen sich nicht mehr darauf, dass herkömmliche Verfahren der Produktion von Bedeutung noch greifen. Sie versuchen vielmehr, Bedeutungen zu schaffen, die autonom sind und keine eindeutige Referenz in der Wirklichkeit besitzen. Damit ziehen sie den veränderten Charakter der digital codierten Information, die heute unsere Wirklichkeit bestimmt, ins Kalkül: Denn digitale Daten sind prinzipiell ohne Referenz in der physischen Welt und haben damit ihren Abbildcharakter verloren. Im Unterschied zu traditionellen analogen Reproduktionsverfahren lässt sich das digitale Bild unabhängig vom Ausgangsmedium auf unendliche Variationen der Zeichen 1 und 0 reduzieren. Diese Zeichen verweisen auf nichts außer sich selbst – sie sind selbstreferentiell. Ohne diesen medialen Hintergrund

29 — Grahame Weinbren führte dieses Verfahren in seiner Installation »**Sonata**« 1995 in der Kunst- und Ausstellungshalle der Bundesrepublik Deutschland Bonn bis an seine Grenzen. **30** — Vgl. dazu Gilles Deleuze/ Felix Guattari, *Tausend Plateaus. Kapitalismus und Schizophrenie*, Berlin 1992, S. 12f. **31** — So dass jede eindeutige Interpretation des Werks zwangsläufig zu seiner Reduktion führte.

sind die aktuellen Formen der Narration als zeitgemäßer Ausdruck der Wirklichkeitsveränderung nicht zu verstehen. Erst der Wandel vom analogen zum digitalen Medium macht den grundlegenden Zweifel, an dem, was wirklich ist, und die Suche nach veränderten Möglichkeiten der Repräsentation von Wirklichkeit verständlich.

/

Erzählung als konnektives System 07/016

Während Haltungen, Konzeptionen und Motive der Netzkunst und der interaktiven Kunst der 1980er große Gemeinsamkeiten mit der Videokunst der 1990er Jahre aufweisen, unterscheiden sie sich doch in einer Hinsicht voneinander: in der Wahl ihres Mediums. Ein Aspekt, der dann, wenn Wahrnehmungskonditionen des Betrachters sowie kulturelle Dispositive der Kommunikation zum zentralen Thema werden, nicht zu unterschätzen ist. Denn die Wahl des Mediums ist immer auch ästhetisches Statement. Die Künstler, die den Computer als Medium einsetzen, transportieren dessen fortschrittsoptimistische Ideologien mit (und durchkreuzen sie in den oben angeführten Beispielen gleichzeitig). Sie haben in den 1980er Jahren als der Computer gerade dabei war, sich zum paradigmatischen Medium zu entwickeln, die ästhetischen Vorraussetzungen dafür geschaffen, dass der Betrachter seine veränderte Rolle als Benutzer einüben konnte.[32] Im ›Browsing‹ durch hypertextuelle Erzählstrukturen konnte er eine Kompetenz entwickeln, die es ihm ermöglichte, mit audiovisuellen Informationen umzugehen, deren Wirklichkeitscharakter obskur bleiben musste. Er übte sich in der Sinnproduktion dessen, was nicht gesagt werden kann, und verschaffte sich Zugang zu Bildern, die nichts abbildeten. Er navigierte durch ein System miteinander in Beziehung stehender Bedeutungen und lernte so, durch Referentialität temporäre ›Geschichten‹ zu bilden.

Auf dieser Kompetenz der konnektiven Sinnkonstitution konnten die Videoinstallationen der 1990er Jahre dann aufbauen. Sie haben das rhizomatische Denken in das Medium Video / Film überführt und so versucht, das analoge Medium zu transformieren. Obwohl, oder besser: gerade weil sie ein Medium nutzen, das chronologisch-sequentiell organisiert ist und nicht per se non-lineare Erzählweisen nahe legt wie das digitale Medium, gelingt es der Videokunst, die Erwartung einer narrativen, kausal motivierten Erzählsequenz zu wecken, um diese letztlich in hypertextuelle Strukturen aufzulösen.

Die hypertextuelle Erzähltechnik, mit der wir es seit den 1980er Jahren zu tun haben, hat ihre Motivation vor allem darin, dass das Interesse der KünstlerInnen nicht der Repräsentation von Wirklichkeit, sondern vielmehr der Generierung von Wirklichkeit gilt. Die neuen Dimensionen des Wirklichen, die dabei entstehen, sind nicht festgeschrieben, sie sind in Bewegung und können ihre Konstellationen ständig ändern. So entsteht ein Raum des Möglichen – ein Raum für das Spiel mit möglichen, mit virtuellen Narrationen.

32 — Regina Cornwell beschreibt die damit verbundene Veränderung prägnant: »Ich spürte zum ersten Mal das ganze Potenzial des Begriffs ›interaktives Video‹. Auf eine geradezu nervtötende Weise war ich allein verantwortlich dafür, was die anwesenden Betrachter zu sehen bekamen, denn mit jeder Berührung des Touch Screens durch meinen Finger führte ich Regie über die Bilder und Töne.« Regina Cornwell, »Interactive Storytelling. A Pioneering Work of High-tech Video Art«, in: *Art in America*, Januar 1988, S. 43, 45, Übers. R.F.

Virtual Narrations

From the crisis of storytelling to new narration as a mental potentiality

/

Söke Dinkla

/

07/101 During the twentieth century the art of storytelling has undergone drastic changes and weathered many a crisis, in the course of which its death was prophesied more than once. Through the centuries, the narrative craft—traditionally understood as describing the course of actual or imagined events[1]—has not only looked to societal and political changes for inspiration, but, through formal modifications, has also signaled and itself become an expression of these societal developments. Despite all of the intervening caesuras and interruptions, narration as a cultural practice seems to have experienced a virtual Renaissance at the end of the twentieth century.[2] Strikingly, this can be felt not only in literature and film, but with particular intensity in the electronic media. The Internet as a new mode of communication has achieved the status of a mass medium and now requires adequate ways of communicating content. But even the well-established medium of video is once again drawing on narrative strategies and establishing a form of storytelling that raises a variety of questions: Do these narrative practices really constitute a Renaissance of storytelling, i.e. do they represent the hope that, after the collapse of the great utopias in the seventies, a new form can be found with which to render narratives viable once again? Is this change in attitude eclectic, i.e. does it represent a step back in time to the era prior to post-modern criticism and before widespread questioning of representation as an acceptable means of reflecting social reality? Or, rather, is a new narrative form emerging, one that is in a position to reflect on the history and stories of the modern era and make an incisive statement on the state of our reality?

In order to pursue these questions, I will first outline the historical conditions and functional changes in literary narrative, using James Joyce as an example, and then describe the transformation in its forms of expression in interactive media and web-based art in the 1980s and 1990s, as well as in video works from the 1990s. I will also examine the aesthetic methodology behind these narrative strategies, with which they work on (re)formulating our understanding of reality. In various phases and across diverse media since the late eighteenth century, the ground has been prepared for what has come to constitute the heterogeneity of today's forms of narration and their expression in electronic media.

The vital historical and theoretical background, without which the narrative strategies prevalent in current media cannot be properly understood, can be found in the crisis of

1 — Although the concept of «narration» comes from literary scholarship, I will handle «narration» in the following not only as a literary genre, but rather as a practice of cultural discourse, encompassing not only spoken or written statements, but above all the artistic use of narrative strategies in audiovisual arts

2 — There are several exhibitions paying tribute to this fact, for example «Pagan Stories. The Situations of Narrative in Recent Art,» APEX Art C.P., New York, 1997; «Stories. Erzählstrukturen in der zeitgenössischen Kunst,» Haus der Kunst Munich, 2002 and «Dialogues & Stories,» Museum Küppersmühle Duisburg, which featured exclusively video and film installations. Cf. 25. *Duisburger Akzente im Innenhafen*, conceived by Söke Dinkla, Stadt Duisburg, 2001.

storytelling around 1900. This was expressed above all in the crisis of the novel and was related to fundamental doubt about whether it was possible to represent the complex reality of modern society with the help of linear, causally motivated stories. The repercussions of this development can still be felt today, and are often cited in web works, interactive installations and the cinematic/narrative video art of the 1990s, holding sway not only over form but also exercising an impact on content. In «Der Mann ohne Eigenschaften» («The Man Without Qualities,» 1930), Robert Musil writes: «It's a lucky man who can say ‹while,› ‹before› and ‹afterward› .... And now Ulrich noticed that he had lost touch with this primitive epicness, to which private life still clings, even though in public everything had become non-narrative and no longer followed a thread, but instead spread out to form an endless interwoven surface.»[3]

/

Critique of realism 07/102

Early Modern authors did not criticize traditional storytelling in general, but rather directed their misgivings at a poetics of naturalism and the deterministic worldview it implies, one defined by scientific procedures followed by natural scientists. They pulled back the curtain on the principle of cause and effect and on chronological sequences of events that develop causally, revealing them as reflections of scientific methodology. Their criticism centered on Emil Zola's manifesto «Le roman expérimental» (1879), in which he called for a «genuinely realistic poetics.»[4] As means of exercising this critique, modern art at the beginning of the twentieth century developed certain elements designed to counteract this predominant, natural scientific model for explaining the world.[5] Some of these elements have now become relevant once again in the narrative forms used in various contemporary media. Among these are:

* *«De-fableizing»:* This is the word Jakob Wassermann uses to describe the process of prying stories free from chains of cause-and-effect. Instead, the stories concentrate on mere happening, a sequence of states.[6]
* *Simultaneity:* Major novels of the twentieth century depict the simultaneous, fragmented, disparate presence of heterogeneous elements in modern (urban) life.
* *Detail:* In modern narrative one can find detailed descriptions of everyday objects that are seemingly superfluous to the logics of narrative plot development (for example, in the writing of Alain Robbe-Grillet, founder of the «nouveau roman»).
* *Authorship:* Authorship itself becomes a theme of the narrative, in some cases by linking biography and work (for example, Marcel Proust, Ernest Hemingway, Peter Handke).

An additional narrative tool developed by the modern novel, one that was first able to unfold its full aesthetic force in electronic media, is perspectivization. The narrator tells

3 — Robert Musil, *Der Mann ohne Eigenschaften*, Reinbek, 1952, p. 650. 4 — Cf. Matías Martínez, «Krise und Innovation des Erzählens in der Literatur der Moderne,» in *Stories. Erzählstrukturen in der zeitgenössischen Kunst*, Stephanie Rosenthal (ed.), exhib. cat., Haus der Kunst Munich, Cologne, 2002, (pp. 78-84), pp. 79f. 5 — This process is not limited to literature alone. In fine art, Cezanne prepared the ground for the autonomous picture and thus for non-representational art with his now famous statement that the artist did not paint after nature, but rather parallel with it. 6 — Jakob Wassermann, «Kolportage und Entfabelung,» quoted in *Romantheorie. Dokumentation ihrer Geschichte in Deutschland seit 1880*, Eberhard Lämmert et al. (eds.), 2nd ed., Königstein, 1984, p. 142.

the story from various perspectives and is also himself a part of the story, allowing for various routes to accessing the psyches of the characters involved. Techniques such as the inner monologue, stream of consciousness and free association shape the narrative. In media theory, this is later developed further into the «endogenous point of view,»[7] which refers not only to the author, but also to the reader/recipient. Due to the fact that perspectivization, although first developed as a narrative means in the modern novel, ultimately unfolded its full aesthetic force in electronic media, where it ended up taking on a radical form, I will take a closer look at this narrative strategy in the following.
/

07./103 **Joyce and the narrative principle of ‹networking›**

The change in narrative perspectives evokes an unstable perception, already making its appearance as a defining characteristic in the novels of James Joyce, especially in «Ulysses» (1922) and «**Finnegans Wake**» (1939). Joyce makes use of the process of perspectivization to split up the subject so that it is no longer a uniform quantity and to abrogate the subject's strict discreteness from the object world. This process allows him to express the multi-layered and fluid nature of the character in question. Multiply fracturing the perspective of the fictional subject makes this subject change in relation to the perspective from which it is viewed. Hence, Joyce abandons the idea of an objective reality. This goes hand-in-hand with the dissolution of a strict relationship between subject and object in favor of a more dynamic representation.

In the novel «Ulysses, » over which Joyce labored for seven years, the experiences, thoughts and perceptions of Jewish advertising broker Leopold Bloom, his wife Marion and the young Stephen Dedalus are presented in eighteen epic or dramatic scenes. These scenes are set in relation to selected episodes in Homer's «Odyssey.» In this work, Joyce brings almost all areas of human experience to bear, tapping new areas of consciousness in his use of language. His language shapes images characterized by extreme ambiguity. In its structure and metaphors, the language used approaches visual artistic expression. Particularly in «Ulysses» the perceptual category of «seeing» is endowed with a degree of significance unusual in literature.[8] This is one of the reasons why Joyce's writing not only exerted a major influence on the fine arts—above all conceptual art, with its great mastermind and inspirational figure, **John Cage**—but also on experimental film. The significance of Joyce is evident not only in individual works, such as John Cage's «**Writing for the second time through Finnegans Wake**,» 1977, and **Werner Nekes**' experimental film «**Uliisses**,» 1982, but is also expressed more generally in complexly structured content, in which ambiguities and semantic oppositions demand a restless, active reader.

Joyce develops text strategies that stimulate the reader's senses and play with his

7 — Peter Weibel, «Die Welt von innen—Endo & Nano. Über die Grenzen des Realen,» in *Ars Electronica 92. Die Welt von innen—Endo & Nano*, Karl Gerbel/Peter Weibel (eds.), Linz, 1992, pp. 8–12. 8 — Cf. Susanne Peters, *Wahrnehmung als Gestaltungsprinzip im Werk von James Joyce*, Trier, 1995. The significance of the visual also inspired Sabine Fabo to undertake her study *Joyce und Beuys. Ein intermedialer Dialog*, Heidelberg, 1997. 9 — At the beginning of the 1970s, Wolfgang Iser established an aesthetics of literary reception and coined the expression «implicit reader.» Wolfgang Iser, *Der Akt des Lesens. Theorie ästhetischer Wirkung*, Munich, 1990. «For the study of art, Wolfgang Kemp adapted central elements of the aesthetics of reception and proposed the thesis that *every* work is designed for active completion through the viewer, so that a dialogue between the

perceptual capabilities. The process of assimilating the work is itself part of the subject matter of the work and assumes an implicit reader.[9] Telling a story is now no longer merely the depiction of the course of real or imagined events, based on a sender-receiver model, but becomes with Joyce an act of intercommunication. In order to achieve this, he develops various narrative strategies that will prove seminal in particular for the media art of the 1980s and 1990s. Especially in «**Finnegans Wake**,» the linear account of an objective report continually comes up against its limits. The text keeps creating new constellations, which are open for alternating associations and can be tied into a continuing series of new narrative knots. Reading increasingly becomes a matter of «networking.»[10]

/

The Rhizome—metaphor for hypertextual narratives 07/104

This view of Joyce's work would surely not have been possible without the benefit of post-structural theory and without the metaphor of the rhizome conceived by Gilles Deleuze and Felix Guattari in 1977. They write: «The rhizome itself can take on the most diverse forms, either branching out and spreading in every possible direction across the surface, or condensing itself into bulbs or knots. ... Any given point of the rhizome can and must be connected with every other point.»[11]

Thus, the rhizome offers the ideal metaphor for a narrative strategy that was already laid out in Joyce, but which first experienced its aesthetic realization with the advent of the computer. Since the mid-1960s the narrative strategy of hypertext in art has been a topic of discourse. Theodor Nelson, who coined the term «hypertext» as early as 1965,[12] had since the 1970s pursued the idea of developing software that, like the library of Babel, would be able to manage all forms of writing and would make it possible for the user, whenever he/she reached a point in the text requiring further clarification, to immediately call up the appropriate note. Nelson defines «hypertext» as «non-sequential writing—text that branches and allows choices to the reader, best read at an interactive screen.»[13]

Interactive installations and environments, which have been common in Europe and the USA since the mid-1980s, make use of the principle of dialogue by which computers function to tie in recipient participation, not only conceptually but also functionally. Although Joyce already developed some of the central aesthetic categories for involving the reader, these were unable to unfold their full aesthetic impact within the confines of the medium of literature. This became possible with the computer, a medium in which mental interaction is coupled inseparably with a physical re/activity. The computer as «communication machine» at last fulfilled the longing to make aesthetic experience into an active process and at the same time to transform it into a physical dialogue.

/

partners takes place ....» Wolfgang Kemp, «Kunstwissenschaft und Rezeptionsästhetik,» in *Der Betrachter ist im Bild. Kunstwissenschaft und Rezeptionsästhetik*, Cologne, 1985, (pp. 7–27), p. 21. Also see Kemp, *Der Anteil des Betrachters. Rezeptionsästhetische Studien zur Malerei des 19. Jahrhunderts*, Munich, 1983. **10** — On the concept of the network in Joyce, cf. David Hayman, «Nodality and Infra-Structure in Finnegan's Wake,» in *James Joyce Quarterly*, 16, 1/2, Fall 1978, pp. 135–149 and Hilary Clark, «Networking in Finnegans Wake,» in *ibid.*, 27, 4, Summer 1990, pp. 745–758. **11** — Gilles Deleuze/Felix Guattari, *Rhizom*, Berlin, 1977, p. 11. **12** — Theodor Holm Nelson, «The Hypertext, Lecture at the Congress of the International Federation for Documentation», Washington D.C., 1965; cited in Theodor Nelson, «Getting it Out of Our System,» in *Information Retrieval. A Critical View*, →

07/105

Cybernetics as narrative principle

In interactive art, the new digital medium was used to develop non-linear narrative strategies that make imaginative processes physically tangible. Key pioneers in the field of interactive media art were apparently well aware of the significance and role James Joyce could take on in the conceptualization of the new art form. These vanguard artists include **Ken Feingold, Grahame Weinbren, Bill Seaman, Simon Biggs, Jeffrey Shaw**, and in another sense also **Lynn Hershman**, who in her works «**Lorna**» (1983–1984) and «**Deep Contact**» (1989–1990) in a way carried Joyce's narrative strategies to their logical aesthetic conclusion. For these artists, interaction is not only active interpretation, but rather a way of ensuring that the text/image continues to be written by the recipient and ultimately takes on a life of its own in his/her imagination. The stuff of the narrative, no longer organized linearly, becomes dynamic and fluctuating. The story does not yet fully emerge as the author is relating it, but rather only upon interaction with the reader, who has now gone from being an implicit reader to becoming a user.

By contrast with hypertext, however, and also with the rhizome, the point of departure and end point of which almost never correspond with each other, central works in the field of interactive art, similarly to Joyce's «Finnegans Wake» are marked by a circular narrative structure, which at least in part suspends the principles of traditional logic. This structure is particularly noticeable in «**The Surprising Spiral**» (1991) by Ken Feingold, «**The Narrative Landscape**» (1985–1995) by Jeffrey Shaw, in Grahame Weinbren's «**Sonata**» (1991–1993), in «**The Exquisite Mechanism of Shivers**» (1992) by Bill Seaman, and also in «**Alchemy**» (1990) by Simon Biggs.[14] These works each take an entirely different approach to undermining the principles of cause and effect, principles that find their ultimate paradigm in the logical machine that is the computer. They utilize the cybernetic feedback system, in which every (re)action leads to a corresponding re(action), to suspend causality and to conspire against any kind of narrative linearity. Sequentiality, and with it a progress-oriented understanding of history, are rendered inconceivable in the face of a whirlwind of interactive narrative. The structural principles of circularity in the above-named interactive works stand for a post-modern understanding of history that has lost its faith in the power of progress. The digital machine functions as a continuous loop in a feedback system. The cybernetic principle describes a communication model that assumes the existence of an endogenous recipient, who is an immanent component of the system. In the works of Shaw, Feingold, Weinbren, Seaman and Biggs ambiguity, but also indeterminacy and gaps, form an appeal to the recipient to create some sort of consistency and temporary completion of the interactive narrative.

A similar structural openness, in which feedback is employed as aesthetic principle, is found in the works of **Gary Hill**. But here this feedback is marked less by an altered form of narration than by a different form of writing. The fundamental functions and rules of

→ George Schecter (ed.), based on the Third Annual Colloqium on Information Retrieval, Philadelphia, 1966, Washington D.C., 1967 (pp. 191–210), p. 195. **13** — Theodor Holm Nelson, *Literary Machines*, South Bend, ed. 87.1, 1987, p. 2. **14** — For more details on Shaw, Weinbren, Feingold and Seaman, see Söke Dinkla, *Pioniere Interaktiver Kunst. Von 1970 bis heute*, Ostfildern, 1997, pp. 97–147, 196–216, and 245f.

language as a system of meaning and signs are laid bare and tied into functional contexts in such a way as to cause meanings and interpretations to change according to the situation and subject. The video «**Primarily Speaking**» (1981–1983), originally part of an eight-monitor installation, generates a complex interrelationship between spoken words and images. The spoken text is an assembly of clichés, plays on words and figures of speech seen running across two images. Although the meaning of the mostly simple, «typical American» sentences seems to be obvious, their juxtaposition with the images gives rise to irritating and at times contradictory meanings. They distance themselves from their first obvious connotation to take on other meanings, which change according to the image constellation against which they are framed. The words seem to turn around their own axis, only to return to their original meaning, pause there shortly and then enter into new unpredictable constellations. Nothing is codified and any meaning exists only as a collection of ephemeral associations with other meanings. Gary Hill's elaborate language games generate a reflexive cognitive space that awakens within the viewer the concept of an unending number of possible meanings.[15]

/

Dialogue experiments in the cinema, theater and television 07./106

Interactive films such as «**Mörderische Entscheidung**» by **Oliver Hirschbiegel**, a crime story that was broadcast in 1992 simultaneously on ARD and ZDF, work with narrative strategies using dialogue, focusing less on ambiguities than on new forms of involving the viewer. Hirschbiegel picks up the thread of early attempts at interactive cinema, such as could be viewed in 1967 in the Czechoslovakian **pavilion** at the World's Fair in Montreal. At that time, the film «**One Man and his Jury**» was stopped at certain points and audience members were able to determine the further course of the story using buttons on their armrests. At the theater **Nicolas Schöffer** with **Pierre Henry** and **Alwin Nikolais** produced the multimedia «play» «**Kyldex**,» which premiered at the Hamburg State Opera in 1973. Before the performance, each viewer was provided with signaling discs of various colors with which they could influence what was happening on stage. «Kyldex» took the strategy one step further than the interactive film «One Man and his Jury,» since audience intervention caused the piece to be completely carved up into narrative fragments, out of which it was hardly possible anymore to reconstruct a causally motivated plot sequence. This process of audience participation, motivated in the 1960s and 1970s primarily by the testing of new forms of political codetermination, was developed further in the 1990s with Cinematrix Software. The system was presented as a prototype in 1991 at the SIGGRAPH in Las Vegas. In 1994 Loren and Rachel Carpenter used it for interactive games played by a large audience on a big screen at the Ars Electronica Festival in Linz. Audience members were given signaling discs covered in red or green reflective foil, with which they could influence what took place on the projection screen

15 — Cf. the website «**artcontent**.»

or play games with each other.[16] These experiments were not carried any further, because the two antagonistic concepts—the traditional forms of representation and the concept of interaction—existed in them unexamined side by side. The structure of works for interactive cinema, theater and television in both the 1960s–1970s and the 1990s were not designed in such a way that they could be successful at making a critical break with the stage as model of representation merely through the intervention of the audience.

/

07./107 Shared authorship, collective narrative forms

What finally managed to accomplish this goal was the strategy of collective narrative forms, in use since the mid-1980s in telecommunications technologies and the computer as a way of destroying the principle of unique authorship. **Roy Ascott** was one of the first to initiate a project with shared authorship, with his «**La plissure du texte**» in 1983. He refers to it as a «collaborative story telling project,» in which artists from Europe, North America and Australia supplied texts that flowed together in the ARTEX computer network.[17]

The structure of **Andrea Zapp**'s online project «**Little Sister**» (2000), which she refers to as a «CCTV Drama» or «24 Hrs online Surveillance Soap» is designed in a similar manner. Narrative fragments are borrowed here from the stereotypes of soap opera. With this reference to coherent self-contained identity blueprints, Ascott as well as Zapp pit well-established types of storytelling, which are often ossified in their uniformity, against forms of non-linear narrative. In non-linear narratives featured in web-based works, fluid personality models take the place of coherent identity concepts. These personalities are founded upon a blueprint of identity which assumes the dissolution of the subject's boundaries as a given. While in Joyce this blurring of subjective limitations was primarily a matter of uniting areas of experience that were in actuality separate, accomplished by expanding the present space of experience with the help of the imagination and consciousness to make it into more of an intermediate or transitional space, **Lynn Hershman** succeeds in her site-specific works, performances, interactive installations and web projects to almost wholly dissolve the boundaries of the subject. Her protagonists do not only have unstable identities, they are «shifting personalities» who have internalized the non-existence of borders between different levels of reality. The subject blueprint on which her female personae in «**Lorna**,» «**Deep Contact**» and «**CyberRoberta**» are based is no longer the perspectivized subject as in Joyce, nor are they based on multiple personalities, but rather on the virtual subject—the subject as a form of possibility—whose identity is valid only in the moment and manifests itself anew from moment to moment through intervention by the observer/user.

The virtual subject as identity blueprint also characterizes the users of network pieces such as «**Die imaginäre Bibliothek**» by **PooL Processing**, which was established as a discourse network in 1990. Its goal is to «assertively play out all metaphors of an

16 — Cf. Karl Gerbel/Peter Weibel (eds.), *Ars Electronica, Intelligente Ambiente—Intelligent Environments*, vol. II, Vienna, 1994, pp. 102–105. 17 — Cf. **Robert Adrian**'s website and the text «**Interaction, Participation, Networking.**» 18 — Jean-François Lyotard et al., *Immaterialität und Postmoderne*, Berlin, 1985, pp. 11f. Cf. the text «**Interaction, Participation, Networking**» and the online project by **Douglas Davis**, «**The World's First**

‹electronic library fantasy›.» The purpose of the application is to use branching associative reading and navigation to entangle the user in a network of texts, thereby simulating his/her participation in the imaginary library space. The PooL Processing group found its inspiration for the project not only in Jorge Luis Borges' «The Library of Babel and Umberto Eco's «The Name of the Rose,» but also in the Minitel writing project conceived by Jean-François Lyotard for the «Les Immatériaux» exhibition that took place in 1985 at the Centre Georges Pompidou in Paris.[18]

/

Discursive fields 07/108

While these projects consciously make reference to the cultural practice of writing and storytelling, the **Knowbotic Research** group tries to avoid any borrowings from traditional representational systems. In their works they draft symbolically organized structures in which visual, textual, narrative and auditory elements are arranged without any hierarchical order. In web projects such as «**I0_dencies**» (1997–1999)[19] and interactive environments such as «**Dialogue with the Knowbotic South**» (1994–1997), moving, non-linear orders emerge that can be experienced in space and explored associatively. They form discursive fields or «action spaces» that empower the users to get involved and to arrange the complexity according to their own criteria. It is precisely this ability to form one's own criteria that is put to the test here. The user finds him or herself in a state of permanent insecurity, since his/her attempts at creating representations in a conventional way continually fail. He/She does not succeed even for a moment at forming the abstract signatures into familiar representations.

In interactive environments and web works, the user moves through the work and as he/she moves, temporary, fragmentary narrations arise. The situation of the user can no longer be grasped as the cognitive figure of the «implicit reader» (Wolfgang Iser) or the «viewer inside the image» (Wolfgang Kemp), because «being in the work» is coupled with a simultaneous physical experience of the «outside.» It is not only imagined, but instead caused through bodily movement and experienced physically. The user drafts the narrative space as a form open to possibilities, in which alternatives for action can be tested physically. This makes it possible to mediate between physical experience and intellectual insight. A reality that is organized abstractly and symbolically is thus able to be experienced and provides feedback to the body.

/

Cinematic non-linearity 07/109

Knowbotic Research, with its assessment that only the negation of prior forms of representation—including prior forms of storytelling—could open the way for bringing forth something new, differs not only from artists such as Shaw, Weinbren, Seaman and Feingold, but also from those who quote narrative strategies in their video and film instal-

Collaborative Sentence.» **19** — Three versions exist of this work: «I0_dencies Sao Paulo,» «I0_dencies Tokyo» and «I0_dencies Ruhrgebiet,» cf. *net-condition*, exhib. cat., Peter Weibel/Timothy Druckrey (eds.), Zentrum für Kunst und Medientechnologie Karlsruhe, Cambridge, MA, 2001, as well as *Connected Cities. Kunstprozesse im urbanen Netz*, exhib. cat., Söke Dinkla/Christoph Brockhaus (eds.), Wilhelm Lehmbruck Museum and selected industrial sites, Ostfildern, 1999, pp. 145–153.

lations in order to deconstruct them, calling into question their potency at representing reality. These artists include **Stan Douglas**, **Diana Thater**, **Eija-Liisa Ahtila**, **Aernout Mik** and **Sam Taylor-Wood**. Although it first appears as if the choice of a chronological/sequential medium such as video or film would represent a step backward in terms of plumbing alternative non-linear narrative structures, upon closer observation it becomes clear that the video installation, oriented as it is upon cinematic practice, is particularly well-suited for focusing on cinema, as a technique inherently dependent upon storytelling and as a cultural dispositive,[20] both reflecting upon it and deconstructing it. The video artists work both with and against the specific constellation of the cinema—the immersion effect of the darkened theater, the bright video or film projection, the relationship between projection and audience—and thus with and against narrative strategies that today still account for the power of storytelling movies à la Hollywood. The artists thus become not only critics of the cinematic manner of affecting viewers, but at the same time are also their accomplices. The artists' attention is focused especially on the manipulative potential of the cinema and its tendency to lure the viewer into an illusory state, remote from everyday reality.

In video installations such as «**Broken Circle**» (1997), Diana Thater applies strategies that make reference to narrative cinema and at the same time develop a new form of cinema as a time and illusion machine. Sam Taylor-Wood and Aernout Mik evince similar intentions, encouraging us to draw conclusions about our own film and cinema experience. They show how ‹anti›-narrative and ‹anti›-illusionary strategies in the viewer's reception ultimately lead to a modified form of narrations and illusions.

These artists are well aware that neither language nor images can be used without invoking the ideologies that accompany them. Some employ obsolete systems of representation in order to show that which cannot be represented. On this subject, Stan Douglas says: «When they become obsolete, forms of communication become an index of an understanding of the world lost to us. This is the basic hook in a piece like Onomatopoeia (1985/1986), an onomatopoeia being a word that makes the sound of what it represents. ... An absence is often the focus of my work. Even if I am resurrecting these obsolete forms of representation, I'm always indicating their inability to represent the real subject of the work. It's always something that is outside the system.»[21]

In «**Win, Place or Show**» (1998), an expansive video installation, a conflict between two men is constructed over several narrative levels, finally escalating into a short scuffle. On two adjacent screens, images appear that complement one another, repeat the same situation from a somewhat different perspective or show a different narrative level. Every time one thinks that a scene is repeating itself, it turns out somewhat differently than before, creating fundamental doubts as to what one has actually witnessed. In «Win, Place or Show» Douglas employs the narrative strategies of the television drama, awakening in

20 — Michel Foucault refers to power relationship strategies that back up types of knowledge and are in turn supported by them as «dispositives.» Michel Foucault, «Ein Spiel um die Psychoanalyse,» in *Dispositive der Macht. Michel Foucault. Über Sexualität, Wissen und Wahrheit*, Berlin, 1978, p. 123. **21** — Diana Thater in an interview with Stan Douglas, in *Stan Douglas*, Scott Watson et al. (eds.), London, 1998, pp. 12, 16.

us the expectation that we have been witnesses of a TV drama, only to dash this expectation to the ground again, because we are unable at any point in time to identify with the story as we are used to doing. Again and again, we become aware of our uncertain standpoint as observers. Stan Douglas wonders how representation is still possible today at all. He knows that whatever must be said can only be said through a complex system of references. This is why he tries to create meanings that are to some extent autonomous and have no clear reference point in reality. As a consequence, his stories can only begin to be read. They shift between historical authenticity and fiction, between readability and the targeted concealment of any kind of rhyme and reason. They demand of the viewer a high degree of competence in deciphering imagery and an active mentality.

/

Paradoxical narrative structures 07./110

In addition to the elevation of the perspective/s of the viewer, or more precisely, of the perceptual conditions to an essential theme of the work, time is another important means used in the media art of the 1980s and 1990s to deconstruct narratives. In a single setting two or more time levels are folded together. This is paradigmatic not only for the works of Stan Douglas, but also for those of Grahame Weinbren (especially «**Sonata**») and **Eija-Liisa Ahtila**. Ahtila's works are characterized by paradoxical narrative structures. Repeatedly, events occur that cannot be placed in the sequentiality of the story and that do not seem to fit anywhere within the chronological order of what has been related. In the video installation «**The House**» (2002), the viewer jumps from one event to the next, which, with the exception of the introductory sequence, take place either inside a small house or in the thoughts of the protagonist. The protagonist begins to hear noises, but it is never clear whether these sounds are only within her own thoughts or in her memories of past events, or whether they are accompanying parallel events happening at the same time in another place. In «The House,» inside and outside, subject and object, merge. As classic narrative means, Ahtila employs the stream-of-consciousness technique, with the help of which Joyce had already made the process of thinking itself into a theme. This narrative tool allows us to leave the world of linearity, logic and clarity. Her works, like those of Lynn Hershman, take for granted the dissolution of the subject's boundaries. They demonstrate that the compulsive, the absurd and the fantastic are all parts of our reality.

We also find paradoxical narrative structures in the way «The House» is presented in space. The fact that three similar but not identical video films are shown on three projection surfaces gives rise to the impression that events that plausibly must occur have either been skipped over or take place repeatedly. The scenes float between past, present and possible present as Daniel Birnbaum writes: «The past is present. Something has happened: an accident, a catastrophe, a tragic event. The work unfolds as a process of assessing and working through—a process of grieving that consists of fragments of narration incapable of presenting an overarching and coherent account.»[22] Apart from the interfolding of several chronological planes, one also finds in her works, for example in «**Consolation Service**» (1999) and in «**Anne, Aki and God**» (1989), different levels of reality becoming intertwined. This allows narrative elements taken from genres such as documentary film, feature film, music videos and commercials to stand shoulder to shoulder on an equal basis. She interweaves and networks elements from the whole field of audiovisual culture, so that her narrations remain virtual—they find themselves in a floating state in which a variety of potential meanings are simultaneously present and absent.

/

07./111

Deconstruction of narrations

As artists take up the narrative parameter of time in the media art of the 1980s and 1990s, both acceleration and slowness play special roles. **Bill Viola**'s video installation «**The Greeting**» (1995) is characterized by a strong deceleration of the image rhythm. The original greeting scene between three women, shot on film, is slowed down to such an extent that each individual image sequence is no longer read in the context of the previous and following one, but rather as an autonomous frame in and of itself, positively loading it with meaning. Narrative cohesion is dissolved in favor of the «presence of the moment.»[23]

In his film «**Bear**» (1993), **Steve McQueen** also works with manipulations of time. Clip-like camera angles, which spotlight details, fracture any overarching narrative references. Narrative elements fail to muster themselves into a plot, so that any meaning ultimately remains concealed. Steve McQueen thus brings the process of observation itself, or more precisely, the process of sensory production into the center of his works.[24]

In «**24 Hour Psycho**» (1993) **Douglas Gordon** significantly slowed down Alfred Hitchcock's «Psycho.» He uses this device to override the continuity of the events, making it impossible to read what was once a coherent story. The relationship of the various actions to one another is dissolved, so that the dramaturgy and the psychology of the characters lose their reference points and are dissected into narrative fragments.[25]

Jeffrey Shaw achieves a comparable effect in «**Revolution**» (1989) by accelerating the images while at the same time radically slowing down the movement of the viewer. Here, the viewer becomes user, turning a video monitor with the help of a wooden handle on its own axis. This sets images in motion that show the revolutionary events between 1789 and 1989.[26] Even when the user moves very slowly, the images change so quickly that they flash past. Despite the greatest of efforts, only those events can be deciphered that are already anchored in an individual's knowledge of history.

/

22 — Daniel Birnbaum, «Crystals of Time. Eija-Liisa Ahtila's Extended Cinema,» in *Eija-Liisa Ahtila, Fantasized Persons and Taped Conversations*, Museum of Contemporary Art Kiasma/Tate Modern, Helsinki, 2002, pp. 200–203, p. 200. 23 — Cf. Susanne Gaensheimer, «Geschichten des Augenblicks. Über Narration und Langsamkeit,» in *Geschichten des Augenblicks*, Helmut Friedel (ed.), Lenbachhaus Munich, Ostfildern, 1999, pp. 27–51, p. 30. 24 — Jon Thompson writes: «The issue as far as he is concerned is always one of narrative intelligibility. Not ... packaged Hollywood-style as a form of story-telling, but narrative which is pursued in and through the act of making, almost as a form of tactile, psycho-visual enquiry. Every decision is made as part of a process, and

Activation of memory 07/112

In this procedure of using historic narrative fragments, there is an intellectual proximity between the works of Stan Douglas and those of Jeffrey Shaw. Historical elements serve both artists not as references to the story they tell, but for their function for us as a cultural form of communication. They show less what they mean to us than what they can no longer mean for us. Or they evoke a meaning that is suppressed today and that is no longer possible. Historical elements are not used metaphorically either by Shaw or Douglas. The artists use them instead as symbols—symbols that, in the sense proposed by Baudrillard, no longer refer to something being symbolized, but merely back to themselves.[27] Meanings are no longer constituted by symbols alone, but by their proximity to other symbols. Along these lines, the video works of **Aernout Mik** and **Sam Taylor-Wood** also demonstrate the impossibility of using image sequences as signs that refer to something specific. Both employ narrative fragments, or rather narrative bits, which only suggest the possibility of telling a story—a story that must remain a virtual one. The viewer is encouraged to read a causally determined plot, but continually fails to mount the narrative bits into a cohesive whole. Sam Taylor-Wood speaks here of «dysfunctional narration.»

/

Deciphering cultural codes 07/113

This form of narration, which sets the tone for the media art of the 1980s and 1990s, plays with our longing to decipher codes and create coherence. It pays tribute to the fact that an iconography equally valid for all societal layers has largely been lost, but that there still remains a collective knowledge of audiovisual storytelling, formed through historic symbols and narrative motifs as well as through stereotypes found in television, at the movie theater and on the Internet.[28] The viewer, his/her gaze, knowledge, expectations—in short, his/her culturally determined sensory conditioning—the procedure he/she uses to constitute meaning and form representations, are the main themes of the media art of the 1980s and 1990s, which works with narrative elements—whether in digital or analogue media. The works are about that which is uncertain (Ahtila, Douglas, Hershman), the surprising (in works by Feingold, especially «**The Surprising Spiral**,» 1991), intimate dialogue (**Runa Islam**'s «**Gaze of Orpheus**,» 1998, Hershman's «**Room of One's Own**,» 1992), about things that are not accessible rationally (Thater, Ahtila, Weinbren), that remain unspoken and that cannot be expressed with words (**Bill Seaman**'s «**Passage Sets—One Pulls Pivots at the Tip of the Tongue**», 1995).

/

The mobile viewer 07/114

All of the above artists work with the impression of the unfinished: web-based projects and interactive or multiscreen video installations leave the viewer/user with the feeling of

the process is itself evidence of the presence of narrative.» In «It's the Way You Tell'em. Narrative Cliché in the Films of Steve McQueen,» in *Steve McQueen*, Frankfurt/Main, 1997, p. 6. **25** — Gilles Deleuze delves in more detail into the cinematic stylistic tool of reducing movement in order to achieve the dissolution of relationships in his book *Das Bewegungsbild. Kino 1*, Frankfurt/Main, 1989, p. 26. **26** — Making use of the aesthetic method and narrative principle of *recycling* so characteristic for his work, Shaw here once again culls images from the database of «The Imaginary Museum of Revolution» (1988–1989). **27** — Jean Baudrillard, *Agonie des Realen*, Berlin, 1978, p. 14. **28** — This procedure is radicalized by the artist duo **Jodi**: Joan Heemskerk and Dirk Paesmans; →

having missed something important that just happened on another screen or in one of the threads of the story that he/she has not been able to follow.[29] At no time does the viewer have the impression of being confronted with a coherent whole, but instead has the feeling of moving within a complex «agencement»[30]—a fabric of interrelationships. The term ‹moving› already underlines the fact that narrative media art assumes a mobile viewer. Video films are shown on multiple screens, which can be viewed from various standpoints (see «**Anne, Aki and God**,» 1998, by **Eija-Liisa Ahtila**) or they extend over several rooms, which must be traversed one after the other (see «**Electric Earth**,» 1999, by **Doug Aitken**). In these works, just as in web projects and interactive installations, a variety of story directions are offered between which the viewer must ultimately choose. The narrative structure of the media pieces employs the hypertext procedure here: each narrative fragment is constituted only in relationship to its surroundings. Reception is not linear, but instead corresponds to browsing, aimless surfing through information made up of collections of digital data, a pursuit that is only enjoyable when the user is willing to give up his/her accustomed purposeful reception habits. A story is no longer a representation of the course of real or imagined events, predetermined by the author and merely reconstructed by the reader/viewer; a story is now the momentary manifestation of the narrative route of the user. Browsing through narrative sequences and fragmented information generates a somewhat different ‹story› for each and every user.[31]

/

07/115 **Critique of the major narrative blueprints of the modern era**

These artists are thus subjecting the modern heritage to a critical interrogation. They choose as their themes the myths and unrealizable utopias that still determine our thinking about reality. They take up the history of subjectivity in order to find a place for the subject and they occupy themselves with the technologies of representation in order to explore how representation could be possible (again) today. There is a hint of hope here, a departure from the nihilism of the 1970s and early 1980s, from the radicalism of «Stop making sense» (the denial of coherent meaning contexts), which in this light now itself appears as a totalizing gesture. The ‹rediscovery› of the narrative in the 1980s and 1990s is hence not a regression to a time before the negation of the great narrative blueprints of the modern age, but rather a critique of these, because it assumes that storytelling as cultural dispositive still very much influences our perception and our processes for constituting meaning. At the same time, modified forms of narration pay tribute to the transformation of media, because they no longer rely on conventional production methods to supply meaning. They attempt instead to create meanings that are autonomous and do not possess any clear reference in reality. In their strategy they take into account the altered character of the digitally encoded information that today determines our reality: digital data in principle has no reference in the physical world and has

← see: http://www.jodi.org; http://404.jodi.org; http://sod.jodi.org; http://map.jodi.org. **29** — Grahame Weinbren took this procedure to its limits in his installation «**Sonata**» 1995 at the Kunst- und Ausstellungshalle der Bundesrepublik Deutschland, Bonn. **30** — Cf. Gilles Deleuze/Felix Guattari, *Tausend Plateaus. Kapitalismus und Schizophrenie*, Berlin, 1992, pp. 12f. **31** — So that any unambiguous interpretation of the work would necessarily lead to its reduction.

therefore lost its representational character. By contrast with traditional analogue reproduction processes, the digital image can be reduced, regardless of original medium, to endless variations on the binary signs 1 and 0. These signs refer to nothing but themselves—they are self-referential. Without this media background, current forms of narration as a contemporary expression of the change in reality cannot be understood. It is only the transformation from analogue to digital medium that makes the fundamental doubt of what is real and the search for modified options for representation comprehensible.

/

Narration as a connective system 07./116

While attitudes, concepts and motifs in the web art and interactive art of the 1980s has much in common with the video art of the 1990s, they differ in one important aspect: their choice of medium. This aspect is not to be underestimated in cases where the sensory conditions of the viewer as well as cultural dispositives of communication play a pivotal role. After all, the choice of medium is always an aesthetic statement.

The artists who employ the computer as medium also necessarily convey its ideology of optimism towards progress (sometimes while thwarting this ideology at the same time, as in the above examples). Back in the 1980s, as the computer was on its way to becoming the paradigmatic medium, they are the ones who created the aesthetic conditions under which the viewer was able to practice his/her altered role, that of user.[32] By browsing through hypertextual narrative structures, users could develop the skills that made it possible for them to deal with audio-visual information with only tenuous and obscure links to reality. They practiced producing meaning from that which cannot be said, and found a way to access images that do not illustrate anything. They navigated through a system of related meanings, learning through referentiality to form temporary «stories.» The video installations of the 1990s could then build on this connective competence in constituting meaning. They translated rhizomatic thinking into the medium of video/film and tried in this way to transform this analogue medium. Despite, or better, because of the fact that the artists make use of a medium that is organized chronologically/sequentially and does not per se suggest non-linear narrative methods as does the digital medium, their video art succeeds in raising the expectation of a causally motivated narrative sequence, only to ultimately dissolve this expectation into hypertextual structures. The hypertextual storytelling technique that has been widespread since the 1980s is motivated primarily by the fact that the artists are not interested in representing reality, but rather in generating reality. The new dimensions of the real that emerge thereby are not fixed but in motion and can continually change their constellations. A space ripe with possibilities opens up—a space for playing with potential, with virtual narrations.

/

Translation by Jennifer Taylor-Gaida

32 — Regina Cornwell aptly describes the shift in emphasis associated with these changes: «I felt for the first time the full bonus of the term ‹interactive video›. To an unnerving degree, I was responsible for what any given group of viewers might see, since, with each touch of my fingers to the small computer touch screen before me, I was able to direct the images and sound.» «Interactive Storytelling. A Pioneering Work of High-tech Video Art,» in *Art in America*, January 1988, pp. 43, 45.

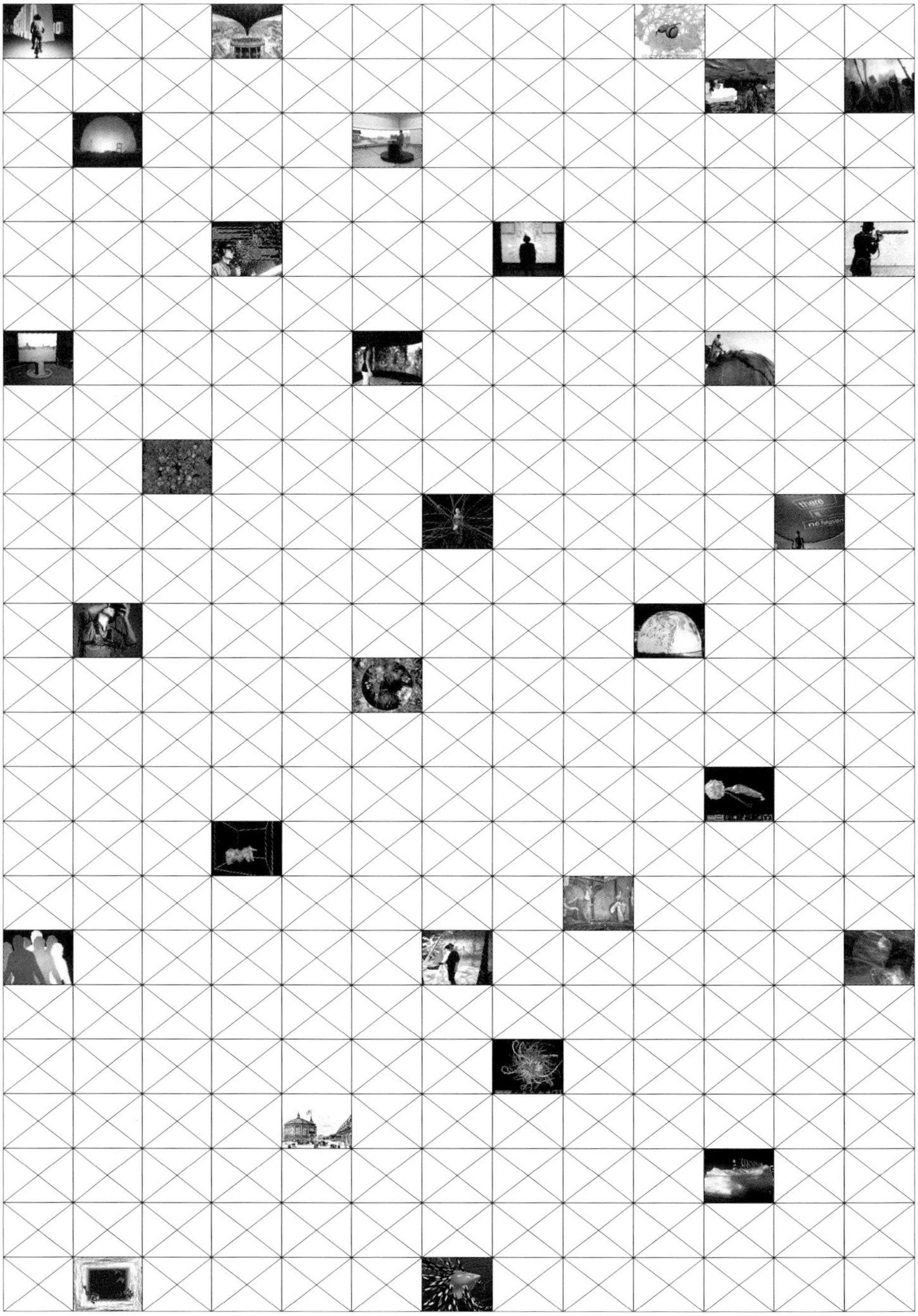

08/001-023
08/101-123

Immersion und Interaktion
Vom Rundfresko zum interaktiven Bildraum
/
Oliver Grau
/

Vor uns Kriegslandschaft: Zerstörte Gebäude, Soldaten, Panzer, Trümmer, Verwundete. 08/001 Unter einem tief verhangenen Himmel, in dem dunkle Wolken treiben, bewegen wir uns durch eine vom Tod gezeichnete Landschaft. Eine Atmosphäre der Apokalypse breitet sich aus. Bewaffnet nur mit einem Fotoapparat, finden wir uns in einem Panorama von Nachrichtenbildern verschiedener Kriegsschauplätze. Es ist ein Universum anonymer Gewalt. Mit einem Joystick navigieren wir durch die wie potemkinsche Stellwände platzierten Soldaten verschiedener Länder und Zeiten. Kaleidoskopisch sind diese in der raumgreifenden Sphäre des Todes verteilt, wenngleich unbeweglich und leblos, als Bilder des Krieges. Je weiter wir in diese Bildsphäre hineindringen, desto deutlicher wird ihr unendlicher Charakter. Mit seiner Arbeit »**World Skin**«[1], 1997 in der Kategorie Interactive Art mit der Goldenen Nica der Ars Electronica ausgezeichnet, versetzt uns **Maurice Benayoun** in ein virtuelles Schlachtenpanorama, welches mit der CAVE-Technik[2] interaktiv erfahrbar gemacht wird. Mit dieser wohl bedeutendsten Auszeichnung der Computerkunst wurde Benayouns jahrelange Beschäftigung mit digitalen Techniken anerkannt, die bereits 1995 mit »**The Tunnel under the Atlantic**« einen öffentlichkeitswirksamen Höhepunkt erfahren hatte, einer Installation, die es Besuchern des Pariser Centre Pompidou erlaubte, sich mit Besuchern des Museum of Contemporary Art aus Montreal zu virtuellen Zeitreisen im Bildraum zu treffen. »World Skin« ist ein fast hermetisch abgeschlossener, würfelartiger Raum, dessen Wände und Boden zu Projektionsflächen werden, einzig die Zugangswand bleibt geöffnet. Mehrere Besucher gleichzeitig nehmen rundum laufende, virtuelle Bilder wahr. Durch Liquid Cristal Glasses, also Stereobrillen, wirken die dargebotenen Objekte plastisch, als existierten sie unmittelbar vor den Betrachtern im CAVE. Datenbeamer, die außerhalb der Installation platziert sind, strahlen die Echtzeit-Bilder auf semitransparente Projektionswände, so dass im Inneren zunächst keine, die Illusion mindernde bildfreie Zone offen bleibt und so der Eindruck körperlicher Anwesenheit im Bildraum geschaffen wird. Damit ist ein zentrales Charakteristikum virtueller Kunst erfüllt: ein bildlicher Einschluss – diesmal im CAVE –, der ein mehr oder minder starkes Empfinden der Immersion hervorruft und nachhaltig von der Außenwelt separiert. So zeigt sich der Franzose als Exeget des Panoramas, der mit neuester Bildtechnik Idee und Ästhetik des historischen Mediums aufgreift und erweitert.

Der Bildraum, der sich aus Dutzenden von Kriegsschauplätzen unseres Globusses zusammenfügt, wird von einem Silicon-Graphics-Computer als virtuelles Panorama aufgebaut, in dem die Benutzer mit einer Kamera fotografieren, Bilder einfangen

1 — Maurice Benayoun/Jean-Baptiste Barrière, »World Skin: Eine Photosafari ins Land des Krieges«, in: Gerfried Stocker/Christiane Schöpf (Hg.), *Flesh Factor: Informationsmaschine Mensch*, Ars Electronica Festival, Linz 1997, S. 312–315; hierzu auch: Véronique Godé, »Rendez-vous incontournable des arts électroniques«, in: *Création numerique*, Januar 1999. 2 — CAVE – Computer Aided Virtual Environment.

können. Doch wird das Fotografieren hier zum Instrument der Auslöschung: Was *aufgenommen* wird, existiert für niemanden mehr. Das fotografierte Fragment verschwindet aus dem Bildraum, wird durch monochrome Felder und weiße Silhouetten ersetzt und dem Besucher nach Verlassen der Installation als Fotodruck ausgehändigt. So vergeht das farbige Bild endgültig und zurück bleibt nur ein weißer Ausschnitt.[3] Die Fotografie verdeutlicht die mediale Repräsentation des Krieges, die durch die Strategie der Immersion zunächst als solche zurückgedrängt wird. »Der Zuschauer«, so Benayoun, »trägt hier zu einer Verstärkung der tragischen Dimension des Schauspiels bei. Ohne ihn bliebe die Welt ihrem Schmerz überlassen. Er rüttelt diesen Schmerz wach, enthüllt ihn«.[4] Mehr noch, die Besucher werden zu Zerstörern des virtuellen Raumes. Der Welt wird die bildmediale Haut vom Leibe gezogen. Dabei wird die Kamera zur Waffe: Die Synästhesie von Blitzlicht und Soundsegmenten von Gewehrschüssen in immer gedrängterem Staccato steigern sich in ihrer Wirkung wechselseitig.

/

08./002 Fotografie und mediale Repräsentation

Natürlich besitzt die Kamera in der Technikgeschichte als Instrument der Auslöschung reiche Verweiszusammenhänge, die von der fotografischen Flinte **Etienne-Jules Mareys** bis zu ferngesteuerten Cruise Missiles der jüngsten Generation reichen, deren permanenter Bilderstrom mit der Auslöschung des Gegners und seiner Bilder endet. Hatte in früheren Zeiten die Bildproduktion Schwierigkeiten, den ballistischen Techniken hinterherzueilen, so katapultierten Kinematografie und Video zusehens die Bilder an die Geschosse heran, deren Funktion wiederum immer mehr der Funktion von Kameras ähnelt. Der Mensch entfernt sich mehr und mehr vom Schlachtfeld. Der Krieg der Gegenwart ist ein Tele- und Medienkrieg, der als Simulation jeder erdenklichen Strategie spielerisch in unendlichen Varianten Erfahrung verleiht. Diese kritische Analyse repräsentiert Benayouns panoramistisches Verfahren. Die bildliche Kriegserfahrung in »World Skin« wird durch das Medium Fotografie gestört, ja zerstört. Worum es hier geht, ist der Stellenwert des Bildes bei unserer Inbesitznahme von Welt. Grausige Realitäten werden, um ein Wort von Vilém Flusser zu gebrauchen, auf »bedeutsame Oberflächen« reduziert. Zwar verweisen die Nachrichtenbilder auf Geschehen, gewähren uns jedoch keinen Anteil an dieser endlosen Tragödie. Benayoun verweist auf dieses Faktum, und er verweist zudem darauf, dass es sich um jüngste, weitgehend von Militär entwickelte, visuelle Technologien handelt, und dennoch sucht er diesen Zustand durch den Einsatz neuer Technik zu überwinden. In »World Skin« entsteht durch die allgegenwärtige Fotografie gewissermaßen eine zweite, eine visuelle Haut, welche die Wirklichkeit überlagert und schrittweise in unserer Erinnerung ihren Platz einnimmt. Schrittweise wird der für »World Skin« collagierte panoramatische Raum aus Bildsplittern neutralisiert, ausgelöscht. Die Betrachter lassen einen reinen, nicht symbolischen Datenraum entstehen, sie ziehen der

3 — Die Arbeit läuft auf zwei SGI Onyx Reality Engines, benötigt eine Kamera mit 3-Achsen Koordinatenberechnung und ein Programm, das zufällige Arrangements entstehen lässt. Für die Software waren vor allen Patrick Bouchaud, Kimi Bishop und David Nahon verantwortlich. 4 — Maurice Benayoun/Jean-Baptiste Barrière (1997), S. 313.

Bilderwelt die Haut ab und hinterlassen das blanke Nichts. Für Benayoun repräsentiert die Fotografie folglich den Tod an sich. Damit trifft sich Benayoun mit dem Diktum Vilém Flussers, der Fotografie, wie Krieg, als Medium des Heraustrennens von Geschehen aus der Geschichte beschrieb: »Wie Krieg, so Foto: Zeiten stehen still in beiden.«[5]
Besondere Bedeutung für den Immersionseindruck erhält der von **Jean-Baptiste Barrière** komponierte Raumton. Im Raumklang spiegelt sich das Relief des Bildraumes. Dieser ist in der gleichen Textur präsent und charakterisiert die Potenz des Bildes gleichermaßen. Erst der synästhetische Effekt ermöglicht vollständige Immersion. Wie der Raumton die Immersion intensiviert, so verleitet er auch zur Zerstörung des bildlichen Anteils der Immersion: Was im Prozess des Fotografierens zunächst nach dem Kameraverschluss klingt, hört sich bald nach Schüssen an und steigert sich, entsprechend der Häufigkeit der Kamerabenutzung, bis zum Geräusch von MG-Feuer. Damit erweist sich die gewissermaßen automatische Auslöschung des Bildes durch die Fotografie als Parallele zu den seit dem ersten Weltkrieg beschriebenen zwanghaften Handlungen von Maschinengewehrschützen, die, im Dauerfeuer verfangen, den Finger nicht mehr vom Auslöser nehmen können.[6] Immer lauter vernehmen die Besucher das Stakkato der Detonationen, welche die zunehmende Zerstörung des Bildraumes begleiten und steigern, bis das Ausmaß der zerstörerischen Handlungen deutlich wird und der Besucher jäh aus der Immersion herausgerissen wird.
/

Künstlerische Bildwelten

08/003

Als fein gesponnenes Gewebe zwischen Wissenschaft und Kunst lotet heute die Medienkunst das ästhetische Potenzial der interaktiv-prozessualen Bildwelten aus. International renommierte Vertreter wie **Charlotte Davies**, **Christa Sommerer/Laurent Mignonneau**, **Monika Fleischmann/Wolfgang Strauss**, **Jeffrey Shaw** oder **Victoria Vesna** arbeiten in der Regel als Wissenschaftler an Forschungslaboren und entwickeln zum Beispiel neue Interfaces, Interaktionsmodelle und Code-Innovationen – damit setzen sie die technische Grenze gemäß ihrer ästhetischen Ziele und kritischen Botschaften neu. So entstand ein Künstlertypus, der als Wissenschaftler immer häufiger mit der institutionellen Sicherheit von Lebenszeitstellen ausgestattet ist und für seine bildästhetischen Innovationen als Regisseur im Team mit Programmierern und Ingenieuren zunehmend die Technologie selbst weiterentwickelt. Wir beobachten eine neue Verbindung von Kunst, Technik und Wissenschaft, welche Künstler, wie selbstverständlich, ihre neuesten Software- oder Interfacemodelle in Fachzeitschriften publizieren oder auf den entsprechenden wissenschaftlichen Kongressen diskutieren lässt.
Medienkünstler formen heute so unterschiedliche Bereiche wie Telepresence Art, Biokybernetische Kunst, Robotik, Netzkunst, Space Art, Experimente im Nanobereich, A-Life-Art[7], Kreation von virtuellen Agenten und Avataren, Datamining, Mixed Realities,

5 — Vilém Flusser, *Standpunkte: Texte zur Fotografie*, Göttingen 1998, S. 242; siehe auch ders., *Für eine Philosophie der Fotografie* (1983), Göttingen 1989, sowie: *Ins Universum der technischen Bilder*, Göttingen 1985.
6 — Diese künstlerische Lösung könnte auch im Zusammenhang mit gängigen Praxen von Computerspielen gedeutet werden, bei denen die Simulation des Krieges zentrale Bedeutung besitzt.
7 — Zu den bekanntesten Vertretern der A-Life-Art gehören etwa Karl Sims, Tomas Ray u. a.

datenbankgestützte Kunst und so weiter. Diese Spezialdisziplinen lassen sich wiederum, grob skizziert, in die Gebiete Telematische, Genetische und Immersiv-Interaktive Kunst ordnen und unter dem Oberbegriff ›Virtuelle Kunst‹ fassen.

/

08./004 **Traditionslinie der Immersion**

Bildtheoretisch ist bemerkenswert, dass mit Installationen wie »World Skin« – für einen gewissen Zeitraum zumindest – die Bildform des Panoramas wiederersteht. Neben Arbeiten von **Maurice Benayoun** lassen sich etwa Werke wie »**The Visitor: Living by Numbers**« (2001) von **Luc Courchesne**, »**Place Ruhr**« (2000) von **Jeffrey Shaw** oder etwa »**Be Now Here**« (1995–2002) von **Michael Naimark** in die Exegese des Panoramas einreihen, Installationen, welche Idee und Ästhetik jenes medialen Dinosauriers aufgreifen, diskutieren und sich in die erst jüngst wahrgenommene Geschichte der Immersion einfügen, die sich durch nahezu die gesamte westliche Kunstgeschichte verfolgen lässt.[8] Bewusst oder unbewusst berufen sich diese Künstler auf einen kunst- und mediengeschichtlichen Ahn: eben jenes 1787 patentierte ›Panorama‹. Ursprünglich als neuartige Visualisierung im Dienst der Militäraufklärung entwickelt, wurde Robert Barkers Erfindung der Rundperspektive rasch vermarktet, entwickelte sich im Verlauf des 19. Jahrhunderts zu einen Massenmedium und bediente insgesamt ein Publikum von mehreren Hundert Millionen Besuchern.[9] Changierend im Übergangsfeld von Kunst, Spektakel und politischer Propaganda, wurden Panoramen anfangs noch von einzelnen Malern in Jahren entsagungsvoller Arbeit geschaffen, um in den Metropolen Englands und Frankreichs bereits um 1800 nach streng ökonomischen Prinzipien in arbeitsteilig technisch-rationalisierten, ja industriealisierten Verfahren in nur Monaten produziert zu werden. Das Panorama avancierte zum Indikator der bildmedialen Verbindung von Kunst, Wissenschaft und Technik im 19. Jahrhundert und zu einem der verbreitetsten Bildmedien der Kunstgeschichte. Der Illusionismus und die Suggestionsmacht wurden an keinem anderen, mit traditionellen Mitteln erzeugten Illusionsraum weiter entwickelt. Diesem Effekt ging, auch hierin ist das Panorama exemplarisch, ein Maximum an technologischem beziehungsweise wahrnehmungspsychologischem Kalkül voraus.

Durch die ›magische‹ Leuchtkraft des Bildes, die vom verdeckten Oberlicht ausging, erschien der Illusionsraum selbst als Ursprung des Realen. Das Panorama verschaffte der Naturrepräsentation Totalität und ermöglichte Reisen durch Zeit und Raum – ein geschlossenes Universum der Illusion. Bereits im Jahre 1800 widmete das Institut de France diesem Medium eine eigene Untersuchung. Sein Zentraleffekt, die »illusion totale«, fand seitens der Kommission einmütige Zustimmung.[10] Die Kunst, so der Bericht, sei in ihrer Verbindung mit der Wissenschaft dem Ziel vollkommener Illusion entscheidend nähergekommen. Hervorgerufen durch die Unmöglichkeit eines Vergleichs mit anderen Gegenständen, werde der von einem rahmenlosen, totalen Bild umgebene

8 — Hierzu: Oliver Grau, *Virtuelle Kunst in Geschichte und Gegenwart*, Berlin 2001. 9 — Eine nach Nationen gegliederte Geschichte des Panoramas bietet: Stephan Oettermann, *Das Panorama: Die Geschichte eines Massenmediums*, Frankfurt/Main 1980; vgl. auch: Silvia Bordini, *Storia del Panorama: La visione totale nella pittura del XIX secolo*, Rom 1984. 10 — L. Dufourny, »Rapport sur le Panorama«, in: M. Bonnaire (Hg.), *Procès verbaux de l'Academie des Beaux-Arts*, 75e Séance du 28 Fructidor an 8, Procès-verbaux de la classe de littérature et beaux-arts, Paris 1937 (1800), I, VIII, S. 255–262, hier S. 261f.

Betrachter im Panorama vollkommener Täuschung ausgesetzt. Überdies geriete das Bewusstsein jener Täuschung mit zunehmendem Aufenthalt im Panorama in Vergessenheit. Die Kritik folgte unmittelbar und argumentierte um 1800 zunächst physiologisch – durchaus der aktuellen Diskussion um die Simulatorkrankheit vergleichbar: Geargwöhnt wurde, die Illusion könne die Fähigkeit, Realität wahrzunehmen, nachhaltig mindern.[11] Anders Militär und Politik: Napoleon und Lord Nelson erkannten frühzeitig das Suggestionspotential des Mediums zur Massenbeeinflussung. Bonapartes Plan jedoch, in acht Rotunden im Park von Versailles seine Siege jedermann nahe zubringen, wurde nicht mehr realisiert.

/ /

Das Panorama und seine Vorläufer I: Das Sedanpanorama 08./005

In Deutschland fand die ›schwarze Seite‹ des Panoramas und mithin des Konzepts der Immersion ihren Zenit erst verspätet, nach dem Krieg 1870–1871 gegen Frankreich. Hierfür paradigmatisch: Das Rundbild »**Die Schlacht von Sedan**« von **Anton von Werner**, die sicher teuerste Bildinvestition ihrer Zeit, fand Millionen von Besuchern.[12] Unbescheidene $1725m^2$ maß die Leinwand und transportierte die, wie es im offiziellen Sprachgebrauch hieß, »militärische Geburtsstunde des Kaiserreiches« auf den Berliner Alexanderplatz. Die Eröffnungszeremonie am Sedantag 1883 glich einer politischen Demonstration, zu der neben dem Kaiser, Bismarck und Moltke nahezu die gesamte Machtelite erschien und fast alle großen Tageszeitungen auf ihren Titelseiten berichteten. Die fotoreale Kampfdarstellung, welche die deutschen Angreifer als Verteidiger zeichnete, wurde mit einem ›Faux Terrain‹, einem plastischen Schlachtfeld, verbunden, auf dem neben Sträuchern, Steinen und Schanzgerät reale Waffen und Pappkameraden drapiert waren. Suggestive Marschmusik aus dem Orchestrion und der appellative Charakter der Soldatenperspektive forcierten die Involvierung der Betrachter zusätzlich. Aus allen Richtungen – gewissermaßen physiologisch – wurde der Bildapparat mit der Präzision eines fotorealistischen Illusionismus auf den Betrachter konzentriert und justiert. Damit repräsentierte das Sedanpanorama die Summe des illusionstechnischen Könnens und wahrnehmungsphysiologischen Wissens seiner Zeit, wie dies von Hermann von Helmholtz in einer Reihe von Vorträgen formuliert worden war.[13] Für uns Heutige, deren mediale Wahrnehmungen sich grundlegend von denen des 19. Jahrhunderts unterscheiden, ist die Wirkung stehender Panoramabilder auf damalige Augen kaum nachvollziehbar. In den ersten Momenten erschien die leuchtende Szenerie so vehement, dass viele Zeugen betonten, sie fühlten sich in einer realen Schlacht. Die Neue Preußische Zeitung etwa schrieb: »Zunächst ist der Besucher wie festgebannt, er ist überrascht und unwillkürlich hält er sich zurück. Man fürchtet, unter die Pferde zu kommen und fühlt das Bedürfnis, sich rückwärts zu concentrieren. Die Luft erscheint wie von aufwirbelndem Staube und Dampf erfüllt. Trompeten schmettern, Trommelwirbel,

11 — J. A. Eberhard, *Handbuch der Ästhetik*, 1. Teil, Halle 1805. 12 — Hierzu: Oliver Grau, »Das Sedanpanorama Einübung soldatischen Gehorsams im Staatsbild durch Präsenz«, in: Wilhelm Voßkamp u. a. (Hg.), *Medien der Präsenz*, Köln 2001, S. 143–169. 13 — Hermann von Helmholtz, »Optisches über Malerei,« in: *Vorträge und Reden*, Braunschweig 1903 (1871), S. 96.

Paukenschläge […].«[14] Multimedial wurde den durch das Sedanpanorama geführten Schülergruppen damit Kadavergehorsam eingeimpft, wie er zum Grundstoff für die Massengemetzel des 1. Weltkriegs wurde. Motiviert Benayouns Panorama eine grundsätzliche Skepsis am Bild – ein virtuelles Bild, das er der Zerstörung schrittweise preisgibt –, so waren die Schlachtenpanoramen des 19. Jahrhunderts vielmehr dem Glauben an die Bilder und ihre Wirkungsmacht verpflichtet.

/ /

08./006 *Das Panorama und seine Vorläufer II: »Der große Kalvarienberg«*

Historisch wurde die Suggestionskraft virtuell-immersiver Bildräume jedoch nicht nur als ein visuelles Massenmedium im Dienst der Politik eingesetzt, sondern auch für kirchliche Machtstrategien: So entstand bereits mit Beginn des 16. Jahrhunderts in Oberitalien, gewissermaßen als Bilderwall gegen die anbrandende Reformation, die Bewegung der Sacri Monti, die später auf die gesamte katholische Welt ausgriff. Idee war es, täglich Tausende von Pilgern in eine dioramatisch hochillusionistische Simulation der heiligen Stätten der Bibel zu tauchen. Den wohl berühmtesten Illusionsraum am Sacro Monte bei Varallo »**Der große Kalvarienberg**« schuf ab 1518 **Gaudenzio Ferrari**.[15] Heute wenig beachtet, wurde dieser von seinen Zeitgenossen durchaus mit Raffael und Leonardo auf eine Stufe gestellt. Ferrari löste die Forderung der Kunsttheorie seiner Zeit ein, die neben naturgetreuer Einhaltung der Proportionen, Farben und Perspektive insbesondere auch seelische Leidenschaft, »moto« – um Lomazzos Forderung zu benennen – realisierte. Sein handwerkliches Können stand im Dienst einer verabsolutierten Mimesis, so dass manche seiner lebensgroßen, farbigen Terracottafiguren echte Kleidung, Perücken und gar Glasaugen tragen.

/ /

08./007 *Das Panorama und seine Vorläufer III: »Villa dei Misteri«*

Jene in der Kunst- und Mediengeschichtsschreibung bislang nicht wahrgenommene Geschichte der Immersion lässt sich erstaunlicherweise fast durch die gesamte westliche Kunstgeschichte bis in die Antike verfolgen: So ließen sich Wandmalereien, die den Raum erweitern und den physikalischen und Illusionsraum miteinander verschmelzen, bereits in römischen oder pompejanischen Villen, etwa der »**Villa dei Misteri**«[16], nachweisen, wobei dieser Bildraum ebenso wenig als Nullpunkt jener Bildtradition gelten kann, wie die Evolution der Illusions- bzw. Immersionsmedien vielleicht niemals einen absoluten Endpunkt setzten wird. In diesem Kult- und Initiationsraum der Dionysosgemeinde sah sich der Betrachter inmitten von lebensgroßen, realistischen Figuren, die sich scheinbar fast leiblich an uns wenden und zudem untereinander, durch den physischen Raum, ›von Wand zu Wand‹, kommunizieren. Der Bildraum fungiert gewissermaßen als Schleuse, die in den vermeintlich physischen Raum Gottheiten einlässt und in umgekehrter Richtung menschliche Akteure und Betrachter auf die

14 — *Neue Preußische Zeitung – Kreuzzeitung*, 4. September 1883, Nr. 205, S. 1. 15 — Hierzu: George Kubler, »Sacred Mountains in Europe and America«, in: Timothy Verdon u. a. (Hg.), *Christianity and the Renaissance: Image and Religious Imagination in the Quattrocento*, New York 1990, S. 413–444. 16 — Hierzu: Burkhardt Wesenberg, »Zur Bildvorstellung im großen Fries der Mysterienvilla«, in: *Kölner Jahrbuch für Vor- und Frühgeschichte 24*, 1991, S. 67–72; klassisch: Erika Simon, »Zum Fries der Mysterienvilla bei Pompeji«, in: *Jahrbuch des Deutschen Archäologischen Instituts*, 76, 1961, S. 111–172.

gleiche Bildebene führt – wenn man so will, könnte man dies als Mixed Reality klassifizieren. Die zunächst visuelle Strategie der Immersion, welche hier bereits mit allen der Zeit verfügbaren medialen Mitteln erzeugt wurde, öffnete mithin die Grenze zum Bildraum, integrierte die Betrachter in die Szenerie und leitete zum rituellen Kern des Mysterienkults.

/ /

Panorama und Kino

Die Geschichte der Immersion lässt sich auch durch die Geschichte des Films verfolgen und selbst scheinbar gesicherte Größen kritischer Kunst, wie der sowjetische Avantgarderegisseur **Sergej Eisenstein**, geraten, besehen wir ihre immersiven Fantasien, in neues Licht. Aus der Perspektive der 1940er Jahre bewertete der Filmpionier sein Medium als das elaborierteste Bildmedium einer Entwicklungskette, die Kunst, Wissenschaft und Technik zunehmend miteinander verschmelzen würde. In dem kurz vor seinem Tod verfassten Aufsatz »**Über den Raumfilm**« (1947) betont Eisenstein die lange Kontinuität der interdependenten und synergetischen Verbindung von Kunst, Wissenschaft und Technik, deren finale Synthese aller Kunstgattungen, als Erfüllung eines »jahrhundertealten Bildwillens«, in der die Utopie des unmittelbar bevorstehenden »Raumfilms« münde: Das künftige, in »realer Dreidimensionalität« empfundene Bild – technische Erklärungen wurden nicht geboten – »ergieße« sich aus der Leinwand in den Zuschauerraum. »Äußerste Notwendigkeit« erwachse in diesem Zusammenhang dem »Raumton«. Dieser ermögliche der Regie, die Zuschauer »gefangen zunehmen«, und umgekehrt dem Publikum, »völlig in die Klanggewalt [...] einzutauchen«.[17] Dem Bild würde im »Raumfilm« ein ungekanntes Potential an Plastizität und Bewegung erwachsen – eine Bündelung, die den Zuschauer psychologisch aus seiner tatsächlichen Umgebung in diejenige des Raumfilms forttrüge, und dies alles im Dienst eines Sozialismus stalinistischer Prägung.

Mit der Geschichte der Immersion soll nicht die Rede einer wie immer gearteten ›longue durée‹ bedient oder gar der Virtual Reality kunsthistorische Legitimation verschafft werden, vielmehr gilt es, die wiederkehrende Existenz der intermedialen Figur der Immersion, ihr problematisches Potential und Kalkül aufzuzeigen. Sicher unzulässig wäre es, wollte man der Geschichte immersiver Bildwelten eine innere, entwicklungslogische Tendenz nachsagen, die, realisiert über kleine, rasch aufeinander folgende Einzelschritte letztlich auf die virtuelle Realität des Computers hinauslief. Vielmehr handelt es sich um vielfältige Einzeletappen, die, jede für sich, manchmal widersprüchlich und disparat, immer wieder einen neuen Status der Wahrnehmung schaffen und repräsentieren.

Nahezu zeitgleich zu den Visionen Eisensteins startete in den USA das von **Fred Waller** entwickelte »**Cinerama**«, das, ähnlich wie heute IMAX, in den 1950er Jahren weltweit etwa einhundert Kinos mit dreidimensionalen, oftmals rasanten Bildwelten versorgte.[18]

17 — Alle Zitate: Sergej Eisenstein, *Das dynamische Quadrat: Schriften zum Film*, Leipzig 1988. 18 — Vgl. Morton L. Heilig, »El Cine del Futuro: The Cinema of the Future«, in: *Presence*, Bd. 1, Nr. 3, 1992, S. 279–294, Nachdruck aus: *Espacios* 23–24, 1955.

Doch auch die bislang noch ungeschriebene Geschichte der Weltausstellungen ist voller Versuche, das Publikum mit utopisch aufgeladenen Bildwelten zu umschließen. Zeigte Paris 1900 neben der neuen Technik des »Cineramas«, welche die Besucher in einem Panorama aus Filmbildern wie in einem Ballon vom Marsfeld aufsteigen ließ, vor allem noch propagandaverdächtige Panoramen der eigenen Kolonien, so setzte die amerikanische Autoindustrie im Futurama von New York 1939 ihre Utopie der totalisierten Autostadt ins Bild. Immersive Bildtechniken wurden auch auf den folgenden Weltausstellungen eingesetzt und noch im Themenpark »Mobilität« der Expo 2000 in Hannover spielte das Prinzip Immersion eine zentrale Rolle.

Aus der dargelegten Entwicklung lässt sich ableiten, dass alte Bildmedien gegenüber neuen Illusionsmedien zwar ihren Gebrauchswert oftmals verlieren, doch anstatt dessen Freiraum als künstlerische Experimentalsphäre erzielen. Gewinn an Suggestionsmacht, an visuellem Eindruck, erwies sich mithin oftmals als Hauptziel und Motivation der Entwickler neuer Illusionsmedien. Wir erkennen einen schier unendlichen Strom, der, bei näherer Betrachtung, selbst vermeintlich gesicherte Entitäten, wie das Kino, als Zusammenfügung sich immer neu arrangierender Splitter in einem Kaleidoskop sich evolutionär entwickelnder Kunstmedien offenbart. Die Gesamtschau erst lässt die ungeheuren Energien, die mit der Suche und Erzeugung stets neuer Illusionsräume verbunden waren, immer klarer aufscheinen.

/

08./009 **Immersion als Begriff**

Primär visuell erfahrene virtuelle Realitäten schließen im Regelfall bildfremde Eindrücke hermetisch aus, sprechen oftmals mit plastischen Objekten unmittelbar an, erweitern perspektivisch den Realraum in den Illusionsraum, beachten Größenrelationen und Farbkorrespondenzen und lassen das Bild, wie beim Panorama, durch indirekte Lichteffekte als Ursprung von Realem erscheinen. Mit virtuellen Realitäten intendieren ihre Macher mithin eine artifizielle Welt, die dem Bildraum eine Totalität verschafft, zumindest jedoch das Blickfeld gänzlich erfüllt. Es handelt sich in der Regel um Bilder, die nicht nach Art eines Bilderzyklus' eine zeitlich versetzte Abfolge von sukzessiven Szenen bieten, sondern den Betrachter zu 360° in einen zeit- und ortseinheitlichen Illusions- respektive Immersionsraum integrieren. Da sich Bildmedien auch durch ihren Eingriff in die Wahrnehmung beschreiben lassen, durch den Modus, mit dem sie die Wahrnehmungsverhältnisse strukturieren und organisieren, müssen virtuell-immersive Bildräume als extreme Ausprägungen von Bildmedien gelten, die durch ihre Totalität eine umfassende alternative Realität bieten. Diese schaffen einerseits dem Anspruch der Medienmacher auf einen allumfassenden Bildeindruck, der keine Widersprüche oder Alternativen bietet, symbolische Form, andererseits erlauben sie den Betrachtern insbesondere in ihrer Totalität die Option sinnlicher und bewusstseinsformender Verschmelzung mit dem Bildmedium. Sie unterscheiden sich damit vom nicht hermetischen ›Trompe L'Oeil‹, der Illusionsmalerei, die in der Regel ihr Medium rasch erkennen lässt und von Bildern, oder Bildräumen, die durch einen vom Betrachter erkennbaren Rahmen abgeschlossen sind, wie etwa die Theaterbühne oder in gewisser Weise das Diorama, insbesondere aber das Fernsehen. Diese Bildmedien inszenieren in ihrer abgeschlossenen Form symbolisch die Differenz. Sie belassen den Nutzer außerhalb, sind nur in geringem Maße geeignet, virtuelle Realitäten sinnlich überwältigend, täuschend zu vermitteln, und sind folglich kein Thema dieses Kapitels.

/ /

Bildsphären 08./010

Mit der virtuellen Realität tritt zur panoramatischen Bilderfahrung nunmehr auch die sensomotorische Erkundung einer den Schein von ›Belebung‹ repräsentierenden Bildsphäre. Die interaktiven Medien wandeln unsere Vorstellung vom zweidimensionalen Bild zu einem multisensorischen interaktiven Erfahrungsraum, der in einem prozessualen Zusammenhang steht. Es eröffnet Objekte und Bildräume, die zuvor nicht dargestellt werden konnten. Die Raumzeitparameter können beliebig gewandelt und das Virtuelle als Modell- und Erfahrungsraum genutzt werden. Für die Größe Immersion eröffnet insbesondere der globale Bildzugriff und Austausch über die Netzwerke, verbunden mit der Technik der Telepräsenz, neue Optionen. Überdies werden große Teile der Bildressourcen unserer natürlichen Umwelt mit den artifiziellen Bildern in Mixed Realities verschmolzen, oftmals ohne zwischen Simulacrum und Original unterscheiden zu können. Es soll nicht behauptet werden, dass die Virtuelle Kunst aus dem Computer stets und immer auf ein Maximum an Illusion setzt – im Gegenteil, Künstler versuchen immer wieder, diese Grundtendenz sowie kritisch die Größen von Illusionismus, Interfacedesign und natürlicher Interaktionsprozesse zu unterlaufen, um neue ästhetische Optionen zu entdecken. Dennoch muss betont werden, dass sich die Virtuelle Kunst eindeutig im Kraftfeld von Illusion und Immersion bewegt, dem Paradigma des Mediums. Dieser Bezug, gleich ob er von den Künstlern kritisch kommentiert oder aber strategisch ausgespielt wird, ist das Fundament auf dem sich diese Kunst bewegt. Das Visualisierungspotential virtueller Werke geht weit über die Abbildkraft einer rein mimetischen Sicht hinaus. Die Visualisierung komplexer Systeme, wie sie fast alle genannten Künstler anstreben, birgt ein neues kreatives und bildtechnisches Potenzial. Es entstehen erweiterte polysensuell erfahrbare Bildräume interaktiver Kunstrezeption, welche prozessuale Situationen ermöglichen und damit Tendenzen der Performanz fördern. So erfahren auch die Kategorie des Spiels und seine Theorie neue Bedeutung.

/ /

Displays 08./011

Neue Displays vermitteln seit Ende der 1980er Jahre Bilder dreidimensional. Mit dem

Head Mounted Display (HMD) oder jüngst dem CAVE wird der Eindruck suggeriert, in den Bildraum einzutauchen, sich dort in ›Echtzeit‹ zu bewegen und gestalterisch Veränderungen vornehmen zu können. Tauchte in der so genannten Presence-Forschung, die gewissermaßen als Synonym für VR-Forschung steht, zu Beginn der 1990er Jahre erstmals die Idee auf, Immersion zu quantifizieren[19], so kann festgehalten werden, dass das eigentliche Phänomen scheinbarer Anwesenheit am Bildort ein weitaus älterer Vorgang ist. Trotz sich wandelnder medientechnologischer Erscheinungen markierte die 360°-Bildidee ein Kontinuum der Kunst- und Mediengeschichte. Übergreifendes Kennzeichen der Entwicklung war ein Wechselspiel zwischen Großbild-Immersionsräumen, die den Körper vollständig integrieren (360°-Freskenraum, Panorama, Stereopticon, Cinéorama und IMAX-Kino bis zu den aktuellen Immersionsverfahren digitaler Gegenwartskunst, wie sie etwa der CAVE erzeugt). Auf der anderen Seite stehen unmittelbar vor den Augen getragene Apparaturen, wie Perspektivkästen, Stereoskope, Stereoscopic Television, Sensorama und jüngst das HMD. Eine rahmenlose, ja maßlose Bildgeschichte, an der sich in Relation zur zeitspezifischen Wahrnehmung und Medienkompetenz das Verhältnis Mensch-Bild in besonderer Weise ablesen lässt und deren Kernerscheinung – die Immersion – dann entsteht, wenn Kunstwerk und avancierter Bildapparat, wenn Botschaft und Medium für die Wahrnehmung nahezu untrennbar miteinander konvergieren – das Medium wird unsichtbar.

//

08/012 *Disposition der Betrachter*

Immersive Kunst ist sicher eine Kerngröße zum Verständnis medialer Entwicklung überhaupt, wenngleich der Begriff eher opak und widersprüchlich erscheint, denn natürlich besteht zwischen kritischer Distanz und Immersion nicht ein schlichter Zusammenhang im Sinne eines ›Entweder-Oder‹, die Verbindungen sind vielschichtig verwoben, dialektisch, teilweise widersprüchlich, in jedem Falle aber von der Disposition der Betrachter abhängig, ihrer historisch gewachsenen Medienkompetenz.

Immersion kann ein geistig aktiver Prozess sein, in den meisten Fällen jedoch – in der älteren Kunstgeschichte wie der jüngsten Gegenwart – ist Immersion mentale Absorbierung, um einen Prozess, eine Passage auszulösen. Kennzeichen ist die Minderung kritischer Distanzierung und eine emotionale Involvierung. Ästhetisches Erleben, das sich auf Distanz- bzw. Denkraumkonzepte beruft, wird durch immersive Strategien tendenziell unterlaufen. Gewinn an Suggestionsmacht erweist sich mithin, mediengeschichtlich betrachtet, als ein Motivationskern der Entwicklung neuer Illusionsmedien überhaupt. Dies scheint der Antrieb, mit neuen Suggestionspotentialen die Macht über die Betrachter zu erneuern, um immer neue Regime der Wahrnehmung zu errichten. Erst ein komplexer historischer Überblick zeigt eine Abhängigkeit zwischen den Suggestionspotentialen historischer Illusionsmedien und den überlieferten Medienkompetenzen ihrer

19 — Hierzu: Materialien der **Siggraph-Konferenz**. 20 — Vgl. Fisher/Watson, »Differentiation of Fantasy and Reality«, in: *Developmental Psychology*, 1988, Nr. 2, S. 286ff. 21 — Wolfgang Welsch, »Künstliche Paradiese? Betrachtungen zur Welt der elektronischen Medien – und zu anderen Welten«, in: *Paragrana*, Bd. 1, H. 4, 1995, S. 255–277. 22 — Vilém Flusser, »Digitaler Schein«, in: Florian Rötzer (Hg.), *Digitaler Schein*, Frankfurt/Main 1991, S. 147–159; Jonathan Crary, *Techniques of the Observer: On Vision and Modernity in the Nineteenth Century*,

zeitgenössischen Seher. Und dennoch ist der Gedanke, der Mensch könne in einen vor-symbolisch und vor-medial erlebten Naturzustand im Sinne Rousseaus zurückkehren, also symbolische Vermitteltheit zum Verschwinden bringen und Unmittelbarkeit finden, letztlich Illusion.

Obgleich bereits sechsjährige Kinder die Fähigkeit entwickelt haben, zwischen Wirklichkeit und ›Als-Ob-Welt‹ zu unterscheiden[20], existiert in der westlichen Kunst- und Mediengeschichte eine stete Suchbewegung, diese Scheidung wieder und wieder mit neuesten bildlichen Mitteln zu verwischen, zu negieren, die Grenze aufzuheben. In keinem Fall jedoch ist Kunst fähig, die Wirklichkeit vollständig zu reproduzieren, und zudem müssen wir uns stets gewiss bleiben, dass es einen deutungsfreien Zugriff auf Wirklichkeit nicht gibt, wie dies bereits das Höhlengleichnis von Platon zum Ausdruck bringt. Ausschlaggebend sind immer Interpretationen. Dies war immer schon eines der großen Themen der philosophischen Systeme der frühen Neuzeit: Und so können die Arbeiten von Descartes, Leibniz und Kant auch als staunenswerte Versuche gelten, die Konsequenzen zu bedenken, welche die Vermitteltheit der Wahrnehmung für den Erkenntnisprozess bedeutet – die stets mittelbare Rezeption, die letztlich, auch durch noch so raffinierte Visualisierung, nicht zu überwinden ist. Und im Grunde sind auch Künstlichkeit und Natürlichkeit Reflexionsbegriffe. Sie bezeichnen nicht Gegenstände, sondern Hinsichten, Perspektiven, Relationen.[21] Seit jeher gilt die Umwandlung von Wirklichkeit, neben ihrer Nachahmung, als zentrale Essenz der Kunst – die Schaffung von Wirklichkeit, individueller, kollektiver Wirklichkeit. Die jüngsten Erkenntnisse der Neurobiologie belegen, dass dasjenige, was wir als Wirklichkeit bezeichnen, nur eine Aussage ist über das, was wir überhaupt beobachten können. Jede Beobachtung aber ist abhängig von unseren je individuellen physischen und psychischen Bedingtheiten und wissenschaftstheoretischen Prämissen. Nur in diesem Rahmen können wir beobachten, was uns unser kognitives System – in Abhängigkeit von diesen Einschränkungen – zu beobachten erlaubt.

/ /

»Iconic Turn« 08/013

Seit wenigen Jahren ist um die Frage nach dem Bild in Medienwissenschaften, Kunstgeschichte sowie den kulturwissenschaftlichen Nachbardisziplinen eine intensive Diskussion entstanden, die in bemerkenswerter Parallele zur rasanten Entwicklung auf dem Feld der Neuen Medien steht. Die Diskussion reicht von **Vilém Flusser** über Jonathan Crary, Hans Belting, Horst Bredekamp und Martin Jay bis zu **Lev Manovich** und Oliver Grau[22] und reagiert auf einen kulturellen Wandlungsprozess, der von William J. Mitchell[23] bekanntlich als »Iconic Turn« beschrieben worden ist. Im Verlauf der neuerlichen, nun digitalen Medien- und Bildrevolution erfuhren die jüngsten Bildwelten und ihre prognostizierte Zukunft zwar ebenso feiernde wie beklagende, ja apokalyptische

Cambridge/MA 1990; Hans Belting, *Bild-Antropologie: Entwürfe für eine Bildwissenschaft*, München 2001; Horst Bredekamp, »Kunstgeschichte im Iconic Turn. Interview mit Hans Dieter Huber und Gottfried Kerscher«, in: *Kritische Berichte 26*, Nr. 1, 1999, S. 85–93; Martin Jay, *Downcast Eyes*, Berkeley 1993; Lev Manovich, *The Language of New Media*, Cambridge/MA 2001; Oliver Grau, *Virtuelle Kunst in Geschichte und Gegenwart*, Berlin 2001.

23 — William J. Mitchell, *Picture Theory: Essays on Verbal and Visual Representation*, Chicago 1995.

Kommentare von Dietmar Kamper[24] oder Jean Baudrillard[25], so dass die kulturellen Effekte des Medienwandels bislang allenfalls ansatzweise analysiert sind.
Interfacegestaltung wird, um es pointiert zu formulieren, zum Politikum, zum Ort von Medienkunst und Medientheorie. Eben erst ist der Streit entbrannt um ›natürliche‹ vs. ›kritische‹ Interfaces, die uns die medialen und ikonischen Grundlagen verschleiern oder ins Bewusstsein heben. Mit den Parametern Raumorganisation, Arrangement der Freiheitsgrade, Avatargestalt, Narrationsstrategie und – im Falle evolutionärer Bildprozesse – der Bestimmung eines Selektionsrahmens gelangen bild-, kunst- und medientheoretisch noch kaum absehbare Gestaltungsmittel in Künstlerhände. In welcher Weise, so soll nun gefragt werden, versuchen Künstler heute, immersive Strategien im Digitalen zu entwickeln, Strategien, die sich etwa auf jene permanent wandelnde Schnittstelle zur Maschine, das Interface, beziehen, die Technik der Telepräsenz einschließen oder Softwaregestaltung für Interaktion und Evolution durch genetische Algorithmen? Diese Elemente zeigen – so die These – in ihrer Kombination auch die Weiterentwicklung des Konzepts der Immersion mittels einer dem State of the Art entsprechenden Visualisierungstechnologie.
/

08/014 **Das natürliche Interface‹: »Osmose«**

In virtuellen Environments wird der Betrachter oftmals auf ein scheinbar entkörperlichtes Wesen in einem weithin übersichtlichen, manchmal entleerten cartesianischen Raum reduziert. Obgleich bislang nur wenige Male in Amerika und Europa ausgestellt[26], wurde das virtuelle Environment »**Osmose**« in der internationalen Medienkunstdebatte so intensiv überhaupt diskutiert wie vielleicht kein anderes Werk der Gegenwartskunst.[27] Den wenigen Tausend Besuchern, die den 1995 entstandenen Bildraum tatsächlich erleben konnten, steht ein Vielfaches an Kunstinteressierten gegenüber, welche die besonders an diesem Werk ausgetragene Debatte um Ästhetik, Phänomenologie und Rezeption der virtuellen Kunst verfolgt haben. Hinzu tritt das bislang unerreichte Niveau auf dem ein zentraler Parameter virtueller Kunst, das Interface, in diesem Werk kultiviert worden ist. »Osmose« ist ein immersives, interaktives Environment, das über ein Head Mounted Display 3D-Computergrafik und interaktiven Raumton synästhetisch erfahrbar macht. »Osmose« ist eine technisch avancierte und visuell eindrucksvolle Simulation eines Dutzends umfangreich verzweigter Natur- und Texträume: eine mineralisch-vegetabile, ungreifbare Sphäre. Gegenüber herkömmlichen, grobkörnigen, kantig-zitternden Polygonbildern der frühen Jahre der Virtuellen Kunst erblickt man im Datenraum der Kanadierin **Charlotte Davies** phosphoreszierende Lichtpunkte – wie im Weichzeichner, aus dem Dunkel aufglimmend.
Brisant und wegweisend vor allem ist Davies' Anliegen, ein natürliches, intuitives

24 — Dietmar Kamper, *Unmögliche Gegenwart: Zur Theorie der Phantasie*, München 1995. 25 — Jean Baudrillard, *Das perfekte Verbrechen*, München 1996. 26 — 1995: Ricco/Maresca Gallery, »Code«, New York; Musée d'art contemporain de Montreal: »Osmose«; Laing Gallery: »Serious Games«, Newcastle-upon-Tyne, England. 1997: Museum of Monterrey: »Virtual Art«, Mexico. Barbican Art Centre: Serious Games, London. 2000: San Francisco. 27 — Zu diesem Werk u. a.: Steven Porter, »Journey into VR«, in: *Computer Graphics World*, Bd. 16, Nr. 10, 1996, S. 59–60; Margaret Wertheim, »Lux Interior«, in: *21C*, Nr. 4, 1996, S. 26–31; Char Davies/John Harrison, »Osmose: Towards Broadening the Aesthetics of Virtual Reality«, in: *Computer Graphics*, Bd. 30, Nr. 4, 1996, S. 25–

Interface zu entwickeln. Das Interface ist die Kontaktoberfläche, auf der sich Mensch und Maschine treffen, um sich mit sich selbst oder anderen auszutauschen. Die Gestalt ist frei formulierbar. Im Interface, das vom agierenden Betrachter entsprechend den Regeln der Illusionswelt bedient werden muss, trifft die auf Vermittlung ausgerichtete Struktur der Simulation mit den menschlichen Sinnen zusammen. So funktioniert das Interface bei der virtuellen Realität weitaus nachhaltiger als Schlüssel zum digitalen Kunstwerk und formt sowohl die Wahrnehmung als auch die Dimension der Interaktion. Der Betrachter, den die Künstlerin gern als Eintauchenden, ›Immersant‹, bezeichnet, kontrolliert die Navigation durch den Datenraum anhand eines leichten, mit Sensoren gefütterten Brustharnischs, der vor jeder Reise ins Virtuelle angelegt werden muss und der die Körperatmung sowie jede Bewegung des Oberkörpers an die Software vermeldet. Indem sich das Interfacekonzept eines intuitiven körperlichen Vorgangs bedient, gestaltet sich die unbewusste Verbindung mit dem virtuellen Raum weitaus intensiver als etwa durch den Gebrauch von Joysticks oder Computermäusen. Resultat ist ein erstaunliches Gefühl leiblicher Präsenz, die im Verlauf des ›Aufenthalts‹, nicht zuletzt durch die Musik befördert, eine entsprechende emotionale Gestimmtheit bewirkt. Jede Zone hat ihr eigenes Tonfeld. Überhaupt leistet der Klang einen ganz entscheidenden Beitrag für das Gefühl der Anwesenheit.[28]

Die jüngst vorgestellte Arbeit »**Éphémère**« (1998) erscheint im ersten Moment als Zwilling von »Osmose«, ein virtueller Raum, der in Echtzeit reaktive Bildwelten produziert.[29] Während »Osmose« tief in einer spirituellen Konzeption von Natur beheimatet war, schließt die Bildwelt von »Éphémère« Körperorgane, Knochen und Blutkreisläufe mit ein. Wenn man sie danach fragt, erzählt Davies, dass »Éphémère« von einem tatsächlich existierenden Ort in ihrer Heimat Quebec inspiriert worden ist und in gewisser Weise ein Lamento, eine Elegie, ja einen Raum der Erinnerung für das Vergehen der Natur, wie sie uns vielleicht einmal vertraut war, symbolisiert.

/

Innere Distanz

08/015

Beim Aufenthalt in einem hochauflösenden 360°-Illusionsraum, wie »Osmose« oder »Éphémère«, kann das Werk vom Subjekt nur schwerlich distanziert, kaum objektiviert werden, so dass jenes auch kaum als autonomer, ästhetischer Gegenstand wahrgenommen werden kann. Resultiert Medienkompetenz aus der Kraft oder der erlernten Fähigkeit, ein Medium zu objektivieren, so wird in virtuellen Installationen die Objektivierungsfähigkeit des Betrachters untergraben. Die Gestalter des Mediums lassen nichts unversucht, dieses aus dem Bewusstsein der Rezipienten verschwinden zu lassen. Objektivieren lässt sich das Medium virtuelle Realität, wie alle immersiven Bildtechniken, allenfalls durch die Aneignung und Reflexion über die bildgebenden Verfahren,

28; Oliver Grau, »Vom Zen des Tauchens«, in: *DIE ZEIT*, 26, 20.6.1997, S. 62; Eduardo Kac, »Além de Tela«, in: *Veredas*, 3, 32, Rio de Janeiro 1998, S. 12–15. 28 — In den Worten von Davies: »Vielleicht ist das Wichtigste die Emotionalität, die durchgängig durch die berückenden Melodien und Klanglandschaften erweckt wird.« Zit. nach: Steven Porter, »Journey into VR«, in: *Computer Graphics World*, Bd. 16, Nr. 10, 1996, S. 60, Übers. R. F. 29 — Margaret Wertheim, »Out of This World.« *New Scientist* (6 February 1999), S. 38–41; Jean Gagnon, »Dionysus and Reverie: Immersion in Char Davies' Environments«, in: Char Davies, *Ephémère*, Ausstellungskatalog, Ottawa, National Gallery of Canada, 1998; Michael Heim, *Virtual Realism*, Oxford 1998, S. 162–167, 171.

die Kenntnis ihrer technischen, physiologischen und psychologischen Mechanismen, denn alles ist Bild. Je weiter die scheinbare Auflösung der Interfaces, je intuitiver, natürlicher die Interfaces geformt werden und damit die illusionäre Symbiose zwischen Betrachter und Werk voranschreitet, desto stärker schwindet die psychologische Distanz. Im unmittelbaren Dasein des ›allpräsenten‹ Virtuellen wird jener Mechanismus der Erkenntnisschöpfung jedoch nachhaltig beeinflusst. So gerät für die Kunst in einigen der scheinbar belebten virtuellen Environments ein fragiler Kernbereich in Bedrängnis: die Distanzgeste des Rezipienten, die eine kritische Reflexion erst möglich macht.[30]

/

Virtuelle Denkräume: Knowbotic Research / Hegedüs / Fleischmann

Dennoch sind mit immersiven Bildstrategien bemerkenswerte künstlerische Versuche unternommen worden, sich der scheinbaren Distanzlosigkeit zu widersetzen: In der Renaissance entwickelten italienische Neuplatoniker für das damals bekannte Weltwissen geistige, virtuelle Tempel der Erinnerung, Gedächtnistheater, Denkräume, Speicher des Wissens, in denen vielfältige, ja theoretisch unendlich viele Bezüge zwischen den Gegenständen und Gedächtnisorten erdacht und kombiniert werden konnten. Geistige, imaginäre Navigation durch diese Räume, die gleichfalls kombinatorische Prozesse erlaubten, die ›ars combinatoria‹, war das geistig produktive Prinzip der Gedächtnistheater, etwa eines Giulio Camillo[31] um 1550. Dieses historische Konzept der Gedächtnistheater setzt – wie wenige Jahre zuvor **Bill Viola**[32] – die über Jahre am ZKM tätige Ungarin **Agnes Hegedüs** bewusst ein, mit dem Unterschied jedoch, dass Hegedüs den Benutzern ihrer virtuellen Räume eine dynamische Struktur mit intermedialen Bezügen eröffnet und damit eine Erweiterung der historischen Gedächtnistechniken mit den medialen Mitteln der Gegenwart zum Konzept erhebt. Damit scheint die virtuelle Kunst eng mit dem heute so verbreiteten Trend, Wissen zu inszenieren, verwoben zu sein, ja die Abkehr von der Desktop-Metapher zu inspirieren und voranzutreiben und durch dynamisch generierte räumliche Visualisierungen zu ersetzen. Eine ausgewiesene Repräsentantin hierfür ist Agnes Hegedüs. In ihrem »**Memory Theater VR**« von 1997 versetzt Hegedüs die Besucher in eine Panoramarotunde einer im Rund aufgehängten Projektionsleinwand, die zugleich die Grenzen des Environments im realen Raum festlegt und somit ein virtuelles Theater formt. Reiche geistige Bezüge formuliert das Hegedüssche Panorama, das quer durch die Kunst- und Mediengeschichte führt und die Betrachter auch mit manieristischen, futuristischen oder dekonstruktivistischen Virtualitäten konfrontiert. Es ist eine Kombination der geistesgeschichtlichen Einschnitte, mediale Emblemata, die vor dem inneren Auge in immer neuen Kombinationen figurieren und den Betrachtern eigene Erinnerungsbilder ermöglichen.

Einer der frühesten Gedächtnisräume, der eine vollkommen neue Form von Öffentlichkeit repräsentierte – die Öffentlichkeit globaler Computernetze – war 1991 bereits »**The**

30 — Wohl am tiefgründigsten hat Ernst Cassirer über die geistig produktive, Bewusstsein schaffende Kraft der Distanz nachgedacht, die, so formuliert er in *Individuum und Kosmos*, das Subjekt konstituiere und einzig den »ästhetischen Bildraum«, wie den »logisch-mathematischen Denkraum« zeuge. Vgl. E. Cassirer, *Individuum und Kosmos*, Darmstadt 1963 (1927), S. 179; zwei Jahre später platzierte Aby Warburg das Distanzparadigma, jenen »Grundakt menschlicher Zivilisation«, gar in die Einleitung seines *Mnemosyne-Atlas*. 31 — Vgl. Giulio Camillo, *L'Idea del Teatro*, Florenz 1550; klassisch der Text von Francis Yates, *The Art of Memory*, Chicago 1966, S. 192, 205

Home of the Brain« von **Monika Fleischmann** und **Wolfgang Strauss**. Im Forschungsinstitut ART+COM entstand ein, so Strauss, »morphologischer Simulationsraum, in Bewegung«[33], polysensuell und interaktiv erfahrbar. Die Architektur von Mies van der Rohes Neuer Nationalgalerie in Berlin bildet die elektronische Hülle für »The Home of the Brain«, ein digitales Datenarchiv unterschiedlicher Denkweisen. Als moderne Version einer Stoa bietet »The Home of the Brain« einen simulierten, symbolgeladenen Denkraum der Information, in dem ein metaphorischer Diskurs um die ethischen und gesellschaftskulturellen Implikationen der neuen Medientechnologien ausgetragen wird. So werden diese Fragen von bildlich-symbolischen Repräsentationen sowohl von Wissenschaftlern, wie Minski und Weizenbaum, als auch von Denkern, wie Flusser und Virilio, gleichsam virtuell in zentralen Stellungnahmen gegensätzlicher Couleur ausgetragen.
Eine weitere Spielart immersiv-virtueller Denkräume, hybride Modelle digitaler Repräsentation von Wissen, formulierte in den 1990er Jahren die deutsch-österreichische Künstlergruppe **Knowbotic Research**. Ihre von 1994–1997 entstandene virtuelle Installation »**Dialogue with the Knowbotic South**« (**DWTKS**) prozessiert aus Wissenschaftsdaten weltweit verteilter Forschungsdatenbanken eine sich stetig wandelnde, abstrakte Repräsentation der Antarktis. Sie visualisiert und kartografiert diesen menschenleeren, aber wissenschaftlich gut erfassten Kontinent in einem virtuellen Szenario, das jedoch von einer abstrahierten, nicht illusionistischen Anlage ist.[34] »Dialogue with the Knowbotic South« prozessiert und projiziert im abgedunkelten Ausstellungsraum über Netzwerke gewonnene, sich permanent wandelnde Datenfelder auf Großbildwände, die durch so genannte Knowbots, Softwareagenten, aktiviert werden können. Nicht Immersion in eine illusionär wiedergegebene Antarktislandschaft, sondern das Eintauchen in einen Bildraum abstrakter Wissenschaftsdaten, einen Raum permanenter Metamorphose, ist das Anliegen der Künstler. »Dialogue with the Knowbotic South« lässt die Benutzer selbsttätig nachvollziehen, wie Wissenschaft die nahezu unbekannte Antarktis – diesen Naturraum extremer klimatischer Bedingungen, der quasi keine Zivilisationsgeschichte besitzt – zu einem künstlichen Gebilde, zu einer Computer Aided Nature generiert.[35] Knowbotic Research entblößt mit seinem Konzept die Hoffnung der Wissenschaft, Natur verlustlos zu repräsentieren, und steigert durch seine künstlerische Dekonstruktion die Ideologie des Wissenschaftsbildes, das Gesehene so zu repräsentieren, wie es gesehen werden sollte.[36]
/

Interaktives Theater 08./017

Dramen, Romane oder Werke der bildenden Kunst konfrontieren uns oftmals mit einer Konfliktsituation, einer Brechung, einem Moment der Ambivalenz, der, gebündelt in den Charakteren, der Handlung unwiderstehliche Spannung zu verleihen vermag, bis der Konflikt schließlich vielleicht durch eine tragische Entscheidung aufgelöst wird.

und 231f. 32 — Bill Viola versetzte die Besucher seiner Installation »Theater of Memory« von 1985 ebenso in ein Gedächtnistheater – das in seinem Fall die elektrischen Schaltprozesse des Gedächtnisses mit den elektronischen der Videotechnik assoziiert –, wie jüngst Emil Hrvatins mit seiner Arbeit »Drive in Camillo« (2000) explizit die Metapher des Gedächtnistheaters der frühen Neuzeit aufruft. 33 — Wolfgang Strauss/Monika Fleischmann in: *film und arch 1*, 2.–5.12.1993, Graz. 34 — Hierzu: Knowbotic Research, »Co-realities«, in: *MedienKunstPassagen* 4, Wien 1994; dies., »Postorganic Immortality«, in: *Kunstforum International*, Bd. 133, 1996; →

Ein bemerkenswertes Beispiel für die neuartige Verbindung von digitaler Kunst und Theater, von Kunst und Leben oder, technisch gesprochen, für ein komplexes Softwareinterface bietet die 1998 entstandene Installation »**Ultima Ratio**« von **Daniela Alina Plewe**. Mit ihrer interaktiven Installation verfolgt die Künstlerin nichts Geringeres als den Versuch, eine dem Theatergeschehen entsprechende visuelle Sprache zu entwickeln, welche die logische, innere, der Handlung vorausgehende Argumentation der Protagonisten widerspiegelt. Die ästhetische Grunderfahrung von »Ultima Ratio« ist der Konflikt; eingetaucht in dessen Ambivalenz, muss der Besucher aktiv und kreativ eine Entscheidung treffen. Nähere Betrachtung zeigt jedoch, dass eine ikonische Argumentation noch in ihren Anfängen steckt: Argumente erscheinen als fragile, abstrakte Raumkörper, welche ihre Bedingungen, Schlussfolgerungen und innere Dynamik repräsentieren. Nichtsdestotrotz liefert Plewe mit »Ultima Ratio« die Vision eines offenen Theatersystems, welches das Publikum an einer Lösung komplexer Entscheidungsmodelle niveauvoll spielerisch beteiligt. Das System interaktiver Freiheitsgrade zieht die Besucher gewissermaßen immer tiefer in den Möglichkeitsraum alternativer Handlungsverläufe hinein[37] und beteiligt diese an einem immersiven Narrationspfad – eine Symbiose virtueller Kunst mit dem Theater.

Die Verschmelzung der Gattungen – oder Medien –, wie sie seit Beginn der 1990er Jahre als ein Signum der Virtuellen Kunst und der sie tragenden Technik beobachtet werden kann, spiegelt sich gleichfalls im Werk des 1944 geborenen Australiers **Jeffrey Shaw**. Neben dem britischen Künstler und Theoretiker **Roy Ascott**, der bereits in den 1960er Jahren – noch vor ihrem eigentlichen Erscheinen – begonnen hatte, zur interaktiven Computerkunst zu publizieren, und dem amerikanischen Künstler-Forscher **Myron Krueger**, dessen Experimente mit dem reaktiven Echtzeit-System »**Videoplace**« (1974) als Beginn der Interaktiven Kunst angesehen werden, gilt Shaw gleichfalls als einer ihrer Pioniere, dessen Interesse bereits seit Jahrzehnten dem Phänomen der Immersion gilt – auch wenn er dies explizit nicht äußerte: Das Konzept der Immersion durchzieht sein Œuvre und reicht von seinen frühen Inflateables wie in seiner Arbeit »**Corpocinema**« von 1967, mit denen, der Expanded-Cinema-Idee folgend, die Grenzen der Kinoleinwand gesprengt wurden, über seinen vielfach variierten Klassiker »**The Legible City**« (1988), ein Quadratkilometer großer virtueller Stadtraum, eine Architektur haushoher Lettern, die sich per Fahrrad durchqueren lässt, über sein »**Extended Virtual Environment**«, »EVE« (1993–1995), bis hin zu den jüngsten Installationen wie »**Place Ruhr**« (2000). Visionen zur Zukunft des Kinos versammelt die von Shaw 2002–2003 co-kuratierte Ausstellung **Future Cinema** am ZKM. In »Place Ruhr« verknüpft Shaw nicht nur die Gattungen Fotografie und Video mit der virtuellen Kunst, sondern er stellt darüber hinaus seine Installation bewusst in die Tradition des Dinosauriers der Medienkunstgeschichte der Immersion – des Panoramas.

← dies., »Discovering Cyber Antarctic«, in: A. und M-L. Kroker, *Digital Delirium*, 1997. 35 — Die Künstler erhielten Zugang zu Daten der National Science Foundation, dem Alfred Wegner Institut in Bremerhafen, ferner von Norwegen, Neuseeland und Russland. Gleichwohl war es nicht möglich, Satellitendaten, die jünger als zwei Wochen gewesen wären, zu erhalten. Die einzigen aktuellen Online-Daten stammten aus Deutschland. 36 — Vgl. Peter Louis Galison, *Science in Culture*, New Brunswick 2001. 37 — Vgl. auch ihre Auftragsarbeit für Medien Kunst Netz: »**ArtAbstracts**«.

/

Telepräsenz

Insbesondere der globale Bildzugriff und Austausch über die Netzwerke eröffnet durch die Technik der Telepräsenz eine neue, datenvermittelte Epistemologie und damit ein Paradoxon: Zwar markiert Telepräsenz einen vermittelten Blick, der scheinbar große Entfernung überwindet, jedoch wird in den virtuellen Environments über polysensuelle Interfaces bald die Wahrnehmung auch der so genannten niederen Sinne angereichert (›aktives‹ Tasten, ›passives‹ Spüren oder Riechen) und damit die abstrahierende, Begriffe schaffende Funktion der Distanz bedrängt. An Stelle der klassischen Position eines vor dem stofflichen, objekthaften Werk rezipierenden Betrachters tritt ein partizipatorischer Bezug zum Werk, der zwar möglicherweise große Distanzen überwindet, doch durch Feedbackschleifen im Werk, im digitalen Bildraum unmittelbar präsent erscheint.

Anlässlich einer Telekom-Ausstellung im Herbst 1991 wurde eine frühe Version von »**The Home of the Brain**« über ISDN-Datenleitungen von **ART+COM** in Berlin nach Genf geschickt. So war es möglich, dass sich Benutzer in Genf per Datenhandschuh durch den Berliner Datensatz von »Home of the Brain« bewegten, ohne dass man die Personen hätte sehen können. Damit wurde an der Arbeit das Prinzip der Telepräsenz erprobt, welches für die Rezeption von Datenwerken und die Interaktion aus der Ferne steht. »Home of the Brain« zeigt sich mithin bereits 1991 als früher Aufschein der epistemischen Innovation Telepräsenz. In der Konsequenz verliert die Rezeption des Kunstwerkes auf diese Weise ihre örtliche Fixierung, der Betrachter geht nicht zum Werk, zum Tafelbild, Panorama, Kinofilm et cetera, das Werk kommt aber auch nicht ausschließlich zu ihm.

Insbesondere durch den brasilianischen Künstler **Eduardo Kac** und den an der University of California Berkeley lehrenden **Ken Goldberg** entstand noch vor dem Boom des WWW seit den frühen 1990er Jahren gewissermaßen als Nachfolger der telematischen Kunst die Telepresence Art.[38] Kacs und Goldbergs Pionierarbeiten, die umfassende theoretische Reflexionen über die Implikationen von Telepräsenz für den Kunst- und Erkenntnisbegriff hervorriefen[39], ermöglichen zwar den Eingriff aus der Ferne, setzten jedoch weniger darauf, den Benutzer in ein immersives Environment zu versetzen oder durch sensuelles Feedback die imaginierte Verbindung mit dem künstlerischen Environment zu steigern, sie betonen vielmehr den telekommunikativen Aspekt, die Teleaktion mittels Operatoren und Robotern. Kac, der weltweit ausgestellt hat und eine Reihe renommierter Preise erhielt[40], erwarb sich bereits in den 1980er Jahren als Pionier der Holopoesie Anerkennung. In den 1990er Jahren galt sein Interesse in erster Linie Arbeiten, die biologische Prozesse intrinsisch mit telematischen Strukturen verbinden. Im »**Ornitorrinco Project**«, das Kac gemeinsam mit Eduardo Bennett auf der SIGGRAPH 1992 in Chicago vorstellte, konnten Benutzer per Telefonleitung einen Roboter aus der

38 — Eduardo Kac, »Telepresence Art«, in: Richard Kriesche (Hg.), *Teleskulptur*, Graz: Kulturdata 1993, S. 48-72. 39 — Vgl. Ken Goldberg (Hg.), *The Robot in the Garden: Telerobotics and Telepistemology on the Internet*, Cambridge/MA 2000. 40 — U. a. der *LEONARDO Award for Exellence* 1998.

Ferne lenken, der an Kacs Arbeitsstätte, der School of the Art Institute in Chicago, untergebracht war. Seine Erkundungen einer Ästhetik und Epistemologie der ›Telepresence‹ setzte Kac mit den Arbeiten »**Ornitorrinco in Eden**« (1994), »Rara Avis« (1996) und »**Uirapuru**« (1999) fort, welche physikalische Räume mit interaktiven und perzeptiven Prozessen mit einem entfernten Ort verknüpften.

/ /

08./019 *»Telegarden«*

Erstmals im Jahr 1995 installierte Goldberg das viel diskutierte Konzept des »**Telegarden**«, der seit 1996 im Linzer Ars Electronica Center ausgestellt ist. Goldberg konzipierte eine kollektiv-interkontinentale Kulturschöpfung, die in gewissem Sinne an **Roy Ascotts** 1983 entstandenes telematisches Werk, das kollaborative Schreibprojekt »**La plissure du texte**«, erinnert. Ascott ließ anlässlich der Pariser Ausstellung Electra Künstler in 11 Städten in Australien, Nord-Amerika und Europa über das ARTEX-System gemeinsam ein Märchen auf verschiedenen Erzählebenen und in verteilten Rollen schreiben. Das kollaborative Schreibprojekt war 12 Tage lang 24 Stunden pro Tag online. Selbstverständlich vereitelte die damalige Technik die Rezeption des Kunstereignisses durch ein größeres Publikum, so dass »La plissure du texte« in nur geringem Maße mit der unkalkulierbaren, in der Regel anonym verteilten Betrachterschaft des »Telegarden« verglichen werden kann. Zudem verzichtete Ascotts telematische Kunst seinerzeit bewusst auf einen Objektcharakter, ja negierte diesen und forderte Prozessualität.[41] Der Goldbergsche Telegarten hingegen lässt bemerkenswerterweise das Objekt in die telematische Kunst zurückkehren – wenngleich es sich um ein Objekt im Prozess handelt.

/ /

08./020 *»Telematic Dreaming«*

Hervorgegangen aus der Schule von Roy Ascott ist das Werk des Briten **Paul Sermon**, der immersive Aspekte in das Spannungsgefüge telematischer Kunst einbindet. Bereits Anfang der 1990er Jahre wurde Sermon mit seinen telematischen Installationen bekannt und lehrte seither an einer Reihe von Kunsthochschulen in Deutschland und England. »**Telematic Dreaming**« von 1992 verbindet per Videokonferenzschaltung Menschen an verschiedenen Orten, ermöglicht gestische und mimische Kommunikation und schafft verblüffende, nahezu intime Nähe. »Telematic Dreaming« macht ein Bett zum Träger hoch aufgelöster Bilder, die einen vielleicht Tausende von Kilometern entfernten Partner in lebendiger, intimer Nähe zeigen. Die lichtstarke Projektion des Anderen, dessen Handlung nahezu in Echtzeit auf unsere eigenen Bewegungen im Bett reagieren kann, bewirkt überraschenderweise eine Suggestion, die eine Berührung des auf das Laken projizierten Körpers zu einem intimen Akt macht. Sermons erklärtes Ziel ist es, durch die Installation den Tastsinn der Benutzer zu erweitern, wobei selbstverständlich aber der andere nicht tatsächlich ertastet werden kann, sondern vielmehr durch die zeitschnellen,

41 — Vgl. das Kapitel »**Interaktion, Partizipation, Vernetzung**«.

prononcierten, vielleicht zart-reaktiven oder betont kraftvollen Bewegungen die Suggestion der Berührung erfährt – ein, wie viele Benutzer äußerten, Moment der Kontemplation. Der synästhetisch gewonnene sinnliche Eindruck, der Hand und Auge gewissermaßen verschmelzen lässt, ist es, der diese Arbeit wie auch die in den folgenden Jahren geschaffenen Werke auszeichnet.

/ /

»Traces«

08/021

Wirken Goldbergs Nutzer lediglich über eine Webseite in die Ferne, so wird das Interface im Work-in-progress »**Traces**« von **Simon Penny** verabsolutiert. Mittels einer bis zu diesem Zeitpunkt ungekannten Verschaltung von drei an verschiedenen Orten installierten CAVEs versucht der australische Medienkünstler, der über Jahre am Robotics Institut der Carnegie Mellon University tätig war, 1999 erstmals einen gemeinsamen, translokalen, immersiven Bildraum zu erzeugen. Die Nutzer sehen sich in virtuelle Sphären versetzt, finden sich in einem Raum aus Klängen und erfahren sanfte Vibrationen des Bodens. So kann die bildliche Repräsentation eines Nutzers in Tokio in einem CAVE in Berlin respektive umgekehrt wirken. Über ein System von vier Infrarot-Stereokameras werden Konturen der Nutzer in Echtzeit in dreidimensionale Körpervolumen umgewandelt, die, so das Konzept, Tausende von Kilometern entfernt, in polysensuell erweiterten Bildsphären wahrgenommen werden sollen. Eine szenische Bildwelt oder Orientierung bietende Navigationsoberfläche existiert in »Traces« nicht, vielmehr interagieren die Nutzer mit feinen gazeartigen Spuren, deren Volumen sich ihren Körpern entsprechend bewegen und transluzid und ephemer wirken. Gestalten wird sich die Interaktion nach Pennys Konzept »in Echtzeit in Form eines bildnerischen Prozesses mit Licht und erzeugt durch den Tanz mit telematischen Partnern«[42]. Technisches Ziel der Installation ist die Loslösung von allen tradierten Interfaces und Bilddisplays. »Traces« kommt ohne HMDs, Tracker, Joysticks oder Bildwände und auch ohne grafische Menues oder Icons aus. Ästhetisches Ziel ist es, die Aufmerksamkeit der Nutzer auf ihr Körpergefühl zu lenken, denn die Bewegungen des Körpers konstituieren die abstrakte Echtzeit-Grafik und den Ton. »Traces« formuliert erstmals die Erfahrung der Interaktion mit Spuren anderer Avatare – oder Fernkörper –, den Aufschein eines »verteilten Körpers«, wie ihn die Debatte um die Telepräsenz aufgebracht hat. Auf diese Weise verbindet das Werk die digitale Bildkunst mit skulpturalen und szenografischen Gattungselementen.

Künstler wie **Monika Fleischmann** und **Wolfgang Strauss** versuchen gegenwärtig etwa in ihrer Arbeit »**Murmuring Fields**« (1998–1999), die Vision vom ›natürlichen Interface‹ noch dadurch zu steigern, indem sie die Nutzer unmerklich scheinbar mit den entstehenden Bildwelten verbinden. Hier scheint dem Theremin, jener russischen Erfindung aus den Anfangstagen des 20. Jahrhunderts, neue Bedeutung zuzukommen. So existieren

42 — Zit. nach der **MARS** Website.

Konzepte, die Bildabnahme, die Penny noch mit einem Camera Detection System löst, künftig mit einem Theremin zu leisten, womit die Vision eines ›sehenden CAVEs‹, der seine Nutzer konturgenau abtastet und andernorts hochkomplex wiedererstehen lässt, greifbar nahe rückt.

Der alte Traum des Films, die Zuschauer immersiv ins Bild zu versetzen, ist mit Pennys Entwurf für unsere Zeit am vielleicht prägnantesten formuliert worden. Virtuos reflektiert Penny den State of the Art der Illusionstechnik, ja kreiert als Künstler-Ingenieur mit smartem Humor eine Bildmaschinerie und spielt ironisch mit den Mythen der Gegenwart, dem unterschwellig präsenten McLuhanschen Bild der »Extensions of Man« und der letztlich religiösen Hoffnung, den eigenen Körper verlassen zu können. Durch die Vernetzung mit beliebig vielen Robotern respektive Technokörpern, also Avataren, ermöglicht Telepräsenz eine Vervielfachung der Erfahrungsräume. Diese Raumordnungen können widersprüchlich angelegt sein und konträre Erkenntnisse evozieren. Realität ist, dies lehrt die Quantenphysik, immer Produkt der Beobachtung. Durch den technischen Aufbau fallen Ferne und Nähe nunmehr in Echtzeit zusammen und schaffen ein Paradox, dass heißt: ich bin dort, wo ich nicht bin, und erfahre sinnliche Gewissheit wider besseres Wissen.

/

08/022 **Evolution: Genetische Kunst**

Jüngst simulieren Künstler-Wissenschaftler wie Thomas Ray, **Christa Sommerer** und **Laurent Mignonneau** oder **Karl Sims** Prozesse des Lebens: Evolution, Aufzucht und Selektion wurden zu Methoden der Kunst. Die szenisch-immersiven Bildwelten des Computers erfahren durch den Einsatz von genetischen Algorithmen nunmehr den Schein der Belebung. Die zunächst bio- und informationswissenschaftliche Debatte um Genetik und A-Life zum Erreichen von künstlichem Leben erhielt aus der Kunst Modelle, Visionen und Bilder, die sich zu visuellen Referenzen und Katalysatoren der kontroversen Debatte entwickelten. Sommerer und Mignonneau sind die vielleicht bekanntesten Exponenten der Genetischen Kunst, die Erscheinung, Prozesse und die Wirkung des Lebens in die Kunst integriert. Verbunden mit dem visuellen Prinzip der Immersion, hat dieser vergleichsweise junge Zweig der digitalen Kunst begonnen, für die Produktion von Illusionismen eine immer bedeutendere Rolle zu spielen. Von Anfang an dominierte die Werke dieser Künstler der Naturalismus. Mit fast einhundert Ausstellungen haben Sommerer und Mignonneau sich seit 1992 weltweit Anerkennung erarbeitet. Wie kaum jemand repräsentiert dieses Künstlerpaar eine Kunst, die technologisch avanciert den Umbruch der Gegenwartskunst reflektiert, wie er durch die Revolution der Bildmedien und der Biowissenschaften hervorgerufen wird. Ihre exotisch-voluminösen Bildwelten sind mit zahllosen Lebensformen bevölkert: von Amöben, tropischen Regenwaldszenen, pittoresken Schwärmen von Schmetterlingen und

leuchtend bunten mikrokosmischen Lebensformen. Ihre unverwechselbare Ästhetik findet sich in Arbeiten wie »**The Interactive Plant Growing**« (1992–1993), »**Phototropy**« (1994–1997), »**Trans Plant**« (1995), »**Intro Act**« (1995), »**GENMA**« (1996), »**Life Spacies**« (1997) oder »**HAZE Express**« (1999). Die 1994 am National Institute for Supercomputing in Illinois und am ATR Lab in Kyoto entwickelte Echtzeitinstallation »**A-Volve**« (1993–1994) projiziert eine Evolution aus dem Rechner in einen leuchtenden Pool. Plastisch wirkende Softwareagenten ›vererben‹ nach dem Muster evolutionärer Fortpflanzung ihre Phänomenologie, die nach den Prinzipien Crossover und Mutation neu kombiniert wird, einzig begrenzt durch einen vom Künstler festgelegten Selektionsrahmen. Ein aus neunzig Parametern bestehender Gencode lässt jede dieser wimmelnden Bildamöben anders aussehen. Bildtheoretisch bezeichnet die Evolution einen schlicht bahnbrechenden Vorgang. Der gezielte Einsatz des Zufallsprinzips ermöglicht unvorhersagbare, nicht reproduzierbare, einmalige, vergängliche Bilder. Je komplexer die Motorik und Phänomenologie, desto lebendiger erscheinen die Bilder. Im Spiel können die User, die Schöpfer der bunt schillernden Softwareagenten, in den Wandel der Generationen eingreifen, und dabei ist es vor allem die Involvierung in einen interaktiven Handlungszusammenhang mit komplexen Bildern artifizieller Lebensformen, welche die immersive Kraft Genetischer Kunst ausmachen. Als Ikone der Genetischen Kunst gehört »A-Volve« gewiss zu den wichtigsten Werken des letzten Jahrhunderts.
»A-Volves« Evolution beruht auf genetischen Programmen, die Mignonneau entwickelt hat. Ziel dieser Rechenverfahren ist es üblicherweise, innovativ und effizient ein letztlich homogenes, uniformes Anpassungsoptimum hervorzubringen. Dafür werden die Prinzipien der natürlichen, nicht zielgerichteten Evolution simuliert: Selektion, Crossover und Mutation. Unter den Bedingungen generativer Algorithmen strebt das Werk biologischen Mechanismen wie Wachstum, Generationenfolge, Mutation, Anpassung und ›Intelligenz‹ entgegen. Die Evolution gleicht mithin einer dummen Maschinerie, deren hervorstechende Eigenschaft es ist, immer Neues durch verschwenderisch viele zufällige Veränderungen und deren Erprobung in einer sich dynamisch verändernden Umwelt herzustellen – massenhafte Produktion geringfügiger Abweichung. Je komplexer die zufällig gewachsenen Strukturen, desto intensiver scheinen die Bilder zu ›leben‹ – nicht final abgeschlossen, sondern wandelbar, anpassungsfähig, ja unter Evolutionsprinzipien, kumulativen Selektionsmethoden, ›lernfähig‹.
Wenngleich genetische Bildwelten nicht immer in 360°-Form dargeboten werden, sondern vielleicht nur auf einer Großbildwand im abgedunkelten Raum bestehen, so dürfen diese in einer Analyse des Phänomens Immersion dennoch nicht fehlen, da sie für die Erzeugung scheinbar belebter Bildwelten in entscheidender Weise verantwortlich sind. Interaktion, die, wie im Computerspiel, dazu führt, dass sich die Spieler, bewusst oder unbewusst, immer tiefer in die Logik und Entscheidungsstruktur der Games

begeben und damit immersive Eindrücke erleben, wird durch die teilweise unvorhersehbare Animation und Komplexität, wie sie genetische Bildprozesse zu erzeugen vermögen, noch gesteigert.

Im interaktiv-evolutionären Werk offeriert der Künstler ein Spektrum von Freiheitsgraden, definiert Spielregeln, nach denen die Betrachter zu handeln vermögen. Diese erlangen eine essentielle, bislang ungekannte Bedeutung im Rezeptions- und Werkprozess.[43] Ohne Interaktion existiert das Kunstwerk »A-Volve« nicht. Und tatsächlich verfolgen die Betrachter »A-Volves« zunächst das Überleben ihrer eigenen Kreatur, die sie gegen andere zu schützen versuchen. Ein Effekt sozialer Präsenz, der durch individualisierte Softwareagenten, die den Anschein von Sozialverhalten, Bewusstsein und Gefühlen erwecken, den Immersionseindruck weiter zu steigern vermag. Wie im Computerspiel steigert die Interaktion mit ›individualisierten‹ Agentenprogrammen den Eindruck, im Bildraum und seiner szenischen Handlung immersiv eingebettet zu sein. Und dennoch zeigt sich im Falle von »A-Volve« die ästhetische Größe Distanz in polarer Form: Jener besagten Tendenz der emotionalen Entgrenzung, welche durch die soziale Präsenz bewirkt wurde, steht ein Moment der Distanz gegenüber, der die Tierchen überhaupt erst beherrschbar macht und ihren Tod leicht hinnimmt – eine Distanzierung, die jedoch im spielerischen Umgang mit dem Bildszenario entsteht und die letztlich anzeigt, wie funktional das Werk im Sinne des Immersionsprinzips angelegt ist.

Ein künstlerisches Vorbild von Sommerer und Mignonneau war der am Media-Lab des MIT geschulte Computergrafiker **Karl Sims**, der bereits 1990 mit den genetischen Bildern seiner Computeranimation »**Panspermia**« Aufsehen erregte. Die mehrfach ausgezeichnete Animation, die Konzepte wie Chaos, Evolution, Komplexität und Theorien der Entstehung von Leben thematisiert, ist zugleich eine bemerkenswerte, künstlerisch-wissenschaftliche Visualisierung. Noch eindrucksvoller kommen die darwinschen Prinzipien der Evolution in Sims non-immersiver Installation »**Galápagos**« von 1997 ins Bild, die heute in der ständigen Sammlung des ICC in Tokio zu sehen ist. Tendenziell bewegt sich die Generationenfolge der künstlichen Biosphäre hierbei immer komplexeren Formen entgegen. Unattraktive Formen bestrafen die Besucher durch Nicht-Auswahl – unwiederbringliche Vernichtung. Das kreative Moment und die Option, den virtuellen Möglichkeitsraum für die Evolution potentieller Kreaturen zu durchmessen, erhalten die Besucher durch ihr Privileg der Kreuzung zweier Organismen. Die Ahnung der unendlichen Variantenvielfalt virtueller Kreaturen, welche die Evolution für das Leben bereit hält, jener Hyperraum des Möglichen, in seiner schier unendlichen Dimension, die niemals intellektuell vollständig zu erfassen ist, lässt sich vielleicht am treffendsten mit der ästhetischen Kategorie des Erhabenen im Sinne von Edmund Burke benennen.[44] Die Visualisierung dieses Abstraktums ist es, welche »Galápagos« aus der jüngsten Welle interaktiver Installationen hervorstechen lässt.

43 — Die Geschichte der Interaktion beginnt freilich nicht erst mit dem Computer, siehe Söke Dinkla, *Pioniere Interaktiver Kunst von 1970 bis heute*, Ostfildern 1997. Interaktion wird bereits in den Arbeiten von John Cage und Umberto Eco, »**Das offene Kunstwerk**« bedeutsam und thematisiert, vgl. das Kapitel »**Interaktion, Partizipation, Vernetzung**«. 44 — Edmund Burke, *A Philosophical Inquiry into the Origin of Our Ideas of The Sublime and Beautiful*, London 1757.

Varianz und Erweiterung erfuhr das Konzept spielerischer Kombinatorik durch die fast zeitgleich am ZKM entstandene Installation »**SonoMorphis**« (1998) von **Bernd Lintermann** und **Torsten Belschner**. Auch im Bildraum von »SonoMorphis« lassen sich immer neue, auf genetischen Algorithmen basierende biomorphe Körper ›schöpfen‹. Lintermann versetzt die artifiziellen Wesen in permanente Rotation und unterstützt die räumliche Wirkung durch Stereosound, der gleichfalls auf Zufallsprozessen beruht und beabsichtigt die interaktive Struktur der Installation flexibel, wie ein Instrument, zu begreifen, ein Instrument, das sich in diesem Fall aus visuellen und akustischen Komponenten zusammenfügt. 10 hoch 80 verschiedene Formen sind möglich, womit er eine Analogie zur Anzahl aller Atome des Weltalls zieht. Wie dem auch sei, die Anzahl der möglichen Varianten ist in »SonoMorphis« unvorstellbar komplex und nicht im Ansatz erfahrbar.

/

Zusammenfassung

Digitale Kunst ist offen, flüchtig, interdisziplinär, multimedial, prozessual, diskursiv, konzept- und kontextbezogen und zielt daneben immer häufiger auf Interaktion mit dem Rezipienten ab. Innerhalb der Evolution der Gattungen hat die Virtuelle Kunst begonnen, das tradierte Tableau weiter, diesmal zugunsten eines prozessualen Kunstmodells, aufzulösen. Interaktion, Telematik, genetische Bildprozesse verstärken nicht nur die Grenzüberschreitungen, sondern verschmelzen zudem die Wahrnehmung der Benutzer mit einem tendenziell auf alle Sinne ausgreifenden Interface. Es entstehen immersive Werke, welche die Gattungen von Architektur, Skulptur, Malerei, Szenografie, aber auch das Theater, Film und Fotografie, ja historische Bildmedien wie das Panorama und viele andere in die Virtuelle Kunst integrieren, sie zumindest per Simulation in einen Raum absorbieren, der einzig kraft seiner Effekte vorhanden ist.

Was immer von bildlichen Szenarien dieser Art zu halten ist, klar erscheint, dass die virtuelle Bildkultur einen intensiven Schub in Richtung Illusion und Immersion weniger durch fleißige Ingenieure erfahren wird, die minutiös jedes Detail berechnen, sondern durch kombinatorische Zufallsprozesse, die Unvorhersehbares erbringen, die Bilder komplex anreichern. Unbestreitbar ist, dass die Technologie mit Interaktion, Interfacedesign und Evolution einer gewandelten Ästhetik und neuen Wahrnehmungspotentialen den Weg bahnt. Spielerisch, scheinbar autonom agierende Agenten[45], welche Interaktion und soziale Präsenz intensivieren und damit die Verbindung zum Bildraum stärken, ergänzen die durch das Bildformat und den Raumton hervorgerufene Erfahrung der Immersion. Zunehmende Bedeutung gewinnt daher die Beschäftigung auch mit den technologischen Grundlagen dieser Illusion, zur Gewinnung eines wirkungsvollen Therapeutikums gegen den heute so verbreiteten Hype der virtuell-immersiven Bilder – denn Bilder werden es bleiben, nicht mehr, aber auch nicht weniger.

45 — Vgl. Timothy Binkley, »Autonomous Creations: Birthing Intelligent Agents«, in: *LEONARDO*, Bd. 31, Nr. 5, 1998, S. 333–336.

Immersion and Interaction

From circular frescoes to interactive image spaces

/

Oliver Grau

/

08./101

Before us lies a war-torn landscape: devastated buildings, soldiers, tanks, ruins, and the wounded. Under a lowering sky of dark clouds, we move through a landscape filled by death and destruction. An apocalyptic atmosphere pervades the scene. Armed only with a camera, we find ourselves in a panorama of news pictures of various armed conflicts. It is a universe of anonymous violence. Using a joystick, we navigate around soldiers, standing like Potemkin villages, from different nations and historical periods. Arranged in a kaleidoscopic pattern in this sphere of death, they stand stationary and lifeless, these images of war. The farther we penetrate into this image sphere, the more we realize how endless it is. With «**World Skin**,»[1] which in 1997 won the coveted Golden Nica in the Interactive Art category at the Ars Electronica, **Maurice Benayoun** transports the spectator into a virtual battle panorama, which is interactively experienced through CAVE technology.[2] The award of this highest distinction in computer art was also recognition of Benayoun's long-standing engagement with digital techniques; his first success came in 1995 with «**The Tunnel under the Atlantic**,» an installation with great public appeal. Visitors to the Centre Georges Pompidou in Paris embarked on virtual journeys through space and time to meet with visitors to the Museum of Contemporary Art in Montreal in an image space. «World Skin» is viewed in a cube, an almost hermetically enclosed space, where the walls and floor are projection screens and only the entrance side remains open. Several viewers at a time watch the virtual images that run around its walls. Seen through liquid crystal glasses, that is stereo glasses, the objects appear vivid and three-dimensional as though immediately in front of the spectators in the CAVE. Databeamers outside this area project the real-time images onto the CAVE 's semitranslucent walls so that inside the images flow seamlessly leaving no areas blank. This produces an impression of being physically present in the images. Thus the installation fulfills a central requirement of all virtual art: enclosure of the observer within an image space—here in the CAVE —to elicit a greater or lesser feeling of immersion and separation from the outside world. Further, Maurice Benayoun is revealed as an exegete of the panorama; he has revived the idea and aesthetics of this historical medium and developed it further using the latest image technology.

The installation's image space, a composite of pictures from dozens of theaters of war around the globe, are formed into a virtual panorama by a Silicon Graphics computer. Within the panorama, the viewers take pictures with a camera. Here, however, photography is a weapon of annihilation: whatever is ‹shot› exists no longer. Any fragment

1 — Maurice Benayoun/Jean-Baptiste Barriere, «World Skin: Eine Photosafari ins Land des Krieges,» in *Flesh Factor: Informationsmaschine Mensch*, Gerfried Stocker / Christiane Schöpf (eds.), Ars Electronica Festival, Linz, 1997, pp. 312–315. Cf. also Véronique Godé, «Rendez-vous incontournable des arts électroniques,» in *Création numerique*, January 1999.   2 — CAVE = Computer-Aided Virtual Environment.

photographed by a viewer disappears from the image space, leaving a monochrome area with black silhouettes, and a print of the image fragment is handed to the visitor on leaving the installation. The colored images disappear completely and all that remains is a white patch of screen.[3] Taking photographs underlines the fact that these representations of war stem from the media; for the viewer, an insight that is at first overshadowed by the experience of immersion. «Here the viewer contributes to augmenting the tragic dimension of the drama,» says Benayoun. «Without him, this world would be left to its pain. He rouses this pain, exposes it.»[4] Moreover, it is the visitors who destroy the virtual space. The skin of media images is ripped off the body of the world, whereby the camera is the weapon: the synaesthesis of exploding flashlights and the sound of the rising staccato of gunfire have a reciprocally intensifying effect.

/

Photography and media representation 08/102

In the history of technology, the camera has many associations with deadly weapons, from **Etienne Jules Marey**'s photographic gun to today's remote-controlled Cruise Missiles, whose constant stream of relayed images only ceases when the enemy and its images have been destroyed. Whereas in the early years, image production had difficulty in keeping pace with ballistic techniques, with the advent of cinematography and video image speeds began to approach those of the missiles, which in turn now increasingly assume the function of cameras. Humans are withdrawing farther and farther from the battlefield. Modern warfare is tele- and media warfare, a simulation where all conceivable variations of strategies are played through like a game with infinite variations. This critical analysis represents Benayoun's approach to the panorama. In «World Skin,» the experience of war in images is interfered with and destroyed by the medium of photography. Ultimately, it is about the role images play in our perception and appropriation of the world. Real atrocities are reduced to «significant surfaces,» to use an expression of Vilém Flusser's. Although the news pictures depict real events, they do not allow us any part or concern in this endless tragedy. Benayoun draws attention to this fact and also to the new technological developments from the military complex while at the same time he seeks to overcome this state of affairs through the use of new technology. In «World Skin,» the ubiquity of the photographic images creates a kind of second visual skin, which blankets reality and, in our memories, replaces it. Bit by bit, «World Skin's» panoramic space of image segments is erased and neutralized. The actions of the visitors cause a clean and non-symbolic data space to appear: they tear the skin off the image space and leave in its stead—nothing. It follows that for Benayoun photography represents death. Here he is in agreement with Vilèm Flusser, who described photography, like war, as a medium for tearing events out of history: «Like war, like photo: times stand still in both.»[5] The sound, composed by **Jean-Baptiste Barrière**, has an important share in creating the

3 — The installation runs on two SGI Onys Reality Engines, equipped with a camera to control the three axis coordinates and software for random autorun, programmed by Patrick Bouchaud, Kimi Bishop and David Nahon. 4 — Benayoun/Barriere, op. cit., p. 313. 5 — Cf. the essays by Vilém Flusser, *Standpunkte: Texte zur Fotografie*, Göttingen, 1998, citation p. 242; *Für eine Philosophie der Fotografie*, Göttingen 1989 (1983); *Ins Universum der technischen Bilder*, Göttingen, 1985.

impression of immersion. His composition reflects the topography of the image space. It is both present in the same texture and characterizes the potency of the images. Total immersion is only achieved through the synaesthesis of these effects. However, sound not only enhances the immersed state, it also encourages the viewer to destroy the image part of the immersion: what at first sounds like a camera shutter when the visitor takes pictures soon changes into the sound of gunfire. Depending on how often the camera is used, the sounds increase until they resemble the rapid fire of an automatic machine gun. This automatic destruction of the images through taking photos demonstrates a parallel to the compulsive behavior of machine-gunners—first observed in World War I—who under sustained fire could not take their fingers off the triggers of their weapons.[6] The viewers hear an ever-louder crescendo of detonations, which accompanies and intensifies the effect of the image space being destroyed, until the extent of the damage is so apparent that they are jolted out of their immersed state.

/

08./103 Art and image worlds

As a finely meshed alliance between science and art, today media art explores the aesthetic potential of interactive, processual image worlds. Internationally prominent representatives of this art form, such as **Charlotte Davies**, **Christa Sommerer** and **Laurent Mignonneau**, **Monika Fleischmann** and **Wolfgang Strauss**, **Jeffrey Shaw** or **Victoria Vesna** work as scientists at research institutes in the field of developing new interfaces, interaction models and innovative codes: they set the technical limits according to their aesthetic goals and critiques. Thus a new type of artist has emerged: as scientists, they often have security of tenure and they develop the technology for their image-aesthetic innovations themselves, working as leaders within teams of programmers and engineers. We are seeing a new alliance between art, technology and science; artists now publish reports on their new software or interface models in specialist journals or present them for discussion at scientific meetings.

Today media artists are shaping very disparate areas, for example, telepresence art, biocybernetic art, robotics, Net art, space art, experiments in nanotechnology, artificial or A-life art[7], creating virtual agents and avatars, datamining, mixed realities and database-supported art. These specialist disciplines can be roughly assigned to the fields of telematic, genetic or immersive-interactive art, and subsumed under the generic term ‹virtual art›.

/

08./104 Lineage of the tradition of immersion

From an image-theoretical perspective, it is remarkable that installations such as «World Skin» are bringing back the image form of the panorama to life—at least for a time. In addition to works by **Maurice Benayoun**, others, such as «**The Visitor: Living by**

6 — This artistic device can also be seen in connection with a common practice in computer games, where the simulation of war plays a central role. 7 — Two of the most well known exponents of A-Life art are Karl Sims and Thomas Ray. 8 — Cf. Oliver Grau, *Virtual Art: From Illusion to Immersion*, trans. Gloria Custance. Cambridge, MA, 2003 (orig. published 2001). 9 — For a history of the panorama divided on national lines,

Numbers» (2001) by **Luc Courchesne**, **«Place Ruhr»** (2000) by **Jeffrey Shaw**, or **Michael Naimark**'s **«Be Now Here»** (1995–2002), can also be put in the category of an exegesis of the panorama. These installations revive and discuss the idea and aesthetics of this dinosaur of a medium and are thus part of the history of immersion—a phenomenon that has only recently received recognition yet can be traced throughout the entire history of Western art.[8] Consciously or unconsciously, these artists make reference to this ancestor medium, the ‹panorama›, which was patented in 1787. Originally developed as an innovative visualization for use in military reconnaissance, Robert Barker's invention of circular perspective was soon put on the market, developed in the course of the nineteenth century into a mass medium, and ultimately reached an audience of several hundred million people.[9] Alternating between art, spectacle and political propaganda, in the beginning panoramas were created by individual artists who often worked for years under penurious circumstances. By 1800, however, panoramas were being produced in the metropolises of England and France in a mere matter of months according to strict profit-oriented principles in technically rationalized industrial processes based on the division of labor. The panorama became the nineteenth century's indicator of the image media combination of art, science and technology; it was one of the most widespread image media in the history of art. No other space of illusion created with traditional techniques developed this degree of illusionism and suggestive power. These were preceded by calculations of how to achieve a maximum of technological and psychological effects—also an exemplary feature of the panorama.

Through the ‹magical› luminosity of the picture, which was due to concealed overhead lighting, the illusion space itself appeared to be the source of the real. In the panorama, the depictions of nature assumed a totality and spectators ‹travelled› through time and space—a closed universe of illusion. In 1800, a commission was set up by the Institut de France for the express purpose of studying this medium. The panorama's central effect of producing an ‹illusion totale› met with the commission's wholehearted approval.[10] Their report found that, through its alliance with science, art had come decisively closer to its goal of perfect illusion. The impossibility of comparing the panorama's objects with extraneous objects, and being surrounded entirely by a frameless, all-embracing image, the spectator is subjected to a deception that is complete. Moreover, the awareness that this is a deception tends to fade the longer the observer remains in the panorama. Critique of the panorama followed hard on the heels of this praise; around 1800, the arguments were phrased mainly in physiological terms—very similar to contemporary discussion about simulator sickness. Suspicions were also voiced that the illusion might permanently impair the capacity for perceiving reality.[11] The military establishment and politicians saw this differently: both Napoleon and Admiral Lord Nelson quickly recognized the medium's suggestive potential for influencing the masses. Bonaparte's

cf. Stephan Oettermann, *The Panorama: History of a Mass Medium*, trans. Deborah Lucas Schneider, New York, 1997 (orig. published 1980); cf. also Silvia Bordini, *Storia del Panorama: La visione totale nella pittura del XIX secolo*, Rome, 1984. **10** — L. Dufourny, «Rapport sur le Panorama,» in *Procès verbaux de l'Academie des Beaux-Arts, 75e Séance du 28 Fructidor an 8, Procès-verbaux de la classe de littérature et beaux-arts*, M. Bonnaire (ed.), Paris, 1937 (1800), I, VIII, pp. 255–262, citation pp. 261f. **11** — J.A. Eberhard, *Handbuch der Ästhetik*, Part 1, Halle, 1805.

plan, however, to make his victories permanently available to the public in eight rotundas in the park at Versailles did not become a reality.
/ /

08./105 *The panorama and its precursors I: The Sedan panorama*

In Germany, the ‹dark side› of the panorama and with it the concept of immersion reached its zenith considerably later: after the Franco-Prussian War of 1870–1871. Paradigmatic for this is **Anton von Werner**'s «**The Battle of Sedan**,» undoubtedly the most expensive picture of its time and viewed by millions.[12] The gigantic canvas measured 1725 m^2 and the picture brought «the military hour that the empire was born,» as the official jargon put it, to Berlin's Alexanderplatz. The opening ceremony in 1883, on the anniversary of the Battle of Sedan, was a political event, attended by the Kaiser, Bismarck, Moltke, and practically the entire power elite, and was front-page news in all the major newspapers the next day. In front of the photorealistic battle painting, which presented the German aggressors as defenders, was a ‹faux terrain›—a space with three-dimensional objects, such as bushes, boulders and fieldwork tools, as well as real weapons and cardboard figures. Rousing marching music from an orchestrion and the compelling appeal of the soldiers' perspective additionally enhanced the involvement of the observer. From all directions, this image apparatus was concentrated and fixed physiologically on the observer with the precision of photorealistic illusionism. In this way, the Sedan panorama represented the state of the art of contemporary technical skill in the art of illusion and knowledge of the physiology of sensory perception, as formulated by Hermann von Helmholtz in a series of lectures «On the Relation of Optics to Painting,» 1871.[13] For us today, whose viewing habits are so fundamentally different from those of the nineteenth century, it is almost impossible to imagine the profound effect that static panorama images had on contemporary audiences. In the first few moments, the brightly painted scene appeared so overwhelming that many visitors said they felt as though they were in a real battle. The newspaper «Neue Preussische Zeitung,» for example, wrote: «The visitor is gripped immediately, he is taken completely by surprise and instinctively holds back. One is afraid of being trampled by the horses' hooves and feels the urge to concentrate on going backwards. Swirling dust and smoke seem to fill the air. Trumpets blare, drums beat, drums roll… .»[14] The multimedia event that the Sedan panorama represented served to drum blind obedience, the fundamental prerequisite for the mass battles of World War I, into the groups of schoolchildren who were taken to see it. Whereas Benayoun's panorama is informed by fundamental skepticism of the image—virtual images are given over to stepwise destruction—the battle panoramas of the nineteenth century were firmly committed to a staunch belief in images and their powerful effects.
/ /

12 — Cf. Oliver Grau, «Das Sedanpanorama: Einübung soldatischen Gehorsams im Staatsbild durch Präsenz,» in *Medien der Präsenz*, Wilhelm Voßkamp (ed.), Cologne, 2001, pp. 143–169. 13 — Hermann von Helmholtz, «Optisches über Malerei,» in *Vorträge und Reden*, Braunschweig, 1903 (1871), p. 96. 14 — *Neue Preußische Zeitung—Kreuzzeitung*, September 4, 1883, no. 205, p. 1.

The panorama and its precursors II: The «Calvary» 08/106

In history, the suggestive power of virtual and immersive image spaces has not only been pressed into the service of politics but also utilized by the Church for its power strategies in a visual mass medium. At the beginning of the sixteenth century in Northern Italy, the first of the «Sacri Monti» were constructed—an image wall erected against the encroaching Reformation as it were—a movement which later spread throughout the Catholic world. The idea was to build highly illusionistic, diorama-type simulations of holy biblical places in which thousands of pilgrims a day could become immersed. The most famous of these spaces of illusion, the «**Calvary**» at Sacro Monte, Varallo, was created 1518–1522 by **Gaudenzio Ferrari**.[15] Although he is largely ignored today, Ferrari's contemporaries did not hesitate to put him on a par with Leonardo. Ferrari complied with the tenets of art theory of his time which, in addition to the faithful rendering of proportions, colors and perspective also embraced Lomazzo's demand of expressing «moto,» the passion of the soul. His skills served the goal of absolute mimesis, such that many of his life-size, terracotta figures wore real clothes and wigs and even had glass eyes.

/ /

The panorama and its precursors III: «Villa dei Misteri» 08/107

Immersion has a history—unremarked by historians of art until now—which runs through the entire history of Western art and back as far as classical antiquity. Impressive examples of rooms with wall paintings that seem to extend the space and fuse physical with illusion space are found in Roman and Pompeian villas, such as the «**Villa dei Misteri**.»[16] (I am not suggesting that these image spaces should be taken as some kind of starting point for this image tradition; nor is the evolution of media of illusion and immersion ever likely to reach an absolute end.) In this chamber dedicated to the cult of Dionysus, which was used for rites of initiation and rituals, the observer is surrounded by life-size, realistic figures, who seem to address the visitor and each other across the intervening space, communicating from wall to wall. The image space functions as a portal, allowing gods to enter the supposedly real physical space and, vice versa, taking the portrayed human actors and the observer onto the same image level—it could be classed as a mixed ‹reality.› This strategy of immersion, initially visual, which was produced in the Villa dei Misteri with all the visual techniques known to this epoch, ‹opened› the boundary to the image space, integrated the observer into the scene, and conducted him or her into the ritual core of the mystery cult.

/ /

The panorama and cinema 08/108

Similarly, the history of immersion can also be traced through the history of cinema. Even established greats of critical art, such as the Soviet avant-garde film director **Sergei Eisenstein**, appear in a new light if we examine their immersive visions. From the

15 — Cf. George Kubler, «Sacred mountains in Europe and America,» in *Christianity and the Renaissance: Image and Religious Imagination in the Quattrocento*, Timothy Verdon (ed.), New York, 1990, pp. 413–444. 16 — Cf. Burkhardt Wesenberg, «Zur Bildvorstellung im großen Fries der Mysterienvilla,» in *Kölner Jahrbuch für Vor- und Frühgeschichte 24*, 1991, pp. 67–72; also the authoritative text by Erika Simon, «Zum Fries der Mysterienvilla bei Pompeji,» in *Jahrbuch des Deutschen Archäologischen Instituts*, 76, 1961, pp. 111–172.

perspective of the 1940s, the film pioneer Eisenstein viewed his medium as the most elaborated image medium in a chain of development where art, science and technology were progressively merging together. In an essay written shortly before his death, «**O Stereokino**» (1947), Eisenstein emphasizes the long continuity of the interdependent and synergetic relationship between art, science and technology. The ultimate synthesis of all art genres, which he believed was imminent, would culminate in the utopia of «stereokino,» stereoscopic cinema, which was at the same time the expression of an ages-old, deeply human urge to create images. Then the image, experienced in «real three-dimensionality»—he did not provide any technical details—would «pour» from the screen into the auditorium. Further, stereo sound would be «absolutely essential.» It would enable the film director to «capture» the audience and the audience to «immerse themselves completely in the powerful sound.»[17] The images of stereoscopic film would attain a potential for three-dimensionality and movement never seen before; so powerful that they would wrench the audience psychologically out of their actual surroundings and into those of the film—all in the cause of Socialism under Stalin.

With the history of immersion, it is not my intention to propose any kind of extended durability for it or to provide art historical legitimization for virtual reality; rather, I wish to demonstrate the recurring existence of the figure of immersion in intermedia together with its problematic potential and intentions. It is certainly inadmissible to ascribe an inner logic of development to the history of immersive image spaces, which, in small, successive steps that follow each other rapidly ultimately leads to the virtual reality of the computer. Rather, we are dealing with many and diverse individual stages, often contradictory and disparate, that represent and initiate a new status for perception.

Almost at the same time as Eisenstein was developing his visions of future cinema, **Fred Waller**'s «**Cinerama**» made its appearance in the USA. Similar to today's IMAX cinemas, in the 1950s it provided around one hundred cinemas across the world with three-dimensional image worlds, many of them ultra-fast moving ones.[18] Further, the history of the World's Fairs—as yet unwritten—abounds with attempts to surround visitors with utopian worlds of images. Paris 1900 introduced the new «Cinerama,» which enclosed visitors in a panorama of film pictures so that they ‹went up› in a hot-air balloon from the Champ de Mars, and exhibited many propagandistic panoramas of French colonies. The «Futurama» in New York in 1939 presented the U.S. car industry's image vision of the totally automobilized city. Later World's Fairs continued to utilize immersive image techniques, as at Expo 2000 in Hanover, where the principle of immersion played a central role in the theme park «Mobility.»

From this brief sketch of the historical development of immersion, it is apparent that over time, older image media lose their use value; however, their importance as spaces for artistic experimentation increases. Increases in suggestive power and visual impressiveness

17 — All citations in Sergei Eisenstein, *Das dynamische Quadrat: Schriften zum Film*, Leipzig, 1988. 18 — Cf. Morton L. Heilig, «El Cine del Futuro: The Cinema of the Future,» in *Presence*, 1, 3, 1992, pp. 279–294, reprinted from Espacios 23–24, 1955.

were often the goal and driving motivation behind the development of new media of illusion. On closer scrutiny, we can make out a sheer endless stream of supposedly established entities, like cinema, that are revealed as assemblages of components that are arranged in ever-changing and new constellations in the kaleidoscope of developing evolution of art media. An overview provides some idea of the momentous energy involved in the constant search for and creation of novel spaces of illusion.

/

Immersion as a concept 08./109

As a rule, virtual realities that are primarily experienced visually seal off the observer hermetically from external visual impressions, appeal directly through the use of three-dimensional objects, expand the perspective of real space into illusion space, observe scale and color correspondence, and, like the panorama, use indirect light effects to make the image appear as the source of the real. In the case of virtual realities, the creators' intention is an artificial world that renders the image space a totality or at least fills the observer's entire field of vision. Unlike, for example, a cycle of paintings representing a temporal sequence of successive images, these images integrate the observer in a 360° space of illusion, or immersion, where there is unity of time and place. Image media can also be described in terms of how they intervene in perception, how they organize perception and cognition; in this respect virtual immersive spaces must be classed as extreme variants of image media, which, because they represent a totality, offer an alternative reality. On the one hand, they meet the demands of the media-makers for a symbolic form of an all-embracing image experience, which admits no contradictions or alternatives, and on the other hand, they offer the observers—again because of their totality—the option of sensual and awareness-altering fusion with the image medium. This represents a huge difference to, for example, non-hermetic «trompe l'oeil» illusionistic painting where it is easy to recognize the medium utilized, or to images and image spaces constrained by a frame, such as theater, to a certain degree the diorama, and particularly television. Within the limits or framework of their form, these image media symbolically stage the aspect of difference. They leave the observer outside and are thus not suitable for presenting virtual realities in a way that deceives and overwhelms the senses. For this reason, I shall not consider these media here.

/ /

Image spheres 08./110

In virtual realities, to the panoramic view is added the sensorimotor exploration of an image sphere that conveys the impression of being inside a ‹living› environment. Interactive media are changing our idea of the two-dimensional image into one of a multisensory, interactive space of experience located within a processual context. It opens up objects and image spaces that until now were impossible to depict. The parameters of time and space can be modified at will and the virtual space can be used for modeling and gathering experience. Particularly the possibility of communicating with and accessing such image spaces via global data networks, together with the technique of telepresence, offers a range of new options for immersion. Further, a significant proportion of the image resources of the natural environment are being merged with artificial images in mixed realities, where it is often impossible to distinguish between original and simulacrum.

I do not wish to imply that computer-generated virtual art invariably gravitates toward maximum illusion: on the contrary, artists are continually engaged in attempts to subvert this basic tendency and to critically interrogate illusionism, interface design and natural interaction processes in order to discover new aesthetic options. Nevertheless, it must be emphasized that virtual art definitely operates within the field of illusion and immersion—the paradigm of the medium. This fact, whether treated critically or used strategically by the artists, is the foundation upon which this art genre erects its works. The potential of virtual artworks for visualization far exceeds pure mimesis. To visualize complex systems, a goal of many artists, holds great new and creative potential for image technology. New image spaces for interactive art reception are being created that can be experienced polysensually. These facilitate processual situations and thus encourage aspects of performance. In this way, the categories of games and game theory acquire new meaning.

/ /

08/111 *Displays*

Since the late 1980s, a new generation of displays enable 3-D images. The **Head Mounted Display** (HMD), for example, or the more recent CAVE, convey to the user the impression of being immersed in the image space, of moving around in it in «real time,» and of being empowered to intervene in and modify the images. Although the idea of quantifying immersion (see **SIGGRAPH** conference) first appeared in the early 1990s in connection with so-called presence research (a quasi synonym for virtual reality research), the phenomenon of seeming to be present in the location of an image is much older. In spite of changing media technologies, the idea of a 360° image is an enduring feature in the history of art and the media. A predominant characteristic of its development was on the one side the interplay of large format immersion spaces, which completely integrate the physical presence of the observer (rooms with 360° frescoes, the panorama, Stereopticon, Cinéorama, IMAX cinema, and the immersion methods of contemporary digital art, for example, the CAVE) and on the other, devices positioned immediately in front of the eyes (peep-show box, stereoscope, stereoscopic television, Sensorama, and more recently the HMD.) This is a history of frameless, even immeasurable images; the relationship of humans to these images is inextricably bound up with specific historical perception and media competence: the central phenomenon of immersion arises when work of art and advanced image apparatus, when message and medium, converge in an almost inseparable unity—the medium becomes invisible.

/ /

Dispositions of the observers 08./112

Immersive art is without doubt key for understanding the development of the media, although the concept may appear somewhat opaque and contradictory. Obviously, the relation between critical distance and immersion is not a simple matter of ‹either/or›; the many and diverse connections are interwoven, dialectic, in part contradictory, and definitely dependent on the individual dispositions of the observers and their historically acquired media competence.

Immersion can be a mentally active process; in the majority of cases, however, both in older and contemporary art history, immersion is mental absorption in order to initiate a process, a transition. Characteristics are a diminished critical distance and emotional involvement. Aesthetic experience that requires distance or room for reflection tends to be subverted by immersive strategies. More power of suggestion appears to be an important motive force in the development of new media of illusion. It would seem that this is the driver behind ongoing efforts to renew power over the observers using novel potential for suggestion in order to install new regimes of perception. Yet, the idea that humankind can somehow return to a state of pre-symbolic and pre-media experience in the Rousseau sense, that is to make mediation through symbols disappear and achieve immediacy of experience, is an illusion. If we look more closely at history, we recognize that there is an interdependent relation between the suggestive potential of historic media of illusion and what we know about the media competence of their contemporary audience.

Even six-year-old children are able to distinguish between reality and ‹as-if worlds›,[19] yet in Western art and media history there is a recurrent movement that seeks to blur, negate, or abolish this distinction through employing the very latest imaging techniques. It is not possible for any form of art to reproduce reality completely and we must remain aware that there is no objective appropriation of reality—Plato's metaphor of the cave demonstrates this. Only interpretations are decisive. This was a major philosophical theme of early modern times: The work of Descartes, Leibniz and Kant may be regarded as marvelous attempts to reflect upon the consequences that derive from the mediation of perception, and thus the cognitive process, which ultimately cannot be overcome—even with the aid of highly sophisticated visualization. In essence, artificiality and naturalness are also concepts of reflection. They do not denote objects but views, perspectives and relations.[20] In addition to mimicking it, the transformation of reality has always been the essence of art: the creation of reality, collective and individual.

19 — Cf. Fisher/Watson, «Differentiation of fantasy and reality,» in *Developmental Psychology*, 2, 1988, pp. 286ff.

20 — Wolfgang Welsch, «Künstliche Paradiese? Betrachtungen zur Welt der elektronischen Medien - und zu anderen Welten,» in *Paragrana*, 1, 4, 1995, pp. 255–277.

Interestingly, certain recent findings in neurobiology propose that what we call reality is in fact only a statement about what we actually have the ability to observe. Any observation is constrained by our relative individual physical and mental natures and our theoretical scientific premises. It is only within this framework that we can make observations of that which our cognitive system, dependent upon these constraints, allows us to observe.
/ /

08/113 *«Iconic turn»*

Over the last few years, intense discussion has centered on the question of the image—in media studies, art history, as well as the neighboring disciplines like cultural studies—which displays remarkable parallels to the rapid developments in the field of the new media. This discussion is reflected in the works of such diverse thinkers as **Vilém Flusser**, Jonathan Crary, Hans Belting, Horst Bredekamp, Martin Jay, **Lev Manovich** and Oliver Grau[21] and confronts a cultural process of change, which has been described as ‹iconic turn› by William J. Mitchell (1995).[22] In the course of this revolution of the new media, digital media and digital images, these novel worlds of images and the future predicted for them have been both celebrated and lamented, or even hailed as the apocalypse by thinkers such as Dietmar Kamper[23] or Jean Baudrillard.[24] The cultural effects resulting from this transformation of the media, however, have so far only been analyzed to a minimal extent. Disturbingly, theorists such as Vilém Flusser have even spoken of the ‹dissipation of the body› in the cyberworld of the media.

Interface design, to put it pointedly, has become a political issue for it is where media art and media theory are located. Recently, a discussion has erupted about ‹natural› versus ‹critical› interfaces, which either cover up or make us aware of their media and iconic foundations. The parameters of spatial organization, arrangement of degrees of freedom, avatar design, narration strategy, and in the case of evolutionary image processes the definition of a selection procedure, are creative tools now in the hands of artists. The effects, in terms of the theories of image, art and the media, are unforeseeable. I shall now examine the ways in which contemporary artists are trying to develop immersive strategies in the digital sphere; strategies that strongly relate to the ever-changing interface with the machine, the technique of telepresence, and the development or design of software, for example, to facilitate interaction or evolutionary image processes based on genetic algorithms. My contention is that these elements in combination demonstrate a further development of the principle of immersion using state-of-the-art visualization technology.
/

21 — Vilém Flusser, «Digitaler Schein,» in *Digitaler Schein*, Florian Rötzer (ed.), Frankfurt/Main, 1991, pp. 147–159. Jonathan Crary, *Techniques of the Observer: On Vision and Modernity in the Nineteenth Century*, Cambridge, MA, 1990; Hans Belting, *Bild-Anthropologie: Entwürfe für eine Bildwissenschaft*, Munich, 2001; Horst Bredekamp, «Kunstgeschichte im Iconic Turn. Interview mit Hans Dieter Huber und Gottfried Kerscher,» in *Kritische Berichte* 26, no. 1, 1999, pp. 85–93; Martin Jay, *Downcast Eyes*, Berkeley, 1993; Lev Manovich, *The Language of New Media.* Cambridge, MA, 2001; Grau (2003), op. cit. 22 — William J. Mitchell, *Picture Theory: Essays on Verbal and Visual Representation*, Chicago, 1995. 23 — Dietmar Kamper, *Unmögliche Gegenwart: Zur Theorie der Phantasie*, Munich, 1995. 24 — Jean Baudrillard, *Das perfekte Verbrechen*, Munich, 1996. 25 — 1995: Ricco/Maresca Gallery, *Code*, New York; Musée d'art contemporain de Montreal: *Osmose*; Laing Gallery: Serious Games, Newcastle-upon-Tyne, U.K. 1997: Museum of Monterrey: *Virtual Art*, Mexico. Barbican Art Centre: *Serious*

The ‹natural interface›: «Osmose» 08./114

Many virtual environments reduce the observer to a seemingly disembodied entity within a Cartesian space with a fairly clear view of a space that is frequently quite empty. Although **Charlotte Davies**' virtual environment «**Osmose**» has only been shown a few times in the USA and Europe,[25] more than any other contemporary work it has been the subject of international media art debate. Only a few thousand visitors have actually had the opportunity to experience the installation, but many times that number of art lovers has avidly followed the debate on aesthetics, phenomenology and reception of virtual art that has centered on this particular work. Moreover, the level at which «Osmose» cultivates the user-interface—a central parameter of virtual art—is unparalleled. «Osmose» is an immersive interactive environment where the user experiences 3-D computer graphics and interactive sound synaesthetically wearing an HMD.[26] It is a technically advanced and visually impressive simulation of a series of complex natural and textual spaces: a mineral-vegetable, intangible sphere. Nothing here recalls the grainy, jittery polygonal images of virtual art's early years: in the data space created by the Canadian Char Davies, phosphorescing points of light glimmer in soft focus in the dark.

Her objective to develop a natural, intuitive interface, is groundbreaking. The user interface is the point of contact between humans and machines where exchange with oneself or with others takes place. Many forms are possible. It is at the interface, which must be used by the active observer according to the rules of the particular illusion world, that the communication structures of the simulation meet with the human senses. Thus, the interface in virtual reality has a more sustained function as the key to the digital artwork and it shapes both perception and dimensions of interaction. The observer, whom Davies refers to as the ‹immersant›, controls navigation through the virtual space by means of a lightweight vest filled with sensors. This has to be put on before the journey can begin; it tracks each breath and movement of the torso and relays this information to the software. Because this interface concept utilizes involuntary physical processes and habitual muscular movements, the observer unconsciously connects with the virtual space in a much more intense way than with a joystick or a mouse. The effect is a profound feeling of corporeal presence, which in the course of the ‹stay› results in an emotional state that is enhanced still further by the music. Each zone has its own localized sound; in fact, the sound plays a decisive role in generating the feeling of presence.[27]

At first glance, Davies' most recent work, «**Éphémère**» (1998), appears to be the twin of «Osmose»: a virtual space that generates reactive image worlds in real time.[28] However,

Games, London. 2000: San Francisco. **26** — On this work cf. Steven Porter, «Journey into VR,» in *Computer Graphics World*, 16, 10, 1996, pp. 59–60; Margaret Wertheim, «Lux Interior,» in 21C, 4, 1996, pp. 26–31; Char Davies/John Harrison, «Osmose: Towards Broadening the Aesthetics of Virtual Reality,» in *Computer Graphics*, 30, 4, 1996, pp. 25–28; Oliver Grau, «Vom Zen des Tauchens,» in *DIE ZEIT*, 20 June 1997, p. 62; Eduardo Kac, «Além de Tela,» in *Veredas*, Rio de Janeiro, 3, 32, 1998, pp. 12–15. **27** — In Davies' own words: «And perhaps most importantly, a lot of the emotional impact of the piece comes from the haunting melodies and soundscapes throughout.» Cited in Porter (1996), op. cit., p. 60. **28** — Margaret Wertheim, «Out of This World,» in *New Scientist*, 6 February 1999, pp. 38–41; Jean Gagnon, «Dionysus and reverie: Immersion in Char Davies' environments,» in *Char Davies, Ephémère*, exhib. cat., Ottawa: National Gallery of Canada 1998; Michael Heim, *Virtual Realism*, Oxford, 1998, pp. 162–167, 171.

whereas «Osmose» was deeply embedded in a spiritual conception of nature, the image worlds of «Éphémère» include organs of the body, bones and the blood circulatory system. When asked, Davies says that «Éphémère» is inspired by an actual place in her native Quebec and, in a certain sense, it symbolizes a lament, an elegy, a remembrance space for the passing of nature as we have known it.

/

08./115 **Inner distance**

When actually immersed in a high-resolution, 360° illusion space such as «Osmose» or «Éphémère,» it is only with great difficulty that an observer can maintain any distance to the work or objectify it. It is almost impossible to perceive it as an autonomous aesthetic object. If media competence results from the capability, or learned ability, to objectify a given medium, then this ability is undermined by virtual installations. The designers of this medium utilize all means at their disposal to banish this from the consciousness of the recipients. At best, the medium of virtual reality—as indeed all immersive image techniques—can only be objectified through knowledge and awareness of the image production processes and an understanding of their technical, physiological and psychological mechanisms, for in them everything is an image. As the interfaces seem to disappear, as their design becomes more natural, the illusionary symbiosis of observer and work progresses and psychological detachment increasingly vanishes. Inside the immediate existence of ‹omnipresent› virtuality there will be lasting effects on any mechanism of knowledge acquisition. Thus, in certain seemingly ‹living› virtual environments a fragile, central element of art comes under threat: the recipient's act of distancing, which is essential for enabling any critical reflection.[29]

/

08./116 **Virtual spaces of knowledge: Knowbotic Research/Hegedüs/Fleischmann**

There are, however, remarkable attempts by artists to use immersive strategies to oppose the apparent lack of distance. In the Renaissance, neo-Platonists constructed virtual temples of memory, memory theaters, spaces of thought, and storage spaces of knowledge for the collected wisdom of their time, where many and various—theoretically infinite—associations between objects and memory locations could be combined and thought. Mental, imaginary navigation through these spaces that also facilitated combinatory processes: ‹ars combinatoria› was the intellectually productive principle of these memory theaters, for example that of Giulio Camillo, circa 1550.[30] The Hungarian artist **Agnes Hegedüs**, who worked at the Zentrum für Kunst- und Medientechnologien (Center for Art and Media Technology—ZKM) in Karlsruhe for many years, has revived this historic concept of the memory theater, as **Bill Viola** had done a few years before.[31] Importantly, the difference is that Hegedüs offers the visitors to her virtual spaces a

29 — More than perhaps any other thinker, Ernst Cassirer reflected on the power of distance for intellectual productivity and creating awareness. In *Individuum und Kosmos*, he proposes that distance constitutes the subject and is alone responsible for producing the «aesthetic image space» as well as the «space of logical and mathematical thought.» Cf. E. Cassirer, *Individuum und Kosmos*, Darmstadt, 1963 (1927), p. 179. Two years later, Aby Warburg stressed the intellectual, awareness-enhancing power of distance and even included this «original act of human civilization» in the introduction to his *Mnemosyne-Atlas*. 30 — Cf. Giulio Camillo, *L'Idea del Teatro*, Florence, 1550, and the modern classic Francis A. Yates, *The Art of Memory*, Chicago, 1966, pp. 192, 205, and 231f.

dynamic structure with intermedia elements, thus expanding the historical mnemonic techniques to include contemporary media. Here virtual art joins the current widespread trend of a «mise en scène» of knowledge, to initiate and push forward rejection of the desktop metaphor in favor of dynamically generated spatial visualizations. Agnes Hegedüs is a representative of this. Her «**Memory Theater VR**» (1997) invites the visitors to enter a panorama rotunda. A circular screen both marks the boundary of the virtual reality environment and forms a virtual theater. Hegedüs' panorama offers a rich array of associations leading the visitor through the history of art and media, including Mannerist, Futurist and Deconstructivist virtualities. It is a collection of decisive intellectual turning points in history, media emblemata, which are configured before the inner eye in changing combinations, allowing the visitor to form individual memory images.

One of the earliest memory spaces that was a representation of an entirely new form of public space—that of global computer networks—was «**The Home of the Brain**» (1991) by **Monika Fleischmann** and **Wolfgang Strauss**. At the **ART+COM** institute they created, in Strauss' words, «a morphological simulation space, in motion,»[32] which is experienced polysensually and interactively. The architecture of Mies van der Rohe's Neue Nationalgalerie (New National Gallery) in Berlin is the model for the electronic shell of «The Home of the Brain,» a digital data archive for different theoretical approaches. A modern version of a «stoa,» it offers a simulated, highly symbolic space of information where a metaphorical discourse on the ethical and social implications of new media technology takes place. These questions are illuminated through the presentation in the virtual space of seminal quotations from the very different approaches of the scientists Marvin Minsky and Joseph Weizenbaum and the philosophers Paul Virilio and Vilém Flusser.

In the 1990s the Austro-German group of artists **Knowbotic Research** developed another variant of immersive virtual spaces, of hybrid models for the digital representation of knowledge. Their virtual installation «**Dialogue with the Knowbotic South**» (DWTKS) (1994–1997) processes scientific data from international research stations to create a constantly changing abstract representation of Antarctica. It visualizes and maps this deserted yet scientifically well-documented continent resulting in a virtual scenario that is, however, neither abstract nor illusionistic.[33] «Dialogue with the Knowbotic South» processes the data received via the networks and visualizes it on large projection screens in a darkened room as changing starbursts, which can be activated by software agents called «knowbots.» Here the visitor does not experience immersion in an illusionary Antarctic landscape but, instead, in an image space filled with abstract scientific data, a space of permanent metamorphosis, which is the intention of the artists. «Dialogue with the Knowbotic South» enables the observers to actively witness how science models

31 — In his installation «Theater of Memory» (1985), Bill Viola also transports the visitors to such a memory theater; in this case, the electrical processes in the brain connected with memory are associated with the electronic ones of video technology. A more recent work, Emil Hrvatins' *Drive-in Camillo* (2000), explicitly employs the metaphor of the memory theater of early modern times. 32 — Wolfgang Strauss/Monika Fleischmann in *film und arch* 1, 2–5 December 1993 (Graz, Austria). 33 — Cf the essays by Knowbotic Research, «Co-realities,» in *MedienKunstPassagen* 4, Vienna 1994; «Postorganic immortality,» in *Kunstforum International*, 133, 1996; «Discovering cyber Antarctica,» in *Digital Delirium*, A. and M.-L. Kroker, New York, 1997.

and simulates Antarctica, a continent not fully explored, with extreme climatic conditions and little history of civilization, into an artificial construct, into computer-aided nature.[34] Knowbotic Research's concept raises doubts about the hope of science to achieve a representation of nature in its entirety and, with their artistic deconstruction, they highlight the ideological dimension of images in science that seek to represent what is seen as it is intended it should be seen.[35]

/

08./117

Interactive theater

In plays, novels or artworks we often encounter a conflict situation, a caesura, or an ambivalent moment that, when concentrated within one character, serves to endow the plot with overwhelming suspense until, finally, the conflict is resolved in some way, for example by a tragic «dénouement.» A remarkable example of a new kind of combination of digital art and theater, of life and art, or, technically speaking, of a complex software interface is the installation **«Ultima Ratio»** (1998) by **Daniela Alina Plewe**[36]. Her interactive installation pursues an ambitious goal: to develop a visual language equivalent to what takes place in theater, which reflects the logic and inner arguments of the protagonists that precede the action. «Ultima Ratio's» basic aesthetic experience is conflict. Once involved in its ambivalence the visitor must actively and creatively make a decision. On closer analysis, however, the iconic argumentation is revealed as being still at a rudimentary stage of development: the arguments appear as fragile and abstract spatial bodies, which represent their conditions, conclusions and internal dynamics. Notwithstanding, Plewe's «Ultima Ratio» offers a first glimpse of an open system of theater, which allows the audience to participate in a sophisticated way in the solution of complex model conflicts. Her system of interactive degrees of freedom draws visitors ever deeper into the space of possible alternative strategies of action and allows them to participate in an immersive path of narration—a symbiosis of virtual art and theater.

The ongoing fusion of genres—or media—that has been apparent since the beginning of the 1990s is a signature of virtual art and the technology upon which it depends is mirrored in the work of the Australian artist **Jeffrey Shaw**. Together with the British artist and theorist **Roy Ascott**, who began to publish texts on interactive computer art in the 1960s, in fact before it even existed, and the American artist and researcher **Myron Krueger**, whose experiments with the reactive real-time system **«Videoplace»** (1974) are considered the beginning of interactive art, Shaw is regarded as a pioneer of interactive art. For decades he has been particularly interested in immersion, although he has not stated this explicitly; however, the concept of immersion pervades his oeuvre, from his early ‹inflatables,› his work **«Corpocinema»** (1967), to his works based on the expanded cinema idea which breaks through the limits of the cinema screen, the various versions of his classic **«The Legible City»** (1988), a square kilometer of virtual urban space with an

34 — The artists received access to data collected by the U.S. National Science Foundation and the Alfred Wegener Institute in Bremerhaven; Norway, New Zealand, and Russia also provided data. However, they were unable to get satellite data less than two weeks old. The only online data was provided by Germany.
35 — Cf. Peter Louis Galison, *Science in Culture*, New Brunswick, 2001. 36 — See also her new online project for «Media Art Net»: **«ArtAbstracts.»**

architecture of letters as high as buildings that can be crossed by bicycle, his «**Extended Virtual Environment**,» (1993–1995), and his most recent installations, such as «**Place Ruhr**» (2000). Visions of future cinematography were assembled in the exhibition **Future Cinema** at the ZKM, which was co-curated by Shaw. His installation «Place Ruhr» not only links the genres of photography and video with virtual art, but Shaw consciously locates it in the tradition of that dinosaur of media and art history of immersion the panorama.

/

Telepresence 08./118

Particularly global access to and exchange of images via the Internet opens up a new, data-mediated epistemology through the technique of telepresence, which also represents a paradox. Telepresence is indeed a mediated perspective that appears to surmount great distances; however, in the virtual environments via polysensorial interfaces perception is even enhanced through the so-called ‹lower› senses (‹active› touching, ‹passive› feeling or smelling) and thus the abstraction- and concept-generating function of distance comes under pressure. The classical position of an observer directly in front of a material artwork is replaced here by a participatory relationship, which may appear to overcome great distances yet through feedback loops in the work appears to be directly present in the digital image space.

At an exhibition organized by German Telekom in the autumn of 1991, an early version of «**The Home of the Brain**» was transmitted from the **ART+COM** institute in Berlin via ISDN to Geneva in Switzerland. Users in Geneva, equipped with data gloves, were able to navigate the data set from Berlin without being visible. This was an experiment with telepresence, which stands for the reception of works consisting of digital data and interaction with them from afar. Thus as early as 1991 «The Home of the Brain» provided a glimpse of the epistemic innovation that telepresence represented, where in its reception the work loses its locatability. The observer does not physically go to the work, the painting, panorama, film and so on, but neither does the work come exclusively to a particular observer.

Telepresence art,[37] which developed in the early 1990s before the WorldWideWeb and can be seen as the successor to telematic art, was particularly indebted to the work of two artists—**Eduardo Kac** from Brazil and **Ken Goldberg**, who teaches at the University of California at Berkeley. The pioneering work of Kac and Goldberg, which triggered a great deal of theoretical reflection on the implications of telepresence for the concepts of art and cognition,[38] has less to do with transferring observers to immersive environments or enhancing the imagined connection with an artificial environment by means of sensual feedback and more with the telecommunicative aspect: teleaction using operators and robots. Kac, who has exhibited all over the world and is the recipient of many

37 — Eduardo Kac, «Telepresence Art,» in *Teleskulptur*, Richard Kriesche (ed.), Graz: Kulturdata 1993, pp. 48–72.
38 — Cf. Ken Goldberg (ed.), *The Robot in the Garden: Telerobotics and Telepistemology on the Internet*, Cambridge, MA, 2000. 39 — Including the 1998 *Leonardo* Award for Excellence.

important awards,[39] first achieved international recognition in the 1980s as the pioneer of Holopoetry. In the 1990s, his primary interest was art that combines biological processes with telematic structures. In the «**Ornitorrinco Project**,» a collaboration with Eduardo Bennett exhibited at SIGGRAPH 1992 in Chicago, users controlled via telephone lines the movements of a remote robot located at Kac's workplace, the School of the Art Institute of Chicago. He continued to explore these aesthetics in following works, such as «**Ornitorrinco in Eden**» (1994), «Rara Avis» (1996), and «**Uirapuru**» (1999), which linked physical spaces with interactive and perception processes with a remote place.

/ /

08./119 *«Telegarden»*

Goldberg's concept for a «**Telegarden**» was widely discussed and finally installed in 1995; since 1996 it is on show at the Ars Electronica Center in Linz, Austria. Goldberg envisioned a collective and intercontinental cultural production, an idea slightly reminiscent of **Roy Ascott**'s telematic artwork and collaborative writing project «**La plissure du texte**» (1983).[40] At the Electra exhibition in Paris, Ascott connected artists in eleven cities in Australia, North America and Europe using the ARTEX system to write a collective fairy tale with different narrative levels and role assignments. The collaborative writing project lasted twelve days and was online day and night. The telephone technology of the time prevented reception of this art event by a large audience, so «La plissure du texte» is only comparable in a limited way with the «Telegarden» and its unknown number of anonymous viewers. Further, Ascott's concept of telematic art at that time consciously renounced, even negated, the object character of an artwork and insisted on its processual nature. By contrast, Goldberg's «Telegarden» allows the object to return to telematic art, albeit an object undergoing a process.

/ /

08./120 *«Telematic Dreaming»*

Paul Sermon is a British artist from Roy Ascott's school whose work integrates immersive aspects within the framework of telematic art. He became well known for his telematic installation in the early 1990s and has taught at several art schools in England and Germany. In «**Telematic Dreaming**» (1992), Sermon uses video-conferencing to connect people in different places, which enables communication with mime and gestures and results in astonishing, almost intimate encounters. In «Telematic Dreaming» a bed is the medium for high-definition images; images of a partner who is perhaps thousands of kilometers away, in live and intimate proximity. The clear projection of another person, who is able to react almost in real time to the other's movements on the bed, is so surprisingly suggestive that to touch the image of the body that is projected onto the sheet becomes an intimate act. Sermon's declared aim was to expand the user's sense of touch: obviously it was not possible to actually touch the other virtual bedmate, but one

40 — Cf. the text «**Interaction, Participation, Networking**.»

experienced the suggestion of touching through rapid and vigorous or tender and reflective movements. Many users said that they found it a very contemplative experience; a sensory impression achieved synaesthetically where hand and eye fuse. This quality distinguishes both «Telematic Dreaming» and other works that Sermon produced in subsequent years.

/ /

«Traces» 08/121

Whereas Goldberg's users log on to a website to perform actions in a distant place, in **Simon Penny**'s work in progress «**Traces**» the interface is absolute. Using a link that was completely new at the time, in 1999 the Australian media artist, who taught for many years at the Carnegie Mellon University's Robotics Institute, connected three CAVEs in different locations to produce a single translocal immersive image space. Users enter virtual spheres, spaces of sound, and experience a gentle vibration of the floor. The image of a user in Tokyo can be seen in a CAVE in Berlin, or vice versa. Four infrared stereo-cameras transform in real time the users' outlines into three-dimensional representations, which the artist's concept envisages will be seen thousands of kilometers away in poly-sensorially expanded image space. Worlds of computer images or navigation interfaces for orientation do not exist in «Traces.» Instead, users interact with gauzy traces of light, which represent the dynamics and volumes of human bodies. Penny's idea is that «interactions will take the form of real-time collaboration sculpturing with light, created through dancing with telematic partners.»[41] The technical goal is to get away from all traditional forms of interfaces and visual displays. «Traces» dispenses with HMDs, trackers, joysticks and screens; nor does it use graphic menus or icons. The aesthetic goal is to focus users' attention on how their bodies feel for it is the body's movements that generate the real-time graphics and the sound. «Traces» formulates for the first time the experience of interacting with vestiges of avatars, or remote bodies: the appearance of the ‹dispersed body,› as introduced by the debate on telepresence. In this way it combines digital image art with elements from the genres of sculpture and scenography.

Artists like **Monika Fleischmann** and **Wolfgang Strauss** in «**Murmuring Fields**» (1998–1999) are currently working to enhance the vision of the ‹natural interface› through unobtrusively connecting the user with the image worlds as they come into being. In this context, there is a new and important role for the theremine, a Russian invention that dates from the early twentieth century. Plans exist for the future to use a theremine to relay images—Penny's solution was to use a camera detection system. Thus the vision of a ‹seeing CAVE,› which can scan the visitors' contours exactly and reconstitute the highly complex images in a different location, appears to be within reach.

The old dream of cinema, to put the audience immersively in the picture, is formulated most sophisticatedly in Penny's concept. He reflects in a masterly way the state of the

41 — Quoted from the **MARS** website.

art in illusion techniques and, as an artist-engineer with humor, has created image machinery that plays ironically with modern-day myths. Here there is an undercurrent of McLuhan's idea of «the extensions of man» and the hope, which is basically a religious one, of being able to leave one's body. Through links to any number of robots or techno-bodies, that is avatars, telepresence makes multiple spaces of experience possible. These spaces may have a contradictory design and evoke contrary experiences. Reality, states quantum physics, is always a product of observations. Now, a technical arrangement makes distance and proximity coincide in real time, which means: I am there where I am not and I experience sensory certainty of this against my better judgment.

/

08/122 Evolution: Genetic art

Recently artist-scientists like Thomas Ray, **Christa Sommerer** and **Laurent Mignonneau** or **Karl Sims** have simulated processes of life: evolution, breeding and selection have become methods for creating art. With the aid of genetic algorithms, the scenic and immersive image worlds generated by computers are given the semblance of being alive. The debate on genetics and artificial life, or A-Life, which was at first confined to the life sciences, acquired models, visions and images from art that have become visual points of reference and catalysts in this controversial debate. Sommerer and Mignonneau are perhaps the most well known exponents of genetic art, which seeks to integrate the forms, processes and effects of life into art. In conjunction with the visual principle of immersion, this comparatively young branch of digital art has begun to play an increasingly important role in the production of illusions. From the beginning, naturalism has dominated the work of Sommerer and Mignonneau. Over 100 work exhibitions worldwide since 1992 document their success. Perhaps more than any others, these artists represent a form of art that, at an advanced technological level, engages with the upheavals wrought in contemporary art by the revolutions in image media and bioscience. Their exotic and voluminous image worlds are populated by a myriad of life forms: amoebas, tropical rainforest scenes, picturesque swarms of butterflies, or brightly colored microorganisms. Their unique aesthetics distinguishes their works, for example, «**The Interactive Plant Growing**» (1992–1993), «**Phototropy**» (1994–1997), «**Trans Plant**» (1995), «**Intro Act**» (1995), «**GENMA**» (1996), «**Life Spacies**» (1997), and «**HAZE Express**» (1999). «**A-Volve**,» a real-time installation developed in 1994 at the National Institute for Supercomputing in Illinois and the ATR Lab in Kyoto, Japan, projects evolution that takes place in a computer into an illuminated pool of water. Software agents that resemble three-dimensional creatures ‹inherit› their phenomenology according to a model based on evolutionary transmission of traits, where new combinations arise through the principles of crossover and mutation, which are only constrained by the framework of selection determined by the artists. A ‹genetic code› consisting of ninety parameters ensures that no two of these teeming image amoebas look alike. For image production, evolution is a groundbreaking procedure. Well-directed application of the random principle enables the generation of unpredictable, non-reproducible, unique and transient images. The more complex the motor functions and phenomenology, the more intensely the images appear to ‹live.› Visitors to the installation, who ‹create› the colorful software agents, intervene in the evolution of succeeding generations. This personal involvement with complex images of artificial life forms in an interactive context is most important for the immersive power of genetic art. An icon of genetic art, «A-Volve» is undoubtedly one of the most important artworks of the last century.

«A-Volve's» evolution is based on genetic programs developed by Laurent Mignonneau. Generally, the object of these computational operations is to achieve a homogeneous, uniform optimum of adaptation innovatively and efficiently. To this end, the principles of natural non-predetermined evolution are simulated: selection, crossover and mutation. By employing genetic algorithms, «A-Volve» endeavors to create biological mechanisms such as growth, reproduction, mutation, adaptation and ‹intelligence.› Evolution appears here rather like a boring machine whose salient characteristic is extravagant and wasteful production of ever-new random forms, which are tested and discarded in a dynamically changing environment: mass production with slight variations. The more complex the random structures are, the more the images appear to ‹live›—not fixed but mutable, adaptable, even ‹capable of learning› after accumulated evolution processes of selection. Genetic image worlds seldom come in the form of 360° illusions; often they are shown on one large screen in a darkened room. However, they must be included in any analysis of the phenomenon of immersion because they produce image worlds that seem to be alive. Interaction with them, like in computer games, leads to the players—consciously or unconsciously—becoming increasingly involved in the logic and decision-making structures of the game and thus the users experience immersive impressions. These are enhanced further by the unpredictable animation and complexity that genetic image processes are capable of producing.

In an interactive evolutionary artwork, the artist offers its users a range of degrees of freedom and defines rules, which they must follow. These attain major importance for they are essential for the reception and process of the work, something that was unknown before.[42] Without interaction, the artwork «A-Volve» does not exist. Users actually do follow the continued survival of their creatures and try to protect them from others. This is an effect of social presence, which through the individualized software agents whose appearance is suggestive of social behavior, consciousness and feelings serves to increase immersion in the environment. Similar to computer games, the interaction with ‹individualized› agent programs intensifies the impression of being immersed in the image space and the action taking place there. Nevertheless, in the case of «A-Volve» aesthetic

42 — The history of interaction began before the computer era, cf. Söke Dinkla, *Pioniere Interaktiver Kunst von 1970 bis heute*, Ostfildern, 1997. Interaction is already the theme and a significant aspect of works by **John Cage** and Umberto Eco's «**Opera Aperta**»; cf. the text «**Interaction, Participation, Networking.**»

distance has two poles: the tendency to remove emotional boundaries, which is the effect of social presence, but also distance that enables control over the creatures in the first place and acceptance of their ‹death.› This distance, however, arises in the course of interacting with the scenario of images and merely demonstrates how effective the design of «A-Volve» is with regard to the principle of immersion.

The work of **Karl Sims**, a computer artist educated at MIT's MediaLab, was an important influence on Sommerer and Mignonneau. As early as 1990, Sim's computer animation «Panspermia» was a sensation and received many awards. «**Panspermia**,» which treats concepts such as chaos, evolution, complexity and the origins of life, is a scientific and artistic visualization that is both remarkable and elegant. Sims' non-immersive installation «**Galápagos**» (1997), now part of the permanent collection of the ICC in Tokyo, is an even more impressive visualization of Darwinian principles of evolution. Successive generations of this artificial biosphere's fauna exhibit increasing complexity. Unattractive ‹life› forms do not get selected by the users: irreversible extinction. The creative aspect and the option of testing the possibilities of the virtual space for evolution is given to the users in that they have the privilege of crossing two organisms. The result is an intimation of the infinite varieties of virtual creatures that evolution holds for life, the hyperspace of the possible, which can never be grasped intellectually in its entirety but can perhaps be best described with the aesthetic category of the sublime, in the sense used by Edmund Burke.[43] It is the visualization of this abstraction that sets «Galápagos» apart from the majority of recent interactive installations.

This concept of combinatorial games was varied and expanded in «**SonoMorphis**» (1998), an installation created by **Bernd Lintermann** and **Torsten Belschner**. In the image space of «SonoMorphis,» users also ‹create› generations of ever-new biomorphic bodies based on genetic algorithms. Lintermann sets the artificial creatures in permanent rotation and enhances the spatial effect with stereo sound, which is also generated by random processes. Lintermann's intention is to keep the interactive structure of the installation flexible, which should be understood as an instrument, in this case an instrument consisting of visual and acoustic components. The number of possible forms is 1080; an analogy, according to Lintermann, with the total number of atoms in the universe. Be that as it may, the number of possible variants is incredibly high and impossible to explore in full.
/

08/123

Summary

Digital art is open, transient, interdisciplinary, multimedia, processual, discursive, concept- and context-dependent, and in addition, is increasingly oriented toward interaction with the recipient. Within the evolving art genres, virtual art has begun to further dismantle the traditional tableau; this time, in favor of a processual model of art. Interaction, telematics and genetic image processes not only encourage the crossing of boundaries;

43 — Edmund Burke, *A Philosophical Inquiry into the Origin of Our Ideas of The Sublime and Beautiful*, London, 1757.

they also drive the trend toward fusing the perception of the users with interfaces that increasingly assail the entire suite of human senses. There are now immersive works that integrate into virtual art the genres of architecture, sculpture, painting, scenography, theater, film, photography and even historic image media such as the panorama, or at least absorb them via simulation into a space that only exists by virtue of its effects.

Whatever conclusions we draw from such image scenarios, it is clear that virtual image culture will get a strong push in the direction of illusion and immersion. This will not come so much from indefatigable engineers, refining each single detail, but from combinatory random processes that generate the unexpected and enrich images in complex ways. It is also certain that with the advent of interaction, interface design and evolution, technology will pave the way for changes in aesthetics and new cognitive potential. The playful, seemingly autonomously acting agents,[44] which intensify interaction and enhance social presence and therefore strengthen the connection with the image space, complement the experience of immersion evoked by the images and sounds. For these reasons, increased importance attaches to engaging with the technological bases of this illusion in order to obtain an effective therapeutic agent with which to confront the widespread hype surrounding these new images. For when all is said and done, they are still images—no more, but also no less.

/

Translation by Gloria Custance

44 — Cf. Timothy Binkley, «Autonomous creations: Birthing intelligent agents,» in *LEONARDO*, 31, 5, 1998, pp. 333-336.

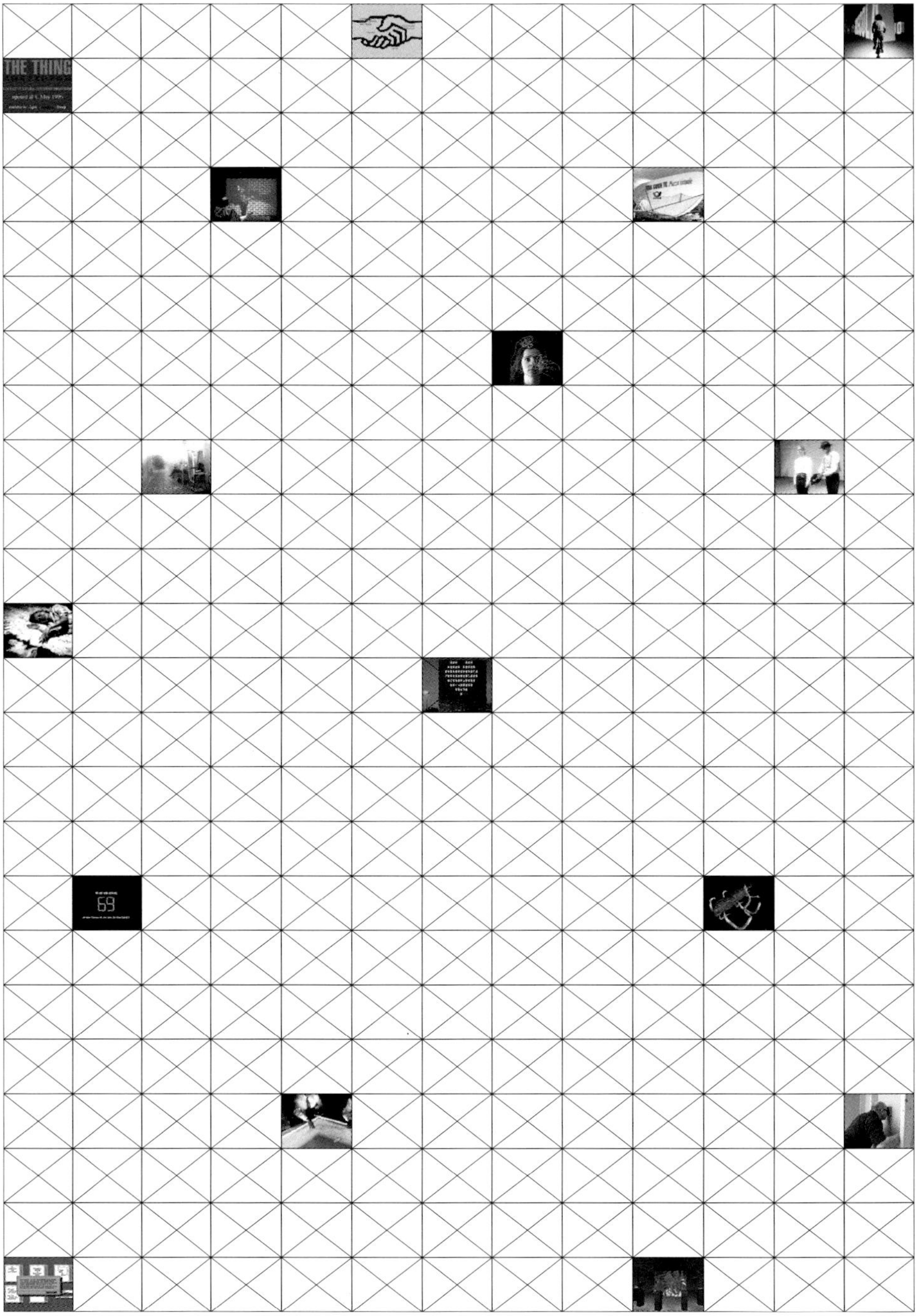

09/001-012
09/101-112

Interaktion, Partizipation, Vernetzung
Kunst und Telekommunikation

/

Inke Arns

/

Rezeption, Partizipation, Interaktion – von der rezeptiven zur aktiven Partizipation 09/001

Die Idee, dass die Rezeption eines Kunstwerks die Partizipation des Betrachters erfordert, entsteht nicht erst im 20. Jahrhundert. Schon Ende des 19. Jahrhunderts nimmt Mallarmé die Idee einer prozessualen Kunst mit permutativen, aleatorischen Elementen vorweg, die dann Mitte des 20. Jahrhundert als das »offene Kunstwerk«[1] zum Programm der Avantgarde wird. Marcel Duchamp stellt in diesem Sinn 1957 fest, dass dem Betrachter in jeder ästhetischen Erfahrung selbst eine konstitutive Rolle zukommt und er »damit seinen Beitrag zum kreativen Akt hinzufügt«[2]. Bei anderer Gelegenheit behauptet er sogar, dass »ein Werk vollständig von denjenigen gemacht wird, die es betrachten oder es lesen und die es, durch ihren Beifall oder sogar durch ihre Verwerfung, überdauern lassen«.[3]

Interaktion, Partizipation und Kommunikation sind zentrale Begriffe und Konzepte der Kunst des 20. Jahrhunderts. Diese betreffen das Werk, den Rezipienten und den Künstler gleichermaßen: Es geht, ganz allgemein, weg vom abgeschlossenen Werk hin zum »offenen Kunstwerk«, vom statischen Objekt zum dynamischen Prozess, von der kontemplativen Rezeption hin zur aktiven Partizipation. Es geht weg vom Konzept des ›Autors‹ über den »Autor als Produzenten«[4] zum »Tod des Autors«[5] und hin zur ›verteilten‹ oder kollektiven Autorschaft. Das Künstlergenie des 19. Jahrhunderts entwickelt sich im Fortgang der Zeit zum Initiator kommunikativer, oft auch gesellschaftlicher und politischer (Austausch-)Prozesse an der Wende vom 20. ins 21. Jahrhundert. Bei allen diesen ›Öffnungsbewegungen‹ spielt der Begriff der Interaktion eine wichtige Rolle.

Der Begriff ist jedoch von den partizipativen Happening- und Fluxus-Aktionen der 1950er und frühen 1960er Jahre bis hin zur interaktiven Medienkunst[6] der 1980er und 1990er Jahre einem kontinuierlichen Bedeutungswandel unterworfen. Dies liegt einerseits an seinem breiten Bedeutungsspektrum: ›Interaktion‹ ist zum einen die Theorie des aufeinander bezogenen sozialen Handelns von Personen, zum anderen die vor allem technologisch verstandene Kategorie der Mensch-Maschine-Kommunikation, welche meist als ›Interaktvität‹[7] bezeichnet wird. Von den 1960er zu den 1990er Jahren vollzieht sich ein Paradigmenwechsel von einer sozialen Auffassung von Interaktion hin zu einer

1 — Siehe Umberto Eco, *Das offene Kunstwerk*, Frankfurt/Main 1977. 2 — Marcel Duchamp in seinem Vortrag »The creative act« von 1957, in: Marcel Duchamp, *Die Schriften*, Serge Stauffer (Hg.), Zürich 1981, S. 240. 3 — Ebd., S. 202, Vgl. Dieter Daniels, *Vom Readymade zum Cyberspace*, Ostfildern 2003, S. 58ff. 4 — Walter Benjamin, »Der Autor als Produzent«, in: Walter Benjamin, *Versuche über Brecht*, Frankfurt/Main 1978, S. 101–119. 5 — Der Begriff wurde 1968 von Roland Barthes geprägt. 6 — Vgl. ausführlich zur interaktiven Medienkunst Söke Dinkla, *Pioniere Interaktiver Kunst von 1970 bis heute*, Ostfildern 1997; sowie Peter Gendolla u. a. (Hg.), *Formen interaktiver Medienkunst*, Frankfurt/Main 2001; zu verschiedenen Aspekten interaktiver Medienkunst vgl. die Kapitel »**Virtuelle Narrationen**« und »**Immersion und Interaktion**« sowie Dieter Daniels »**Strategien der Interaktivität**« in: Rudolf Frieling/Dieter Daniels (Hg.), *Medien Kunst Interaktion – Die 80er und 90er Jahre in Deutschland*, Wien/New York 2000, S. 142–169. 7 — »Da in einer Mediengesellschaft Menschen mittels Maschinen mit Menschen kommunizieren, ist die Überlagerung dieser Felder evident.« Dieter Daniels, »Strategien der Interaktivität«, ebd. 03-07 03-08

eher technologisch und medial definierten Interaktivität (Mensch-Maschine-Interaktion). Dieter Daniels spitzt diesen Paradigmenwechsel folgendermaßen zu: Während es in den 1960er Jahren noch die soziale und kulturelle Utopie einer gesellschaftlichen Veränderung ist, die auch durch den Einsatz von Medien erreicht werden soll, hat sich in den 1990er Jahren das Verhältnis genau umgekehrt. In den 1990er Jahren ist die Medientechnologie »zum bestimmenden Leitmotiv geworden, aus dem alle sozialen, kulturellen und ökonomischen Veränderungen hervorgehen sollen«[8]. Der Begriff der sozialen Interaktion ist in den frühen 1990er Jahren dem einer vornehmlich technologischen Interaktivität gewichen. Mit dem Aufkommen des Internets Mitte der 1990er Jahre bekommt das Begriffspaar Interaktion/Interaktivität jedoch wieder eine verstärkt soziale Bedeutung: Jetzt bezeichnet es zunehmend einen medial gestützten Austausch zwischen Menschen und knüpft so an die Ideale der Intermedia-Kunst der 1960er Jahre und an die frühen Telekommunikationsexperimente der 1970er und 1980er Jahre an.
Die folgende Darstellung konzentriert sich nicht so sehr auf mediale oder technische Konzeptionen von Interaktivität, sondern vor allem auf die Projekte von den 1960er Jahren bis in die Gegenwart, die die Idee einer sozialen, konvivialen Interaktion in den Vordergrund stellen. Nach einer kurzen Beschreibung verschiedener Interaktivitätsmodelle in der interaktiven Medienkunst fokussiert dieser Text daher auf Kommunikationsprojekte und -prozesse, in denen spezifische Interaktionsformen und Interaktivitätskonzepte entwickelt werden. Es handelt sich hierbei durchweg um eine medien- beziehungsweise computervermittelte Mensch-Mensch-Interaktion, die auf Vernetzung und Kooperation von räumlich weit voneinander entfernten TeilnehmerInnen abzielt.
Heute finden sich alle in diesem Text vorgestellten Werk- und Interaktionsformen parallel nebeneinander: vom geschlossenen Werk über interaktive Medienkunstinstallationen bis hin zu offenen Prozessen.
/

09/002 **Vom »offenen Kunstwerk« in Happening und Fluxus (1960er Jahre) zum konditionierten Betrachter (1970er Jahre)**

Erste Schritte in Richtung aktiver Partizipation und Interaktion wurden von John Cage, Allan Kaprow, George Brecht und anderen im Umfeld von Happening und Fluxus in den 1950er und 1960er Jahren gemacht. Exemplarisch für die Idee des »offenen Kunstwerks« ließen sich **John Cages** berühmte Kompositionen »4'33"« (1952) oder »**Imaginary Landscape No.** 4« (1951) nennen. »4'33"« besteht aus 4 Minuten und 33 Sekunden Stille, deren Charakter natürlich von den Bedingungen der jeweiligen Aufführung abhängt (Geräusche der Zuhörer, des Aufführenden, der Umgebung et cetera). In »Imaginary Landscape No. 4« werden 12 Radios wie Musikinstrumente eingesetzt. Das jeweils vom Ort und der Zeit abhängige Angebot von Frequenzen lässt jede Aufführung zu einem nicht wiederholbaren ›Unikat‹ werden.[9] Cage will mit seinen minimalen

8 — Ebd., S. 146. Der Extremfall einer solchen technikdeterministischen Sicht findet sich bei Vertretern der so genannten »kalifornischen Ideologie«, vgl. Richard Barbrook, »**Andy Cameron, Die kalifornische Ideologie**«, in: *Telepolis*, 5.2.1997. Vgl. zur »kalifornischen Ideologie« auch Inke Arns, *Netzkulturen*, Hamburg 2002.
9 — Dieter Daniels weist darauf hin, dass Cage Anfang der 1950er Jahre mit seinen Kompositionen für Radioapparate die ersten völlig »offenen Kunstwerke« unter Einsatz technischer Medien realisiert, noch *bevor* Umberto Eco diesen Begriff prägt. Umberto Eco erwähnt, dass die Anregung für seine Thesen aus der Neuen

Vorgaben einen »individuellen und sozialen Kreativitätsprozess in Gang setzen, der sich sukzessive von der Intention seines Initiators ablösen kann«[10]. Während die Stille in »4'33"« die Zuhörer für eine kreative Rezeption sensibilisiert (sie aber noch nicht zu aktiven Teilnehmern im künstlerischen Prozess macht), wird in »Imaginary Landscape No. 4« die offene Rolle der Performer betont (diese bleiben jedoch Performer). Die von **Allan Kaprow** begründete Form des Happenings[11] geht ab Ende der 1950er Jahre noch einen Schritt weiter, indem hier nun auch die Zuschauer selbst zu Teilnehmern, zu Auf- und Ausführenden des künstlerischen Prozesses werden (vgl. »**18 Happenings in 6 Parts**«, 1959). Diese Interaktion von Publikum, Werk und Künstler wird in den 1960er Jahren zum wichtigsten Element einer Ästhetik, die sich jenseits etablierter Gattungen, Kategorien und Institutionen ansiedelt und allgemein als ›Intermedia‹ bezeichnet wird.
Nam June Paik formulierte 1963 mit seiner Wuppertaler »**Exposition of Music – Electronic Television**« einen ersten Entwurf für eine Interaktion des Zuschauers mit dem elektronischen Fernsehbild. Die verschiedenen Versionen des hier erstmals gezeigten »**Participation TV**« (1963–1966) und des später entwickelten »**Magnet TV**« (1965) ermöglichen es dem Zuschauer zum Beispiel, durch ein angeschlossenes Mikrofon oder einen Magneten oszillierende Muster auf einem elektronisch modifizierten TV-Bildschirm zu erzeugen. Typisch für diese frühe Phase ist die interaktive Um-Nutzung, das Détournement[12], von Medien wie TV und Radio, die eigentlich der Distribution dienen. Die darin mitschwingende Forderung nach einer Veränderung der Einweg-Struktur der (analogen) Massenmedien bedeutete eine massive Kritik an der durch den massenmedialen Konsum hervorgerufenen Passivität des Zuschauers.
Parallel zum Übergang von den Happenings zur Performance-Kunst der 1970er Jahre setzten sich andere Interaktivitätskonzeptionen durch. Mittels Closed-circuit-Installationen konfrontieren Künstler wie **Dan Graham**, **Peter Campus** und **Peter Weibel** den Betrachter mit seinem eigenen medialen Bild. **Bruce Naumans** »**Live-Taped Video Corridor**« (1970) fällt ebenfalls in diese Kategorie: Hier erfolgt eine radikale Konditionierung des Betrachters. Diese ersten im Kunstkontext erfolgreichen interaktiven Installationen entstanden aus einem fundamentalen Misstrauen gegenüber den noch in den 1960er Jahren angestrebten Idealen von Offenheit und Partizipation: »I mistrust audience participation« wird von Nauman überliefert. Bei den Closed-circuit-Installationen der 1970er Jahre handelt es sich daher weniger um partizipative Projekte als um »Situationen der Reflexion über die Beziehung von Betrachter und Medium«[13]. Im absoluten Gegensatz zu dieser ästhetisch-medialen Selbstreflexion steht **Valie Exports** berühmtes »**Tapp- und Tastkino**« (1968), das Interaktivität als direkte, sinnliche, taktile Erfahrung ›begreifbar‹ macht. Export hatte sich in dieser Straßenaktion einen nach vorne und hinten offenen Kasten vor den Brustkorb geschnallt, der es den Passanten erlaubte, durch einen an der Vorderseite des Kastens angebrachten Vorhang zu greifen, um so

Musik stammen, allerdings ohne John Cage zu nennen. Eco (1977), S. 23. **10** — Dieter Daniels, »Strategien der Interaktivität«, in: Frieling/Daniels (2000), S. 142–169, S. 143. **11** — Vgl. zur Form des Happening Michael Kirby, *Happenings*, New York 1964, siehe auch das Kapitel «**Real/Medial**«. **12** — Der Begriff des »détournement« (Umwidmung) wurde von den Situationisten geprägt. Vgl. Roberto Ohrt, *Phantom Avantgarde. Eine Geschichte der Situationistischen Internationale und der modernen Kunst*, Hamburg 1990. **13** — Dieter Daniels, »Strategien der Interaktivität«, in: Frieling/Daniels (2000), S. 149.

ihre Brüste zu befühlen. Der Betrachter wird in dieser ›mobilen Installation‹ auf noch drastischere Weise konditioniert als in Naumans ›Korridor‹, und gleichzeitig wird die Grenze von öffentlichem Raum und Privatsphäre radikal in Frage gestellt.[14]
Naumanns expliziter Ablehnung der Partizipation des Publikums steht in den 1970er Jahren ein Künstler wie **Douglas Davis** diametral entgegen. Seine künstlerischen Projekte zielen auf die Herstellung explizit dialogischer Kommunikationssituationen mittels neuer Telekommunikationsmedien ab (vgl. Abschnitt Satellitenprojekte). Allerdings bleibt Davis innerhalb der frühen Telekommunikationsprojekte der 1970er Jahre mit seinem Wunsch nach breit angelegter Zuschauerpartizipation zumeist allein. An den großen Telekommunikationsprojekten der 1970er und 1980er Jahre nehmen nur die beteiligten Künstler, nicht jedoch das breite Publikum teil. Dies ändert sich grundlegend erst mit der stärkeren Verbreitung des Internets in den 1990er Jahren.
/

Interaktive Medienkunst der 1980er und 1990er Jahre

In der computerbasierten, digitalen Multimediatechnik, die sich seit den 1980er Jahren zu entwickeln und stärker durchzusetzen begann, ist zwar die »Interaktion von Benutzer und Apparat im Medium selbst angelegt«[15], diese wird jedoch auf eine mediale, technische Interaktion reduziert. Man kann daher mit Dieter Daniels von einem ideologischen Paradigmenwechsel von den ästhetisch-sozialen Entgrenzungsideen der 1960er zu Konzepten der technologischen Interaktivität der 1990er Jahre sprechen. Emanzipatorische oder gar medienkritische Ansätze finden sich kaum in den für diese Zeit typischen Formen der Mensch-Maschine-Interaktion. Es lassen sich verschiedene Formen mediengestützter Interaktion in den 1980er und 1990er Jahren ausmachen[16]: Interaktion mit einer Videostory (interaktives Fernsehen und Kino) wie zum Beispiel in **Lynn Hershmans »Deep Contact«** (1989–1990), Interaktion zwischen Körper und (statischer oder dynamischer) Datenwelt wie zum Beispiel in **Jeffrey Shaws »The Legible City«** (1988), **Peter Weibels »Die Wand, der Vorhang (Grenze, die) fachsprachlich auch: Lascaux«** (1993), **Christa Sommerer & Laurent Mignonneaus »A-Volve«** (1993–1994) oder **Ulrike Gabriels »Breath«** (1992–1993), Interaktion als dialogisches Modell wie zum Beispiel in **Paul Sermons »Telematic Dreaming«** (1992) oder **Agnes Hegedüs' »Between the Words«** (1995). In diesen Installationen ist der Betrachter nicht mehr nur Rezipient, sondern gleichzeitig auch Akteur. Allerdings bleibt er als ›exemplarischer Betrachter‹ meistens allein, weil diese interaktiven Installationen nur von einer oder zwei Personen gleichzeitig benutzt werden können. In den virtuellen Welten trifft der Besucher dazu selten auf andere Besucher, denn diese Environments sind nicht auf zwischenmenschliche Kommunikation ausgerichtet. Eine dieser ›Einsamkeit‹ entgegengesetzte ›Kollektivität‹ im Medienraum, die ab Mitte der 1990er Jahre durch das Internet möglich wird, entzieht sich sowohl durch ihre kollektive und/oder verteilte Autorschaft als auch durch

14 — Vgl. ebd. in: Frieling/Daniels (2000). 15 — Ebd., S. 150. 16 — Vgl. dazu die Kapitel **»Virtuelle Narrationen«** und **»Immersion und Interaktion«** sowie Dieter Daniels, »Strategien der Interaktivität«, in: Frieling/Daniels (2000).

ihre Form- und Ortlosigkeit bis heute einer Anbindung sowohl an den realen Raum als auch an den Kunstkontext (und letztlich die Kunstgeschichte). Mit dem Internet werden in den 1990er Jahren die Interaktivitätskonzepte der Intermedia-Kunst der 1960er Jahre wieder aktuell.

/

Telematik und Telepräsenz 09./004

Telematik und Telepräsenz waren schon ab Ende der 1980er Jahre zu wichtigen Begriffen innerhalb der interaktiven Medienkunst geworden. Telepräsenz ermöglicht, Oliver Grau folgend, dem Betrachter, Erfahrungen parallel in drei verschiedenen Räumen zu machen: 1. im realen Raum, in welchem sich auch der Körper des Betrachters befindet, 2. per Teleperzeption im »virtuellen, simulierten Bildraum, der eine fiktionale oder reale entfernte Bildsphäre abbildet«, und 3. per Teleaktion an dem Ort, »an dem sich das Datenwerk oder gar ein Roboter befindet, den man mit seinen Bewegungen steuern respektive durch dessen Sensorium man sich zu orientieren vermag«.[17] Bis zu einem gewissen Grad kann man dieses Konzept, vor allem das der Handlung oder Beeinflussung auf Distanz, auch in der interaktiven Medienkunst wiederfinden.[18] Pioniere auf diesem Gebiet sind sicherlich **Kit Galloway** und **Sherrie Rabinowitz**, die seit 1977 unter dem Namen Mobile Image zusammenarbeiten. Ihr wegweisendes Projekt »**Hole in Space**« (1980) konnte mit fast allen Kennzeichen der Telepräsenz aufwarten – mit einer Ausnahme: Die Betrachter/BenutzerInnen werden nicht in einer virtuellen Realität repräsentiert. Wohl aber nehmen sie den entfernten Raum (per Teleperzeption) wahr und interagieren auch mit diesem (Teleaktion) beziehungsweise mit den Menschen am anderen Ende des ›Loches im Raum‹. Es handelte sich hierbei um ein dreitägiges Experiment, das im November 1980 zwei Orte in Los Angeles und New York über eine Satellitenverbindung in Echtzeit miteinander verband. Zufällig am Ort der Installation vorbeikommende Passanten in New York konnten durch dieses ›Loch im Raum‹ über Bild und Ton Kontakt mit Menschen am anderen Ende des nordamerikanischen Kontinents aufnehmen.

Auch **Richard Kriesches** ›telematische Skulpturen‹ sind ein gutes Beispiel für telematische Projekte. Nachdem er sich in verschiedenen Performances, zum Beispiel »**Radiozeit**« (1988) und »**Artsat**« (1991) mit der Bedeutung des Hintergrundrauschens technischer beziehungsweise digitaler Satellitenkommunikation auseinander gesetzt hatte, realisierte Kriesche 1993 zusammen mit Peter Gerwin Hoffmann die »**Teleskulptur III**«. Diese bestand aus einer 24 Meter langen Eisenbahnschiene, die von einem 20 Meter langen Förderband quer durch den Ausstellungsraum transportiert wurde. Ausgelöst wurde die langsame, aber stetige Bewegung dieser Schiene hin zur Wand von Telefonanrufen, die bei einem Projekt von Fred Forest eingingen.[19] Anzahl und Informationsgehalt der Anrufe entschieden darüber, ob die Schiene den an ihrem Ende befestigten Monitor an der Wand zerdrücken und damit zerstören würde. Ein Telefongespräch wird in diesem

17 — Oliver Grau, *Virtuelle Kunst in Geschichte und Gegenwart*, Berlin 2001, S. 180; vgl. auch Oliver Grau, »Telepräsenz. Zur Genealogie und Epistemologie von Interaktion und Simulation«, in: Gendolla (2001), S. 39–63.

18 — Vgl. das Kapitel »**Immersion und Interaktion**«.

19 — Fred Forest stellte für »entgrenzte grenzen II« in Graz an der Grenze zwischen Österreich und Slowenien einen Lautsprecherturm auf, über den Botschaften über die Grenze hinweg in das ehemalige Jugoslawien verbreitet werden konnten. Mehrere Telefonnummern standen zur Verfügung, über die der Lautsprecherturm angewählt werden konnte.

Projekt somit zum Auslöser einer Bewegung, die sich gegen ein anderes Medium richtet. Durch diese Verknüpfung mit dem Telefonnetz entstand ein komplexer Wirkungszusammenhang: Das internationale Telefonnetz als erstes weltweites Informations- und Kommunikationsnetz wurde zum steuernden Impulsgeber der »Teleskulptur III«, die durch diese Verknüpfung räumlich entgrenzt wurde. Für die Biennale di Venezia 1995 erweiterte Kriesche dieses Konzept zur »**Telematischen Skulptur 4**«, in der eine Eisenbahnschiene von Datenströmen im Internet kontinuierlich bewegt wird. Jedes Einloggen in der »Telematischen Skulptur 4« brachte für Augenblicke die Skulptur zum Stillstand. Die gesamten Datenströme und damit die konkrete Bewegung der Skulptur quer durch den österreichischen Pavillon auf der Biennale di Venezia 1995 wurden als Statusinformation am Monitor angezeigt.

Die Arbeiten von **Paul Sermon** sind im Gegensatz dazu ganz klar auf zwischenmenschliche, oft fast intime Kommunikation angelegt. Sie stehen in einer direkten konzeptuellen Verbindung zu »Hole in Space« von Galloway/Rabinowitz. »**Telematic Dreaming**« (1992) war Sermons erstes Projekt in einer ganzen Reihe von telematischen Installationen, die zwei entfernte Orte mittels Blue-Box-Technik und ISDN-Videokonferenzsystem miteinander verbanden. Das Interface von »Telematic Dreaming« bestand aus zwei an entfernten Orten speziell dafür eingerichteten Doppelbetten. Zwei oder mehrere Benutzer konnten so über Gesten und Bewegungen miteinander kommunizieren. Durch den Einsatz von Blue-Box-Technik und ISDN-Videokonferenzsystem erschien es, als lägen die real weit voneinander entfernten Betrachter/Benutzer in einem einzigen virtuellen Doppelbett. Es handelt sich bei dieser telematischen Installation wohl – vor allem wegen der Metapher des Bettes – um Sermons intimste Installation.

/

09./005 Der elektronische Raum als »Kommunikationsskulptur«

Die ersten Interventionen von Künstlern in Netzwerke Ende der 1970er Jahre geschahen zunächst aus einer Verweigerungshaltung gegenüber dem Kunstbetrieb. »Unsere Vorstellung war«, so Hank Bull und Patrick Ready, »dass es sich dabei um eine Kunst handelte, die nicht durch den Kunstbetrieb hindurch muss, sondern direkt von den Künstlern, den Produzenten, zu den Hörern gelangt«.[20] Es ging darum, wie auch später in der Netzkunst der 1990er Jahre, Räume außerhalb institutionalisierter Kunstdiskurse zu besetzen und nutzbar zu machen. Es ging, so schreibt **Roy Ascott** 1984, um die Schaffung einer »planetarischen Diskursgemeinschaft, die außerhalb der institutionalisierten Verwaltung des Diskurses steht, oder diese umgeht«.[21] Die künstlerischen Projekte, die

20 — Hank Bull in einem Interview für die ORF-Sendung »Kunstradio – Radiokunst« zum Symposium »With the Eyes Shut – Bilder im Kopf« beim Steirischen Herbst 1988. Zit. nach Heidi Grundmann, »Radiokunst«, in: *Kunstforum International*, Bd. 103, Sept./Okt. 1989, S. 284. 21 — Roy Ascott, »Art and Telematics – Towards a Network Consciousness«, in: Heidi Grundmann (Hg.), *Art and Telecommunication*, Wien 1984, S. 33. 22 — Zur Mail Art als nicht-technologischer ›Urform‹ der Kommunikationskunst vgl. Dieter Daniels, »**Von der Mail Art zur e-mail**«, in: *neue bildende kunst*, 1994, sowie Tilman Baumgärtel, »**Mail Art. Ein Gespräch mit Friedrich Winnes, Lutz Wohlrab, Thomas Schulz, Graf Haufen, Waling Boers**«, in: *Rohrpost*, 4.11.2002. 23 — Robert Adrian X, »Elektronischer Raum«, in: *Kunstforum International*, Bd. 103, S. 142–147, hier S. 145. Konzeptuell kann man Vorläufer von Telekommunikations- oder Netzkunst schon bei den ›drahtlosen Phantasien‹ der italienischen Futuristen oder bei den kosmistischen Utopien der russischen Futuristen und Suprematisten

seit den späten 1970er Jahren in Telekommunikationsnetzen entstehen, entziehen sich traditionellem Werkdenken und sind am Begriff der ›sozialen Plastik‹ von Joseph Beuys, an der Objektunabhängigkeit der Konzeptkunst, der Ereignishaftigkeit der Performance-Kunst oder am Begriff des Politischen der Situationisten orientiert. Robert Adrian X weist insbesondere auch den **E.A.T. (Experiments in Art and Technology)** und der Mail Art[22] eine große Bedeutung für die Telekommunikationsprojekte seit Ende der 1970er Jahre zu: »Es war die Mail Art mit ihrer Vorstellung eines postalischen Raumes – eines Gestöbers von Bildern, das über die integrierten Postdienste den Erdball umschließt, die es überhaupt erst möglich machte, die Idee von Kunstwerken im elektronischen Raum der neuen Telekommunikationsnetze zu entwickeln.«[23]

Immaterialisierung, Prozess und Partizipation sind in diesem Zusammenhang die drei vielleicht wichtigsten, eng miteinander verknüpften Begriffe. **Robert Adrian X** betonte anlässlich des von ihm im Auftrag der Ars Electronica organisierten Telekommunikationsprojektes »**Die Welt in 24 Stunden**« (1982), dass die künstlerische Dimension gerade nicht darin bestand, besondere Objekte zu schaffen, sondern dass es um die Herstellung ›kommunikativer‹ Ereignisse zwischen den Teilnehmern ging. In diesem Projekt, das als eines der weltweit ersten kollaborativen Schreibprojekte im elektronischen Raum gilt, waren Künstler in 16 Städten auf drei Kontinenten 24 Stunden lang miteinander verbunden und entwarfen so eine Art telematische Weltkarte. Zum Einsatz kamen in diesem »Gesamtdatenwerk«[24] das Medium Telefon sowie damals noch exotische Maschinen wie Telefaksimile (Telefax) und Slow-Scan-Television (eine Art frühes Bildtelefon).[25] Das Projekt versuchte, jenseits der bereits bestehenden wirtschaftlichen Nutzung von Kommunikationsnetzen »individuelle Zugänge zu Telekommunikationsmedien zu schaffen und Strategien ihres künstlerischen Einsatzes zu entwickeln. Die künstlerische Dimension des gesamten Projektes besteht aber gerade nicht darin, besondere Objekte zu schaffen – ›Kunstwerke‹ – (etwa durch Fax), sondern in der Herstellung dialogischer Austauschverhältnisse, das heißt besonderer Relationen der Teilnehmer, die kommunikative Ereignisse ›produzieren‹«.[26]

Die ›De-Materialisation des Objektes‹, die Lucy Lippard bereits an der Konzeptkunst hervorgehoben hat, wird bei der künstlerischen Arbeit mit Computern und Computernetzwerken bis in ihr technologisches Extrem getrieben. Letztendlich basieren alle Prozesse im elektronischen Raum auf immaterieller Information. Diese Immaterialien[27] sind prozessualer Art, die, ähnlich wie Performances, nach ihrem Ende keine Spuren oder auratischen Objekte (geschweige denn Unikate) hinterlassen: »Produkte oder

finden, die bereits Anfang des 20. Jahrhunderts die Aufhebung von Raum und Zeit durch moderne Technologien prophezeiten. Vgl. dazu Edith Decker/Peter Weibel (Hg.), *Vom Verschwinden der Ferne. Telekommunikation und Kunst*, Köln 1990. 24 — Roy Ascott prägt diesen Begriff, um auf die Poli- oder Multimedialität dieser frühen ›Schreibprojekte‹ hinzuweisen. Roy Ascott, »Gesamtdatenwerk. Konnektivität, Transformation und Transzendenz«, in: *Kunstforum International*, Bd. 103, 100–109, hier S. 106. 25 — Vgl. Robert Adrian X, »The World in 24 Hours«, in: Timothy Druckrey/Ars Electronica (Hg.), *Ars Electronica: Facing the Future*. Cambridge/MA, 1999, S. 346–351. 26 — Robert Adrian X im Beiheft der Ausstellung *On Line*, Graz, 1993, zit. nach Marc Ries, »Netzkunst – Kunst der Netze«, in: Carl Aigner/Daniela Hölzl (Hg.), *Kunst und ihre Diskurse in den 80er und 90er Jahren*, Wien 1999, S. 175–192, hier S. 177. 27 — Jean-François Lyotard organisierte 1985 die immens wichtige Ausstellung »**Les Immatériaux**« im Centre Pompidou in Paris. Vgl. Jean-François Lyotard u. a., *Immaterialität und Postmoderne*, Berlin 1985.

Gegenstände, die aus Telekommunikationsprojekten stammen, sind nur dokumentarische Relikte einer Aktivität, die im *elektronischen Raum* stattgefunden hat.«[28] Außerdem könne, so Ascott, in diesen Partizipationen im und am elektronischen Raum nicht mehr klar unterschieden werden zwischen ›Künstler‹ und ›Betrachter‹, zwischen ›Produzent‹ und ›Konsument‹: »Man kann nicht mehr länger am Fenster stehen und die von jemand anderem komponierte Szene betrachten, man ist vielmehr eingeladen, die Tür zu einer Welt zu durchschreiten, in der Interaktion alles ist.«[29] Der Begriff der Partizipation ist bei diesen frühen Telekommunikationsprojekten allerdings insofern einzuschränken, als sich der Teilnehmerkreis aufgrund der geringen Verbreitung neuer Technologien auf eine kleine Anzahl anderer Künstler beschränkte, nicht jedoch das allgemeine Publikum mit einbezog. Dies konnte meist nur lesen und zuschauen – aber nicht aktiv eingreifen.

/

09/006

Satellitenprojekte

Das Bewusstsein um die Möglichkeit weltweiter Echtzeit-Kommunikation und die verschiedenen Kommunikationstechnologien (Telefon, Telex, Fax, Computernetzwerke, Telekonferenzsysteme, Satellitentechnik) haben Künstlerinnen und Künstler in vielfältiger Weise angeregt. Bereits 1961–1962 konzipierte Nam June Paik ein Klavierkonzert, das gleichzeitig in San Francisco und Shanghai gespielt werden sollte. Der Part der linken Hand sollte in der amerikanischen Stadt gespielt werden, der der rechten in der chinesischen. Seine Idee kam für eine Ausführung zwar noch etwas zu früh, zeigt aber Paiks guten Informationsstand. Die erste Fernsehübertragung zwischen Amerika und Europa über Telstar 2 fand im Juli 1962 statt.[30] Bis zur ersten von Künstlern gestalteten zweiseitigen Satellitenkommunikation sollten jedoch noch 15 Jahre vergehen. Am 10. und 11. September 1977 gelang die erste künstlerische Zweiweg-Live-Übertragung zwischen New York und San Francisco. **Liza Bear**, **Keith Sonnier** und **Willoughby Sharp** konnten für die Aktion »**Two Way-Demo**« den 1976 in der Erdumlaufbahn platzierten NASA-Satelliten CTS nutzen. Zahlreiche Künstler nahmen an dieser ersten transkontinentalen Satellitenfernsehkonferenz teil: an der Ostküste der USA neben den Organisatoren unter anderem Andy Horowitz, an der Westküste unter anderem Carl Loeffler und Terry Fox. Es wurde diskutiert, Texte wurden verlesen und vorbereitetes Videomaterial eingespielt.

Im gleichen Jahr beteiligten sich Joseph Beuys, Douglas Davis, Charlotte Moorman und Nam June Paik mit Performances an der Satellitenübertragung anlässlich der Eröffnung der sehr medienorientierten **documenta 6** in Kassel (1977): Während dieser documenta wurden Videobänder von Künstlern durch das Fernsehen ausgestrahlt, und es fanden drei Performances von Beuys, Paik und Moorman sowie Davis statt, die live per Satellit übertragen wurden (es handelte sich allerdings um eine Ausstrahlung ohne Rückkanal, also ohne Interaktionsmöglichkeit für die Zuschauer). Die Sendung endete mit der

28 — Robert Adrian X, »Elektronischer Raum«, in: *Kunstforum International*, Bd. 103, S. 142–147, hier S. 142. **29** — Roy Ascott, »Gesamtdatenwerk. Konnektivität, Transformation und Transzendenz«, *Kunstforum International*, Bd. 103, S. 100–109, hier S. 106. **30** — Vgl. Edith Decker, »Boten und Botschaften einer telematischen Kultur«, in: Decker/Weibel (1990), S. 79–112, hier S. 98. **31** — Vgl. das Interview mit Douglas Davis in:

Performance »**The Last Nine Minutes**« von **Douglas Davis**, bei der der Künstler versuchte, den Fernsehbildschirm symbolisch zu durchbrechen und eine direkte Kommunikation mit den Zuschauern herzustellen. Die Sendung wurde live in mehr als 30 Länder übertragen und hat damit wahrscheinlich die größte Menge von Zuschauern erreicht, die jemals an einem Kunstereignis ›teilgenommen‹ haben.
Douglas Davis war in den 1960er und 1970er Jahren einer der ersten Künstler, der die neuen Telekommunikationstechnologien zur Herstellung von dialogischen Kommunikationssituationen benutzt hat. So trat er zum Beispiel in einer seiner ersten Fernsehperformances »**Talk Out!**« (1972) mit dem Publikum über Telefon und Drucker in einen Dialog, der live von dem Fernsehsender WCNY-TV ausgestrahlt wurde. Davis hat seither in seinen Arbeiten immer wieder versucht, Massenmedien wie das Fernsehen zu ›entmassen‹, indem er sie zu Medien eines privaten, intimen Dialogs mit seinem Publikum umfunktionierte.[31] Davis hatte bereits 1976 das weltweit erste Satellitenprojekt »**Seven Thoughts**« im Houston Astrodome realisiert, dem damals größten überdachten Stadion der Welt. Während der nur zehnminütigen Sendung, die potentiell von allen Fernseh- und Radiostationen weltweit empfangen werden konnte, die Comsat-Empfänger waren, sprach Davis in dem völlig leeren Stadion sieben sehr persönliche Gedanken in ein Mikrofon. Davis betont, dass für ihn die »Privatheit dieser Sendung«[32] und der Wunsch wichtig waren, in persönlichen Kontakt mit seinem Publikum zu treten. Sehr deutlich wird dieses zentrale Anliegen auch in Davis' »**Austrian Tapes**« (1974). **Nam June Paik**, der ja auch schon 1977 an der Satellitenausstrahlung der Eröffnung der documenta 6 teilgenommen hatte, realisierte mit »**Good Morning, Mr. Orwell**« am 1. Januar des ›Orwell‹-Jahres 1984 seine erste Satellitenperformance mit Rückkanal in Form einer weltweit zu empfangenden Fernsehsendung.[33]
/

Soziale Vernetzung, Partizipation

05/007

Die künstlerischen Satellitenprojekte der 1970er Jahre waren zwar auf Offenheit und Partizipation angelegt, ermöglichten jedoch immer nur einer kleinen Gruppe von Künstlern die Teilnahme. **Kit Galloway** und **Sherrie Rabinowitz** fehlte in diesen Telekommunikations- und Satellitenperformances daher vor allem das soziale, emanzipatorische Element, das eine Alternative zum massenmedialen Gebrauch der Sendemedien darstellen könnte.[34] Sie sind nicht an Telekommunikationsprojekten als elitären und exklusiven ›Kunstevents‹ interessiert, sondern betonen das soziopolitische Engagement ihrer Projekte: »Für uns sind Kommunikations- und Informationssysteme Umgebungen, in denen Menschen leben«, sagt Rabinowitz. »Daher schauen wir uns die Ästhetik dieser Umgebungen an, fragen also, wie dieser Raum geformt ist. Die Gestaltung eines solcherart ›geformten‹ Raumes entscheidet darüber, was mit den in ihm enthaltenen Informationen passieren kann.«[35] Diese Aussage hat auch mehr als zwanzig Jahre später nichts von

Tilman Baumgärtel, *net.art 2.0. Neue Materialien zur Netzkunst.* Nürnberg 2001, S. 50–65. 32 — Ebd., S. 55. 33 — Vgl. dazu Edith Decker, *Paik. Video*, Köln 1988, S. 172–181. 34 — Vgl. Gene Youngblood, »**Virtual Space. The Electronic Environments of Mobile Image**« [Auszug], in: Timothy Druckerey/Ars Electronica (Hg.): *Ars Electronica. Facing the Future* (1999), S. 360–365, hier: S. 360. 35 — Sherrie Rabinowitz, ebd., S. 361.

ihrer Aktualität verloren. Im Gegenteil: Je mehr sich die Aktivitäten von Menschen in den Datenraum (zum Beispiel des Internets) verlagern, desto wichtiger ist ein Bewusstsein von den ermöglichenden beziehungsweise verhindernden Eigenschaften des Code, auf dem diese virtuellen Räume basieren.[36]

Im Jahr der **documenta 6** (1977) produzierten Kit Galloway und Sherrie Rabinowitz das »**Satellite Arts Project**«, bei dem zwei Gruppen von Tänzern an verschiedenen Orten miteinander interagierten. Deren Bilder wurden dergestalt auf dem Bildschirm zusammengefügt, dass es so aussah, als würden die 3000 Kilometer entfernten Menschen miteinander tanzen. 1980 folgte Galloways und Rabinowitz' Satellitenprojekt »**Hole in Space**«, das viel offener – und partizipatorischer – als das »Satellite Arts Project« konzipiert war und für viele nachfolgende Projekte wegweisend werden sollte. 1984 schließlich entwickelten Kit Galloway und Sherrie Rabinowitz anlässlich der Olympischen Spiele in Los Angeles mit dem »**Electronic Café**« den Prototyp aller Internetcafés, und dies lange vor dem Internetboom der 1990er Jahre. Das »Electronic Café« war ein multimediales Computer- und Videonetzwerk, das sieben Wochen lang fünf von verschiedenen Volksgruppen bewohnte Bezirke von Los Angeles in Echtzeit verband und so einen Austausch ermöglichen sollte.[37] Das Konzept dieses klar auf soziale Vernetzung ausgerichteten Prototyps des »Electronic Café« ist bis heute hochaktuell: »Jeder Nutzer hat uneingeschränkten interaktiven Zugang zu den Datenbasen und [...] kann jederzeit Botschaften senden, Akten anlegen, andere Mitteilungen lesen und Kommentare und Anregungen durch öffentlich zugängliche Terminals in Bibliotheken, Lebensmittelgeschäften, Kaffeehäusern und Gemeinschaftszentren vorbringen. [...] ein Instrument für kollektives Denken, Planen, Organisieren, Entscheiden.«[38] In diesem Sinne ist das »Electronic Café« ein direkter Vorläufer des 1986 gegründeten **Art Com Electronic Network** (ACEN) und auch von Kontext-Systemen der 1990er Jahre wie **The Thing** (New York), **De Digitale Stad** (Amsterdam) und **Internationale Stadt** (Berlin).

/

09./008 Kontext-Systeme, Kommunikationsplattformen und digitale Städte

Das **Art Com Electronic Network** (ACEN) wurde 1986 von **Carl Loeffler** und **Fred Truck** gegründet. Es handelte sich um eine Mailbox innerhalb des 1985 von Steward Brand gegründeten, legendären Bulletin Board Systems »Whole Earth 'Lectronic Link (WELL)«[39] in San Francisco. ACEN war ein »elektronischer Ausstellungsraum«, der sich zeitgenössischer Kunst widmete, die mit neuen Kommunikationstechnologien arbeitete. Außerdem ermöglichte ACEN seinen Nutzern den Zugang zu elektronischen Publikationen, zu einem Mailsystem und zu einer »elektronischen (virtuellen) Einkaufs-

36 — Der Programmcode, so der amerikanische Jurist Lawrence Lessig, tendiert immer mehr dazu, zum Gesetz zu werden. Diese These stellt Lessig auf in »**Code and other Laws of Cyberspace**«, New York 1999.
37 — Vgl. dazu Heiko Idensen, »logIn! connect! interact! Von der Medienkunst zur Netzkunst«, in: *kritische berichte*, 1/1998, S. 73–84; sowie Heiko Idensen, »Kollaborative Schreibweisen – virtuelle Text- und Theorie Arbeit: Schnittstellen für Interaktionen mit Texten im Netzwerk«, in: Gendolla (2001), S. 218–264.
38 — Gene Youngblood, »Der virtuelle Raum. Die elektronischen Umfelder von Mobile Image«, in: *Ars Electronica. Festival für Kunst und Gesellschaft*, Linz 1986, S. 289–302, hier S. 300, zit. nach Heiko Idensen (1998), in: Gendolla (2001), S. 78. Das »Electronic Café« »müsste als eine öffentliche Einrichtung funktionieren, deren Terminals an öffentlichen Orten zugänglich wären, so dass man dafür keine eigene Ausrüstung bräuchte und der Datenaustausch anonym sein könnte – die Informationsumgebung als gemeinschaftliches Gut, das für jeden gleichermaßen zugänglich

straße mit kunstbezogenen ›Geschäften‹«[40] – dies ein Jahrzehnt (!) vor dem Einzug von E-Commerce ins Web.

The Thing (seit 1991) war das nächste Projekt, das aus einer konzeptuell orientierten Kunstszene heraus in den neuen Kommunikations-, Distributions- und Produktionsraum der Datennetze trat. Initiiert von dem deutsch-amerikanischen Künstler **Wolfgang Staehle** ging The Thing Ende 1991 als Mailboxsystem in New York ans (Telefon-)Netz. 1992 kamen der zweite Knoten, The Thing Köln, dazu, im November 1993 The Thing Wien und bald auch The Thing Berlin und andere. Den wichtigsten, weil (inter)aktivsten Bereich von The Thing stellten die verschiedenen Messageboards dar, Foren für Diskussionen zu Kunsttheorie, News und Klatsch, fortlaufende Dialoge und offene Informationsflüsse sowie einige Online-Versionen von Kunstzeitschriften. Neben diesen Diskussionsforen bot The Thing auch Kunstwerke in Form von Grafiken an, die über das Netz auf den Heim-PC geladen werden konnten (Peter Halley). Staehle sieht die theoretischen Wurzeln von The Thing explizit in den 1960er Jahren und beruft sich auf **Joseph Beuys**: »Beuys ging es um die soziale Skulptur, eine künstlerische Produktion, die eine Gruppe oder eine Gemeinschaft zusammen macht. The Thing ist so eine Skulptur: es realisiert die Beuyssche Idee von der direkten Demokratie, vom politischen Gemeinwesen als sozialer Struktur. Gleichzeitig stellt es eine Erweiterung des Kunstbegriffs dar.«[41] Seit 1995 ist The Thing unter einer neuen Oberfläche im World Wide Web des Internet präsent und fungiert auch hier als Plattform für Produktion und Präsentation von Kunst und ihren Diskursen.

1994 und 1995 entwickelten sich eine Reihe virtueller ›stadtähnlicher‹ Gemeinschaften im damals neuen World Wide Web (WWW). Ein wichtiges Anliegen dieser Projekte war die Forderung nach breit angelegtem ›access for all‹, also erschwinglichem Zugang zum Internet und seinen Ressourcen – den es in der ersten Hälfte der 1990er Jahre noch nicht gab. Das in diesem Kontext wohl bekannteste Projekt war **De Digitale Stad** (DDS) in Amsterdam, die im Januar 1994 ans Netz ging. Die DDS entwickelte sich in kürzester Zeit zu Europas größtem öffentlichen Freenet.[42] Ende 1994 gründete sich nach dem Vorbild der DDS in Berlin die **Internationale Stadt**[43] (1994–1997), die 1995–1996 das wohl prominenteste Projekt der deutschen Netzszene war. Sie hatte sich zum Ziel gesetzt, als unabhängiger Internetprovider kulturellen Projekten die Präsenz im Internet zu erleichtern. Die Internationale Stadt bot ihren bis zu 300 ›EinwohnerInnen‹ günstige Internetzugänge und Serverplatz für eigene Experimente an – zu einer Zeit, als privater Internetzugang noch fast unbezahlbar war, war das nicht zu unterschätzen. Einen anderen Weg als DDS oder Internationale Stadt hat das im März 1995 in Wien gegründete

wäre, und nicht als Ware«. Gene Youngblood, »Virtual Space. The Electronic Environments of Mobile Image« [Auszug], in: *Ars Electronica 1999*, S. 360–365, hier S. 364. **39** — **The WELL** wurde Ende der 1980er Jahre zu einer der bekanntesten Online-Communities, die bis heute weiterbesteht – allerdings in privatisierter Form. Howard Rheingold widmete The WELL, Reading/MA 1993 ein ganzes Buch: *The Virtual Community: Homesteading on the Electronic Frontier.* **40** — Carl Loeffler, »Telecomputing und digitale Kultur«, in: *Kunstforum International*, Bd. 103, Sept./Okt. 1989, S. 128–133, hier S. 129. **41** — Wolfgang Staehle, in: *Süddeutsche Zeitung*, 22. März 1994. **42** — Ein wichtiges Vorbild für die Entwicklung der Digitalen Stadt waren elektronische Bürgernetzwerke (FreeNets), die bereits Mitte der 1980er Jahre in den Vereinigten Staaten und Kanada entstanden waren. **43** — **International City Federation** 1995–1997, Internationale Stadt Berlin: Die Site ist heute nicht mehr online, wird aber auf dem Server des **Museum für angewandte Kunst** in Frankfurt/Main dokumentiert.

Institut für neue Kulturtechnologien **Public Netbase** eingeschlagen. Public Netbase verfolgte zunächst ähnliche Ziele wie die Internationale Stadt, entwickelte sich aber immer mehr zu einem Content Developer und organisierte zuletzt unter anderem seit 2000 das Projekt »**world-information.org**« in Brüssel, Wien, Amsterdam, Belgrad und New Delhi.

/

09./009 **Kollektives und kollaboratives Schreiben in Telekommunikationsprojekten**

Bereits vor dem Internetboom der 1990er Jahre haben Künstler komplexe Kommunikationsstrukturen und vernetzte, kollaborative Schreibprozesse in textbasierten Systemen experimentell erprobt. Die historisch auf die »Cadavre-exquis«-Experimente der Surrealisten zurückgehenden kollektiven Schreibprojekte stellen das Autor-Text-Leser-Verhältnis radikal in Frage[44] und korrespondieren mit dekonstruktivistischen Vorstellungen des Textes als Gewebe (Jacques Derrida), Theorien der Intertextualität (Julia Kristeva) und dem postmodernen »Tod des Autors« (Roland Barthes).

1980 lernten sich auf der Konferenz »Artists's use of telecommunications« im San Francisco Museum of Modern Art (SFMOMA) eine Reihe von Künstlern kennen, die in den folgenden Jahren an wichtigen künstlerischen Telekommunikationsprojekten teilnehmen sollten. Über Satellit und das Computersystem der Firma I. P. Sharp (IPSN) waren Künstler aus anderen Ländern zugeschaltet. Neben dem Organisator Bill Bartlett nahmen unter anderem Gene Youngblood, Hank Bull (Vancouver), **Douglas Davis** und Willoughby Sharp (New York), Norman White (Toronto) und **Robert Adrian X** (Wien) teil.[45] Aus dieser Konferenz entstanden in den folgenden Jahren über das Time-Sharing-Netzwerk von I. P. Sharp Associates eine Reihe von kollaborativen Schreibprojekten. Das Wiener Büro von I. P. Sharp entwickelte hierfür - angeregt und unterstützt von Robert Adrian X - 1980 ein einfaches »interkontinentales, interaktives, elektronisches Kunst-Austausch-Programm, das für Künstler und alle anderen, die sich für alternative Einsatzmöglichkeiten neuer Technologien interessieren, entworfen worden ist«. ARTEX (Artist's Electronic Exchange Network), so der Name dieser Software, »wurde mit Absicht einfach gehalten, so dass auch unerfahrene und unspezialisierte Teilnehmer damit arbeiten können, und die Kosten so niedrig wie möglich gehalten werden können«.[46] Das elektronische Mailboxnetz ARTEX bestand von 1980–1991 und wurde von circa 35 Künstlern weltweit benutzt.[47] Das Internet selbst beziehungsweise das Arpanet und auch das Usenet waren damals noch einer fast ausschließlich akademischen Nutzergruppe vorbehalten.[48] Und auch lokale BBS-Mailboxsysteme, bei denen sich Nutzer zum Ortstarif einwählen konnten, entstanden verstärkt erst seit Anfang der 1980er Jahre. Insofern war das ARTEX-Netz richtiggehend revolutionär. Mitglieder der ARTEX-Community organisierten im Laufe der 1980er Jahre internationale Telekommunikationsevents, die die Entwicklungen der 1990er Jahre bereits vorwegzunehmen schienen.

44 — Vgl. Heiko Idensen, »Kollaborative Schreibweisen - virtuelle Text- und Theorie-Arbeit: Schnittstellen für Interaktionen mit Texten im Netzwerk«, in: Gendolla (2001), S. 147. 45 — Vgl. die **Online-Dokumentation**; vgl. auch Robert Adrian X, »**Kunst und Telekommunikation 1979–1986: Die Pionierzeit**«, in: *springer*, Band 1, Heft 1/1995; Tilman Baumgärtel, »Net Art. On the Artistic Work with Telecommunications Media«, in: Timothy Druckrey/Peter Weibel (Hg.): *net_condition. Art and global media*, Cambridge/MA 2001, S. 152–161. 46 — Information von I. P. Sharp Associates. zit. nach Heidi Grundmann (Hg.), *Art + Telekommunikation*,

Erste Ansätze für vernetzte Schreibprozesse im Kunstkontext lieferten neben Robert Adrian X' »**Die Welt in 24 Stunden**« (1982) auch **Roy Ascotts** »**La plissure du texte**« (1983), **Norman Whites** »**Hearsay**« (1984), das kollaborative Minitel-Schreibprojekt, das anlässlich der Ausstellung »**Les Immatériaux**« (1985) stattfand, **John Cages** »**The First Meeting of the Satie Society**« (1986), das von **Roy Ascott** konzipierte »**Planetary Network**« auf der Biennale di Venezia (1986) oder in Deutschland das hypertextuelle Projekt »**PooL Processing**« (seit 1988) von Heiko Idensen und Matthias Krohn. Roy Ascotts[49] »**La plissure du texte**« (»Die Faltung des Textes«) (1983) wurde anlässlich der von Frank Popper organisierten Ausstellung »Electra 1983« im Musée d'Art Moderne de la Ville Paris durchgeführt, welche einen Überblick über den Einsatz von Elektrizität in der Kunst gab. »La plissure du texte« war ein kollaboratives Schreibprojekt, bei dem Künstler in elf Städten in Australien, Nord-Amerika und Europa über das ARTEX-System gemeinsam ein Märchen auf verschiedenen Erzählebenen schrieben.[50] Der Titel war eine Anspielung auf Roland Barthes' Buch »Le Plaisir du Texte« (»Die Lust am Text«). Das kollaborative Schreibprojekt war vom 11.–23. Dezember 12 Tage lang 24 Stunden pro Tag online. Ein weiteres computergestütztes, kollaboratives Schreibprojekt fand anlässlich der von Jean-François Lyotard kuratierten Ausstellung »Les Immatériaux« (Centre Georges Pompidou, Paris 1985) statt: Jacques Derrida, Michel Butor, Daniel Buren und etwa 20 anderen französischen Intellektuellen wurde je ein privater Minitel-Anschluss (Minitel war die sehr erfolgreiche französische BTX-Variante) zur Verfügung gestellt, über den sie bestimmte Begriffe online diskutierten. Diese Diskussion konnte vom Publikum in der Ausstellung in Echtzeit verfolgt werden. Mit der Öffnung des Internet in den 1990er Jahren beginnt – vor allem mit der nun um sich greifenden Nutzung von Mailinglisten und textbasierten MOOs und MUDs – eine ganz neue Phase kollektiver, vernetzer ›Schreibprojekte‹ (vergleiche Abschnitt »Open Source, Open Text, Open Theory: Offene und partizipative (Mit-)Schreibprojekte im WWW«).

/

Von den ›großen‹ analogen Medien der späten 1980er zu den ›kleinen‹ digitalen Medien der 1990er Jahre: Vernetzungen im Raum und im Netz

Mit dem von **Roy Ascott** konzipierten »**Planetary Network**« auf der Biennale di Venezia 1986 endet nach **Robert Adrian X** die erste Phase der künstlerischen Telekommunikationsprojekte. Bis zum Beginn der breiteren Nutzung des Internets ab Mitte der 1990er Jahre gab es eine Zwischenphase, die sich durch gegenläufige Strömungen auszeichnete. Wie in einer Momentaufnahme werden diese unterschiedlichen Positionen im Band 103 der Zeitschrift Kunstforum International dokumentiert, die sich anlässlich der Ars Electronica 1989 mit dem Thema »Im Netz der Systeme« auseinander setzt. Während Peter Weibel in dem Band den Begriff der ›interaktiven Kunst‹ betont, lassen sich die Künstlerbeiträge in solche Arbeiten aufteilen, die mit dem (alten) Medium Radio

Vancouver/Vienna 1984, S. 84; vgl. auch den Text von Robert Adrian X »**ARTEX**«. **47** — Vgl. Marc Ries, »Netzkunst – Kunst der Netze«, in: Aigner/Hölzl (1999), hier S. 190. **48** — Ganz zu schweigen davon, dass Personalcomputer (PCs) zu der Zeit noch extrem teuer und daher nicht sehr verbreitet waren. Für einen kurzen Abriss des Internets und seiner Nutzerkulturen vgl. Arns (2002). **49** — Zu Roy Ascott vgl. Edward A. Shanken, »**Telematic Embrace: A Love Story? Roy Ascott's Theories of Telematic Art**«. **50** — Vgl. Konzept und Teilnahmeaufruf zu »**La plissure du texte**« auf der Website von **Robert Adrian X.**

arbeiten, und jene, die »bereits eine neue Künstleridentität im Einklang mit den telematischen Technologien andeuten«.[51] Zu diesen gehören die Beiträge von Roy Ascott, Robert Adrian X und **Carl Loeffler**. Während Ascott[52] für eine fast ungebrochene »Metaphysik der Daten und Interfaces« (Ries) steht (und insofern mit dem (pseudo-)metaphysischen Anspruch der bereits erwähnten Arbeiten von Douglas Davis parallel geht), ist der Beitrag von Adrian X über sein Projekt »**Die Welt in 24 Stunden**«[53] (1982) von Ernüchterung geprägt: Er erklärt das Projekt für »historisch obsolet«. Adrian X begründet dies nicht nur mit der ausgebliebenen technischen Revolution (breiterer Zugang zum Internet wurde erst Mitte der 1990er Jahre möglich!), sondern vor allem mit der noch ausstehenden Revolution in der interpersonellen Kommunikation: »Die hohen Kosten der Hardware sind nur ein Teil des Problems – viel entscheidender sind die Trägheit und das Beharrungsvermögen von 200 Jahren industrieller Kultur und ihres konsumeristischen Nachspiels. Niemand in unserer Kultur, Künstler eingeschlossen, wird darin ausgebildet oder dazu ermutigt, andere an seiner/ihrer kreativen Aktivität teilhaben zu lassen. Die Fähigkeit zu geteilter schöpferischer Tätigkeit aber ist notwendige Voraussetzung zum interaktiven Gebrauch von Kommunikationstechnologie.«[54] Ganz anders dagegen der Beitrag von Carl Loeffler, der 1986 zusammen mit Fred Truck die Mailbox **Art Com Electronic Network** (ACEN) gegründet hatte.[55] Loeffler stellt ein Dispositiv vor, das »alle Utopien der frühen Netzwerkprojekte aufnimmt und zugleich die Grenzen zwischen Kunst und anderen gesellschaftlichen (vor allem ökonomischen) Zonen ineinander greifen lässt«.[56] ACEN nimmt damit schon die Internetprojekte der 1990er Jahre und ihre ›kleinen‹, digitalen Medien konzeptuell vorweg (vergleiche Abschnitt »Kontext-Systeme, Kommunikationsplattformen und digitale Städte«).

Symptomatisch für diese Zwischenphase sind darüber hinaus künstlerische Projekte, die sich ›großer‹, analoger Medien wie Radio und Fernsehen bedienen und die vielfach als organisatorisch höchst aufwendige Reiseprojekte realisiert werden. Im Rückblick scheint es fast so, als ob Gruppen beziehungsweise Projekte wie Minus Delta t, Radio Subcom,[57] Ponton/Van Gogh TV und das **Kunst-Raum-Schiff MS Stubnitz** ihre aufwändig ausgestatteten Medienlabore in Bussen, Containern, auf LKWs und Hochseeschiffen in Ermangelung digitaler Netze auf die Reise schicken. Motiviert wurden diese Gruppen jedoch vor allem von der Idee kommunikativer, zwischenmenschlicher Vernetzung.

Die Gruppe **Ponton/Van Gogh TV**[58] ist ein typisches Beispiel für den Brückenschlag von Ideen der Intermedia-Kunst zu den elektronischen Medien. Einige der wichtigsten Gruppenmitglieder sind Karel Dudesek, Benjamin Heidersberger, Gerard Couty und

51 — Marc Ries, »Netzkunst – Kunst der Netze«, in: Aigner/Hölzl (1999). 52 — Roy Ascott, »Gesamtdatenwerk: Konnektivität, Transformation und Transzendenz«, (1999). 53 — Robert Adrian X, »Elektronischer Raum«, in: *Kunstforum International*, Bd. 103, hier S. 147. 54 — Ebd. 55 — Carl Loeffler, »Telecomputing und digitale Kultur«, in: *Kunstforum International*, Bd. 103, 1989, S. 128–133. 56 — Marc Ries, »Netzkunst – Kunst der Netze« (1999), in: Aigner/Hölzl, S. 180. 57 — Radio Subcom war ein Projekt von Armin Medosch und Oil Blo (Mitarbeit: Antonia Neubacher, Martin Scott, Henryk Weiffenbach). 58 — Vgl. die Websites zur Firma **Ponton Consulting**, die Softwareentwicklung und Projektmanagement anbietet, bzw. zu den Projekten von **Van Gogh TV**. 59 — Minus Delta t ist ein Begriff aus der Computersprache bezeichnet die Möglichkeit der Vorwegnahme der Zukunft durch statistische Berechnungen. Vgl. auch: Sabine Vogel, »Interview mit Minus Delta t in Lenins Arbeitszimmer (1. Mai 1989)«, in: *Kunstforum International*, Bd. 103, S. 115–119. 60 — Vgl. das Kapitel »**Fernsehen – Kunst oder Antikunst?**«. 61 — Einige Internetprojekte fungierten als Reisetagebücher für reale Reisen, z. B. **Felix**

Mike Hentz. Ihre Wurzeln liegen in der 1978 gegründeten Gruppe **Minus Delta t**,[59] die mit dem 1980 begonnenen »**Bangkok-Projekt**« bekannt geworden war. Dessen Konzept war es, einen sechs Tonnen schweren Granitblock per LKW von Europa nach Asien zu transportieren und dies zu einem umfassenden Kunstereignis mit Events und Performances in den Städten auf dem Weg dorthin zu machen. Der Einsatz aller verfügbaren Medien zur Dokumentation der Events war dabei notwendiger Teil des Ganzen. Mit der erstmals unter dem Titel »**Ponton Projekt**« realisierten Containercity zur Ars Electronica 1986 tritt der Einsatz elektronischer Medien in den Vordergrund. Die Medien sind nicht mehr nur Mittel zum Zweck, sondern zunehmend Träger der eigentlichen Botschaft. Dies führt über mehrere Zwischenstufen bis zur »**Piazza Virtuale**« anlässlich der **documenta 9** (1992), diesmal unter dem Gruppennamen Van Gogh TV. Hier wurden erstmals die Möglichkeiten von Fernsehen als interaktives Massenmedium erprobt. Die Zuschauer konnten über Telefon ganze 100 Tage lang in das zum Multimediabildschirm transformierte TV-Programm eingreifen.[60]
Van Gogh TV realisierte 1992 mit unglaublichem Aufwand ein offenes Sendekonzept, das nur kurze Zeit später mit dem Internet und neuen, digitalen Medien viel leichter zu realisieren war. Mit der Öffnung des Internets Mitte der 1990er Jahre konnte jede/r Nutzer/in potentiell – auch als Reisende/r[61] – zum Sender werden,[62] und das ohne High Tech-Equipment (allerdings auch ohne ein Massenpublikum wie das des Fernsehenszu erreichen).[63]
In Deutschland war eines der ersten Kommunikationsprojekte unter Einbeziehung des elektronischen Netzwerks Internet (noch vor dem WWW) die 1993 von Barbara Aselmeier, Joachim Blank, Armin Haase und Karl Heinz Jeron gegründete Gruppe **Handshake**, aus der 1994 unter anderem die **Internationale Stadt** hervor ging. Als interaktive Rauminstallation realisiert, bildete Handshake eine Schnittstelle zwischen elektronischem Netz und Lebenswelt. Vorbereitete Kommunikations- und Wahrnehmungsexperimente (zum Beispiel Rorschachtest) auf textueller, visueller und auditiver Basis verwiesen dabei auf kulturelle Eigenheiten und Gemeinsamkeiten der Partizipierenden.
Besonders auch in der ab Mitte der 1990er Jahre, mit der Entwicklung grafischer Weboberflächen entstehenden so genannten Netzkunst sind die Vernetzungs- und Partizipationsmöglichkeiten, die das Internet bietet, von grundlegender Bedeutung. Gerhard Rühm schrieb 1975: »wirf einen hellen ton zum fenster hinaus und schick ihn um die erde. warte, bis er rückwärts durch die tür wieder eintrifft – angereichert mit allen tönen, denen er auf seinem weg begegnet ist. lass dich von diesem klang zu boden schmettern«.[64]
Das Zitat liest sich wie eine poetische Umschreibung kooperativer Klangexperimente im

Stephan Huber und **Phillip Pococks** »**Arctic Circle**« (1995–1996) und »**Tropic of Cancer**« (1996, mit Christoph Keller und Florian Wüst) und »**Siberian Deal**« von Kathy Rae Huffman und Eva Wohlgemuth (23.9.–13.10.1995). **62** — Zum Konzept ›taktischer‹, ›minoritärer‹ oder ›kleiner Medien‹ vgl. Arns (2002) sowie Andreas Broeckmann, »Konnektive entwerfen! Minoritäre Medien und vernetzte Kunstpraxis«, in: Stefan Münker/Alexander Rösler (Hg.), *Praxis Internet. Kulturtechniken der vernetzten Welt*, Frankfurt/Main 2002, S. 232–248. **63** — Projekte wie z. B. **rolux/twenfm** oder **radioqualia** verbinden jedoch ab Mitte der 1990er Jahre die Vorteile alter und neuen Medien: Ihre Projekte werden live ins Internet gestreamt, global von Fernsehstationen oder Radiosendern empfangen und wiederum über diesen Fernseh- oder Radiosender lokal gesendet. So kann man ›Netzradio‹ z. B. aus Adelaide in Riga oder Ljubljana über einen normalen Fernseher oder ein Radio empfangen. Dieser Schritt ist logisch, denn wenn Netzradio seit jeher ein relativ elitäres Medium war, ermöglicht die Rückkopplung an das Massenmedium Fernsehen (oder Radio), von einem potentiell sehr großen Publikum gesehen (oder gehört) zu werden. **64** →

Internet, wie sie zum Beispiel das »**Xchange**«-Netzwerk betreibt, das Ende 1997 vom E-Lab (heute: **Re-Lab**) in Riga initiiert wurde. Die teilnehmenden Gruppen in London, Ljubljana, Sydney, Berlin und vielen anderen Orten nutzen das Netz, um in Live-Audiostreams ihr Soundmaterial von unterschiedlichen Servern in verschiedenen Ländern global zu distribuieren und verschiedene Streaming-Quellen live zu mischen.[65] Xchange erforscht das Netz als Soundscape, das »spezifische Qualitäten hinsichtlich Datenübertragung, Verzögerung, Feedback und offener, verteilter Kooperationen« aufweist, so die Beschreibung im Netz. Es entsteht so ein kooperatives, über den Globus verteiltes und nur im Internet zu hörendes ›ortloses‹ Klangkunstwerk.[66]

/

09./011

Open Source, Open Text, Open Theory: Offene und partizipative (Mit-)Schreibprojekte im WWW

Es ist nur konsequent, dass **Douglas Davis**, Pionier des interaktiven Fernsehens und Initiator früher telematischer Projekte, Anfang der 1990er Jahre im damals neuen Medium des World Wide Web (WWW) eines der ersten Netzkunstprojekte lancierte. »**The World's First Collaborative Sentence**«[67] (1994) ist ein einziger, nicht endender Satz, der seit 1994 von seinen Lesern immer weiter geschrieben werden kann. Davis sieht dieses Webprojekt als Fortführung seiner bis in die 1970er Jahre zurückreichenden Versuche, aus den »starren Sender-Empfänger-Paradigmen massenmedialer Medien-Schaltungen aus[zu]brechen«.[68] Das Internet ist für Davis daher das ideale, weil aktive Partizipation erlaubende Medium.[69]

In der zweiten Hälfte der 1990er Jahre entwickeln sich jedoch im Internet noch ganz andere Formen der Partizipation und Kooperation. Diese gehen größtenteils auf die im Internet historisch gewachsenen Prinzipien des freien Austauschs und der Geschenkökonomie zurück, bekommen jedoch in den 1990er Jahren als Open Source, Open Theory oder Open Law eine ganz eigene Dynamik. Es handelt sich hierbei um kollaborative Annotations- und Redaktionssysteme, oft als sogenannte ›Weblogs‹ realisiert, die das gemeinsame Arbeiten an Projekten (Software, Enzyklopädien, Gesetze) – oft über sehr große Distanzen – ermöglichen. Diese neuen hypertextuellen Vernetzungsmöglichkeiten, die das WWW bietet und die auf den Diskussions-, Konversations- und Kooperationskulturen von Diskussionsforen, Newsgroups, MUDs und Mailinglisten aufbauen,[70] werden jetzt auch zum Produktionsparadigma von künstlerischen Netztexten. Hierfür ist der »Assoziations-Blaster« (seit 1999) von **Alvar C. H. Freude** und **Dragan Espenschied** ein gutes Beispiel. Der »**Assoziations-Blaster**« ist ein »interaktives Text-Netzwerk, in dem sich alle eingetragenen Texte mit nicht-linearer Echtzeit-Verknüpfung™

← 64 — Gerhard Rühm, in: *Zweitschrift 6*, Herbst 1979, zit. nach Heidi Grundmann, »Radiokunst« in: *Kunstforum International*, Bd. 103, S. 276–289. 65 — Bereits 1995 hatten **Gerfried Stocker**, **Heidi Grundmann** und **x-space** anlässlich der Ars Electronica das Projekt »**Horizontal Radio**« durchgeführt, dessen grundlegende Idee darin bestand, Mechanismen und Strukturen, wie sie durch das Internet (als Netzwerkmetapher) gebildet werden, dem Radio als klassisches Sendemedium zu überlagern. Beteiligt waren etwa 25 Radiostationen in Australien, Kanada, Europa (einschließlich Russland) und den USA auf allen Radiofrequenzen und 24 Stunden lang vom 22. bis 23. Juni 1995. 66 — Vgl. zum Thema Netzradio und allgemein zu Klangexperimenten im Internet die Veranstaltungen »**net.radio days berlin 98**« (organisiert von **mikro** und **convex tv.**) und »**net_congestion**« (Amsterdam 2000). 67 — Der ›Satz‹ war 1994 vom Lehman College/CUNY Art Gallery in New York in Auftrag gegeben worden und war wohl das erste Netzkunstwerk, das je von einem Sammler gekauft wurde.

automatisch miteinander verbinden«.[71] Hier wirken also Leser-Autoren an einem riesigen Textgeflecht, dessen einzelne Wörter automatisch mit bereits vorhandenen Stichwörtern verlinkt werden. So entsteht ein textuelles Gewebe, von dem, wie es heißt, »viele dachten, das WWW wäre es bereits«.[72] Die einzelnen Beiträge des Geflechts können nicht ›linear‹ der Reihe nach gelesen werden, sondern die Nutzer springen anhand der entstehenden Verknüpfungen von einem Text zum anderen. Der »Assoziations-Blaster« ist mit seiner dadurch entstehenden endlosen Assoziationskette **Daniela Alina Plewes »Musers' Service«** (1994) verwandt, der NutzerInnen zunächst als interaktive Offline-Version, später dann auch online über das Internet beim Tagträumen behilflich war.[73] Das **»Opus«**-Projekt (seit 2001) des **Raqs Media Collectives** aus New Delhi bietet seinen Nutzern im Internet eine Plattform an, auf der sie digitale Objekte (Video, Bild, Ton, Text) ansehen, austauschen, herunterladen, verändern und wieder hochladen und somit der Öffentlichkeit zur Verfügung stellen können. Ziel ist die Schaffung eines »digitalen« oder »kreativen Gemeineigentums« (»digital«/»creative commons«), das den Regeln der Kooperationskulturen von Freier Software (Copyleft) folgt. »Opus« macht so das Prinzip von Autorschaft als prinzipiell kollektive oder gemeinsame Autorschaft explizit.
/

Partizipation und Interaktion in einer telematischen Kultur 09/012

Es wird oft gesagt, dass die Netzkunst der 1990er Jahre an die ersten Telekommunikationsprojekte der 1970er und 1980er Jahre anknüpfe. Diese Verknüpfung mag zwar aufgrund der Verwendung von Telekommunikationsmedien auf den ersten Blick sinnvoll erscheinen. Allerdings ergeben sich besonders hinsichtlich des Begriffs der Partizipation eklatante Unterschiede. Während in den frühen Telekommunikationsprojekten nur ein begrenzter Kreis von TeilnehmerInnen partizipierte und das Publikum seiner traditionell passiven Rolle verhaftet blieb (also nur zuschauen oder mitlesen konnte), wird mit der Verbreitung des Internets in den 1990er Jahren in gewisser Weise erstmals die Einlösung von Allan Kaprows Forderung nach der Abschaffung von Zuschauern möglich. Die Partizipationsmöglichkeiten sind im Internet gegenüber der Zeit der Telekommunikationsprojekte gewaltig gestiegen. Die offene Struktur des Netzes, die zunehmende Erschwinglichkeit von Internetzugang und vor allem von Computern und anderen ›kleinen Medien‹ machten in den 1990er Jahren erstmals eine breite Partizipation möglich. Das soll aber nicht heißen, dass alle Netzkunstprojekte Happenings wären (im Gegenteil: auch hier gibt es eine Fülle unterschiedlicher Formate und Interaktionsformen[74]), sondern begründet vielmehr, warum sich im Netz so viele partizipatorische Prozesse und Plattformen entwickelt haben (zum Beispiel »Internationale Stadt«, »Assoziations-Blaster«, »Opus«),

Heute befindet es sich im Besitz des Whitney Museum for American Art in New York. **68** — Heiko Idensen, »Kollaborative Schreibweisen – virtuelle Text- und Theorie-Arbeit: Schnittstellen für Interaktionen mit Texten im Netzwerk«, in: Gendolla (2001), S. 253. **69** — Vgl. auch Davis' eigenen Text am Anfang des **»Sentence«**. **70** — Vgl. Heiko Idensen, »Kollaborative Schreibweisen – virtuelle Text- und Theorie-Arbeit: Schnittstellen für Interaktionen mit Texten im Netzwerk«, in: Gendolla (2001), S. 256. **71** — Zitat von der **Website**. **72** — Vgl. auch das Interview **»Von der Leichtigkeit des Links und dem Kampf um seine Freiheit«**. in: *dichtung digital*, 30. Oktober 2000. **73** — Siehe auch Daniela Plewes Onlineprojekt für Medien Kunst Netz: **»ArtAbstract«**. **74** — Vgl. für einen Überblick über verschiedene Formen der Netzkunst: Inke Arns, **»›Unformatierter ASCII-Text sieht ziemlich gut aus‹ – Die Geburt der Netzkunst aus dem Geiste des Unfalls«**, in: *Kunstforum International*, Bd. 155, Juni/Juli 2001, S. 236–241.

die von KünstlerInnen höchstens *initiiert*, aber nicht explizit als künstlerisches Projekt verstanden werden.

Hinsichtlich neuer Interaktionsformen erscheinen allgemein (also nicht nur im Netz) zwei Modelle als spannend und zukunftsweisend. Das eine erweist sich als konsequente Weiterführung von Ecos Konzept des »offenen Kunstwerkes«: Es handelt sich um genuin lernfähige, evolutionäre Systeme, die sich mit jedem Gebrauch durch seine BenutzerInnen weiterentwickeln.[75] Ein solches System hat **Peter Dittmer** mit seiner Computerinstallation »**Die Amme**« (seit 1992) vorgelegt. Elemente der »Amme« sind ein Computer inklusive Monitor und Tastatur, über die man mit einem selbstironisch daherkommenden Computerprogramm kommunizieren kann, sowie ein Tisch, auf dem ein mit Milch gefülltes Glas steht. Gerät das Computerprogramm während der höchst unterhaltsamen Kommunikation mit dem menschlichen Gegenüber in Rage, wirft es mittels einer mechanischen Vorrichtung das Glas Milch um.

Das andere Interaktionsmodell besteht in einer Verklammerung des virtuellen, verteilten (Netz-)Raums mit dem realen, urbanen Stadtraum. Bei »**Vectorial Elevation**« (2000) von **Rafael Lozano-Hemmer** und bei »**Blinkenlights**« (2001–2002) beziehungsweise »**Arcade**« (2002) des **Chaos Computer Clubs** handelt es sich um hybride Projekte, die den virtuellen Raum durch speziell entwickelte Interfaces an den realen Stadtraum zurückbinden. Beide Projekte ermöglichten Teilnehmern, über das Internet in die Installationen vor Ort einzugreifen beziehungsweise diese zu steuern und mitzugestalten. »Vectorial Elevation« bestand aus einem Dutzend in den Himmel gerichteten starken Scheinwerfern, die auf dem Hauptplatz von Mexico City installiert worden waren und über das Internet zu bestimmten Mustern ausgerichtet werden konnten. »Blinkenlights« bestand aus einer riesigen, mit einfachsten Mitteln zu einem ›Bildschirm‹ umgebauten Hausfassade auf dem Berliner Alexanderplatz. Jedes der dem Platz zugewandten 144 Fenster entsprach dabei einem Pixel (Abmessungen: 8 x 18 Fenster beziehungsweise Pixel), der separat ansteuerbar war (›Licht ein‹/›Licht aus‹). Die Passanten beziehungsweise Zuschauer auf dem Alexanderplatz konnten über eine speziell dafür eingerichtete Telefonnummer auf dieser rudimentären Medienfassade »Pong« spielen oder über ein eigens dafür entwickeltes Web-Interface kleine Animationen programmieren, die dann auf der Fassade gezeigt wurden. Das Projekt wurde Anfang 2002 mit einem internationalen Wettbewerb abgeschlossen.

Während mit medialen Fassaden inzwischen auch schon in der zeitgenössischen Architektur experimentiert wird, siehe etwa die **VEAG** in Berlin oder das Gebäude der niederländischen Telekom in Rotterdam von Renzo Piano, geht es bei »Blinkenlights« nicht um den Aspekt einer dynamischen Architektur als mediales Ornament, sondern gerade um die größtmögliche Sichtbarkeit eines partizipatorischen Moments im urbanen Raum. Es geht, anders gesagt, um einen emphatischen Begriff von Öffentlichkeit.

75 — Vgl. das Kapitel »**Immersion und Interaktion**«.

Interaction, Participation, Networking
Art and telecommunication

/

Inke Arns

/

Reception, participation, interaction—from receptive to active participation 09/101

The idea that the reception of a work of art demands the participation of the beholder was not exclusive to the twentieth century, but was anticipated in the late nineteenth century by Mallarmé's notion of process-based art encompassing permutable, aleatoric elements that would, in the form of the «open artwork,»[1] become programmatic for the avant-garde movement some fifty years later. Along similar lines, in 1957 Marcel Duchamp asserted that every aesthetic experience assigns a constitutive role to the spectator, who in the process of viewing «adds his contribution to the creative act.»[2] On a different occasion, Duchamp even claimed that «a work is made *entirely* by those who look at it or read it and who make it survive by their accolades or even their condemnation.»[3] The notions and concepts of interaction, participation and communication are central to twentieth-century art, and in equal measure concern the work, recipient and artist. Generally speaking, these terms involve a movement from the closed to the «open» work of art, from the static object to the dynamic process, from contemplative reception to active participation. It was a movement away from the concept of the «author» and leading, over the «author as producer»[4] and the «death of the author,»[5] towards «distributed» or collective authorship. As the twenty-first century approached, the nineteenth-century artist-genius had evolved into an initiator of communicative, and often also social and political, (exchange) processes. In all these «opening-up movements,» the notion of interaction plays an important role.

However, the meaning of the term «interaction» underwent continuous transformation in the years between the participatory happening and Fluxus actions of the 1950s and early 1960s and the interactive media art[6] of the 1980s and 1990s. On the one hand, the change of meaning came about because of the broad spectrum of interpretation the term admitted: *Interaction* encompasses both the theory of interrelated social action, as well as the primarily technological category of human-machine communication generally termed *interactivity*.[7] From the 1960s to the 1990s, the social notion of interaction was replaced by a more technologically and media-based definition of interactivity (human-machine interaction). Dieter Daniels compounds this paradigm shift with the following

1 — Umberto Eco, *The Open Work*, trans. Anna Cacogni, Cambridge, MA, 1989. 2 — Marcel Duchamp in his 1957 lecture «The creative act» (published in *Art News*, no. 4, New York, 1957). 3 — Marcel Duchamp in a letter of 1956 to Jean Mayoux (published in his book *La Liberté une et divisible: Textes critiques et politiques*, Ussel, 1979). 4 — Walter Benjamin, «The Author as Producer» (1934), in *Walter Benjamin, Selected Writings*, Cambridge, MA, London, 1999, pp. 768–782. 5 — The term was coined by Roland Barthes in 1968. 6 — For detailed treatment of interactive media art cf. Söke Dinkla, *Pioniere Interaktiver Kunst von 1970 bis heute*, Ostfildern, 1997, and Peter Gendolla et al. (eds.), *Formen interaktiver Medienkunst*, Frankfurt/Main, 2001. On the various aspects of interactive media art cf. the texts on «**Immersion and Interaction**» and «**Virtual Narrations**,» as well as Dieter Daniels, «**Strategies of Interactivity**,» in *Media Art Interaction—The 1980s and 1990s in Germany*, Rudolf Frieling/Dieter Daniels (eds.), Vienna, New York, 2000, pp. 170–197. CD-07 CD-08 CD+ 7 — «Since in a media society people communicate with people by means of machines, it is evident that these fields will overlap.» Ibid.

theory: While in the 1960s the media were still regarded as one of several means employable in order to achieve the socio-cultural utopia of a transformed society, an about-turn took place in the 1990s, a decade in which media technology was often seen as «the leitmotif from which all social, cultural and economic transformations [would] emanate.»[8] However, after the notion of social interaction had been superseded by that of a primarily technological interactivity in the early 1990s, by the middle of that decade the rise of the Internet was restoring social significance to the paired notions of interaction/interactivity, which now increasingly described media-assisted human interchange, and therefore linked up with the ideals of intermedia art in the 1960s as well as early telecommunications experiments in the 1970s and 1980s.

The following description concentrates less on media-oriented or technical conceptions of interactivity than on those projects conducted from the 1960s onward that highlighted the idea of social, gregarious interaction. After a brief outline of various models of interactivity in media art, therefore, my essay will focus on communication projects and processes in whose course specific forms of interaction and concepts of interactivity developed. All the projects involved media- or computer-mediated human-to-human interaction aiming at the interconnection and cooperation of participants separated by vast physical distances. Today, the presented forms of art and interaction—from the closed-circuit work to interactive media-art installations to open processes—exist as parallel possibilities.

/

09/102

From the «open work» in happening and Fluxus (1960s) to the conditioned spectator (1970s)

The first steps towards active participation and interaction were taken by John Cage, Allan Kaprow, George Brecht and others connected with the Happening and Fluxus movements in the 1950s and 1960s. **John Cage**'s famous compositions «4'33"» (1952) or «**Imaginary Landscape No. 4**» (1951) can be cited as exemplifying the «open work.» The piece «4'33"» consists of four minutes and thirty-three seconds of silence, whose character is naturally dependent on the conditions of its public performance (noise made by the audience and performer, the surroundings, and so forth). In «Imaginary Landscape No. 4» twelve radios are employed as musical instruments, meaning that every performance is unrepeatable and unique due to the fact that the choice of frequencies varies according to the time and place of execution.[9] With his minimal predefinitions, Cage intended to «initiate an individual and social creative process which successively detaches itself from the intentions of its author.»[10] While the silence in «4'33"» heightens the potential creativity of audience reception (but does not yet actively involve the listeners in the artistic process), «Imaginary Landscape No. 4» emphasizes the non-defined role of the performers (who do, however, remain performers). From the late 1950s onward,

8 — Daniels (2000), op. cit., p. 174. The extreme form of such a technically determinist perspective is to be found among representatives of what was known as the «Californian ideology.» Cf. Richard Barbrook/Andy Cameron, «**The Californian Ideology**,» in *Telepolis*, February 5, 1997. On the subject of «Californian ideology,» cf. also Inke Arns, *Netzkulturen*, Hamburg, 2002. 9 — Dieter Daniels points out that Cage, by producing compositions for radio sets in the early 1950s, accomplished the first wholly «open works» deploying technical media even

the Happening[11] art form established by Allan Kaprow went one step further by making the spectators themselves participants, executors and performers of the artistic process (see «**18 Happenings in 6 Parts**,» 1959). In the 1960s, this interaction among audience, work and artist became the major element of an aesthetic situated outside established genres, categories and institutions, and is generally described by the term «intermedia.» With the «**Exposition of Music—Electronic Television**» festival staged in the German city of Wuppertal in 1963, **Nam June Paik** drafted a first blueprint for viewer interaction with the electronic television picture. Using devices such as a microphone or magnet, the several versions of «**Participation TV**» (1963–1966), which was first presented at the festival, and of the later «**Magnet TV**» (1965) allow the viewer to produce oscillating patterns on an electronically modified TV screen. Typical of this early phase was the interactive «re-use,» the *détournement*,[12] of broadcasting media like TV and radio. The implied demand for a change in the one-way structures of the (analog) mass media amounted to a massive critique of the passivity mass media consumption produced in viewers.

Other concepts of interactivity came into their own concurrent with the transition from happenings to performance in the 1970s. Artists like **Dan Graham**, **Peter Campus** and **Peter Weibel** used closed-circuit installations to confront spectators with their own mediated image, while in **Bruce Nauman**'s «**Live-taped Video Corridor**» (1970) the viewers found themselves being radically conditioned. These interactive installations were the first to meet with success in the art world, and were the products of a fundamental distrust of the ideals of openness and participation aspired to in the 1960s: «I mistrust audience participation,» is a documented Nauman statement. The closed-circuit installations produced in the next decade therefore represented not so much participatory projects as «situations reflecting upon the relationship between viewer and medium.»[13]

Valie Export's noted «**Tap and Touch Cinema**» (1968), which made interactivity ‹graspable› as a direct, sensory and tactile experience, presented a stark contrast to this media-aesthetic self-reflection. For her street action, Export strapped to her chest a box that was open at the front and back, thus allowing passers-by to put their hands through a curtain at the front and feel her breasts. This «mobile installation» conditioned the spectator even more drastically than Nauman's «Corridor,» and at the same time radically placed in question the border between public and private.[14]

In the 1970s, an artist like **Douglas Davis** represented the converse of Nauman's explicit rejection of audience participation. Davis' art projects aimed to establish explicitly dialogical communication situations through new telecommunications media (see the section on «Satellite projects», below). With their goal of broad audience participation, however, Davis' projects were generally an exception to the rule: The major telecommunications projects of the 1970s and 1980s involved the participation of the artists who conducted

before Umberto Eco coined the term. Cf. Daniels (2000), op. cit.; in *The Open Work*, Eco mentions that his theses were inspired by New Music, without however naming John Cage. **10** — Daniels (2000), op. cit. p. 171.
11 — On the form of the happening, cf. Michael Kirby, *Happenings*, New York, 1964. Cf. also the text «**Reality/ Mediality**.» **12** — The Situationists rebranded the term *détournement* (literally «diversion,» «misappropriation») to mean «reuse,» «repurposing.» Cf. Roberto Ohrt, *Phantom Avantgarde. Eine Geschichte der Situationistischen Internationale und der modernen Kunst*, Hamburg, 1990. **13** — Daniels (2000), op. cit., p. 177. **14** — Ibid.

them, but not of a wide audience. The situation only began to change in the 1990s, when more people gained access to the Internet.

/

09/103 Interactive media art in the 1980s and 1990s

Although the computer-based, digital multimedia technology developed and increasingly widely used from the 1980s onward integrated the «interaction of user and apparatus ... in the medium itself,»[15] this interaction was purely media-oriented and technical in scope. It is therefore possible to subscribe to Dieter Daniels' view of a shift in ideological paradigms away from the social-aesthetic unbordering ideas of the 1960s toward the technological interactivity concepts of the 1990s. Emancipationist approaches were scarcely to be found in the forms of human-machine interaction typical of that decade, and media-critical approaches were even more rare. Several forms of media-assisted interaction can be distinguished in the 1980s and 1990s:[16] interaction with a video story (interactive television and cinema), as in **Lynn Hershman**'s «**Deep Contact**» (1989–1990); interaction between body and (static or dynamic) data realm, as in **Jeffrey Shaw**'s «**The Legible City**» (1988), **Peter Weibel**'s «**Die Wand, der Vorhang (Grenze, die) fachsprachlich auch: Lascaux**» (1993), **Christa Sommerer & Laurent Mignonneau**'s «**A-Volve**» (1993–1994) or **Ulrike Gabriel**'s «**Breath**» (1992–1993); interaction as a dialogue model, as in **Paul Sermon**'s «**Telematic Dreaming**» (1992) or **Agnes Hegedüs**' «**Between the Words**» (1995). In these installations the viewer is no longer solely a recipient, but simultaneously an agent too. However, this «exemplary viewer» also tended to be solitary, since interactive installations could be used by no more than two people at once. Moreover, once inside the virtual realm the lone visitor seldom encountered other explorers—these environments were not designed for interpersonal communications. The collective and/or distributed authorship structures practiced on the Internet since the mid-1990s, in combination with that medium's form and lack of fixed physical location, have so far prevented any new «collectivity in media space» from establishing connective links with either the real world or the art context (and, ultimately, art history). The rise of the Internet in the 1990s restored topicality to the interactivity concepts of 1960s intermedia art.

/

09/104 Telematics and telepresence

The notions of telematics and telepresence began to gain importance for interactive media art in the late 1980s. Telepresence allows the viewer parallel experiences in three different spaces at once: 1. in the «real» space in which the viewer's body is physically located; 2. per tele-perception in the «virtual, simulated visual space reproducing a fictional or real, remote visual sphere; and 3. per tele-action at the physical location of the «data work or even of a robot controllable over one's movements or equipped with a sensory apparatus over which one can find one's bearings.»[17] To a certain extent, this concept—

15 — Daniels (2000), op. cit., p. 177. 16 — Cf. also the text on «**Virtual Narrations**» and on «**Immersion and Interaction**,» as well as Daniels (2000), op. cit. 17 — Oliver Grau, *Virtuelle Kunst in Geschichte und Gegenwart. Visuelle Strategien*, Berlin, 2001, p. 180. Cf. also id., «Telepräsenz. Zur Genealogie und Epistemologie von Interaktion und Simulation,» in Gendolla et al. (2001), op. cit., pp. 39–63.

and primarily that of acting or influencing from a distance—is also reflected in interactive media art.[18] **Kit Galloway** and **Sherrie Rabinowitz**, who since 1977 have been working under the name Mobile Image, are indubitably pioneers in the field. Their groundbreaking «**Hole in Space**» project (1980) demonstrated almost all the attributes of telepresence, with one exception: The viewers/users were not represented in virtual reality. However, they do perceive the remote space (tele-perception) and also interact with it (tele action) or, as the case may be, with the people at the other end of the «hole in space.» The installation served in a three-day-long experiment in November 1980 that used a satellite link to connect in real time one location in Los Angeles with another in New York. Chance passers-by could use the «Hole in Space» to establish visual and acoustic contact with people at the other end of the USA.

Richard Kriesche's «telematic sculptures» are a good example of telematic projects. After examining the significance of background noise in technical or satellite communications in various performances such as «**Radio Time**» (1988) and «**Artsat**» (1991), Kriesche collaborated with Peter Gerwin Hoffmann to create «**Telesculpture III**» (1993). This sculpture consisted of a twenty-four-meter-long section of train track that was transported across the exhibition space by a twenty-meter-long conveyor belt. The track's slow but constant movement towards the wall was triggered by telephone calls received within the scope of a project by Fred Forest.[19] The number and information content of the calls determined whether or not the track would be pushed up against the wall and smash the monitor strapped to its end in the process—the telephone calls therefore initiated a movement directed against another medium. This linkage with the telephone network gave rise to complex interaction. As the first worldwide information and communications network, the international telephone system supplied «Telesculpture III» with controlling impulses, and overruled the sculpture's spatial boundaries. For the Austrian Pavilion at the 1995 Venice Biennial, Kriesche expanded his concept to produce «**Telematic Sculpture 4**» (T.S.4), in which a train track is continuously moved by the data streams on the Internet. Each time somebody logged into «T.S.4,» the sculpture was temporarily brought to a standstill. The entire volume of data streams, and with them the concrete movement of the sculpture through the pavilion, was displayed on a monitor as status information.

By contrast, the works of **Paul Sermon** clearly aim at interpersonal, often almost intimate, communication, and are conceptually linked with the «Hole in Space» project of Galloway and Rabinowitz. «**Telematic Dreaming**» (1992) was Sermon's first project in a series of telematic installations linking two remote locations over blue-box technology and ISDN video conferencing. The «Telematic Dreaming» interface consisted of a specially equipped double bed allowing its occupant(s) to communicate over gestures and movements with the occupant(s) of an identically equipped bed at the remote location. The use

18 — Cf. the text «**Immersion and Interaction.**» 19 — For the exhibition «entgrenzte grenzen II» in Graz, Fred Forest erected a loudspeaker tower on the Austrian-Slovenian frontier over which messages could be broadcast into the former Yugoslavia. Several telephone numbers were available for calling up the loudspeaker tower.

of blue box and ISDN video conferencing made it appear as if the actually far-apart participants were lying together in one virtual double bed. The bed metaphor in particular makes this installation the most intimate of Sermon's telematic works.
/

09/105 **Electronic space as «communications sculpture»**

The artists who began intervening in networks in the late 1970s initially did so in defiance of the art industry. «In our view,» said Hank Bull and Patrick Ready, «it was about art that did not have to go through the art business, but reached the listeners directly from the artists, the producers.»[20] Like the later Net artists of the 1990s, they wanted to occupy and exploit spaces outside institutionalized art discourse. As Roy Ascott wrote in 1984, it was a matter of creating a «planetary discursive community outside, or able to bypass, the institutionalized administration of discourse.»[21] The artistic projects that came into being in telecommunications networks from the late 1970s onward eluded traditional object-oriented concepts, and adhered more to Joseph Beuys' notion of «social sculpture,» to the non-object nature of concept art, to the event-orientation of performance art, or to the Situationists' notion of the political. In regard to telecommunications projects from the late 1970s onward, Robert Adrian X allocates particular significance to **E.A.T. (Experiments in Art and Technology)** and mail art:[22] «It was mail art, with its notion of a postal space—a flurry of images encompassing, thanks to integrated postal services, the globe—that made it possible in the first place to develop the idea of works of art in the electronic realm.»[23]

Immaterialization, process and participation were the three perhaps most important, and closely related, ideas in the context of electronic art. **Robert Adrian X**, referring to his telecommunication project «**The World In 24 Hours**» (1982), which was commissioned for the Ars Electronica festival, emphasized that the artistic dimension consisted precisely in not creating special objects but instead establishing «communicative» occurrences between the participants. In what is considered to be one of the electronic realm's first collaborative writing projects, artists in sixteen cities on three continents were interconnected for twenty-four hours. During this time, they drafted a kind of telematic world map, a «gesamt-datawork»[24] created over the telephone as well as then exotic apparatuses like telefacsimile (telefax) and slow-scan television (a type of early «video telephone»).[25] The project attempted to work outside the prevailing commercial usage of communications networks in order to «create individual access to telecommunications media and to

20 — Hank Bull in an interview for the ORF broadcast *Kunstradio - Radiokunst* marking the «With the Eyes Shut-Bilder im Kopf» symposium held at the Steirischer Herbst festival in 1988. Cited in Heidi Grundmann, «Radiokunst,» in *Kunstforum International*, vol. 103, Sept./Oct. 1989, p. 284. 21 — Roy Ascott, «Art and Telematics—Towards a Network Consciousness,» in *Art and Telecommunication*, Heidi Grundmann (ed.), Vienna, 1984, p. 33. 22 — On mail art as a non-technological «primeval form» of communication art, cf. Dieter Daniels, «**Von der Mail Art zur e-mail,**» in *neue bildende kunst*, 1994, as well as Tilman Baumgärtel, «**Mail Art. Ein Gespräch mit Friedrich Winnes, Lutz Wohlrab, Thomas Schulz, Graf Haufen, Waling Boers,**» in *Rohrpost*, 4 November 2002. 23 — Robert Adrian X, «Elektronischer Raum,» in *Kunstforum International*, op. cit., pp. 142–147, here p. 145. However, it is already possible to detect conceptual forerunners of telecommunications or Net art in the «wireless fantasies» of the Italian Futurists or in the cosmic utopias of the Russian Futurists and Suprematists, who in the early twentieth century prophesied that modern technologies would cancel out space and time. Cf. also Edith Decker/Peter Weibel (eds.), *Vom Verschwinden der Ferne. Telekommunikation und*

develop strategies for their artistic deployment. The artistic dimension of the overall project consists precisely however not in creating special objects—‹artworks›—with means such as fax, but in establishing dialogical interchange relationships, that is to say: special relations among the participants who ‹produce› communicative occurrences.»[26] Artistic work with computers and electronic networks takes to a technological extreme that «de-materialization of the object» Lucy Lippard emphasized in regard to the earlier concept art. Ultimately, all processes transacted in the electronic realm are based on immaterial information. These «immaterials»[27] are process-based in nature and, in similar fashion to performances, leave behind neither traces nor auratic objects (let alone unique artifacts): «Products or objects originating in telecommunications projects are merely documentary relicts of an activity that took place in the *electronic realm.*»[28] Moreover, according to Ascott the people participating in, and sharing, electronic space could no longer be clearly divided into «artists» and «viewers,» into «producers» and «consumers»: «One can no longer stand at a window and view the scene composed by somebody else; rather, one is invited to pass through the door to a world in which interaction is all.»[29] Yet, due to the low penetration levels of new technologies, the notion of participation must be qualified in regard to these early telecommunications projects insofar as participation was confined to a small number of fellow artists. The role of the general public was mainly restricted to reading and watching—without the option of active intervention.

/

Satellite projects 09/105

Awareness of the potential offered by real-time worldwide communications and the various communication technologies (telephone, telex, fax, computer networks, teleconferencing systems, satellite technology) was a many-sided source of inspiration to artists. As early as 1961–1962, Nam June Paik devised a piano concert for simultaneous performance in San Francisco and Shanghai, with the left-hand part being played in the USA and the right-hand part in China. His idea may have been somewhat premature in regard to feasibility, but it shows how well informed he was. The first telecast between America and Europe took place over Telstar 2 in July 1962.[30] However, fifteen years would pass before artists set up the first two-way satellite communications link: «**Two Way-Demo**» was the title of a live two-way broadcast between New York and San Francisco on September 10–11, 1977. Liza Bear, Keith Sonnier and Willoughby Sharp—the

Kunst, Cologne, 1990. **24** — Roy Ascott coined this term in order to point to the poly- or multimedia nature of these early «writing projects.» Roy Ascott, «Gesamtdatenwerk. Konnektivität, Transformation und Transzendenz,» in *Kunstforum International,* op. cit., here p. 106. **25** — See Robert Adrian X, «The World in 24 Hours,» in *Ars Electronica: Facing the Future,* Timothy Druckrey (ed.), Cambridge, MA, 1999, pp. 346–351. **26** — Robert Adrian X writing in the brochure accompanying the exhibition «On Line,» Graz, 1993. Cited in Marc Ries, «Netzkunst – Kunst der Netze,» in *Kunst und ihre Diskurse in den 80er und 90er Jahren,* Carl Aigner/Daniela Hölzl (eds.), Vienna, 1999, pp. 175–192, here p. 177. **27** — In 1985, Jean-François Lyotard mounted the immensely important exhibition «Les Immatériaux» at the Centre Pompidou, Paris. Cf. Jean-François Lyotard et al., *Immaterialität und Postmoderne,* Berlin, 1985. **28** — Robert Adrian X (1989), op. cit., p. 142. **29** — Ascott (1989), op. cit., p. 106. **30** — Cf. Edith Decker, «Boten und Botschaften eine telematischen Kultur,» in *Vom Verschwinden der Ferne. Telekommunikation und Kunst,* Edith Decker/Peter Weibel (eds.), Cologne, 1990, pp. 79–112, here p. 98.

initiators of this first transcontinental satellite TV conference—were allowed to use the NASA satellite CTS, which had gone into orbit in 1976. Other participating artists included Andy Horowitz (alongside the organizers on the East Coast), and Carl Loeffler and Terry Fox on the West Coast. The broadcast consisted of discussion and debate, readings, and prerecorded video footage.

Nineteen seventy-seven was also the year in which Joseph Beuys, Douglas Davis, Charlotte Moorman and Nam June Paik contributed performances to the live satellite telecast celebrating the opening of the media-oriented **documenta 6** in Kassel. During the festival, artists' videotapes were shown on television and three performances (by, respectively, Beuys, Paik and Moorman, and Davis) were broadcast live over satellite (albeit without a feedback channel that would have allowed the possibility of viewer interaction). The telecast ended with the performance «**The Last Nine Minutes**,» in which **Douglas Davis** attempted to symbolically break through the TV screen and establish direct communication with his audience. Since the telecast was relayed live to more than thirty other countries, it reached probably the largest audience ever to have ‹taken part› in an art event.

In the 1960s and 1970s, Douglas Davis was one of the first artists to exploit new telecommunications technologies in order to establish dialogue communication situations. In «**Talk Out!**» (1972), which was broadcast live by WCNY-TV, he entered into conversation with his audience via a telephone and a printer. In the work produced since then, Davis has repeatedly tried to «de-mass» mass media such as television by re-purposing them in order to enable private, intimate dialogue with his audience.[31] As early as in 1976, Davis realized the world's first satellite project, «**Seven Thoughts**,» in the Houston Astrodome, at that time the world's largest roofed stadium. In the course of a ten-minute broadcast potentially able to be picked up by any Comsat-receiving television or radio station in the world, Davis delivered over microphone seven very personal thoughts to the completely deserted stadium. He emphasizes the importance of the «privacy of this broadcast»[32] and his wish to enter into personal contact with his audience. This central concern is equally obvious in Davis' «**Austrian Tapes**» (1974). With «**Good Morning, Mr. Orwell**,» on January 1 of the Orwellian 1984 **Nam June Paik** produced his first satellite performance with a feedback channel in the form of a television broadcast that could be received worldwide.[33]

/

09/107

Social networking, participation

Although the telecommunication and satellite projects of the 1970s were geared towards openness and participation, active participation was restricted to a small group of artists.

31 — Cf. the interview with Douglas Davis in Tilman Baumgärtel, net.art 2.0. *Neue Materialien zur Netzkunst.* Nuremburg, 2001, pp. 50-65. 32 — Ibid., p. 55. 33 — Cf. Edith Decker, *Paik Video*, Cologne, 1988, pp. 172-181. 34 — Cf. Gene Youngblood, «**Virtual Space. The Electronic Environments of Mobile Image**,» orig. publ. as «Der virtuelle Raum. Die elektronischen Umfelder von Mobile Image» (1986), excerpt in *Ars Electronica. Facing the Future*, Timothy Druckrey (ed.), Cambridge, MA, 1999, pp. 360-365, here p. 360. 35 — Sherrie Rabinowitz quoted in ibid., p. 361. 36 — The American lawyer Lawrence Lessig claims that program code has an increasing tendency to become law. Cf. **Code and other Laws of Cyberspace**, New York, 1999. 37 — Cf. Heiko Idensen, «logIn! connect! interact! Von der Medienkunst zur Netzkunst,» in

Kit Galloway and **Sherrie Rabinowitz** therefore missed the presence of a social, emancipatory element offering a potential alternative to mass media usage of the broadcasting media.[34] Neither artist was interested in telecommunication projects as elite «art events,» but emphasized the socio-political commitment behind their work: «We see communication and information systems as environments people live in,» said Rabinowitz. «So we look at the aesthetics of that environment, the shaping of the space. The way you shape a space determines what can happen to the information in it.»[35] More than twenty years later, this statement has lost nothing of its currentness. On the contrary: The more people shift activities to the realm of data (for instance, to the Internet), the more important an awareness of the empowering or, as applicable, obstructing attributes of the code on which these virtual realms are based becomes.[36]
In 1977 (the year of the **documenta 6**), Kit Galloway and Sherrie Rabinowitz produced the «**Satellite Arts Project**» in which two groups of dancers interacted at two different locations. The images were put together on screen in such a way that people three thousand kilometers apart looked like they were dancing together. Galloway and Rabinowitz' satellite project «**Hole in Space**» followed in 1980. Based on a more open—and participatory—concept than «Satellite Arts Project,» it would point the way for a number of later projects. In the «**Electronic Café**» devised for the 1984 Olympic Games in Los Angeles, Galloway and Rabinowitz produced a prototype for the Internet cafes that would flourish a decade later. Running for seven weeks, their cafe was a multimedia computer and video network that connected in real time five Los Angeles districts populated by different ethnic groups. The aim was to enable communication,[37] and the clearly socially oriented network prototype of the «Electronic Café» has remained highly current: «Every user has unrestricted access to the databasess ... and whenever they feel like it can send messages, create files, read other bulletins and submit comments and suggestions over public terminals in libraries, food stores, cafés and community centers. ... An instrument for collective thinking, planning, organizing, deciding.»[38] In that sense, the «Electronic Café» was a direct forerunner of the **Art Com Electronic Network** (ACEN) founded in 1986, as well as of 1990s context-based systems like **The Thing** (New York and other locations), **De Digitale Stad** (Amsterdam) and **International City Federation** (Berlin).
/

Context-based systems, communication platforms and digital cities

The **Art Com Electronic Network** (ACEN), set up by **Carl Loeffler** and **Fred Truck** in 1986, was a mailbox within the framework of «Whole Earth 'Lectronic Link» (WELL),[39] the legendary bulletin-board system founded by Steward Brand in San Francisco in 1985. ACEN was an «electronic exhibition space» devoted to contemporary art based on new

kritische berichte, 1/1998, pp. 73–84, and id., «Kollaborative Schreibweisen-virtuelle Text- und Theorie-Arbeit: Schnittstellen für Interaktionen mit Texten im Netzwerk,» in Gendolla et al. (2001), op. cit., pp. 218–264. 38 — Youngblood (1999), op. cit., p. 364: «[The electronic café] would have to operate as a ‹public utility› whose terminals were all in public places so that personal equipment would not be required and transactions could be anonymous—the information environment as commons rather than commodity, equally accessible to everyone.» 39 — In the late 1980s, **The WELL** became one of the best known online communities and still exists today, albeit now privatized. Howard Rheingold devoted an entire book to *The WELL* in 1993: *The Virtual Community: Homesteading on the Electronic Frontier.*

communications technologies. At the same time, ACEN offered its users access to electronic publications, a mail system and—ten (!) years before e-commerce arrived on the web—an «electronic (virtual) shopping mall with art-related ‹shops›.»[40]

The Thing was the next project with a conceptually oriented art background to appear in the new communication, distribution and production space offered by the data networks. Initiated by the German-American artist Wolfgang Staehle, The Thing was launched as a mailbox system accessible over the telephone network in New York in 1991. A second node, The Thing Cologne, was added in 1992, followed by The Thing Vienna in November of the next year. Nodes in Berlin and elsewhere were soon to follow. The most (inter)active, and therefore most important, area of The Thing consisted of various message boards offering forums for art theory debate, news and gossip, ongoing dialogue and an open-access flow of information, as well as several online versions of art journals. Alongside discussion forums, The Thing offered artworks in the form of graphics downloadable to the home PC for example by Peter Halley. Staehle saw the theoretical roots of The Thing explicitly in the 1960s, and cited Joseph Beuys: «Beuys was concerned with the social sculpture, with the art product made together by a group or community. The Thing is a sculpture of that type: It implements the Beuysian idea of direct democracy, of the political community as a social structure. At the same time, it represents an extension of the notion of art.»[41] Since taking to the World Wide Web with a new user interface in 1995, The Thing has continued to function as a production and presentation platform for art and art-related discourse.

In 1994 and 1995, virtual ‹city-like› communities mushroomed on the young World Wide Web (WWW). In view of the high cost of using the Internet and its resources in the first half of the 1990s, the demand for reasonably priced ‹access for all› was common to all these projects. The perhaps best known virtual city was **De Digitale Stad**[42] (DDS) in Amsterdam, which went online in January 1994. DDS fast became Europe's largest public «freenet.» In late 1994, the **International City Federation**[43] (ICF, 1994–1997) was founded in Berlin on the model of DDS. Probably the most prominent Net project in Germany in the period 1995–1996, its aim as an independent Internet provider was to make it easier for cultural projects to build up an Internet presence. The IS offered its up to three hundred ‹inhabitants› low-priced Internet access and server capacity for experimentation—a service not to be underestimated at a time when private Internet access was beyond most people's means. **Public Netbase**, an institute for new cultural technologies founded in Vienna in March 1995, initially pursued similar objectives to the IS. After branching off in a direction different from that of either DDS or IS, Public Netbase increasingly became a content developer, and has most recently been organizing the **«world-information.org»** project running since 2000 in Brussels, Vienna, Amsterdam, Belgrade and Novi Sad.

40 — Carl Loeffler, «Telecomputing und digitale Kultur,» in *Kunstforum International*, op. cit., here p. 129. 41 — Wolfgang Staehle in *Süddeutsche Zeitung*, March 22, 1994. 40 — **De Digitale Stad**, from 1994 onward. 42 — Important for the Digital City development was the model of the electronic citizens' networks (FreeNets) that came into being in the USA and Canada in the mid-1980s. 43 — **International City Federation**, 1995–1997; Internationale Stadt Berlin, although no longer online, is extensively documented on the server of the **Museum of Applied Arts** in Frankfurt/Main. 44 — Cf. Idensen (2001), op. cit., p. 247. 45 — See the **documentation**. Cf. also Robert Adrian X, «**Kunst und Telekommunikation 1979–1986: Die Pionierzeit**,» in

/

Collective and collaborative authoring in telecommunications projects

Even before the 1990s Internet boom, artists were experimenting with complex communication structures and networked, collaborative authoring processes in text-based systems. With historical origins stretching back to the Surrealists and their «cadavre exquis» experiments, collective writing projects radically place in question the author-reader relationship[44] and correspond with deconstructivist notions of the text as fabric (Jacques Derrida), theories of intertextuality (Julia Kristeva), and the postmodern «death of the author» (Roland Barthes).

The «Artists' use of telecommunications» conference held at the San Francisco Museum of Modern Art in 1980 brought together a number of artists who would take part in important artistic telecommunications projects in the years that followed. Artists outside the USA were linked up to the conference over satellite and a computer system made by I. P. Sharp (IPSN). The organizer, Bill Bartlett, was joined by guests including Gene Youngblood, Hank Bull (Vancouver), Douglas Davis and Willoughby Sharp (New York), Norman White (Toronto) and Robert Adrian X (Vienna).[45] The resultant series of collaborative authoring projects was conducted during the next few years over the time-sharing network of I. P. Sharp Associates. Inspired and supported by Robert Adrian X, in 1980 the Vienna office of I. P. Sharp developed a simple «intercontinental, interactive, electronic art-exchange program designed for artists and anybody else interested in alternative possibilities of using new technologies.» ARTEX (Artist's Electronic Exchange Network), as the software was called, was «deliberately kept simple so that even inexperienced and non-specialized participants could work with it and costs were minimized.»[46] The electronic mailbox network ARTEX existed from 1980 to 1991, and was used by some thirty-five artists worldwide.[47] In that period, the Internet itself (as well as, respectively, the Arpanet and the Usenet) was still almost exclusively the preserve of academics.[48] Local BBS mailbox systems into which users could dial at local call rates first began to proliferate in the early 1980s. The ARTEX network therefore amounted to a veritable revolution, and international telecommunications events organized in the course of the 1980s by «ARTEX Community» members seemed to foreshadow developments in the next decade.

Alongside Robert Adrian X' «**The World in 24 Hours**» (1982), the first art-related networked authoring processes were attempted in Roy Ascott's «**La plissure du texte**» (1983), Norman White's «**Hearsay**» (1984), the collaborative Minitel writing project staged for the exhibition «**Les Immatériaux**» (1985), John Cage's «**The First Meeting of the Satie Society**» (1986), the «**Planetary Network**» devised by Roy Ascott and shown at the Venice Biennial (1986), or the hypertext project «**PooL Processing**» (from 1988 onward)

springer, vol. 1, no. 1/1995, and Tilman Baumgärtel, «Net Art. On the Artistic Work with Telecommunications Media,» in *net_condition. Art and global media*, Timothy Druckrey/Peter Weibel (eds.), Cambridge, MA, 2001, pp. 152–161. **46** — Information provided by I. P. Sharp Associates. Cited in Tilman Baumgärtel, «Net Art. On the Artistic Work with Telecommunications Media,» op. cit., p. 156. Cf. also Adrian X, «**ARTEX**.» **47** — Cf. Ries (1999), op cit., p. 190. **48** — Not to mention that personal computers (PCs) were extremely expensive still, and therefore not widely owned. For a brief outline of the Internet and its user cultures cf. Inke Arns (2002), op. cit..

of Heiko Idensen and Matthias Krohn in Germany. Roy Ascott[49] carried out his collaborative writing project «La plissure du texte» in 1983 on the occasion of the «Electra 1983» exhibition at the Musée d'Art Moderne de la Ville Paris. Organized by Frank Popper, the show was a survey of the usage of electricity in art. For «La plissure du texte,» artists in eleven cities in Australia, North America and Europe jointly wrote a fairytale on different narrative planes.[50] The title was an allusion to Roland Barthes' book «Le Plaisir du Texte.»[51] From December 11–23, 1983 the project was online twenty-four hours daily. Another computer-assisted collaborative writing project took place for the «Les Immatériaux» show curated by Jean-François Lyotard at the Centre Georges Pompidou in Paris in 1985. Jacques Derrida, Michel Butor, Daniel Buren and some twenty other French intellectuals were each furnished with a private Minitel line (Minitel was the very successful French version of the German Btx system). Visitors to the exhibition were able to follow in real time the ensuing online discussion of specific terms. Due above all to the increased usage of mailing lists and text-based MOOs and MUDs as the Internet became more accessible, the 1990s saw the beginning of an entirely new phase of collective networked «authoring projects.»

/

09/110

From the «large» analog media of the late 1980s to the «small» digital media of the 1990s: Spatial and network interconnections

According to **Robert Adrian X**, the «**Planetary Network**» designed by **Roy Ascott** for the 1986 Venice Biennial brought to a close the first phase of artistic telecommunication projects. The years up to the mid-1990s and the advent of wide Internet access were an intermediary phase marked by opposing currents. A snapshot-like view of the different positions is offered by volume 103 of the journal *Kunstforum International*, which marked the 1989 Ars Electronica festival with an issue dedicated to the theme «In the Network of Systems.» While Peter Weibel's article emphasized the notion of «interactive art,» the artists' contributions can be divided up into works operating with the (old) medium of radio, and ones «already hinting at a new artistic identity in line with telematic technologies.»[52] The articles by Roy Ascott, Robert Adrian X and **Carl Loeffler** fell into the second category. While Ascott[53] stood for an almost uninterrupted «metaphysics of the data and interfaces» (Ries), and to this extent was congruent with the above-mentioned (pseudo-)metaphysical ambitions in the work of Douglas Davis, a disillusioned article by Adrian X about his earlier «**The World in 24 Hours**» (1982) declared the project to be «historically obsolete.» He stated as reasons the lack not only of a technical revolution (he was writing some five years before the Internet became widely accessible), but also—and primarily—of a revolution in interpersonal communications: «The high costs for hardware are only a part of the problem—much more decisive are the sluggishness

49 — On Roy Ascott cf. Edward A. Shanken, «**Telematic Embrace: A Love Story? Roy Ascott's Theories of Telematic Art.**» 50 — Cf. concept and call for participation in «**La plissure du texte**» published on the **website** of Robert Adrian X. 51 — Roland Barthes, *The Pleasure of the Text*, trans. Richard Miller, New York, 1986. 52 — Ries (1999), op. cit., p. 180. 53 — Ascott (1989), op. cit. 54 — Robert Adrian X (1989), op.cit., p. 147. 55 — Loeffler (1989), op. cit. 56 — Ries (1999), op. cit., p. 180. 57 — Radio Subcom was a project by Armin Medosch and Oil Blo (collaborators: Antonia Neubacher, Martin Scott and Henryk Weiffenbach). 58 — See the websites by **Ponton Consulting**, a firm offering software development and project management services and

and persistence of two hundred years of industrial culture and its consumerist aftermath. Nobody in our culture, artists included, is educated or encouraged to let others have a share in their creative activity. However, this capability for shared creative activity is a prerequisite of the interactive usage of communications technology.»[54] A wholly different tone was struck by Carl Loeffler,[55] co-founder (with Fred Truck) of the **Art Com Electronic Network** (ACEN) mailbox in 1986, whose contribution presented a dispositive that «took up all the utopias of the early network projects and at the same time intermeshed the borders between art and other social (above all, economic) zones.»[56] With that, ACEN conceptually prefigured the 1990s Internet projects and their «small» digital media.

Equally typical of this intermediate phase were art projects that used ‹large› analog media like radio and TV and often took the form of elaborately organized travel projects. Viewed with the benefit of hindsight, groups or projects like Minus Delta t, Radio Subcom,[57] Ponton/Van Gogh TV and the art-space ship **MS Stubnitz** almost seem to have been trying to make up for the lack of digital networks by packing their well-equipped media laboratories into buses, containers, trucks and ships. However, behind their physical mobility lay primarily the idea of communicative, interpersonal networking.

The **Ponton/Van Gogh TV**[58] group typifies the bridging of the gap between intermedia concepts and the electronic media. Several important members including Karel Dudesek, Benjamin Heidersberger, Gerard Couty and Mike Hentz are rooted in the group **Minus Delta t**,[59] which was founded in 1978 and achieved prominence with the «**Bangkok Project**.» Launched in 1980, this project was based on the concept of transporting a six-ton block of granite by truck from Europe to Asia, and in the process staging an all-embracing art happening with events and performances in the cities that lay en route. An essential part of the whole was the deployment of all available media to document the events. With the presentation of a container city entitled «**Ponton Project**» at the 1986 Ars Electronica festival, electronic media moved into the foreground of the group's work. No longer were the media a means to an end, but increasingly the carrier of the actual message. Via several intermediary stages, this development culminated in the «**Piazza Virtuale**» created for the **documenta 9** (1992) by the now re-named group Van Gogh TV. For one hundred days, the potential of television as an interactive mass medium was tried out for the first time, with viewers being able to interfere over the telephone in a TV program that had been transformed into a multimedia screen.[60]

In 1992, Van Gogh TV put in place an open broadcasting concept with the extraordinary effort then still required for an undertaking soon to be vastly facilitated by the Internet and new digital technologies. The opening up of the Internet in the mid-1990s meant that potentially every user—even when traveling[61]—could become a broadcaster[62] without the need for hi-tech equipment (albeit without reaching the mass audiences of television).[63]

by **Van Gogh TV**. **59** — The term «Minus Delta t» is computerese and describes the possibility of preempting the future by means of statistical calculations. Cf. also Sabine Vogel, «Interview mit Minus Delta t in Lenins Arbeitszimmer (1. Mai 1989),» in *Kunstforum International*, op. cit., pp. 115-119. **60** — See the text «**Television—Art or Anti-art?**» **61** — Some Internet projects functioned as travelogues, e.g. **Felix Stephan Huber** and **Phillip Pocock**'s «**Arctic Circle**» (1995-1996) and «**Tropic of Cancer**» (1996, with Christoph Keller and Florian Wüst), and «**Siberian Deal**» by **Kathy Rae Huffman** and **Eva Wohlgemuth** (Sept. 23-Oct. 13 1995). **62** — On the concept of «tactical,» «minority,» or «small» media, cf. Inke Arns, (2002), op. cit.; Andreas →

One of the first German communication projects involving the (pre-WWW) Internet was the group **Handshake** founded by Barbara Aselmeier, Joachim Blank, Armin Haase and Karl Heinz Jeron in 1993. Later Handshake spin-offs would include the **International City Federation**. Implemented as an interactive installation, Handshake acted as an interface between the electronic network and living world. Prepared communication and perception experiments (such as the Rorschach Test) on the basis of text, visuals and sound pointed to cultural peculiarities and common ground of the participants.

The networking and participatory potential offered by the Internet were of particular importance, also in the «Net art» that came into being as graphical web interfaces were enhanced from the mid-1990s onward. Gerhard Rühm wrote in 1975: «Throw a bright tone out the window and send it around the world. wait until it returns through the door backwards—enriched by all the tones it has encountered on its path. then let this tone knock you off your feet.»[64] His words read like a poetic description of cooperative sound experiments on the Internet, such as those conducted by the «**Xchange**» network initiated in late 1997 by the Riga-based **E-Lab** (now **Re-Lab**). The participating groups in London, Ljubljana, Sydney, Berlin and many other cities use the network to globally distribute their sound material from various servers over live audio streams and to mix various streaming sources live.[65] Xchange investigates the Net as a soundscape that possesses «specific qualities in regard to data transfer, delay, feedback and open, distributed cooperation models.» This leads to a cooperative, globally distributed «placeless» work of sound art that can be heard only on the Internet.[66]

/

09/111 Open source, open text, open theory: Open and participatory (co-)writing projects on the WWW

It is only consistent that **Douglas Davis**, the pioneer of interactive television and initiator of early telematic projects, launched one of the first Net-art projects on the still young WWW in the early 1990s. «**The World's First Collaborative Sentence**»[67] (1994) is a single, endless sentence whose readers have been able to add to since 1994. Davis sees his web project as a continuation of his attempts, from the 1970s onward, to «break out of the rigid transmitter-receiver paradigms of mass-media media circuitry.»[68] For Davis, the Internet is therefore the ideal medium, allowing as it does active participation.[69]

On the Internet, however, in the second half of the 1990s wholly different forms of participation and cooperation developed that were largely the product of the free-exchange and gift economy principles whose roots lay in Net principles but now, thanks to Open

← Broeckmann, «Konnektive entwerfen! Minoritäre Medien und vernetzte Kunstpraxis,» in *Praxis Internet. Kulturtechniken der vernetzten Welt,* Stefan Münker/Alexander Rösler (eds.), Frankfurt/Main 2002, pp. 232-248. 63 — From the mid-1990s onward, however, projects like **rolux/twenfm** or **radioqualia** have linked the advantages of old and new media. The projects are live-streamed onto the Net, meaning they can be received by TV or radio stations around the globe and then broadcast locally. «Net radio» from Adelaide, for instance, can then be picked up on a normal television or radio set in Riga or Ljubljana. This step is logical: Although Net radio has always been relatively elitist as a medium, it can be fed back to the mass mediums television (or radio) and be seen (or heard) by a potentially vast audience. 64 — Gerhard Rühm (1975), in *Zweitschrift 6,* 1979. Cited in Heidi Grundmann, «Radiokunst,» in *Kunstforum International,* op. cit., pp. 276-289. 65 — For the Ars Electronica festival in 1995, **Gerfried Stocker**, **Heidi Grundmann** and **x-space** had already carried out the «**Horizontal Radio**» project, whose basic idea was to superimpose over the classical broadcasting medium radio

Source, Open Theory or Open Law, took on a dynamic all of their own. These new forms were collaborative annotation and editing systems, often implemented as «weblogs,» which enable the collaborative authoring—often over very large distances—of projects (software, encyclopedias, laws). Building on the debating, conversation and cooperation cultures of discussion forums, newsgroups, MUDs and mailing lists,[70] the new hypertextual networking possibilities offered by the WWW are now also becoming production paradigms for artistic Net texts. This development is illustrated by the «**Association Blaster**» (1999 onward) created by **Alvar C.H. Freude** and **Dragan Espenschied**, who describe their project as an «interactive text network. Anyone, including you, is allowed to contribute to the text database. And all the texts inside this database are connected automatically in real time.»[71] Reader-authors therefore work on a vast web of text in which the individual words are automatically linked with already existent keywords, resulting in a textual fabric which is, as the initiators write, «what many people thought the WWW already was.»[72] The entries in the web cannot be read in «linear» sequence; instead, users jump from one text to the next on the basis of their interconnections. Due to the infinite chain of associations that results, the «Association Blaster» is related to another project that encourages its users to daydream: **Daniela Alina Plewe**'s «**Musers' Service**» (1994), which started out as an interactive offline installation before subsequently going online.[73] The «**Opus**» project (2001 onward) of the New Delhi-based **Raqs Media Collective** offers visitors an Internet platform on which they can view, swap, download, manipulate and re-upload digital objects (video footage, images, sound, text) and thus place them in the public domain. The objective is to create «digital» or «creative commons» in compliance with the «Copyleft» rules for a collaborative software culture. In that way, «Opus» makes explicit the principle of authorship as a principally collective or common authorship.

/

Participation and interaction in a telematic culture 09/112

The Net art produced in the 1990s is often said to have carried on where the first telecommunications projects of the two preceding decades left off. Although the usage of telecommunications media initially makes this assumption seem apt, striking differences exist, particularly with regard to the notion of participation. Participation in early telecommunication projects was confined to a small group of users; the audience remained in its traditionally passive role (of watching or reading). With the advent of wide Internet access in the 1990s, by contrast, **Allan Kaprow**'s demand for the abolition of spectators

mechanisms and structures that have come into being with the Internet (as a metaphor for networking). Some twenty-five radio stations in Australia, Canada, Europe (including Russia) and the USA participated, on all transmission frequencies, for twenty-four hours from June 22–23, 1995. **66** — On the topic of Net radio and of sound experiments on the Internet in general cf. the events «**net.radio days berlin 98**» (organized by **mikro** and **convex tv.**) and «**net_congestion**» (Amsterdam, 2000) . **67** — The «Sentence» was commissioned by Lehman College/CUNY Art Gallery in New York in 1994 and was probably the first work of Net art to be bought by a collector. It is now owned by the Whitney Museum for American Art, New York **68** — Idensen (2001), op. cit., p. 253. **69** — Cf. also Davis' own text at the start of the «**Sentence.**» **70** — Cf. Idensen (2001), op. cit., p. 256. **71** — Cf. statements on the **website**. **72** — Cf. also the interview «**Von der Leichtigkeit des Links und dem Kampf um seine Freiheit,**» in *dichtung digital*, 30 October 2000. **73** — Cf. «**Art Abstracts,**» her current online project for «Media Art Net.»

could be met, in some degree, for the first time. On the Internet, the possibilities of participation are far greater than in the time in which the early telecommunications projects took place. In the 1990s, the open structure of the Net as well as the increasing affordability of Internet access and above all of computers and other ‹small media› made participation possible on an unprecedented scale. That is not to say that all Net art projects were happenings—on the contrary, there was a wide range of different formats and of forms of interaction[74]—but explains why so many participatory Net processes and platforms (such as «International City Federation,» «Association Blaster» or «Opus») were at most *initiated* by artists but are not explicitly seen as art projects.

In regard to new forms of interaction, two models seem to be interesting and future-oriented from a general viewpoint (and not just from the Net perspective). One model is proving to be the logical continuation of Eco's concept of the «open work,» namely evolutionary systems genuinely capable of learning and therefore of progress each time they are used.[75] **Peter Dittmer** presented such a system in his installation «**The Nurse**» (1992 onward). His «Nurse» is made up of a computer complete with monitor and keyboard over which one can communicate with a seemingly self-ironic computer program. The installation further includes a table with a glass of milk on it; if the computer program happens to lose its temper during the highly entertaining dialogue with human counterparts, a mechanical contraption enables it to knock over the glass of milk.

The second interaction model consists in the intertwining of virtual, distributed (Net) space with real urban space. «**Vectorial Elevation**» (2000) by **Rafael Lozano-Hemmer** and «**Blinkenlights**» (2001-2002) and «**Arcade**» (2002) by the **Chaos Computer Club** are hybrid projects that connect virtual space back to real urban locations by means of custom-made interfaces. All three projects enabled users on the Internet to interfere with or, as applicable, control and contribute to, an installation in a fixed physical location. «Vectorial Elevation» was made up of a dozen strong searchlights that, pointing into the heavens, were installed on the main square of Mexico City. Internet users could make them create specific patterns. «Blinkenlights» consisted of one vast facade of a building on Alexanderplatz in Berlin, which was converted into a «screen» with the simplest of means. Each one of the one-hundred forty-four windows (the building possessed eight rows of eighteen windows) looking onto the square had been allocated the status of a pixel, and each «pixel» was separately controllable («Light ON/OFF»). Over a dedicated telephone number, passers-by or the spectators who came to the square were able to play Pong on this rudimentary «media facade» or, via a specially engineered web interface, program short animated sequences that were then shown on the building. The project was concluded with an international competition in 2002.

While contemporary architects are meanwhile likewise experimenting with media facades (see for instance the **VEAG** building in Berlin or Renzo Piano's building for

74 — For a survey of various forms of Net Art, cf. Inke Arns, «‹**Unformatierter ASCII-Text sieht ziemlich gut aus**›—**Die Geburt der Netzkunst aus dem Geist des Unfalls.**» in *Kunstforum International*, vol. 155, June/July 2001, pp. 236-241. 75 — Cf. the text «**Immersion and Interaction.**»

the Dutch telecommunications company in Rotterdam), «Blinkenlights» is not concerned with the aspect of dynamic architecture as media-supported ornamentation, but precisely with the maximum possible visibility of a participatory impetus in an urban space. It is concerned, in other words, with an emphatic notion of what is public.
/
Translation by Tom Morrison

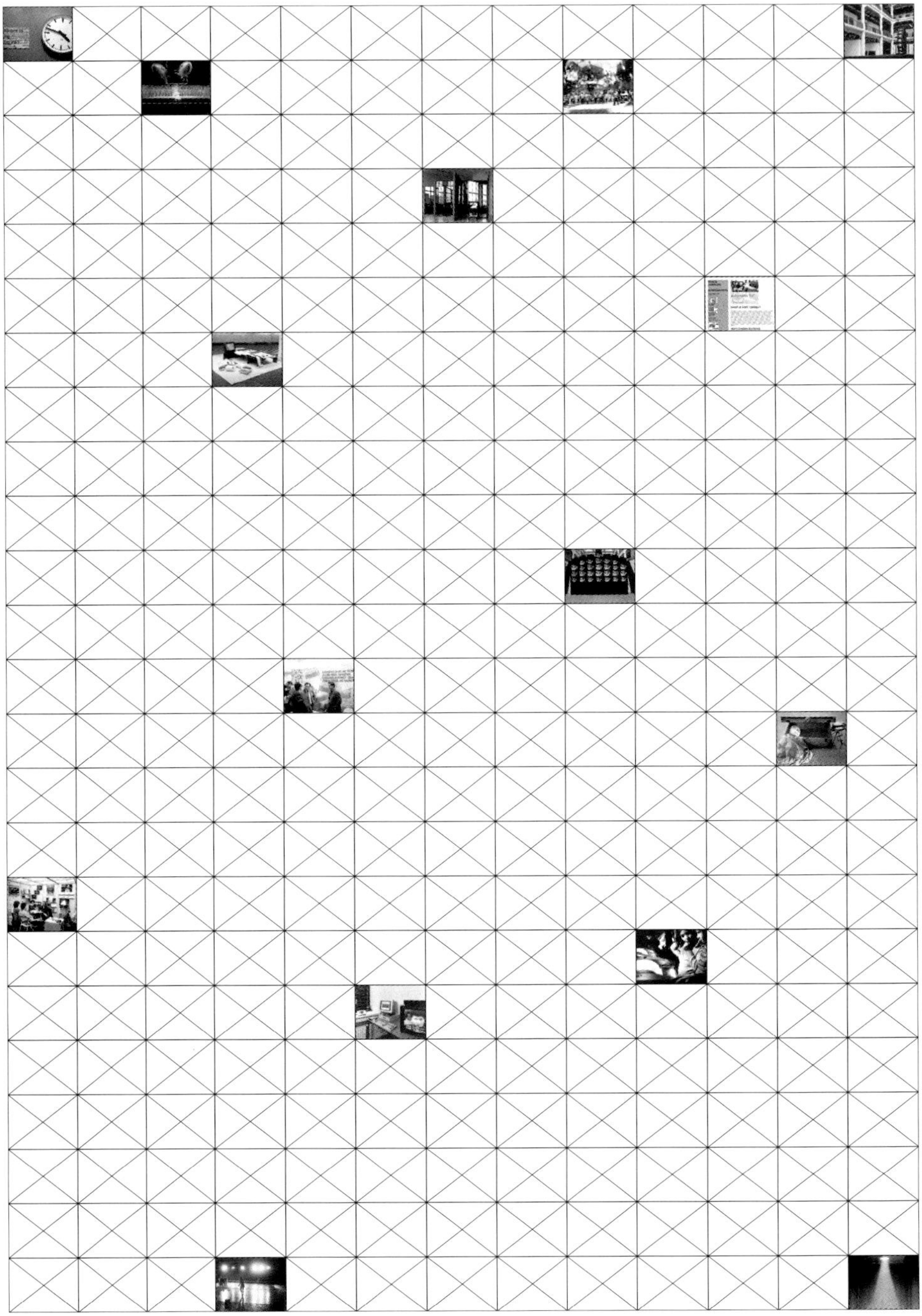

10/001-008
10/101-108

Form Follows Format
Zum Spannungsverhältnis von Museum, Medientechnik und Medienkunst

/

Rudolf Frieling

/

Ökonomie der Mittel und materialbezogene Reduktion waren wesentliche Bestandteile der künstlerischen Moderne des 20. Jahrhunderts. Das berühmte Bauhaus-Motto »Form follows function«, wie es zum Beispiel die Architektur Mies van der Rohes verkörpert, beruht auf diesem spezifischen Materialverständnis, aus dem heraus die jeweilige Funktionalität entfaltet wurde. Die KünstlerInnen, die mit den Werkzeugen der Industrie operierten, entwickelten aus den Werkstoffen und vermittels bestimmter Werkzeuge eine diesen jeweils inhärente Form – und sie taten dies mit minimalen Mitteln, siehe noch das berühmte Motto des Architekten Adolf Loos: »Ornament ist Verbrechen«. Diese modernistische Haltung hat sich allen postmodernen Theorien zum Trotz bis heute als wirkungsmächtig erwiesen. Welchen Einfluss hat dieses Erbe auf die Geschichte der medialen Künste? Denn es besteht der begründete Verdacht, dass die künstlerische Moderne immer auch schon eine wesentlich anti-technologische Komponente ins Werk setzte.

Die Reflektion technologischer Bedingungen in medialer Form beruht auf einer politischen und ökonomischen Geschichte der Verfügbarkeit und Distribution eben dieser Technologien, was zum Beispiel deutlich an den Differenzen zwischen West und Ost zumindest bis etwa Mitte der 1990er Jahre festzustellen ist. Die Option zwischen Technikeuphorie und Aversion stellt sich je nach geopolitischem Standpunkt anders dar. Aber auch im Mikrobereich der individuellen Produktion verbanden sich schon immer ideologische Prämissen mit einem technischen Standard: »Wer U-matic wählt, wählt das Kapital!«[1], hieß noch in den 1980er Jahren eine Parole im Kontext der alternativen Medienarbeit. Eine ganze Reihe von Grabenkämpfen und medialen wie ideologischen Oppositionen ließe sich hier anschließen: Film oder Video, VHS oder U-matic, wie auch – mit grundsätzlicheren Implikationen – analog vs. digital bis zur aktuellen Diskussion von Microsoft vs. Open Source.

Aber gibt es jenseits aller technischen Formatfragen überhaupt eine Medienkunst oder nicht doch eher eine Kunst der (industriellen) Medien, deren Computerarchitekturen als schön zu betrachten sind, weil ihre Form der Funktion folgt, wie Friedrich Kittler ausführt.[2] Auch wenn die theoretische und andere soziale Faktoren ausschließende Position von Kittler inzwischen vielfach kritisiert wurde[3], so verdanken wir ihm dennoch wichtige Impulse. Einer dieser Impulse ist die Frage nach der ›Formatierung‹ und nach den Apparaten des Aufzeichnens, Speicherns, Distribuierens und Präsentierens, mit denen Künstler immer wieder neu konfrontiert sind – was Kittler auf den Aphorismus bringt:

1 — In einer Publikation der alternativen Medienarbeit in Deutschland: *Cut In*, Nr. 11, 1982, S. 24. 2 — Friedrich Kittler, »Künstler – Technohelden und Chipschamanen der Zukunft?«, in: Heinrich Klotz/Michael Roßnagl (Hg.), *Medienkunstpreis 1993*, Ostfildern 1993, S. 51. 3 — Jüngst wieder in Dieter Daniels, **Kunst als Sendung. Von der Telegrafie zum Internet**, München 2002, S. 221ff.

»Die Schreibmaschine schreibt mit«. Dass die Hardware einen wesentlichen Einfluss auf die künstlerische Gestaltung hat, ist sicher unbestritten, ohne dass dies in einem deterministischen Sinn gesehen werden muss. Die in der Literatur bereits gut dokumentierte Abfolge von inzwischen obsoleten medialen Standards[4] macht darüber hinaus ein Faktum evident: Neue industrielle Standards ersetzen immer wieder alte, ohne dass dies zwangsläufig auf einer Akkumulation technischer Kompetenz beruhte. Heute ist daher der antizipatorische Charakter der Kunst weniger sichtbar, da die Menge an neuer Hard- und Software der Industrie ein Entwicklungstempo gewonnen hat, mit dem auch Medienkünstler kaum noch Schritt halten können. Die Beherrschung der jeweils neuesten Programmiersoftware verhindert zunehmend die Konzentration auf künstlerische Form und Inhalte. Ihre Aufmerksamkeit richtet sich daher auch notgedrungen auf genau die technologischen Aspekte, die sich gegen den Verwertungszusammenhang der Industrie richten. Die These ist also implizit immer gegenwärtig, dass es eine Notwendigkeit gibt, sich verfügbare Technologien für genuin künstlerische Zwecke anzueignen, dass es aber andererseits auch immer eine spezifisch künstlerische Praxis ist, gegen die apparativen Bedingungen zu operieren. Insofern könnte man die These zuspitzen, dass sich Kunst mit den Medien auch gegen die Medien richtet.

Der erste Teil dieses Textes widmet sich Aspekten dieser künstlerischen Geschichte technologischer Formate und Plattformen. In einem zweiten Schritt lautet dann die Frage, inwieweit sich aber mit den benutzten Technologien und Medien auch eine Änderung der Kunstrezeption erkennen lässt, wie Walter Benjamin das schon für den Einfluss der massenmedialen Verbreitung von Kunstreproduktionen angemerkt hat. Und inwieweit lässt sich dies mit einer Geschichte der Orte und Institutionen verbinden, an denen mediale Kunst produziert und/oder präsentiert wurde? »**When Attitudes Become Form: Live in Your Head**« – Harald Szeemanns berühmte Berner Ausstellung zur Propagierung von Konzeptkunst, Minimal und Land Art 1968[5] – reflektierte nichttechnologische Faktoren einer sozialen oder ästhetischen Praxis und stellte die Frage nach neuen, differenten Modellen der Kunstpraxis.

Man kann heute eine grundsätzliche Verschiebung beobachten: vom Widerstand der modernistischen Traditionalisten und der Museen hin zur fast selbstverständlichen Akzeptanz neuester Technologien wie etwa des DVD-Standards und der fast durchgängig eingesetzten Videogroßprojektion. Nun gelten Künstler, die ausschließlich mit Video arbeiten, nicht mehr als ›Videokünstler‹, denen immer der Verdacht anhaftete, keine genuin künstlerische, sondern ›nur‹ eine mediale Form zu finden.[6] Das Museum wie auch das auratische Kunstwerk schienen einerseits durch die kunsttheoretischen

4 — Die wichtigste und schönste Ausstellung zu diesem Thema wurde von **Steina** und **Woody Vasulka** 1992 auf der Ars Electronica in Linz präsentiert: »Eigenwelt der Apparate-Welt. Pioneers of Electronic Art«; vgl. auch Siegfried Zielinski, *Zur Geschichte des Videorecorders*, Berlin 1986; und bis in die jüngste Geschichte die Liste der »**Dead Media**«, dokumentiert von Bruce Sterling. 5 — Wie sehr dieser Slogan eine bestimmte ›Haltung‹ kondensiert, sieht man an der jüngsten Referenz durch die Ausstellung des Walker Art Centers: »**When Latitudes Become Form**«, Minneapolis 2003. 6 — Merkwürdigerweise ist ›Maler‹ kein abwertender Begriff. Aber es gehörte über Jahrzehnte zum Standardargument der Museumsdirektoren, dass sie keine Medienkunst sammeln, sondern Künstler, die ›zufällig‹ auch elektronische Medien einsetzen. 7 — Douglas Crimp, *Über die Ruinen des Museums – das Museum, die Fotografie und die Postmoderne*, Dresden/Basel 1996, S. 292. 8 — Vgl. u. a.

Diskurse diskreditiert und außer Kraft gesetzt. Douglas Crimps Schlussfolgerung lautet daher, dass das Museum nicht mehr der prädestinierte Ort für zeitgenössische Kunst per se ist: »Wir brauchten, wie mir schien, eine Archäologie des Museums nach dem Modell der Foucaultschen Analysen der Irrenanstalt, der Klinik und des Gefängnisses. Denn das Museum schien ebenfalls ein Raum der Ausschließungen und Eingrenzungen zu sein.«[7] Der konkrete Auslöser der hier versammelten Reflektionen ist andererseits die aus heutiger Sicht vollkommen reibungslose Akzeptanz zumindest der Videotechnologie im Ausstellungs- und Museumsbereich, die zu einer ganzen Reihe von videobasierten Ausstellungen geführt hat und junge Künstler wie **Doug Aitken, Jordan Crandall, Douglas Gordon, Steve McQueen, Paul Pfeiffer** oder **Marijke van Warmerdam** zu Shootingstars der Szene hat werden lassen.[8] Die Museen haben sich inzwischen also nach einer langen Phase des Widerstandes endlich auch die technologische Kunst einverleibt. Welche veränderten Bedingungen können diese Entwicklung erklären? Welcher Paradigmenwechsel hat da stattgefunden? Im Folgenden werden anhand von zentralen Momenten und Ausstellungen der Kunst mit Medien und in den ersten drei Kapiteln die Formate und Haltungen (»attitudes«) skizziert, die wiederum die Wahrnehmung elektronischer Medien nachhaltig beeinflusst haben.[9] Es wird anhand der nicht-musealen ›offenen Form‹, dem ›geschlossenen Format‹ alternativer Distribution und schließlich dem ›Museumsformat‹ nach dem spezifischen Spannungsverhältnis zu den Medien gefragt. Die Schlusskapitel widmen sich der Öffnung des Museumsformats zur Plattform und zu den hybriden ›soften‹ Formen zeitgenössischer medialer Räume.

/

Die offene Form 10/002

Die Krise der musealen Repräsentation wird erkennbar an den Strategien, das Museum auf seine sozialen und materiellen Bedingungen hin zu untersuchen – siehe etwa **Hans Haackes** vielfältige und konfliktreiche Aktionen etwa zu Strukturen und Finanzierungen der Museen – oder es komplett zu umgehen und als unvereinbar mit der Suche nach neuen sozialen Kontexten zu begreifen – siehe die Diskussion zu Kontextkunst, Kunst als Dienstleistung, Club und Ambiente et cetera in den 1990er Jahren. Die Medienkunst siedelte sich genau an dieser Bruchlinie an. Als eines der komplexesten und frühesten Beispiele sei hier die Aktivität des Vereins **Experiments in Art and Technology** (E.A.T.) erwähnt, der wesentlich vom Zusammenschluss von Ingenieuren und Künstlern lebte – mit **Billy Klüver** einerseits und **Robert Rauschenberg** andererseits als aktivste Mentoren und Motoren dieser Gruppe. Ihr Credo lässt sich auf den kleinsten gemeinsamen Nenner bringen, dass eine neue künstlerische Aktivität nur im Dialog von Techniker und

»Video Cult/ures«, Museum für Neue Kunst, ZKM Karlsruhe, 1999; »Vidéotopiques«, Musée de l'art moderne, Strasbourg, 2002, sowie die Präsenz von videobasierten Installationen auf der **documenta XI**, 2002, in Kassel.

9 — Dieser Text setzt Gedanken fort, die der Autor – bezogen auf die Entwicklung in Deutschland – in anderer Form in **»Video Kontext Kunst«** erstmals entwickelt hat, publiziert in: Rudolf Frieling/Dieter Daniels, *Medien Kunst Interaktion – Die 80er und 90er Jahre in Deutschland*, Wien/New York 2000, S. 12–35. Wesentliche Grundlagen zum Wechselverhältnis von Medien- und Kunstgeschichte finden sich in den Publikationen von Autoren wie Friedrich Kittler (*Grammophon Film Typewriter*, Berlin 1986) oder Siegfried Zielinski (*Audiovisionen. Kino und Fernsehen als Zwischenspiele in der Geschichte*, Reinbek 1989). Siehe insbesondere auch die Ausführungen zum antizipativen Moment der medialen Kunst, in: Daniels (2002), vor allem Kap. 9.

Künstler, von Industrie und Kunst entstehen kann. Dieser Einsicht haben sie eine ganze Reihe von bemerkenswerten und historisch einflussreichen Projekten und Events folgen lassen, die sich zwar nicht per definitionem gegen das Museum als Ort der Kunst richteten, sich aber de facto an Orten jenseits des Kunstkontextes manifestierten. Das prägnanteste Beispiel war die industrielle Arena par excellence, die Weltausstellungen, wie sich vor allem am berühmten **Pepsi-Pavillon**[10] zeigen lässt, dessen künstlerischer Leiter Robert Breer eine vollkommen neue Sinneswahrnehmung versprach: »[...] wir bemühen uns ernsthaft, die einzelnen Sinne zu isolieren und neue Verknüpfungen unter ihnen zu kreieren. Die Besucher sollen unterhalten werden, aber auch eine tiefe physiologische Erfahrung machen, die sie unsere Umwelt bewußter wahrnehmen lässt.«[11]

1968 war nicht nur in politisch-sozialer Hinsicht ein Paradigmenwechsel.[12] Um dieses Jahr herum lassen sich sowohl in Bezug auf die Massenmedien[13] als auch auf die darstellenden und bildenden Künste performative Ereignisse ausmachen, die Gene Youngblood 1970 in »**Expanded Cinema**« zusammengestellt hat. 1968 zeigte **Bruce Nauman** sein allererstes Videoband in der Nicholas Wilder Gallery in Los Angeles, präsentierte der Galerist Howard Wise in New York seine erste Medienausstellung »**TV as a Creative Medium**«, organisierte Jasia Reichardt die Ausstellung »Cybernetic Serendipity« im ICA in London.

1968 sah aber auch den ersten Versuch, mediale Projekte und Experimente – von Kunst wollte nicht jeder sprechen – in einer großen Überblicksschau zu zeigen: »**Some More Beginnings**« der Gruppe E.A.T. Bemerkenswerterweise war dies auch der Ort einer Verknüpfung zweier unterschiedlicher Präsentationsmodi, da einige jurierte Objekte und Arbeiten parallel in der musealen Ausstellung »**The Machine as Seen at the End of the Mechanical Age**« (1968) des Museum of Modern Art in New York unter der Regie von Pontus Hulten zu sehen waren. Das heißt, es wurde nicht nur die Medialität der künstlerischen Produktion demonstriert, indem das Werk in zweifacher Ausführung parallel ausgestellt wurde und die Frage nach Original und Kopie anschaulich stellte, sondern auch der Kontext war ein jeweils unterschiedlicher. Während »Some More Beginnings« gerade die Vielfalt der Kooperationen zwischen Kunst und Technik in einer panoramaartigen Überblicksausstellung zeigte, versuchte das MOMA, einigen ausgewählten Arbeiten durch den historischen Rahmen einen auratischen Aspekt zu verleihen. Das Objekt und das Kunstwerk standen im Mittelpunkt – und eben nicht die Praxis und offene, laborähnliche Versuchsanordnung. »Some More Beginnings« demonstrierte aber auch – notgedrungen – die prekäre Situation derjenigen, die sich mit einer nicht immer

10 — Dass eine profunde physiologische Erfahrung aber auch ihre institutionellen Grenzen hatte, verdeutlicht der Bericht zum Programm »Art and Technology« des Los Angeles County Museum of Art: Das Museum weigerte sich, eine Idee umzusetzen, in der Robert Rauschenberg einen Tunnel mit Tönen niedriger Frequenz konstruieren wollte, der mit dem natürlichen Herzschlag harmonisiert und psychedelische Wirkungen hervorrufen kann. Das Museum wollte keine Besucher, die ›high‹ aus der Ausstellung kämen. Siehe Maurice Tuchman, *Art and Technology: A Report on the Art and Technology Program of the Los Angeles County Museum of Art, 1967–1971*, Los Angeles/New York 1971. Wie sehr die Geschichte der EXPO auch eine der künstlerischen technologischen Experimente ist, verdeutlichte schon der Philipps-Pavillon der Expo in Brüssel 1958: Architektur von Le Corbusier, Sound und Lichtshow von Iannis Xenakis und Musik von Edgard Varèse. 11 — Robert Breer zit. im Pressematerial zum Pepsi-Pavillon, EXPO'70, E.A.T. Sammlung, ZKM Mediathek, Übers. R. F.

funktionierenden und im Versuchsstadium befindlichen Technologie an die Öffentlichkeit wagen. Es existiert eine Statistik zum graduellen technischen Ausfall der Arbeiten über die Zeit.[14] Die Nacherzählung der Begegnung Billy Klüvers mit dem obsessiven Apparatekünstler Jean Tinguely anlässlich ihrer Kooperation bei »**Homage to New York**« (1960) gehört zu den eindrücklichsten Zeugnissen dieser spannungsgeladenen Verhältnisse und Verkörperungen produktiver Dysfunktionalität.

Vom »**offenen Kunstwerk**« (Umberto Eco) und den musikalischen Praktiken **John Cages** führt eine Verbindung zu den prozesshaften ersten Videoexperimenten mit der so genannten ›offenen Spule‹, dem ›open reel‹, von SONY für seine CV- und AV-Portapak Halbzoll-Videogeräte, dem ersten portablen elektronischen Format, das – einer Legende zufolge – von **Nam June Paik** 1965 im Cafe Au GoGo erstmals der künstlerischen Öffentlichkeit präsentiert wurde.[15] Die 30- oder 60-minütigen Bandlängen, anfangs ohne Schnitt- oder gar Nachbearbeitungsoption, eigneten sich zum mobilen Produzieren und zum Aufzeichnen nicht-dramaturgischer, offener Prozesse. Es handelte sich bei den Bändern von **Bruce Nauman** oder **Vito Acconci** um situative Prozesse oder eben ›Haltungen‹, deren Beginn oder Ende keiner filmischen oder theatralischen Logik folgten.[16] Auf besondere Weise demonstriert jedoch die Videoperformance »**Open Reel**« von **Dalibor Martinis** (1976), wie die Instabilität des elektronischen Signals, technisch oft bedingt durch die ungleichmäßige Bandspannung, als dezidiert künstlerisches Moment eingesetzt werden kann.

Offene Prozessualität lässt sich also schon beim linearen Aufzeichnungsmedium Videoband erkennen, so dass es nicht verwundert, wenn in Bezug auf die ersten medienkünstlerischen Praxen, sei es als Bandproduktion oder als mediengestützte Installation oder Performance, die Frage nach der Kunst aus Sicht der Traditionalisten gestellt wurde. In der Tat haben Kritiker technologischer Ausstellungen – von E.A.T. Mitte der 1960er Jahre bis zur ZKM-Ausstellung »**net_condition**«[17] 1999–2000, der ersten großen Überblicksausstellung zu künstlerischer und politisch-sozialen Aspekten des Internets – immer wieder einen behaupteten, aber nicht eingelösten Kunstanspruch moniert. Das Dilemma zieht sich durch 40 Jahre Geschichte der Medienkunst: Ist es Kunst oder ist es ›bloßes‹ technologisches Experiment im Rahmen der industriellen Formate? In ihrer medialen Fixierung erscheinen viele Experimente retrospektiv zu Recht als technische Phänomene, die mehr den Stand der industriellen Hard- und Software einer bestimmten Zeit spiegeln als ein genuin künstlerisches Interesse, während andererseits heute die Elektronik zu einem selbstverständlichen Element einer breiten künstlerischen

12 — Vgl. **Jochen Gerz**, »**The Berkeley Oracle**«. 13 — Vgl. dazu das Kapitel »**Fernsehen – Kunst oder Anti-Kunst?**«. 14 — Vgl. die Statistik über die Funktionalität der Exponate: von 75 Werken liefen 37 100% der Ausstellungsdauer, 12 mehr als 90%, 5 mehr als 80% usw. In: *Techne. A Projects and Process Paper*, Vol. 1, No. 1, New York, April 14, 1969, S. 2. 15 — Zur Datierung der Einführung auf 1967 siehe den Hinweis auf Siegfried Zielinski bei Rudolf Frieling, »**VT≠TV – Die Anfänge der Videokunst**«, in: Rudolf Frieling/Dieter Daniels, *Medien Kunst Interaktion – Die 80er und 90er Jahre in Deutschland*, Wien/New York 1997, S. 116. 16 — Interessant ist auch, dass eine Closed-circuit-Installation wie »**Present Continuous Past(s)**« von **Dan Graham** sich gerade der Möglichkeit bediente, Aufzeichnungs- und Abspielgerät in eine so genaue räumliche Distanz zu bringen, dass sich ein präziser zeitlicher Verzögerungseffekt von acht Sekunden ergab. 17 — »net_condition«, ZKM, Karlsruhe/MECAD, Barcelona/ICC, Tokyo/Neue Galerie, Linz 1999-2000.

Praxis geworden ist und die Kunst nicht mehr den medialen Aspekt in den Vordergrund stellen muss. Wie sehr die Konfrontation mit einer traditionellen Museumspolitik eigene Dynamiken erwirkte, lässt sich im nächsten Abschnitt an der Ausbildung des Genres Medienkunst ablesen.[18]

/

10./003

Das geschlossene Format: Distribution/Massenmedien

Der Verlust des tradierten Begriffs vom auratischen Original und abgeschlossenen Werk rüttelte an den Grundfesten des Kunstmarktes und der Kunstgeschichte, wie es, beginnend mit Walter Benjamins berühmtem Aufsatz von 1936 »**Das Kunstwerk im Zeitalter der technischen Reproduzierbarkeit**«[19], oft beschrieben wurde. Es zeigte zusätzlich deutlich, dass auch ein anti-institutioneller Impuls und die Krise der musealen Repräsentation von Anfang an mit der Medienkunst verbunden waren. Die Mächtigkeit dieser Konstellation erwies sich auf andere Weise auch an Versuchen, eben diese massenmedial zu umgehen. Wieder ist es die Zeit um 1968, die für die Grenzziehung wie auch die Grenzüberwindung paradigmatisch wird. Noch heute gilt auch international **Gerry Schums** »**Fernseh- und Videogalerie**«[20] als visionäres Modell einer anderen Kunstdistribution. Nach dem Scheitern der Fernsehgalerie versuchte Schum, zunächst mit großer öffentlicher Resonanz, über Umwege die Limitierung einer Edition und die massenhafte Verbreitung der einzelnen Kunstwerke miteinander zu versöhnen: »Zu den Video-Tapes gehört ein signiertes und nummeriertes Zertifikat.«[21] Dies kann man seinen offensichtlich notwendigen »Informationen zum Videosystem« (1972) entnehmen. Schum warb parallel auch mit den Museen, die sich schon zur Anschaffung eines Halbzoll-Videosystems von SONY entschieden hatten, um gerade die noch unentschlossenen Institutionen ebenfalls zu überzeugen. Zur gleichen Zeit macht Howard Wise aus seiner Galerie den weltweit ersten Vertrieb für Videokunst **Electronic Arts Intermix**,[22] der bis heute gerade für die Klassiker der Videokunst der 1970er Jahre ein zentraler Motor geblieben ist. Wenn man bedenkt, dass ebenfalls 1972 beim Neuen Berliner Kunstverein bereits die erste Videosammlung institutionell gegründet wurde und David Ross in den USA ein Jahr zuvor der erste Videokurator am Everson Museum of Art Syracuse[23] geworden war, dann scheint ein wenig das innovative Potential jener Jahre durch,

18 — Es handelt sich bei dem durchaus problematischen Begriff Medienkunst eher um eine operative Größe für die Kunst in und mit den Medien denn um eine exakte Bestimmung. 19 — Wieder abgedruckt u. a. in: ders., *Medienästhetische Schriften*, Frankfurt/Main 2002. 20 — Neben Schums Galerie gab es auch andere private Produktionsorte wie Art/Tapes, die Galerie von Maria Gloria Bicocchi, Florenz, oder auch das Studio von Ingrid Oppenheim in Köln, deren Sammlung später das Kunstmuseum Bonn übernommen hat. 21 — Schum verkaufte etwa die auf 6 Exemplare limitierte Edition von Joseph Beuys' »Filz-TV« für DM 9800,-, während alle limitierten Videostücke auch Teil der unlimitierten Edition »Identifications« waren, die nur DM 1500,- kostete und für DM 300,- zur Ausleihe angeboten wurde. Später entwickelte sich ein Standard von ca. DM 1000,- für Museumsankäufe bei einer unlimitierten Auflage, ohne dass damit ein Ausleihrecht verbunden war. 22 — In den folgenden Jahren wurden die bis heute operierenden Vertriebe **Video Data Bank** Chicago, London Video Access (später London Electronic Arts und heute **Lux Distribution**), **Montevideo**/Amsterdam (heute Niederländisches Institut für Medienkunst), 235 **Media** Köln und in Frankreich **Heure Exquise**. Ähnliche Vertriebstrukturen in Italien, Spanien, aber auch Japan haben sich nicht halten können, während diese in anderen Ländern gar nicht erst entstanden sind. 23 — Er kuratierte auch die erste Museumsausstellung »Circuit: A Video Invitational« am Everson Museum of Art«, Syracuse/N.Y. 1970.

zwischen massenhaftem Vertrieb und künstlerischer Sammlung alle Optionen der medialen Kunst auszuloten.
Die noch ungelöste Frage war: Funktioniert der Vertrieb wie ein Buchverlag, der auf Masse setzt, oder wie ein Filmproduzent, der einen eigenen Abspielmarkt bedient, oder doch wie eine Galerie mit Sammlereditionen?[24] Es setzen sich im Sinne Marshall McLuhans nicht nur die alten Medien in den neuen fort, auch die Produktions- und Rezeptionsstrukturen werden in einem ersten Schritt auf die neuen Medien übertragen.[25] Die Versuche, alte verlassene oder neue öffentliche Orte für diese Kunst zu reklamieren oder zu schaffen, gehört daher auch zu den durchgängigen Charakteristika der Medienkunst.[26] Die Lektion vor allem des letzten Jahrzehnts und seiner mühelosen Integration von Video im Ausstellungskontext besteht paradoxerweise darin, dass sich das unendlich reproduzierbare Medium Video letztlich doch einer Auratisierung des Kunstwerks nicht sperrt, solange es im Museum als Einzelwerk und installativ ausgestellt werden kann. Aber auch wenn schon früh Einzelfälle etablierter wie jüngerer KünstlerInnen, dem Beispiel Andy Warhol folgend, die Rede vom nicht-auratischen Medium ad absurdum führten, war die grundsätzliche Problematik über lange Zeit dominierend: 1. Bildende Kunst: Das Museum und der Sammler trauten weder dem Kontrakt des Galeristen noch der Zuverlässigkeit der neuen Technologie Video; 2. Film- und Kinomarkt: Die klassischen wie auch experimentellen FilmemacherInnnen kritisierten das in ihren Augen billige und schmutzige Medium Video für seine schlechte Bildqualität gegenüber dem Zelluloid; 3. das Fernsehen hatte von Anfang an ein untrügliches Gespür dafür, dass die Medienkunst auch hinter der schillerndsten Oberfläche immer eine kritische Anti-TV-Haltung transportierte, was schließlich ja auch in dem pointierten Slogan »TV ≠ VT« der **documenta 6** kulminierte.[27]
Siegfried Zielinski hat in seinen Publikationen der 1980er Jahre detailliert aufgefächert, wie sehr die »Geschichte des Videorecorders« seit Mitte der 1970er Jahre und mit aller Macht seit der Etablierung des massenhaft verfügbaren VHS-Standards 1975 zu einer ganz neuen Praxis künstlerischer Appropriation führte.[28] Das klassische Fernsehen wird mit dem ›Durchlauferhitzer‹ Videorekorder potentiell destrukturiert, zeitversetzt rezipiert, von Künstlern überhaupt erst als reicher Materialfundus ›gefunden‹ und

24 — Es gibt das bis heute anzutreffende Ressentiment in der Ausstellungskritik, dass sich gegen eine aktuelle und wichtige Ausstellung, die scheinbar vom elektronischen Medium dominiert wird, ein Chor der Kunstliebhaber und Kritiker erhebt, die sich gegen eben dieses Medium wenden. Man denke sich den umgekehrten Fall: eine Ausstellung würde kritisiert, weil soviel Leinwand gezeigt wird. Genauso erhebt sich der Unmut der Museumsleute, wenn ein Kunstwerk, das sich allein auf dem elektronischen Weg manifestiert, Marktpreise wie Malerei erzielt. 25 — Walter Benjamin hatte umgekehrt schon in »Das Kunstwerk im Zeitalter der technischen Reproduzierbarkeit« die Tatsache herausgestellt, dass jede Kunstform eine neue Technologie antizipiert: »Es ist von jeher eine der wichtigsten Aufgaben der Kunst gewesen, eine Nachfrage zu erzeugen, für deren volle Befriedigung die Stunde noch nicht gekommen ist. Die Geschichte jeder Kunstform hat kritische Zeiten, in denen diese Form auf Effekte hindrängt, die sich zwanglos erst bei einem veränderten technischen Standard, d. h. in einer neuen Kunstform ergeben können.« Walter Benjamin (2002), S. 376f. 26 — Siehe zum Beispiel das Projekt von CarolAnn Klonarides und Kate Horsfield »Video Drive-In«, Central Park, New York 1984. 27 — Vgl. Rudolf Frieling, **»VT ≠ TV - Die Anfänge der Videokunst«**, in: Rudolf Frieling/Dieter Daniels, *Medien Kunst Interaktion - Die 80er und 90er Jahre in Deutschland*, Wien/New York 1997, S. 115-121. 28 — Vgl. u. a. Siegfried Zielinski (1986; 1989).

weiterverarbeitet beziehungsweise als Film auf Video von Raubkopisten in der Videotheke um die Ecke feilgeboten. Die Videobänder von **Klaus vom Bruch** oder auch die filmische Arbeit von **Jean-Luc Godard** besonders in seinen »**Histoire(s) du Cinéma**« (1988–1998) wären ohne die private Speicherung der Mediengeschichte durch Fernsehen und Film nicht denkbar. Der Begriff ›Found Footage‹ konnotiert in der Folge nicht mehr die mühsame Recherche in Archiven, sondern die Programmierung des Videorekorders. Eine ganze Kulturgeschichte wird plötzlich greifbar als alltägliche Verfügungsmasse für die Heimproduktion. Die Sender reagieren in der Folge und ›signieren‹ ihre Bilder mit dem Sendelogo, dem massenmedialen Relikt einer künstlerischen Signatur – was heute dem Gebrauch der ›Wasserzeichen‹ für Bilder im Internet entspricht. Die industrielle Massenproduktion von Videokassetten verbesserte nicht nur die prekäre Praxis der offenen Spulen zu einem einfachen ›Plug-and-Play‹, sondern förderte in der Folge des TV-Booms der 1980er Jahre und der Diversifizierung in kommerzielle und öffentliche Kanäle eine Breitenwirkung, die auf künstlerischer Seite zu einer ebensolchen Diversifizierung von Festivals und Foren führte. Das Format der U-matic-Kassette garantierte dabei für einen Zeitraum von etwa 20 Jahren einen de facto universalen Standard, der – siehe »Wer U-matic wählt, wählt das Kapital!« – nur noch gelegentlich technisch oder ideologisch in Frage gestellt wurde.

Die Kassettenform, so kann man das Argument zuspitzen, förderte den Austausch von Information jenseits der etablierten und den elektronischen Experimenten verschlossenen Märkten und wurde auch visuell zum Markenzeichen einer ganzen Kunstform – siehe etwa die Legion von **Kassettenkatalogen**. Das beste Beispiel ist die 10-jährige Geschichte des ›Informationsspeichers‹ **Infermental**, dessen 11 Editionen heute als Dauerleihgabe der Editoren in der Sammlung der **ZKM Mediathek** zu sehen sind. Dieses Magazin in Kassettenform, von **Gábor Bódy** 1982 gegründet, operierte in Galerien ebenso wie im Rahmen von Filmfestivals, Kunstvereinen, Buchmessen oder anderen opportunen Orten. Ein komplexes und ständig wachsendes Netzwerk von Editoren und Künstlern förderte de facto das Reklamieren ›eigener‹ Foren. Auch hier sind wiederum die Gleichzeitigkeit und das ›morphologische‹ Feld bemerkenswert. Zwischen 1980 und 1982 entstanden die meisten der vor allem europäischen Videofestivals in Locarno, Den Haag, Bonn, Montbéliard sowie die Ars Electronica in Linz.[29] Diese Festivals fungierten als Ausstellung, Kino und Markt, oft in unscharfer Abgrenzung vom Charakter einer Industriemesse, ohne jedoch jemals eine wirklich kommerzielle Bedeutung zu erlangen. Erst die in den 1990er Jahren massenhafte Verbreitung von Events, Konferenzen, Ausstellungen und anderen auf den Diskurs der Medienkunst bezogenen Aktivitäten ermöglichte einigen Akteuren ein finanzielles Auskommen. Ein wichtiges Fazit lautet daher, dass mit der Praxis der unabhängigen künstlerischen Videoproduktion die Utopie eines freien und gegenseitigen Austauschs von Information verbunden wurde, die insofern

29 — Die bis heute wichtigsten deutschen Festivals, das VideoFest in Berlin (heute **transmediale**), und das **Europäische Medienkunstfestival** in Osnabrück entstanden dagegen erst 1988 aus bestehenden Filmfestivals heraus. 30 — Vgl. Dieter Daniels, »**Strategien der Interaktivität**«, in: Frieling/Daniels (2000). 31 — Auf verschiedenen Mailinglisten tauchen Diskussionen zu diesem Thema immer wieder auf, siehe etwa »**Crumb**«, »**New Media Curating**«, »**nettime**«; vgl. auch die Diskussion des Erwerbs der Netzkunstarbeit »**antworten.de**«

immer auch eine Schattenseite hatte, als die breite Öffentlichkeit darin das Bild eines kommerziell ›wertlosen‹ Produkts bestätigt sah. Die Folge war: Für Videokunst wollte niemand bezahlen, ihr höchstens ein kostenloses Forum etwa im Fernsehen bieten. Dieser Konflikt wiederholte sich auf einer anderen technologischen Plattform noch einmal in der ersten Phase des Internets[30] und der heutigen Diskussion um die Anreize für Sammler und Museen, Netzkunst zu sammeln.[31]

/

Das Museumsformat 10/004

Bisher lag der Schwerpunkt der Argumentation auf den Produktions- und Distributionsformaten. Für die Museen lag die Problematik jedoch vor allem in der Verbindung mit der Frage nach den Formen der Präsentation, die sich den tradierten Gewohnheiten entgegenstellten: zum Beispiel durch die Frage nach dem Monitortyp – ist er nun Teil des Kunstwerks oder nicht? – oder durch die Lautstärke der Tonspur, die dann auch oft praktischerweise am Monitor von der Aufsicht leiser gestellt wurde. Aus der Perspektive der 1980er Jahre und seiner Kultur der narrativen oder experimentellen Einkanalarbeit im Format des Videobandes für die Rezeption qua Monitor (sei es im Fernsehen oder in der Galerie) stellt der Einsatz der Großprojektion für narrative Einkanalarbeiten die Frage nach der Wertigkeit von technologischen Anordnungen heute neu. Hat sich unsere Wahrnehmung verschoben oder ist heute eine Projektion schlicht besser verkäuflich als eine Präsentation auf einem Monitor?[32] Oder liegt dem ein nachhaltiger Siegeszug des **Expanded Cinema** und dem Bedürfnis nach Immersion[33] zugrunde? Ist der Vormarsch des raumfüllenden projizierten Bildes einerseits eine Konsequenz aus der immer wieder kritisierten Nähe zum Fernsehbild, wenn es im Monitor ›erscheint‹, und andererseits eine Folge der übermächtigen ikonografischen Tradition? Wie sehr der Effekt der Musealisierung eine Akzeptanz von technologischen Mitteln fördert, ist am Siegeszug des technischen Mediums Fotografie im ›Kunstfoto‹ seit den 1980er Jahren ebenso abzulesen wie an der fraglosen Akzeptanz eines Fernseh- oder Zeitungsbildes im Medium Malerei, wie der teuerste Gegenwartskünstler, Gerhard Richter, eins ums andere Mal bewiesen hat.[34]

Während das mangelnde Vertrauen der Sammler und Käufer in die vertraglichen Bedingungen einer Videoedition noch zu Zeiten von Gerry Schum ein Grund des Scheiterns seiner Videogalerie war, können raumbezogene Videoinstallationen auch in ihrer Reduktion auf eine einfache Einkanalprojektion erfolgreich vermarktet werden. Die auratisierende museale Präsentation und der damit steigende Marktwert überlagern die Vorbehalte gegenüber dem Medium. Drei künstlerische Positionen verdeutlichen die Bandbreite kommerziell erfolgreicher Inszenierung: von der bildenden Kunst und seinem konkreten Raum- und Materialbezug zum projizierten Videotape (**Rosemarie Trockel**), von der narrativen Tapeproduktion zum kunsthistorisch aufgeladenen Museumstafel-

(Sammlung Huber); Steve Dietz, »**Beyond the Interface – Museums and the Web**«, die Arbeiten des frühen »äda web« und die Recherche von Barbara Basting, **Netzkunst und die Museen – Aspekte der Institutionalisierung einer neuen Kunstform**. 32 — Die Rede ist natürlich nicht von Arbeiten, die sich spezifisch auf den Monitor beziehen. 33 — Vgl. das Kapitel »**Immersion und Interaktion**«. 34 — Vgl. das Kapitel »**Virtuelle Narrationen**«, bes. zu den Videoinstallationen der 1990er Jahre; siehe auch **Robert Cahen**, »**Tombe**«; **Bill Viola**, »**The Greeting**«; **Wolfgang Staehle**, »**Empire 24/7**«.

bild (**Bill Viola »The City of Man«**, 1989) und nun auch vom exzentrischen Film zur Verflechtung mit klassischer Bildhauerei und marktgängiger Verwertung (**Matthew Barney »Cremaster Cycle«**, 1994–2002). Die Dominanz des auch in der Breite wahrzunehmenden Siegeszugs des Mediums Video im Ausstellungswesen der 1990er Jahre beruht auf einer veränderten technologischen Basis, da KünstlerInnen wie Museumstechniker von den neuen, billigeren und einfacheren technischen Apparaturen profitieren, die sie zunehmend unabhängiger vom Know-how der Medienfachleute und der Elektronikindustrie machen. Einen kleinen Datenprojektor kann sich inzwischen fast jeder leisten.

Doch zu Beginn der 1970er Jahre war dieser ganze elektronische Komplex für viele Museumsleute eine Black Box, um nicht zu sagen ein schwarzes Loch, das nicht nur sein ›Nicht-Funktionieren‹ androhte, sondern geradezu Angst machen konnte, so dass sich E.A.T. veranlasst sah, quasi-staatliche Expertisen zur Sicherheit der technischen Exponate zu erstellen[35]. Dennoch wird in jener Zeit offensichtlich, dass auch die Museen auf die einfache Tatsache reagieren müssen, dass Künstler die Mediengesellschaft medial reflektieren. Dass die Dokumentation und Kontextualisierung einer Ausstellung zeitbasierter Medienarbeiten idealerweise auch mit dem Medium Video gelingen kann, setzte erstmals die umfassende und in dieser alle Formen repräsentierende Ausstellung **»Projekt 74«**[36] in Köln um: Mit Hilfe der Produzentengruppe des Lijnbaancentrums Rotterdam wurde der erste Katalog als Videotape mit dem ganz neuen semi-professionellen U-matic-Standard vertrieben. Wulf Herzogenrath, der damalige Direktor des Kölnischen Kunstvereins, wurde in der Folge auch durch Ausstellungen wie **»Nam June Paik«** (1976), **»Film als Film«** (1977), **»Videokunst in Deutschland 1963–1982«** (1982) und schließlich **»Video-Skulptur retrospektiv und aktuell 1963–1989«** (1989) zu einem Mentor der medialen Künste.

Die Geschichte der documenta in Kassel lässt sich in vielerlei Hinsicht als Seismograf und Antizipation zentraler Strömungen der Kunst lesen. So sind sowohl die **documenta 6**, die so genannte Mediendocumenta von 1977, als auch die **documenta 8**, 1987, Meilensteine im Verständnis des Umgangs mit dem elektronischen Format. Während 1977 noch der konzeptuelle, performative und massenmediale öffentliche Zugang im Zentrum der Beschäftigung mit Video stand, etablierte sich 1987 eine Kunstform, die zwei Jahre später in der großen Überblicksausstellung zur Videoskulptur kulminierte. Diese Mega-Ausstellung machten zugleich ein finanzielles wie technologisches Handicap der Videokunst deutlich: die Abhängigkeit von Sponsoren aus der Industrie, ohne die keine größere Ausstellung zu finanzieren war. Die öffentliche Aufmerksamkeit konnte jedoch wohl kaum früher erfolgen, da erst die Diversifizierung, Kommerzialisierung und Popularisierung der westeuropäischen Fernsehlandschaft im Schlepptau von MTV in den 1980er Jahren den Boden bereitet hatte. Monumentale Installationen von **Fabrizio Plessi, »Tempo Liquido«** (1993), oder **Marie-Jo Lafontaine, »Les larmes d'acier«** (1987),

35 — »Museen und Galerien müssen verläßliche Nachweise haben, dass das Werk des Künstlers nicht in irgendeiner Weise die Besucher gefährdet. Da dies mit den Bundesbehörden für Gesundheit und den Sicherheitsorganen abgestimmt ist, wird E.A.T.s Umweltkontrollsystem diese Absicherung garantieren.« Ralph M. Flynn, Jr., *Proposal for structuring an environmental safety program for use by galleries, museums, exhibitions and artist/engineer-scientist collaborations*, March 15, 1968 (Übers. R.F.), E.A.T. Sammlung, ZKM Mediathek. 36 — »Kunst bleibt Kunst. Aspekte internationaler Kunst am Anfang der siebziger Jahre, Projekt 74«, Wallraff-Richartz Museum/

setzten mit Macht visuelle Verführungskünste ein, die sich sowohl aus dem Arsenal postmoderner Bildinszenierung bedienten wie auch auf den Effekt der Re-Musealisierung medialer Kunst zielten. Eher kritisch operierende Positionen wie **Marcel Odenbach**, **Klaus vom Bruch** oder **Dara Birnbaum** profitierten zwar von der Popularitätswelle, konnten aber keine spezifisch neuen Akzente mehr setzen. Video hatte sich vom konzeptuellen zum sinnlichen Medium gewandelt, mit den Elementen des Fernsehens wie der Kunstgeschichte zitatweise souverän spielend. Gegenüber der Flüchtigkeit der reinen »**Immaterialien**«, wie die berühmte Ausstellung des postmodernen Theoretikers Lyotard 1985 hieß[37], beharrte die Videoskulptur auf dem Materiellen der Skulptur, so dass auch im Kontext der Videokunst ein traditioneller Begriff des auratischen Originals Einzug hielt und kommerzielle Erfolge zeitigte. Die über einige Jahre nun herrschende Dominanz des Skulpturbegriffs im Zusammenhang mit der Medienkunst war ein populistischer Rückschritt – sei es aus Gründen der Vermarktung oder, wie Vito Acconci schon früh vermutete, des schlechten Gewissens[38] –, der sich in den 1990er Jahren beinahe so schnell dem Wandel des Kunstverständnisses beugen musste, wie zuvor die schnell verheizten neo-expressiven Maler. Installationen begannen, sich von allen Referenzen auf den realen Objektcharakter eines Werks zu befreien und eine Ära der reinen Bildinstallation, linear oder interaktiv, einzuläuten. Gleichzeitig wurde immer deutlicher, dass ein Werk in immer neuen Konfigurationen kontextbezogen präsentiert werden konnte: **Nam June Paiks** »**Global Groove**« (1973) verwandelte sich von einer Fernseharbeit in ein lineares Videotape und schließlich in das vervielfachte Bildmaterial für seine Videoinstallation »**TV Garden**«, **Bill Seaman** präsentierte »**The Exquisite Mechanism of Shivers**« (1991–1994) erst als Videotape, dann als projizierte Installation, schließlich als interaktive Neukonfiguration auf CD-ROM und als Rauminstallation. Das Neuformatieren, so scheint es, ist ein wesentlicher Aspekt medialer Kunst. Dies wirft Fragen für die ›gültige‹ Museumspräsentation auf.

/

White Cube – Black Cube

10/005

Schaffen und erforschen die Medienkünstler nicht nur neue Präsentationsformen und Räume, sondern auch ihre eigenen Arbeitsmittel, oder benutzen sie nur existierende Werkzeuge? Anfang der 1980er Jahre schienen neu entwickelte Synthesizer und technologische Experimente etwa von Paik oder **Steina** und **Woody Vasulka** von nur noch marginaler Relevanz. Nicht die Erforschung der Vektoren der Bildproduktion, sondern das Interesse an Inhalten und einer subjektiven wie narrativen Bildsprache in einem gegebenen Rahmen interessierte Künstler wie **Klaus vom Bruch**, **Gábor Bódy**, **Marcel Odenbach** oder **Ingo Günther**. So wie in den 1980er Jahren der neutrale ›White Cube‹ einen puristischen Standard im Ausstellungswesen durchsetzte,[39] sorgte der ›Black Cube‹-Monitor von SONY für neutrales Design und standardisierte Bildgrößen.

Kunsthalle/Kunstverein Köln, 1974. 37 — »**Les Immateriaux**«, Jean-François Lyotard (Hg.), Centre Georges Pompidou, Paris 1985. 38 — Vito Acconcis Urteil über die Künstler, die sich der Video-Skulptur verschrieben haben, lautete: »eine Person, die Angst hat, nicht mehr in zu sein, und sich schämt, so am Vergangenen zu festzuhalten«, in: *The Luminous Image*, Stedelijk Museum, Amsterdam 1984, S. 22, Übers. R. F. 39 — Vgl. Stefan Römer, »Eine Kartographie. Vom White Cube zum Ambient«, in: Christian Kravagna (Hg.), *Das Museum als Arena. Institutionskritische Texte von KünstlerInnen*, Kunsthaus Bregenz, 1999. Römers These ist, dass die →

Mit der Einführung immer lichtstärkerer Projektoren änderten sich auch die Dimensionen der Rauminstallationen, so dass die Künstler ihr Rahmenformat nun selber bestimmen konnten. »Size matters« – vom Fuji-Miniprojektor, vom amerikanischen Künstler **Tony Oursler** geradezu zum Markenzeichen seiner skulpturalen Ensembles erkoren (»**Hello?**«, 1996), den Laserinstallationen **Paiks** bis zur großformatigen Installation **Bill Violas** oder zum großen elektronischen Kinoprojektor: Die Formatfrage ist seit den 1980er Jahren nicht mehr an den Monitor auf dem Sockel gebunden, der die vermeintlichen Ursprünge aus dem Fernsehkontext transportiert. Das elektronische Bild hat sich in vielfältige Präsentationsformen ›emanzipiert‹. Auch der dunkle Raum ist immer weniger eine notwendige Voraussetzung. Das Tageslicht des Museums und die dadurch mögliche Nähe zur oder die Konfrontation mit der Malerei werden zur realen Option.[40] Die Werkschau von Bill Viola 1992 in der Kunsthalle Düsseldorf veranschaulichte in prägnanter Form die Suche eines Künstlers nach einem neuen installativen Format. Neben der Skulptur auf Sockel und den großformatigen Rauminstallationen experimentierte er auch mit den ganz neuen winzigen Fuji-Projektoren und entwarf eine Reihe von minimalen postkartengroßen Wandarbeiten, die sich jedoch angesichts des Erfolgs der Großprojektion in keiner weiteren Retrospektive des Künstlers wiederfanden. Die kleine Geste begünstigte gerade nicht den Wunsch nach **Immersion**, wie er von Oliver Grau ja auch historisch aufgezeichnet wird. Eine Technologie, die sich jedoch sofort auf dem Ausstellungsterrain durchsetzen konnte, ist das Plasma-Display mit Wandaufhängung im Format 16:9. Wie verführerisch die Konnotation ›Wandbild‹ ist, lässt sich auch daran erkennen, dass die nicht im Breitband-Format produzierten Videobänder lieber in die Breite verzerrt präsentiert werden, als den Vorteil des bildschirmfüllenden Bildes aufzugeben. Der Verdacht liegt nahe, dass es vielleicht keiner gemerkt hat – was wiederum ein Licht werfen würde auf die Art und Weise, mit welcher Aufmerksamkeit wir das ständig wechselnde elektronische Bild betrachten.

Und während Microsoft heute in einem umfassenden Sinn der Verbindung von Hardware und Software die Diskussion vor allem der ›net community‹ als Antipode beherrscht, dominierte SONY die Anfänge der Medienkunst technologisch.[41] In den 1980er Jahren wurden diese monopolistischen Verhältnisse immer evidenter. Mit den Jahren wurde auch die Kritik an der zunehmenden Musealisierung der Medienkunst immer lauter: »Musealisierung – für einige die beste Option, um eine relative Autonomie vom Markt zu erhalten – grenzt die Matrix der sozialen Negativität von Video, wie sie die Frühphase charakterisierte.«[42] Was **Martha Rosler** schon 1986 mit einer gewissen Verbitterung einklagt, lässt sich wohl nicht als dem Medium inhärent ahistorisch festschreiben. Als ein Beispiel für Musealität wie auch »soziale Negativität« lässt sich Bruce Naumans

← Korporatisierung des öffentlichen Raumes von einer Wandlung des Repräsentationsmodells des White Cube zum Ambient begleitet wird. Unter Ambient versteht er die Ausstellungsform, bei der »die Gestaltung eines Umraums, einer bestimmten Atmosphäre oder eines Milieus die Präsentation eines singulären Kunstobjektes ersetzt.« **40** — Rosalind Krauss stellt in einer Ausstellung im Centre Pompidou 1997 die Monitore mit den Videos von Bruce Nauman noch einmal auf einen Sockel, aber diesmal unter Plexiglas – eine ironische Reinszenierung des Videoskulptur-Ansatzes. Zu den gattungsgeschichtlichen wie historischen Entwicklungen der Videokunst vgl. u. a. Rudolf Frieling, »**VT≠TV – Die Anfänge der Videokunst**«, in: Frieling/Daniels (1997); John Hanhardt (Hg.), *Video Culture – A Critical Investigation*, New York 1990; Doug Hall/Sally Jo Fifer (Hg.), *Illuminating Video – An Essential Guide to Video Art*, New York 1990; Friedemann Malsch/Dagmar Streckel,

»**Anthro-Socio**« auf der **documenta 9**, 1992, interpretieren. Jan Hoet platzierte sie sogar am Eingangsportal zur gesamten Ausstellung. Dieses künstlerische Statement für die modulare Arbeit mit Monitor und Projektor und die unprätentiöse Integration der Technologie samt Verpackungsmaterial in die Installationsarchitektur steht in krassem Gegensatz zur Verführungskraft von Bildräumen. Paradoxerweise gehörte gerade diese Arbeit – neben vielen anderen Installationen Bruce Naumans vorher und nachher – zu den auch kommerziell erfolgreichsten Werken der jüngeren Kunstgeschichte. »Anthro/Socio« mit seinem penetranten Ton passt sich nur schwer einem privaten Wohnambiente an – die Installation ist immer schon für den öffentlichen Raum des Museums intendiert. Mediale Installationen fungieren in der Regel als Relais zwischen einem (medialen) Begriff von Öffentlichkeit und einer subjektiven Sicht der Welt. Wie sehr diese Subjektivität sich aber nur noch in und durch Medien verkörpern kann, davon zeugen sowohl die utopischen Entwürfe der frühen Medienkünstler wie **Nam June Paik** oder **Stan VanDerBeek** als auch die Aktivisten der ›taktischen Medien‹, die sich vom »offenen Kunstwerk« verabschiedet haben, um eine ›offene Plattform‹ zu aktivieren.

/

Von der Form zur Plattform

Neben der Artikulierung individueller künstlerischer Positionen geht es vielen Künstlern parallel immer auch um ›public access‹, das heißt den universalen Zugang zur Kulturgeschichte der Bilder, um ihren Anteil an der Fabrikation dieser Geschichte. Während Nam June Paik von einem Videoarchiv der Avantgarde und einem **Center for experimental arts**[43] träumt, spricht Stan VanDerBeek in seinem **Manifesto**[44] 1965 von der »image library, newsreel of dreams, culture intercom«. In seiner Vision entwickeln solche Zentren »eine materielle Basis für den Dialog mit anderen Zentren bei einer Bildgeschwindigkeit von 186.000 Meilen pro Sekunde« – eine frühe Vision telematischer Installation wie auch des WWW. Bemerkenswerterweise hat auch schon »**Information**« im MOMA New York 1970 die erste Informationsarchitektur im Rahmen einer Ausstellung präsentiert. Das Dispositiv ›Ausstellung‹ reflektiert damit schon früh seine eigene Virtualisierung im Rahmen eines öffentlich zugänglichen Archivs.[45] Es gibt eine Reihe von Künstlern, die sich zwar nicht als Medienkünstler begriffen haben, aber spezifischen medialen Aspekten und Kontexten ihre Aufmerksamkeit geschenkt haben. Bei »Information« war dies unter anderem **Hans Haacke**, siehe aber auch die späteren Arbeiten von **Vito Acconci »Virtual Intelligence Mask«** (1993), **Heimo Zobernig »UTV«** (1994), **Pierre Huyghe »o.T. (Biennale Venedig 2001)«** oder **Tobias Rehberger »Lying around lazy. Not even moving for TV, Sweets, Coke, and Vaseline«** (1996–1999), die sich alle für die Gestaltung des elektronischen Ambientes interessieren.[46] Alle Videolounges der Clubkultur

Künstler-Videos – Entwicklung und Bedeutung, Ursula Perucchi-Petri (Hg.), Kunsthaus Zürich, Ostfildern 1996. **41** — Die Abhängigkeit der Künstler von der Industrie hat schon **Walter Ruttmann** 1930 in seinem Aufsatz »Kunst und Technik« für den Film angeprangert. Wieder abgedruckt in: Birgit Hein/Wulf Herzogenrath (Hg.), *Film als Film – 1910 bis heute*, Stuttgart 1977, S. 65. **42** — Martha Rosler, »Video: Shedding the Utopian Moment«, in: *Block* (Winter 1985–86), abgedruckt in: Hall/Fifer (1990), S. 30–58. **43** — Vgl. den Brief von Nam June Paik an Allan Kaprow, 1966, mit dem **Konzept für ein Center for Experimental Arts**, in: Wulf Herzogenrath (Hg.), *Nam June Paik – Fluxus/Video*, Bremen 1999, S. 113. **44** — Zit. in Gene Youngblood, **Expanded Cinema**, New York 1970, S. 387. **45** — Das jüngste Beispiel findet sich im Museum Boymans-van-Beuningen, Rotterdam, das 2003 sein »Digital Depot« eröffnet hat. **46** — Siehe auch die Arbeiten, die sich mit individuellen →

der 1990er Jahre transponieren das Konzept der offenen Plattform und verbinden es mit dem Gedanken eines ›Video-on-Demand‹-Systems, das auf den Medienkunstfestivals schon Anfang der 1990er Jahre als eine Festivaloption realisiert wurde, aber dann gerade durch den Aufstieg des Internets zu einem dominanten Thema geworden war. Der eigentliche Wegbereiter dieser Informationsarchitektur war jedoch **Dan Graham**, dessen Installationen bereits sein spezifisches Interesse an architektonischen Fragestellungen formuliert hatten. Seine Verwendung von halbverspiegeltem Glas führte ihn dann 1986 zur Konstruktion des ersten einer Reihe von »Videospaces«, »**Interior Design for Space Showing Videos**«, die man dem Titel entsprechend als Ausstellungsarchitektur ansehen könnte, wenn sie nicht gleichzeitig auch eine Reflektion der Medialität unserer öffentlichen wie privaten Räume dargestellt hätten und insofern auch ein künstlerisches Konzept manifestierten. In einer Serie von Arbeiten für den öffentlichen Raum hat Graham dann dieses Konzept des durchlässigen und offenen Raums bis heute weiter durchdekliniert.

Parallel arbeiteten Künstler jedoch auch an der Inszenierung einer medialen Aktivität, ohne dass man noch von einem vordefinierten Inhalt sprechen konnte. So wie Hans Haacke bei »Information« eben die nicht-vordefinierten Nachrichtenmeldungen einer Agentur in eine Ausstellung integrierte,[47] so gelang es zwei Pariser Themenausstellungen, kommunikative Projekte als die entscheidende Öffnung der Kunst zu thematisieren. »Electra«, 1983, zeigte unter anderem das Teletext-Projekt von **Roy Ascott** »**La plissure du texte**«, und **Jean-François Lyotard** kuratierte 1985 die wichtige Ausstellung »**Les Immateriaux**«[48], die mit »**Epreuves d'écriture**« ebenfalls ein kollektives, vernetztes Schreibprojekt präsentierte, aber auch eine formal wie inhaltlich innovative Themenausstellung darstellte, die kontextuell weit über die Kunst hinausging. Die rhizomatischen Verbindungslinien führen von hier aus bis hin zu den Kontextsystemen und Online-Plattformen der Netzkunst[49] – und den reinen Ausstellungen im Internet, wie sie zu allererst vom Walker Art Center 1998 mit »**Shock of the View: Museums, Artists, and Audiences in the Digital Age**« initiiert wurden. 1999 überlagerten sich dann der virtuelle und der reale Raum bei der umfangreichen Auseinandersetzung mit dem Internet in der Ausstellung »net_condition«.

Damit war die Institution Museum mit einem Paradigma des Labors, der Werkstatt und des Forschungszentrums konfrontiert, das es nur temporär integrieren konnte, ohne das prozesshafte und nicht ergebnisorientierte Arbeiten in seine Organisationsstruktur übernehmen zu können – auch wenn der »Hybrid Workspace« der **documenta X** und jüngst die documenta 11 dies mit ihren fünf »Plattformen« theoretisch postulierten. Trotz des Vorbilds des **Center for Advanced Visual Studies** (CAVS) am MIT Boston oder unabhängiger Produzentenorte wie dem 1971 von Ralph Hocking gegründeten Experimental **TV Center** in Binghamton, N.Y., waren institutionell noch immer keine Zentren geplant,

← Wahrnehmungssituationen im öffentlichen Raum befassen: Nam June Paik, »**Airport Seats**« (1988); Vito Acconci, »**Body Capsules**« (1984) und »**TV Bra**«; vgl. auch **Angela Bulloch/art club berlin** 1997; **John Baldessari** inszenierte Wohnraumfunktionen als Modell für entsprechende thematische Videofilme im Witte de With, Rotterdam 1998; **Johan Grimonprez**, »**Inflight Lounge with the video library ›Maybe the sky is green and**

die den Dialog zwischen Medien, Kunst und Industrie fördern konnten. Erst Anfang der 1990er Jahre erlaubten der ökonomische Boom und vor allem der beginnende öffentliche Diskurs über das Internet und die Mediengesellschaft die konkrete Planung und Eröffnung neuer Institutionen wie das **Ars Electronica Center**, Linz (1996), das **Intercommunication Center**, Tokyo (1996), oder das **Zentrum für Kunst und Medientechnologie Karlsruhe** (1997), die auf je unterschiedliche Weise dem Bedürfnis nach öffentlichem und künstlerischem Zugang zu teurer Technologie wie auch adäquaten Präsentationsbedingungen entgegen kamen und unter anderen technologischen Bedingungen die Tradition von Orten wie dem Bauhaus, Dessau/Weimar, dem Black Mountain College, Ashville, North Carolina, oder dem CAVS am MIT Boston fortführten.

/

Standards setzen oder eigenmächtig nutzen? 10/007

Die Eingangsthese war, dass es eine Notwendigkeit gibt, sich die jeweils verfügbare Technologie für künstlerische Zwecke anzueignen und andererseits auch immer gegen die Begrenzungen und Formatvorgaben der apparativen Bedingungen zu operieren. Wenn sich also Videosignale auf einem Audiotape aufzeichnen lassen, wie zum Beispiel bei der Spielzeugkamera von Fisher Price, mit der Sadie Benning ihre ersten Videoarbeiten realisierte, dann ist dies nicht eine Anti-Haltung gegenüber dem elektronischen Bild, sondern eine genuine medienkünstlerische Haltung. In ähnlicher Weise hatte ja auch schon **Nam June Paik** in der **»Exposition of Music – Electronic Television«**, 1963, verschiedenste apparitiven Konstellationen jenseits der bloßen Störung eines gegebenen Dispositivs, in diesem Fall das Fernsehbild, erprobt. Insofern zielt eine häufig gestellte Frage nicht nur seit Erfindung der Videokamera und des Videorekorders immer auf die Künstler und ihr spezifisches Verhältnis zur verwendeten Technologie, auf die Handwerkskunst gegenüber der Konzeptkunst: Kann er eine Kamera bedienen oder nicht? Oder aus heutiger Sicht: Kann er programmieren oder lässt er programmieren? Künstler wie Zbigniew Rybczynski vertreten vehement die erste Position, andere wie Fabrizio Plessi das genaue Gegenteil. Dieser Dualismus zieht sich durch immer neue Generationen von ›Künstlermodellen‹. Dahinter steht das komplexe Verhältnis zur Frage von Autonomie und Abhängigkeit, was die zeitgenössische mediale Kunst zu einer autonomen, aber auch kollaborativen Praxis motiviert, der andererseits auch das Do-It-Yourself des Bastlers korrespondiert, der sich seine Software als ›open source‹ aus dem Internet besorgt.

In der Folge von Paik und **E.A.T.** hat es aber auch eine ganze Reihe von apparativen Neuerfindungen gegeben, die entweder später durch industrielle Standards massenhaft nachgeahmt wurden oder die einfach Ausdruck einer konkreten Aufgabenstellung waren, ohne eine weitere Wirkung zu entfalten. Die Poetik der Maschinen und ihre rasante Historisierung konnte 1992 in der Ausstellung **»Eigenwelt der Apparate-Welt.**

we're just colourblind?««, 2001; **Renée Green**, **»Partially Buried in Three Parts«**, Wien 1999; **Apolonija Sustersic**, **»Video Home Video Exchange«**, Kunstverein Münster 1999. **47** — Vgl. **Bill Viola**, **»The Threshold«**, 1992. **48** — Siehe auch den Essayband: Elie Theofilakis (Hg.), *Modernes et après? Les Immateriaux*, Paris 1985. **49** — Vgl. das Kapitel **»Interaktion, Partizipation, Vernetzung«**. 03-09

Pioneers of Electronic Art« auf der Ars Electronica in Linz bewundert und ausprobiert werden. Die Kuratoren/Künstler **Steina** und **Woody Vasulka** kümmerten sich nicht nur um die Ansammlung alter Apparaturen, sondern auch um die Präsentation und den interaktiven Abruf der von ihnen erzeugten Bildwelten.[50] Damit markierten sie eine Wende in der ausschließlichen Blickweise auf die jeweils neueste Technologie. Mehr und mehr Künstler ›entdecken‹ in den 1990er Jahren die inzwischen obsoleten Medien und setzen sich so bewusst in Opposition zur immer schnelleren Hi-Tech-Entwicklung. Siegfried Zielinski prägt die Begriffe der Medien-Archäologie beziehungsweise An-Archäologie und nicht nur Institutionen sehen die Notwendigkeit, alte Computerplattformen zu emulieren, um zum Beispiel bestimmte Anwendungen etwa der Videogames zu konservieren.[51] Auch Künstler nutzen diese Strategie der Emulation, wie die verblüffenden und äußerst erfolgreichen ›Produkte‹ von **Gebhard Sengmüller** und Team beweisen. »**Vinyl Video**« (seit 1998) ist nicht nur eine Reminiszenz an die Genese der Medienkunst aus der Frühzeit der Elektronik sowie der Musik (siehe Paik), sondern auch eine ironische Replik auf das Faszinosum der analogen Bildplatte[52], die heute praktisch aus dem Kurzzeitgedächtnis getilgt wurde, seit die DVD in rasantem Tempo einen neuen qualitativ befriedigenden Videostandard für Ausstellungen und Dauerbetrieb gesetzt hat.

Die parallel verlaufende Virtualisierung unserer Arbeitsumgebungen und die Arbeiten zur Telepräsenz verbinden sich auf hybride Weise mit der Rückkehr zur Bastelökonomie und dem Crossover der Medien, um das Unabgeschlossene auszustellen, offene Prozesse im Raum zu inszenieren, bei der Produktion zuschauen zu können und Verkabelung und Technologie nicht in Illusionsräumen zu verstecken, sondern sie als integralen Bestandteil des ›Projekts/Werks‹ auszustellen.[53] Die Idee der Plattform und kollaborativen Produktion erfährt eine Extension in den Museumsraum. Doch gerade die gesteigerte Erklärungsbedürftigkeit der Kunst, ihre Unanschaulichkeit, stellt uns vor neue Herausforderungen jenseits einzelner Plattformen. **Lev Manovich** spricht auch von den »Poetiken des angereicherten Raumes«, von seiner allgegenwärtigen digitalen Modulierbarkeit: »Langfristig kann jedes Objekt ein mit dem Netz verbundener Bildschirm werden, während der gesamte umbaute Raum zu einer Ansammlung von Bildschirmoberflächen verwandelt wird. Natürlich ist der physische Raum immer schon durch Bilder, Grafiken und Typografie angereichert gewesen; aber indem diese durch elektronische Displays ersetzt werden, kann man dynamische Bilder präsentieren, mischen und ihren Inhalt jederzeit ändern.«[54] Was sich medienkünstlerisch und projektbezogen

50 — Vgl. The Vasulkas/David Dunn (Hg.), »Eigenwelt der Apparate-Welt. Pioneers of Electronic Art«, Ars Electronica, Linz 1992. Eine ähnlich wundersame, aber historisch weitergehende Ausstellung von ›visionären‹ Apparaten war vier Jahre später in Budapest unter dem Titel »The Butterfly Effect« zu sehen. Siehe auch die noch umfassendere Geschichte der Sehmaschinen und Bilderwelten der Sammlung Werner Nekes: Bodo von Dewitz/Werner Nekes (Hg.), *Ich sehe was, was du nicht siehst!*, Göttingen 2002. 51 — Siehe die informative Website des Berliner **Computerspielemuseums**. 52 — Die Bildplatte oder auch Laser Disc ermöglichte in den 1980er Jahren Installationskünstlern wie Nam June Paik oder Bill Viola eine dauerhafte museale Präsentation ihrer Arbeiten ohne Qualitätsverlust durch den täglichen Betrieb eines Videobandes. 53 — Vgl. **Van Gogh**, »**Piazza Virtuale**«. 54 — Lev Manovich, »**The Poetics of Augmented Space: Learning from Prada**«, in: *nettime Mailingliste*, 16. 5. 2002. 55 — Ebd.: »Der physische Raum [wird] zu einem Datenraum, aus dem Daten gewonnen werden (Überwachung) und der mit Daten angereichert wird (Mobilfunk, Computerterminals). [...für Robert Venturi] ist der Bildschirm nicht eine zusätzliche Option, sondern der eigentliche

bisher manifestierte, wird nun zu einer Dynamik, die den gesamten öffentlichen Bereich einschließlich des Museums neu formatiert. Der physische Raum wird überlagert von »Datenschichten« und neue Begriffe und Technologien wie »ubiquitous computing«, »augmented reality«, »tangible interfaces«, »wearable computers«, »intelligent buildings«, »context-aware computing«, »smart objects«, »wireless location services«, »sensor networks« belegen nach Manovichs Ansicht, dass wir uns endgültig vom modernistischen Minimalismus verabschieden und der komplexen, heterogenen und widersprüchlichen Eigenschaft des hybriden Datenraums Rechnung tragen müssen.[55] Als künstlerisches Beispiel für eine derartige »augmented reality« nennt Manovich die »Spaziergänge« von **Janet Cardiff**, in denen das ästhetische Potential der Überlagerung von Informations- und physischem Raum erkundet wird.

Die Entwicklung unserer medialen öffentlichen Räume ist also nicht nur der Übergang von analog zu digital, sondern auch von homogen zu heterogen und von uniform zu multipel. Der Begriff Plattform wird also nicht mehr nur bildbezogen und im weiteren Sinne metaphorisch relevant, sondern er erhält eine 3D-Qualität, die verbunden ist mit räumlichen Parametern der Navigation – sei es durch Displays, Touch Screens et cetera oder in Zukunft durch mobile individuelle Instrumente. William Mitchell bezieht sich ebenfalls auf das zentrale, aber nun obsolete Bauhaus-Motto, wenn er unter der Rubrik »Form Fetches Function« ausführt, dass die Funktionalität von Dingen variabel und nicht mehr an einen Ort gebunden sein wird: Ein Monitor ist eine Uhr ist ein Fernseher ist ein Börsenticker ist ein Familienporträt ist ein Überwachungsdisplay.[56] Auch wenn wir annehmen, dass nur ein Teil dieser visionären Option in absehbarer Zeit Realität wird, bleibt dennoch das Prinzip der modularen und reprogrammierbaren Funktionalität von Objekten, Displays und Räumen, das **Robert Rauschenberg** vor Augen gehabt haben könnte, als er mit den anderen ›Revolutionären‹ von E.A.T. 1967 einen Raum bauen wollte, »der auf Wetter, auf betrachtende Menschen, auf Verkehr, Geräusch und Licht reagiert«.[57]

/

Software – Soft Cinema – Soft Space

10./008

Doch betrachten wir noch einmal den traditionellen Museumsraum. Der White Cube isoliert das Ausstellungsobjekt von spezifischen räumlichen Kontexten und zielt damit auf Distanzierung und Reflexion auf neutralem Grund. Die Black Box oder besser: der Black Cube[58] operiert ebenfalls mit der Trennung vom Kontext (siehe die oft detaillierte

Kern der Architektur im Informationszeitalter. Seit den 1960er Jahren vertritt Venturi den Standpunkt, dass wir von den populären und kommerziellen Kulturen lernen und den modernistischen Drang zum ornamentfreien minimalistischen Raum zurückweisen sollten. Stattdessen müssten wir uns mit Komplexität, Widersprüchlichkeit, Heterogenität und Ikonographie im umbauten Raum anfreunden.« 56 — William J. Mitchell, *e-topia. urban life, Jim – but not as we know it*, Cambridge/MA 1999, S. 49; Mitchell skizziert in diesem Buch das ganze utopische Panorama urbaner digitaler vernetzter Räume. 57 — Rauschenberg zit. in: Henry R. Lieberman, »Art and Science Proclaim Alliance in Avant-Garde Loft«, in: *New York Times*, 11. Oktober 1967, S. 49; »E.A.T. ist keine Organisation zum Nutzen der Künstler. E.A.T. ist wirklich ein revolutionärer Prozess, um die Verantwortlichkeit des Individuums für die Ausformung der neuen Technologien in Bahnen zu lenken.« *E.A.T. News 1*, Nr. 3, New York, 1. Nov. 1967, S. 18. 58 — Vgl. Peter J. Schneemann, »Black-Box-Installationen: Isolationen von Werk und Betrachter«, in: Ralf Beil (Hg.), *Black Box: Der Schwarzraum in der Kunst*, Kunstmuseum Bern 2001, S. 25–33.

und kontrollierte Ausstattung dieser Räume mit schall- und lichtdämmendem Material), die aber auch das Subjekt isoliert, um das sinnliche immersive Moment des ›Im-Bild-Seins‹ zu ermöglichen, das Reflexion meist erst im Nachhinein provoziert. Während einerseits das kinematografische Dispositiv in vielen Videoinstallationen wieder Einzug in die Museen gehalten hat und einer Re-Auratisierung des Kunstwerks dienlich ist, lässt sich parallel beobachten, dass nicht nur die Datenbank als kulturelle Form das digitale Zeitalter markiert, sondern auch das Archiv dessen Entsprechung im realen Raum ist. Ein mediales Archiv im Raum wird so zu einer Fülle von Optionen, die sich dynamisch immer neu konfigurieren.[59] Inwieweit sich die Museen auch den Visionen von multisensorischen, fluiden Räumen öffnen werden, bleibt die Frage. Die unsichtbare Allgegenwärtigkeit von Software im realen Raum auch im kinematografischen wie architektonischen Sinn von »**Soft Cinema**« und modularen »Soft Spaces« provoziert mit Sicherheit Widerstände, Revisionen und nostalgische Klagen.[60] Zurück zum Objekt, zur Malerei, zum Bild – jenseits der Abfolge der Rekursivitäten und Moden wird jedoch die Digitalisierung des musealen Raums nicht aufzuhalten sein. Dieses Faktum stellt sich nur besonders evident im Kontext der Medienkunst. Wenn es zugleich gelingt, eine Vielfalt von Formatierungen und damit auch Formen lebendig zu halten und die Effekte einer universellen Standardisierung unter dem Banner von MicroSOFT zu unterlaufen, dann wird auch Raum sein für all die Beispiele, die sich mit der Dysfunktionalität oder marginalen Nutzung von Apparaten, Maschinen und Technologien befassen und die ein ganz eigenständiges künstlerisches und poetisches Potential bewahren.

59 — Lev Manovich, »Soft Cinema«, in der Ausstellung »**Future Cinema**«, ZKM Karlsruhe, 2003.
60 — Siehe den Hinweis auf Kenneth Frampton in Rudolf Frieling, »Speicher-Platz. Anmerkungen zum Thema Sammeln, Archivieren, Präsentieren«, in: *Video im Museum. Internationales Symposium*, Museum Ludwig, Köln 2000, S. 17.

Form Follows Format
Tensions, museums, media technology and media art
/
Rudolf Frieling
/

Economy of means and a reduction in terms of material were key elements of twentieth-century modern art. 10/101 The famous Bauhaus motto «Form follows function,» as for example embodied by Mies van der Rohe's architecture, is based on this specific understanding of material, from which functional qualities are developed for each particular case. Those artists who worked with industrial tools developed from their working materials and using certain tools an inherent form, and did this using minimal resources. Recall architect Adolf Loos's motto: «Ornament is crime.» Despite all the postmodern theories, this Modernist approach is still effective today. How does this legacy affect the history of the media arts? For the suspicion is well founded that artistic Modernism always introduced a crucial anti-technological component as well.

The use of media forms to reflect on technological matters is based on a political and economic history of the availability and distribution of these very technologies—as can be seen quite clearly in the differences between West and East, at least until the mid-1990s. But the choice between a technological euphoria and aversion differs according to the particular geopolitical point of view. But even in the microcosm of one individual's production, ideological premises have always been linked to a technological standard: In the 1980s, «Choosing U-matic means choosing capitalism»[1] was still a slogan of alternative media work. A whole series of entrenched battles and media and ideological conflicts could be added here: film or video, VHS or U-matic, but also some with more profound implications like analog or digital, right down to the current arguments about Microsoft vs. Open Source.

But putting aside all questions of technological format, does media art at all exist? Or is it rather an art of (industrial) media, the computer architectures of which are beautiful to look at because their form follows their function, as Friedrich Kittler explains?[2] Even though Kittler's position, which excludes other theoretical and social factors, has been much criticized,[3] he did provide some important stimuli. One of these is the question of ‹formatting› and the devices for recording, storage, distribution, and presentation with which artists continue to be confronted. They provoke this aphorism from Kittler: «The typewriter writes, too.» There is certainly no doubt that hardware has a crucial influence on artistic output, but this does not have to be interpreted deterministically. Furthermore, the long series of media standards that have since become obsolete, already well documented in the literature,[4] makes another point quite clear: new industrial standards are

1 — In the German alternative media publication: *Cut In*, no. 11, 1982, p. 24. 2 — Friedrich Kittler, «Künstler —Technohelden und Chipschamanen der Zukunft?,» in *Medienkunstpreis 1993*, Heinrich Klotz/Michael Roßnagl (eds.), Ostfildern, 1993, p. 51. 3 — Again most recently in Dieter Daniels, **Kunst als Sendung. Von der Telegrafie zum Internet**, Munich, 2002, pp. 221ff. 4 — The most important and finest exhibition on this subject, «Eigenwelt der Apparate-Welt. Pioneers of Electronic Art,» was presented at Ars Electronica in Linz by **Steina** and **Woody Vasulka** in 1992. Cf. also Siegfried Zielinski, *Zur Geschichte des Videorecorders*, Berlin, 1986, and coming right up to date, the list of «**Dead Media**,» recorded by Bruce Sterling.

constantly replacing old ones, but this does not necessarily mean an improvement in technical competence. Thus, art looks less anticipatory now that the quantity of new industry hardware and software is growing so fast that even media artists can scarcely keep up. Having to master whatever is the most recent programming software increasingly keeps them from concentrating on artistic form and content. They are thus forced to direct their attention at precisely those technological aspects that run counter to the industry's context of use. This means that the proposition is always current that it is necessary to appropriate available technologies for genuinely artistic purposes, but at the same time working against the conditions of the hardware and software in question is always a specifically artistic practice. Putting it more pointedly: art with media is also art directed against media.
The first part of this essay is devoted to aspects of this artistic history of technological formats and platforms. In a second step, the question will be posed of in how far the technologies and media used trigger a perceptible change in art reception, as Walter Benjamin already pointed out for the influence of the mass cultural distribution of art reproductions. To what extent can this be connected with a history of the sites and institutions in which media art was produced and/or presented? «**When Attitudes Become Form: Live in Your Head**»—Harald Szeemann's famous Bern exhibition on the propagation of conceptual art, minimal art, and land art in 1968[5]—reflected non-technological factors of a social or aesthetic practice and posed the question of alternative, new, different models of practicing art.
Today, a fundamental shift can be observed: from the resistance of modernist traditionalists and the museums to the fact that the most recent technologies—like for example the DVD standard and the almost universal use of large-screen video projection—are taken for granted now. Today, artists who work exclusively with video are not seen as ‹video artists,› who were always suspected of finding a form that was ‹merely› a media form rather than a genuine form of artistic expression.[6] The museum as well as the auratic artwork seem on the one hand to have been discredited and deprived of their force by discourses of art theory. Douglas Crimp thus concludes that the museum is no longer the predestined location for contemporary art per se: «We needed, it seemed to me, an archeology of the museum on the model of Foucault's analysis of the asylum, the clinic, and the prison. For the museum seemed to be equally a space of exclusions and confinements.»[7] But the concrete catalyst for these reflections is the current completely unquestioning acceptance of video technology, at least in the exhibition and museum sphere. This led to a whole series of video-based exhibitions[8] and made young artists

5 — We can see how much this slogan condenses a certain ‹attitude› from the most recent reference made by the exhibition at the Walker Art Center: «**When Latitudes Become Form**,» Minneapolis, 2003. 6 — Strangely enough, ‹painter› is not a derogatory term. But for decades it was a standard argument from museum directors that they did not collect media art, but artists who ‹happened› to use electronic media as well. 7 — Douglas Crimp, *On the Museum's Ruins*, Cambridge, MA, 1993, p. 287. 8 — Cf. for example *Video Cult/ures*, Museum für Neue Kunst, ZKM Karlsruhe, 1999; «Vidéotopiques,» Musée de l'art moderne, Strasbourg, 2002, and the presence of video-based installations at documenta 11, 2002, in Kassel. 9 — This essay pursues ideas that the author first developed—relating to developments in Germany—in a different form in the introductory essay «Context Video Art,» published in *Media Art Interaction—The 1980s and 1990s in Germany*, Rudolf Frieling/Dieter Daniels (eds.), Vienna/New York, 2000, pp. 35–59. Key basic material on the relationship between media history and art history can be found in publications by authors like Friedrich Kittler (*Grammophon Film Typewriter*,

like **Doug Aitken**, **Jordan Crandall**, **Douglas Gordon**, **Steve McQueen**, **Paul Pfeiffer**, or **Marijke van Warmerdam** the shooting stars of the art scene. After a long period of resistance, the museums have also finally assimilated technological art. What changed conditions might explain this development? What paradigm shift took place here? In the following, central elements and exhibitions of media art will be explored, and the first three sections sketch out the formats and ‹attitudes› that have for their part lastingly influenced the way the electronic media are perceived.[9] The «open form,» not typical of the museum, the «closed format» of alternative distribution, and finally the «museum format» will be interrogated for their specific tense relation to the media. The conclusion is then devoted to the opening of the museum form towards the platform and hybrid, «soft» forms of contemporary media spaces.

/

Open form

The crisis of museum representation can be seen in the strategies that interrogate the social and material conditions of the museum: an example here would be **Hans Haacke**'s complex and conflictual actions that expose museum structures and financing. The crisis also makes itself evident in the attempt to completely do without the museum, and to consider it impossible to combine with the search for new social contexts, as in the case of the debates around context art, art as a service, ambient works for clubs, etc., in the 1990s. Media art settled precisely on this fault line. One of the most complex and earliest examples of this were the activities of the «**Experiments in Art and Technology**» association. It thrived mainly on the collaboration of engineers and artists; **Billy Klüver** and **Robert Rauschenberg** were the group's most active mentors and driving forces. Their credo can be summed up in the statement that the emergence of new artistic activity is only possible as part of a dialogue between technicians and artists, industry and art. They followed this insight in a whole series of remarkable and historically influential projects and events; these were not by definition directed against the museum as a location for art, but took place in locations that were de facto external to the art context. The most lucid example of this was the industrial arena par excellence, the World's Fair, as can be seen most clearly in the famous **Pepsi Pavilion**.[10] The artistic director of the pavilion, Robert Breer, promised a completely new set of sensual perceptions: «We're making a serious attempt to isolate the senses and create new relationships between them. While entertaining the visitors, we hope to give them a profound physiological experience that will make them more aware of the world around them.»[11]

Berlin, 1986) or Siegfried Zielinski (particularly *Audiovisionen. Kino und Fernsehen als Zwischenspiele in der Geschichte*, Reinbek, 1989). Cf. also in particular notes on the anticipatory element in media art in Daniels (2002), op. cit., above all chap. 9. **10** — But the report on the Los Angeles County Museum of Art's «Art and Technology» program makes it clear that such a profound physiological experience also has its institutional restrictions. There was one idea in particular that the museum did not want to follow through: Robert Rauschenberg wanted to construct a tunnel featuring low frequency sounds that would harmonize with the natural heartbeat and could have psychedelic effects. But the museum did not want visitors coming out of the exhibition ‹high›. Cf. Maurice Tuchman, *Art and Technology: A Report on the Art and Technology Program of the Los Angeles County Museum of Art, 1967-1971*, Los Angeles/New York, 1971. We can see as early as the Philipps Pavilion at the 1958 World's Fair in Brussels how much the history of the World's Fair is also a history of artistic experiments: architecture by Le Corbusier, sound and lightshow by Iannis Xenakis and music by Edgard Varèse. Cf. the text «**Audio Art**.» →

Nineteen sixty-eight not only stood for a paradigm shift in political and social terms.[12] At this time, events can be seen not only in relation to the mass media,[13] but also in the performative and visual arts, as combined by Gene Youngblood in «**Expanded Cinema**;» **Bruce Nauman** showed his first videotape in the Nicholas Wilder Gallery in Los Angeles in 1968, the gallery owner Howard Wise presented his first media exhibition «**TV as a Creative Medium**» in New York, and Jasia Reichardt organized the «Cybernetic Serendipity» exhibition at the ICA in London. But 1968 also saw the first attempt at presenting media projects and experiments—not everyone wanted to use the word ‹art›—in a broad overview: the «E.A.T.» group's «**Some More Beginnings**.» This was also crucially the site of linking two different modes of presentation, as some jury-assessed objects and works were being shown at the same time in the museum exhibition «**The Machine as Seen at the End of the Mechanical Age**» at the Museum of Modern Art in New York under the direction of Pontus Hulten. This not only meant a demonstration of the mediated character of artistic production by showing the work in two different versions at the same time, thus vividly raising the question of original and copy. The context was also different in each case as well. While «Some More Beginnings» precisely showed the multiple possible forms of cooperation between art and technology in a panoramic survey, MoMA attempted to lend some of the work shown an aura conveyed by the historical context. The object and the work of art were central—not the practice and open, laboratory-like experiments. But, by necessity, «Some More Beginnings» also demonstrated the precarious situation of those that dare to appear in public with technology still in the experimental stage, which does not always work. There is a statistic that shows the gradual technical failure of works with the passage of time.[14] The story of how Billy Klüver encountered the obsessive apparatus artist **Jean Tinguely** when they were working together on «**Homage to New York**» (1960) is one of the most impressive accounts of these tensioned-filled circumstances and embodiments of productive dysfunctionality.

From the «**open artwork**» (Umberto Eco) and the musical practices of an artist like **John Cage**, a link leads to the first processual video experiments with Sony's «open reel» for its CV- and AV-Portapak half-inch video recorders, the first portable electronic format, that—as the legend goes—was first presented by **Nam June Paik** to the art public in the Café Au GoGo in 1965.[15] The thirty or sixty-minute tapes, which initially did not allow for editing or subsequent adaptation, were suitable for mobile production and for recording non-dramaturgical, open processes.[16] **Bruce Nauman**'s or **Vito Acconci**'s tapes presented situative processes or «attitudes,» with a beginning and end that followed no cinematic or

← **11** — Robert Breer quoted in press releases on the Pepsi Pavilion, EXPO'70, E.A.T. Collection, ZKM Mediathek. **12** — Cf. **Jochen Gerz, «The Berkeley Oracle.»** **13** — Cf. the text «**Television—Art or Anti-art?**» **14** — Statistics about the functionality of exhibits: of 75 works, 37 worked for 100% of the exhibition, 12 over 90%, 5 over 80% etc., in *Techne. A Projects and Process Paper*, vol. 1, no. 1, New York, April 14, 1969, p. 2. **15** — For dating the introduction to 1967 see the reference to Siegfried Zielinski in Rudolf Frieling, «**VT ≠ TV—The Beginnings of Video Art**,» in *Media Art Action—The 1960s and 1970s in Germany*, Rudolf Frieling/Dieter Daniels (eds.), Vienna/New York, 1997, pp. 122f. **16** — It is also interesting that a closed circuit installation like **Dan Graham**'s «**Present Continuous Past(s)**» made particular use of the possibility of placing the recording and playback apparatus such a distance apart that a delay of exactly eight seconds was produced. **17** — «net condition,» ZKM, Karlsruhe; MECAD, Barcelona; ICC, Tokyo; Neue Galerie, Linz 1999. **18** — The term media art is a difficult one. It is being used more as an operative factor for art with and through the media than as a precise definition.

theatrical logic. In a special way, however, **Dalibor Martinis**' video Performance «**Open Reel**» (1976) demonstrates how the instability of the electronic signal, often brought about technically by uneven tape tension, can be used as a decidedly artistic element. Open processuality can thus already be recognized in the videotape as a linear recording medium. It is thus not at all surprising that traditionalists questioned the artistic character of the first media art practices, either in the form of tape production, media-supported installations or performance. In fact, critics of technological exhibitions—from «E.A.T.» in the mid-1960s to the ZKM's «**net_condition**»[17] show in 1999–2000, the first major show to survey the artistic and socio-political aspects of the Internet—repeatedly raised the objection that a claim to art was being made, but not fulfilled. The dilemma runs through forty years of the history of media art: is it art, or is it ‹mere› technological experimentation with industrial formats? Given their fixation on the media, many experiments rightly seem in retrospect to be technical phenomena that reflect more the state of industrial hardware and software at a particular time than genuine artistic interest. On the other hand, electronics has now become a self-evident element in a widespread artistic practice, and art no longer has to place the media element in the foreground. The extent to which confrontations with a traditional museum policy triggered their own dynamics can be seen in the following in the formation of a genre of media art.[18]

/

The closed format: Distribution/mass media 10/103

The loss of the traditional concept of the auratic original and the self-contained work—often described, beginning Walter Benjamin's famous essay «**The Work of Art in the Age of Mechanical Reproduction**»[19]—shook the foundations of the art market and art history. It has also become clear that an anti-institutional impetus and the crisis of museum representation were associated with media art from the outset. The power of this constellation can also be seen in attempts to get round this very issue using mass media. Again it is the era of 1968 that sets the paradigms for both delineating borders and overcoming them. **Gerry Schum**'s «**Fernseh- und Videogalerie**»[20] is seen as a visionary model for a different kind of art distribution. After the failure of the television gallery, Schum attempted, with a great deal of media resonance at first, to reconcile limited editions and the mass distribution of the individual works of art via alternative routes: «The video tapes come with a signed and numbered certificate.»[21] This can be found in his obviously necessary «Information on the video system» (1972). At the same time, Schum used the museums that had already decided to acquire a Sony half-inch video system to

19 — Walter Benjamin, «**The Work of Art in the Age of Mechanical Reproduction**» (1936), in *Video Culture. A Critical Investigation*, John Hanhardt (ed.), New York, 1990, pp. 27-52. 20 — There were other private production locations as well as Schum's gallery, like Art/Tapes, Maria Gloria Bicocchi's gallery in Florence, and also Ingrid Oppenheim's studio in Cologne, whose collection was later taken over by the Kunstmuseum Bonn. 21 — For example, Schum sold the edition of **Joseph Beuys**' «**Filz-TV**,» which was limited to six copies, for DM 9800, while all limited video pieces were also part of the «**Identifications**» unlimited edition and cost only DM 1500 and could be rented for DM 300. Later a standard of approx. DM 1000 was set for museum purchases of an unlimited edition, with no associated lending rights. 22 — In subsequent years this was followed by sales points that are still operating today: **Video Data Bank** Chicago, London Video Access (now **Lux Distribution**), **Montevideo** Amsterdam, 235 **Media** in Cologne and **Heure Exquise** in France. Similar sales structures have not survived in Italy and Spain or in Japan, and in other countries they never emerged at all.

help him convince the undecided institutions. At the same time, Howard Wise made his gallery the world's first video art sales point, **Electronic Arts Intermix**,[22] which has remained a central engine for 1970s video art classics in particular to the present day. When one recalls that it was also as early as 1972 that the first institutional video collection started at the Neuer Berliner Kunstverein and that in the previous year in the USA David Ross had become the first video curator at the Everson Museum of Modern Art Syracuse,[23] there is some sense of the innovative potential of those years for exploiting all the media art options, from mass sales to artistic collection.

The unresolved question was still: does the sales organization work like a book publisher, or a film producer, who aims at a potential mass market, or does it work like a gallery producing collectors' editions?[24] It is not just that the old media are continued in the new ones, as stated by Marshall McLuhan, the production and reception structures are transferred to the new media as a first step.[25] Attempts to reclaim or create old and abandoned or new public locations for this art are therefore one of the continuing characteristics of media art.[26] The lesson of the last decade in particular, with its effortless integration of video into the exhibition context, lies paradoxically in the fact that video, as an infinitely reproducible medium, does not ultimately prevent a work of art from acquiring an aura as long as it can be exhibited as an installation in a museum as an individual work. But even though at a very early stage isolated, established and younger artists followed Andy Warhol and took the notion of the non-auratic medium to absurd lengths, fundamental problems dominated for a long time: 1. Fine art: the museum and the collector trusted neither the dealer's contract nor the reliability of the new video technology; 2. The film and cinema market: both classical and experimental filmmakers criticized video, which they saw as a cheap and grubby medium, for its poor picture quality in comparison with celluloid; 3. From the outset, television had an unmistakable sense of the fact that media art, even behind the most glittering surface, always conveyed a critical anti-TV attitude, which ultimately culminated in the pointed slogan «TV ≠ VT»[27] at **documenta 6**.

In his 1980s publications, Siegfried Zielinski set out in detail how from the mid-1970s—and very strongly since the establishment of the VHS standard with its mass availability in 1975—the «story of the video recorder» had led to a whole new artistic appropriation practice.[28] The video recorder «kick-starts» classical television. It can deconstruct and defer television, and indeed first provided footage the artist could work with, or made it available to be offered for sale in pirated video form in the video store around the corner. **Klaus vom Bruch**'s videotapes or **Jean-Luc Godard**'s film work, especially in his «**Histoire(s) du Cinéma**,» (1988–1998) would not have been possible without private storage

23 — He also curated the first museum exhibition «Circuit: A Video Invitational» (1973) at the Everson Museum of Art, Syracuse, N.Y. 24 — Resentment can still be felt today in exhibition criticism: if a current, major exhibition seems to be dominated by an electronic medium, a chorus of disapproval goes up from art lovers and critics about this very medium. Just think of the converse: an exhibition is criticized for showing too much canvas. Museum people are equally dismayed if a work of art that exists in electronic form only achieves the same market prices as painting. 25 — Conversely, in «The Work of Art in the Age of Mechanical Reproduction» Walter Benjamin had already established the fact that every art form anticipates a new technology: «One of the foremost tasks of art has always been the creation of a demand which could be fully satisfied only later. The history of every art form shows critical epochs in which a certain art form aspires to effects which could be fully obtained only with a changed technical standard, that is to say, in a new art form.» in *Video Culture*, op. cit., pp. 27–52.

of media history through television and film. Consequently, the concept of «found footage» no longer entails laborious work in archives, but just programming the video recorder. A whole mass of cultural history becomes suddenly accessible as an everyday home production resource. The broadcasters respond by ‹signing› their images with the channel logo, the mass media relic of an artist's signature—the use of the ‹watermark› is the equivalent for Internet images. Industrial mass production of videocassettes did not merely improve precarious open reel practice by substituting simple «plug and play.» As a consequence of the 1980s TV boom and diversification into commercial and public channels, it introduced a new breadth that led to equal diversification for festivals and forums on the art side. The U-matic cassette format guaranteed a de facto universal standard for a period of about twenty years. This was only occasionally questioned technically or ideologically—see «Choosing U-matic means choosing capitalism.»
The argument can be made even more pointed by saying that the cassette form promoted the exchange of information beyond the established markets and those closed to electronic experiments and also became the trademark of an entire art form visually—see the host of **cassette catalogs**, for example. The best example is the ten-year history of the **Infermental** «information store,» whose eleven editions can be seen today on permanent loan from the editors in the **ZKM Mediathek** collection. This magazine in cassette form, founded by **Gábor Bódy**, operated in galleries as well as at film festivals, art associations, book fairs or other opportune venues. A complex and constantly changing network of editors and artists effectively promoted claims to their ‹own› forums. Here again the simultaneity and the ‹morphological› field are remarkable. Most of the video festivals, which were mainly European, were founded between 1980 and 1982 in Locarno, The Hague, Bonn, and Montbéliard and at Ars Electronica in Linz.[29] These festivals functioned as exhibition, cinema and market, often not very clearly different from a trade show in character, but without ever achieving any kind of commercial significance. It was only in the 1990s that the mass spread of events, conferences, exhibitions and other activities relating to media discourse made it possible for some of those involved to survive financially as artists. Thus one important result was that the practice of independent video production was linked with a utopia of free, two-way information exchange. This was problematical to the extent that the general public felt its image of a commercially ‹worthless› product confirmed. The consequence was: no one wanted to pay for video art, at most it might be offered a free forum on television, for example. This conflict repeated itself in the case of another technological platform in the first phase of the Internet[30] and the current discussion about incentives for collectors and museums to acquire Internet art.[31]

26 — See for example CarolAnn Klonarides and Kate Horsfield's project «Video Drive-In,» Central Park, New York, 1984. 27 — Cf. Rudolf Frieling, «**VT ≠ TV—The Beginnings of Video Art**,» op. cit.. 28 — Cf. sources including Siegfried Zielinski (1986 and 1989), op.cit. 29 — But the German festivals that are still the most important today, the VideoFest, now **transmediale**, and the **European Media Art Festival** in Osnabruck, did not come into being until 1988, evolving from existing film festivals. 30 — Cf. Dieter Daniels, «**Strategies Of Interactivity**,» in *Media Art Interaction*, op. cit., pp. 170–197. 31 — Discussions on this theme keep cropping up on various mailing lists, see i.e. «**Crumb**,» «**New Media Curating**,» or «**nettime**»; cf. also the discussion about the acquisition of the Internet artwork «**antworten.de**» (collection Huber); Steve Dietz, «**Beyond the Interface—Museums and the Web**,» the works of the early «**äda web**,» and research by Barbara Basting on aspects of institutionalization of Net Art, «**Netzkunst und die Museen—Aspekte der Institutionalisierung einer neuen Kunstform.**»

/

10/104

The museum format

Until now the focus has been on production and distribution formats. For the museums, the problem lay above all in the link with the question about presentation forms that ran counter to traditional practice: the monitor type, for example—is it part of the work of art or not?—or the soundtrack volume, which was often turned down on the monitor by the attendants as a practical measure anyway. From the point of view of the 1980s and the culture of narrative or visual single-channel works in the form of a videotape for monitor reception (whether on television on in the gallery), the present use of large-format projection even for narrative single-channel works raises the question of the weight ascribed to technological arrangements. Have our perceptions shifted, or is a projection simply easier to sell today than presentation on a monitor?[32] Or is this all about the triumphant progress of «**expanded cinema**» and the need for immersion?[33] Is the victory of the large-format projected image partly the result of the constantly criticized closeness to a television image if it is shown on a monitor, and on the other hand the consequence of an unduly powerful iconographic tradition? The extent to which museum showings promote the acceptance of technological resources can be seen from the triumphant progress of ‹art photography› as a technical medium since the 1980s just as much as in the unquestioning acceptance of a television or newspaper image in the medium of painting, as the most expensive contemporary artist, Gerhard Richter, has proved over and over again.[34]
Collectors' and buyers' lack of faith in the contractual conditions of a video edition were among the reasons why Gerry Schum's video gallery failed at the time, but space-related video installations can be marketed successfully, even when they are reduced to a simple one-channel projection. The aura acquired from museum presentation and the increase in market value this causes reduces prejudice against the medium. Three artistic positions demonstrate the bandwidth of successful commercial presentation: from fine art and its concrete relationship with space and material to the projected videotape (**Rosemarie Trockel**), from narrative tape production to the art-historically charged museum panel picture (**Bill Viola**, «**The City of Man**», 1989) and now also—after the video sculpture—from the eccentric film to involvement with classical sculpture and marketable exploitation (**Matthew Barney**, «**Cremaster Cycle**», 1994–2002). The triumphant progress of video as a medium, also perceptible across a broad variety of uses, in the 1990s exhibition world came about because of a changed technological basis. Artists and museum technicians were benefiting from the new, cheaper and simpler technical apparatus, which made them increasingly independent of the media experts' and the electronics industry's know-how. Nowadays almost anyone can afford a small data projector.
But in the early 1970s this whole electronic business was a Black Box for a lot of museum people, if not to say a black hole that not only threatened ‹not to work› but was also

32 — Of course this does not include works relating specifically to the monitor. 33 — Cf. the text «**Immersion and Interaction.**» 34 — Cf. the text «**Virtual Narrations**» esp. on the video installations of the 1990s; see also **Robert Cahen**, «**Tombe**»; **Bill Viola**, «**The Greeting**»; **Wolfgang Staehle**, «**Empire 24/7.**» 35 — «Museums and galleries must have authoritative evidence that the artist's work will not in any way endanger the public. Since this system will work concurrently with the State and Federal health and safety agencies, E.A.T.'s environmental control system will give galleries and museums this reassurance.» Ralph M. Flynn, Jr., *Proposal for structuring*

capable of being frightening. E.A.T. even felt it necessary to produce quasi-governmental technical reports about the safety of the technical exhibits.[35] But it became obvious at that time that the museums also had to react to the simple fact that artists were reflecting the media society in media terms. The comprehensive «**Project 74**»[36] exhibition in Cologne, which represented all forms, was the first to show that documenting and contextualizing a time-based media works exhibition can also succeed in the video medium. The first videotape as catalog was produced, with the assistance of the production group from the Lijnbaancentrum in Rotterdam, using the very new semi-professional U-matic standard. Wulf Herzogenrath, then director of the Kölner Kunstverein, subsequently also became a media art mentor with exhibitions like «**Nam June Paik**» (1976), «**Film as Film**» (1977), «**Video Art in Germany 1963-1982**» (1982), and finally «**Video Sculpture in retrospect and today 1963-1989**» (1989).

The history of the documenta in Kassel can be read in many ways as a seismograph and as an anticipation of central currents in art. Thus both «**documenta 6**,» the so-called media documenta in 1977, and also «**documenta 8**,» 1987, are milestones for understanding the handling of the electronic format. While in 1977 conceptual, performative and mass-media public access were at the center of concerns with video, in 1987 an art form established itself that culminated two years later in the major «Video Sculpture» exhibition. This mega-exhibition revealed both a financial and a technological handicap faced by video art: it was dependent on industrial sponsors, as no major exhibition could be financed without them. But public attention could hardly be attracted any earlier, as the ground was not prepared until the Western European television landscape was diversified, commercialized and popularized in the wake of MTV in the 1980s. Monumental installations by **Fabrizio Plessi**, «**Tempo Liquido**» (1993), or **Marie-Jo Lafontaine**, «**Les larmes d'acier**» (1987), used powerful arts of visual seduction deploying the arsenal of postmodern visual staging and also aiming to bring visual art back into museums. Positions that tended to be more critical, like those adopted by **Marcel Odenbach**, **Klaus vom Bruch**, or **Dara Birnbaum**, did benefit from the wave of popularity but were not able to strike out in any specifically new directions. Video had changed from a conceptual into a sensual medium, playing impressively in quotations with elements of television and of art history. In contrast with the ephemeral quality of «**Les Immatériaux**,» as the famous 1985 exhibition in Paris by the postmodern theoretician **Jean-François Lyotard** was called[37], video sculpture remained on the material plane of sculpture, so that in the context of video art as well a traditional concept of the auratic original moved in and triggered commercial success. The dominance of the concept of sculpture in the context of media art now persisted for a few years. This was a populist backward step whether for reasons of marketing or, as **Vito Acconci** surmised at an early stage, because of a bad conscience[38] that had to yield as quickly to the change of perceptions about art as it had

an environmental safety program for use by galleries, museums, exhibitions and artist/engineer-scientist collaborations, March 15, 1968, E.A.T. Collection, ZKM Mediathek. 36 — *Kunst bleibt Kunst. Aspekte internationaler Kunst am Anfang der siebziger Jahre*, **Projekt** 74, Wallraff-Richartz Museum, Kunsthalle and Kunstverein Köln, Cologne, 1974. 37 — Jean-François Lyotard (Hg.), *Les Immateriaux*, Centre Georges Pompidou, Paris 1985. 38 — Acconci's view of the artists who had devoted themselves to video sculpture was «a person who is afraid of being out-dated, embarrassed about clinging so hard to the past.» Cited in *The Luminous Image*, Stedelijk Museum, Amsterdam, 1984, p.22.

previously to the neo-Expressionist painters, who burned out so quickly. Installations started to liberate themselves from all references to the real object character of a work and ring in an era of pure image installation, linear or interactive.
At the same time it became increasingly clear that a work could be presented contextually in all kinds of new configurations: **Nam June Paik**'s «**Global Groove**» transformed itself in the 1970s from a television work into a linear videotape and finally into the multiplied pictorial material for his video installation «**TV Garden**»—**Bill Seaman** presented «**The Exquisite Mechanism of Shivers**» in the (1991–1994) first as a videotape and then as a projected installation, finally as an interactive new configuration on CD-ROM and as a room installation. New formatting, it seems, is an essential aspect of media art. This raises new questions for ‹valid› museum presentation.
/

10./105

White cube—Black cube

Do media artists just use the existing tools, or do they create and explore new presentation forms and spaces, and their own working materials as well? In the early 1980s, newly developed synthesizers and technological experiments by Nam June Paik, for example, or **Steina** and **Woody Vasulka** seem to be only marginally relevant. Artists like **Klaus vom Bruch**, **Gábor Bódy**, **Marcel Odenbach**, or **Ingo Günther** were interested in different content and a subjective and narrative pictorial language in a given frame, rather than exploring the vectors of image production. Just as in the 1980s, the neutral ‹white cube› established a purist standard in the exhibition world;[39] the Sony ‹black cube› monitor took care of neutral design and standardized picture sizes.
The introduction of ever more powerful light projectors also changed the dimensions of room installations, which meant that artists could now choose their ‹framing format› for themselves. «Size matters»—from the Fuji mini-projector, which the American artist **Tony Oursler** practically made into the trademark for his sculptural ensembles like «**Hello?**» (1996), **Paik**'s laser installations, down to the large-scale installations by an artist like **Bill Viola**, or the large electronic cinema projector: since the 1980s, the question of format has no longer been tied to the plinth-mounted monitor, which conveys presumed origins in the context of television. The electronic image has ‹emancipated› itself in a wide range of presentation forms. A darkened space is now also increasingly less necessary. Museum daylight and the proximity to or confrontation with painting that this makes possible becomes a real option.[40] The exhibition by Bill Viola in the Kunsthalle Düsseldorf in 1992 provided a succinct illustration of an artist's search for a new installation format. He experimented with plinth sculpture and large-format installations, and also with the very new, tiny Fuji projectors, for which he designed a series of minimal, postcard-size wall works. But given the success of the large-format projection, these have

39 — Cf. Stefan Römer, «Eine Kartographie. Vom White Cube zum Ambient,» in *Das Museum als Arena. Institutionskritische Texte von KünstlerInnen*, Christian Kravagna (ed.), Kunsthaus Bregenz, 1999. Römer's thesis is that the corporatization of public space is accompanied by a transformation of the white cube as a representation model into an ‹ambient›. By ‹ambient› he means the exhibition forms in which «the design of a surrounding space, a particular atmosphere of a milieu replaces the presentation of a single art object.» 40 — In an exhibition in the Centre Pompidou in 1997, Rosalind Krauss again places the monitors showing Bruce Nauman videos on plinths, but under Perspex this time—an ironic restaging of the video sculpture approach. For the general and generic

not appeared in any of the artist's subsequent retrospectives. The small gesture did not meet the wish for immersion, which has also been recorded historically by Oliver Grau. One technology that did establish itself immediately in the exhibition field is the wall-mounted 16:9 format plasma display. We can see how seductive the connotations of ‹wall picture› are from the fact that videotapes are often presented on such a display even when they are not produced in the wide-screen format. Even lateral distortion is preferred to losing the advantage of the screen-filling image. It is tempting to suspect that perhaps no one has noticed this—which would again shed light on how and with what quality of attention we look at the constantly changing electronic image.

Today Microsoft dominates the discussion of the ‹net community› in particular as a diametrically opposed view, in a comprehensive sense of the connection of hardware and software, but it was Sony that dominated the early days of media art technologically.[41] This monopoly situation became increasingly evident in the 1980s. As the years passed, the increasing museumization of media art attracted more vociferous criticism: «Museumization—which some might point to as the best hope of video at present for it to retain its relative autonomy from the marketplace—contains and minimizes the social negativity that was the matrix for the early uses of video.»[42] What **Martha Rosler** was claiming with a certain degree of bitterness as early as 1986 can probably not be established ahistorically as inherent in the medium. **Bruce Nauman**'s **«Anthro/Socio»** at documenta 9 in 1992 can be interpreted as an example of museum quality and of ‹social negativity›. Jan Hoet even placed it as an entrance portal for the whole exhibition. This artistic statement on behalf of modular work with monitor and projector and the unpretentious integration of technology into installation architecture along with the packaging material stands in stark contrast with the seductive power of pictorial spaces. Paradoxically, precisely this work—along with many other Bruce Nauman installations before and since—is one of the most successful in recent art history, commercially as well. «Anthro/Socio,» with its penetrating sound, would hardly fit into a home environment—this installation was always intended for the public space of a museum. As a rule, media installations work as a link between a (media) view of the public sphere and a subjective view of the world. But both the utopian designs of early media artists like **Nam June Paik** or **Stan VanDerBeek**, and also ‹tactical media› activists who have said goodbye to the ‹open artwork› in order to activate an open ‹platform› are evidence of the extent to which this subjectivity can still be embodied only in and through media.

/

From form to platform

10/10F

As well as articulating individual artistic positions, many artists are concerned at the same time about ‹public access›, in other words about universal access to the cultural history of

history of video sculpture cf. Rudolf Frieling, «**VT ≠ TV—The Beginnings of Video Art**,» in *Media Art Action*, op. cit.; John Hanhardt (1990) op.cit.; Doug Hall/Sally Jo Fifer (eds.), *Illuminating Video—An Essential Guide to Video Art*, New York, 1990; Friedemann Malsch/Dagmar Streckel, *Künstler-Videos—Entwicklung und Bedeutung*, in Kunsthaus Zürich, Ursula Perucchi-Petri (ed.), Ostfildern, 1996. **41** — **Walter Ruttmann** denounced artists' dependence on industry in the film world as early as 1930 in his essay «Kunst und Technik,» reprinted in *Film als Film—1910 bis heute*, Birgit Hein/Wulf Herzogenrath (eds.), Stuttgart, 1977, p. 65. **42** — Martha Rosler, «Video: Shedding the Utopian Moment,» in *Block* (Winter 1985-86), reprinted in Hall/Fifer op. cit., pp. 30-58.

images, about their share in manufacturing this history. While Nam June Paik dreams of a video archive of the avant-garde and a center for experimental arts,[43] Stan VanDerBeek talks about the «image library, newsreel of dreams, culture intercom» in his 1965 **Manifesto.**[44] In his vision, such centers develop «a material basis for dialogue with other centers at a picture speed of 186,000 miles per second»—an early vision of telematic installation and also of the WWW. Remarkably enough, the exhibition «**Information**» at MoMA New York presented the first information architecture as part of an exhibition as early as 1970. Thus the exhibition as a device reflects its own virtualization as part of a publicly accessible archive at a very early stage.[45] There are a number of artists who do not see themselves as media artists but have paid attention to specific media aspects and contexts. In «Information» these included **Hans Haacke**, but also see the later work of **Vito Acconci**, «**Virtual Intelligence Mask**» (1993); «**UTV**» (1994) by **Heimo Zobernig** and others; **Pierre Huyghe** «**Untitled (Biennale Venedig 2001)**»; or **Tobias Rehberger**'s «**Lying around lazy. Not even moving for TV, Sweets, Coke, and Vaseline**» (1996–1999), all of whom are interested in designing the electronic environment.[46] All the 1990s club culture video lounges transpose the concept of the open platform and link it with the idea of a ‹video-on-demand› system that was realized at media art festivals even in the early 1990s as a festival option, but then became a dominant theme because of the rise of the Internet. But the man who actually paved the way for this information architecture was **Dan Graham**, whose installations had already formulated his specific interest in architectural questions. His use of half-silvered glass then led him in 1986 to construct the first of a series of spaces for video display, «**Interior Design for Space Showing Videos**,» which as the title suggests could be seen as exhibition architecture, if they had not at the same time also reflected the media quality of our public and private spaces and to that extent also demonstrated an artistic concept. Graham has continued to explore the full range of this concept of transparent and open space until today in a series of works designed for public space.

But at the same time artists were working on staging a media activity, without it still being possible to speak of a predefined content. Just as Hans Haacke built an agency's non-predefined news bulletins into an exhibition for «Information,»[47] two thematic Paris exhibitions successfully addressed communicative projects as the crucial opening for art. «Electra,» 1983, showed items like the Teletext project by **Roy Ascott** and others called «**La plissure du texte.**» «**Les Immatériaux**»[48] presented a collective, interlinked writing project called «**Épreuves d'écriture**» in 1985, but was also an innovative thematic exhibition in both form and content, which went far beyond art contextually. The rhizome-like connecting lines lead from here to Internet art's context systems and on-line platforms[49] and the pure Internet exhibitions, as initiated for the first time by the Walker Art Center in 1998 with «**Shock of the View: Museums, Artists, and Audiences in the**

43 — Letter from Nam June Paik to Allan Kaprow, 1966, regarding the **concept for a center for experimental arts**, in Wulf Herzogenrath (ed.), *Nam June Paik—Fluxus/ Video*, Kunsthalle Bremen, 1999, p. 113. 44 — Quoted in Gene Youngblood, **Expanded Cinema**, New York, 1970, p. 387. 45 — A recent example is in the Museum Boymans-van-Beuningen, Rotterdam, which opened its «Digital Depot» in 2003. 46 — Cf. also the works addressing individual perception situations in public space: Nam June Paik, «**Airport Seats**» (1988); Vito Acconci «**Body Capsules**» (1984), and «**TV Bra.**» Cf. also **Angela Bulloch/art club berlin** 1997; **John Baldessari** staged

Digital Age.» In 1999 virtual and real space overlapped in the wide-ranging examination of the Internet in the exhibition «**net_condition**».
Thus the museum as an institution was confronted with a paradigm of the laboratory, the workshop and the research center that it was able to integrate only temporarily without being able to adopt processual and non-result-oriented works into its organizational structure—even though the «Hybrid Workspace» of **documenta X** and most recently documenta 11 with its five ‹platforms› postulated this theoretically. Despite the model of the **Center for Advanced Visual Studies** (CAVS) at MIT in Boston or smaller independent producing venues like the **Experimental TV Center** in Binghamton, New York, founded by Ralph Hocking in 1971, there were still no institutionally planned centers able to promote the dialogue between media, art and industry. In the early 1990s, the economic boom and above all the start of public discussion about the Internet and the media society finally permitted the concrete planning and opening of new institutions like the **Ars Electronica Center**, Linz (1966), the **Intercommunication Center**, Tokyo (1996), or the **Center for Art and Technology Karlsruhe** (1997), which in their different ways met the need for public and artistic access to expensive technology and also for appropriate presentation conditions, and continuing under different conditions the tradition of places like the Bauhaus, Dessau/Weimar, the Black Mountain College, Ashville, NC, or the CAVS at MIT, Boston.

/

Standards or autonomous use? 10/107

This was the approach at first: you must appropriate—for artistic purposes—technology that happens to be available. On the other hand you must always work against the limitations and format guidelines imposed by the equipment. So if video signals can be recorded on audiotape, as was possible for example with the Fischer Price toy camera Sadie Benning used for her first video works, this is not an anti-electronic attitude, but a genuine media-artistic approach. In fact **Nam June Paik** had similarly tried a whole variety of apparatus constellations beyond mere disturbance of a given device, in this case the television image, in the «**Exposition of Music—Electronic Television**» in 1963. To this extent, one frequently asked question—and this was the case even before the video camera and the video recorder were invented—is always directed at the artists and their specific relationship with the technology used, at craft art as opposed to concept art: can they use a camera or not? Or in today's terms: can they program or do they get someone to do it for them? Artists like **Zbigniew Rybczynski** are vehement exponents of the first approach, and others like **Fabrizio Plessi** are the complete opposite. This dualism runs through generation after generation of ‹artist models.› Behind this is a complex relationship with the question of autonomy and dependence, which motivates contemporary media art towards a practice that is autonomous but also collaborative,

living-space functions as a model for corresponding thematic video films in the Witte de With, Rotterdam, 1998; **Johan Grimonprez, «Inflight Lounge with the video library ‹Maybe the sky is green and we're just colour-blind?›»** (2001); **Renée Green, «Partially Buried in Three Parts,»** (1999); **Apolonija Sustersic, «Video Home Video Exchange,»** (1999). **47** — Cf. **Bill Viola, «The Threshold»** (1992). **48** — Cf. the volume of essays Elie Theofilakis (ed.), *Modernes et après? Les Immatériaux*, Paris, 1985. **49** — Cf. the text «**Interaction, Participation, Networking.**»

which on the other hand corresponds with the do-it-yourself approach of the amateur who gets hold of his software as open source on the Internet.

But subsequently to Nam June Paik and **E.A.T.** there has been a whole new range of apparatuses invented that has either been imitated later by industrial standards or that simply expressed a concrete task to be performed, without having any further effect. The poetics of machinery and their ultra-rapid entrance into history could be admired and tried out at Ars Electronica in Linz in the «**Eigenwelt der Apparate-Welt. Pioneers of Electronic Art**» exhibition in 1992. The artists/curators **Steina** and **Woody Vasulka** did not just accumulate all the old apparatuses, they were also responsible for presenting the show and for the interactive retrieval of the pictorial worlds that they had created.[50] In this way they were marking a change in the exclusive view of what happened to be the most recent technology. More and more artists ‹discovered› media that were now obsolete in the 1990s, thus deliberately opposing increasingly rapid hi-tech development. Siegfried Zielinski speaks of ‹Media Archaeology› or ‹An-Archaeology,› and it was not only the institutions that felt a need to emulate old computer platforms, for example, so that some video games applications and other things could be preserved.[51] Artists also used this emulation strategy, as can be seen from the amazing and extremely successful ‹products› by **Gebhard Sengmüller** and team. **«Vinyl Video»** is not just a reminiscence about the birth of media art from the early days of electronics and of music (see Paik), but also an ironic response to the fascination exerted by the analogue videodisk,[52] which has practically been eradicated from the short-term memory today, since the DVD shot in to set the new qualitatively satisfactory video standard for exhibitions and long-term use.

The parallel virtualization of our working environment and the works on telepresence combine in a hybrid fashion with a return to the do-it-yourself economy and media crossover: showing things that are incomplete, staging open processes in the space, being able to watch production and not hiding cables and technology away in illusory spaces, but exhibiting them as an integral part of the ‹project/work.›[53] The idea of the platform and of collaborative production is extended into museum space. But it is precisely the fact that art needs to explain itself—its lack of self-explanatory visual quality—which presents us with new challenges beyond individual platforms. **Lev Manovich** also talks about the «poetics of enriched space» and its omnipresent openness to digital manipulation: «In the longer term every object may become a screen connected to the Net, with the whole of built space becoming a set of display surfaces. Of course physical space was always augmented by images, graphics and type; but substituting all these by electronic displays makes possible to present dynamic images, to mix images, graphics and type and to change the content at any time.»[54] Something that had hitherto shown up as media-artistic and project-related now becomes a dynamic, that reformats the whole public

50 — Cf. exhib. cat. *Eigenwelt der Apparate-Welt. Pioneers of Electronic Art*, The Vasulkas/David Dunn (eds.), Ars Electronica, Linz, 1992. A similarly unusual exhibition of ‹visionary› apparatuses, but one that represented a historical advance, was shown four years later in Budapest under the title «The Butterfly Effect.» Cf. also the even more comprehensive history of viewing machines and pictorial worlds in the **Werner Nekes** collection: Bodo von Dewitz/Werner Nekes (eds.), *Ich sehe was, was du nicht siehst!*, Göttingen, 2002. **51** — See the Berlin **Computergame museum**'s informative website. **52** — In the 1980s, the videodisc or Laser Disc enabled installation artists like Nam June Paik or Bill Viola to present their works in museums over time without loss of

space including the museum. The physical space has «data layers» superimposed on it. In Manovich's view, new concepts and technologies like «ubiquitous computing,» «augmented reality,» «tangible interfaces,» «wearable computers,» «intelligent buildings,» «context-aware computing,» «smart objects,» «wireless location services,» or «sensor networks» prove that we are finally saying goodbye to Modernist minimalism and have to take account of the complex, heterogeneous and contradictory quality of the hybrid data-space.[55] Manovich mentions **Janet Cardiff**'s «Walks,» which explore the aesthetic potential of overlapping information space and physical space, as an artistic example of such «augmented reality.»

Thus the development of our public media spaces is not just the transition from analogue to digital, but also from homogeneous to heterogeneous and from uniform to multiple. Thus the term platform is no longer relevant only in terms of images and metaphorically in a broader sense. It acquires a 3D quality that is linked with the spatial parameters of navigation—whether this is through displays, touch screens, etc. or in future through mobile individual instruments. William Mitchell is alluding to the central but now obsolete Bauhaus motto when he says under the heading «Form Fetches Function» that the functionality of things will be variable and no longer bound to one place: a monitor is a clock is a television is a stock-exchange telex is a family portrait is a surveillance display.[56] Even if we accept that only part of this visionary option will become reality in the foreseeable future, the principle of the modular and reprogrammable functionality of objects, displays and space remains that **Robert Rauschenberg** could have had in mind in 1967 when he and the other **E.A.T.** ‹revolutionaries› wanted to build a space «that responded to the weather, to the people looking at it, to traffic, noise and light.»[57]

/

Software—Soft cinema—Soft space 10/108

But let us look at the traditional museum space again. The ‹White Cube› isolates the exhibited object from specific spatial contexts and is thus aiming at distancing and reflection on a neutral ground. The ‹Black Box› or better the ‹Black Cube›[58] also works by separating from context (see the often detailed and controlled equipping of these installation rooms with sound- and light-insulating material), but it also isolates the subject in order to admit the sensual immersive element of ‹being in the picture› that reflection usually provokes in retrospect. Cinema as a device has found its way back into museums in many video installations, and helps to restore the aura of works of art. But we should also point out that the database is not the only cultural form marking the digital age: the archive is its counterpart in real space. Thus a media archive within a space becomes an abundance of options that are constantly reconfiguring themselves dynamically. The question remains of the extent to which museums will also open up to visions of multi-sensory,

quality caused by daily use of a videotape. 53 — Vgl. **Van Gogh**, «**Piazza Virtuale.**» 54 — Lev Manovich, «**The Poetics of Augmented Space: Learning from Prada,**» in *nettime*, mailing list, May 16, 2002. 55 — Ibid.. 56 — William J. Mitchell, *e-topia. urban life, Jim—but not as we know it*, Cambridge, MA, 1999, p. 49; Mitchell sketches the whole panorama of urban digital linked spaces in this book. 57 — Rauschenberg quoted in Henry R. Lieberman, «Art and Science Proclaim Alliance in Avant-Garde Loft,» in *New York Times*, October 11, 1967, p. 49. 58 — Cf. Peter J. Schneemann, «Black-Box-Installationen: Isolationen von Werk und Betrachter,» in *Black Box: Der Schwarzraum in der Kunst*, Ralf Beil (ed.), Kunstmuseum Bern, 2001, pp. 25–33.

fluid spaces. The invisible omnipresence of software in real space in the cinematographic and the architectural sense of «**Soft Cinema**»[59] and modular «Soft Spaces» are bound to provoke resistance, revision and nostalgic complaints.[60] Back to the object, to painting, to the image—but beyond the sequence of recursions and fashions—it will not be possible to halt the digitalization of museum space. This is particularly obvious in the case of media art. If it is possible at the same time to keep a whole range of formats and thus of forms alive and to undermine the effects of universal standardization under the banner of MicroSOFT, there will also be room for all the examples that address the dysfunctionality or marginal use of apparatuses, machines and technologies and to preserve a completely independent artistic and poetic potential.

/

Translation by Michael Robinson

59 — Installation by Lev Manovich in the exhibition «**Future Cinema**,» ZKM Karlsruhe, 2003. **60** — See the reference to Kenneth Frampton in Rudolf Frieling, «Storage and Space: Notes on Collecting, Archiving, and Presenting Digital Moving Image Work,» in *The Moving Image*, vol. 1, no. 2, Fall 2001, pp. 146–151, pp. 148f.

Appendix

Biografien / Biographies

/

Inke Arns

Geb. 1968 in Duisdorf/Bonn; Doktorandin an der Humboldt-Universität zu Berlin und seit 1993 freie Kuratorin, u. a. von »OSTranenie 93«; »Minima Media: Medienbiennale«, Leipzig 1994; »un-frieden. sabotage von wirklichkeiten«, Hamburg 1996–1997; »body of the message«, Berlin 1998; »Body and the East«, Ljubljana 1998; »Soziale Technologien«, Essen 2003; »IRWIN: Retroprincip 1983–2003«, Berlin, Hagen und Belgrad 2003–2004; Dissertation zur Rezeption der historischen Avantgarde in künstlerischen Projekten der 1980er und 1990er Jahre in Ex-Jugoslawien und Russland (2003); neben den Publikationen *Netzkulturen* und *Neue Slowenische Kunst* (beide 2002) zahlreiche Beiträge zur Medienkunst und Netzkultur; lebt in Berlin.

//

Born 1968 in Duisdorf, Bonn; freelance curator and PhD candidate at the Humboldt University, Berlin; her curatorial work includes «OSTranenie 93,» «Minima Media: Medienbiennale,» Leipzig 1994, «un-frieden. sabotage von wirklichkeiten,» Hamburg 1996–1997, «body of the message,» Berlin 1998; «Body and the East,» Ljubljana 1998; «Soziale Technologien,» Essen 2003; «IRWIN: Retroprincip 1983–2003,» Berlin, Hagen and Belgrad 2003–2004; her PhD thesis deals with the reception of the historical avant-garde in artistic projects of the 1980s and 1990s in former Yugoslavia and Russia (2003); besides her publications *Netzkulturen* and *Neue Slowenische Kunst* (both 2002) she has published widely on issues of net culture and media art; lives in Berlin.

/

Dieter Daniels

Geb. 1957 in Bonn; 1984 Mitbegründer der Videonale Bonn und seitdem zahlreiche Projekte, Ausstellungen und Symposien im Bereich Medienkunst; 1991–1993 Aufbau der Mediathek am ZKM Karlsruhe; seit 1993 Professor für Kunstgeschichte und Medientheorie an der Hochschule für Grafik und Buchkunst (HGB) in Leipzig; zahlreiche Veröffentlichungen zur Kunst des 20. Jahrhunderts, u. a. zu Fluxus, George Brecht, Marcel Duchamp, Co-Herausgeber von *Medien Kunst Aktion*, *Medien Kunst Interaktion* und seit 2001 von *Medien Kunst Netz* (alle mit Rudolf Frieling); jüngste Buchveröffentlichungen *Kunst als Sendung* (2002) und *Vom Readymade zum Cyberspace* (2003); lebt in Leipzig.

//

Born 1957 in Bonn; 1984 co-founder of the Videonale Bonn; numerous projects, exhibitions and symposia in the field of media art; 1991–1993 head of the Mediatheque at the ZKM, Karlsruhe; since 1993 professor for Art History and Media Theory at the Hochschule für Grafik und Buchkunst (HGB) in Leipzig; publications on art of the twentieth century, amongst others on Fluxus, George Brecht, Marcel Duchamp; co-editor of *Media Art Action*, *Media Art Interaction* and since 2001 of *Media Art Net* (all with Rudolf Frieling); most recent publications *Kunst als Sendung* (2002) and *Vom Readymade zum Cyberspace* (2003); lives in Leipzig.

/

Söke Dinkla

Geb. 1962 in Wilhelmshaven, Studium der Kunstgeschichte, Literaturwissenschaften, Volkskunde, Biologie an den Universitäten von Kiel, Hamburg und Bielefeld; 1990 Kuratorin für des Siemens Kulturprogramms, München; 1993 Stipendiatin des Kulturwissenschaftlichen Institutes in Essen und 1994 des Deutschen Akademischen Austauschdienstes (DAAD) in den USA; 1996 Promotion zur Geschichte und Ästhetik der interaktiven Medienkunst, Universität Hamburg; 1997 Publikation des Standardwerks *Pioniere Interaktiver Kunst von 1970 bis heute*; Kuratorin am Wilhelm Lehmbruck Museum, Duisburg, u. a. mit »InterAct!«, 1997, »Connected Cities«, 1999, »Unter der Haut«, 2001, Künstlerische Leitung von »Cross Fair – Tanz und neue Technologien«, 2000, sowie der Workshopreihe »Tanz und neue Medien« am Choreographischen Zentrum NRW, Essen, 2001–2002; Leiterin des Festivalbüros der Stadt Duisburg; lebt in Essen.

/ /

Born 1962 in Wilhelmshaven, studied art history, literature, anthropology and biology at the universities of Kiel, Hamburg and Bielefeld; 1990 curator for Siemens Kulturprogramm, Munich; 1993 grant from the Kulturwissenschaftliches Institut, Essen; 1994 grant from the Deutscher Akademischer Austauschdienst (DAAD) for the USA; 1996 PhD on the history and aesthetics of interactive media art at the University of Hamburg; 1997 publication of «Pioniere Interaktiver Kunst von 1970 bis heute»; curator at the Wilhelm Lehmbruck Museum, Duisburg of «InterAct!» (1997), «Connected Cities» (1999), «Unter der Haut» (2001), amongst others; artistic director of«Cross Fair — Tanz und neue Technologien» (2000) and the workshop series «Tanz und neue Medien» at the Choreografisches Zentrum NRW, Essen (2001–2002); director of the city of Duisburg's festival office; lives in Essen.

/

Golo Föllmer

Geb. 1964 in Karlsruhe; Ausbildung zum Klavierbauer; Studien der Musik- und Kommunikationswissenschaft (TU Berlin) sowie der Broadcast Communication Arts (San Francisco State Univ.); Radio- und Tonbandstücke sowie Klanginstallationen; Beiträge zu Klangkunst und zeitgenössischer Musik; Mitarbeit bei den Festivals/Ausstellungen »sonambiente«, Akademie der Künste, Berlin, 1996, und »net_condition«, ZKM Karlsruhe, 1999; 2002 Promotion über Netzmusik; seit 1998 Dozent der Universität Halle-Wittenberg, Institut für Musikwissenschaft; seit 2002 am Institut für Medien und Kommunikation; lebt in Berlin.

/ /

Born 1964 in Karlsruhe; trained as a piano builder; studies in music and communication (Technical University, Berlin) as well as broadcast communication arts (San Francisco State University); radio, audiotape works, sound installations; publications on sound art and contemporary music; cooperated for the festivals and exhibitions «sonambiente» (Akademie der Künste, Berlin 1996) and «net_condition» (ZKM Karlsruhe 1999); 2002 PhD on Net music; since 1998 lecturer at the University of Halle-Wittenberg at the Institute for Music, since 2002 at the Institute for Media and Communication; lives in Berlin.

/

Rudolf Frieling

Geb. 1956 in Münster; geisteswissenschaftliches Studium an der FU Berlin; 1988–1994 Kurator beim Internationalen VideoFest Berlin, heute transmediale; seit 1990 Veröffentlichungen und Vorträge zu Medien und Kunst; seit 1994 wissenschaftlicher Mitarbeiter am ZKM Karlsruhe, dort bis 2001 Kurator der Mediathek sowie des Internationalen Medienkunstpreises; seit 1996 Kooperation mit dem Goethe-Institut und Co-Herausgeber der Publikationen zur Geschichte der Medienkunst in Deutschland *Medien Kunst Aktion* (1997) und *Medien Kunst Interaktion* (beide mit Dieter Daniels); seit 1998 Lehrtätigkeiten, u. a. Hochschule für Gestaltung und Kunst Zürich, Hochschule der Künste Berlin und Gastprofessur für Mediengeschichte und Medientheorie an der FH Mainz; seit 2001 Leiter des Forschungsprojekts »Medien Kunst Netz«; jüngste Projekte als Kurator: Biennale São Paulo 2002 (Sektion Netzkunst) und »Sound-Image«, Mexico City 2003; lebt in Karlsruhe.

/ /

Born 1956 in Münster; studied humanities at the Free University of Berlin; 1988–1994 curator of the International VideoFest Berlin, today transmediale; since 1990 he has lectured and published internationally on art and media; since 1994 curator and researcher at the Center for Art and Media (ZKM) in Karlsruhe, Germany, until 2001 head of the video collection and organizer of the annual International Media Art Award; since 1996 co-editor of *Media Art Action* and *Media Art Interaction* on the history of art and media in Germany (all with Dieter Daniels); since 1998 lecturer at the Hochschule für Gestaltung und Kunst Zürich, Hochschule der Künste Berlin, and guest professor at the media faculty, University of Applied Sciences, Mainz; since 2001 head of the Internet project «Media Art Net» at ZKM; most recent projects as curator: Biennale São Paulo 2002 (Net art section) and «Sound-Image,» Mexico City 2003; lives in Karlsruhe.

/

Oliver Grau

Geb. 1965 in Erlangen; lehrte als Kunsthistoriker an der Humboldt-Universität Berlin; seit 1998 Leitung verschiedener Forschungsprojekte zur Medienkunst; zur Zeit Arbeit mit Mitarbeitern an der Entwicklung der vom BMBF geförderten Datenbank der Virtuellen Kunst und Entwicklung des Projekts »Immersive Kunst« der DFG; 2002-2003 Gastprofessor an der Kunstuniversität Linz, hier auch Beteiligung am Projekt »Bilder des Wissens«; u. a. Mitglied der Jungen Akademie der Berlin-Brandenburgischen Akademie der Wissenschaften (BBAW); seine Forschung umfasst die Kunst- und Mediengeschichte der Illusion und Immersion, die Kultur- und Ideengeschichte der Telepräsenz und Telekommunikation sowie aktuelle Fragen zur Genetischen Kunst und zur Idee vom künstlichen Leben; aktuell: *Virtual Art: From Illusion to Immersion*, Cambridge/MA 2003; lebt in Berlin.

//

Born 1965 in Erlangen, is an art historian and has lectured at the Department of Art History, Humboldt University in Berlin since 1998; research project on «art history and media theory of virtual art» funded by the German Research Society (DFG); since 2000 working on the first international database resource for virtual art funded by the German Ministry of Research and Education (BMBF); since 2002 head of the German Science Foundation project on «Immersive Art»; 2002-2003 visiting professor at the College of Art in Linz und member of the project «Images of Knowledge»; member of the Young Academy of the Berlin-Brandenburg Academy of Sciences (BBAW); his research focuses the history of illusion and immersion in media and art, the history of the idea and culture of telepresence and telecommunication, genetic art and artificial intelligence; most recent publication: *Virtual Art: From Illusion to Immersion*, Cambridge, MA, 2003; lives in Berlin.

/

Heike Helfert

Geb. 1969 in Mannheim; Studium der Kulturwissenschaften und ästhetischen Kommunikation, Universität Hildesheim; 1995-1998 Organisation von Ausstellungen und Konzeption von Veranstaltungsreihen bei Foro Artistico, Internationales Medienkunstforum Hannover; seit 1997 verschiedene Beiträge zu Kunstzeitschriften; 1998-2000 Projektmanagement im Themenpark der Expo 2000 Hannover; seit 2001 Projektmanagement für »Medien Kunst Netz« am ZKM Karlsruhe; lebt in Karlsruhe.

//

Born 1969 in Mannheim; studied cultural sciences and aesthetic communication, University of Hildesheim; 1995-1998 organisation of exhibitions and curator of screenings and lectures at Foro Artistico, International Media Art Forum Hannover; since 1997 various contributions to art journals; 1998-2000 project management in the Thematic Area of Expo 2000 Hannover; since 2001 project management for «Media Art Net» at the ZKM Karlsruhe; lives in Karlsruhe.

Auswahlbibliografie / Selected Bibliography

/

Eine Auswahl von Monografien und Anthologien zur Einführung in die jeweilige Thematik. Eine umfassende Bibliografie ist online: **www.medienkunstnetz.de/biblio.**
A selection of monographies and anthologies that serve as introduction to the various topics. A comprehensive bibliography can be found on-line: **www.mediaartnet.org/biblio.**

/

00 Einführung / Introduction

Timothy Druckrey (Hg./ed.), *Electronic Culture*, New York 1996.

Rudolf Frieling/Dieter Daniels (Hg./eds.), *Medien Kunst Aktion - Die 60er und 70er Jahre in Deutschland/Media Art Action—The 1960s and 1970s in Germany*, Goethe-Institut/ZKM Karlsruhe, Wien/New York 1997.

Rudolf Frieling/Dieter Daniels (Hg./eds.), *Medien Kunst Interaktion - Die 80er und 90er Jahre in Deutschland/Media Art Interaction—The 1970s and 1980s in Germany*, Goethe-Institut/ZKM Karlsruhe, Wien/New York 2000.

Lynn Hershman-Leeson (Hg./ed.), *Clicking In—Hot Links to a Digital Culture*, Seattle 1996.

Kristine Stiles/Peter Selz (Hg./eds.), *Theories and Documents of Contempory Art. A Sourcebook of Artists' Writings*, Berkeley 1996.

/

01 Medien → Kunst. Kunst → Medien / Media → Art. Art → Media

John Hanhardt (Hg./ed.), *Video Culture—A Critical Investigation*, New York 1990.

Birgit Hein/Wulf Herzogenrath (Hg./eds.), *Film als Film 1910 bis heute*, Stuttgart 1977.

Lev Manovich, *The Language of New Media*, Cambridge, MA, 2001.

Marshall McLuhan, *Die magischen Kanäle - Understanding Media*, Dresden 1995.

/

02 Fernsehen - Kunst oder Antikunst / Television - Art or Anti-art?

Dieter Daniels, *Kunst als Sendung. Von der Telegrafie zum Internet*, München 2002.

Douglas Davis/Allison Simmons (Hg./eds.), *The New Televison: a public/private Art*, Cambridge, MA/London 1977.

Christian Fricke, *›Dies alles Herzchen wird einmal Dir gehören.‹ Die Fernsehgalerie Gerry Schum 1968-1970 und die Produktionen der Videogalerie Schum 1970-1973*, Frankfurt/Main u. a. 1996.

Wulf Herzogenrath u. a. (Hg./eds.), *TV Kultur. Fernsehen in der bildenden Kunst seit 1879*, Dresden 1997.

Kathy Rae Huffman/Dorine Mignot (Hg./eds.), *The Arts for Televison*, Los Angeles/Amsterdam 1987.

Dorine Mignot (Hg./ed.), *Revision. Art Programmes of European Television Stations*, Amsterdam 1987.

/

03 Audio Art

Akademie der Künste Berlin (Hg./ed.), *Klangkunst*, München 1996.

Daina Augatitis/Dan Lander (Hg./eds.), *Radio Rethink. Art, Sound and Transmission*, Banff 1994.

Kunst- und Ausstellungshalle der BRD (Hg.), *Welt auf tönernen Füßen. Die Töne und das Hören*, Göttingen 1994.

William Furlong, *Audio Arts*, Leipzig 1992.

Im Netz der Systeme, Kunstforum International, Bd. 103, 1989.

Douglas Kahn, *Noise Water Meat. A History of the Sound in the Arts*, Cambridge, MA, 1999.

Douglas Kahn/Gregory Whitehead (Hg./eds.), *Wireless Imagination. Sound, Radio, and the Avant-Garde*, Cambridge, MA, 1992.

Dan Lander/Micah Lexier (Hg./eds.), *Sound by Artists*, Banff 1990.

/

CD-04 Real/Medial / Reality/Mediality

Marie-Luise Angerer, *Future Bodies*, Wien/New York 2002.

G. Battcock/R. Nicklas (Hg./eds.), *The Art of Performance. A critical anthology*, New York 1984.

Barbara Engelbach, *Zwischen Body Art und Videokunst. Körper und Video in der Aktionskunst um 1970*, München 2001.

RoseLee Goldberg, *Performance Art. From Futurism to the Present*, rev.ed., London 1988.

Kölnischer Kunstverein (Hg./ed.), *happening & fluxus. Materialien vom Archiv Sohm*, Köln 1970.

Peggy Phelan, *Unmarked: The Politics of Performance*, London 1992.

Henry M. Sayre, *The Object of Performance. The American Avant-garde since 1970*, Chicago 1992.

Paul Schimmel (Hg./ed.), *Out of Actions. Between performance and the object, 1949–1979*, Museum of Contemporary Art Los Angeles, London/Ostfildern 1998.

Christine Schöpf/Gerfried Stocker (Hg./eds.), *Ars Electronica 97, Flesh Factor. Informationsmaschine Mensch*, Wien/New York 1997.

/

CD-05 Raum Zeit Technikkonstruktionen / Technological Constructions of Space-Time

Gregory Battcock (Hg./ed.), *New Artists Video. A Critical Anthology*, New York, 1978.

Doug Hall/Sally Jo Fifer, (Hg./eds.), *Illuminating Video*, New York 1990.

Gerda Lampalzer, *Videokunst: historischer Überblick und theoretische Zugänge*, Wien 1992.

Ingo Petzke (Hg./ed.), *Das Experimentalfilmhandbuch.* Schriftenreihe des Deutschen Filmmuseums, Frankfurt/Main 1989.

Gene Youngblood, *Expanded Cinema*, New York 1970.

Siegfried Zielinski (Hg./ed.), *Video – Apparat/Medium, Kunst, Kultur*, Frankfurt/Main u. a. 1992.

/

CD-06 Soziale Technologien / Social Technologies

Inke Arns, *Netzkulturen*, Hamburg 2002.

Ursula Frohne/Tom Levin/Peter Weibel (Hg./eds.), *Ctrl_Space. Rhetorics of Surveillance from Bentham to Big Brother*, ZKM Karlsruhe, Cambridge, MA, 2002.

http://world-information.org (seit/since 2000).

/

CD-07 Virtuelle Narrationen / Virtual Narrations

Jean Baudrillard, *Agonie des Realen*, Berlin 1978.

Gilles Deleuze/Felix Guattari, *Rhizom*, Berlin 1977.

Söke Dinkla, *Pioniere Interaktiver Kunst. Von 1970 bis heute*, Ostfildern 1997.

Wolfgang Kemp, *Der Betrachter ist im Bild. Kunstwissenschaft und Rezeptionsästhetik*, Köln 1985.

Jean-François Lyotard u. a. (Hg./eds.), *Immaterialität und Postmoderne*, Berlin 1985.

Theodore Holm Nelson, *Literary Machines*, South Bend, Edition 87.1, 1987.

Stephanie Rosenthal (Hg./ed.), *Stories. Erzählstrukturen in der zeitgenössischen Kunst*, Haus der Kunst München, Köln 2002.

/

CD-08 Immersion und Interaktion / Immersion and Interaction

Hans Belting, *Bild-Anthropologie: Entwürfe für eine Bildwissenschaft*, München 2001.
Jonathan Crary, *Techniques of the Observer: On Vision and Modernity in the Nineteenth Century*, Cambridge, MA, 1990.
Peter Gendolla u. a. (Hg.), *Formen interaktiver Medienkunst*, Frankfurt/Main 2001.
Oliver Grau, *Virtual Art: From Illusion to Immersion* (2001), trans. Gloria Custance. Cambridge, MA, 2003.
Stephan Oettermann, *The Panorama: History of a Mass Medium* (1980), trans. Deborah Lucas Schneider, New York, 1997.

/

CD-09 Kunst und Telekommunikation / Art and Telecommunication

Tilman Baumgärtel, [net. art] *Materialien zur Netzkunst*, Nürnberg 1999; *net.art 2.0. Neue Materialien zur Netzkunst*, Nürnberg 2001.
Josephine Bosma u. a. (Hg./eds.), *Read Me! filtered by Nettime - ASCII Culture and the Revenge of Knowledge*, New York 1999.
Edith Decker/Peter Weibel (Hg./eds.), *Vom Verschwinden der Ferne. Telekommunikation und Kunst*, Köln 1990.
Timothy Druckrey/Ars Electronica (Hg./eds.), *Ars Electronica: Facing the Future*. Cambridge, MA, 1999.
Heidi Grundmann (Hg./ed.), *Art + Telecommunication*, Wien 1984.
Nettime - Geert Lovink/Pit Schultz (Hg./eds.), *Netzkritik. Materialien zur Internet-Debatte*, Berlin 1997.
netz.kunst, Jahrbuch für moderne Kunst 98/99, Nürnberg 1999.

/

CD-10 Form Follows Format

Ralf Beil (Hg./ed.), *Black Box: Der Schwarzraum in der Kunst*, Kunstmuseum Bern, 2001.
Douglas Crimp, *On the Ruins of the Museum*, Cambridge, MA, 1993.
(Über die Ruinen des Museums - das Museum, die Fotografie und die Postmoderne, Dresden/Basel 1996).
Edith Decker/Wulf Herzogenrath (Hg./eds.), *Video-Skulptur retrospektiv und aktuell 1963-1989*, Köln 1989.
Herbert W. Franke/Gottfried Jäger, *Apparative Kunst. Vom Kaleidoskop zum Computer*, Köln 1973.
Christian Kravagna (Hg./ed.), *Das Museum als Arena. Institutionskritische Texte von KünstlerInnen*, Kunsthaus Bregenz, 1999.
Dorine Mignot (Hg./ed.), *Het Lumineuze Beeld/The Luminous Image*, Stedelijk Museum, Amsterdam 1984.
Jasia Reichardt (Hg./ed.), *Cybernetic Serendipity: The Computer and the Arts*, Studio International, Institute of Contemporary Arts, London 1968.
Woody Vasulka/Dave Dunn (Hg./eds.), *Eigenwelt der Apparate-Welt. Pioneers of electronic art*, Ars Electronica 1992, Linz 1992.

IMPRESSUM / CREDITS

/

Ein gemeinschaftliches Projekt von ZKM Zentrum für Kunst und Medientechnologie Karlsruhe und Goethe-Institut mit Unterstützung des Bundesministerium für Bildung und Forschung (BMB+F); Kooperationspartner: Hochschule für Grafik und Buchkunst (HGB), Leipzig.

A joint project of ZKM Center for Art and Media Karlsruhe and Goethe Institute with financial support by the German Ministry for Research and Education (BMB+F) and in cooperation with the Hochschule für Grafik und Buchkunst (HGB)/Academy of Visual Arts, Leipzig.

Bundesministerium für Bildung und Forschung

Herausgeber/Editors → Rudolf Frieling (ZKM Karlsruhe), Dieter Daniels (HGB Leipzig)

Goethe-Institut → Bernd Desinger, Annesusanne Fackler-Kabisch, Therese Hofbauer, Norbert Spitz, Regina Wyrwoll, Andrea Zell

BMB+F → Winfried Matanovic

/

Projektleitung/Head of Project → Rudolf Frieling **Konzeption/Concept** → Dieter Daniels, Rudolf Frieling **Redaktionsteam/Editorial team** → Inke Arns, Dieter Daniels, Rudolf Frieling, Heike Helfert **Projektmanagement/Project management** → Heike Helfert **Assistenz/Assistants** → Anja Gossens, Andreas Kühnert, Christiane Remm, Martina Sauerwald, Matthias Schreiber, Inga Schwede, Klaus Siegle, Max Weise **Webdesign** → Schönerwissen (Marcus Hauer, Anne Pascual) **Programmierung/Programming** → Mario Röhrle **Systemadministrator** → Jürgen Enge **Digitalisierung/Digitizing** → Ismael Celis, Matthias Schreiber, Max Weise, Christian Ziegler **Autoren/Authors** → Inke Arns, Dieter Daniels, Söke Dinkla, Golo Föllmer, Rudolf Frieling, Oliver Grau, Heike Helfert **Übersetzungen Englisch/Translations English** → Brian Currid, Gloria Custance, Rebecca van Dyck, Tom Morrison, Michael Robinson, Jennifer Taylor-Gaida **Lektorat Deutsch/Copy editor German** → Sybille Weber **Lektorat Englisch/Copy editor English** → Rebecca van Dyck **Buchgestaltung und Satz/Book design and layout** → Anna-Lena von Helldorff **Für Unterstützung danken wir/Thanks for their cooperation to** → Jürgen Enge, Claudia Gehrig, Claudia Giannetti, Hartmut Jörg, Jens Lill, Steffen Schröder, Joachim Schütze, Volker Sommerfeld, Peter Weibel.

Für weitere Angaben des Impressums siehe → **www.medienkunstnetz.de**

For further information and credits see → **www.mediaartnet.org**

Printed in Austria

Druck/Printed by Druckerei Theiss GmbH, A-9431 St. Stefan im Lavanttal

Gedruckt auf säurefreiem, chlorfrei gebleichtem Papier TCF

Printed on acid-free and chlorine-free bleached paper

SPIN **10915288**

Mit 12 Abbildungen / With 12 figures

Bibliografische Information der Deutschen Bibliothek → Die Deutsche Bibliothek verzeichnet diese Publikation in der Deutschen Nationalbibliografie; detaillierte bibliografische Daten sind im Internet über http://dnb.ddb.de abrufbar.

/

ISBN 3-211-00570-6 Springer-Verlag Wien New York

▦ MIGNONNEAU LAURENT ▦ MIK AERNOUT ▦ MIKRO E.V. ▦ MILEV YANA ▦
MOHOLY NAGY LÁSZLÓ ▦ MOHR MANFRED ▦ MÖLLER CHRISTIAN ▦ MONAHAN
GORDON ▦ MONGREL ▦ MOORMAN CHARLOTTE ▦ MORITZ THOMAS ▦ MÜLLER
MATTHIAS ▦ MUNTADAS ANTONI ▦---------------▸ N ▦ NAIMARK MICHAEL
▦ NAKE FRIEDER ▦ NAPIER MARK ▦ NAUMAN BRUCE ▦ NEES GEORG ▦ NEKES
WERNER ▦ NESHAT SHIRIN ▦ NEUHAUS MAX ▦ NEZVANOVA NETOCHKA ▦
NICOLAI CARSTEN ▦ NIEMETZ ANNE ▦ NOLL UDO ▦ NOMAD ▦ NONNENMACHER
ELLEN ▦ NOTORISCHE REFLEXE ▦---------------▸ O ▦ ODENBACH MARCEL ▦
OECHSLER MONIKA ▦ OHLER NORMAN ▦ ONO YOKO ▦ OPPENHEIM DENNIS
▦ ORLAN ▦ OSTOJIĆ TANJA ▦ OURSLER TONY ▦---------------▸ P ▦ PAIK
NAM JUNE ▦ PAPE ROTRAUT ▦ PASSOW CORD ▦ PAXTON STEVE ▦ PELJHAN
MARKO ▦ PENCK A. R. ▦ PENNY SIMON ▦ PETZOLD GÜNTHER ▦ PEZOLD FREDE-
RIKE ▦ PFEIFFER PAUL ▦ PFLUMM DANIEL ▦ PICHLER WALTER ▦ PIENE
OTTO ▦ PLESSI FABRIZIO ▦ PLEWE DANIELA ALINA ▦ POCOCK PHILIP ▦
POLLOCK JACKSON ▦ PONTON EUROPEAN MEDIA ART LAB ▦ POOL PROCESSING
▦ POPP MARKUS ▦ PROT ▦ PRZIBILLA WOLFGANG ▦---------------▸ Q ▦
QUENEAU RAIMOND ▦ QUOSDORF BERTRAM ▦---------------▸ R ▦ RAAD WALID
▦ RABINOWITZ SHERRIE ▦ RADOK ALFRÉD ▦ RAHMANN FRITZ ▦ RAINER
YVONNE ▦ RASKIN ▦ RAUSCHENBERG ROBERT ▦ RAY MAN ▦ REBLE JÜRGEN
▦ REHBERGER TOBIAS ▦ RESIDENTS ▦ RIST PIPILOTTI ▦ ROBAKOWSKI
JOSZEF ▦ ROEHR PETER ▦ ROGALSKY MATTHEW ▦ ROKEBY DAVID ▦ ROSE
ELISA ▦ ROSEFELDT JULIAN ▦ ROSENBACH ULRIKE ▦ ROSLER MARTHA
▦ ROTH DIETER ▦ RUSSOLO LUIGI ▦ RUTHENBECK REINER ▦ RUTTMANN
WALTER ▦ RYBCZYNSKI ZBIGNIEW ▦ ®TMARK ▦---------------▸ S ▦
SACK JANINE ▦ SANBORN JOHN ▦ SANDISON CHARLES ▦ SANTOS EDER ▦
SATIE ERIK ▦ SAUP ANNA ▦ SAUP MICHAEL ▦ SAUTER JOACHIM ▦ SCHAEF-
FER PIERRE ▦ SCHÄFER SABINE ▦ SCHER JULIA ▦ SCHILLING ALFONS ▦
SCHILLINGER CLAUDIA ▦ SCHLEGEL CHRISTINE ▦ SCHLEIME CORNELIA ▦
SCHLINGENSIEF CHRISTOPH ▦ SCHMELZDAHIN ▦ SCHNEEMANN CAROLEE
▦ SCHNEIDER IRA ▦ SCHNOCK FRIEDER ▦ SCHRECK STEFAN ▦ SCHREIER
CURTIS ▦ SCHREINER VOLKER ▦ SCHULTZ PIT ▦ SCHUM GERRY ▦ SEAMAN
BILL ▦ SEIBERT STEFAN ▦ SENGMÜLLER GEBHARD ▦ SERMON PAUL ▦ SHALEV
GERZ ESTHER ▦ SHAW JEFFREY ▦ SIGNER ROMAN ▦ SIMS KARL ▦ SNOW
MICHAEL ▦ SODOMKA ANDREA ▦ SOLLFRANK CORNELIA ▦ SOMMERER CHRISTA
▦ SONAMI LAETITIA ▦ SONNIER KEITH ▦ SOTTASS ETTORE ▦ SPRINGER
BRIAN ▦ STAEHLE WOLFGANG ▦ STATION ROSE ▦ STEINLE PIERO ▦ STELARC
▦ STERLING BRUCE ▦ STIH RENATA ▦ STOCKHAUSEN KARLHEINZ ▦ STRAUSS
WOLFGANG ▦ STRAWALDE ▦ SUGIMOTO HIROSHI ▦ SUPREME PARTICLES ▦
SURVEILLANCE CAMERA PLAYERS ▦ SUTHERLAND IVAN ▦ SVOBODA JOSEF ▦
SZEPESI ANNA ▦---------------▸ T ▦ TAMBELLINI ALDO ▦ TANAKA ATSUKO ▦
TANDBERG VIBEKE ▦ TAYLOR WOOD SAM ▦ TELEWISSEN ▦ TEUTSCH EVELYN
▦ THATER DIANA ▦ THE THING ▦ THEK PAUL ▦ TINGUELY JEAN ▦ TVTV
▦ TORRES FRANCESC ▦ TROCKEL ROSEMARIE ▦ TUDOR DAVID ▦ TURRELL
JAMES ▦---------------▸ U ▦ UECKER GÜNTHER ▦ ULAY [LAYSIEPEN UWE]
▦ ULRICHS TIMM ▦ UMSTÄTTER ANTYA ▦ UTV ▦---------------▸ V ▦ VAM